U0153210

| 第三版 |

會計審計法規

陳春榮、柯淑玲 著

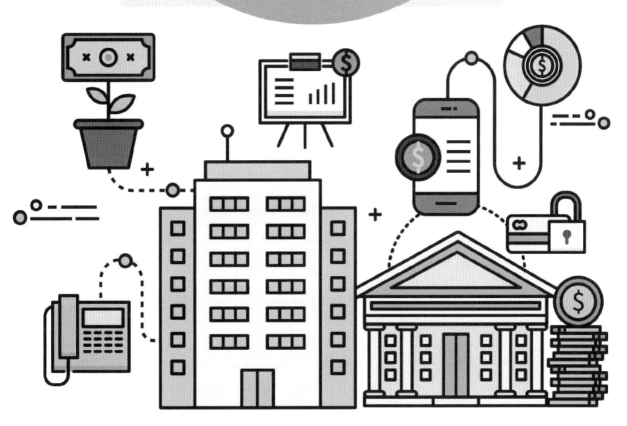

五南圖書出版公司 印行

三版序

　　本書自 110 年 9 月出版以來，獲得很多公私立大學校院採用為教科書、公務機關作為人員進修與辦理業務之參考，以及有志者準備參加各類公職考試之用，特表達誠摯感謝之意。為了配合相關法規之修正，並使全書內容更為周延及完整，爰後續再詳加檢視作增修訂，其中 111 年 9 月出版之第二版，修正幅度甚大，主要重點如下：

一、本文部分除配合法規變動修正外，並就所歸納分類之相關條文，如第四篇第一章「肆、審計職權之行使方式」一、之下所列的條文檢討酌增；對於各法條文內容尚未作解析、解析之表達有缺漏或過於簡要者予以補強；並參考最新考題趨勢增加相關說明，亦儘量再搭配實例及實務之運用，尤其近來各類公職考試出現較多申論題之第一篇第五章追加預算與特別預算部分，特別加強論述及舉例，俾資周延及增進瞭解。

二、申論題部分，原已涵蓋 98 年至 109 年之高考及地方特考三等、104 年至 109 年鐵路特考高員三級與退除役軍人轉任特考等各類三等特考、104 年至 108 年各類人員薦任升等、105 年至 109 年關務人員四等特考、104 年至 108 年簡任升等考試，除簡任升等已停辦外，其餘均予延伸 110 年之考題，且再新增薦任升等審計類審計應用法規 106 年、108 年及 110 年與預算法、會計法、決算法、審計法相關之考題，同樣附參考答案，並就以前所附之答案加以檢視修正，其中如屬於直接引述上述四法條文或本文內容者改以簡略方式表達，俾精簡篇幅。

三、測驗題部分，原已包括 105 年至 109 年之高考及地方特考三等、104 年至 109 年鐵路特考高員三級及退除役軍人轉任特考等各類三等特考、104 年至 108 年各類人員薦任升等、105 年至 109 年經濟部所屬事業機構新進職員甄試、105 年至 109 年初等考試及地方特考五等，106 年至 109 年普考、地方特考四等、原住民族與退除役軍人轉任特考等各類特考之「政府會計概要」科目中，與預算法及決算法相關之題目，以上均予延伸 110 年之考題，且再新增台灣電力公司 110 年度新進僱用人員甄試試題，以上仍均以考選部所公布之答案為準據。

　　嗣後自第 3 版起所作之修訂，主要係配合相關法規之修正、實務情況之變動以及各類公職考試之命題趨勢，並予延伸後續各年之各類考題，但基於為控制全書篇幅，原則相對刪減較早年度之申論題及測驗題，僅保留其中較具有參考價值之部分申論題，敬請各界先進賡續支持及不吝指正。

陳春榮 謹誌

序

　　政府之會計審計法規，係以預算法、會計法、決算法及審計法（以下簡稱四法）為四大主軸，並與憲法、財政收支劃分法、地方制度法、公庫法、公共債務法、財政紀律法，乃至於政府會計等，均具有關聯性。又行政院、行政院主計總處、審計部等亦訂有相關子法、細則及與預算案編製、審議、執行、會計事務處理、決算、審計事務等諸多補充規範及於實際作業時應行注意事項，因此所牽涉的範圍甚為廣泛。本書主要目的即期望在此涵蓋諸多複雜與多樣的範疇內，能作一個較清晰且有系統的梳理，俾讀者對於會計審計法規的整體狀況能夠由淺入深、體會各條文之意義與政府部門實務運作情形，從而得以有效掌握重點，並循序漸進地學習及瞭解。

　　87 年 10 月 29 日修正公布之預算法，變動幅度甚大，並鑑於預算法條文多屬原則性或程序性之規定，不易直接從條文文字瞭解實質意義。財團法人主計協進社基於宏揚主計學術，促進主計業務發展之目的，於 98 年 8 月組成預算法研析工作小組，糾集對預算法有相當研究且具實務經驗之主計人員，以分工方式對各條文內容進行研析工作。研究結果再參考學者專家之寶貴意見修正後綜整成冊，於 100 年 6 月出版《預算法研析與實務》，俾提供主計同仁、機關單位或民間及學術部門研讀預算法之參考。

　　基於《預算法研析與實務》一書，在預算理論之探討、對法律條文內容實質意義的瞭解及實務運用等方面，已發揮甚大之效果。財團法人主計協進社爰於 100 年 7 月賡續組成「決算法研析工作小組」，仍集結對決算法有相當研究與具實務經驗之主計人員，再度以分工方式對各條文內容進行研析工作，亦將最後之研析結果綜整成冊，於 102 年 9 月出版《決算法研析與實務》。107 年間行政院主計總處考量近年來政府會計變革幅度甚大，為使主計同仁、學校教師與學生們瞭解我國政府會計理論及實務，再由財團法人主計協進社於 107 年 7 月間成立政府會計專書籌編專案小組，邀集在會計學術與實務領域均享有重望的學者專家，以及政府部門對會計實務經驗豐富之資深主辦會計人員擔任編輯委員，並於 109 年 1 月出版《政府會計》一書。以上有關預算法與決算法之研析，以及政府會計專書之籌編，本人有幸均能全程參與。

　　政府之會計審計法規，除了前述的預算法、決算法以及部分與政府會計具相關者外，主要尚有會計法及審計法。衡酌「會計審計法規」目前大多已列為主計人員等在職訓練進修、大學校院會計科系及參加公職考試之重要教材或科目。因此與部分主計同仁研討籌編會計審計法規一書之可行性，獲得支持共襄盛舉。因此不揣淺陋，本著我們以往曾經參與預算法、決算法研析及政府會計專書編輯之累積經驗從事撰寫工作，並以可因應各方面之參考應用作為努力目標，經參考相關文獻就所完成本書之主要特色說明如下：

1. 於全書之緒論與預算法等四篇之導論作綜合分析與敘述，俾利瞭解整體概念，並於各篇之每一章內按四法之條文性質分別歸納集中，且在標頭以粗體字表達，俾易於掌握各條文之相關性。

2. 在所歸納的法律條文之下分別作解析，解析中對於四法條文之名詞及內容涵義、與其他法規及政府會計相關聯部分、政府部門實務運作情形等，作簡明扼要但採取有系統之說明，並附必要之表及圖，以供對照參考。

3. 在各篇章本文之後均附「作業及相關考題」，以利於研讀本文後即可自行測試瞭解程度與熟悉各類公職考試之命題重點及趨勢。又以上之「作業及相關考題」，包括名詞解釋、申論題及測驗題，其中申論題及測驗題所蒐集的題目範圍已涵蓋所有不同類別之公職考試，其內容原則按各法之條文順序排列，俾利閱讀與瞭解，至於如有跨不同條文及篇章者，則按其題目之內容重點或性質加以判斷後列入較適當篇章內。

4. 各篇章內之申論題，考選部一向未公布正確或參考答案。本書所蒐集之申論題題目，包括 98 年至 109 年之高考及地方特考三等、104 年至 109 年鐵路特考高員三級與退除役軍人轉任特考等各類三等特考、104 年至 108 年各類人員薦任升等、105 年至 109 年關務人員四等特考、104 年至 108 年簡任升等考試等，並對每一申論題均附答案供參考。

5. 各篇章內之測驗題係以考選部所公布之答案為準據。本書所蒐集之測驗題題目，包括 105 年至 109 年之高考及地方特考三等、104 年至 109 年鐵路特考高員三級及退除役軍人轉任特考等各類三等特考、104 年至 108 年各類人員薦任升等、105 年至 109 年經濟部所屬事業

機構新進職員甄試、105 年至 109 年初等考試及地方特考五等。另亦將 106 年至 109 年包括普考、地方特考四等、原住民族與退除役軍人轉任特考等各類特考之「政府會計概要」科目中，與預算法及決算法相關之題目一併納入。

本書所牽涉的範圍既廣，內容亦多且複雜，在整個撰寫與編輯過程的 1 年多時間裡，獲得以往於擔任公職期間許多熱心同事的支持、鼓勵與協助，使得本書得以順利完成，爰特表達衷心及誠摯的感謝。又本書雖經多次核校修正，仍恐有疏漏之處，尚祈各界先進不吝指正。

陳春榮 謹誌

目　錄

緒　論

　　會計審計法規，係以預算法、會計法、決算法及審計法等四法為主，但其中部分條文內容與憲法、財政收支劃分法、地方制度法、公庫法、公共債務法、財政紀律法以及政府會計等具有關聯性。又行政院、行政院主計總處（以下簡稱主計總處）、審計部等亦訂有相關子法、細則，尚有與預算案編製、審議、執行、會計事務處理、決算、審計事務等諸多補充規範以及於實際作業時應行注意事項，必須一併加以說明，始能瞭解整體狀況。此外，政府係按不同機關或組織性質分別編列預算案，送經立法機關審議通過後據以執行，接著根據預算執行結果產生會計紀錄與會計報告，再於年度終了或特別預算執行期滿後編造決算，另由審計機關監督預算之執行、考核財務效能及核定財務責任。因此在本書各篇之前首先綜合闡明政府所設置之執行組織、各執行組織之財務運作，以及會計審計相關法規概況，俾利後面賡續按照預算法、會計法、決算法及審計法之篇章閱讀。

一、政府設置之執行組織

　　參考政府會計觀念公報第 1 號第三段及第四段規定，稱政府者，包括具有公法人地位之國家及地方自治團體兩類，並以其執行機關名義統稱為中央政府及各級地方政府。以下為政府所設置之執行組織。

(一)公務機關

1. 公務機關係指國家或地方自治團體行使公權力、落實政策推動之基本組織體，依法包括行政機關、立法機關、司法機關、考試機關及監察機關等。

2. 公務機關在中央政府方面，依憲法、行政院組織法及各機關組織法、組織條例、組織通則等規定，一級機關有總統府、行政院、立法院、司法院、考試院、監察院等。其下設有二級機關，如行政院設內政部、外交部、國防部、國家發展委員會、主計總處、中央銀行等；監察院設審計部。亦有二級機關再下設三級機關，如內政部設營建署、警政署；財政部設國庫署、賦稅署。三級機關又下設四級機關，如警

政署設刑事警察局、各保安警察總隊等。

3. 公務機關在地方政府方面，根據地方制度法第 3 條規定，地方劃分為省、直轄市；省劃分為縣、市；縣劃分為鄉、鎮、縣轄市。第 83 條之 2 規定，直轄市山地原住民區準用鄉（鎮、市）規定。又自 88 年起，省政府為行政院派出機關，非為地方自治團體，自 108 年起再予以虛級化，故我國各級政府，包括中央政府、直轄市、縣（市）、鄉（鎮、市）及直轄市山地原住民區。各地方政府並依地方自治法規定，分設公務機關，如縣設縣議會、縣政府；直轄市設直轄市議會、直轄市政府等。

(二)公營事業機構

公營事業機構係指由國家或地方自治團體獨資經營之機構，或與民間合資經營，政府資本（包括公務機關、公營事業機構及其轉投資公司、政府作業基金及公立學校等，即所謂泛公股）超過 50%之機構。在中央政府稱為國營事業，如中央銀行、台灣糖業股份有限公司、台灣中油股份有限公司等。

(三)公立學校

公立學校係指依各級學校法規定，由國家或地方自治團體設立之各級學校。包括：公立國民小學、國民中學、高級中學、高級職業學校、大學校院及專科學校等。由中央政府所設立者稱為國立學校，地方政府所設立者稱為市立學校、縣立學校。

(四)公務機關、公營事業機構與公立學校另設置之特種基金

公營事業如台灣糖業股份有限公司，係設置營業基金。公立學校除內政部所屬警察學校（包括編列單位預算之中央警察大學、編列單位預算之分預算的臺灣警察專科學校）與國防部所屬軍事校院以公務預算型態編列外，中央政府係就每一個國立大學校院及其附設醫院各設置一個作業基金，如國立臺灣大學校務基金、國立政治大學校務基金、國立臺灣大學附設醫院作業基金，所有國立高級中等學校合併設置一個國立高級中等學校校務基金；地方政府之幼兒園、國民中小學及高級中等學校則各合併設置

一個特別收入基金，如臺北市地方教育發展基金。另部分公務機關依法律或為因應辦理特定政務需要，根據預算法第 4 條規定，設置以歲入供特殊用途之特種基金。例如：

1. 國家科學及技術委員會（以下簡稱國科會）為開發與管理科學園區，設置科學園區管理局作業基金，屬於作業基金。
2. 交通部為有效推展與管理自償性及具特定財源之交通建設計畫，統籌辦理其興建、營運、維護及自償部分之資金籌措、償還等事宜，成立交通作業基金，屬於作業基金。
3. 環境部以所課徵之空氣污染防制費為財源，設置空氣污染防制基金，從事環境綠化等各項減碳措施，為環境保護基金之分基金，屬於特別收入基金。
4. 財政部設置中央政府債務基金，辦理債務付息、籌措財源償還政府債務及舉借新債償還舊債等。
5. 國防部設置國軍營舍及設施改建基金，以國軍不適用營地處分及營區騰讓之得款，專款專用辦理新營舍之土地購置、整地及興建等，屬於資本計畫基金。

(五)行政法人

　　行政法人係指除國家及地方自治團體等公法人外，依據法律成立，且能自主其人事與財務事宜之公法人。屬於政府為推動公權力行政程度較低，但又不適合交由民間或行政機關辦理之公共事務所設置之組織。例如，國防部主管的國家中山科學研究院，教育部主管的國家運動訓練中心，文化部主管的國家表演藝術中心等。

二、中央政府執行組織之財務運作

(一)中央政府組織無論是為維持基本運作，或為推動各項政務、建設、履行相關法令規定，乃至於各級國立學校及國營事業機構之收支等，均必須依預算法等規定編列預算案，送請立法院審議。

(二)政府的財政秩序始於預算，終於決算；決算為年度會計報告之終結數據，可顯示預算執行結果，作為考核預算執行之績效及瞭解政府財務之運作情形。又為加強財務監督並為詳確辦理之依據，有賴會計制度

之建立。另由審計機關監督預算之執行、考核財務效能及核定財務責任等。以上之財務運作必須遵循預算法、決算法、會計法、審計法及其他相關法規辦理。

(三)政府係按各種執行組織之性質與需求，並就不同用途資源以設置基金方式予以區隔，以期分別管理及運用。主要劃分如下：

1. 普通基金：各機關歲入之供一般用途者，如稅課收入、營業盈餘及事業收入、規費收入等，本統收統支原則成立普通基金，作為支應一般政務之財源，並編列單位預算及總預算，大多數公務機關如行政院、內政部、教育部及交通部等之收支均納入普通基金。

2. 政府特種基金：歲入之供特殊用途者，設置特種基金管理及以附屬單位預算型態編列，包括營業基金、作業基金、特別收入基金、債務基金及資本計畫基金。部分公務機關，例如，文化部所屬之國立歷史博物館、國立中正紀念堂管理處、國立國父紀念館等合併設置國立文化機構作業基金；教育部所屬之國立自然科學博物館、國立科學工藝博物館、國立海洋生物博物館、國立臺灣科學教育館、國立臺灣圖書館及國立海洋科技博物館等六館合併設置教育部所屬機構作業基金。又大部分國立學校、國營事業機構等設置特種基金，且部分編列單位預算之公務機關為因應辦理特定政務需要，亦有依預算法第 4 條及相關法律規定，另行設置特種基金者，例如，國防部設置國軍生產及服務作業基金，行政院設置花東地區永續發展基金等，每一個特種基金各自為一獨立之財務及會計個體。尚有信託基金，係政府以受託者或代理人身分，按照信託者所定的條件，代為管理或處分財產所設立者，政府並無所有權，故不納入中央或地方政府財務報表中，中央政府係於中央政府總預算附屬單位預算及綜計表（非營業部分），及於中央政府總決算附屬單位決算及綜計表（非營業部分）中，以附錄方式揭露相關財務資訊，例如，考試院主管之公務人員退休撫卹基金，勞動部主管之勞工退休基金，部分機關之獎學基金等。

3. 有關政府組織與基金關係如圖 1。

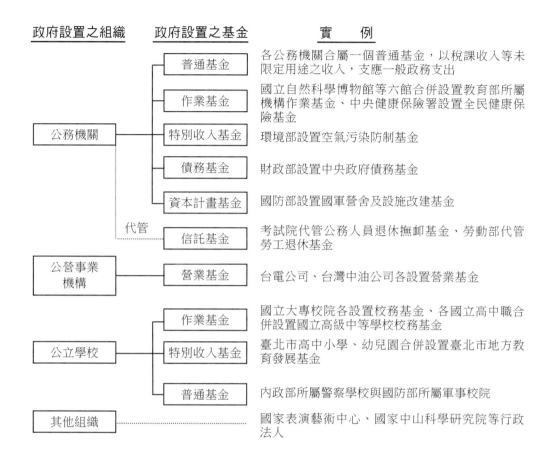

圖 1　政府組織與基金關係圖

註：中央政府國立學校係設置作業基金，地方政府公立學校則設置特別收入基金管理。

資料來源：修改自主計月報社（民 109），《政府會計》，頁 50。

三、會計審計相關法規概況

(一)預算法

　　預算法係規範中央政府預算之籌劃、擬編、審議、執行、追加預算及特別預算、附屬單位預算等。依預算法第 96 條規定，為適用中央政府之法律，至於地方政府方面，在尚未另訂有關地方政府預算籌編及執行之法律前，係準用預算法規定，但地方制度法第 40 條與第 41 條訂有地方政府總預算案籌編時程及審議程序等應優先適用，其餘則準用預算法之規定。另

主計總處每年度並編印有下列文件作為補充規範：

1. 總預算編製作業手冊，內容主要包括：

(1)財政紀律法及預算法。

(2)由行政院訂定之中央及地方政府預算籌編原則（係依預算法第 32 條第 1 項、地方制度法第 71 條第 1 項及財政收支劃分法第 35 條之 1 第 1 項規定訂定）、中央對直轄市及縣（市）政府補助辦法（係依財政收支劃分法第 30 條第 2 項及地方制度法第 69 條第 3 項規定訂定）、落實零基預算精神強化預算編製作業精進措施、行政院所屬各機關中長程個案計畫編審要點、中央政府中程計畫預算編製辦法（係依預算法第 32 條規定訂定）、中央政府總預算編製辦法（係依預算法第 31 條規定訂定）、政府公共建設計畫先期作業實施要點、政府科技發展計畫先期作業實施要點、行政院重要社會發展計畫先期作業實施要點、直轄市及縣（市）總預算編製要點等。

(3)由主計總處訂定之各類歲入、歲出預算經常、資本門劃分標準（係作為預算法第 10 條之補充規定）、歲入來源別預算科目設置依據與範圍、歲出政事別科目歸類原則與範圍、歲出機關別預算科目設置要點、各機關歲出按職能及經濟性分類應行注意事項、共同性費用編列基準表、用途別預算科目分類定義及計列標準表、中央政府各級機關單位分級表（係依預算法第 3 條規定訂定）、概預算編製相關規定及表件等。

2. 總預算附屬單位預算編製作業手冊，內容主要包括：

(1)由行政院訂定之中央政府總預算附屬單位預算編製辦法（係依預算法第 31 條規定訂定）、直轄市及縣（市）總預算附屬單位預算編製要點、自償性公共建設預算制度實施方案、國營事業長期計畫與年度預算配合作業實施要點、國營事業固定資產投資計畫編製評估要點等。

(2)由主計總處訂定之附屬單位預算共同項目編列作業規範、概預算編製相關規定及表件等。

3. 各機關單位預算執行作業手冊，內容主要包括：

(1)由行政院訂定之中央對各級地方政府重大天然災害救災經費處理辦法（係依災害防救法第 58 條第 3 項規定訂定）、各機關單位預算

執行要點（適用中央及地方政府各機關）、各機關員工待遇給與相關事項預算執行之權責分工表、中央政府各機關單位預算分配注意事項、中央政府各機關單位預算財務收支處理注意事項、中央政府總預算案未能依限完成時之執行補充規定（係作為預算法第 54 條之補充規定）、直轄市及縣（市）各機關單位預算分配注意事項、中央對各級地方政府支用災害準備金審查原則等。

(2)由主計總處訂定之各機關執行單位預算有關用途別科目應行注意事項、預算法第 62 條之 1 執行原則、預算法第 63 條但書規定之執行原則、預算執行相關規定及表件等。

4. 附屬單位預算執行作業手冊，內容主要包括由行政院訂定之附屬單位預算執行要點（適用中央及地方政府）、中央政府非營業特種基金裁撤機制辦法（係依財政紀律法第 8 條第 4 項規定訂定）、公營事業機構員工待遇授權訂定基本原則、國營事業機構營業盈餘解庫注意事項、中央政府非營業特種基金賸餘解庫及短絀填補注意事項等；由主計總處訂定之附屬單位預算執行相關規定及表件。

5. 總預算半年結算報告編製作業手冊，內容包括由行政院訂定之總預算半年結算報告編製要點（適用中央及地方政府）；由主計總處訂定之編製半年結算報告相關表件。

6. 總預算附屬單位預算半年結算報告編製作業手冊，內容包括由行政院訂定之總預算附屬單位預算半年結算報告編製要點（適用中央及地方政府）；由主計總處訂定之編製半年結算報告相關表件。

(二)會計法

　　會計法係規範各級政府及其所屬機關辦理各項會計事務，包括會計制度、會計事務程序、內部審核及會計人員等。主計總處另訂有內部審核處理準則、支出憑證處理要點，並與行政院公共工程委員會會銜訂定機關主會計及有關單位會同監辦採購辦法等作為補充規範。

(三)決算法

　　決算法係規範中央政府決算之編造、審核及公告等。依決算法第 31 條規定，與預算法同為適用中央政府之法律，至於地方政府方面，在尚未另

訂有關地方政府辦理決算之法律前,係準用決算法規定,但地方制度法第
42 條訂有地方政府決算應提出之期限、審計機關審核決算與地方議會審議
決算及決算公告規定,應優先適用,其餘則準用決算法之規定。另主計總
處每年度並編印有下列文件作為補充規範:

1. 總決算編製作業手冊,內容包括由行政院訂定之總決算編製要點(適
   用中央及地方政府);由主計總處訂定之編製決算相關表件。
2. 總決算附屬單位決算編製作業手冊,內容包括由行政院訂定之總決算
   附屬單位決算編製要點(適用中央及地方政府);由主計總處訂定之
   編製決算相關表件。

(四)審計法

　　審計法係規範各級政府及其所屬機關財務之審計,包括公務審計、公
有營業及公有事業審計、財務審計、考核財務效能及核定財務責任等。審
計部並另依審計法第 81 條規定擬定審計法施行細則,呈請監察院核定施
行。

四、作業及相關考題

※名詞解釋

(一)政府
　　(註:答案詳本文一)
(二)公務機關
(三)公營事業機構
(四)公立學校
(五)行政法人
　　(註:(二)至(五)答案詳本文一、(一)(二)(三)(五))

※申論題

(一)政府設置之執行組織有哪些,請分別說明其意義,並舉例之。
　　(註:答案詳本文一)
(二)政府係按各種執行組織之性質與需求,並就不同用途資源以設置基金
　　方式予以區隔,以期分別管理及運用。請繪圖並簡要說明各種執行組

織與基金之關係。

（註：答案詳本文二、(三)）

※測驗題

(一)高等考試三級（以下簡稱高考）、普通考試（以下簡稱普考）、薦任升
　等、三等及四等各類特考

(B)1.下列何種法律適用全國各級政府？①預算法②決算法③會計法④審計
　　法(A)①②(B)③④(C)①③④(D)①②③④【111 年地方特考（以下簡稱
　　地特）三等】

(B)2.下列關於預算法及決算法之敘述，何者正確？①適用對象為中央政府
　　②適用對象為中央及地方政府③立法院審議總預算案及總決算時，行
　　政院長、財政部長、主計長及審計長均應列席備詢④政府預算及決算
　　每一年度辦理一次，特別預算的收支，應於其執行屆滿後，依決算法
　　規定編造決算(A)僅①③(B)僅①④(C)僅②③(D)僅②③④【108 年普考
　　「政府會計概要」】

(A)3.依會審法規之規定，下列敘述何者正確？①地方政府預算，另以法律
　　定之。前項法律未制定前，準用預算法之規定②地方政府決算，另以
　　法律定之。前項法律未制定前，準用決算法之規定③地方政府會計，
　　另以法律定之。前項法律未制定前，準用會計法之規定④地方政府審
　　計，另以法律定之。前項法律未制定前，準用審計法之規定(A)①②
　　(B)①③(C)②③(D)③④【108 年地特三等】

(A)4.審計法施行細則由下列何機關核定施行？(A)監察院(B)立法院(C)行政
　　院(D)審計部【108 年鐵路特考高員三級（以下簡稱鐵特三級）及退除
　　役軍人轉任特考（以下簡稱退除役特考）三等】

(A)5.地方政府及其所屬機關財務之審計，依據何種規定？(A)審計法(B)地
　　方審計法(C)制定地方審計法，未制定前準用審計法規定(D)地方制度
　　法【106 年高考】

(D)6.中央政府各級機關單位之分級由何機關定之？(A)總統府(B)行政院(C)
　　立法院(D)行政院主計總處【106 年高考】

(二)初等考試（以下簡稱初考）、地特五等、經濟部所屬事業機構新進職員甄試（以下簡稱經濟部事業機構）及台灣電力公司新進僱用人員甄試（以下簡稱台電公司新進僱員）

(A)1.會審法規之適用範圍，下列何者屬適用中央政府、準用地方政府？①預算法②會計法③決算法④審計法(A)①③(B)①②(C)①②③(D)①②④【106 年經濟部事業機構】

(C)2.依預算法、決算法、會計法及審計法之規定，其各法所定直接適用範圍，下列敘述何者正確？(A)預算法與審計法相同(B)預算法與會計法相同(C)預算法與決算法相同(D)決算法與會計法相同【109 年初考】

(D)3.下列何種法規，未要求中央與地方政府相關程序等規範，須為完全一致之處理？(A)預算法、會計法(B)會計法、審計法(C)審計法、決算法(D)決算法、預算法【107 年初考】

(C)4.下列會計審計相關法規中，有哪些全國性之法規，地方政府可另以法律定之？(A)預算法、決算法、會計法、審計法(B)預算法、決算法、會計法(C)預算法、決算法(D)會計法、審計法【106 年地特五等】

(C)5.依決算法第 31 條規定，地方政府決算，另以下列何者定之？(A)行政命令(B)中央決算法(C)法律(D)法令規章【110 年台電公司新進僱員】

(C)6.依審計法及其施行細則規定，審計法施行細則應由下列何者核定？(A)行政院(B)總統(C)監察院(D)立法院【111 年初考】

(D)7.中央政府各級機關單位之分級，由下列何機關定之？(A)總統府(B)立法院(C)審計部(D)中央主計機關【108 年初考】

(D)8.依現行預算法規定，各級機關單位之分級，由下列何者定之？(A)行政院(B)審計部(C)各主管機關(D)中央主計機關【109 年初考】

註：初等考試及地方特考五等之考試科目為「會計審計法規大意」，關務人員四等之考試科目為「會計審計法規概要」，簡任升等之考試科目為「會計審計法規研究」，薦任升等審計類之考試科目為「審計應用法規」，又普考與四等特考「政府會計概要」科目含有部分預算法及決算法相關試題，其餘各項考試之考試科目均為「會計審計法規」。

第一篇

預算法

導　論

壹、政府預算的定義

　　政府預算，係一個政府在一定期間內，通常為 1 年，為達成政治、經濟、社會等施政上之目的，根據政府施政方針，以政府整體資源與國民負擔能力為估計基礎，所預定之財政收支計畫書，於獲得立法機關同意或授權後實施。即經由政治程序，所為政府資源之分配與政府各機關財務收支執行之準據。

貳、政府預算的功能與特質

一、資源配置

　　政府預算係以施政方針為基礎，經由計畫作業的規劃及評比過程，決定政府施政的優先順序與目標，將各部門施政計畫與所需預算做具體表達，送請民意機關審議通過後實施，其執行結果並透過績效之考核，回饋至後續的預算案編製作業上。亦即將政府的資源，藉由此一預算案編製、審議、執行、考核的過程，做合理而有效率的分配及運用，以期達成政府整體施政目標。

二、財政規劃

　　政府預算在籌編之時，須先以政府整體資源及國民負擔能力為估計基礎，預測未來預算年度的國民生產毛額成長情形、政府的賦稅與其他各項收入、國民的負擔程度、適當的支出規模、收入是否足以支應支出，以及對經濟成長的貢獻等，亦即對政府財政從整體面予以規劃。又必須對收入與支出方面分別做通盤性的檢討規劃。

三、施政落實

　　政府各機關施政計畫與預算案經立法機關審議通過，成為措施性法律後，各機關必須依預算所定，妥善訂定實施步驟、估計分期資金需求及人

力資源配合等，將計畫付諸實施，其執行績效，並由管考單位據以檢討及考核，檢視政策目標是否達成，並作為政府後續政策研擬的參考。亦即透過預算程序以落實所欲達成之政治、經濟、社會等政策目標。

四、政治過程

政府預算主要在彰顯政府的財政政策，與全體國民福祉息息相關，其形成過程，在實施民主政治的國家，多由行政部門負責籌劃與編製，於完成預算案後再送請立法部門審議。因此，在行政部門確立預算案規模、編製內容及立法部門審議預算案的過程中，執政者、行政官員、政黨、國會議員、利益團體與其他有利害關係的民眾及相關團體等，為使其理念或偏好能反映於預算中，會經常出現互相競爭資源的情形。爰經由整個形成過程最後所產生之法定預算，可以說是受上述因素交叉影響的結果，即預算是一種政治過程的中心。

參、預算法的性質

一、預算法是民主政治的具體表徵

隨著民主政治的進展，預算成為人民藉以監督政府最重要的工具。預算法基本上就是規定行政部門如何籌編預算案及執行預算、立法部門如何審議預算案的法律。所以不是真正的民主國家，就不會有完整的預算法，或即使有了預算法，也不會有效地去執行。

二、預算法是財務行政的首要依據

財務行政工作，主要包括財務計畫、財務執行與財務監督等三項職能。財務計畫即預算案的籌編事項；財務執行包括收支控制、會計處理及公庫運作等事項；財務監督主要為決算、審計及稽察程序。如果沒有預算，不但收支控制、會計處理與公庫運作將會沒有軌道，就連同審計監督，也將無所依循。預算法基本上就是規範政府各部門如何做好財務計畫的法律，所以在有關財務行政法律，包括預算法、會計法、公庫法、決算法、審計法等，預算法乃居於首要法典的地位。

三、預算法是實體與程序兼備的法律

　　規定權利與義務具體內容的法律為實體法，規定體現實體之程序者為程序法。我國預算法不但有直接規定政府各部門間有關預算案編製、審議與執行的權利及義務，且有實現上述實體有關程序的規定，所以是一部實體與程序兼備的法律。

肆、各種預算制度特色與我國實施概況

　　國民政府於 21 年 9 月 24 日公布預算法九章共 96 條，26 年修正預算法時，納入複式預算之精神，自 53 年起廢止傳統費用預算制度改實施績效預算，60 年及 87 年兩次修正預算法，將設計計畫預算制度與多年期預算制度所主張長期計畫預算之規劃、全國總資源供需估測、預算授權、替代方案、成本效益分析等作業方法予以納入，亦有零基預算制度精神之相關規定。目前在預算法及相關預算編審作業規範中，仍有以上各種預算制度之若干特色。有關各種預算制度及預算決策方式之特色與我國實施概況之比較分述如下，顯示我國歷年來政府預算制度之演進，大致上符合國際發展趨勢。

一、傳統費用預算制度（1930 年代以前）

　　傳統費用預算制度，亦有稱為單式預算制度、行政預算制度、項目預算制度、費用列舉預算。

(一)預算制度之特色

1. 強調傳統上人民（或所選出代表）控制政府支出觀念。
2. 主張最好的財政計畫為經費使用最少的計畫，最好之租稅為人民負擔最輕之租稅。
3. 以「量出為入」及「收支平衡」作為編製預算案之原則。
4. 將政府所有之收入與支出均彙編於單一之總預算內，且不分經常性或資本性。
5. 歲入按來源別；歲出以機關別、費用別或用途別作為編製預算案之基礎。
6. 適合預算增量（漸進決策）之處理。

7. 重視支出，忽視結果（績效）、規劃及管理。

8. 目前仍有許多國家採用傳統費用預算制度。

(二)我國實施概況及預算法相關條文

1. 我國預算法於 21 年 9 月 24 日公布，開始確立預算制度。

2. 歲入以來源別科目、歲出以用途別科目之表達為主，預算書之內容極為簡單，且無公務成本之顯示。

3. 就歲入與歲出區分為經常門及臨時門，其中之臨時門於 26 年改為特殊門，37 年恢復為臨時門，60 年再改為資本門。

4. 中央政府總預算全案均列為機密，至 64 年度起始逐步改為公開。

5. 於 50 年度時將各級預算統一按計畫型態編列，廢棄原有按費用項目編製預算案之方式，並於 53 年度全面推行績效預算。

6. 預算法中與本項制度具有相關性者：

   (1)第 6 條第 3 項規定：「歲入、歲出之差短，以公債、賒借或以前年度歲計賸餘撥補之。」即「收支平衡」原則。

   (2)第 37 條前段規定：「各機關單位預算，歲入應按來源別科目編製之，歲出應按政事別、計畫或業務別與用途別科目編製之。」

二、複式預算制度（1927 年起）

(一)預算制度之特色

1. 強調長期平衡預算，積極運用預算以促進經濟發展，調整經濟景氣循環之目標。

2. 主張最好之政府為提供服務最多之政府，使政府支出不斷擴大。

3. 將政府預算劃分為經常預算與資本預算。

4. 經常支出原則上以政府一般經常性收入支應，仍須固守傳統之收支平衡原則。至資本支出則主要以公債收入籌措，俟經濟恢復繁榮後以經常收支之賸餘償還。

(二)我國實施概況及預算法相關條文

1. 我國早期預算已分為經常門與臨時門，26 年引進複式預算之作業觀念與技術，於修正預算法時明定：「歲入歲出預算，按其收支性質，分

為經常門、特殊門。」37 年將特殊門改為臨時門，60 年再修正為資本門。

2. 我國所採行之複式預算制度，未特別強調與落實長期預算平衡之觀念及做法。

3. 預算法中與本項制度具有相關性者：

(1)第 10 條第 1 項規定：「歲入、歲出預算，按其收支性質分為經常門、資本門。」

(2)第 23 條規定：「政府經常收支，應保持平衡，非因預算年度有異常情形，資本收入、公債與賒借收入及以前年度歲計賸餘不得充經常支出之用。但經常收支如有賸餘，得移充資本支出之財源。」

三、績效預算制度（1949 年起）

(一)預算制度之特色

1. 對投入與產出同等重視，亦強調支出與計畫配合，並計算其成效之管理導向，以提升支出之效率。

2. 以歲出政事別、施政計畫、業務計畫或工作計畫作為預算科目之分類。

3. 引用企業成本會計之方法，對政府施政成本進行分析及考核。

4. 按計畫（政事、業務計畫或工作計畫）決定預算，按預算尋求工作衡量單位，並計算每一單位所耗成本。

5. 以所耗之成本（或費用），比較效率（績效）之高低，並依效率實行考核。

6. 適用於單位預算機關，必須建立工作衡量制度，並儘可能計算公務成本。

7. 關注焦點為政策實施之過程。

8. 本制度要旨在使「預算配合計畫，計畫表達績效」，為產出導向及初步進入計畫導向。

(二)我國實施概況及預算法相關條文

1. 我國於 51 年度選擇中央政府與地方政府共 10 個機關開始試辦績效預

算。

2. 自 52 年度起歲出按政事別、機關別、業務計畫別及工作計畫別分類，並運用單位預算與選定工作衡量單位、數量，以衡量工作成本及績效。

3. 於 53 年度時按照行政院核定之「各實施績效預算機關編製單位預算準則」及「國防經費績效預算編製辦法」，中央政府各機關全面實施績效預算，臺灣省政府所屬各機關則於 54 年度施行。

4. 自 53 年度起於中央政府總預算書內加編「各機關已具績效要件計畫分析表」，於 87 年度時考量該表已無法達成真正衡量各機關實際績效之目標，爰予以取消。

5. 於 60 年修正預算法時，增列與實施績效預算最具相關性之第 33 條（現行第 37 條）規定：「各機關單位預算，歲入應按來源別科目編製之，歲出應按政事別、計畫或業務別與用途別科目編製之，各項計畫，除工作量無法計算者外，應分別選定工作衡量單位，計算公務成本編列。」

四、目標管理（1954 年起）

(一)預算制度之特色

1. 目標管理係指一種經由計畫與控制來達成組織目標的管理方法，乃由機關的上下級主管人員共同設定團體目標及各部門的目標，使各部門目標相互配合，並使各級主管產生工作的動機，最後能有效達成團體目標。強調預算之分權化、重視政策研究、參與目標設定、自我控制及鼓勵自我管理。

2. 目標管理之「目標」，包括各級單位共同的目標及個別之目標，即總目標→中層單位目標→基層單位目標→個人工作目標。且各單位必須擁有必要之資源及支持，俾得以實現所設定目標。

3. 目標管理運用於預算方面之實施重點為，在預算案編製之前，先設定目標，其次為發展實現成果之計畫，再據以分配預算資源、追蹤計畫執行、評估機構之績效與計畫之效能及效率，屬於由下而上廣博性之規劃。

4. 預算貫穿整個管理功能，至管理功能則增進預算之有效性。

(二)我國實施概況及預算法相關條文

1. 在計畫擬定之指導方面，按照行政院年度施政方針→各主管機關施政計畫及事業計畫→各單位預算機關施政重點及各附屬單位預算機構業務計畫→各單位內部權責分工，分別設定總目標及各層級單位之目標。

2. 在預算案編製方面，按照總預算→單位預算及附屬單位預算（含單位預算之分預算及附屬單位預算之分預算）→業務計畫→工作計畫→分支計畫，各依其目標或施政重點擬定個案計畫及編列預算案。

3. 中央政府自 84 年度起實施由上而下之歲出概算額度制，由各主管機關在核定歲出概算額度範圍內，本零基預算精神檢討擬編計畫及概算。

4. 行政院自 91 年度起推動施政績效評估制度，以目標管理及結果導向為原則評估機關組織整體績效，各部會應每年滾動檢討修正未來 4 年之中程施政計畫及年度施政計畫，擬定施政策略目標及績效衡量指標，於年度終了後辦理機關施政績效評估作業。

5. 預算法中與本項制度具有相關性者：
   (1)第 30 條規定：「行政院應於年度開始九個月前，訂定下年度之施政方針。」
   (2)第 31 條規定：「中央主計機關應遵照施政方針，擬訂下年度預算編製辦法，呈報行政院核定，分行各機關依照辦理。」
   (3)第 32 條第 1 項規定：「各主管機關遵照施政方針，並依照行政院核定之預算籌編原則及預算編製辦法，擬定其所主管範圍內之施政計畫及事業計畫與歲入、歲出概算，送行政院。」

五、設計計畫預算制度（PPBS）（1961 年起）

(一)預算制度之特色

1. 屬於跨部門之長期規劃（通常為 5 年），運用系統分析方法顯示達成目標之各種可行計畫，並衡量各種可行計畫之成本與效益。

2. 強調經濟計畫導向，建立以「計畫指導預算，預算支援計畫」之作業

準則。且長期計畫與分年預算之配合。

3. 實際作業步驟為：(1)計畫或目標之策定。(2)研提細目計畫。(3)編列預算。(4)照案實施及隨時追蹤考核。使設計、計畫與預算三者融合。

4. 採長期觀點及由上而下決定政策方向之作業程序，從事政府資源之分配，各部門並應打破本位主義。

5. 所關注焦點為政策或計畫實施之目的或結果，且決策制定傾向於系統取向及集權化，而非漸進取向及參與化。

6. 不僅重視資源之投入，亦重視產出之結果。

(二)我國實施概況及預算法相關條文

1. 國防部自 64 年起推行「國軍企劃預算制度」，67 年更名為「國軍計畫預算制度」。

2. 行政院於 65 年 11 月核定由原行政院主計處（目前之行政院主計總處）所擬之「現行預算制度作業改進方案」，中央政府及地方政府各機關自 68 年度起全面推行 PPBS，建立長程計畫，運用系統分析方法，並擬定替代方案。

3. 自 69 年度起、75 年度起與 80 年度起，分別加強重要經建投資計畫、重要科技計畫及行政院重要行政計畫之先期審查作業，由原行政院經濟建設委員會（目前之行政院國家發展委員會）、國家科學委員會（目前之國家科學及技術委員會）及行政院研究發展考核委員會（目前之行政院國家發展委員會）主辦。

4. 於 60 年 12 月修正之預算法增列第 30 條（現行第 33 條）規定，各主管機關之施政計畫與事業計畫及歲入、歲出概算，得視需要，為長期之規劃擬編；其辦法由行政院定之。

5. 行政院於 85 年度訂定「中央政府中程概算編製要點」，以逐步建立中長期預算制度。

6. 行政院根據預算法第 33 條規定，於 90 年 2 月 1 日訂定中央政府中程計畫預算編製辦法，並於 103 年 5 月 21 日修正。

7. 預算法中與本項制度具有相關性者，除前述之第 33 條外，尚有：

(1)第 34 條規定：「重要公共工程建設及重大施政計畫，應先行製作選擇方案及替代方案之成本效益分析報告，並提供財源籌措及資金

運用之說明,始得編列概算及預算案,並送立法院備查。」

(2)第 39 條規定:「繼續經費預算之編製,應列明全部計畫之內容、經費總額、執行期間及各年度之分配額,依各年度之分配額,編列各該年度預算。」

(3)第 85 條第 1 項第 7 款規定:「附屬單位預算中,營業基金預算之擬編……七、有關投資事項,其完成期限超過一年度者,應列明計畫內容、投資總額、執行期間及各年度之分配額;依各年度之分配額,編列各該年度預算。」

六、零基預算制度（1969 年起）

(一)預算制度之特色

1. 強調無論新舊計畫項目,均應以成本效益分析重新評估其必要性及價值,即由「零點」開始,並排列優先順序。

2. 屬「由下往上」之預算編製技術,致力於效益較低計畫之削減,以提升所採行計畫之效益及效能。

3. 作業程序包括:(1)訂定年度目標。(2)確定決策單位。(3)編製決策綱目表。(4)審核決策案。(5)排列各決策案之優先順序總表。(6)視所獲財源決定截止線,以彙編年度預算。

4. 決策綱目表,包括最低水準、中間水準、現行水準及增進水準等不同資金水準。慎重排列各項計畫決策綱目表的優先順序逐級上陳。

5. 各種不同程度之做法,各有其經費支援,並可使預算靈活運用,適應各種不同之需求。

(二)我國實施概況及預算法相關條文

1. 行政院核定之 68 年度中央政府總預算編審辦法第 5 條中規定,各機關在編製概算時,應貫注零基預算精神,但未另行說明具體作業程序及實施重點。

2. 原行政院主計處於 73 年 9 月提出落實零基預算精神之實施構想作為預算編審作業之參考。並自 76 年度起,於行政院核定之中央政府總預算編審辦法中訂定相關作業規定。

3. 原行政院主計處於 80 年度時訂定「檢討各機關 79 年度預算原則」，規定各機關應對 79 年度原有計畫與 80 年度新興計畫均同等重視，確切加以檢討。

4. 原行政院主計處於 85 年度時再訂定「中央各機關歲出編製有關落實零基預算主要精神作業要點」，規定各機關應按成本效益、施政優先緩急，排列優先順序，在所獲額度內編製預算。

5. 為強化零基預算檢討作業之深度與效度等，行政院於 106 年 5 月 15 日訂定「落實零基預算精神強化預算編製作業精進措施」取代前項作業要點，並於 107 年 1 月 26 日修正。

6. 預算法中與本項制度具有相關性者：

   (1)於 87 年增訂第 43 條規定：「各主管機關應將其機關單位之歲出概算，排列優先順序，供立法院審議之參考。前項規定，於中央主計機關編列中央政府總預算案時，準用之。」

   (2)第 49 條前段規定：「預算案之審議，應注重歲出規模、預算餘絀、優先順序。」

七、多年期預算制度（1977 年起）

(一)預算制度之特色

1. 以長期之觀點對各項計畫及經費需求在所定政事目標下，做多年度之規劃編列。

2. 大致有於年度預算文件中附加中程財政收支推估，或再包含中程財政計畫，以及一次編製兩年度以上預算等三種模式。

3. 嚴格控制各機關整體中長期計畫編列數額之常態性，避免刻意壓低第一年之編列數，至以後年度以延續性計畫為由，大幅擴增支出。

4. 經濟合作暨發展組織（OECD）與開發中等國家，大多偏重於中程財政規劃，美國部分地方政府採用一次編列兩年度預算方式。

(二)我國實施概況及預算法相關條文

1. 我國自 53 年度起實施績效預算，已具計畫預算型態。

2. 原行政院主計處於 57 年度訂定「中央政府各機關試辦 4 年概算辦

法」，開始試辦 4 年概算，58 年度修正為「中央政府各機關 58 年度試編 4 年概算要點」，因試辦效果不彰，於 67 年度停止。

3. 行政院自 59 年度起開始辦理全國總供需估測，61 年 7 月移由原行政院主計處接辦。自 69 年度起辦理「未來 5 年財政收支及重要投資事項估計」，以供決策參考。自 84 年度起配合歲出概算額度制之實施，與中長期預算及財務規劃作業制度之建立，將辦理預算收支之中程推估附入中央政府總預算案總說明內。

4. 預算法第 33 條有關各主管機關之施政計畫與事業計畫及歲入、歲出概算，得為長期之規劃擬編；其辦法由行政院定之。第 5 條、第 7 條、第 8 條、第 39 條與第 85 條第 1 項第 7 款中有關繼續經費及未來支用經費承諾之立法授權；第 83 條行政院得於年度總預算外提出跨多年度之特別預算等，均具有多年期預算制度性質。

八、由上而下預算制度（1980 年代起）

由上而下預算制度，亦有稱為目標基準預算、總體預算制度。

(一)預算制度之特色

1. 由中央預算主管機關事先確定預算目標，作為各機關編製預算案之準則。

2. 由行政首長與預算主管決定各機關之支出限額，再由各機關在限額範圍內，採行最有效能之方式編列預算案，以達成目標。

3. 強調各機關之預算目標採由上而下之中央集權化、系統化及預算在立法之控制，至於預算支出之執行，則逐漸分權化，由各機關負責。

4. 採目標預算或最高限額固定預算及精簡管理，以緊縮預算及撙節政府支出。

(二)我國實施概況及預算法相關條文

1. 我國中央政府自 84 年度開始辦理預算收支中程推估及實施由上而下之歲出概算額度制，均本抑制歲出規模之擴增，並適度放寬預算執行彈性之原則辦理。

2. 行政院自 84 年度起所先行分配之各主管機關歲出概算額度，包括各機

關基本運作需求、依法律義務必須編列之重大支出、分年辦理之一般
延續性計畫、公共建設計畫及科技發展計畫等。

3. 各機關在歲出概算額度範圍內編製概算，除應符合共同性與一致原則
及不得超出限額外，均予儘量尊重。

4. 為因應政府財政日益困難，常按各機關上年度歲出預算之部分項目數
額，先通案刪減一定比率後，再由各機關檢討編列歲出概算。

5. 預算法中與本項制度具有相關性者為第 36 條規定：「行政院根據中央
主計機關之審核報告，核定各主管機關概算時，其歲出部分得僅核定
其額度，分別行知主管機關轉令其所屬機關，各依計畫，並按照編製
辦法，擬編下年度之預算。」

九、績效基礎預算（1990 年代起）

績效基礎預算，亦有稱為結果導向預算、企業化預算制度、新績效預
算制度。

(一)預算制度之特色

1. 因應政府財政失衡及配合政府再造運動理念，以「減少施政成本」及
「提高服務效能」為主軸。

2. 預算過程應符合：(1)預算支用授權及彈性化。(2)節流分享，實施利潤
分享制度，允許各機關保留全部或大部分節餘之經費，轉入下一年度
支用。(3)強化政府施政成果之課責精神。(4)授能管理者及提供必要資
源，以執行決策。(5)策略規劃與績效管理之結合。

3. 將預算之分配與績效之衡量加以結合，並使行政部門獲得更多管理預
算之能力。

4. 簡化預算案編製及審查過程，鼓勵公務人員撙節資源及嘗試新構想，
使高級行政首長與立法者專注於大格局及重要議題上。

(二)我國實施概況及預算法相關條文

1. 將歲出用途別第一級科目由最多二十餘個，至 91 年度簡併為六個，並
放寬預算執行之彈性。又歲出用途別科目共分為四級，以提供管理資
訊從事有關成本效益分析、績效衡量評核與決策參據需要。

2. 自 90 年度起改進中央對地方補助制度，大幅增加由行政院直撥直轄市及縣（市）政府一般性補助款數額，以利各地方政府發揮施政特色，並加強考核各地方政府施政及開源節流績效，提升經費使用效能。

3. 自 100 年度起推動公務預算之編列採行收支同步考量之做法。即以增加歲出概度額度為誘因，鼓勵各機關加強開源。

4. 一般公務機關預算無節流分享之機制，但依預算法第 4 條規定及部分基金設置條例規定所設置之特種基金，則具有節流分享機制。例如國立大學校院自 85 年度起與國立高級中等學校自 96 年度起逐步實施校務基金，教育部所屬社教館所自 96 年度起分年設置作業基金，各地方政府公立中小學自 98 年度起落實地方教育發展基金（屬於特別收入基金）之運作，其開源節流所產生之賸餘可滾存基金於以後年度運用。

伍、作業及相關考題

※名詞解釋

一、政府預算
　　（註：答案詳本文壹）

二、傳統費用預算制度

三、複式預算制度

四、績效預算制度

五、目標管理

六、設計計畫預算制度

七、零基預算制度

八、多年期預算制度

九、由上而下預算制度

十、績效基礎預算
　　（註：二至十答案詳本文肆、一至九）

※申論題

一、政府預算有哪些功能與特質？

　　（註：答案詳本文貳）

二、預算法的性質為何？

　　（註：答案詳本文參）

三、請依預算法條文內容，說明現行我國政府預算制度中採行哪些財政學學理上的預算制度？【105 年高考】

答案：

　　我國政府預算制度採行財政學學理上的預算制度情形，經就各種預算制度之特色與預算法之相關條文分別說明如下：

(一)傳統費用預算制度

　1. 強調傳統上人民（或所選出代表）控制政府支出觀念；以「量出為入」及「收支平衡」作為編製預算案之原則；將政府所有之收入與支出均彙編於單一之總預算內，且不分經常性或資本性；歲入按來源別，歲出以機關別、費用別或用途別作為編製預算案之基礎。

　2. 預算法中與本項制度具有相關性者

　　(1) 第 6 條第 3 項規定，歲入、歲出之差短，以公債、賒借或以前年度歲計賸餘撥補之。即應收支平衡。

　　(2) 第 37 條前段規定，各機關單位預算，歲入應按來源別科目編製之，歲出應按政事別、計畫或業務別與用途別科目編製之。

(二)複式預算制度

　1. 強調長期平衡預算，積極運用預算以促進經濟發展，調整經濟景氣循環之目標；將政府預算劃分為經常預算與資本預算；經常支出原則上以政府一般經常性收入支應，仍須固守傳統之收支平衡原則。至資本支出則主要以公債收入籌措，俟經濟恢復繁榮後以經常收支之賸餘償還。

　2. 預算法中與本項制度具有相關性者

　　(1) 第 10 條規定，歲入、歲出預算，按其收支性質分為經常門、資本門。

　　(2) 第 23 條規定，政府經常收支，應保持平衡，非因預算年度有異常

情形，資本收入、公債與賒借收入及以前年度歲計賸餘不得充經常
支出之用。但經常收支如有賸餘，得移充資本支出之財源。

（三）績效預算制度

1. 對投入與產出同等重視，亦強調支出與計畫配合，並計算其成效之管理導向，以提升支出之效率；以歲出政事別、施政計畫、業務計畫或工作計畫作為預算科目之分類；按計畫（政事、業務計畫或工作計畫）決定預算，按預算尋求工作衡量單位，並計算每一單位所耗成本；按所耗之成本（或費用），比較效率（績效）之高低，並依效率實行考核。

2. 預算法中與本項制度具有相關性者為第 37 條規定，各機關單位預算，歲入應按來源別科目編製之，歲出應按政事別、計畫或業務別與用途別科目編製之。各項計畫，除工作量無法計算者外，應分別選定工作衡量單位，計算公務成本編列。

（四）設計計畫預算制度，亦具有多年期預算制度之部分特質

1. 屬於跨部門之長期規劃（通常為 5 年），運用系統分析方法顯示達成目標之各種可行計畫，並衡量各種可行計畫之成本與效益；強調經濟計畫導向，建立以「計畫指導預算，預算支援計畫」之作業準則，且長期計畫與分年預算之配合；實際作業步驟為：(1)計畫或目標之策定。(2)研提細目計畫。(3)編列預算。(4)照案實施及隨時追蹤考核。使設計、計畫與預算三者融合。

2. 預算法中與本項制度具有相關性者
   (1) 第 33 條規定，各主管機關之施政計畫及概算，得視需要，為長期之規劃擬編；其辦法由行政院定之。行政院爰據以訂定中央政府中程計畫預算編製辦法。
   (2) 第 34 條規定，重要公共工程建設及重大施政計畫，應先行製作選擇方案及替代方案之成本效益分析報告，並提供財源籌措及資金運用之說明，始得編列概算及預算案，並送立法院備查。
   (3) 第 39 條規定，繼續經費預算之編製，應列明全部計畫之內容、經費總額、執行期間及各年度之分配額，依各年度之分配額，編列各該年度預算。
   (4) 第 85 條第 1 項第 7 款規定，附屬單位預算中營業基金預算之擬

編，有關投資事項，其完成期限超過一年度者，應列明計畫內容、投資總額、執行期間及各年度之分配額；依各年度之分配額，編列各該年度預算。

(五)零基預算制度

1. 強調無論新舊計畫項目，均應以成本效益分析重新評估其必要性及價值，即由「零點」開始，並排列優先順序；屬於「由下往上」之預算編製技術，致力於效益較低計畫之削減，以提升所採行計畫之效益及效能；作業程序包括：(1)訂定年度目標。(2)確定決策單位。(3)編製決策綱目表。(4)審核決策案。(5)排列各決策案之優先順序總表。(6)視所獲財源決定截止線，以彙編年度預算。

2. 預算法中與本項制度具有相關性者

(1) 第 43 條規定，各主管機關應將其機關單位之歲出概算，排列優先順序，供立法院審議之參考。前項規定，於中央主計機關編列中央政府總預算案時，準用之。但我國所實施者，僅具有零基預算制度之部分精神。

(2) 第 49 條前段規定，預算案之審議，應注重歲出規模、預算餘絀、計畫績效、優先順序。

(六)由上而下預算

1. 由行政首長與預算主管決定各機關之支出限額，再由各機關在限額範圍內，採行最有效能方式編列預算；強調各機關之預算目標採由上而下之中央集權化、系統化及預算在立法之控制，至於預算支出之執行，則逐漸分權化，由各機關負責。

2. 預算法中與本項制度具有相關性者為第 36 條規定，行政院根據中央主計機關之審核報告，核定各主管機關概算時，其歲出部分得僅核定其額度，分別行知主管機關轉令其所屬機關，各依計畫，並按照編製辦法，擬編下年度之預算。

※測驗題

(A)1.下列何者為政府財務行政法律中之首要法典？(A)預算法(B)決算法(C)會計法(D)審計法【作者自擬】

(B)2.政府預算發展史有各種預算制度，依先後時間依序排列：①零基預算

②複式預算③設計計畫預算④績效預算(A)①②③④(B)②④③①(C)④②①③(D)②③④①【111年普考「政府會計概要」】

(B)3.下列那一種預算制度並不著重於衡量政府工作之公務成本？(A)零基預算制度(B)費用預算制度(C)績效預算制度(D)設計計畫預算制度【111年普考「政府會計概要」】

(A)4.預算法第 43 條規定各主管機關應將其機關單位之歲出概算，排列優先順序，供立法院審議之參考。上項規定係屬下列何種預算制度之特色？(A)零基預算制度(B)設計計畫預算制度(C)績效預算制度(D)複式預算制度【108年高考】

第一章　總　則

壹、預算法適用範圍、預算編製之目的與執行原則

一、預算法相關條文

第 1 條　中華民國中央政府預算之籌劃、編造、審議、成立及執行，依本法之規定。

預算以提供政府於一定期間完成作業所需經費為目的。

預算之編製及執行應以財務管理為基礎，並遵守總體經濟均衡之原則。

第 96 條　地方政府預算，另以法律定之。

前項法律未制定前，準用本法之規定。

二、解析

(一)預算法適用範圍

預算法在 37 年修正前，係適用於全國各級政府，配合憲法之施行，實施地方自治，37 年修正預算法及決算法，使之純屬於中央政府適用之法律。至地方政府預算及決算，則另以法律定之，在該法律未訂定前，準用預算法及決算法之規定。現行各地方政府實務運作規範，係以地方制度法等相關法律與準用預算法及決算法規定方式處理。

(二)名詞意義

1. 中央政府預算：包括總統府、行政院、立法院、司法院、考試院、監察院、國家安全會議等憲政機關及其所屬機關之預算收支。
2. 一定期間：以年度預算及追加預算而言，指政府會計年度；就特別預算而言，則指特別預算所涵蓋期間。
3. 作業：指各機關執行相關法律與施政計畫之一切行政程序及作為。

(三)預算編製與執行原則

1. 政府於編製預算案時，應妥善考量整體經濟發展情勢，以及各項可能

影響之經濟因素，遵守總體經濟均衡之原則，並以財務管理為基礎，確保政府財政之健全。

2.各機關於執行預算時，應在有限資源內完成施政計畫，並發揮財務效能。

貳、按預算編審及執行階段之不同分類

一、預算法相關條文

第2條　各主管機關依其施政計畫初步估計之收支，稱概算；預算之未經立法程序者，稱預算案；其經立法程序而公布者，稱法定預算；在法定預算範圍內，由各機關依法分配實施之計畫，稱分配預算。

二、解析

(一)概算

係各主管機關遵照行政院年度施政方針及預算政策，擬定施政計畫，並依施政計畫初步估計收支所編之文件，是行政院編製預算案之基礎。

(二)預算案

係行政院就各主管機關所編報之概算，考量財政經濟發展情勢，經彙整審核整理並提報行政院院會通過，送請立法院審議之文件。

(三)法定預算

係行政院送請立法院審議之預算案，經立法院三讀程序審議通過，並由總統依法公布者。如預算案雖已獲立法院審議通過並送請總統公布，但總統尚未公布時，仍為預算案階段，尚非屬法定預算。

(四)分配預算

係各機關在法定預算範圍內，依預算法及行政院所訂各機關單位預算執行相關規定分配實施之計畫，為預算執行階段的主要依據。

參、機關單位之分級

一、預算法相關條文

第3條　稱各機關者，謂中央政府各級機關；稱機關單位者，謂本機關及
所屬機關，無所屬機關者，本機關自為一機關單位。

前項本機關為該機關單位之主管機關。

各級機關單位之分級，由中央主計機關定之。

二、解析

(一)機關之認定標準

依行政院 69 年 7 月 17 日台⑹⑼規屬字第 8247 號函規定，「機關」必須
具備以下四項認定標準，缺一不可：

1. 獨立編制：係指「機關」應具有經權責機關核定之編制表。按照銓敘
部訂定之「各機關辦理組織編制案件有關職稱官等職等事宜應行注意
事項」第 5 點規定，中央各級行政機關及地方三級以上行政機關之組
織編制案件，係循行政程序報由相關院（如行政院）函送考試院辦
理。地方四級以下行政機關及各級事業機構之組織編制案件，則循行
政程序報由省市政府或主管部會行處局署函銓敘部辦理。

2. 獨立預算：按照原行政院主計處 82 年 11 月 5 日台⑻⑵處忠一字第
11855 號書函釋示，指預算法第 16 條所定單位預算、單位預算之分預
算、附屬單位預算及附屬單位預算之分預算而言。

3. 依法設置：係指必須有組織法、組織條例或組織通則作為設立之依
據。

4. 對外行文：按照印信條例第 6 條與第 15 條規定，中央及地方機關蓋用
於機關公文之印信，其首長為薦任以上者，由總統府製發；為委任
者，由其所屬主管部會或省（市）縣（市）政府依定式製發。印信係
據以對外表明責任，故「對外行文」可解釋為擁有印信者。

(二)機關、單位及機關單位之意義

1. 機關：中央行政機關組織基準法第 3 條第 1 款規定，稱機關者，係就
法定事務，有決定並表示國家意思於外部，而依組織法律或命令設

立，行使公權力之組織。

2. 單位：中央行政機關組織基準法第 3 條第 4 款規定，單位係基於組織之業務分工，於機關內部設立之組織。

3. 機關單位：係指由一個或數個機關所組成之「機關群體」，以一個本機關為主，所屬機關為輔，本機關與所屬機關具備統屬關係，即本機關為主管機關，在預算法相關條文中賦予必要之預算地位與管轄任務。例如，財政部為主管機關亦為本機關，與其所屬之國庫署、賦稅署及臺北國稅局等組成機關群體即機關單位。至於若無所屬機關者如立法院、僑務委員會等，則其本機關即自成一個機關單位。

(三)機關單位之分級

主計總處訂有「中央政府各級機關單位分級表」，如表 1.1.1，分為主管機關、單位預算、單位預算之分預算等三級。主管機關包括總統府、行政院、立法院、司法院、考試院、監察院、內政部等二十五個。內政部主管之下分為內政部、國土管理署及所屬、警政署及所屬等九個單位預算。警政署及所屬單位預算之下分為警察通訊所、警察機械修理廠、刑事警察局、臺灣警察專科學校等單位預算之分預算。有關單位預算與單位預算之分預算所需具備之分級要件如下：

1. 「單位預算」之編列，應以編列機關之組織係單獨立法（僅指組織法、組織條例及組織通則）設置者為限，惟具備上述要件者，亦得考量該機關之行政層級、首長職等高低、預算金額大小及員額多寡等因素，按單位預算之分預算方式編列。

2. 「單位預算之分預算」之編列，應以編列機關或單位置有主辦會計、業務主管及總務主管（指採購、出納等）者，主辦會計及總務主管可為專任或兼任，又其組織係以命令訂定之四級機關及學校，或依前項規定編列單位預算之分預算者為限。

3. 有關「單位會計」及「單位會計之分會計」的劃分，與本分級要件相同。

表 1.1.1　中央政府各級機關單位分級表

主管機關	單位預算	單位預算之分預算
總統府	總統府 國家安全會議 國史館 國史館臺灣文獻館 中央研究院	
行政院	行政院 主計總處 人事行政總處 公務人力發展學院 國立故宮博物院 國家發展委員會 檔案管理局 原住民族委員會 原住民族文化發展中心 客家委員會及所屬 中央選舉委員會及所屬 核能安全委員會及所屬 公平交易委員會 國家通訊傳播委員會 大陸委員會 國家運輸安全調查委員會 不當黨產處理委員會 公共工程委員會	客家文化發展中心 各直轄市及縣市選舉委員會
立法院 司法院	立法院 司法院 最高法院 最高行政法院 臺北高等行政法院 臺中高等行政法院 高雄高等行政法院 懲戒法院 法官學院 智慧財產及商業法院 臺灣高等法院 臺灣高等法院臺中分院 臺灣高等法院臺南分院 臺灣高等法院高雄分院	

表 1.1.1　中央政府各級機關單位分級表（續）

主管機關	單位預算	單位預算之分預算
	臺灣高等法院花蓮分院	
	臺灣臺北地方法院	
	臺灣士林地方法院	
	臺灣新北地方法院	
	臺灣桃園地方法院	
	臺灣新竹地方法院	
	臺灣苗栗地方法院	
	臺灣臺中地方法院	
	臺灣南投地方法院	
	臺灣彰化地方法院	
	臺灣雲林地方法院	
	臺灣嘉義地方法院	
	臺灣臺南地方法院	
	臺灣橋頭地方法院	
	臺灣高雄地方法院	
	臺灣屏東地方法院	
	臺灣臺東地方法院	
	臺灣花蓮地方法院	
	臺灣宜蘭地方法院	
	臺灣基隆地方法院	
	臺灣澎湖地方法院	
	臺灣高雄少年及家事法院	
	福建高等法院金門分院	
	福建金門地方法院	
	福建連江地方法院	
考試院	考試院	
	考選部	
	銓敘部	
	公務人員保障暨培訓委員會	
	國家文官學院及所屬	國家文官學院中區培訓中心
	公務人員退休撫卹基金管理局	
監察院	監察院	
	審計部	教育農林審計處、交通建設審計處
	審計部臺北市審計處	
	審計部新北市審計處	
	審計部桃園市審計處	

表 1.1.1　中央政府各級機關單位分級表（續）

主管機關	單位預算	單位預算之分預算
內政部	審計部臺中市審計處 審計部臺南市審計處 審計部高雄市審計處 內政部	國土測繪中心、土地重劃工程處
	國土管理署及所屬	城鄉發展分署、各區都市基礎工程分署、下水道工程分署
	警政署及所屬	警察通訊所、警察機械修理廠、警察廣播電臺、民防指揮管制所、鐵路警察局、各港務警察總隊、各保安警察總隊、國道公路警察局、刑事警察局、臺灣警察專科學校
	中央警察大學 消防署及所屬 國家公園署及所屬 移民署 建築研究所 空中勤務總隊	各港務消防隊 各國家（自然）公園管理處
外交部	外交部 領事事務局 外交及國際事務學院	
國防部	國防部 國防部所屬	
財政部	財政部 國庫署 賦稅署 臺北國稅局 高雄國稅局	財政人員訓練所
	北區國稅局及所屬	各分局
	中區國稅局及所屬	各分局
	南區國稅局及所屬	各分局
	關務署及所屬	各關
	國有財產署及所屬	各分署
	財政資訊中心	
教育部	教育部 國民及學前教育署	國立臺灣藝術教育館

表 1.1.1　中央政府各級機關單位分級表（續）

主管機關	單位預算	單位預算之分預算
法務部	體育署 青年發展署 國家圖書館 國立公共資訊圖書館 國立教育廣播電臺 國家教育研究院 法務部 司法官學院 法醫研究所 廉政署 矯正署及所屬 行政執行署及所屬 最高檢察署 臺灣高等檢察署 臺灣高等檢察署臺中檢察分署 臺灣高等檢察署臺南檢察分署 臺灣高等檢察署高雄檢察分署 臺灣高等檢察署花蓮檢察分署 臺灣高等檢察署智慧財產檢察分署 臺灣臺北地方檢察署 臺灣士林地方檢察署 臺灣新北地方檢察署 臺灣桃園地方檢察署 臺灣新竹地方檢察署 臺灣苗栗地方檢察署 臺灣臺中地方檢察署 臺灣南投地方檢察署 臺灣彰化地方檢察署 臺灣雲林地方檢察署 臺灣嘉義地方檢察署 臺灣臺南地方檢察署 臺灣橋頭地方檢察署 臺灣高雄地方檢察署 臺灣屏東地方檢察署	各監獄、各技能訓練所、各戒治所、各少年矯正學校、各看守所、各少年觀護所 各分署

表 1.1.1　中央政府各級機關單位分級表（續）

主管機關	單位預算	單位預算之分預算
經濟部	臺灣臺東地方檢察署	
	臺灣花蓮地方檢察署	
	臺灣宜蘭地方檢察署	
	臺灣基隆地方檢察署	
	臺灣澎湖地方檢察署	
	福建高等檢察署金門檢察分署	
	福建金門地方檢察署	
	福建連江地方檢察署	
	調查局	
	經濟部	貿易調查委員會、中部辦公室、經貿人員培訓所
	產業發展署	
	國際貿易署	高雄辦事處
	標準檢驗局及所屬	各分局
	智慧財產局	
	水利署及所屬	臺北水源特定區管理分署、水利規劃分署、各區水資源分署、各河川分署
	中小及新創企業署	中區服務處、南區服務處
	產業園區管理局	
	地質調查及礦業管理中心	
	能源署	
	商業發展署	
交通部	交通部	航港局
	民用航空局	
	中央氣象署	
	觀光署	各國家風景區管理處
	運輸研究所	
	公路局及所屬	各養護工程分局、新建工程分局、各區監理所、工程材料技術所、公路人員訓練所
	鐵道局及所屬	各工程處
勞動部	勞動部	
	勞工保險局	
	勞動力發展署及所屬	各分署、技能檢定中心
	職業安全衛生署	
	勞動基金運用局	

表 1.1.1　中央政府各級機關單位分級表（續）

主管機關	單位預算	單位預算之分預算
農業部	勞動及職業安全衛生研究所 農業部 林業及自然保育署及所屬	阿里山林業鐵路及文化資產管理處、航測及遙測分署、各分署
	農村發展及水土保持署及所屬	各分署
	農業試驗所及所屬	嘉義農業試驗分所、鳳山熱帶園藝試驗分所、花卉試驗分所
	林業試驗所	
	水產試驗所	
	畜產試驗所及所屬	各區分所
	獸醫研究所	
	農業藥物試驗所	
	生物多樣性研究所	
	茶及飲料作業改良場	
	種苗改良繁殖場	
	桃園區農業改良場	
	苗栗區農業改良場	
	臺中區農業改良場	
	臺南區農業改良場	
	高雄區農業改良場	
	花蓮區農業改良場	
	臺東區農業改良場	
	漁業署及所屬	漁業廣播電臺
	動植物防疫檢疫署及所屬	各分署
	農業金融署	
	農糧署及所屬	各分署
	農田水利署	
	農業科技園區管理中心	
衛生福利部	衛生福利部 疾病管制署 食品藥物管理署 中央健康保險署 國民健康署 社會及家庭署 國家中醫藥研究所	
環境部	環境部	

表 1.1.1　中央政府各級機關單位分級表（續）

主管機關	單位預算	單位預算之分預算
文化部	氣候變遷署 資源循環署 化學物質管理署 環境管理署 國家環境研究院 文化部	國家鐵道博物館籌備處、國立臺灣交響樂團、國家兒童未來館籌備處
	文化資產局 影視及流行音樂產業局 國立傳統藝術中心 國立臺灣美術館及所屬 國立臺灣工藝研究發展中心 國立臺灣博物館 國立臺灣史前文化博物館 國家人權博物館 國立臺灣歷史博物館 國立臺灣文學館	各國立生活美學館
數位發展部	數位發展部 資通安全署 數位產業署	
僑務委員會	僑務委員會	
國家科學及技術委員會	國家科學及技術委員會 新竹科學園區管理局 中部科學園區管理局 南部科學園區管理局	
金融監督管理委員會	金融監督管理委員會 銀行局 證券期貨局 保險局 檢查局	
海洋委員會	海洋委員會 海巡署及所屬 海洋保育署 國家海洋研究院	各分署、教育訓練測考中心
國軍退除役官兵輔導委員會	國軍退除役官兵輔導委員會	

肆、基金之分類及各類基金之定義

一、預算法相關條文

第 4 條　稱基金者,謂已定用途而已收入或尚未收入之現金或其他財產。

基金分左列二類:

一、普通基金:歲入之供一般用途者,為普通基金。

二、特種基金:歲入之供特殊用途者,為特種基金,其種類如左:

(一) 供營業循環運用者,為營業基金。

(二) 依法定或約定之條件,籌措財源供償還債本之用者,為債務基金。

(三) 為國內外機關、團體或私人之利益,依所定條件管理或處分者,為信託基金。

(四) 凡經付出仍可收回,而非用於營業者,為作業基金。

(五) 有特定收入來源而供特殊用途者,為特別收入基金。

(六) 處理政府機關重大公共工程建設計畫者,為資本計畫基金。

特種基金之管理,得另以法律定之。

第 21 條　政府設立之特種基金,除其預算編製程序依本法規定辦理外,其收支保管辦法,由行政院定之,並送立法院。

二、解析

(一)政府採用基金制度之目的

政府為有效管理財政,採用基金制度,並按財政收入來源及其用途,設立不同基金加以管理運用。政府基金係依據法令、契約等設立,為執行特定業務或達成一定目標之獨立財務與會計個體。其現金與其他財務或經濟資源,連同相關之負債與基金餘額(或基金權益)暨其有關之變動情形等,為一套自行平衡帳目。此與一般商業會計或財務會計所稱之基金意義不同,財務會計所稱之基金,係指定用途之現金,例如,在企業中將現金指定專供償債之用者的償債基金,供資產重置使用者的資產重置基金等,不得作為其他用途。至於政府採用基金制度之目的如下:

1. 加強財務之管理與監督：基金制度將政府龐大之財務資源做劃分，處理其個別資源之徵收、支用及保管等事宜，則對於每一基金特定業務之財務與執行，均能單獨處理及表達，有利於財務之管理與監督、明確財務責任、考核資金及業務營運績效。

2. 避免業務中輟：將具有特定財源之特殊業務，設置特種基金加以管理，因其動支必須符合基金設置法源與其收支保管及運用辦法等相關法令規定，且不得用於非法定用途，可確保辦理各項特殊業務之財源，使業務不致中輟。

3. 可使國民負擔公平：政府辦理一般性政務所需經費，可由國民普遍負擔，但辦理特殊業務所產生之效益僅及於特定團體或個人時，就所需財源訂出合理籌措方法，並另設置特種基金加以管理及運用，則不會加重一般國民負擔，自屬公平合理。

4. 有利發揮企業經營管理精神及促進開源節流：特種基金係以附屬單位預算型態編列，除預算法第 87 條第 1 項規定，其配合業務增減需要隨同調整之收支，併入當年度決算辦理外，至於與產銷營運（業務）量（值）無連動關係事項，如因經營環境發生重大變遷或正常業務之確實需要，而未及事先編列預算或預算編列不足時，得依預算法第 88 條第 1 項及行政院所訂附屬單位預算執行要點規定程序報經行政院核准後先行辦理，不受預算法第 25 條至第 27 條之限制，但其中有關固定資產之建設、改良、擴充，資金之轉投資，資產之變賣，長期債務之舉借及償還，仍應補辦預算。預算執行較公務預算具有彈性，有利發揮企業經營管理精神。又如各級國立或公立學校校務基金、教育部所屬機構作業基金等，各該基金之所有收入與支出均納入基金，且年度終了之賸餘款得滾存基金於以後年度運用，可有效促進開源及節流。

(二)基金的分類

1. 按用途區分

(1)普通基金：歲入之供一般用途者，如稅課收入、營業盈餘及事業收入、規費收入等，作為支應一般政務之財源。

(2)特種基金：歲入之供特殊用途者，如營業基金及作業基金之收支等。

2.依功能或性質區分

(1)政事基金：係以處理政府公共政務為目的而設置之基金。如我國之普通基金、債務基金、特別收入基金及資本計畫基金；美國之普通基金、特別收入基金、資本計畫基金、債務基金及恆久基金。

(2)業權基金：係以處理政府有關商業活動或準商業活動為目的而設置之基金，如我國之營業基金及作業基金；美國之營業基金、內部服務基金。

(3)受託基金：係以處理政府為私人、民間團體或其他政府之利益，以受託人身分持有資產之相關活動為目的而設置之基金。如我國之信託基金；美國之退休信託基金、投資信託基金、私人目的信託基金及代理基金。

3.按財務運作方式區分

(1)備用基金（動本基金）：基金之資源可全部用於其業務所需，無須存儲，必要時，尚可以舉債方式獲得資源予以支應。如普通基金、債務基金、特別收入基金、資本計畫基金及部分信託基金。

(2)循環基金：通常運用商業型活動或準商業型活動之基金，此類基金之支出，多能以成本或費用之形式，於所獲取之對價中收回全部或一部分，甚至可產生若干膡餘或利得。如營業基金、作業基金。

(3)留本基金：基金之本金依法令或契約規定，不得動用，所能支用於基金設置目的者，僅為基金之收益或孳息。如政府機關接受捐贈之獎學金基金，但近來隨著利率水準不斷調降，僅以基金孳息已無法充分達成原捐贈目的，因此，亦有洽原捐贈人或其後人同意後改為動本之情形。

(三)各類特種基金之意義

1. 營業基金：即國營事業，係以企業化方式，對社會大眾直接或間接提供商業型產品或服務，並按市價或成本加計合理利潤方式定價之基金。

2. 債務基金：係政府依法定或約定之條件，籌措財源供償還公共債務本金之基金，實務上並兼辦由總預算及特別預算撥入之債務付息業務。

3. 作業基金：不具營利性，係本自給自足方式經營，對政府及社會大眾

直接或間接提供產品或服務，並以收回營運成本為原則。

4. 特別收入基金：係依法令規定，將基於特定目的徵收之收入，限定供特殊用途支出，其設置目的，主要為達成特定政策目的或支應特定業務。

5. 資本計畫基金：係為興辦政府投資金額大、興建期程長且不具自償性或自償性較低之重大公共工程而設置，但由營業基金、作業基金及特別收入基金辦理之建設計畫，由各該基金辦理即可，非屬資本計畫基金協助辦理之範圍。

6. 信託基金：係政府依照法令、契約或遺囑，以受託者身分為國內外機關、團體或私人之利益，依其所定條件管理或處分資產者。

(四)中央政府特種基金管理準則

目前係由行政院訂定中央政府特種基金管理準則，未另訂對特種基金管理之專法，管理準則主要內容為：

1. 第 5 條：每一特種基金為一獨立計算債權、債務、損益或餘絀之會計個體，除符合預算法第 18 條第 2 款規定及信託基金外，均應編製附屬單位預算或附屬單位預算之分預算。

2. 第 6 條：各機關申請設立特種基金時，應事先詳敘設立目的、業務範圍、基金財務規劃，層請行政院核准，並循預算程序辦理。但依法律、條約、協定、契約、遺囑設立者，無須層請行政院核准。

3. 第 8 條：主管機關應擬具特種基金收支保管及運用辦法，報請行政院核定發布，並送立法院。但屬下列情形之一者，不適用之：

   (1)營業基金依國營事業管理法、各事業設立法律設立。

   (2)信託基金依法律、契約或遺囑設立。

   (3)非營業特種基金設立法律已明定基金之收支保管事項。

4. 第 9 條：第 8 條所定收支保管及運用辦法，應載明下列事項：

   (1)基金設立之目的。

   (2)基金之性質。

   (3)管理機關。

   (4)基金來源。

   (5)基金用途。

(6)預、決算處理程序。

(7)財務事務處理程序。

(8)會計事務處理程序。

(9)其他有關事項。

5. 第 11 條：特種基金預算之編製、審議及執行，應依預算法之規定辦理。但國立大學校院校務基金之自籌收入，不在此限。信託基金之預算，應配合年度預算籌編時程，由主管機關函送立法院。

6. 第 17 條：各機關所管特種基金，如因性質相同或業務單純，主管機關應檢討合併，並報請行政院核准後辦理合併事宜；必要時，行政院得逕行要求主管機關辦理合併事宜。但信託基金依其所定條件辦理合併者，無須報請行政院核准。

7. 第 18 條：各特種基金因情勢變更，或執行績效不彰，或基金設置之目的業已完成，或設立之期限屆滿時，主管機關應報請行政院核准後辦理裁撤事宜；必要時，行政院得逕行要求主管機關辦理裁撤事宜。但信託基金依其所定條件辦理裁撤者，無須報請行政院核准。

(五)特種基金收支保管規定

　　政府設立之特種基金（不含信託基金）收支保管辦法，各基金原則均應訂定，但營業基金部分依國營事業管理法規定辦理即可，無須另訂，以及部分基金如國立大學校院校務基金、國立高級中等學校校務基金等之設置條例已將收支保管重要事項納入訂定，亦無須另訂外，其餘特種基金均必須訂定收支保管及運用辦法，報請行政院核定發布，且依中央法規標準法第 7 條規定，應於發布之同時函送立法院。

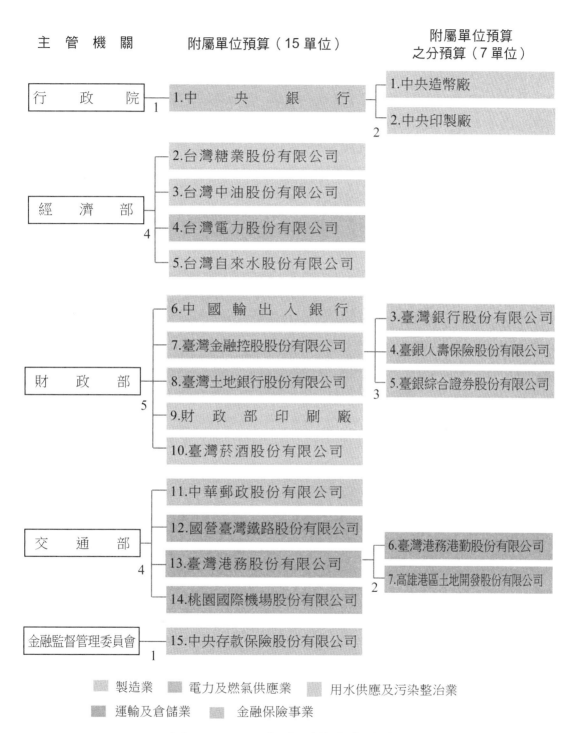

主　管　機　關	附屬單位預算（15單位）	附屬單位預算 之分預算（7單位）
行　政　院　1	1.中　央　銀　行	1.中央造幣廠 2.中央印製廠　2
經　濟　部　4	2.台灣糖業股份有限公司 3.台灣中油股份有限公司 4.台灣電力股份有限公司 5.台灣自來水股份有限公司	
財　政　部　5	6.中　國　輸　出　入　銀　行 7.臺灣金融控股股份有限公司 8.臺灣土地銀行股份有限公司 9.財　政　部　印　刷　廠 10.臺灣菸酒股份有限公司	3.臺灣銀行股份有限公司 4.臺銀人壽保險股份有限公司 5.臺銀綜合證券股份有限公司　3
交　通　部　4	11.中華郵政股份有限公司 12.國營臺灣鐵路股份有限公司 13.臺灣港務股份有限公司 14.桃園國際機場股份有限公司	6.臺灣港務港勤股份有限公司 7.高雄港區土地開發股份有限公司　2
金融監督管理委員會　1	15.中央存款保險股份有限公司	

　製造業　　　電力及燃氣供應業　　　用水供應及污染整治業
　運輸及倉儲業　　　金融保險事業

圖 1.1.1　113 年度國營事業系統圖

資料來源：中華民國 113 年度中央政府總預算附屬單位預算案及綜計表（營業部分）

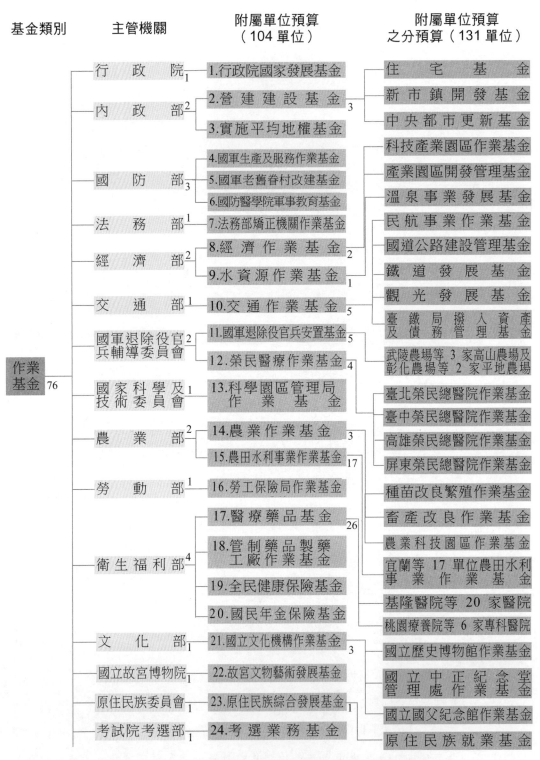

圖 1.1.2　113 年度非營業特種基金構成體系圖

基金類別	主管機關	附屬單位預算	附屬單位預算之分預算

作業基金 ── 教育部

25.-68.
國立臺灣大學、國立政治大學、國立清華大學、國立中興大學、國立成功大學、國立中央大學、國立中山大學、國立中正大學、國立臺灣海洋大學、國立東華大學、國立暨南國際大學、國立臺北大學、國立嘉義大學、國立高雄大學、國立臺東大學、國立宜蘭大學、國立聯合大學、國立臺南大學、國立金門大學、國立屏東大學、國立陽明交通大學、國立臺灣師範大學、國立彰化師範大學、國立高雄師範大學、國立臺北教育大學、國立臺中教育大學、國立臺北藝術大學、國立臺灣藝術大學、國立臺南藝術大學、國立空中大學、國立臺灣科技大學、國立臺北科技大學、國立雲林科技大學、國立虎尾科技大學、國立屏東科技大學、國立澎湖科技大學、國立勤益科技大學、國立臺北護理健康大學、國立高雄餐旅大學、國立臺中科技大學、國立臺北商業大學、國立高雄科技大學、國立體育大學、國立臺灣體育運動大學等 44 所國立大學

附屬單位預算之分預算：

國立臺灣大學、國立政治大學、國立清華大學、國立中興大學、國立成功大學、國立中央大學、國立中山大學、國立陽明交通大學、國立臺灣師範大學、國立臺灣科技大學、國立臺北科技大學等 12 所研究學院校務基金

國立政治大學、國立清華大學、國立東華大學、國立嘉義大學、國立臺東大學、國立臺南大學、國立屏東大學、國立臺北教育大學、國立臺中教育大學等 9 所附設實驗國民小學校務基金

21

52

69.國立臺灣戲曲學院1所獨立學院

70.-71.
國立臺南護理專科學校、國立臺東專科學校等2所專科學校

72.國立臺灣大學附設醫院作業基金

國立臺灣大學附設醫院雲林分院作業基金

國立臺灣大學附設醫院北護分院作業基金

國立臺灣大學附設醫院金山分院作業基金

國立臺灣大學附設醫院新竹臺大分院作業基金

國立臺灣大學附設醫院癌醫中心分院作業基金

5

73.國立成功大學附設醫院作業基金

74.國立陽明交通大學附設醫院作業基金

75.教育部所屬機構作業基金

國立自然科學博物館作業基金

國立科學工藝博物館作業基金

國立海洋生物博物館作業基金

國立臺灣科學教育館作業基金

國立臺灣圖書館作業基金

國立海洋科技博物館作業基金

6

76.國立高級中等學校校務基金

債務基金 ── 財政部 ── 77.中央政府債務基金

資本計畫基金 ── 國防部 ── 78.國軍營舍及設施改建基金

圖 1.1.2　113 年度非營業特種基金構成體系圖（續）

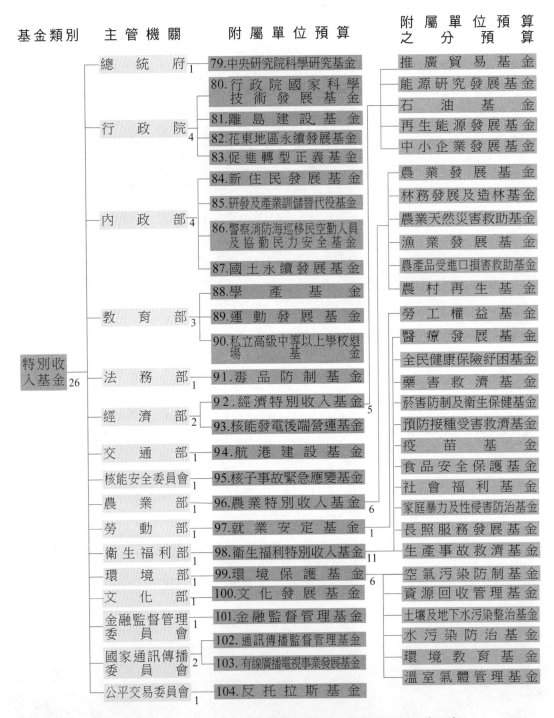

圖 1.1.2　113 年度非營業特種基金構成體系圖（續）

資料來源：中華民國 113 年度中央政府總預算附屬單位預算案及綜計表（非營業部分）

伍、經費之定義及分類

一、預算法相關條文

第 5 條　　稱經費者，謂依法定用途與條件得支用之金額。經費按其得支用期間分左列三種：

　　　　　一、歲定經費，以一會計年度為限。

　　　　　二、繼續經費，依設定之條件或期限，分期繼續支用。

　　　　　三、法定經費，依設定之條件，於法律存續期間按年支用。

　　　　　法定經費之設定、變更或廢止，以法律為之。

第 39 條　　繼續經費預算之編製，應列明全部計畫之內容、經費總額、執行期間及各年度之分配額，依各年度之分配額，編列各該年度預算。

第 76 條　　繼續經費之按年分配額，在一會計年度結束後，未經使用部分，得轉入下年度支用之。

二、解析

(一)名詞意義

1. 經費：指依相關法律規定，可就所獲得之收入依所定用途與條件逕行使用者，或循預算程序辦理，依中央政府總預算（含總預算追加預算及總預算案修正案）、特別預算（含特別預算追加預算）與單位預算書表、相關法律所定用途及條件得支用之金額。

2. 歲定經費：指總預算（含總預算追加預算）或特別預算（含特別預算追加預算）所涵蓋之支出期限，以一會計年度為限者。

3. 繼續經費：指跨年度之重大建設或投資計畫，得經立法院一次核定計畫總經費，並依核定期間及條件分年支用，此期間內立法院不再就經費審議，中央政府跨年度之特別預算（含特別預算追加預算）即屬繼續經費。至於在中央政府總預算（含總預算追加預算）與特別預算（含特別預算追加預算）採單一年度編列之多年度計畫，已依預算法第 39 條規定精神，於相關預算書表中列明計畫內容、經費總額、執行期間及分年度編列數，實際上已具備繼續經費之條件及性質者，如欲

　　成為真正之繼續經費，尚須依預算法第 7 條規定，再進一步配合調整
預算案編製內容及立法院之審議方式，例如參考歲出機關別預算表將
此項多年期計畫列為預算書中之主要表，並由立法院審議通過作成正
式決議。

　　4.法定經費：係行政部門應依法律規定核實編列相關預算，當法律所設
定之條件有變更或廢止時，即應配合調整預算案之編列。

(二)繼續經費應具備之要件

　　根據預算法第 5 條、第 39 條及第 76 條規定，我國繼續經費應具備之
要件包括：1.跨越一個年度以上之計畫預算。2.有明確總金額及分年度金
額。3.循預算程序辦理並經立法院審議通過。4.須依預算書中所定之用途與
條件為合法之支用。至其預算編列之項目範圍及年限並無限制。我國中央
政府所編列之中長程計畫，僅跨年期之特別預算屬於繼續經費。另中央政
府總預算與附屬單位預算中所編列之跨多年期計畫，因立法院僅審議當年
度預算案，未對計畫之以後年度所需經費予以審議或授權，故其法定效力
只及於當年度，即屬於歲定經費。

(三)繼續經費之執行

　　因繼續經費與歲定經費得支用期間不同，故繼續經費之按年分配額，
在各該會計年度結束時未經使用部分，無論是否已發生權責，均得轉入下
年度繼續支用，但於繼續經費執行之最終年度辦理決算時，若仍有未經使
用經費，應依預算法第 72 條規定，就已發生而尚未清償之債務或契約責任
部分，經報奉行政院核准者，始得轉入下年度繼續支用。

陸、歲入、歲出之定義與未來承諾之授權及政府擔保行為之表達

一、預算法相關條文

(一)歲入及歲出之定義

　　第 6 條　稱歲入者，謂一個會計年度之一切收入。但不包括債務之舉借及
　　　　　　以前年度歲計賸餘之移用。

稱歲出者，謂一個會計年度之一切支出。但不包括債務之償還。

歲入、歲出之差短，以公債、賒借或以前年度歲計賸餘撥補之。

(二)未來承諾之授權及政府擔保行爲之表達

第 7 條　稱未來承諾之授權者，謂立法機關授權行政機關，於預算當期會計年度，得為國庫負擔債務之法律行為，而承諾於未來會計年度支付經費。

第 8 條　政府機關於未來四個會計年度所需支用之經費，立法機關得為未來承諾之授權。

前項承諾之授權，應以一定之金額於預算內表達。

第 9 條　因擔保、保證或契約可能造成未來會計年度內之支出者，應於預算書中列表說明；其對國庫有重大影響者，並應向立法院報告。

第 13 條　政府歲入與歲出、債務之舉借與以前年度歲計賸餘之移用及債務之償還，均應編入其預算。並得編列會計年度內可能支付之現金及所需未來承諾之授權。

二、解析

(一)債務之舉借（包括發行公債與借款，未來仍須償還，在總預算與特別預算所編列之借款屬於長期借款）及移用以前年度歲計賸餘，屬於融資性收入；債務之償還（係償還以前年度所舉借之長期債務）屬於融資性支出，與政府一般實質收入及實質支出性質不同，故不列入預算上歲入及歲出之範圍。又依預算法第 6 條規定：

收入＝歲入＋發行公債＋長期借款（或稱賒借）＋移用以前年度歲計
　　　賸餘

支出＝歲出＋長期債務之償還

(二)行政部門在編列預算案時，依收入應等於支出之原則，當歲入不足以支應歲出及長期債務之償還時，則以發行公債、長期借款或移用以前年度歲計賸餘彌補。

(三)相關名詞意義

　1. 未來承諾之授權：係立法機關授權行政機關於其所編預算當期會計年

度得在審定經費總額範圍內辦理一次發包，或與自然人、法人為負擔債務之法律行為（此種法律行為多數以簽訂契約方式為之），並向其承諾於以後會計年度支付經費。

2. 國庫負擔債務之法律行為：係政府機關與自然人或法人發生債權債務關係為內容之法律行為，在政府機關完成上述法律行為時，已負有應付之債務義務。

3. 政府擔保或保證行為：政府為政府機關或私部門所為之保證或訂定契約（含保證條款），以政府為保證者，若未來被保證人（或債務人）不能履行債務，則須由政府代為清償，或依契約規定支付。此保證結果可能產生政府於未來會計年度內之支出，亦稱為「或有負債」。

(四)預算法第 7 條與第 8 條，主要參考德國與日本之預算制度及其相關法規所訂定者，係為使政府機關跨年度執行之中長程計畫及資源配置能預為規劃安排，避免因年度預算編列問題而中斷，爰對於此類計畫未來四個會計年度所需支用經費，立法機關得為未來承諾之授權。至於在預算書內之表達內容，參考預算法第 39 條規定，應包括擬取得授權之計畫項目、經費總額、執行期間及列明未來四個會計年度預計分別支用數，並與年度預算內其他一般性經費做明確區分，又除了目前各機關單位預算內已將「跨年期計畫概況表」列為附屬表外，仍宜參考歲出機關別預算表列為總預算書中之主要表，俾利立法院可作成正式決議。待取得立法機關授權後，各機關即可在立法院審定經費總額範圍內辦理一次發包，或與自然人、法人為負擔債務行為，並承諾於未來年度支付經費。至於本項經立法機關授權行政機關可在審定經費總額範圍內辦理一次發包，或為負擔債務行為，其實際執行後於未來年度所發生確定之給付義務，仍應分年編列預算支應，故此種經取得授權後產生給付義務所編列之預算實具有繼續經費之性質。

(五)預算法第 7 條與第 8 條，因事涉預算編審制度之重大變革與立法機關審議預算案之權限，且目前各機關在計畫擬定與審議作業之嚴謹性，及計畫與預算編列之配合程度尚有待進一步強化，故我國中央政府總預算與附屬單位預算尚未實施本項授權機制。

(六)依原行政院主計處 88 年 2 月 6 日台⑧⑧處會一字第 01040 號函，規定擔保、保證或契約可能造成未來會計年度內支出之定義、表達機關及其

表達方式，其中公務機關應編製「因擔保、保證或契約可能造成未來會計年度支出明細表」，如交通部與臺灣高速鐵路公司簽訂之高鐵興建營運合約；國營事業及非營業基金，則於各附屬單位預算資產負債表（或平衡表）下表達說明。另各機關依促進民間參與公共建設法規定辦理之促進民間參與案件，簽約後涉及政府未來年度負擔經費者，應編製「促進民間參與公共建設案件涉及政府未來年度負擔經費明細表」，例如，112 年度營建署及所屬單位預算書中列有該署分年補助高雄市政府與民間機構簽訂「高雄楠梓地區污水下水道系統興建營運契約」，興建及營運期間為 95 年度至 130 年度，興建完成後所需支付民間機構之污水處理費，應由高雄市政府依下水道法規定向用戶收取污水下水道使用費支應，不足部分再由政府編列預算。至於為回應各界所關切未列入公共債務法債限規範之政府因提供社會保險及員工退休金所產生之現時或可能法定義務者，行政院係自 98 年度起於中央政府總決算總說明與自 100 年度起於中央政府總預算案總說明內予以表達。

(七)配合預算法第 6 條對於歲入、歲出之定義及第 7 條、第 8 條規定，於預算法第 13 條規範政府在未來一個會計年度內所有與財務具有相關性之作為，包括各項收入、支出，與因擔保、保證或契約可能造成未來會計年度內之支出及未來承諾之授權，均應於相關預算書表中表達，俾充分揭露政府整體財政收支情形，並利於民意機關或民眾全面檢視政府整體財政狀況之良窳。

柒、經常門與資本門之劃分及經常收支平衡原則

一、預算法相關條文

(一)經常門與資本門之劃分

第 10 條　歲入、歲出預算，按其收支性質分為經常門、資本門。

歲入，除減少資產及收回投資為資本收入應屬資本門外，均為經常收入，應列經常門。

歲出，除增置或擴充、改良資產及增加投資為資本支出，應屬

資本門外，均為經常支出，應列經常門。

(二)經常收支平衡原則

第 23 條　政府經常收支，應保持平衡，非因預算年度有異常情形，資本
　　　　　收入、公債與賒借收入及以前年度歲計賸餘不得充經常支出之
　　　　　用。但經常收支如有賸餘，得移充資本支出之財源。

二、解析

(一)預算法第 10 條將歲入、歲出預算按其收支性質分為經常門、資本門，
　係援引複式預算制度之概念。主計總處根據第 10 條規定進一步訂有
　「各類歲入、歲出預算經常、資本門劃分標準」，其劃分原則如下：
　1. 經常門與資本門分類，基本上按預算法第 10 條規定辦理，惟依預算法
　　尚未能明確分辨者，則按會計、經濟原理或其他有關規定予以訂定。
　2. 無論歲入或歲出分類，均以資本門所應包括範圍逐項列舉，至資本門
　　以外之各項收支則概括列為經常門。
(二)以上劃分標準摘述如下：
　1. 列為資本收入者，如出售土地與處分其他財產、收回對國營事業及非
　　營業特種基金之投資（其中出售股票收入含股票面值或買入成本及與
　　市價的差額部分均列為資本收入）等一次性收入。
　2. 屬於資本支出者主要為：
　　(1)購置土地（含地上物補償、拆遷及整地等費用）、房屋、耐用年限
　　　2 年以上且金額超過 1 萬元的機械設備、資訊軟硬體設備、運輸設
　　　備（含車輛所需之各項配備與貨物稅）及雜項設備之支出。
　　(2)各級學校圖書館與教學機關購置為典藏用之圖書報章雜誌及其他機
　　　關購置圖書設備之支出。
　　(3)分期付款購置或符合資本租賃方式之儀器、設備及設施等支出。
　　(4)購置技術發明專利權或使用權及版權等支出。
　　(5)營建工程、道路及橋梁等公共工程、投資、增資等一次性支出，與
　　　取得資本資產後，於使用期間所發生能延長資產耐用年限、提升服
　　　務能量及效率之增添、改良、重置、大修等支出。
　　(6)國防支出用於土地購置，醫院、學校、眷舍等非用於軍事設施之營

建工程，非用於製造軍用武器、彈藥之廠、庫等營建工程，購置耐用年限 2 年以上且金額在 1 萬元以上之儀器設備（不含軍事武器與戰備支援裝備，即此部分係列為經常支出）。亦即國防支出中用於：①軍事設施之營建工程。②製造軍用武器、彈藥之廠、庫等營建工程。③購置耐用年限 2 年以上且金額 1 萬元以上之軍事武器與戰備支援裝備等儀器設備。以上三項均係列為經常支出，不歸屬於資本支出。

3. 不屬於資本收入者為經常收入，不屬於資本支出者為經常支出。

(三)按照預算法第 23 條規定：

1. 於編製中央政府總預算案時，經常收支應保持平衡。

2. 行政院如有於立法院審議中央政府總預算案過程中另提中央政府總預算案修正案時，其與原總預算案併計之收支數額（例如，行政院為因應 111 年度調整軍公教人員待遇 4%，有關中央政府部分須增加之歲出 163 億元，以增加移用以前年度歲計賸餘 163 億元為財源，行政院並於 110 年 11 月 5 日提出 111 年度中央政府總預算案修正案函送立法院審議，其修正案之收支即應與原總預算案併計），其中經常收支應保持平衡。

3. 中央政府總預算併計於年度進行中如有辦理追加（減）預算以及另行辦理之特別預算（含特別預算追加預算），除法律另有規定外（例如，嚴重特殊傳染性肺炎防治及紓困振興特別條例第 11 條規定，依本條例所分期編列之特別預算，其預算編製及執行不受預算法第 23 條、第 62 條及第 63 條之限制），仍均應維持經常收支平衡，且決算時亦應維持經常收支平衡。

(四)雖然預算年度有異常情形，如國家發生颱風、豪雨及地震等重大天然災害，為因應國防緊急設施或戰爭，國家財政及經濟上有重大變故，發生瘟疫及重大災變等特殊事故，資本收入、賒借收入及移用以前年度歲計賸餘等得充經常支出之用，但基於力求經常收支平衡，健全政府財政之基本原則，故如欲適用「預算年度有異常情形」，仍應極為審慎與嚴謹。

捌、政府會計年度

一、預算法相關條文

第 11 條　政府預算，每一會計年度辦理一次。

第 12 條　政府會計年度於每年一月一日開始，至同年十二月三十一日終了，以當年之中華民國紀元年次為其年度名稱。

二、解析

(一)中央政府總預算係為估計政府一個會計年度之財政收支計畫，並考量辦理預算之複雜情形，以一個會計年度辦理一次為度。另為因應特別情事而於年度總預算外所提出之特別預算，以及基於新舊會計年度銜接需要，尚有短於 1 年（最少為半年）或超過 1 年之情形。例如，政府會計年度依原預算法規定，係採 7 月制，年度稱謂以次年之中華民國紀元年次為其年度名稱，嗣 87 年 10 月 15 日預算法修正通過，會計年度改採曆年制，因此，編製 88 年下半年及 89 年度為期 1 年半之中央政府總預算，以銜接政府會計年度於 90 年度改採曆年制。

(二)政府預算之期間有兩種不同之意義，分述如下：

1. 會計年度：係估列 1 年內預算收支所適用之期間。我國目前係採曆年制，自每年 1 月 1 日開始，至同年 12 月 31 日終了，以當年之中華民國紀元年次為其年度名稱。

2. 預算周期：為完成預算程序所需之期間，從預算案籌編、審議、執行到決算，構成預算循環之周期。

玖、政府歲入及歲出之年度劃分

一、預算法相關條文

第 14 條　政府歲入之年度劃分如左：

一、歲入科目有明定所屬時期者，歸入該時期所屬之年度。

二、歲入科目未明定所屬時期，而定有繳納期限者，歸入繳納期開始日所屬之年度。

三、歲入科目未明定所屬時期及繳納期限者，歸入該收取權利

發生日所屬之年度。

第 15 條　政府歲出之年度劃分如左：

一、歲出科目有明定所屬時期者，歸入該時期所屬之年度。

二、歲出科目未明定所屬時期，而定有支付期限者，歸入支付期開始日所屬之年度。

三、歲出科目未明定所屬時期及支付期限者，歸入該支付義務發生日所屬之年度。

二、解析

(一)政府歲入之年度劃分，係以「1.有明定所屬時期。2.定有繳納期限開始日。3.收取權利發生日」之優先順序作為劃分標準。除有明定所屬時期者即歸入該時期所屬年度外，其餘係按收入原因於法律上或契約上權利義務關係發生之時點（開始日或發生日）據以決定其歸屬之年度。

(二)政府歲出之年度劃分，係於各機關歲出機關別預算表之業務計畫科目或工作計畫科目與其相關說明、各機關單位預算之歲出計畫提要及分支計畫概況表中，以：1.有明定計畫執行時期者，歸入該時期所屬之年度。2.未明定計畫執行時期，而依相關法令規定、契約等定有支付期限者，歸入支付期間開始日所屬之年度。3.未明定計畫執行時期及支付期限者，歸入該支付義務發生日所屬之年度。

(三)預算法第 14 條第 1 款、第 2 款與第 15 條第 1 款、第 2 款偏向現金制性質，且占政府整體歲入及歲出之比率較高，兩條之第 3 款則較接近權責發生制，但所占之比率較低，且在目前實務作業上，我國政府歲入、歲出預算大多以預估現金收入之基礎及現金支出數編列。如屬於跨年度之計畫，係採分年編列預算辦理，並未於第一年或簽約年度即全額編列所需經費，故我國政府歲入及歲出預算之編列，係以現金制為主，權責發生制為輔。

拾、總預算、單位預算及附屬單位預算

一、預算法相關條文

(一)預算之種類

第 16 條　預算分左列各種：
一、總預算。
二、單位預算。
三、單位預算之分預算。
四、附屬單位預算。
五、附屬單位預算之分預算。

(二)總預算

第 17 條　政府每一會計年度，各就其歲入與歲出、債務之舉借與以前年度歲計賸餘之移用及債務之償還全部所編之預算，為總預算。
前項總預算歲入、歲出應以各單位預算之歲入、歲出總額及附屬單位預算歲入、歲出之應編入部分，彙整編成之。
總預算、單位預算中，除屬於特種基金之預算外，均為普通基金預算。

(三)單位預算

第 18 條　左列預算為單位預算：
一、在公務機關，有法定預算之機關單位之預算。
二、在特種基金，應於總預算中編列全部歲入、歲出之基金之預算。

(四)附屬單位預算

第 19 條　特種基金，應以歲入、歲出之一部編入總預算者，其預算均為附屬單位預算。
特種基金之適用附屬單位預算者，除法律另有規定外，依本法之規定。

(五)單位預算之分預算及附屬單位預算之分預算

第 20 條　單位預算或附屬單位預算內，依機關別或基金別所編之各預算，為單位預算之分預算或附屬單位預算之分預算。

二、解析

(一)我國編列總預算者，包括中央政府、六個直轄市（含臺北市、新北市、桃園市、臺中市、臺南市及高雄市）、十六個縣（市）、鄉（鎮、市）及六個直轄市山地原住民區（含新北市烏來區，桃園市復興區，臺中市和平區，高雄市那瑪夏區、桃源區及茂林區），其內容包括一個會計年度單位預算之歲入、歲出總額與附屬單位預算依預算法第 86 條及第 89 條規定應編入總預算者，連同屬於融資性收支之債務之舉借、以前年度歲計賸餘之移用及債務之償還等彙編而成。

(二)預算法第 18 條規定，單位預算區分為公務機關單位預算與特種基金單位預算兩部分，公務機關單位預算，如內政部、外交部及教育部等機關；特種基金單位預算，如 86 年度暨以前年度之文化建設基金、空氣污染防制基金等，基於為賦予各基金在經營管理上之彈性，俾充分發揮其功能，於 87 年度及 88 年度分 2 年改制為編製附屬單位預算之特種基金，故自 88 年度起中央政府已無編製單位預算之特種基金。

(三)預算法第 86 條與第 89 條規定，附屬單位預算應編入總預算者，在營業基金為盈餘之應解庫額及虧損之由庫撥補額與資本由庫增撥或收回額；營業基金以外之其他特種基金，為由庫撥補額或應繳庫額。各基金均為一獨立之財務與會計個體，並以附屬單位預算型態編列。

(四)單位預算內依機關別或基金別所編之各預算為單位預算之分預算；附屬單位預算內依基金別所編之各預算為附屬單位預算之分預算。單位預算之分預算的編列方式，係由主管機關考量各分預算機關之預算規模、業務性質及機關層級等因素，於單位預算內以一個業務計畫科目或工作計畫科目、一個業務計畫科目或工作計畫科目下之分支計畫、將多個分預算機關統編於同一個業務計畫科目或工作計畫科目、分預算機關對應多個業務計畫科目或工作計畫科目等方式編列。至於附屬單位預算之分預算，在營業基金部分，各國營事業機關轉投資持股超過 50%之其他事業，其資金獨立自行計算盈虧者，應附送各該事業之

分預算;在非營業特種基金部分,則由主計總處會同編列單位及其主管機關,考量計算餘絀之必要性、依法設置、組織與預算金額大小、同質性等因素,個案決定以分預算方式編列。

(五)有關「總預算之構成內容(或總預算、單位預算及附屬單位預算關係)」、「單位預算及其分預算之關係」、「附屬單位預算及其分預算之關係」分別如圖 1.1.3～圖 1.1.5。

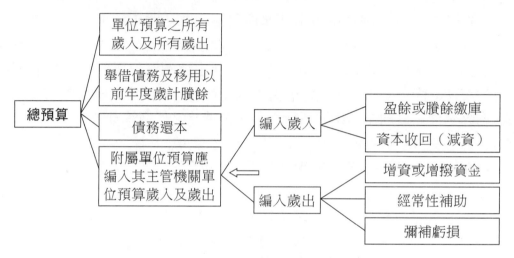

圖 1.1.3　總預算之構成內容

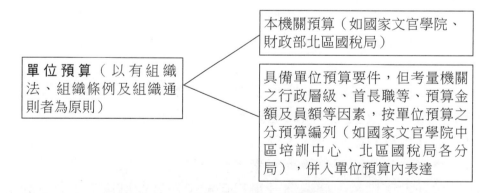

圖 1.1.4　單位預算及其分預算之關係

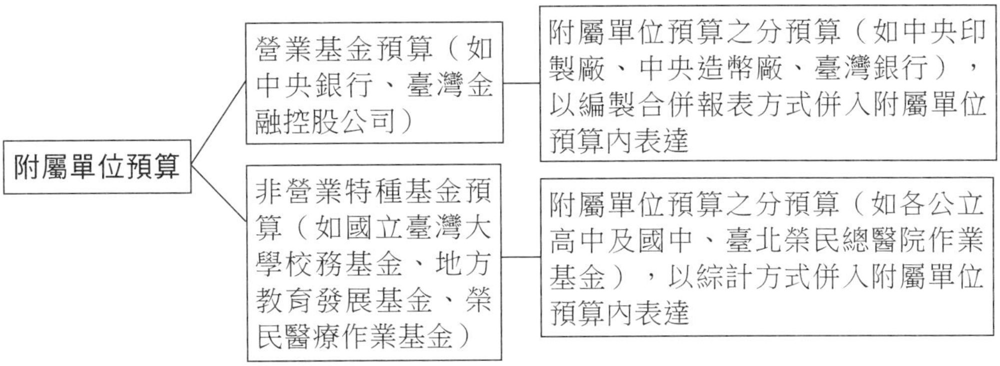

```
                  ┌─────────────────┐   ┌──────────────────────┐
                  │ 營業基金預算（如 │   │ 附屬單位預算之分預算（如中央印 │
                  │ 中央銀行、臺灣金 ├───┤ 製廠、中央造幣廠、臺灣銀行），│
                  │ 融控股公司）    │   │ 以編製合併報表方式併入附屬單位 │
┌──────────┐      └─────────────────┘   │ 預算內表達                 │
│ 附屬單位預算 ├──┐                       └──────────────────────┘
└──────────┘  │   ┌─────────────────┐   ┌──────────────────────┐
              │   │ 非營業特種基金預 │   │ 附屬單位預算之分預算（如各公立 │
              └───┤ 算（如國立臺灣大 ├───┤ 高中及國中、臺北榮民總醫院作業 │
                  │ 學校務基金、地方 │   │ 基金），以綜計方式併入附屬單位 │
                  │ 教育發展基金、榮 │   │ 預算內表達                 │
                  │ 民醫療作業基金） │   └──────────────────────┘
                  └─────────────────┘
```

圖 1.1.5　附屬單位預算及其分預算之關係

拾壹、預備金之編列及動支

一、預算法相關條文

第 22 條　預算應設預備金，預備金分第一預備金及第二預備金二種：

一、第一預備金於公務機關單位預算中設定之，其數額不得超過經常支出總額百分之一。

二、第二預備金於總預算中設定之，其數額視財政情況決定之。

立法院審議刪除或刪減之預算項目及金額，不得動支預備金。但法定經費或經立法院同意者，不在此限。

各機關動支預備金，其每筆數額超過五千萬元者，應先送立法院備查。但因緊急災害動支者，不在此限。

第 64 條　各機關執行歲出分配預算遇經費有不足時，應報請上級主管機關核定，轉請中央主計機關備案，始得支用第一預備金，並由中央主計機關通知審計機關及中央財政主管機關。

第 70 條　各機關有左列情形之一，得經行政院核准動支第二預備金及其歸屬科目金額之調整，事後由行政院編具動支數額表，送請立法院審議：

一、原列計畫費用因事實需要奉准修訂致原列經費不敷時。

二、原列計畫費用因增加業務量致增加經費時。

三、因應政事臨時需要必須增加計畫及經費時。

二、解析

(一)預備金係為賦予歲出預算執行彈性而設置,以因應歲出預算於實際執行時所發生籌編預算案未予考量或無法預料之事項。第一預備金編列於各公務機關單位預算項下(另預算法第 18 條第 2 項所定特種基金之單位預算,在預算法第 22 條第 1 項第 1 款中並未規定得編列第一預備金,且以往之特種基金單位預算,亦均未編列第一預備金),編列數額不得超過該公務機關單位預算經常支出總額 1%,第二預備金則編列於中央政府總預算項下,編列數額由行政院視財政情況決定,均係屬未明列支出目的之準備性質經費。另立法院如有對中央政府總預算案各款、項、目、節下歲出預算科目之特定計畫項目與金額有減列(即指定刪除或刪減項目),以及屬於通案刪減項目之較具體明確者,不得申請動支第一預備金或第二預備金,但如屬於履行法律義務所需經費或經立法院同意者,仍可動支第一預備金或第二預備金。

(二)各單位預算機關執行歲出分配預算無法因應,欲動支該機關第一預備金者,可視歲出機關別工作計畫(無工作計畫者為業務計畫)科目說明之相關性或一級歲出用途別科目經費編列狀況(即有無編列一級歲出用途別科目經費)予以判定其經費不足情形,並經審核無違反預算法第 22 條、未超過統一規定標準及無不合法令規定,且確屬必須之支出,得報經上級預算主管機關審查核定(按單位預算機關即為主管機關者,例如內政部、教育部等動支其本機關之第一預備金,可自行核定)後,轉請主計總處同意備案,並函知審計部及財政部。其每筆動支數額超過 5,000 萬元者,各主管機關應先函送立法院備查,但因緊急災害動支者,可採動支後再由主管機關函送立法院備查之方式辦理。

(三)各機關如有符合預算法第 70 條所定三種情形之一,並經檢討年度預算相關經費確實無法調整容納,且無違反預算法第 22 條規定之限制者,得報經主管機關核轉行政院申請動支第二預備金,每筆動支數額超過 5,000 萬元者,除屬於因緊急災害動支者,可採動支後再函送立法院備查之方式辦理外,行政院應先函送立法院備查,行政院並應於年度終了後彙整當年度所有動支案件編具第二預備金動支數額表送請立法院審議。

(四)關於預算法第 70 條所定三種情形之意義,分述如下:

1. 原列計畫費用因事實需要奉准修訂致原列經費不敷時

原核定計畫所需經費，於執行時，因受外在環境之變遷及為因應業務實際需要，必須增加總經費或調整實施期程，經完成計畫修訂程序後，致原編預算有不足情形。例如，財政部關稅總局辦理建置機動式貨櫃檢查儀計畫，因採購規範變更以及需配合道路交通安全規則修訂等，奉行政院核定延長計畫實施期程，其延後時程之年度所需經費，報經行政院核准動支第二預備金支應。

2. 原列計畫費用因增加業務量致增加經費時

原列計畫因業務量增加使所需經費相對增加，致原編預算有不敷支應情形。例如，法務部所屬矯正機關因實際收容人數超出預估人數，致原預算編列之收容人給養經費不敷，經報奉行政院核准動支第二預備金支應。

3. 因應政事臨時需要必須增加計畫及經費時

年度進行中，為因應推動政事臨時需要，需增辦新興計畫或部分業務而增加經費時。例如，為因應突發之八仙樂園粉塵暴燃事件，衛生福利部及所屬必須辦理救治工作、燒傷病患心理治療、出院後社區追蹤及專案管理等所需經費，經報奉行政院核准動支第二預備金支應。

拾貳、政府預算收支基本原則

一、預算法相關條文

第 24 條　政府徵收賦稅、規費及因實施管制所發生之收入，或其他有強制性之收入，應先經本法所定預算程序。但法律另有規定者，不在此限。

第 25 條　政府不得於預算所定外，動用公款、處分公有財物或為投資之行為。

違背前項規定之支出，應依民法無因管理或侵權行為之規定請求返還。

第 26 條　政府大宗動產、不動產之買賣或交換，均須依據本法所定預算程序為之。

第 27 條　政府非依法律，不得於其預算外增加債務；其因調節短期國庫收支而發行國庫券時，依國庫法規定辦理。

二、解析

(一)政府徵收賦稅、因實施管制所發生之收入及其他有強制性之收入,因事涉增加人民重大負擔,原則上均應有相關法律作為徵收之依據,至於規費的收取,則以規費法為其規範,以上各項收入,並應由各機關學校依相關法律規定,循預算法所定總預算、追加預算或特別預算之籌劃、擬編、審議及執行等預算程序辦理,即同時具備法律依據與透過預算程序。又既係依法律規定確實徵收,因此會有較原列預算數超收或短收情形,且即使未及事先編入預算或未編列預算,仍應按法律規定收取。另其他法律中如有明定部分收入可無須透過預算法所定之預算程序或不須繳入公庫者,自可不受限制。例如,依強制汽車責任保險法第 38 條規定,汽、機車所有人繳交之強制汽車責任險保險費,係逕行納入財團法人汽車交通事故特別補償基金。

(二)各機關學校凡事涉公款之動用,公有財產與物品之讓售、標售、出售、交換所有權、報廢及租賃,對國營事業、非營業特種基金及民營事業投資等行為,均必須透過預算法所定總預算、追加預算或特別預算之籌劃、擬編、審議及執行等預算程序辦理,不得於預算所定外為之。又屬於動用公款及投資部分,除預算法其他條文與其他法令對於預算範圍內經費之流用及於預算所定外可先行動支款項等有特別規定外,原則上應以歲出預算書內各主要表所列之數額為可動支之上限,並應符合其動支目的。如違背以上規定,則其性質上屬於無法律上之原因(即未獲可動支經費之授權)而受利益之不當得利受領人,應返還其所受利益予政府,如涉有侵害政府權利或利益之侵權行為者,政府可向關係人就所受之損害請求負賠償責任。

(三)相關名詞意義

　1. 不動產:包括土地、土地改良物與固定附著於土地之房屋建築、停車位、天然資源等。

　2. 動產:包括機械及設備、交通及運輸設備、雜項設備、有價證券等。

(四)動產與不動產,究屬「大宗」或「小額」、「零星」,實務上甚難做明確的劃分或定義。如擬購「買」時,事涉必須動用公款,且「賣」及「交換」部分,屬於國有財產法所規定公有財產之處分範圍,均應循預算法所定總預算、追加預算與特別預算之籌劃、擬編、審議及執

行等預算程序辦理。其中屬於價值較高（即所謂「大宗」）之動產與不動產之買賣或交換，除宜事先經過較審慎嚴謹之評估及規劃外，按照重要性高者宜予明確揭露原則，應於預算書之主要表中做較具體或詳盡之表達；至於「小額」動產與「小額」不動產之買賣或交換，則可於預算書之主要表中以概括的方式予以說明。另其他法律中如有可排除預算法第 26 條規定之適用者，從其規定。例如，都市更新條例第 46 條規定，都市更新計畫範圍內公有土地及建築物，除另有合理之利用計畫外，應一律參加都市更新，並依都市更新事業計畫處理之，不受預算法第 25 條、第 26 條及第 86 條等規定之限制。

(五)中央及各地方政府所擬舉借 1 年以上公共債務（含公債及借款）之數額，不得超過公共債務法（有關公共債務法相關規定如表 1.1.2）及財政紀律法第 14 條第 2 項（中央政府以特別預算方式編列年度舉債額度，不受公共債務法第 5 條第 7 項規定之限制者，於特別條例施行期間之舉債額度合計數，不得超過該期間總預算及特別預算歲出總額合計數之 15%）規定之上限，且無論係供作總預算、追加預算與特別預算之財源，或支應營業及非營業特種基金預算需求部分，原則均應循預算法所定預算之籌劃、擬編、審議、執行等預算程序，不得有於預算外增加債務之情事。但基於為因應若干特殊及急需支出，預算法其他條文及其他法律中尚有可排除預算法第 27 條規定而得於法定預算外先行舉借長期債務者，例如，預算法第 84 條與第 88 條規定，可於法定預算外先行動支款項及舉借長期債務；行政院金融重建基金設置及管理條例第 13 條規定，基金於處理經營不善金融機構，以及依存款保險條例第 39 條規定，中央存款保險公司接管不良金融機構或進行清理時，不適用預算法第 25 條至第 27 條等規定。另在收支預算範圍內，如基於為調節短期國庫收支，所舉借未滿 1 年之國庫券，除應受公共債務法第 4 條規範外，並應依國庫法、國庫券及短期借款條例規定辦理。

表 1.1.2　公共債務法對於各級政府舉借債務相關規定

項　　目	中央政府	直轄市政府	縣市及鄉鎮市
總預算及特別預算每年度舉債額度上限（公債法第 5 條第 7 項及第 8 項）	不得超過總預算及特別預算歲出總額之 15%。	不得超過前兩年度歲出總額 15% 平均數及其乘以前三年度自籌財源平均成長率之數額。	不得超過前兩年度歲出總額 15% 平均數及其乘以前三年度自籌財源平均成長率之數額。
1 年以上債務累積未償餘額預算數上限（公債法第 5 條第 1 項）	前三年度名目國內生產毛額（GDP）平均數之 40.6%（中央與各地方政府共 50%）。	前三年度 GDP 平均數之 7.65%。	縣市為前三年度 GDP 平均數之 1.63%；鄉鎮市為 0.12%。
每年度應編列之債務還本數（公債法第 12 條第 1 項）	至少編列當年度稅課收入之 5% 至 6%。	至少編列當年度稅課收入之 5% 至 6%。	至少編列累積至上年度債務未償餘額預算數之 1%。

註：公共債務未償債務餘額，指在總預算、特別預算及在營業基金、信託基金以外之特種基金預算內，所舉借之 1 年以上公共債務未償餘額預算數。

拾參、作業及相關考題

※名詞解釋

一、中央政府預算

二、一定期間

三、作業

　　（註：一至三之答案詳本文壹、二、(二)1.至 3.）

四、概算

五、預算案

六、法定預算

七、分配預算

　　（註：四至七之答案詳本文貳、二、(一)至(四)）

八、獨立預算

　　（註：答案詳本文參、二、(一)2.）

九、機關

十、單位

十一、機關單位

　　（註：九至十一答案詳本文參、二、(二)1.至 3.）

十二、經費

十三、歲定經費

十四、繼續經費

十五、法定經費

　　（註：十二至十五答案詳本文伍、二、(一)1.至 4.）

十六、未來承諾之授權

十七、國庫負擔債務之法律行為

十八、政府擔保或保證行為

　　（註：十六至十八答案詳本文陸、二、(三)1.至 3.）

十九、會計年度

二十、預算周期

　　（註：十九及二十答案詳本文捌、二、(二)1.及 2.）

※申論題

一、法定預算之形成及執行過程會有不同階段，請說明何謂概算、預算案、法定預算、分配預算？【111 年關務人員四等】

答案：

　　依預算法第 2 條規定，法定預算之形成及執行過程分為概算、預算案、法定預算及分配預算等四個階段，分述如下：

　　（請按本文貳之二內容作答）

二、政府採用基金之目的為何？基金按各種不同方式的分類情形為何？【作者自擬】

　　（註：答案詳本文肆、二、(一)(二)）

三、試依預算法第 4 條規定，說明基金之定義及六個種類的特種基金之定義。【112 年關務人員四等】

答案：

預算法第 4 條規定（請按條文內容作答）。

四、何謂基金？依預算法第 4 條規定，基金之特性為何？【104 年地特三等】

答案：

(一) 基金之意義

基金之意義可分為下列兩種：

1. 一般商業會計所稱之基金，係指定用途之現金，凡現金經指定作為某項特殊用途，如償債基金、資產重置基金等，即不得再作其他用途。

2. 政府之基金，係依據法令、契約等設立，為執行特定業務或達成一定目標之獨立財務與會計個體。

(二) 基金之特性

預算法第 4 條規定（請按條文內容作答）。

五、何謂經費？依預算法規定，經費如何分類？【104 年地特三等】

六、何謂經費？經費依其得支用期間分為那幾種？【111 年關務人員四等】

答案：（含五、六）

(一) 經費之定義：預算法第 5 條規定，稱經費者，謂依法定用途與條件得支用之金額。

(二) 經費之分類：預算法第 5 條規定，經費按其得支用期間分下列三種：

1. 歲定經費，以一會計年度為限。

2. 繼續經費，依設定之條件或期限，分期繼續支用。

3. 法定經費，依設定之條件，於法律存續期間按年支用。法定經費之設定、變更或廢止，以法律為之。

七、近年來，法稅改革聯盟提出五大訴求，包括：「歸還超徵稅收，嚴懲濫稅官員」、「廢除稅務獎金，杜絕違法徵稅」，並呼籲政府還稅於民。

(一) 請依預算法之規定，說明稅課收入、歲入、收入，這三者之間的

相互關係。

(二) 政府年度之稅課收入超徵，是否就是一定有年度歲計賸餘？請指出年度稅課收入超徵與年度歲計賸餘的關係。

(三) 預算法所稱預算「差短」，是指何種現象？政府應該如何解決？

【108 年關務人員四等】

答案：

(一) 稅課收入、歲入與收入之關係

1. 預算法第 6 條規定，稱歲入者，謂一個會計年度之一切收入。但不包括債務之舉借及以前年度歲計賸餘之移用。稱歲出者，謂一個會計年度之一切支出。但不包括債務之償還。歲入、歲出之差短，以公債、賒借或以前年度歲計賸餘撥補之。亦即：

   收入＝歲入＋發行公債＋長期借款（或稱賒借）＋移用以前年度歲計賸餘
   支出＝歲出＋長期債務之償還

2. 稅課收入屬於政府歲入的主要部分，以中央政府而言，約占七成至八成，其他尚有營業盈餘及事業收入、規費收入等，另收入除歲入外，尚包括發行公債、長期借款及移用以前歲計賸餘（屬於融資性收入），如當年度歲入足以支應歲出及長期債務之償還而不須再編列融資性收入時，則收入即等於歲入，故收入大於或等於歲入，又歲入大於稅課收入。

(二) 稅課收入超徵與歲計賸餘之關係

　　因稅課收入屬於歲入之一部分，如有超收，尚須就稅課收入與非稅課收入如營業盈餘及事業收入、規費收入、財產收入等實收數合計後，再與原編列之歲入數比較，如有超出即為整體歲入之超收數，財政部與主計總處可於年度中衡酌歲入實際超收情形優先減少原編列之融資性收入的執行，年度終了時，倘「歲入超收數＋原編列之支出執行結果賸餘數」大於「年度預算原編列之發行公債及長期借款＋移用以前年度歲計賸餘」，爰可不須舉借長期債務及移用以前年度歲計賸餘時，始有可能於年度決算時有歲計賸餘或收支賸餘。

(三) 預算差短之意義及解決

　　預算法第 6 條第 3 項規定，歲入、歲出之差短，以公債、賒借或以前年度歲計賸餘撥補之。實務上按照當年度預算案編列時收入應等於支出之原

則，當歲入不足以支應歲出及長期債務之償還時，即須以發行公債、長期借款及移用以前年度歲計賸餘彌補。故如欲解決歲入不足以支應歲出（即預算法第 6 條所稱之差短）及長期債務之償還情形，則必須設法增加歲入（即開源）或減少歲出（即節流）。

八、109 年度中央政府總預算歲入 2 兆 1,070 億元，歲出 2 兆 775 億元，歲入歲出賸餘 295 億元，扣除債務還本 850 億元，尚須融資調度數 555 億元，全數以舉借債務予以彌平。實際執行結果，歲入決算數 2 兆 1,690 億元，歲出決算數 2 兆 395 億元，扣除償還債務 850 億元，尚有收支賸餘 445 億元。經審計部審核結果，歲入決算審定為 2 兆 1,696 億元，歲出決算審定為 2 兆 393 億餘元，已償還債務為 850 億元。請試述：
(一) 歲入、歲出、融資調度數的定義
(二) 總決算與審定的歲入歲出賸餘各為何？又審定後的收支賸餘為何？
(三) 總決算之賸餘或短絀如何處理？【110 年薦任升等「審計應用法規」】

答案：

(一)歲入、歲出及融資調度數的定義

　　依預算法第 6 條規定：
1. 稱歲入者，謂一個會計年度之一切收入。但不包括債務之舉借（含長期借款及發行公債）及以前年度歲計賸餘之移用。
2. 稱歲出者，謂一個會計年度之一切支出。但不包括債務之償還。
3. 融資調度數，包括債務之舉借、以前年度歲計賸餘之移用（以上兩項為融資性收入）及債務之償還（融資性支出）。

(二) 歲入歲出賸餘及收支賸餘
1. 總決算之歲入歲出賸餘
　　2 兆 1,690 億元－2 兆 0,395 億元＝1,295 億元
2. 審定總決算之歲入歲出賸餘
　　2 兆 1,696 億元－2 兆 0,393 億元＝1,303 億元
3. 審定後總決算之收支賸餘

1,303 億元－850 億元＝453 億元

(三) 總決算之收支賸餘 453 億元，連同以前年度累積之賸餘轉入下年度，可供以後年度移用之財源。

九、試依預算法之規定，說明歲入、歲出、收入、支出的定義及內容，並繪圖說明歲入、歲出、收入、支出、償債支出、舉債收入及移用累計賸餘的關係。【112 年地特三等】

答案：

(一) 歲入、歲出、收入、支出之定義及內容

　　依預算法第 6 條規定：

1. 歲入：謂一個會計年度之一切收入，但不包括債務之舉借及以前年度歲計賸餘之移用。

2. 歲出：謂一個會計年度之一切支出，但不包括債務之償還。

3. 收入：一個會計年度之一切收入，包括歲入、債務之舉借及以前年度歲計賸餘之移用。

4. 支出：一個會計年度之一切支出，包括歲出及債務之償還。

(二) 歲入、歲出、收入、支出、償債支出、舉債收入及移用累計賸餘之關係

1. 預算法第 6 條規定，歲入、歲出之差短，以公債、賒借或以前年度歲計賸餘撥補之。

2. 各項名詞之關係

　　收入＝歲入＋發行公債＋長期借款（或稱賒借）＋移用以前年度歲計賸餘

　　支出＝歲出＋長期債務之償還

　　圖示如下（以 113 年度中央政府總預算為例）：

支出 2 兆 9,969 億元	收入 2 兆 9,969 元
歲出 2 兆 8,519 億元	歲入 2 兆 7,252 億元
歲出 2 兆 8,519 億元	債務之舉借 1,571 億元
債務之償還 1,150 億元	移用以前年度歲計賸餘 846 億元

十、依預算法規定,所稱未來承諾之授權,其性質與何種經費較為相近?
政府機關於未來幾個會計年度所需支用之經費,立法機關得為未來承
諾之授權?未來承諾之授權之預算,於預算書中應如何表達?因擔
保、保證或契約可能造成未來會計年度內之支出之預算,於預算書中
應如何表達?未來承諾之授權之預算表達,與因擔保、保證或契約可
能造成未來會計年度內之支出者之預算表達,除前述之表達差異外,
尚有何不同?回答時皆應註明相關之規定或理由,否則不予給分。
【111 年地特三等】

答案:

(一)未來承諾之授權的性質與繼續經費較為相近

1. 預算法第 7 條規定,稱未來承諾之授權者,謂立法機關授權行政機關,
於預算當期會計年度,得為國庫負擔債務之法律行為,而承諾於未來會
計年度支付經費。又預算法第 5 條第 1 項第 2 款規定,稱經費者,謂依
法定用途與條件得支用之金額。其中繼續經費,係依設定之條件或期
限,分期繼續支用。

2. 未來承諾之授權,係針對跨越一個年度以上之計畫預算,於預算書中列
明總金額及未來年度預計支用數,於獲得立法機關授權後,即可按照所
獲授權範圍之用途與條件,於預算當期會計年度在審定經費總額範圍內
辦理一次發包,或與自然人、法人為負擔債務之法律行為,並向其承諾
於以後會計年度支用經費,故與編列跨多年期特別預算之繼續經費性質
相近。

(二)未來承諾之授權以未來四個會計年度為限

預算法第 8 條第 1 項規定:政府機關於未來四個會計年度所需支用之經
費,立法機關得為未來承諾之授權。

(三)未來承諾授權於預算書中表達

預算法第 8 條第 2 項規定,前項承諾之授權,應以一定之金額於預算內
表達。即應於預算書中列明擬取得授權之計畫項目、經費總額及未來四個會
計年度預計支用數,並與年度預算內其他一般性經費做明確區分。

(四)擔保、保證或契約於預算書中表達

1. 預算法第 9 條規定,因擔保、保證或契約可能造成未來會計年度內之支
出者,應於預算書中列表說明;其對國庫有重大影響者,並應向立法院

報告。

2. 依目前實務作業，因擔保、保證或契約可能造成未來會計年度內之支出者，其中公務機關應編製「因擔保、保證或契約可能造成未來會計年度支出明細表」，如交通部與臺灣高速鐵路公司簽訂之高鐵興建營運合約；國營事業及非營業基金，則於各附屬單位預算資產負債表（或平衡表）下表達說明。

(五)未來承諾之授權與擔保、保證或契約之表達差異

　　目前於各機關單位預算書內已參考預算法第 39 條對於繼續經費預算編製之規定，編有「跨年期計畫概況表」作為附屬表，列明全部計畫之內容、經費總額、執行期間及各年度之分配額。但擬取得未來承諾之授權計畫項目，尚應參考歲出機關別預算表列為總預算案書中之主要表，俾利立法院之審議並作成正式決議。至於因擔保、保證或契約可能造成未來會計年度內之支出者，須有發生特定狀況或條件時始有可能造成未來年度之支出，屬於或有負債性質，故於總預算案中係以參考表表達，國營事業及非營業基金則以附註揭露，立法機關並不作正式審議。

十一、X1 年度政府總決算報告中揭露下列收入、支出資訊：

收入		支出	
稅課收入	150,000,000	補助支出	40,000,000
舉債收入	25,000,000	薪資支出	75,000,000
規費收入	1,000,000	增加投資支出	8,000,000
收回投資收入	3,000,000	設備例行維修支出	1,000,000
出售設備收入	5,000,000	支付債務利息支出	12,000,000
罰款及賠償收入	4,000,000	增建辦公大樓支出	28,000,000
移用以前年度歲計賸餘收入	11,000,000	償還債務本金支出	35,000,000

請計算下列項目之金額（請列出計算過程及正確答案）：

(一) 資本門歲出。

(二) 經常門歲入。

(三) 歲入歲出餘絀（答案請註明係賸餘或虧絀）。【103 年地特三等】

答案：

　　預算法第 6 條規定，稱歲入者，謂一個會計年度之一切收入。但不包括債務之舉借及以前年度歲計賸餘之移用。稱歲出者，謂一個會計年度之一切支出。但不包括債務之償還。歲入、歲出之差短，以公債、賒借或以前年度

歲計賸餘撥補之。第 10 條規定，歲入、歲出預算，按其收支性質分為經常門、資本門。歲入，除減少資產及收回投資為資本收入應屬資本門外，均為經常收入，應列經常門。歲出，除增置或擴充、改良資產及增加投資為資本支出，應屬資本門外，均為經常支出，應列經常門。根據以上預算法之規定，分別計算如下：

(一) 資本門歲出
　　＝增加投資支出 8,000,000＋增建辦公大樓支出 28,000,000＝36,000,000

(二) 經常門歲入
　　＝稅課收入 150,000,000＋規費收入 1,000,000＋罰款及賠償收入 4,000,000
　　＝155,000,000

(三) 經常門歲出
　　＝補助支出 40,000,000＋薪資支出 75,000,000＋設備例行維修支出 1,000,000
　　＋支付債務利息支出 12,000,000＝128,000,000

(四) 資本門歲入
　　＝收回投資收入 3,000,000＋出售設備收入 5,000,000＝8,000,000

(五) 歲入合計＝經常門歲入 155,000,000＋資本門歲入 8,000,000＝163,000,000
　　歲出合計＝經常門歲出 128,000,000＋資本門歲出 36,000,000＝164,000,000
　　故歲入歲出餘絀為歲入合計 163,000,000－歲出合計 164,000,000
　　＝－1,000,000（即虧絀 1,000,000）

註：本題之收入＝歲入合計 163,000,000＋舉債收入 25,000,000＋移用以前年度歲計賸餘收入 11,000,000＝199,000,000；支出＝歲出合計 164,000,000＋償還債務本金支出 35,000,000＝199,000,000，即收入等於支出。

	支出	199,000,000	收入	199,000,000	
經常門支出	補助支出	40,000,000	稅課收入	150,000,000	經常門收入
	薪資支出	75,000,000	規費收入	1,000,000	
	設備例行維修支出	1,000,000	罰款及賠償收入	4,000,000	
	支付債務利息支出	12,000,000			
資本門支出			收回投資收入	3,000,000	資本門收入
	增建辦公大樓支出	28,000,000	出售設備收入	5,000,000	
	增加投資支出	8,000,000	移用以前年度歲計賸餘收入	11,000,000	
	償還債務本金支出	15,000,000	舉債收入	25,000,000	

十二、某政府上年度年底之會計紀錄顯示歲出共 610 億元，投資民營事業
　　　15 億元，購買土地 24 億元，移用以前年度歲計賸餘 30 億元，公營
　　　事業增資 6 億元，贈與其他政府 12 億元，興建橋梁 23 億元，營業
　　　基金以盈餘轉作增資 20 億元，償還賒借債務本金 40 億元，出售公
　　　營事業股票 5 億元，償還發行公債本金 62 億元，支付賒借債務利息
　　　2 億元，改良機器設備 4 億元，支付發行公債利息 3 億元，購買車
　　　輛 1 億元，新設立公營事業資本額 12 億元。計算該政府上年度下列
　　　各項金額：
　　　(一)支出金額
　　　(二)資本支出金額
　　　(三)經常支出金額
　　　(四)非屬歲出之支出有那幾項及其金額合計。【111 年地特三等「政府
　　　　　會計」】

答案：

(一) 支出金額 712 億元
　　　依預算法第 6 條規定，支出＝歲出＋債務之償還，即：
　　　支出＝歲出 610 億元＋償還賒借債務本金 40 億元＋償還發行公債本金 62
　　　億元＝712 億元。

(二) 資本支出金額 105 億元
　　　依預算法第 10 條規定，資本支出＝投資民營事業 15 億元＋購買土地 24
　　　億元＋公營事業增資 6 億元＋興建橋梁 23 億元＋營業基金以盈餘轉作增資 20
　　　億元＋改良機器設備 4 億元＋購買車輛 1 億元＋新設立公營事業資本額 12 億
　　　元＝105 億元。

(三) 經常支出 505 億元
　　　依預算法第 10 條規定，經常支出係歲出減除資本支出之金額，即經常支
　　　出＝歲出 610 億元－資本支出 105 億元＝505 億元。

(四) 非屬歲出之支出 102 億元
　　　即：償還賒借債務本金 40 億元＋償還發行公債本金 62 億元＝102 億元。

十三、預算法第 10 條規定歲入、歲出預算中，經常門與資本門之劃分，以
　　　及第 23 條規定預算平衡原則。政府資本收入與資本支出之定義各為

　　何？並分別說明何種收入可以作為資本支出以及經常支出之財源？
【112 年薦任升等「審計應用法規」】

答案：

(一)資本收入及資本支出之定義

　　依預算法第 10 條規定，歲入，其中減少資產及收回投資為資本收入；歲出，其中增置或擴充、改良資產及增加投資為資本支出。

(二)經常支出及資本支出之財源

　　預算法第 23 條規定（請按條文內容作答）。故除非預算年度有異常情形外，經常收入可供經常支出及資本支出之用；資本支出之財源則包括經常收支之賸餘、資本收入、公債與賒借收入、以前年度歲計賸餘。

十四、請依預算法之規定，說明歲入及歲出之年度劃分及其適用的會計基礎。【109 年關務人員四等】

答案：

(一) 歲入及歲出之年度劃分規定

　1. 預算法第 14 條規定（請按條文內容作答）。

　2. 預算法第 15 條規定（請按條文內容作答）。

(二) 歲入及歲出之年度劃分所適用之會計基礎

　　（答案詳本文玖、二之(三)）

十五、試依預算法分別說明歲入、歲出之定義，以及歲入、歲出如何劃分年度？【110 年地特四等「政府會計概要」】

答案：

(一) 歲入及歲出之定義

　　預算法第 6 條規定（請按條文內容作答）。

(二) 歲入及歲出之年度劃分規定

　1.預算法第 14 條規定（請按條文內容作答）。

　2.預算法第 15 條規定（請按條文內容作答）。

十六、試回答下列各小題：

　　(一) 預算可分為哪幾種？

　　(二) 預算應設哪幾種預備金？

(三) 承第(二)題，有何動支上之限制？【106 年關務人員四等】

答案：

(一) 預算之種類

預算法第 16 條規定（請按條文內容作答）。

(二) 預備金之種類

預算法第 22 條規定（請按條文內容作答）。

(三) 預備金動支之限制

各機關於動支預備金時，除應符合上述第 22 條規定外，尚須遵照下列規定：

1. 預算法第 64 條規定（請按條文內容作答）。

2. 預算法第 70 條規定（請按條文內容作答）。

十七、何謂經常門歲入、歲出？何謂資本門歲入、歲出？預算法對政府經常收支平衡有何規定？【112 年鐵特三級及退除役特考三等】

答案：

(一)經常門歲入及歲出之意義

預算法第 10 條規定，歲入中不屬於資本門歲入者即為經常門歲入。不屬於資本門歲出者即為經常門歲出。

(二)資本門歲入及歲出之意義

預算法第 10 條規定，歲入中屬於減少資產及收回投資部分即為資本門歲入。歲出中屬於增置或擴充、改良資產及增加投資部分即為資本門歲出。

(三)預算法對政府經常收支平衡之規定

預算法第 23 條規定（請按條文內容作答）。

十八、我國係採取實施民主憲政體制，它賦予行政院有能力為人民謀福利，立法院有權力代表人民行使立法權。於是憲法第 59 條規定「行政院於會計年度開始三個月前，應將下年度預算案提出於立法院。」復於憲法第 63 條規定「立法院有議決法律案、預算案……之權。」請問現行之會計審計法規中，除了上開預算案非經立法機構同意，不得辦理之外，尚有哪些條文規定，非經立法機構同意，行政機關不得辦理之收支事項？【105 年地特三等】

答案：

　　所謂非經立法機構同意不得辦理，即無法律依據，或事先編列預算案送請立法機關審議通過或獲得授權，行政機關不得辦理收支事項之意，係規定於下列預算法條文中：
(一) 預算法第 22 條規定（請按條文內容作答）。
(二) 預算法第 24 條規定（請按條文內容作答）。
(三) 預算法第 25 條規定（請按條文內容作答）。
(四) 預算法第 26 條規定（請按條文內容作答）。
(五) 預算法第 54 條規定（請按條文內容作答）。
(六) 預算法第 67 條規定（請按條文內容作答）。
(七) 預算法第 82 條規定（請按條文內容作答）。
(八) 預算法第 83 條規定（請按條文內容作答）。
(九) 預算法第 84 條規定（請按條文內容作答）。

十九、某政府 102 年度預算編列經常收入 800 億元，出售資產收入 120 億元，收回投資收入 48 億元，舉債收入 37 億元，移用歲計賸餘 6 億元。回答下列問題：
　　(一) 若 102 年度預算無異常情形，依預算法規定說明經常支出最多得編列之金額。
　　(二) 若 102 年度預算有異常情形，當年度資本支出編列 155 億元，依預算法規定說明經常支出編列之金額。
　　(三) 若 102 年度預算無異常情形，若經常支出編列 680 億元，依預算法規定說明資本支出最多得編列之金額。【101 年地特三等】

答案：

　　預算法第 23 條規定，政府經常收支，應保持平衡，非因預算年度有異常情形，資本收入、公債與賒借收入及以前年度歲計賸餘不得充經常支出之用。但經常收支如有賸餘，得移充資本支出之財源。本題經常收入 800 億元，出售資產收入 120 億元及收回投資收入 48 億元均為資本收入，舉借收入 37 億元及移用歲計賸餘 6 億元均為融資性收入，故分述如下：
(一) 若 102 年度預算無異常情形，按照經常收支應保持平衡原則，則經常支

出最多可編列 800 億元。

(二) 若 102 年度預算有異常情形，資本收入、公債與賒借收入及以前年度歲
　　計賸餘均可充作經常支出之用，故經常支出最多可編列：800 億元＋120
　　億元＋48 億元＋37 億元＋6 億元－155 億元＝856 億元

(三) 若 102 年度預算無異常情形，經常收支有賸餘，得移充資本支出之財
　　源，故資本支出最多可編列：（800 億元－680 億元）＋120 億元＋48 億
　　元＋37 億元＋6 億元＝331 億元

二十、司法院大法官會議解釋政府預算案經立法院通過，及總統公布程序
　　　後成為法定預算，其形式上與法律相當，稱為措施性法律，具有拘
　　　束行政機關財務收支之功能。試就預算法第 24 條至第 27 條之相關
　　　規定，說明政府之何種財務行為必須經預算法所定之預算程序，以
　　　及不得有預算所定外之何種行為？【109 年鐵特三級】

答案：

　　預算法第 24 條至第 27 條係規定政府預算收支之基本原則，其內容如
下：
(一) 預算法第 24 條規定（請按條文內容作答）。
(二) 預算法第 25 條規定（請按條文內容作答）。
(三) 預算法第 26 條規定（請按條文內容作答）。
(四) 預算法第 27 條規定（請按條文內容作答）。

※測驗題

一、高考、普考、薦任升等、三等及四等各類特考

(A)1. 依預算法所述，預算以提供政府於一定期間完成作業所需經費為目的，
　　此所指之政府為：(A)中央政府(B)地方政府(C)中央政府不包含立法院
　　(D)地方政府不包含地方立法機關【112 年地特三等】

(C)2. 政府預算之編製及執行應以財務管理為基礎，並遵守：(A)財政收支穩
　　健之原則(B)整體經濟成長之原則(C)總體經濟均衡之原則(D)國家建設
　　進步之原則【107 年高考】

(D)3. 預算之編製及執行應以財務管理為基礎，並遵守何種原則？(A)公共經
　　濟均衡(B)福利經濟均衡(C)個體經濟均衡(D)總體經濟均衡【109 年鐵特

三級】

(A)4. 預算編製及執行之原則與基礎，依預算法規定應分別為：(A)遵守總體經濟之均衡、財務管理(B)財務管理、遵守個體經濟之均衡(C)遵守總體經濟之均衡、預算管理(D)預算管理、遵守個體經濟之均衡【108 年薦任升等】

(A)5. 預算之編製及執行，其基礎與應遵守之原則為何？(A)應以財務管理為基礎，並遵守總體經濟均衡之原則(B)應以行政管理為基礎，並遵守總體經濟均衡之原則(C)應以財務管理為基礎，並遵守總體經濟與個體經濟均衡之原則(D)應以行政管理為基礎，並遵守總體經濟與個體經濟均衡之原則【106 年鐵特三級及退除役特考三等】

(A)6. 依預算法之規定，預算之編製及執行，其基礎與應遵守之原則為何？(A)以財務管理為基礎，並遵守總體經濟均衡之原則(B)以行政管理為基礎，並遵守公共經濟成長之原則(C)以預算管理為基礎，並遵守個體經濟均衡之原則(D)以行政管理為基礎，並遵守整體經濟成長之原則【112 年薦任升等】

(D)7. 政府預算之編製及執行，應以何種為基礎？並遵守何種原則？(A)財務管理為基礎；收支平衡為原則(B)權責發生基礎；一定期間完成作業所需經費為原則(C)財務管理為基礎；一定期間完成作業所需經費為原則(D)財務管理為基礎；總體經濟均衡為原則【112 年鐵特三級及退除役特考三等】

(A)8. 已定用途而已收入或尚未收入之現金或其他財產稱為：(A)基金(B)經費(C)歲入(D)收入【110 年地特三等】

(D)9. 下列何者屬資本計畫基金？(A)航港建設基金(B)營建建設基金(C)離島建設基金(D)國軍營舍及設施改建基金【111 年高考】

(A)10.依預算法規定，歲入供特殊用途者，稱為特種基金，其中處理政府機關重大公共工程建設計畫者，屬於下列何種基金？(A)資本計畫基金(B)內部服務基金(C)信託基金(D)特別收入基金【111 年普考】

(B)11.下列有關特別收入基金之敘述，何者錯誤？(A)特別收入基金係將政府特定財源，限定支應於特定活動而成立者(B)特別收入基金屬業權基金(C)特別收入基金為獨立之會計個體(D)特別收入基金性質上屬於專款專用【111 年普考】

(B)12.依預算法規定，現行政府所有之基金，其本質屬備用基金性質者有幾種？(A)3 種(B)4 種(C)5 種(D)6 種【112 年鐵特三級及退除役特考三等】

(C)13.依預算法及相關規定，下列敘述何者正確？(A)有特定收入來源而供特殊用途者，為信託基金(B)依設定之條件或期限分期繼續支用者，為法定經費(C)依「中央政府各級機關單位分級表」，審計部桃園市審計處編列單位預算(D)預算之編製及執行，應以經濟效益為基礎【109 年地特四等「政府會計概要」】

(B)14.政府內部服務基金之會計處理與何種基金最為接近？(A)普通基金(B)營業基金(C)信託基金(D)特別收入基金【106 年退除役特考四等「政府會計概要」】

(A)15.下列何者屬於動本基金？(A)普通基金(B)營業基金(C)作業基金(D)內部服務基金【106 年退除役特考四等「政府會計概要」】

(B)16.經付出仍可收回，而非用於營業者，屬於何種基金？(A)特別收入基金(B)作業基金(C)特賦基金(D)資本計畫基金【106 年退除役特考四等「政府會計概要」】

(C)17.凡經付出仍可收回，而非用於營業者，稱為何種基金？(A)資本計畫基金(B)特別收入基金(C)作業基金(D)信託基金【108 年退除役特考四等「政府會計概要」】

(D)18.下列何者係屬「為國內外機關、團體或私人之利益，依所定條件管理或處分者」？(A)營業基金(B)特別收入基金(C)資本計畫基金(D)信託基金【107 年鐵特三級及退除役特考三等】

(B)19.預算法所稱之作業基金，係指：(A)供營業循環運用者(B)凡經付出仍可收回，而非用於營業者(C)依法定或約定之條件，籌措財源供償還債本之用者(D)處理政府機關重大公共工程建設計畫者【106 年鐵特三級及退除役特考三等】

(B)20.下列何種基金具有循環運用性質？①特別收入基金②作業基金③營業基金④債務基金(A)僅③(B)僅②③(C)僅③④(D)僅①②④【106 年普考「政府會計概要」】

(C)21.普通基金與下列何種基金之性質類似？(A)營業基金(B)作業基金(C)特別收入基金(D)信託基金【106 年地特四等「政府會計概要」】

(D)22. 依預算法之規定，下列基金哪些屬特種基金？①營業基金②債務基金③信託基金④作業基金(A)僅①②(B)僅②③(C)僅①②④(D)①②③④【108年地特四等「政府會計概要」】

(A)23. 中央研究院科學研究基金，屬於何種基金？(A)特別收入基金(B)普通基金(C)作業基金(D)資本計畫基金【109年普考「政府會計概要」】

(B)24. 某國立大學附設醫院係屬何基金？(A)營業基金(B)作業基金(C)特別收入基金(D)資本計畫基金【110年薦任升等】

(B)25. 關於交通部所轄觀光發展基金及航港建設基金，其基金性質依預算法之規定應分別歸屬為：(A)作業基金、作業基金(B)作業基金、特別收入基金(C)特別收入基金、作業基金(D)特別收入基金、特別收入基金【108年薦任升等】

(A)26. 有關基金或機關之預算，下列何者不得編入總預算？(A)信託基金(B)作業基金(C)營業基金(D)公務機關【109年普考「政府會計概要」】

(A)27. 依預算法規定，依設定之條件或期限分期繼續支用，屬於何種經費？(A)繼續經費(B)法定經費(C)歲定經費(D)年度經費【108年普考「政府會計概要」】

(D)28. 依預算法規定，經費按其得支用期間可分為：①歲定經費②繼續經費③法定經費(A)僅①②(B)僅①③(C)僅②③(D)①②③【106年地特三等】

(A)29. 下列何者屬於政府的歲入或歲出？(A)購置資產支出(B)舉借長期負債收入(C)償還長期負債本金(D)以前年度歲計賸餘之移用【110年高考】

(B)30. 下列何者屬於歲入歲出之範圍？①一個會計年度之一切收入②一個會計年度之一切支出③以前年度歲計賸餘之移用④債務之償還(A)①②③④(B)僅①②(C)僅②③(D)僅③④【111年高考】

(C)31. 某政府規費收入30億元，舉借債務收入100億元，出售財產收入25億元，計算歲入金額：(A)25億元(B)30億元(C)55億元(D)155億元【106年退除役特考四等「政府會計概要」】

(B)32. 某市政府107年度總預算，稅課收入編列200億元，罰款及賠償收入編列30億元，捐獻收入編列30億元，發行公債編列20億元，移用以前年度歲計賸餘編列24億元，該市政府當年度總預算案之歲入預算數為若干？(A)230億元(B)260億元(C)280億元(D)304億元【107年普考「政府會計概要」】

(A)33.某政府本年度之收入為 500 億元,移用以前年度歲計賸餘 50 億元,舉借債務 80 億元,則歲入金額為:(A)370 億元(B)420 億元(C)450 億元(D)500 億元【111 年地特三等】

(C)34.甲地方政府某年度總預算編列人事費 200 億元、業務費及獎補助費 300 億元、設備及投資 50 億元、債務還本 10 億元、債務付息 1 億元及第二預備金 5 億元,則當年度之歲出總額為何?(A)551 億元(B)555 億元(C)556 億元(D)566 億元【110 年地特四等「政府會計概要」】

(B)35.某地方政府 108 年度總預算編列稅課收入 200 億元,財產收入 10 億元,營業盈餘及事業收入 20 億元,補助及協助收入 170 億元,舉借債務收入 100 億元,移用以前年度歲計賸餘 5 億元,試問該地方政府 108 年度歲入合計多少?(A)230 億元(B)400 億元(C)500 億元(D)505 億元【108 年地特三等】

(B)36.某政府本年度預算編列:公債收入 20 億元,移用以前年度歲計賸餘 7 億元,出售財產收入 10 億元,收回公營事業投資 6 億元,稅課收入 150 億元。計算歲入金額:(A)150 億元(B)166 億元(C)186 億元(D)193 億元【108 年鐵特三級及退除役特考三等】

(C)37.依預算法之規定,歲入不包括下列何者?(A)罰款及賠償收入(B)資產處分收入(C)債務舉借收入(D)稅課收入【109 年鐵特三級】

(C)38.依現行預算法之規定,下列有關歲入與收入,歲出與支出的敘述,何者正確?(A)歲入等於收入,歲出與支出二者亦是相等(B)歲入大於收入,歲出亦大於支出(C)歲入小於或等於收入,歲出小於或等於支出(D)沒有一定的大小關係【108 年高考】

(D)39.下列有關歲入、歲出差短之撥補項目,何者錯誤?(A)公債(B)賒借(C)以前年度歲計賸餘(D)出售國有財產【106 年地特三等】

(C)40.歲入、歲出之差短,得以下列何者撥補之?①出售資產之收入②公債收入③賒借收入④以前年度歲計賸餘(A)僅①②(B)僅①③(C)僅②③④(D)①②③④【107 年普考「政府會計概要」】

(C)41.依預算法規定,歲入、歲出差短之撥補方式,包括下列何者?①公債②長期借款③國庫券④移用以前年度歲計賸餘(A)僅①②(B)僅①②③(C)僅①②④(D)①②③④【112 年高考】

(B)42.歲入與歲出產生差短時,政府可採行之方案,下列敘述何者正確?①於

歲入預算之編列中增加債務之舉借②於歲出預算之編列中減少債務之償還③移用以前年度歲計賸餘(A)僅①(B)僅③(C)僅①②(D)僅①③【107年地特四等「政府會計概要」】

(B)43. 依預算法規定，因擔保、保證或契約可能造成未來會計年度內之支出者，其對何者有重大影響者，應向立法院報告？(A)財政(B)國庫(C)債務(D)預算【109年高考】

(D)44. 民國106年度中央政府總預算，有無對未來承諾之授權與因擔保、保證或契約可能造成未來會計年度內之支出者加以表達或列表說明？(A)預算書內對上開二事項，均尚未有表達或列表說明(B)預算書內對上開二事項，均已有表達或列表說明(C)已於預算書內對未來承諾之授權金額加以表達；但尚未對因擔保、保證或契約可能造成未來會計年度內之支出於預算書中列表說明(D)未於預算書內對未來承諾之授權加以表達；但於預算書內已有對因擔保、保證或契約可能造成未來會計年度內之支出列表說明【107年鐵特三級及退除役特考三等】

(D)45. 政府機關於未來幾個會計年度所需支用之經費，何機關得為未來承諾之授權？(A)二個會計年度，監察機關(B)四個會計年度，監察機關(C)二個會計年度，立法機關(D)四個會計年度，立法機關【110年地特三等】

(A)46. 國防部某軍事機關108年度預算，計編列購置新型戰機經費200億元、人事費500億元、購置非軍事用途辦公用資訊設備20億元及電腦耗材1億元，依該年度中央政府總預算編製作業手冊之規定，其歲出資本門預算為何？(A)20億元(B)21億元(C)220億元(D)221億元【108年高考】

(A)47. 依預算法第10條規定及行政院主計總處所訂「各類歲入、歲出預算經常、資本門劃分標準」，下列敘述何者錯誤？(A)各級學校圖書館所購置之典藏用圖書，屬於經常門(B)金額在1萬元以下之設備，屬於經常門(C)歲出凡不屬於資本門者，均為經常門(D)購置技術發明使用權及版權之支出，屬於資本門【109年地特四等「政府會計概要」】

(D)48. 依現行作業規範，國營事業釋股收入，包括股本面值及超過面值之股票買賣差價，依預算法之經資門分類，應分別歸屬為：(A)經常門、經常門(B)資本門、經常門(C)經常門、資本門(D)資本門、資本門【108年薦

任升等】

(A)49.政府某年度之歲入科目若未明定所屬時期，繳納期限為 X 年 12 月 15 日至 X＋1 年 1 月 15 日，移送法院強制執行時間 X＋2 年，實際收到現金時間 X＋3 年。該歲入科目應歸入何年度？(A)X 年(B)X＋1 年(C)X＋2 年(D)X＋3 年【111 年地特三等】

(C)50.預算法第 14 條與第 15 條有關政府歲入及歲出之年度劃分，下列何者正確？(A)歲入科目未明定所屬時期，而定有繳納期限者，歸入繳納期結束日所屬之年度(B)歲入科目未明定所屬時期及繳納期限者，歸入實際收款日所屬之年度(C)歲出科目未明定所屬時期，而定有支付期限者，歸入支付期開始日所屬之年度(D)歲出科目未明定所屬時期及支付期限者，歸入實際付款日所屬之年度【110 年普考「政府會計概要」】

(D)51.政府歲入或歲出之年度劃分，下列何者正確？(A)歲入或歲出之年度劃分，由各機關單位依情況自行訂定(B)歲出科目未明定所屬時期，而定有支付期限者，歸入支付期結束日所屬之年度(C)歲入科目未明定所屬時期，而定有繳納期限者，歸入繳納期結束日所屬之年度(D)歲入科目未明定所屬時期，而定有繳納期限者，歸入繳納期開始日所屬之年度【110 年地特三等】

(B)52.據臺灣證券交易所統計，上市櫃公司 107 年的淨利總額再創佳績，而上市櫃公司依稅法規定核算應繳納的營利事業所得稅，須於 108 年 5 月 31 日前完成申報及繳納，請問該項所得稅應為：(A)107 年度經常門歲入預算(B)108 年度經常門歲入預算(C)107 年度資本門歲入預算(D)108 年度資本門歲入預算【108 年地特四等「政府會計概要」】

(D)53.依預算法及政府會計觀念公報之規定，特種基金之敘述，下列何者錯誤？(A)信託基金非屬政府所有，故不納入政府會計報導個體範圍(B)特種基金與普通基金之差異，前者歲入係供特殊用途，後者則供一般用途(C)特種基金以歲入、歲出之一部編入總預算者，其預算為附屬單位預算(D)債務基金係依公共債務法成立，為籌措財源供償還普通基金債本之用，故非屬特種基金之種類【112 年地特三等】

(B)54.依預算法規定，國立交通大學係屬於下列何種基金與編製何種預算？(A)屬普通基金、編單位預算(B)屬作業基金、編附屬單位預算(C)屬特別收入基金、編附屬單位預算(D)屬營業基金、編附屬單位預算【107

年普考「政府會計概要」】

(D)55.臺灣銀行股份有限公司之預算按預算編製層級分類，應為下列何種預算？(A)單位預算(B)單位預算之分預算(C)附屬單位預算(D)附屬單位預算之分預算【107年普考「政府會計概要」】

(D)56.臺灣銀行股份有限公司108年度預算係為：(A)單位預算(B)單位預算之分預算(C)附屬單位預算(D)附屬單位預算之分預算【108年薦任升等】

(C)57.臺北榮民總醫院及中央警察大學兩者所編列之預算，下列何者型態為正確？(A)附屬單位預算（臺北榮民總醫院）；單位預算（中央警察大學）(B)附屬單位預算之分預算（臺北榮民總醫院）；附屬單位預算（中央警察大學）(C)附屬單位預算之分預算（臺北榮民總醫院）；單位預算（中央警察大學）(D)附屬單位預算（臺北榮民總醫院）；附屬單位預算（中央警察大學）【109年地特四等「政府會計概要」】

(C)58.交通部之臺灣鐵路管理局係隸屬於交通部，交通部與臺灣鐵路管理局各該編列何種預算？(A)單位預算；單位預算之分預算(B)附屬單位預算；附屬單位預算之分預算(C)單位預算；附屬單位預算(D)單位預算；單位預算【109年鐵特三級】

(C)59.預算法規定，政府設立之特種基金，其收支保管辦法係由下列哪一機關定之？(A)行政院主計總處(B)基金之主辦機關(C)行政院(D)基金之主管機關【109年地特四等「政府會計概要」】

(B)60.有關預備金之敘述，下列何者正確？(A)第一預備金數額不得超過資本支出總額1%(B)第二預備金數額視財政情況決定之(C)第二預備金設於單位預算(D)第一預備金設於總預算【107年普考「政府會計概要」】

(B)61.依預算法有關預備金之規定，下列敘述何者錯誤？①預算應設預備金，預備金分第一預備金及第二預備金②第一預備金於總預算中設定之，其數額視財政情況決定之③第二預備金於公務機關單位預算中設定之，其數額不得超過經常支出總額百分之一④立法院審議刪除或刪減之預算項目及金額，不得動支預備金(A)①②(B)②③(C)③④(D)①④【111年鐵特三級】

(B)62.預算法有關預備金之規定，下列敘述何者正確？(A)第一預備金於總預算中設定之，第二預備金於公務機關單位預算中設定之(B)立法院審議刪除或刪減之預算項目及金額，不得動支預備金，但法定經費或經立法

院同意者，不在此限(C)各機關執行歲出分配預算遇經費不足時，報經上級主管機關核定，轉請中央主計機關備案，始可支用第二預備金(D)各機關遇有原列計畫費用因事實需要奉准修訂致原列經費不敷時，得經行政院核准動支第一預備金【107年地特四等「政府會計概要」】

(C)63. 下列有關預備金之敘述，何者正確？(A)單位預算均得編列第一預備金(B)第一預備金之編列數額不得超過所有單位預算經常支出總額之1%(C)第二預備金之編列數額須視財政情況決定，但未有編列之限額(D)各機關動支預備金，其每筆數額超過 5,000 萬元者，均應送立法院同意【108年地特四等「政府會計概要」】

(C)64. 下列機關之預算，何者得編列第一預備金？(A)財政部印刷廠(B)中央銀行(C)中央研究院(D)中央存款保險股份有限公司【108年薦任升等】

(D)65. 依現行預算法規定，預算應設預備金，各機關動支預備金，其每筆數額多少者，應先送立法院備查？(A)3,000 萬元以上(B)超過 3,000 萬元(C)5,000 萬元以上(D)超過 5,000 萬元【109年高考】

(D)66. 第一預備金於公務機關單位預算中設定之，其數額規定為何？(A)不得超過支出總額 2%(B)不得超過經常支出總額 2%(C)不得超過支出總額 1%(D)不得超過經常支出總額 1%【109年高考】

(A)67 某編列單位預算之公務機關，本年度歲出預算 50 億元，其中購買土地 5 億元，增加投資 8 億元。計算該機關得編列第一預備金之最高數額：(A)3,700 萬元(B)4,200 萬元(C)4,500 萬元(D)5,000 萬元【108年鐵特三級及退除役特考三等】

(D)68. 某特種基金單位預算本年度經常支出為 200 億元，資本支出 80 億元，則第一預備金編列數額不得超過多少？(A)2 億 8,000 萬元(B)2 億(C)8,000 萬元(D)0 元【111年地特三等】

(D)69. 下列有關預備金之敘述，何者正確？(A)第一預備金於總預算中設定之(B)第一預備金之數額不得超過歲出總額 1%(C)第二預備金於公務機關單位預算中設定之(D)第二預備金之數額視財政情況決定之【107年鐵特三級及退除役特考三等】

(D)70. 下列敘述何者正確？(A)經常收支賸餘不得移充資本支出財源(B)無論何種情事，資本收入均嚴格限制不得充經常支出之用(C)舉借債務得充經常支出之用(D)以前年度歲計賸餘得充資本支出之用【111年地特三

等】

(A)71. 在正常的情況下,何者得充經常支出之用?①經常收入②資本收入③公債與賒借收入④以前年度歲計賸餘(A)僅①(B)僅①②(C)僅①②③(D)①②③④【110 年高考】

(A)72. 預算法並未規定下列何者非因預算年度有異常情形,不得充經常支出之用?(A)經常收入(B)資本收入(C)公債與賒借收入(D)以前年度歲計賸餘【106 年薦任升等】

(D)73. 依照預算法之規定,下列何者正確?(A)收入,包含歲入,以及移用以前年度歲計賸餘及長短債務之舉借(B)支出,包含歲出,以及長短債務還本(C)資本支出如有賸餘,得移充經常支出之財源(D)經常支出如有賸餘,得移充資本支出之財源【110 年薦任升等】

(B)74. 下列有關政府收支應否保持平衡及該如何平衡之敘述,何者正確?(A)政府之收支,視財政收入情況,儘可能不要有賸餘(B)政府經常收支,應保持平衡,非因異常情形,資本收入、公債與賒借收入及以前年度歲計賸餘不得充經常支出之用(C)政府為量出為入,先決定施政方針,再估算需花費多少,最後再找財源,不必拘泥於其收支是否平衡(D)政府經常收支,應保持平衡,沒有異常之情況可以豁免,始能確保財政紀律【109 年鐵特三級】

(A)75. 若無預算異常年度,下列何者不得充經常支出之用?①收回投資②公債收入③以前年度歲計賸餘④出售資產(A)①②③④(B)僅②③④(C)僅①④(D)僅①②【106 年普考「政府會計概要」】

二、初考、地特五等、經濟部所屬事業機構及台電公司新進僱員

(D)1. 依現行預算法規定,預算之編製及執行應遵守下列何項之原則?(A)財務管理(B)財務效能(C)成本效益分析(D)總體經濟均衡【109 年初考】

(B)2. 預算之編製及執行應以何者為基礎?(A)策略管理(B)財務管理(C)預算管理(D)作業管理【106 年初考】

(D)3. 依預算法規定,下列敘述何者正確?(A)預算之編製與執行應以總體經濟均衡為基礎,並遵守財務管理之原則(B)預算之執行應以總體經濟均衡為基礎,並遵守財務管理之規範(C)預算之考核應以財務管理為基礎,並遵守總體經濟均衡之原則(D)預算之編製應以財務管理為基礎,

並遵守總體經濟均衡之原則【110年地特五等】

(C)4. 各主管機關依其施政計畫初步估計之收支稱為：(A)預算案(B)法定預算(C)概算(D)分配預算【110年初考】

(D)5. 下列何者係指未依立法程序之政府預算？(A)法定預算(B)概算(C)分配預算(D)預算案【109年經濟部事業機構】

(D)6. 依預算法規定，經立法院審議而公布之預算，稱為：(A)概算(B)預算案(C)分配預算(D)法定預算【110年初考】

(B)7. 在法定預算範圍內，由各機關依法分配實施之計畫稱為：(A)分配概算(B)分配預算(C)分配基金(D)分配經費【106年初考】

(A)8. 預算法第2條分別就①概算②預算案③法定預算④分配預算予以定義，如按預算編列時程的先後順序排列，下列何者正確？(A)①②③④(B)④②①③(C)④①②③(D)④③①②【109年初考】

(C)9. 機關單位之組成包括：①本機關②直接隸屬機關③間接隸屬機關④直接隸屬財團法人(A)僅①(B)僅①②(C)僅①②③(D)①②③④【111年初考】

(D)10.下列何項非屬預算法第4條所列基金之名稱？(A)營業基金(B)特別收入基金(C)資本計畫基金(D)非營業基金【106年地特五等】

(C)11. 凡經付出仍可收回，而非用於營業者，是預算法規定之何種基金？(A)資本計畫基金(B)特別收入基金(C)作業基金(D)非營業基金【111年初考】

(A)12. 為國內外機關、團體或私人之利益，依所定條件管理或處分者，為何種基金？(A)信託基金(B)營業基金(C)作業基金(D)普通基金【112年初考】

(D)13.下列有關預算法中對政府基金之敘述，何者正確？(A)供營業循環運用者，為作業基金(B)歲入之供特殊用途者，為特殊基金(C)依法定或約定之條件，籌措財源供償還債本之用者，為償債基金(D)為國內外機關、團體或私人之利益，依所定條件管理或處分者，為信託基金【112年地特五等】

(D)14.勞工退休基金屬於何種基金？(A)營業基金(B)作業基金(C)特別收入基金(D)信託基金【111年初考】

(B)15. 經濟部所屬事業「臺灣電力股份有限公司」其預算係為何項基金？(A)

信託基金(B)營業基金(C)特別收入基金(D)資本計畫基金【106年初考】

(A)16.下列何者為營業基金？(A)臺灣電力股份有限公司(B)國民年金保險基金(C)就業安定基金(D)國立大學校院校務基金【107年地特五等】

(D)17.依法定或約定之條件，籌措財源供償還債本之用者，稱為何種基金？(A)作業基金(B)特別收入基金(C)營業基金(D)債務基金【108年初考】

(D)18.依預算法之規定，為國內外機關、團體或私人利益，依所定條件管理或處分者，稱為下列何種基金？(A)債務基金(B)資本計畫基金(C)營業基金(D)信託基金【108年經濟部事業機構】

(C)19.下列何者為信託基金的正確定義？(A)有特定收入來源而供特殊用途者(B)凡經付出仍可收回，而非用於營業者(C)為國內外機關、團體或私人之利益，依所定條件管理或處分者(D)歲入之供一般用途者【107年初考】

(A)20.中央政府之在校學生獎學基金屬何種基金？(A)信託基金(B)作業基金(C)特別收入基金(D)資本計畫基金【112年地特五等】

(A)21.下列何者108年度係屬作業基金？(A)醫療藥品基金(B)就業安定基金(C)運動發展基金(D)環境保護基金【109年初考】

(B)22.下列各基金何者非屬作業基金？(A)國軍老舊眷村改建基金(B)國軍營舍及設施改建基金(C)全民健康保險基金(D)國民年金保險基金【109年地特五等】

(A)23.預算法所稱之特別收入基金，係指：(A)有特定收入來源而供特殊用途者(B)供營業循環運用者(C)處理政府機關重大公共工程建設計畫者(D)凡經付出仍可收回，而非用於營業者【109年初考】

(A)24.依預算法規定及實務情形，下列何者係屬中央政府唯一的資本計畫基金？(A)國軍營舍及設施改建基金(B)營建建設基金(C)國軍老舊眷村改建基金(D)地方建設基金【107年地特五等】

(B)25.預算法對於經費的定義有①歲定經費②繼續經費③法定經費④恆久經費，經過歷次修正後，現行之定義有哪幾種？(A)①②③④(B)①②③(C)①③④(D)①③【109年地特五等】

(C)26.依現行預算法規定，下列何種經費之設定，應以法律定之？(A)歲定經費(B)恆久經費(C)法定經費(D)繼續經費【107年初考】

(C)27.依預算法規定，下列有關經費預算之敘述何者正確？(A)恆久經費，係

指依設定之期限，於法律存續期間按年支用者(B)繼續經費，係指依設定之條件，分期繼續支用(C)法定經費，係指依設定之條件，於法律存續期間按年支用(D)歲定經費，係指以一個預算年度為限【110 年地特五等】

(A)28. 下列何者屬於歲入、歲出之範圍？(A)債務之付息(B)債務之償還(C)債務之舉借(D)以前年度歲計賸餘移用【110 年台電公司新進僱員】

(D)29. 依預算法之規定，下列何者稱為歲入？(A)已定用途而已收入或尚未收入之現金或其他財產(B)依設定之條件或期限，分期繼續支用者(C)依法定用途與條件得支用之金額(D)一個會計年度之一切收入，但不包括債務之舉借及以前年度歲計賸餘之移用【108 年經濟部事業機構】

(C)30. 下列何者非屬政府歲入？(A)出售國有財產收入(B)牌照稅收入(C)舉借債務收入(D)出租場地收入【106 年初考】

(B)31. 下列何者非屬歲入？(A)財產收入(B)舉債收入(C)規費及罰款收入(D)營業盈餘及事業收入【112 年地特五等】

(A)32. 總預算之編列，下列何者不會編入？(A)發行國庫券(B)發行公債(C)債務償還(D)移用以前年度歲計賸餘【106 年經濟部事業機構】

(C)33. 依預算法之規定，下列何者稱為歲出？(A)依法定用途與條件得支用之金額(B)依設定之條件或期限，分期繼續支用者(C)一個會計年度之一切支出，但不包括債務之償還(D)已定用途而已支出或尚未支出之現金或其他財產【111 年經濟部事業機構】

(C)34. 下列各項何者不屬於歲入歲出之範圍？①舉借債務②償還債務③債務付息④發行公債(A)①②③④(B)①②③(C)①②④(D)①③④【109 年地特五等】

(B)35. 某政府本年度經常收入 250 億元，資本收入 120 億元，債務收入 30 億元，移用以前年度歲計賸餘 10 億元。計算歲入金額：(A)250 億元(B)370 億元(C)400 億元(D)410 億元【111 年初考】

(C)36. 某政府本年度人事費支出 80 億元，經常門業務費支出 150 億元，資本支出 140 億元，償還債務本金支出 20 億元，償還債務利息支出 2 億元。計算歲出金額：(A)230 億元(B)370 億元(C)372 億元(D)392 億元【111 年初考】

(A)37. 歲入、歲出之差短，依預算法規定以公債、賒借或下列何者撥補之？

(A)以前年度歲計賸餘(B)撥用公積(C)撥用未分配賸餘(D)出資填補【108年初考】

(A)38. 依預算法規定，歲入、歲出之差短，下列何者非屬差短撥補項目？(A)賸餘繳庫(B)公債(C)賒借(D)以前年度歲計賸餘【109年初考】

(C)39. 依預算法規定，下列何者非屬融資性收支之範疇？(A)債務舉借收入(B)債務償還支出(C)債務付息支出(D)移用以前年度歲計賸餘收入【107年地特五等】

(D)40. 某政府年度總預算案計編歲入 2,200 億元、歲出 2,900 億元、以前年度歲計賸餘 600 億元、償還長期債務 900 億元，為期收支平衡，則須舉借長期債務為：(A)100 億元(B)200 億元(C)700 億元(D)1,000 億元【106年經濟部事業機構】

(B)41. 政府機關最多於多少個會計年度所需支用之經費，立法機關得為未來承諾之授權？(A)3 年(B)4 年(C)5 年(D)6 年【108年地特五等】

(A)42. 政府機關於未來四個會計年度所需支用之經費，得為未來承諾之授權的機關為何？(A)立法機關(B)司法機關(C)監察機關(D)總統府【106年初考】

(B)43. 因擔保、保證或契約可能造成未來會計年度內之支出者，應於預算書中列表說明；其對國庫有重大影響者，並應向下列何者報告？(A)行政院(B)立法院(C)監察院(D)總統報告【108年地特五等】

(D)44. 歲入、歲出預算，按何者分為經常門、資本門？(A)發生時點(B)入帳時點(C)交易性質(D)收支性質【107年地特五等】

(C)45. 歲入、歲出預算按收支性質劃分，下列各項何者正確？(A)分為一般門、特種門(B)分為所入門、所出門(C)分為經常門、資本門(D)分為歲入門、歲出門【110年台電公司新進僱員】

(A)46. 某政府本年度預算編列稅課收入 30 億元，發行公債收入 3 億元，出售土地收入 7 億元，請問該年度經常收入為何？(A)30 億元(B)33 億元(C)37 億元(D)40 億元【109年經濟部事業機構】

(B)47. 某政府本年度稅課收入 200 億元，所屬特別收入基金收入 150 億元，贈與收入 2 億元。計算政府之經常收入金額：(A)200 億元(B)202 億元(C)350 億元(D)352 億元【111年初考】

(B)48. 某政府本年度獨占及專賣收入 20 億元，所屬資本計畫基金之收入 100

億元,出售土地收入 30 億元。計算政府之資本收入金額:(A)20 億元
(B)30 億元(C)100 億元(D)130 億元【111 年初考】

(D)49. 下列有關歲入、歲出之敘述,何者錯誤?(A)歲入、歲出預算,按其收
支性質分為經常門、資本門(B)歲入,除減少資產及收回投資為資本收
入應屬資本門外,均為經常收入(C)歲出,除增置或擴充、改良資產及
增加投資為資本支出,應屬資本門外,均為經常支出(D)只要政府經常
收支不平衡時,可隨時以資本收入、公債與賒借收入及以前年度歲計賸
餘來充當經常支出之用【107 年初考】

(B)50. 依預算法規定,關於政府之下列內容①歲入②以前年度歲計賸餘之移用
③未來承諾之授權④債務之償還,屬應編入其預算書者有幾項?
(A)4(B)3(C)2(D)1【110 年地特五等】

(C)51. 依現行預算法規定,政府歲出之年度劃分,歲出科目未明定所屬時期,
而定有支付期限者,歸入下列何者所屬之年度?(A)支付義務發生日(B)
支付義務結束日(C)支付期開始日(D)支付期結束日【109 年初考】

(D)52. 政府歲入、歲出之年度劃分,下列何者正確?(A)歲入科目有明定所屬
時期者,歸入收取權利發生日所屬之年度(B)歲入科目未明定所屬時期
及繳納期限者,歸入該支付權利發生日所屬之年度(C)歲出科目未明定
所屬時期,而定有支付期限者,歸入支付期末日所屬之年度(D)歲出科
目未明定所屬時期及支付期限者,歸入該支付義務發生日所屬之年度
【108 年地特五等】

(B)53. 下列有關政府歲入、歲出之年度劃分,何者錯誤?(A)歲入科目有明定
所屬時期者,歸入該時期所屬之年度(B)歲入科目未明定所屬時期,而
定有繳納期限者,歸入繳納期截止日所屬之年度(C)歲出科目未明定所
屬時期,而定有支付期限者,歸入支付期開始日所屬之年度(D)歲出科
目未明定所屬時期及支付期限者,歸入該支付義務發生日所屬之年度
【112 年地特五等】

(C)54. 預算分類主要包括哪些?(A)總預算及單位預算(B)總預算、單位預算及
其分預算、附屬單位預算(C)總預算、單位預算及其分預算、附屬單位
預算及其分預算(D)總預算、單位預算及附屬單位預算【108 年地特五
等】

(D)55. 依預算法第 16 條預算分類規定,下列何者為總預算?(A)總統府(B)臺

灣電力（股）公司(C)行政院(D)卑南鄉公所【109 年初考】

(D)56.依預算法對預算之分類與定義，下列何者之預算為總預算？(A)總統府(B)行政院(C)臺北市大安區公所(D)高雄市那瑪夏區公所【110 年地特五等】

(C)57.依預算法規定及實務情形，下列有關總預算之名稱何者正確？①中央總預算②中央政府總預算③某縣總預算④某縣政府總預算(A)①③(B)①④(C)②③(D)②④【107 年地特五等】

(A)58.中央警察大學編列之預算係屬下列何者？(A)單位預算(B)單位預算之分預算(C)附屬單位預算(D)附屬單位預算之分預算【106 年經濟部事業機構】

(A)59.在特種基金，下列何者應於總預算中編列全部歲入、歲出之基金之預算？(A)單位預算(B)特種基金預算(C)附屬單位預算(D)附屬單位預算之分預算【111 年地特五等】

(D)60.特種基金，應以歲入、歲出之一部編入總預算者，其預算均為：(A)總預算(B)單位預算(C)單位預算之分預算(D)附屬單位預算【107 年地特五等】

(D)61.附屬單位預算是指：(A)政府每一會計年度，各就其歲入與歲出、債務之舉借與以前年度歲計賸餘之移用及債務之償還全部所編之預算(B)在公務機關，有法定預算之機關單位之預算(C)在特種基金，應於總預算中編列全部歲入、歲出之基金之預算(D)特種基金，應以歲入、歲出之一部編入總預算者【110 年初考】

(A)62.依規定，預算分類主要包括總預算、單位預算及其分預算、附屬單位預算及其分預算。下列何者敘述正確？(A)單位預算，在公務機關，係指有法定預算之機關單位之預算(B)特種基金，應以歲入、歲出之全部編入總預算者，其預算均為附屬單位預算(C)特種基金，應以歲入、歲出之一部編入總預算者，其預算均為單位預算(D)單位預算內，依基金別所編之各預算，為單位預算之分預算【109 年地特五等】

(B)63.依我國現行預算法規定，預備金分為幾種？(A)1 種(B)2 種(C)3 種(D)4 種【109 年經濟部事業機構】

(B)64.預備金分第一預備金及第二預備金，其分別應於何種預算中設定？(A)附屬單位預算；總預算(B)公務機關單位預算；總預算(C)總預算；公務

　　機關單位預算(D)總預算；附屬單位預算【112 年經濟部事業機構】

(D)65. 第一預備金於何種預算中設定之？(A)總預算(B)特別預算(C)追加預算
　　(D)公務機關單位預算【112 年初考】

(A)66. 下列何者得設定第一預備金？①公務機關單位預算②公務機關單位預算
　　之分預算③特別收入基金④營業基金(A)①(B)①②(C)①②③(D)①②③
　　④【111 年初考】

(A)67. 第一預備金於公務機關單位預算中設定之，其數額不得超過多少？(A)
　　經常支出總額 1%(B)經常支出總額 2%(C)資本支出總額 1%(D)資本支出
　　總額 2%【107 年地特五等】

(B)68. 第一預備金係於何種預算中設定；其數額不得超過何種標準？(A)單位
　　預算中設定；其數額不得超過歲出總額 1%(B)單位預算中設定；其數額
　　不得超過經常支出總額 1%(C)單位預算中設定；其數額視財政情況而定
　　(D)於總預算中設定；其數額視財政情況而定【111 年地特五等】

(D)69. 預算應設預備金，第一預備金數額不得超過經常支出總額的百分之多
　　少？(A)百分之五(B)百分之三(C)百分之二(D)百分之一【110 年經濟部
　　事業機構】

(C)70. 下列關於預算法第 22 條對預備金之敘述，何者正確？(A)第一預備金應
　　於總預算中設定之(B)第一預備金之數額不得超過資本支出總額百分之
　　一(C)第二預備金之數額視財政情況決定之(D)因緊急災害動支之預備
　　金，仍應送立法院備查【112 年地特五等】

(A)71. 某編列單位預算之公務機關，本年度歲出預算 50 億元，其中購買土地
　　6 億元，增加投資 8 億元。該機關得編列第一預備金之最高數額為何？
　　(A)3,600 萬元(B)4,200 萬元(C)4,400 萬元(D)5,000 萬元【108 年經濟部
　　事業機構】

(D)72. 經濟部 106 年度預算編列之歲出總額 100 億元，其中包括購置設備 20
　　億元，得編列第二預備數額為多少？(A)8,000 萬元(B)1 億元(C)視財政
　　情況決定(D)不得編列【106 年經濟部事業機構】

(A)73. 立法院審議刪除或刪減之預算項目及金額，不得動支預備金，但下列何
　　種經費，不在此限？(A)法定經費(B)繼續經費(C)歲定經費(D)經行政院
　　同意者【111 年地特五等】

(C)74. 下列有關預備金之敘述，何者正確？(A)第一預備金於公務機關單位預

算與附屬單位預算中設定之，其數額不得超過經常支出總額 1%(B)第二
預備金於總預算與單位預算中設定之，其數額視財政情況決定之(C)立
法院審議刪除或刪減之預算項目及金額，不得動支預備金，但法定經費
或經立法院同意者，不在此限(D)各機關執行歲出分配預算遇經費有不
足時，應報請中央主計機關核定，始得支用第一預備金【107 年初考】

(D)75. 預算應設預備金，有關第一預備金及第二預備金之敘述何者正確？(A)
第一預備金於公務機關單位預算中設定之，其數額不得超過經常支出總
額 10%(B)第二預備金於總預算中設定之，其數額不得超過經常支出總
額 1%(C)各機關動支預備金，其每筆數額超過 500 萬元者，應先送立法
院備查。但因緊急災害動支者，不在此限(D)立法院審議刪除或刪減之
預算項目及金額，不得動支預備金。但法定經費或經立法院同意者，不
在此限【108 年地特五等】

(B)76. 依規定預算應設預備金，有關第一預備金及第二預備金之敘述何者錯
誤？(A)第一預備金於公務機關單位預算中設定之，其數額不得超過經
常支出總額 1%(B)第二預備金於總預算中設定之，其數額不得超過經常
支出總額 1%(C)各機關動支預備金，其每筆數額超過 5,000 萬元者，應
先送立法院備查。但因緊急災害動支者，不在此限(D)立法院審議刪除
或刪減之預算項目及金額，不得動支預備金。但法定經費或經立法院同
意者，不在此限【109 年地特五等】

(B)77. 下列有關預備金的敘述，何者正確？(A)第一預備金於公務機關單位預
算中設定之，其數額不得超過支出總額 1%(B)第二預備金於總預算中設
定之，其數額視財政情況決定之(C)各機關執行歲出分配預算遇經費有
不足時，應報請上級主管機關核轉中央主計機關，並由中央主計機關核
定，始得支用第一預備金(D)各機關動支預備金，其每筆數額超過 3,000
萬元者，應先送立法機關備查【106 年地特五等】

(A)78. 經立法院審議刪除之預算項目及金額，不得動支預備金，但在何種情況
下不在此限？(A)經立法院同意(B)經總統同意(C)經審計部同意(D)經財
政部同意【109 年經濟部事業機構】

(A)79. 經立法院審議刪除或刪減之預算項目及金額，原則上不得動支預備金。
但下列哪一種經費，不在此限？(A)法定經費(B)歲定經費(C)繼續經費
(D)保留經費【106 年地特五等】

(D)80.各機關動支預備金，其每筆數額超過多少元，應先送立法院備查；但因緊急災害動支者，不在此限？(A)2,000 萬元(B)3,000 萬元(C)4,000 萬元(D)5,000 萬元【106 年初考】

(D)81.各機關因緊急災害而動支預備金，其每筆數額超過何者，應先送立法院備查？(A)5 百萬元(B)5 千萬元(A)5 億元(A)毋須先送【112 年地特五等】

(C)82.下列有關歲入、歲出、收入、支出之敘述，何者正確？(A)收入、支出之差短，以公債、賒借或以前年度歲計賸餘撥補之(B)稱歲出者，謂一個會計年度之一切支出，但不包括債務之償還與債務之利息支出(C)稱歲入者，謂一個會計年度之一切收入，但不包括債務之舉借及以前年度歲計賸餘之移用(D)資本收入、公債與賒借收入及以前年度歲計賸餘得充經常支出之用【106 年地特五等】

(A)83.在一般情況下，關於預算支用方式，何者有誤？(A)經常收支賸餘不得移充資本支出之用(B)公債與賒借收入不得充經常支出之用(C)資本收入不得充經常支出之用(D)以前年度歲計賸餘不得充經常支出之用【111 年經濟部事業機構】

(A)84.關於政府收支平衡，下列敘述何者正確？(A)預算年度如有異常情形，資本收入、公債與賒借收入及以前年度歲計賸餘可充經常支出之用(B)資本收入、公債與賒借收入及以前年度歲計賸餘均不得充經常支出之用(C)預算年度如有異常情形，經常收支如有賸餘，才得移充資本支出之財源(D)經常收支如有賸餘，不得移充資本支出之財源【109 年地特五等】

(D)85.依預算法及各機關單位預算執行要點之規定，下列關於預算執行之敘述，何者正確？(A)政府收支應保持平衡(B)資本收支如有賸餘得移充經常支出之財源(C)如預算年度無異常情形，以前年度歲計賸餘不得充資本支出之用(D)經常支出賸餘得移充資本支出之財源【110 年地特五等】

(B)86.依預算法規定，下列收支安排之敘述，何者須在預算年度有異常情形時才能為之？①資本收支有賸餘時可充資本支出之用②融資性收入可充經常支出之用③經常收支有賸餘時可充資本支出之用④資本收入可充經常支出之用(A)①③(B)②④(C)②③④(D)①②③④【107 年地特五等】

(D)87.依預算法規定，政府不得於預算所定外，動用公款、處分公有財物或為投資之行為，對於違背規定之支出，應如何處理？(A)通知審計機關查核(B)送立法院審議(C)補編入決算(D)依民法規定請求返還【109 年經濟部事業機構】

(B)88.下列有關政府債務之敘述，何者錯誤？(A)立法機關可授權行政機關，於預算當期會計年度，得為國庫負擔債務之法律行為，而承諾於未來會計年度支付經費(B)政府應編入其預算者，包括歲入、歲出、債務之舉借、債務之償還等四項(C)政府非依法律，不得於其預算外增加債務(D)政府因調節短期國庫收支而發行國庫券時，依國庫法規定辦理【106 年地特五等】

(B)89.預算法第 27 條規定，政府非依法律，不得於其預算外增加債務，請問政府係於其預算編列下列何種債務？(A)短期債務(B)長期債務(C)短期銀行借款(D)國庫券【111 年地特五等】

第二章 預算之籌劃及擬編

壹、預算收支政策之擬定與概算之編製

一、預算法相關條文

(一) 行政院年度施政方針之訂定

第 28 條　中央主計機關、中央經濟建設計畫主管機關、審計機關、中央財政主管機關及其他有關機關應於籌劃擬編概算前，依下列所定範圍，將可供決定下年度施政方針之參考資料送行政院：

一、中央主計機關應供給以前年度財政經濟狀況之會計統計分析資料，與下年度全國總資源供需之趨勢，及增進公務暨財務效能之建議。

二、中央經濟建設計畫主管機關應供給以前年度重大經濟建設計畫之檢討意見與未來展望。

三、審計機關應供給審核以前年度預算執行之有關資料，及財務上增進效能與減少不經濟支出之建議。

四、中央財政主管機關應供給以前年度收入狀況，財務上增進效能與減少不經濟支出之建議及下年度財政措施，與最大可能之收入額度。

五、其他有關機關應供給與決定施政方針有關之資料。

第 30 條　行政院應於年度開始九個月前，訂定下年度之施政方針。

(二) 預算編製辦法之核定

第 31 條　中央主計機關應遵照施政方針，擬訂下年度預算編製辦法，呈報行政院核定，分行各機關依照辦理。

(三) 施政計畫與事業計畫之擬定及歲入歲出概算之編製

第 32 條　各主管機關遵照施政方針，並依照行政院核定之預算籌編原則及預算編製辦法，擬定其所主管範圍內之施政計畫及事業計畫

　　　　　　　與歲入、歲出概算，送行政院。

　　　　　　　前項施政計畫，其新擬或變更部分超過一年度者，應附具全部
　　　　　　　計畫。

第 33 條　前條所定之施政計畫及概算，得視需要，為長期之規劃擬編；
　　　　　　　其辦法由行政院定之。

第 34 條　重要公共工程建設及重大施政計畫，應先行製作選擇方案及替
　　　　　　　代方案之成本效益分析報告，並提供財源籌措及資金運用之說
　　　　　　　明，始得編列概算及預算案，並送立法院備查。

第 43 條　各主管機關應將其機關單位之歲出概算，排列優先順序，供立
　　　　　　　法院審議之參考。

　　　　　　　前項規定，於中央主計機關編列中央政府總預算案時，準用
　　　　　　　之。

二、解析

(一)施政方針為施政計畫之母，預算則為政府施政計畫之財務收支，為使
　　政府有限資源得以經過周詳之規劃，作最適之分配，爰行政院於決定
　　下年度施政方針前，相關機關應提供參考資料，主要係因：

　1. 中央主計機關（行政院主計總處）主管全國之歲計、會計與統計業
　　　務，對於預算案之籌編、預算之執行與考核，均有周密而詳實之記
　　　錄，且有相關統計分析之資料。

　2. 中央經濟建設計畫主管機關（行政院國家發展委員會）係綜理、彙
　　　辦、審議中央政府各類公共建設計畫及重要社會發展計畫，以配合國
　　　家發展需要，並追蹤考核其成果等事宜。

　3. 審計機關（審計部）對於政府施政方針、施政達成程度，與各機關財
　　　務上增進效能及減少不經濟支出等資料，基於職責，亦會有客觀評鑑
　　　與縝密的審核紀錄。

　4. 中央財政主管機關（財政部）主管全國財政，對於各機關及各級政府
　　　收入，均有徵課紀錄，並須依據以往年度收入實際達成情形及衡酌未
　　　來年度經濟成長趨勢，預估下年度可能收入的額度。

　5. 其他機關如有與行政院決定下年度施政方針有關之資料，亦應就其主
　　　管業務部分，如金融、國際情勢及兩岸關係等，提供行政院參考，俾

利行政院能擘劃具前瞻性的施政藍圖。

(二)行政院為全國最高行政機關，且依憲法第 59 條與第 60 條規定，負有編列預算案及決算之責，故施政方針由行政院訂之。且係作為每年度中央政府總預算案籌編重要依據之文件，故規定應於會計年度開始 9 個月（即每年 3 月底）前訂定。又施政方針效力僅及於行政院所屬各機關，至立法院、司法院、考試院及監察院等四院之施政計畫或施政目標，則由各院根據憲法規定職權範圍內本於權責自行訂定，並送行政院備查。

(三)行政院所訂年度施政方針僅作原則性與綱要性之規定，至於年度預算案之籌劃、概算之編製與審查、預算案之編製原則及程序，則由主計總處每年度訂定中央政府總預算編製辦法、中央政府總預算附屬單位預算編製辦法及總預算編製作業手冊、總預算附屬單位預算編製作業手冊，並由行政院每年度訂定中央及地方政府預算籌編原則，均供籌編中央政府總預算案作業之依據。

(四)行政院自 84 年度起，採由上而下先行分配各主管機關歲出概算額度，再由各機關據以編報歲出概算。又基於有效整合各相關機關對政策與計畫擬定之架構體系、加強各部會通盤性及中程施政計畫之制定、使中長程計畫之編審能與政府財政負擔能力相配合、落實歲出概算額度與零基預算之精神等，行政院於 90 年 2 月 1 日訂定中央政府中程計畫預算編製辦法（於 103 年 5 月 21 日作修正，有關中程計畫預算制度基本架構如圖 1.2.1 及圖 1.2.2），並自 91 年度起一次核定各主管機關 4 年中程歲出概算額度。故各主管機關應遵照施政方針、中央及地方政府預算籌編原則、中央政府總預算編製辦法及中央政府總預算附屬單位預算編製辦法、歲出概算額度及相關規範，據以規劃各項具體可行之施政計畫及事業計畫後，擬編年度歲入、歲出概算，送行政院審查。另各主管機關所訂年度施政計畫如屬於新增或涉及施政計畫變更部分超過一年度者，應附具全部計畫，以利瞭解計畫之全貌，並供上級主管機關作中長程財力資源之合理分配及運用參考。

(五)中程計畫預算制度之基本架構體系及中央政府中程計畫預算編製辦法之重點如下：

1. 計畫預算作業以中程之 4 年為一期，實施範圍包括編列於中央政府總

預算與特別預算內之各項支出，以及支應其所需之財源。

2. 由行政院國家發展委員會（以下簡稱國發會）擬定國家發展長期展望，揭櫫國家長期發展願景，其涵蓋期間以不少於八個年度為原則，經提報行政院會議後，作為中程國家發展計畫研擬之參據。

3. 分別由國發會擬定中程國家發展計畫，以及由主計總處辦理中程預算收支推估，作為本項制度架構之指導核心。

4. 主計總處依據國家發展長期展望，以及參考國內、外經濟發展情勢，逐年辦理中程預算收支推估，並先徵詢財政部意見。

5. 國發會於制定中程國家發展計畫時，應以中程預算收支推估結果作為重要參據，並建立各部門別計畫整合及篩選之機制。其整合及篩選之程序為：直轄市及縣市政府→中央主管部會→先期作業機關（含國發會及國科會）→國發會。

6. 主計總處會同有關機關根據中程預算收支推估結果，設定中央政府中程歲出概算規模，再參酌國家發展長期展望與中程國家發展計畫或政府中程整體施政重點、總體政策目標，以及各主管機關提供之相關資料，會同有關機關擬定以下一年度為開始之中程資源分配方針，並以主管機關為分配單元。分配之重點為：

   (1)各主管機關基本需求及其他一般性計畫需求，包括：

   　①各主管機關之基本需求。

   　②依法律義務必須編列之重大支出。

   　③統籌科目經費及第二預備金等。

   　④其他一般延續性及新增計畫等具競爭性之需求。

   (2)公共建設計畫。

   (3)科技發展計畫。

   (4)重要社會發展計畫。

7. 各主管機關以中程國家發展計畫為範圍，並依中程資源分配方針，擬定其所主管範圍之通盤性中程施政計畫，送由國發會會同有關機關審查通過後，報行政院核定實施。於實施期間，得配合中程國家發展計畫之修正及必要情形，就原定期程尚未執行部分予以檢討修正，或重新擬定另一期程之中程施政計畫。

8. 各主管機關根據中程施政計畫與年度歲出概算額度分配情形，分別編

製年度施政計畫及概算。

 9. 各主管機關中程施政計畫中屬於公共建設、科技發展及重要社會發展計畫部分，為使計畫內容更為精實，並嚴格控制計畫需求之過度擴張，應按照各類計畫先期作業實施要點規定專案提報，由國發會與國科會分別邀集財政部、行政院公共工程委員會、主計總處等有關機關審查，以上如有屬於公共工程及各類房屋建築之興建，尚應由各主管機關另送公共工程委員會審查。

(六)預算法第 34 條所定之重要公共工程建設及重大施政計畫，參酌行政院所訂相關規範及實務作業，在中央政府總預算與特別預算部分，係以政府公共建設計畫先期作業實施要點、政府科技發展計畫先期作業實施要點及行政院重要社會發展計畫先期作業實施要點所界定之計畫範圍內，屬於新興且總投資金額在 10 億元以上之計畫；至於附屬單位預算部分之公共建設計畫，其中營業基金總投資金額在 100 億元以上，非營業特種基金在 10 億元以上者，又總投資金額如未達前述之數額，或不屬於前述先期審議作業範圍，而有專案報行政院核定之計畫，經各主管機關考量民意機關、社會輿情或業務發展需要，認定屬重要者，亦得依預算法第 34 條規定辦理。

(七)成本效益分析係將成本與效益因素納入決策考量，協助公共計畫的選擇。公共建設計畫與各項選擇方案及替代方案，以有系統的分析方式，比較公共建設計畫與各項替選方案所產生的收益是否高於成本，並按成本效益分析結果排列優先順序，俾供決策參考，期使政府資源配置效率最大化。

(八)依預算法第 43 條規定，各主管機關應於行政院核定之歲出概算額度範圍內，本零基預算精神，負責就本機關及所屬機關現有與新興之各項計畫按輕重緩急及成本效益等縝密檢討，並配合各類別（包括基本需求、依法律及義務性支出、公共建設計畫、科技發展計畫及重要社會發展計畫等）計畫預算之審議作業與程序，分別排列優先順序後據以編列歲出概算，俾能促進資源有效運用。此項優先順序表由主計總處統一彙送立法院。

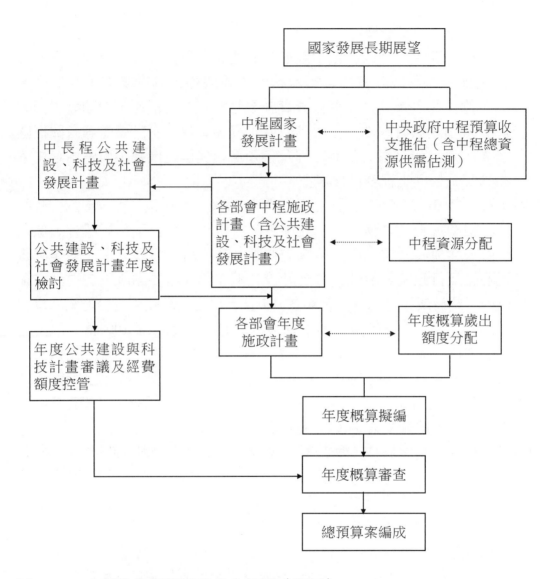

圖 1.2.1　中程計畫預算制度基本架構（簡圖）

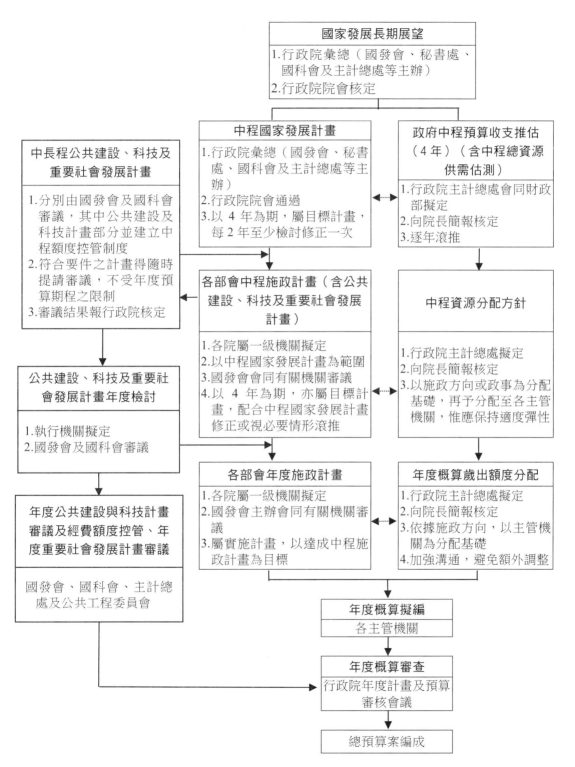

圖 1.2.2　中程計畫預算制度基本架構（詳圖）

貳、編製國富統計及綠色國民所得帳等報告

一、預算法相關條文

第 29 條　行政院應編製國富統計、綠色國民所得帳及關於稅式支出、移轉性支付之報告。

　　　　前項報告內容應於政府網站公開。

二、解析

行政院所編製之國富統計等四項報告，係由行政院於每年度送請立法院審議之中央政府總預算案總說明中表達，有關各項名詞之意義如下：

(一) 國富統計

國富統計係以國富毛額為範圍，指一國在某特定時點，全國各經濟部門（全體國民）所擁有財富之總值，包括實物資源與國外資產淨額等可評價資產總額，國富毛額扣除折舊後之資產現值，即國富淨額。

(二) 綠色國民所得帳

綠色國民所得帳又稱為環境與經濟綜合帳，係透過記錄經濟活動與環境之關係，提供環境資源變化資訊，以反映創造經濟發展的同時，對於自然環境與資源的利用程度及衝擊效應，即將自然資源折耗及環境品質質損從國內生產毛額（GDP）中扣除。

(三) 稅式支出

稅式支出係政府部門透過租稅體系間接達成經濟及社會政策目標之支出，如同政府依照正常稅制徵得之稅收，爾後再將因優惠規定而放棄之稅收支付予受益之個人或企業。

(四) 移轉性支付

移轉性支付係政府將國民所得透過「租稅→國庫→政府支出」之過程，使民間資金由國民一方移轉至他方。

參、概算之審核與單位預算及附屬單位預算之編製

一、預算法相關條文

(一) 概算之審核

第 35 條　　中央主計機關依法審核各類概算時，應視事實需要，聽取各主管機關關於所編概算內容之說明。

第 36 條　　行政院根據中央主計機關之審核報告，核定各主管機關概算時，其歲出部分得僅核定其額度，分別行知主管機關轉令其所屬機關，各依計畫，並按照編製辦法，擬編下年度之預算。

(二) 單位預算及附屬單位預算之編製

第 37 條　　各機關單位預算，歲入應按來源別科目編製之，歲出應按政事別、計畫或業務別與用途別科目編製之，各項計畫，除工作量無法計算者外，應分別選定工作衡量單位，計算公務成本編列。

第 38 條　　各機關單位補助地方政府之經費，應於總預算案中彙總列表說明。

第 40 條　　單位預算應編入總預算者，在歲入為來源別科目及其數額，在歲出為計畫或業務別科目及其數額。但涉及國家機密者，得分別編列之。

第 41 條　　各機關單位預算及附屬單位預算，應分別依照規定期限送達各該主管機關。

各國營事業機關所屬各部門或投資經營之其他事業，其資金獨立自行計算盈虧者，應附送各該部門或事業之分預算。

各部門投資或經營之其他事業及政府捐助之財團法人，每年應由各該主管機關就以前年度投資或捐助之效益評估，併入決算辦理後，分別編製營運及資金運用計畫送立法院。

政府捐助基金累計超過百分之五十之財團法人及日本撤退臺灣接收其所遺留財產而成立之財團法人，每年應由各該主管機關將其年度預算書，送立法院審議。

(三) 主管機關對於所主管範圍內歲入與歲出預算之審核及整編

第 42 條　各主管機關應審核其主管範圍內之歲入、歲出預算及事業預算，加具意見，連同各所屬機關以及本機關之單位預算，暨附屬單位預算，依規定期限，彙轉中央主計機關；同時應將整編之歲入預算，分送中央財政主管機關。

(四) 各機關概算與預算擬編、核轉及核定期限等，於預算法未規定者由行政院定之

第 47 條　各機關概算、預算之擬編、核轉及核定期限以及應行編送之份數，除本法已有規定者外，由行政院定之。

二、解析

(一)各主管機關歲入及歲出概算報行政院後，係依收支性質與計畫類別進行審查作業，歲入部分由財政部負責，歲出部分由主計總處負責，並請相關機關就較重大與共通性事項作初審，包括行政院各業務處負責審核各機關派員出國計畫及派員赴大陸地區計畫；行政院國家發展委員會負責審核公共建設計畫、重要社會發展計畫及資通訊應用計畫；國科會負責審核科技發展計畫；行政院公共工程委員會負責審核公共工程及房屋建築計畫；行政院人事行政總處負責審核各機關預算員額增減計畫。以上初審結果由主計總處加以彙核整理，在審查過程中，均有視需要情形請各機關說明或補充資料。至於後續由行政院核定各主管機關歲出預算額度時，除核定總額外，僅就重要項目加以列明，並未按每一機關及逐筆列示，故賦予各機關可依施政計畫需求作必要調整，但基於提醒各機關於編報預算案時應注意相關通案性規定，並訂有「各機關編製單位預算應行注意辦理事項」。

(二)歲入僅有來源別科目一種，區分為科目、子目及細目等三級，第一級科目包括稅課收入、獨占及專賣收入、工程受益費收入、罰款及賠償收入、規費收入、信託管理收入、財產收入、營業盈餘及事業收入、補助及協助收入、捐獻及贈與收入、自治稅捐收入及其他收入等十二個，各科目下再分子目，如稅課收入之下分為所得稅、遺產及贈與稅、關稅等二十個子目，子目之下又分細目，如所得稅分為營利事業

所得稅及綜合所得稅兩個細目。歲出主要分為三種，其中：

1. 歲出政事別科目：係按各機關歲出機關別預算表中所編列之業務計畫（即歲出機關別預算表中之「目」），就具相同職能性質之歲出予以歸類，分為大分類、中分類及業務計畫等三個層次，大分類包括一般政務支出、國防支出、教育科學文化支出、經濟發展支出、社會福利支出、社區發展及環境保護支出、退休撫卹支出、債務支出、補助及其他支出等九個；中分類如教育科學文化支出分為教育支出、科學支出及文化支出等三個。

2. 歲出機關別：係按機關與計畫層級，以主管機關名稱、單位預算機關名稱、業務計畫名稱及工作計畫名稱（即歲出機關別預算表中之「節」）等四級科目表達，並就每個工作計畫（無工作計畫者為業務計畫）項下按各項費用性質區分用途別科目。

3. 歲出用途別科目：包括人事費、業務費、設備及投資、獎補助費、債務費、預備金等六個第一級科目；各第一級科目之下再分第二級科目，如人事費之下分為民意代表待遇、政務人員待遇、法定編制人員待遇及約聘僱人員待遇等 12 個；亦有第二級科目之下再分第三級科目，如法定編制人員待遇之下再分為職員待遇、軍職人員待遇、警察人員待遇及學校教職員待遇等，另各機關尚可視實際需要情形再增列第四級科目。總預算主要表僅表達至第一級科目，並列有各機關歲出二級用途別科目分析總表；單位預算之歲出計畫提要及分支計畫概況表則表達至第二級科目，至於第三級科目及第四級科目則供各機關會計紀錄使用。

(三) 各項歲出計畫，除工作量無法計算者外，應分別選定工作衡量單位，計算公務成本編列，俾能達到「預算配合計畫，計畫表達績效」的績效預算精神。

(四) 中央對地方政府補助款主要分為：1.一般性補助款，具財政補助性質，由行政院（係由主計總處負責）編列預算並撥付。2.計畫型補助款，由中央各機關依其施政計畫需要編列預算、分配及撥款。以上各項補助款即歲出用途別科目「獎補助費」中，屬於「對直轄市政府之補助」、「對臺灣省各縣之補助」及「對福建省各縣之補助」部分，已於各機關單位預算書之附屬表「補助經費分析表」中加以說明，預算

法第 38 條規定，尚應於中央政府總預算案中彙總列表說明，俾將補助經費相關資訊全盤揭露。

(五) 依行政院訂定之「中央對直轄市及縣（市）政府補助辦法」第 18 條規定，一般性補助款應編列於中央政府總預算「補助直轄市及縣（市）政府」預算科目項下，連同編列於中央政府各機關預算項下之計畫型補助款，各受補助之直轄市及縣（市）政府應相對列入其地方預算。同辦法第 20 條規定，中央政府各主管機關對直轄市及縣（市）政府未及事先列入其年度預算之補助款，如為因應下列事項，得同意受補助之直轄市及縣（市）政府以代收代付方式執行，直轄市及縣（市）政府並應編製「中央補助款代收代付明細表」，以附表方式列入其當年度決算：

1. 災害或緊急事項。

2. 配合中央重大政策或建設所辦理之事項，經行政院核定應於一定期限內完成者。

3. 中央政府各主管機關已事先將補助項目及金額報行政院備查，嗣後再根據所訂相關規定辦理評比結果採取非普及方式所分配具時效性之補助款。

(六) 各機關單位預算應編入中央政府總預算案者，在總預算案書中，係將「歲入來源別預算表」、「歲出機關別預算表（其中各工作計畫科目或業務計畫科目之說明欄內有表達第一級用途別科目數額）」及「歲出政事別預算表」列為主要表，「歲出（第一級）用途別科目分析表」列為參考表。至於外交部與國防部涉及機密預算部分，係在中央政府總預算案之「歲出機關別預算表」及「歲出政事別預算表」中採取總額方式表達，另再編列「中央政府總預算案外交國防機密歲出政事別機關別預算表及相關參考表」，送請立法院審議。

(七) 按照分層負責逐級審核彙轉原則，各主管機關應對本機關與所屬機關之單位預算及附屬單位預算負審核之責，單位預算之分預算與附屬單位預算之分預算亦包含在審核範圍。又在中央政府總預算案籌劃及擬編階段，除預算法第 30 條與第 46 條對於年度施政方針之訂定及總預算案送請立法院審議之期限有明定外，其他關於各機關歲入、歲出概算與預算之擬編、核轉、核定之期限以及應行編送之份數，係由主計

總處每年於「總預算編製作業手冊」及「總預算附屬單位預算編製作業手冊」中予以規定。

(八)預算法第 41 條第 4 項有關「政府捐助基金累計超過百分之五十之財團法人」，依行政院 99 年 3 月 2 日院授主孝一字第 0990001090 號函，係指「創立時政府原始捐助基金比率超過 50%，或歷年政府捐助基金累計金額占法院登記財產總額 50%以上之財團法人（其中以賸餘或公積轉列基金部分，應按政府捐助比率設算政府捐贈金額）」。

(九)因財團法人法於 107 年 8 月 1 日公布，行政院於 108 年 1 月 31 日以院授主基法字第 1080200099 號函，發布「行政院 99 年 3 月 2 日院授主孝一字第 0990001090 號函」自 108 年 2 月 1 日停止適用，爰上項「政府捐助基金累計超過百分之五十之財團法人」之認定，改根據財團法人法辦理，又依財團法人法第 2 條規定，政府捐助之財團法人，係指財團法人符合下列情形之一者：

1. 由政府機關（構）、公法人、公營事業捐助成立，且其捐助財產合計超過該財團法人基金總額 50%。

2. 由前款之財團法人自行或前款之財團法人與政府機關（構）、公法人、公營事業共同捐助成立，且其捐助財產合計超過該財團法人基金總額 50%。

3. 由政府機關（構）、公法人、公營事業或前二款財團法人捐助之財產，與接受政府機關（構）、公法人、公營事業或前二款財團法人捐贈並列入基金之財產，合計超過該財團法人基金總額 50%。

4. 由前三款之財團法人自行或前三款之財團法人與政府機關（構）、公法人、公營事業共同捐助或捐贈，且其捐助財產與捐贈並列入基金之財產合計超過該財團法人基金總額 50%。

5. 中華民國 34 年 8 月 15 日以後，我國政府接收日本政府或人民所遺留財產，並以該等財產捐助成立之財團法人，推定為政府捐助之財團法人。其以原應由我國政府接收而未接收之日本政府或人民所遺留財產，捐助成立之財團法人，亦同。

(十)有關政府捐助之財團法人，其預算書送審之基金計算方式，依「財團法人基金計算及認定基準辦法」辦理。其中第 4 條規定，除財團法人法施行前，已轉列之基金，依主管機關原計算方式認定外。應計算為

政府機關（構）、公法人、公營事業或政府捐助之財團法人之捐助財
產或捐贈並列入基金之財產，包括：

1. 財團法人設立登記時及登記後，接受中央或地方政府（含特種基
   金）、公法人、公營事業（含未民營化前之公營事業）、政府捐助之
   財團法人、已裁撤政府機關（含特種基金）捐助、捐贈之財產，或已
   依法解散政府捐助之財團法人捐贈之賸餘財產。
2. 賸餘或公積轉列基金，如以當期賸餘或公積轉列時，依轉列時捐助及
   捐贈並列入基金合計數占基金總額之比率乘以轉列金額計算其數額；
   如以前一會計年度以前累積賸餘或公積轉列時，依轉列年度期初捐助及
   捐贈並列入基金合計數占基金總額之比率乘以轉列金額計算其數額。
3. 以上規定，於減列基金時，準用之。

表 1.2.1　中央政府捐助之財團法人表

主管機關	財團法人名稱
司法院	財團法人法律扶助基金會
內政部	財團法人二二八事件紀念基金會
	財團法人威權統治時期國家不法行為被害者權利回復基金會
	財團法人台灣建築中心
	財團法人臺灣營建研究院
	財團法人中央營建技術顧問研究社
	財團法人臺灣省義勇人員安全濟助基金會
	財團法人警察學術研究基金會
	財團法人義勇消防人員安全濟助基金會
外交部	財團法人國際合作發展基金會
	財團法人臺灣民主基金會
	財團法人太平洋經濟合作理事會中華民國委員會
國防部	財團法人國防工業發展基金會
	財團法人國防安全研究院
教育部	財團法人社教文化基金會
	財團法人私立學校興學基金會
	財團法人高等教育評鑑中心基金會

表 1.2.1　**中央政府捐助之財團法人表（續）**

主管機關	財團法人名稱
教育部	財團法人高等教育國際合作基金會
	財團法人台灣省中小學校教職員福利文教基金會
	財團法人中華幼兒教育發展基金會
	財團法人大學入學考試中心基金會
	財團法人臺灣省童軍文教基金會
	財團法人教育部接受捐助獎學基金會
法務部	財團法人犯罪被害人保護基金會
	財團法人福建更生保護會
經濟部	財團法人中國生產力中心
	財團法人金屬工業研究發展中心
	財團法人台灣地理資訊中心
	財團法人中興工程顧問社
	財團法人台灣雜糧發展基金會
	財團法人工業技術研究院
	財團法人船舶暨海洋產業研發中心
	財團法人台灣機電工程服務社
	財團法人台灣非破壞檢測協會
	財團法人中華經濟研究院
	財團法人台灣商品檢測驗證中心
	財團法人中衛發展中心
	財團法人自行車暨健康科技工業研發中心
	財團法人石材暨資源產業研究發展中心
	財團法人中小企業信用保證基金
	財團法人台灣中小企業聯合輔導基金會
	財團法人全國認證基金會
	財團法人生物技術開發中心
	財團法人專利檢索中心
	財團法人台灣糖業協會
	財團法人中興工程科技研究發展基金會
	財團法人核廢料蘭嶼貯存場使用雅美（達悟）族原住民保留地損失補償基金會

表 1.2.1 中央政府捐助之財團法人表（續）

主管機關	財團法人名稱
交通部	財團法人台灣郵政協會
	財團法人台灣電信協會
	財團法人中華顧問工程司
	財團法人鐵道技術研究及驗證中心
僑務委員會	財團法人海華文教基金會
	財團法人海外信用保證基金
文化部	財團法人蒙藏基金會
	財團法人公共電視文化事業基金會
	財團法人臺灣美術基金會
	財團法人中央廣播電臺
	財團法人國家文化藝術基金會
	財團法人文化臺灣基金會
	財團法人臺灣生活美學基金會
	財團法人臺灣博物館文教基金會
	財團法人臺法文化教育基金會
	財團法人中央通訊社
	財團法人中華民國電影事業發展基金會
	財團法人國劇之家
衛生福利部	財團法人國家衛生研究院
	財團法人醫院評鑑暨醫療品質策進會
	財團法人器官捐贈移植登錄及病人自主推廣中心
	醫療財團法人病理發展基金會
	財團法人鄒濟勳醫學研究發展基金會
	財團法人醫藥品查驗中心
	財團法人賑災基金會
	財團法人惠眾醫療救濟基金會
	財團法人婦女權益促進發展基金會
環境部	財團法人環境資源研究發展基金會
	財團法人環境與發展基金會
	財團法人大崗崁環境永續發展基金會
	財團法人環境權保障基金會

表 1.2.1　**中央政府捐助之財團法人表（續）**

主管機關	財團法人名稱
大陸委員會	財團法人海峽交流基金會
	財團法人臺港經濟文化合作策進會
國軍退除役官兵輔導委員會	財團法人榮民榮眷基金會
核能安全委員會	財團法人中華民國輻射防護協會
	財團法人核能資訊中心
國家科學及技術委員會	財團法人國家同步輻射研究中心
	財團法人國家實驗研究院
農業部	財團法人臺中環境綠化基金會
	財團法人七星環境綠化基金會
	財團法人農業信用保證基金
	財團法人農村發展基金會
	財團法人臺灣兩岸漁業合作發展基金會
	財團法人台灣區鰻魚發展基金會
	財團法人台灣養殖漁業發展基金會
	財團法人中華民國對外漁業合作發展協會
	財團法人豐年社
	財團法人中央畜產會
	財團法人台灣區花卉發展協會
	財團法人農業科技研究院
	財團法人臺灣海洋保育與漁業永續基金會
	財團法人農業保險基金
	財團法人農業工程研究中心
	財團法人中正農業科技社會公益基金會
	財團法人維謙基金會
	財團法人七星農業發展基金會
	財團法人桃園農田水利研究發展基金會
	財團法人曹公農業水利研究發展基金會
	財團法人水利研究發展中心
原住民族委員會	財團法人原住民族文化事業基金會
	財團法人原住民族語言研究發展基金會

表 1.2.1　中央政府捐助之財團法人表（續）

主管機關	財團法人名稱
客家委員會	財團法人客家公共傳播基金會
金融監督管理委員會	財團法人台灣金融研訓院
	財團法人金融消費評議中心
勞動部	財團法人職業災害預防及重建中心
數位發展部	財團法人台灣網路資訊中心
	財團法人電信技術中心

註：1. 預算法第 41 條第 3 項規定，政府捐助之財團法人，每年應由各該主管機關就以前年度投資或捐助之效益評估，併入決算辦理後，分別編製營運及資金運用計畫送立法院。
　　2. 預算法第 41 條第 4 項及決算法第 22 條第 2 項規定，政府捐助基金累計超過50%之財團法人及日本撤退臺灣接收其所遺留財產而成立之財團法人，每年應由各該主管機關將其年度預算（決算）書，送立法院審議。

肆、總預算案之彙編及送請立法院審議

一、預算法相關條文

(一) 中央財政主管機關應就各主管機關歲入預算綜合編送中央主計機關

第44條　中央財政主管機關應就各主管機關所送歲入預算，加具意見，連同其主管歲入預算，綜合編送中央主計機關。

(二) 中央主計機關應彙編中央政府總預算案呈行政院提出行政院會議

第45條　中央主計機關將各類歲出預算及中央財政主管機關綜合擬編之歲入預算，彙核整理，編成中央政府總預算案，並將各附屬單位預算，包括營業及非營業者，彙案編成綜計表，加具說明，連同各附屬單位預算，隨同總預算案，呈行政院提出行政院會議。

前項總預算案歲入、歲出未平衡時，應會同中央財政主管機關提出解決辦法。

(三) 中央政府總預算案經行政院會議決定後提出立法院審議

第 46 條　　中央政府總預算案與附屬單位預算及其綜計表，經行政院會議決定後，交由中央主計機關彙編，由行政院於會計年度開始四個月前提出立法院審議，並附送施政計畫。

二、解析

(一)因財政部負責歲入財源籌劃及財務收支事項，且其主管範圍之歲入預算占中央政府總預算歲入比重近八成，多項歲入所涉法源依據均屬於財政部主管法規，故本專業分工原則，由財政部就各主管機關依預算法第 42 條規定所送歲入預算及其主管之歲入預算予以綜合彙編，俾能確實掌握整體歲入預算編列情況。惟目前中央政府總預算案及特別預算案係藉由電腦資訊系統彙編，且在財政部歲入檢討過程中，主計總處透過與財政部之密切協商，可對於整體歲入編列數額獲得全面瞭解，財政部已未再正式函送綜合擬編之歲入預算到主計總處。

(二)主計總處應負責編製中央政府總預算案，除了彙核整理各主管機關之歲入、歲出預算外，並應對歲入、歲出未平衡致產生差短時，會同財政部依預算法、公共債務法及財政紀律法等相關規定，就融資性收支作妥適安排，且為利於立法院審議時，對營業基金與非營業特種基金之總體經營狀況得以窺其全貌，主計總處並應彙案編成中央政府總預算案附屬單位預算綜計表（營業部分及非營業部分），一併提經行政院會議決定，以及由主計總處據以彙編後，由行政院於會計年度開始 4 個月前（即 8 月底前）函送請立法院審議，較憲法第 59 條所規定時程（會計年度開始 3 個月前，即 9 月底前）提早 1 個月。又為使立法院於審議中央政府總預算案時對各機關施政計畫有所瞭解，並依以往年度執行績效評估預算案編列之合理性，故預算法第 46 條規定施政計畫應併同函送立法院。

(三)有關各地方政府總預算案之編送、完成審議之期限及發布等，於地方制度法第 40 條規定，直轄市總預算案，直轄市政府應於會計年度開始 3 個月前（即 9 月底前）送達直轄市議會；縣（市）、鄉（鎮、市）總預算案，縣（市）政府、鄉（鎮、市）公所應於會計年度開始 2 個月前（即 10 月底前）送達縣（市）議會、鄉（鎮、市）民代表會。直轄

市議會、縣（市）議會、鄉（鎮、市）民代表會應於會計年度開始 1 個月前（即 11 月底前）審議完成，並於會計年度開始 15 日前（即 12 月 16 日前）由直轄市政府、縣（市）政府、鄉（鎮、市）公所發布之。直轄市議會、縣（市）議會、鄉（鎮、市）民代表會對於直轄市政府、縣（市）政府、鄉（鎮、市）公所所提預算案不得為增加支出之提議。

(四)行政院函送請立法院審議之年度中央政府總預算案及附屬單位預算，於立法院審議過程中，行政院基於為配合相關法律之變動、重要政策需求以及部分國營事業移轉民營等情事，曾有主動提出修正案之案例，例如，95 年度時為因應立法院於 94 年 12 月 13 日審議通過老年農民福利津貼暫行條例修正草案，將發放標準由原每人每月 4,000 元提高為 5,000 元，自 95 年 1 月 1 日實施；111 年度時為因應軍公教人員待遇調整 4%所需增加數額，行政院分別提出 95 年度與 111 年度中央政府總預算案修正案。88 年下半年及 89 年度附屬單位預算配合台灣肥料公司、中國農民銀行、交通銀行移轉民營及台灣電影文化事業股份有限公司結束營業，由行政院提出附屬單位預算修正案。此外，尚有因配合內閣改組，由行政院主動撤回原函送請立法院審議之年度中央政府總預算案予以檢討重編後再送立法院者，例如 99 年度時因新院長吳敦義於 98 年 9 月 10 日上任，107 年度時因賴清德院長於 106 年 9 月 8 日上任，行政院分別就原送立法院審議之 99 年度與 107 年度中央政府總預算案予以主動撤回重編。

伍、作業及相關考題

※名詞解釋

一、重要公共工程建設及重大施政計畫
　　（註：答案詳本文壹、二、(五)）

二、成本效益分析
　　（註：答案詳本文壹、二、(六)）

三、國富統計

四、綠色國民所得帳

五、稅式支出

六、移轉性支付

　　（註：三至六答案詳本文貳、二、（一）至（四））

※申論題

一、中央主計機關、中央經濟建設計畫主管機關、審計機關、中央財政主
　　管機關及其他有關機關於籌劃擬編概算前，應依哪些範圍，將可供決
　　定下年度施政方針之參考資料送行政院？請依預算法第 28 條之規定說
　　明。【107 年高考】

答案：

　　預算法第 28 條規定（請按條文內容作答）。

二、某機關辦理鐵路營運業務，平均每年虧損約〇億元。為減輕國庫負擔
　　並提升其經營效率，審計機關自〇年起即督促相關機關研議委託民間
　　經營之可行性評估。案經該機關依據促進民間參與公共建設法（簡稱
　　促參法）及其施行細則等規定提送「可行性評估及先期計畫書」，於
　　〇年〇月奉行政院核定後即辦理後續招商事宜。惟因本案涉及政府預
　　算支出，包括鐵路沿線與部分車站之整建計畫，及政府於簽約後第〇
　　年起每年提撥災害準備金〇萬元以分攤廠商營運風險。經立法院審查
　　該機關〇年度預算案，以此三合一委外經營案係屬重大新增計畫並涉
　　及政府預算事項等，違反預算法相關條文為由，建議暫停本案之執行
　　並凍結相關預算。案經審計部專案調查，並提出審核通知糾正在案。
　　現請依序回答下列問題：

　　(一)經查該機關籌劃辦理重大施政計畫，僅依促參法相關規定提送
　　　　「可行性評估及先期計畫書」陳報行政院核定後，即據以辦理，
　　　　先期作業程序未臻完備。請依預算法第 34 條之規定說明。

　　(二)依契約規定該機關應自簽約後提撥災害準備金。請依預算法第 7、
　　　　8 條之規定說明其應如何辦理始為適法？【107 年高考】

答案：

(一)重大施政計畫先期作業程序未完備問題

　1.預算法第 34 條規定：「重要公共工程建設及重大施政計畫，應先行製作

選擇方案及替代方案之成本效益分析報告，並提供財源籌措及資金運用之說明，始得編列概算及預算案，並送立法院備查。」

2. 本項計畫如符合重要公共工程建設及重大施政計畫之範圍，即依行政院所訂「政府公共建設計畫先期作業實施要點」所界定之計畫範圍內，屬於新興且總投資金額在中央政府總預算與特別預算部分原則為 10 億元以上，在附屬單位預算之營業基金部分原則為 100 億元以上，在非營業特種基金部分原則為 10 億元以上之計畫者，應先行製作選擇方案及替代方案之成本效益分析報告，並提供財源籌措及資金運用之說明，始得編列概算及預算案，並送立法院備查。不得僅依促參法及其施行細則等規定提送「可行性評估及先期計畫書」陳報行政院核定後即予辦理。

(二) 承諾於未來提撥災害準備金之處理

1. 預算法第 7 條規定：「稱未來承諾之授權者，謂立法機關授權行政機關，於預算當期會計年度，得為國庫負擔債務之法律行為，而承諾於未來會計年度支付經費。」第 8 條規定：「政府機關於未來四個會計年度所需支用之經費，立法機關得為未來承諾之授權。前項承諾之授權，應以一定之金額於預算內表達。」

2. 本案政府機關承諾與民間廠商簽約後之第○年起，每年提撥災害準備金○萬元以分攤廠商營運風險，係屬於預算當期會計年度，承諾於未來會計年度支付經費，應依預算法第 7 條及第 8 條規定先獲得立法院授權，並以一定金額於預算內表達，且最多以未來四個會計年度為限始為適法。

三、請完整說明我國現行預算法對「繼續經費」有哪些規定？【100 年高考】

四、請完整說明預算法有關繼續經費之規定。【112 年鐵特三級及退除役特考三等】

　答案：（含三、四，如因作答時間不足，預算法可優先寫第 5 條、第 7 條、第 8 條、第 39 條及第 76 條）

　　繼續經費按照預算法第 5 條、第 39 條及第 76 條等規定，應具備之要件，包括：(1)跨越一個年度以上之計畫預算。(2)有明確總金額及分年金額。(3)循預算程序辦理並經立法院審議通過。(4)須依預算書中所定之用途與條件

為合法之支用。有關預算法中對於繼續經費之相關規定如下：

(一) 預算法第 5 條規定，稱經費者，謂依法定用途與條件得支用之金額。經費按其得支用期間分為三種，其中繼續經費之定義，係依設定之條件或期限，分期繼續支用。

(二) 預算法第 7 條規定（請按條文內容作答）。

(三) 預算法第 8 條規定，政府機關於未來四個會計年度所需支用之經費，立法機關得為未來承諾之授權。前項承諾之授權，應以一定之金額於預算內表達。但中央政府總預算與附屬單位預算尚未依第 7 條及第 8 條規定，對於跨年度執行之計畫實施預算授權機制。

(四) 預算法第 32 條規定（請按條文內容作答）。

(五) 預算法第 33 條規定，第 32 條所定之施政計畫及概算，得視需要，為長期之規劃擬編；其辦法由行政院定之。行政院爰據以於 90 年 2 月 1 日訂定中央政府中程計畫預算編製辦法。

(六) 預算法第 39 條規定（請按條文內容作答）。

(七) 預算法第 54 條規定，總預算案之審議，如不能依期限審議完成時，各機關預算之執行，在支出部分：1.新興資本支出及新增計畫，須俟本年度預算完成審議程序後始得動支。但依第 88 條規定辦理或經立法院同意者，不在此限。2.前目以外之計畫得依已獲授權之原訂計畫或上年度執行數，覈實動支。

(八) 預算法第 76 條規定（請按條文內容作答）。

(九) 預算法第 87 條規定，各編製營業基金預算之機關，應依其業務情形與第 76 條之規定編造分期實施計畫及收支估計表，報由各該主管機關核定執行，並轉送中央主計機關、審計機關及中央財政主管機關備查。

※測驗題

一、高考、普考、薦任升等、三等及四等各類特考

(D)1. 在籌編概算前，下列哪一機關應將全國總資源供需之趨勢送給行政院參考？(A)審計機關(B)中央財政主管機關(C)中央經濟建設計畫主管機關(D)中央主計機關【110 年鐵特三級及退除役特考三等】

(B)2. 下列哪一機關應提供以前年度財政經濟狀況之會計統計分析資料，及下年度全國總資源供需趨勢，與增進公務及財務效能之建議？(A)中央經

濟建設計畫主管機關(B)中央主計機關(C)中央財政主管機關(D)審計機關【108 年退除役特考四等「政府會計概要」】

(C)3. 下列何機關應於籌劃擬編概算前,將下年度全國總資源供需之趨勢,及增進公務暨財務效能之建議等參考資料送行政院?(A)中央經濟建設計畫主管機關(B)審計機關(C)中央主計機關(D)中央財政主管機關【106 年鐵特三級及退除役特考三等】

(B)4. 下列哪個機關應於籌劃擬編概算前,將以前年度財政經濟狀況之會計統計分析資料,與下年度全國總資源供需之趨勢,及增進公務暨財務效能之建議的參考資料送行政院?(A)審計機關(B)中央主計機關(C)中央財政主管機關(D)中央經濟建設計畫主管機關【110 年地特三等】

(B)5. 何機關應於籌劃擬編概算前,將有關增進公務暨財務效能之建議送行政院,以供決定下年度施政方針?(A)審計機關(B)中央主計機關(C)中央財政主管機關(D)中央經濟建設計畫主管機關【110 年薦任升等】

(A)6. 依預算法第 28 條規定,中央有關機關應於籌劃擬編概算前,將可供決定下年度施政方針之參考資料送行政院,其中有關「增進公務暨財務效能之建議」,係由下列哪一機關提供?(A)中央主計機關(B)中央經濟建設計畫主管機關(C)審計機關(D)中央財政主管機關【110 年普考「政府會計概要」】

(B)7. 在籌劃擬編概算前,何機關應提供有關增進財務效能之建議,以供決定下年度施政方針?(A)中央經濟建設計畫主管機關、審計機關(B)中央主計機關、中央財政主管機關、審計機關(C)中央主計機關、中央財政主管機關、中央經濟建設計畫主管機關(D)中央主計機關、中央財政主管機關、中央經濟建設計畫主管機關、審計機關【110 年高考】

(C)8. 有關決定下年度施政方針之參考資料,下列敘述何者錯誤?(A)中央財政主管機關應供給以前年度收入狀況(B)審計機關應供給審核以前年度預算執行之有關資料(C)中央主計機關應供給以前年度全國總資源供需之趨勢(D)中央經濟建設計畫主管機關應供給以前年度重大經濟建設計畫之檢討意見【111 年地特三等】

(B)9. 關於預算法所定可供行政院決定下年度施政方針之參考資料,下列資料何者非屬應由行政院主計總處提供者?①國民幸福指數變動趨勢②綠色國民所得帳③下年度全國總資源供需之趨勢④增進公務暨財務效能之建

議(A)①③④(B)①②(C)②③(D)③④【108 年高考】

(B)10.下列何機關應提供減少不經濟支出之建議，以供行政院決定下年度施政方針？(A)審計機關(B)審計機關、財政主管機關(C)審計機關、財政主管機關、主計機關(D)審計機關、財政主管機關、主計機關、經濟建設計畫主管機關【111 年鐵特三級】

(D)11.下列何者非屬行政院按預算法應編製之報告？(A)國富統計(B)稅式支出報告(C)綠色國民所得帳(D)中央政府年度總決算審核報告【106 年地特三等】

(A)12.預算法第 29 條規定，行政院編製之國富統計報告，應以何種方式公開揭露？(A)於政府網站公開(B)於報章雜誌公開(C)於公立圖書館陳列(D)出版書面之國富統計報告【106 年薦任升等】

(D)13.下列何報告內容應於政府網站公開？①國富統計②稅式支出③移轉性支付④綠色國民所得帳(A)僅①(B)僅①②(C)僅①②③(D)①②③④【110 年薦任升等】

(C)14.預算法中對綠色國民所得帳之公開方式有何規範？(A)應於行政院檔案室公開(B)應於國家圖書館公開(C)應於政府網站公開(D)未規範公開方式【107 年鐵特三級】

(C)15.依預算法規定，下列何者行政院應於年度開始 9 個月前訂定之？(A)下年度之預算籌編原則(B)下年度之施政計畫(C)下年度之施政方針(D)下年度之預算規模及歲出預算額度【109 年高考】

(C)16.有關預算籌劃及擬編，下列何者為中央主計機關權責？(A)編製國富統計、綠色國民所得帳及關於稅式支出、移轉性支付之報告，並於政府網站公開(B)訂定下年度之施政方針(C)擬訂下年度預算編製辦法(D)擬定其所主管範圍內之施政計畫及事業計畫與歲入、歲出概算，送行政院【110 年地特三等】

(B)17.依預算法規定，各主管機關於擬定其所主管範圍內之施政計畫及事業計畫與歲入、歲出概算時，所依據之相關文件，不包括下列哪一項？(A)行政院施政方針(B)行政院施政計畫(C)預算籌編原則(D)預算編製辦法【109 年地特四等「政府會計概要」】

(B)18.甲機關將編列預算辦理新興公路建設計畫100 億元，依預算法及政府會計準則公報規定，下列敘述何者正確？①應先製作選擇方案及替代方案

之成本效益分析報告，並提供財源籌措及資金運用之說明，始得編列概算及預算案②應將選擇方案及替代方案之成本效益分析報告，提供財源籌措及資金運用之說明，送立法院審議③工程興建期間，應將工程經費列為「購建中固定資產」④工程款保留至下年度執行，年初開帳分錄為「借：歲出保留數」及「貸：歲出保留數準備」(A)僅①②(B)僅①③④(C)僅②③④(D)①②③④【112 年鐵特三級及退除役特考三等「政府會計」】

(B)19.各機關單位預算，歲入應按何者編製？(A)政事別科目(B)來源別科目(C)業務別科目(D)用途別科目【106 年鐵特三級及退除役特考三等】

(D)20.中央政府基於政策需要，於相關預算科目項下，撥付縣市級政府的款項，得稱為：(A)共分稅(B)執照(C)許可證(D)補助金【111 年普考「政府會計概要」】

(C)21.依預算法之規定，各機關單位補助地方政府之經費，應於下列何者中彙總列表說明？(A)單位預算(B)附屬單位預算(C)總預算案(D)地方政府預算案【112 年薦任升等】

(A)22.依預算法規定，下列應於總預算案中彙總列表說明之敘述，何者正確？(A)各機關單位補助地方政府之經費(B)當年度立法院為未來承諾之授權金額執行結果(C)因擔保、保證或契約可能造成未來會計年度內之支出者(D)政府上年度報告未及編入決算之收支【111 年高考】

(A)23.依預算法及相關規定，有關中央政府對地方政府補助預算之編列，下列敘述何者正確？(A)一般性補助款由行政院編列，計畫型補助款分由各機關編列(B)所有補助款均分由各機關編列(C)一般性補助款分由各機關編列，計畫型補助款由行政院編列(D)所有補助款均由行政院編列【112 年鐵特三級及退除役特考三等】

(A)24.依預算法第 39 條規定，繼續經費於編列各該年度預算時應列明者，包括下列那些事項？①執行期間②成本效益分析③資金運用之說明④經費總額(A)僅①④(B)僅②③(C)僅③④(D)僅①②④【112 年地特四等「政府會計概要」】

(B)25.依預算法規定，單位預算應編入總預算者，在歲入為來源別科目及其數額，在歲出為下列何者科目及其數額？(A)計畫別(B)計畫或業務別(C)政事別(D)機關及政事別【109 年高考】

(B)26. 政府捐助基金未達 50%之財團法人，各該主管機關每年應將下列何者，送立法院審議？①各該部門或事業之分決算②營運及資金運用計畫③決算書④預算書(A)①②③④(B)僅②(C)僅②③④(D)僅③④【112 年高考】

(B)27. 111 及 112 年度 A 財團法人由 B 機關捐助基金 40%及 20%，C 機關為 B 機關之主管機關，下列敘述何者正確？(A)A 財團法人 111 及 112 年度均應編製營運及資金運用計畫由 B 機關送立法院(B)A 財團法人屬政府捐助之財團法人，C 機關應將捐助效益評估列入決算辦理(C)A 財團法人為 B 機關捐助基金累計達 60%，故應全部納入政府會計報導個體範圍(D)A 財團法人為私法人，B 機關及 C 機關財務報表無須揭露任何資訊【112 年地特三等】

(C)28. 預算法第 41 條第 3 項規定各部門投資或經營之其他事業及政府捐助之財團法人，每年應由各該主管機關就以前年度投資或捐助之效益評估，併入決算辦理後，分別編製營運及資金運用計畫送立法院。下列主管機關與政府捐助財團法人之組合，何者有誤？(A)衛生福利部與財團法人國家衛生研究院(B)文化部與財團法人中央廣播電臺(C)科技部與財團法人工業技術研究院(D)外交部與財團法人國際合作發展基金會【110 年地特三等】

(D)29. 政府捐助基金累計超過多少百分比之財團法人，每年應由各該主管機關將其年度預算書，送立法院審議？(A)10%(B)20%(C)49%(D)50%【106 年地特三等】

(C)30. 有關政府捐助基金累計超過 50%之財團法人年度預、決算書之處理，下列敘述何者正確？(A)各該主管機關應將預算書送立法院審議，決算書送審計部審核(B)由各該財團法人將預算書及決算書送立法院審議(C)由各該主管機關將財團法人的預算書及決算書送立法院審議(D)由行政院將各該財團法人的預、決算書彙送立法院審議【108 年退除役特考四等「政府會計概要」】

(A)31. 依預算法規定，機關單位之歲出概算應由下列何機關排列優先順序？(A)各主管機關(B)各單位預算機關(C)主計機關(D)行政院【112 年鐵特三級及退除役特考三等】

(B)32. 依預算法規定，各主管機關在擬編年度預算時擔任重要任務，下列何者

非其法定任務？(A)各主管機關遵照施政方針，並依照行政院核定之預算籌編原則及預算編製辦法，擬定其所主管範圍內之施政計畫及事業計畫與歲入、歲出概算，送行政院(B)各主管機關應審核其主管範圍內之歲入、歲出預算及事業預算，加具意見，連同各所屬機關以及本機關之單位預算，暨附屬單位預算，依規定期限，彙轉審計機關；同時應將整編之歲入預算，分送中央財政主管機關(C)各主管機關另應將整編之歲入預算，分送中央財政主管機關(D)各主管機關應將其機關單位之歲出概算，排列優先順序，供立法院審議之參考【110年高考】

(D)33. 依預算法規定，中央政府總預算案歲入、歲出未平衡時，應由下列何者提出解決辦法？(A)行政院(B)中央財政主管機關(C)行政院會同中央財政主管機關(D)中央主計機關會同中央財政主管機關【109年高考】

(B)34. 總預算案歲入歲出未平衡時，應由中央主計機關會同何機關提出解決辦法？(A)行政院(B)中央財政主管機關(C)中央經建主管機關(D)立法院【106年高考】

(A)35. 下列有關預算籌編、審議之重要日期，敘述正確者計有幾項？①行政院主計總處應於年度開始9個月前，訂定下年度施政方針②總預算案應於會計年度開始 1 個月前由立法院議決③總預算案應於會計年度開始 15 日前由立法院公布④中央政府總預算案與附屬單位預算及其綜計表，應於會計年度開始 3 個月前提出立法院審議(A)1 項(B)2 項(C)3 項(D)4 項【107年地特四等「政府會計概要」】

(B)36. 行政院應於會計年度開始幾個月前將中央政府總預算案送交立法院審議？(A)3 個月(B)4 個月(C)5 個月(D)6 個月【106年地特三等】

(B)37. 依憲法規定，行政院於會計年度開始三個月前，應將下年度預算案提出於立法院；而預算法規定，中央政府總預算案與附屬單位預算及其綜計表由行政院於會計年度開始四個月前提出立法院審議。試問現行實務上行政院將下年度預算案提出於立法院之期限為何？(A)會計年度開始三個月內(B)會計年度開始四個月前(C)會計年度開始三個月前(D)會計年度開始四個月內【112年薦任升等】

(D)38. 下列關於政府預算及決算編造之法定期限之敘述，何者正確？①行政院應於會計年度開始前 4 個月將中央政府總預算案與附屬單位預算及其綜計表提出立法院審議②會計年度終了後 2 個月為該會計年度的結束期

間，並應完成中央政府總決算與附屬單位決算及其綜計表的編造③國庫之年度出納終結報告，應由國庫主管機關編造，並應於年度結束後 25 日內，分送中央主計機關及審計機關查核④中央政府總決算書與附屬單位決算及其綜計表經行政院會議通過後，於會計年度結束後 4 個月提送於監察院⑤審計長應於中央政府總決算送達後 3 個月內完成審核，編造最終審定數額表，並提出審核報告於立法院⑥政府之年度決算報告，審計長應於政府提出後 2 個月內完成查核，並提出查核報告於立法院(A)僅③④⑤(B)僅①②⑥(C)僅①②③④(D)僅①③④⑤【108 年普考「政府會計概要」】

二、初考、地特五等、經濟部所屬事業機構及台電公司新進僱員

(D)1. 下列哪一機關應供給行政院以前年度財政經濟狀況之會計統計分析資料、下年度全國總資源供需之趨勢，以及增進公務及財務效能之建議？(A)中央經濟建設計畫主管機關(B)中央財政主管機關(C)審計機關(D)中央主計機關【107 年經濟部事業機構】

(C)2. 何機關應於籌劃擬編概算前，將財務上減少不經濟支出之建議送行政院，作為決定下年度施政方針之參考資料？(A)中央主計機關、中央經濟建設計畫主管機關(B)中央經濟建設計畫主管機關、審計機關(C)審計機關、中央財政主管機關(D)中央財政主管機關、中央主計機關【112 年地特五等】

(A)3. 依現行預算法規定，下列何者應於籌劃擬編概算前，供給審核以前年度預算執行之有關資料，及財務上增進效能與減少不經濟支出之建議？(A)審計機關(B)中央主計機關(C)中央財政主管機關(D)中央經濟建設計畫主管機關【109 年初考】

(D)4. 哪個機關在籌劃擬編概算前，應供給以前年度財政經濟狀況之會計統計分析資料，與下年度全國總資源供需之趨勢，及增進公務暨財務效能之建議？(A)中央財政主管機關(B)中央經濟建設計畫主管機關(C)審計機關(D)中央主計機關【107 年初考】

(D)5. 依預算法規定，下列有關決定施政方針之參考資料，何者非由中央主計機關送予行政院？①財務上增進效能與減少不經濟支出之建議②以前年度財政經濟狀況之會計統計分析資料③下年度財政措施④國民幸福指數

變動趨勢(A)②③(B)②④(C)①②③(D)①③④【107 年地特五等】

(C)6. 依預算法規定,中央主計機關應提供行政院決定下年度施政方針之參考
資料,不包括下列何者?(A)以前年度財政經濟狀況之會計統計分析資
料(B)下年度全國總資源供需之趨勢(C)國民幸福指數變動趨勢(D)增進
公務暨財務效能之建議【110 年地特五等】

(C)7. 下列機關何者應於籌劃擬編概算前,提供減少不經濟支出之建議,供行
政團隊決定該政府下年度施政方針之參考?(A)中央主計機關、中央經
濟建設計畫主管機關、審計機關、中央財政主管機關(B)中央主計機
關、中央經濟建設計畫主管機關(C)審計機關、中央財政主管機關(D)中
央主計機關、審計機關【106 年地特五等】

(C)8. 編製國富統計、綠色國民所得帳及關於稅式支出、移轉性支付之報告,
應由下列何機關編製之?(A)行政院主計總處(B)財政部(C)行政院(D)審
計部【108 年初考】

(A)9. 依預算法規定,國富統計及稅式支出,應由何者編製報告?(A)行政
院、行政院(B)行政院主計總處、財政部(C)行政院主計處、財政部(D)
行政院主計總處、行政院【110 年地特五等】

(A)10.行政院應編製國富統計、綠色國民所得帳與關於稅式支出及下列何者之
報告?(A)移轉性支付(B)經費支出(C)財務支出(D)委辦支出【110 年初
考】

(B)11.下列何者並非預算法強制要求行政院應編製之資料?(A)綠色國民所得
帳(B)國民幸福指數(C)稅式支出(D)移轉性支付【112 年初考】

(C)12.行政院應編製國富統計、綠色國民所得帳等報告,其報告內容應如何公
開?(A)刊登於全國性報紙或雜誌(B)郵寄給每位國民(C)公布於政府網
站(D)張貼於村里長辦公室公布欄【107 年地特五等】

(C)13.行政院應編製國富統計、綠色國民所得帳之報告,前項報告內容應如何
公開?(A)於村里長公布欄公開(B)於學校公布欄公開(C)於政府網站公
開(D)採郵寄給每位國民公開【110 年初考】

(B)14.依預算法規定,有關行政院應於年度開始 9 個月前訂定下年度之事項,
下列何者正確?(A)施政計畫(B)施政方針(C)預算編製辦法(D)預算籌編
原則【112 年經濟部事業機構】

(D)15.行政院應於會計年度開始幾個月前,訂定下年度之施政方針?(A)4 個

月(B)6 個月(C)8 個月(D)9 個月【108 年經濟部事業機構】

(C)16.行政院應於年度開始幾個月前，訂定下年度之施政方針？(A)3(B)6(C)9
(D)11【112 年初考】

(A)17.依預算法規定，行政院應於何時訂定下年度施政方針？(A)3 月底前(B)5
月底前(C)9 月底前(D)11 月底前【111 年台電公司新進僱員】

(D)18.民國 111 年度施政方針，行政院應於何時之前訂定？(A)110 年 1 月 1
日(B)110 年 2 月 1 日(C)110 年 3 月 1 日(D)110 年 4 月 1 日【111 年初
考】

(B)19.依預算法規定，各年度行政院施政方針及中央政府總預算編製辦法，應
分別由何機關核定？(A)行政院、行政院主計總處(B)行政院、行政院
(C)行政院主計處，行政院主計總處(D)行政院、行政院主計處【110 年
地特五等】

(B)20.下年度之預算編製辦法，係由中央主計機關遵照下列何者予以擬定？
(A)預算籌編原則(B)施政方針(C)施政計畫(D)上年度之預算編製辦法
【110 年初考】

(D)21.關於預算之籌劃，下列敘述何者正確？(A)總統府應於年度開始 9 個月
前，訂定下年度之施政方針(B)行政院應遵照施政方針，擬定下年度預
算編製辦法，分行各機關依照辦理(C)各主管機關遵照施政方針，並依
照行政院核定之預算籌編原則及預算編製辦法，擬定其所主管範圍內之
施政計畫及事業計畫與歲入、歲出概算，送中央主計機關(D)各主管機
關依其主管範圍內之施政計畫，其新擬或變更部分超過一年度者，應附
具全部計畫【109 年地特五等】

(A)22.依預算法規定，各主管機關之施政計畫及概算，得視需要，為長期之規
劃擬編；其辦法由下列何者定之？(A)行政院(B)立法院(C)監察院(D)司
法院【110 年地特五等】

(D)23.依預算法規定，重要公共工程建設及重大施政計畫，應製作並提供何種
資料，始得編列概算及預算案，並送立法院備查？①選擇方案之成本效
益分析報告②替代方案之成本效益分析報告③財源籌措之說明④資金運
用之說明(A)①②③(B)①③④(C)②③④(D)①②③④【112 年經濟部事
業機構】

(D)24.重要公共工程建設及重大施政計畫，應先行製作選擇方案及替代方案之

何種報告？(A)社會責任報告(B)所得稅稅式支出報告(C)移轉性支付報告(D)成本效益分析報告【106 年初考】

(D)25. 依預算法規定，行政院核定概算，得僅核定歲出部分額度，但須依據下列何者之審核報告，分別行知轉令各機關，編擬下年度預算？(A)主管機關(B)下級機關(C)受委託機關(D)中央主計機關【111 年台電公司新進僱員】

(B)26. 各機關單位預算之編製，歲入應按何種科目編製之？(A)用途別(B)來源別(C)業務別(D)政事別【110 年經濟部事業機構】

(B)27. 依預算法第 37 條規定，各機關單位預算，歲入應按下列何者編製？(A)政事別科目(B)來源別科目(C)計畫別科目(D)業務別科目【110 年地特五等】

(C)28. 各機關單位預算之歲入與歲出科目，應以下列何種方式編製？(A)歲入應按機關別、來源別科目編製之，歲出應按機關別、政事別、計畫或業務別與用途別科目編製之(B)歲入應按來源別科目編製之，歲出應按機關別、計畫或業務別與用途別科目編製之(C)歲入應按來源別科目編製之，歲出應按政事別、計畫或業務別與用途別科目編製之(D)歲入應按機關別、來源別科目編製之，歲出應按政事別、計畫或業務別與用途別科目編製之【107 年初考】

(A)29. 中央政府預算之籌劃及擬編，下列敘述何者正確？(A)行政院應編製國富統計、綠色國民所得帳及關於稅式支出、移轉性支付之報告，報告內容應於政府網站公開(B)行政院應於年度開始 9 個月前，訂定下年度之中央政府總預算案與附屬單位預算及其綜計表(C)各機關單位補助地方政府之經費，應於單位預算案中彙總列表說明(D)各機關單位預算及附屬單位預算，應分別依照規定期限送達中央主計機關【108 年地特五等】

(C)30. 中央政府預算之籌劃及擬編，下列敘述何者錯誤？(A)中央主計機關、中央經濟建設計畫主管機關、審計機關、中央財政主管機關及其他有關機關應於籌劃擬編概算前，依所定範圍將可供決定下年度施政方針之參考資料送行政院(B)行政院應於年度開始 9 個月前，訂定下年度之施政方針(C)各機關單位預算及附屬單位預算，應分別依照規定期限送達中央主計機關(D)各機關補助地方政府之經費，應於總預算案中彙總列表

說明【109 年地特五等】

(B)31.依預算法規定，繼續經費預算之編製，應列明下列那些項目？①經費總額②執行期間③全部計畫之內容④各年度之分配額(A)僅①②③(B)①②③④(C)僅①③(D)僅①③④【111 年地特五等】

(B)32.依預算法規定，應列明全部計畫之內容、經費總額、執行期間及各年度之分配額，依各年度之分配額，編列各該年度預算者，屬於下列何種預算？(A)機關年度預算(B)繼續經費預算(C)法定經費預算(D)歲定經費預算【108 年初考】

(D)33.下列何種經費，其預算之編製，應列明全部計畫之內容、經費總額、執行期間及各年度之分配額？(A)法定經費(B)歲定經費(C)限定經費(D)繼續經費【109 年初考】

(C)34.依預算法第 40 條規定，單位預算應編入總預算者，在歲出為下列何項科目及其數額？(A)施政或計畫別(B)施政或業務別(C)計畫或業務別(D)預算或業務別【112 年台電公司新進僱員】

(C)35.政府捐助之財團法人，其主管機關每年應編製何項計畫送立法院？(A)成本效益分析計畫(B)盈餘分配計畫(C)營運及資金運用計畫(D)財源籌措與運用計畫【106 年初考】

(D)36.政府捐助財團法人基金累計達下列何比例時，依預算法規定，每年應由各該主管機關將其年度預算書，送立法院審議？(A)29%(B)39%(C)49%(D)59%【109 年初考】

(C)37.依預算法規定，機關單位之歲出概算應由下列何者排列優先順序，供立法院審議之參考？(A)各單位預算機關(B)主計機關(C)各主管機關(D)各單位預算之分預算機關【110 年地特五等】

(A)38.依預算法規定，下列何機關應將中央政府總預算案排列優先順序供立法院審議參考？(A)行政院主計總處(B)財政部(C)各主管機關(D)行政院【111 年初考】

(B)39.依預算法規定及實務情形，下列機關何者須將其機關單位之歲出概算排列優先順序，供立法院審議之參考？①立法院②行政院人事行政總處③財政部臺北市國稅局④經濟部能源局(A)①(B)①②(C)③④(D)②③④【107 年地特五等】

(B)40.下列關於預算編製之流程，何者正確？(A)中央主計機關應於年度開始

9 個月前,訂定下年度之施政方針(B)各主管機關擬定其所主管範圍內之施政計畫及事業計畫(C)行政院應將其機關單位之歲出概算,排列優先順序,供立法院審議之參考(D)中央財政主管機關應就各主管機關所送歲出預算,加具意見,連同其主管歲出預算,綜合編送中央主計機關【112 年地特五等】

(A)41. 下列有關政府總預算案編製之分工的敘述,何者正確?(A)中央財政主管機關綜合擬編歲入預算,中央主計機關將各類歲出預算彙核處理後,再由中央主計機關彙編成政府總預算案(B)中央財政主管機關綜合擬編歲入預算,並將各類歲出預算彙核處理後,再進一步彙編成政府總預算案(C)中央主計機關綜合擬編歲入預算,並將各類歲出預算彙核處理後,再進一步彙編成政府總預算案(D)中央財政主管機關綜合擬編歲入預算,中央主計機關將各類歲出預算彙核處理後,再由中央財政主管機關彙編成政府總預算案【106 年地特五等】

(A)42. 中央主計機關在彙編總預算案、總決算書時,應將各附屬單位預算、決算,包括營業及非營業者,彙案編成下列何者?(A)綜計表(B)終結表(C)損益表(D)盈虧表【109 年經濟部事業機構】

(D)43. 行政院於第 3714 次會議通過行政院主計總處提報之 110 年度中央政府總預算案暨附屬單位預算及綜計表與中央政府前瞻基礎建設計畫第三期特別預算案,於 109 年 8 月底前送請立法院審議。下列敘述何者錯誤?(A)中央政府總預算案包括各類歲出及歲入預算(B)附屬單位預算及綜計表包括營業及非營業者(C)由中央財政主管機關綜合擬編之歲入預算(D)特別預算係總預算案之其中一部分【109 年地特五等】

(C)44. 中央政府總預算案歲入、歲出若未平衡時,應由下列何機關提出解決辦法?(A)總統府(B)行政院主計總處會同行政院(C)行政院主計總處會同財政部(D)行政院會同立法院【108 年初考】

(D)45. 依預算法規定,籌劃年度總預算案時,歲入歲出未平衡時,應由下列何機關提出解決辦法?(A)財政部(B)行政院主計總處(C)行政院會同財政部(D)行政院主計總處會同財政部【111 年地特五等】

(C)46. 有關中央政府總預算案與附屬單位預算及其綜計表,應由行政院於何時提出立法院審議?(A)3 月底前(B)4 月底前(C)8 月底前(D)11 月底前【111 年台電公司新進僱員】

(C)47. 下列有關預算法之規範,何者正確?(A)稱歲入者,謂 4 個會計年度之一切收入(B)行政院應於年度開始 4 個月前,訂定下年度之施政方針(C)政府機關於未來 4 個會計年度所需支用之經費,立法機關得為未來承諾之授權(D)中央政府總預算案與附屬單位預算及其綜計表,由行政院於會計年度開始 4 個月前提出司法院審議【112 年地特五等】

(B)48. 依據預算法規定,行政院應於何時之前,將民國 111 年度中央政府總預算案提出立法院審議?(A)110 年 7 月 31 日(B)110 年 8 月 31 日(C)110 年 9 月 30 日(D)110 年 10 月 31 日【111 年初考】

(B)49. 行政院應於會計年度開始前幾個月,提出總預算案至立法院審議?(A)3 個月(B)4 個月(C)5 個月(D)6 個月【107 年經濟部事業機構】

(A)50. 中央政府總預算案與附屬單位預算及其綜計表,經行政院會議決定後,交由中央主計機關彙編,由行政院於會計年度開始多久前提出立法院審議?(A)4 個月(B)5 個月(C)6 個月(D)9 個月【110 年經濟部事業機構】

(B)51. 行政院提出中央政府總預算案與附屬單位預算及其綜計表於立法院審議時,須附送下列何者?(A)施政方針(B)施政計畫(C)業務計畫(D)工作計畫【108 年初考】

第三章　預算之審議

壹、立法院院會及委員會對總預算案之審議

一、預算法相關條文

第 48 條　立法院審議總預算案時，由行政院長、主計長及財政部長列席，分別報告施政計畫及歲入、歲出預算編製之經過。

第 53 條　總預算案於立法院院會審議時，得限定議題及人數，進行正反辯論或政黨辯論。

各委員會審查總預算案時，各機關首長應依邀請列席報告、備詢及提供有關資料，不得拒絕或拖延。

二、解析

(一)立法院對於中央政府總預算案之審議程序

1. 立法院院會詢答完成後交付審查：總預算案送達立法院後，依預算法第 48 條規定，由立法院定期邀請行政院長、主計長及財政部長列席，分別報告施政計畫與歲入、歲出預算編製重點及經過，經報告及詢答完畢後，將總預算案交付立法院各委員會審查。

2. 立法院各委員會分組審查：按照預算法第 53 條第 2 項規定，立法院各委員會於分組審查總預算案時，係邀請有關機關首長列席報告並備詢。各委員會審查完竣後，由財政委員會彙總整理提出年度總預算案審查總報告提報立法院院會。

3. 進行朝野黨團協商及議決總預算案：總預算案審查總報告中保留及待處理之各項提案，交由立法院院長主持之朝野黨團協商處理後，提請立法院院會進行二、三讀程序。嗣後由立法院將審議通過之總預算案呈請總統公布，並函復行政院。

(二)我國立法院議事運作之相關法規，尚無有關「正反辯論」或「政黨辯論」等文字，惟立法委員以政黨名義或由立法委員個人對於議案進行討論時，係以「質詢」或「答辯」方式進行。又立法委員於立法院院會審議總預算案時之質詢範圍（即議題），大致上以施政計畫及預算

上之一般事項為主。另按照 72 年 12 月 23 日司法院釋字第 184 號解釋，立法委員請各機關提供之資料，宜以涉及施政計畫內容及預算案編列有關之資料為主，不包括審計機關依審計法第 36 條及第 71 條審定之原始憑證。

貳、立法院對預算案之審議重點及規範

一、預算法相關條文

(一)立法院對預算案之審議重點

第 49 條　預算案之審議，應注重歲出規模、預算餘絀、計畫績效、優先順序，其中歲入以擬變更或擬設定之收入為主，審議時應就來源別決定之；歲出以擬變更或擬設定之支出為主，審議時應就機關別、政事別及基金別決定之。

第 50 條　特種基金預算之審議，在營業基金以業務計畫、營業收支、生產成本、資金運用、轉投資及重大之建設事業為主；在其他特種基金，以基金運用計畫為主。

(二)立法院對預算案之審議規範

第 51 條　總預算案應於會計年度開始一個月前由立法院議決，並於會計年度開始十五日前由總統公布之；預算中有應守秘密之部分，不予公布。

第 52 條　法定預算附加條件或期限者，從其所定。但該條件或期限為法律所不許者，不在此限。
　　　　　立法院就預算案所為之附帶決議，應由各該機關單位參照法令辦理。

二、解析

(一)憲法第 70 條規定及司法院釋字第 391 號解釋，立法院對於行政院所提預算案，不得為增加支出之提議。又立法院對預算案雖得為合理之刪減，惟基於預算案與法律案性質不同，尚不得比照審議法律案之方式逐條逐句增刪修改，而對各機關所編列預算之數額，在款、項、目、

節間移動增減並追加或削減原預算之項目。蓋就被移動增加或追加原預算之項目言，要難謂非上開憲法所指增加支出提議之一種，復涉及施政計畫內容之變動與調整，易導致政策成敗無所歸屬，責任政治難以建立，有違行政權與立法權分立，各本所司之制衡原理，應為憲法所不許。

(二)國際間民主國家審議政府預算案方式，大致可區分為：1.部分審議制：係在歲入及歲出預算案中，凡依據法律、契約或以前年度業經核定之項目與標準等所估列者不予審議，而僅審議新增及變更之計畫者。2.全部審議制：係不論有無法律根據或契約規定及新舊計畫均予審議。預算法第 49 條規定，立法院對於預算案之審議重點，不論是在歲入或歲出均以擬變更或擬設定「為主」，並非「為限」。按照上述定義，我國係採彈性之綜合審議制，即審議時以擬設定或擬變更部分為主要審議範圍，至於其他非屬新設定或未變更項目，則視情況可審議，亦可不審議。

(三)所謂「擬變更或擬設定之收入」，係指預算案中所編某一收入項目，較上年度預算有所變更，或為本年度所新設定者；至於「擬變更或擬設定之支出」，係預算案中所編某機關某業務計畫科目或工作計畫科目，為上年度所無，本年度新擬設定者，或上年度雖列有此一計畫科目，但在本年度所列內容及數額配合計畫調整有所變更者。實務運作上，立法院係先就各機關之歲入來源別預算表及歲出機關別預算表分組進行審查，歲出政事別預算表及基金別預算表僅配合歲出機關別預算表審議結果予以調整。

(四)依預算法第 50 條規定以及實務上立法院對各特種基金預算之審議重點如下：

　1.營業基金預算之審議重點，包括業務計畫、營業收支、生產成本、資金運用、轉投資及重大之建設事業等。

　2.作業基金預算之審議重點，包括業務計畫、業務收支、解繳國庫淨額、轉投資計畫、固定資產之建設改良擴充、國庫增撥基金額及補辦預算。

　3.債務基金、特別收入基金與資本計畫基金預算之審議重點，包括業務計畫，資金來源、用途與餘絀，補辦預算。

4. 信託基金預算係列入中央政府總預算案附屬單位預算及綜計表——非營業部分之附錄,另各信託基金之預算書亦送立法院,立法院之審議重點,包括基金運用計畫、總收入、總支出及本期膳餘或短絀等。

(五)預算法第 51 條規定,總預算案應於會計年度開始 1 個月前(即 11 月底前)由立法院議決,會計年度開始 15 日前(即 12 月 16 日前)由總統公布之。立法院自 90 年度起對中央政府總預算案均未能依限期完成,近年來大約於新會計年度開始後之 1 月間以召開臨時會方式完成審議作業,至附屬單位預算則通常於完成總預算案審議作業之下會期或下下會期始完成審議程序,因此均須按照預算法第 54 條規定之補救措施辦理。另依地方制度法第 40 條規定,直轄市總預算案應於會計年度開始 3 個月前(即 9 月底前)送達直轄市議會,縣(市)、鄉(鎮、市)總預算案則應於會計年度開始 2 個月前(即 10 月底前)送達縣(市)議會、鄉(鎮、市)民代表會,均應於會計年度開始 1 個月前審議完成,且於會計年度開始 15 日前由地方政府公布之。

(六)預算法第 52 條第 1 項規定,係指立法院於總預算案審查報告中針對特定「預算科目及金額」附加條件或期限之決議事項,即對法定預算於實際執行時所附加之條件或期限,除為法律所不許者外,各機關應按其條件或期限辦理,在該項條件尚未成就或期限尚未屆滿前,宜暫不予執行,並儘速與立法院協商解決。又條件或期限既然屬於法定預算之附加,則其效力不可能超過法定預算本身之效力,即其效力應限於涉及當年度預算之執行。另立法院對預算案所為之附帶決議,其效果係由「各該機關單位參照法令辦理」,爰屬於建議性質,不得逾越法令規定。

參、總預算案未依限完成審議之補救措施

一、預算法相關條文

第 54 條　總預算案之審議,如不能依第五十一條期限完成時,各機關預算之執行,依下列規定為之:
　　　　　一、收入部分暫依上年度標準及實際發生之數,覈實收入。
　　　　　二、支出部分:

(一) 新興資本支出及新增計畫，須俟本年度預算完成審議程
序後始得動支。但依第八十八條規定辦理或經立法院同
意者，不在此限。

(二) 前目以外之計畫得依已獲授權之原訂計畫或上年度執行
數，覈實動支。

三、履行其他法定義務之收支。

四、因應前三款收支調度需要之債務舉借，覈實辦理。

二、解析

(一) 中央政府總預算案立法院如不能按照預算法第 51 條規定期限完成審議
作業時，各機關於新年度開始後預算執行之補救措施事宜，依國際間
民主國家之做法，因屬於過渡時期，可動支範圍大致上限於維持政府
機關基本運作、延續性計畫及法律已明定應負擔事項等經費。

(二) 行政院依預算法第 54 條規定，另訂有「中央政府總預算案未能依限完
成時之執行補充規定」作進一步規範，主要內容如下：

1. 收入部分

(1) 賦稅、規費及實施管制所發生之收入等強制性收入，除法律另有規
定，依其規定辦理者外，其餘依上年度標準及實際發生數覈實執
行。

(2) 前項以外之收入，依實際發生數執行。

2. 支出部分

(1) 新增計畫以外之原有經常性經費，可在上年度預算之執行數或當年
度預算編列數較低者之範圍內覈實支用。新增計畫，以業務計畫科
目或工作計畫科目為認定基準，當年度始增設者即屬新增計畫項
目；惟部分重要新增政事，雖於原工作計畫科目項下增列一分支計
畫，甚或於原分支計畫內增列經費辦理，亦應視為新增計畫，俟預
算完成法定程序後始得動支。

(2) 科目名稱當年度有變更，或原為單位預算機關於當年度改為單位預
算之分預算機關，或機關整併及業務調整移撥，但實質計畫內容未
變動者，不認定為新增計畫。

(3) 非屬新興之延續性資本支出計畫（新興資本支出以個別計畫認定，

個別資本支出計畫自當年度起開始編列預算辦理者即屬新興支出），當年度可執行數仍應在上年度預算執行數或當年度預算編列數較低者之範圍內，配合工程進度覈實支用，惟依合約規定必須支付者不在此限。

(4)履行其他法定義務之支出，需為法律明定政府應負擔之經費（如各類保險法規定政府應負擔之保費及虧損彌補），及法律明定政府應辦事項且已發生權責之支出（如依替代役實施條例已起徵之役男所需薪餉及主、副食費等支出），可覈實列支。依組織法律新設之機關，在預算員額範圍內晉用人員所需人事費及基本業務維持費可覈實列支，但其新增政事項目與資本計畫，以及未依組織法律規定新設籌備處之人事費、業務費等，均應俟預算完成法定程序後始得動支。

(5)債務之舉借及還本支出，屬因應收支調度需要，可依實際需要覈實辦理。

(6)第一預備金、第二預備金及災害準備金，應俟預算完成法定程序後始得動支。

(7)立法院在審議當年度預算案中已初步刪減之項目不得動支，但履行法定義務支出之項目除外。

(三)按照行政院所訂附屬單位預算執行要點，附屬單位預算如未能依預算法第 51 條期限完成審議時，其預算之執行，準用預算法第 54 條規定，又屬於新興資本支出及新增計畫，根據預算法第 88 條規定，如確有業務實際需要，可報經行政院核准後先行動支。另對於以數年為一期，但按年度編製與審議之特別預算，如立法院未依限完成審議，參酌立法院院會於 99 年 1 月 12 日所作之相關決議，自第二年起宜準用預算法第 54 條規定之補救措施辦理。

肆、作業及相關考題

※名詞解釋

一、預算案部分審議制

二、預算案全部審議制

三、擬變更或擬設定之收入

四、擬變更或擬設定之支出

　　（註：一至四答案詳本文貳、二、(二)及(三)）

※申論題

一、依預算法之規範，立法院審議交通部、交通部高速公路局及交通部臺灣鐵路管理局年度預算案時，其審議重點分別為何？【110年薦任人員升等】

答案：

(一) 立法院審議交通部年度預算案時之審議重點

　　交通部為公務機關，依「中央政府各級機關單位分級表」編列單位預算，立法院對其預算案之審議重點，按照預算法第 49 條規定，應注重歲出規模、預算餘絀、計畫績效、優先順序，其中歲入以擬變更或擬設定之收入為主，審議時應就來源別決定之；歲出以擬變更或擬設定之支出為主，審議時應就機關別、政事別及基金別決定之。

(二) 立法院審議交通部高速公路局年度預算案時之審議重點

　　高速公路局收支係以國道公路建設管理基金運作，屬於作業基金，編列附屬單位預算之分預算，依預算法第 89 條規定，營業基金以外其他特種基金預算之審議，凡為餘絀及成本計算者，準用營業基金之規定。因此目前立法院對作業基金之審議重點，包括業務計畫、業務收支、解繳國庫淨額、轉投資計畫、固定資產之建設改良擴充、國庫增撥基金額及補辦預算，亦較接近營業基金。

(三) 立法院審議交通部臺灣鐵路管理局年度預算案時之審議重點

　　臺灣鐵路管理局屬於營業基金，編列附屬單位預算，立法院對其預算案之審議重點，按照預算法第 50 條規定，係以業務計畫、營業收支、生產成本、資金運用、轉投資及重大之建設事業為主。

二、近年，川普政府所提出之預算案美國參議院未能如期審議通過，聯邦
　　政府不得不暫時局部關門，80 萬員工，包括總統的廚師，被迫放無薪
　　假。川普總統在白宮宴請運動選手，只好請外送速食店送餐至白宮。
　　請依我國預算法規定，說明：如果我國立法院像美國參議院一樣，未
　　能如期審議通過行政院所提出之預算案，我們會發生何種情況？有何
　　補救辦法？【108 年關務人員四等】

答案：

(一) 行政部門所提出之年度總預算案，立法部門如不能於新年度開始前完成
　　審議作業並公布時，各機關於新年度開始後預算之執行事宜，依國際間
　　民主國家之做法，因屬於過渡時期，可動支範圍大致上限於維持政府機
　　關基本運作、延續性計畫及法律已明定應負擔事項等經費。

(二) 我國預算法參考國際間民主國家之做法，於第 54 條規定（請按條文內容
　　作答）。

三、立法院對於中央政府總預算案之審議期限為何？審查總預算案時，有
　　何限制？總預算案之審議，如不能於期限內完成，有關各機關預算之
　　執行，有哪些規定？【104 年鐵特三級及退除役特考三等】

答案：

(一) 立法院對於中央政府總預算案之審議期限
　　預算法第 51 條規定，總預算案應於會計年度開始 1 個月前（即 11 月 30
日前）由立法院議決，並於會計年度開始 15 日前（即 12 月 16 日前）由總統
公布。

(二) 立法院審查總預算案之限制
　1. 憲法第 70 條規定：立法院對於行政院所提預算案，不得為增加支出之提
　　議。
　2. 依 84 年 12 月 8 日司法院釋字第 391 號解釋（請按本文貳、二之(一)內容
　　作答）。

(三) 總預算案之審議如不能於期限內完成時之補救措施
　　預算法第 54 條規定（請按條文內容作答）。

四、預算法第 1 條規定：中央政府預算之籌劃、編造、審議、成立及執行，依本法之規定。試回答下列有關預算審議及執行之問題。

　　(一)依預算法第 46 條之規定，行政院向立法院提出中央政府總預算案之時限為何？

　　(二)依預算法第 54 條之規定，總預算案之審議，如不能依第 51 條期限完成時，各機關支出預算之執行，應依何規定為之？【111 年鐵特三級】

答案：

(一) 行政院應於 8 月 31 日前向立法院提出中央政府總預算案

　　預算法第 46 條規定（請按條文內容作答）。

(二) 總預算案如不能依第 51 條期限完成審議時，各機關支出預算執行規定

　　預算法第 54 條規定，總預算案之審議，如不能依第 51 條期限完成時，各機關支出預算之執行，依下列規定為之：

　1. 新興資本支出及新增計畫，須俟本年度預算完成審議程序後始得動支。但依第 88 條規定辦理或經立法院同意者，不在此限。

　2. 前目以外計畫得依已獲授權之原訂計畫或上年度執行數，覈實動支。

　3. 履行其他法定義務收支。

　　因應前三款收支調度需要之債務舉借，覈實辦理。

※測驗題

一、高考、普考、薦任升等、三等及四等各類特考

(C)1. 立法院審議總預算案時，下列何人應列席報告：①行政院院長②主計長③財政部部長④審計長(A)①(B)①②(C)①②③(D)①②③④【111 年地特三等】

(D)2. 立法院審議總預算案時，何者須列席並分別報告施政計畫及歲入、歲出預算編製之經過？①行政院長②各機關首長③財政部長④主計長(A)僅①②(B)僅③④(C)僅②④(D)僅①③④【108 年地特四等「政府會計概要」】

(D)3. 立法院審議總預算案時，由政府首長列席，分別報告施政計畫及歲入、歲出預算編製之經過。預算法中並未規範此時何者應列席？(A)行政院院長(B)主計長(C)財政部部長(D)審計長【107 年鐵特三級】

(C)4. 立法院審議歲出預算時，應就下列何種預算別決定之：①機關別②政事別③基金別④用途別(A)①(B)①②(C)①②③(D)①②③④【111 年地特三等】

(A)5. 預算法第 49 條規定，預算案之審議，應注重的內容，不包括哪一項？(A)國富統計(B)歲出規模(C)預算餘絀(D)計畫績效【106 年鐵特三級及退除役特考三等】

(B)6. 立法院審議中央政府總預算案時，下列何者非屬其應注重之審議焦點？(A)優先順序(B)資金運用(C)計畫績效(D)預算餘絀【106 年地特四等「政府會計概要」】

(A)7. 依預算法第 49 條規定，立法院對預算案之審議應注重者，不包括下列那一項？(A)資金運用(B)優先順序(C)預算餘絀(D)計畫績效【111 年地特四等「政府會計概要」】

(D)8. 預算法有關立法院審議總預算案之規定，下列敘述，何者正確？(A)歲入以擬變更或擬設定之收入為主，審議時應就基金別決定之(B)歲出以擬變更或擬設定之支出為主，審議時應就主管別及用途別分別決定之(C)特種基金預算之審議，在營業基金以盈虧撥補之預計為主(D)營業基金以外之其他特種基金預算之審議，以基金運用計畫為主【108 年高考】

(C)9. 依預算法之規定，特種基金預算之審議，在營業基金非以下列何者為主？(A)營業收支(B)生產成本(C)績效評估(D)轉投資【111 年鐵特三級】

(A)10.特別收入基金預算之審議，以何者為主？(A)基金運用計畫(B)業務計畫(C)工作計畫(D)分支計畫【108 年鐵特三級及退除役特考三等】

(B)11.下列哪一類特種基金預算之審議，係以業務計畫、資金運用、轉投資及重大之建設事業等為主？(A)信託基金(B)營業基金(C)作業基金(D)資本計畫基金【109 年高考】

(C)12.有關特種基金之敘述，下列何者正確？(A)特種基金之預算均為附屬單位預算(B)特種基金之預算，視其所編列之機關單位屬性，劃分為單位預算或附屬單位預算(C)營業基金以外之特種基金預算之審議，以基金運用計畫為主(D)特種基金之決算，應由各該基金之執行機關辦理【109 年普考「政府會計概要」】

(B)13. 有關預算案之審議，下列敘述何者錯誤？(A)應注重歲出規模、預算餘絀、計畫績效、優先順序(B)其他特種基金之審議，以業務計畫及營業收支為主(C)歲入以擬變更或擬設定之收入為主，審議時應就來源別決定之(D)歲出以擬變更或擬設定之支出為主，審議時應就機關別、政事別及基金別決定之【106 年鐵特三級及退除役特考三等】

(A)14. 下列有關中央政府總預算案之審議的敘述，何者錯誤？(A)審議時應注重歲入規模、未來承諾之授權、計畫績效、施政之優先順序等(B)歲入以擬變更或擬設定之收入為主，審議時應就來源別決定之(C)歲出以擬變更或擬設定之支出為主，審議時應就機關別、政事別及基金別決定之(D)總預算案應於會計年度開始 1 個月前，由立法院議決【109 年鐵特三級】

(A)15. 依預算法規定，預算案之審議，在歲出部分審議時應決定者，不包括下列那一項？(A)用途別(B)機關別(C)政事別(D)基金別【112 年鐵特四級及退除役特考四等「政府會計概要」】

(B)16. 依預算法規定，下年度總預算案應於前一年的何時，分別由立法院議決及由總統公布？(A)11 月 15 日前及 11 月 30 日前(B)11 月 30 日前及 12 月 16 日前(C)11 月 30 日前及 12 月 31 日前(D)12 月 16 日前及 12 月 31 日前【112 年鐵特四級及退除役特考四等「政府會計概要」】

(A)17. 下列有關中央政府總預算案之敘述，何者錯誤？(A)總預算案歲入、歲出未平衡時，應由財政部提出解決辦法(B)中央政府總預算案中之歲入預算係由財政部綜合各主管機關所送歲入預算所擬編(C)總預算案應於會計年度開始四個月前提出立法院審議(D)總預算案應於會計年度開始一個月前由立法院議決【110 年鐵特三級及退除役特考三等】

(B)18. 下列有關預算案審議之敘述，何者錯誤？(A)預算案之審議，應注重歲出規模、預算餘絀、計畫績效、優先順序(B)立法院審議總預算案時，由行政院長、主計長、財政部長及審計長列席，報告施政計畫及歲入、歲出預算編製(C)特種基金預算之審議，在營業基金以外之其他特種基金，以基金運用計畫為主(D)中央政府總預算案應於會計年度開始 1 個月前，由立法院議決，並於會計年度開始 15 日前，由總統公布之【109 年地特三等】

(D)19. 下列有關總預算公布之敘述，何者正確？(A)總預算係由立法院審議，

通過後由立法院院長公布(B)預算法規定預算有公布時限,若屆限尚未審竣,先公布已審議通過部分(C)所有預算內容必須公布,以符合公開透明原則(D)總預算應於會計年度開始 15 日前由總統公布【106 年高考】

(B)20. 下列有關預算籌編、審議相關日期,正確者計有幾項?①總預算案應於會計年度開始 1 個月前由立法院議決②法定預算應於會計年度開始 16 天前由總統公布③行政院應於年度開始 8 個月前,訂定下年度施政方針④中央政府總預算案與附屬單位預算及其綜計表,應由行政院於會計年度開始 4 個月前提出立法院審議(A)僅 1 項(B)僅 2 項(C)僅 3 項(D)4 項【107 年地特三等】

(C)21. 立法院就預算案所為之附帶決議各機關應如何辦理?(A)由行政院自行決定(B)依立法院決議辦理(C)參照法令辦理(D)視情況辦理【109 年普考「政府會計概要」】

(C)22. 下列有關預算法之敘述,何者錯誤?(A)總預算案應於會計年度開始 1 個月前由立法院審議完畢,總統於會計年度開始 15 日前公布(B)立法院審議預算案時,應注重歲出規模、預算餘絀、計畫績效、優先順序(C)立法院審議總預算案,應由審計長及主計長列席說明(D)立法院就預算案所作之附帶決議,應由各該機關單位參照法令辦理【110 年退除役特考四等「政府會計概要」】

(B)23. 下列有關預算審議之敘述,正確者計有幾項?①立法院審議總預算案時,由行政院長、主計長、財政部長及審計長列席②預算案之審議,歲入按機關別決定之③預算案之審議,歲出按機關別、政事別及基金別決定之④立法院就預算案所為之附帶決議應由各機關單位參照法令辦理(A)一項(B)二項(C)三項(D)四項【110 年鐵特三級及退除役特考三等】

(B)24. 依預算法規定,下列有關立法院決議之敘述①除法律所不許者外,對預算案附加條件者,從其所定②除法律所不許者外,對法定預算附加期限者,從其所定③對預算案所為附帶決議,應由各該機關單位參照法令辦理④對法定預算所為附帶決議,應由各該機關單位參照辦理,何者正確?(A)僅①③(B)僅②③(C)僅①④(D)僅②④【109 年地特三等】

(A)25. 有關立法院審議總預算案之規定,下列敘述何者錯誤?(A)由審計長、主計長及財政部長列席,分別報告總決算審核報告及歲入、歲出預算編

製之經過(B)總預算案應於會計年度開始一個月前由立法院議決(C)各委員會審查總預算案時，各機關首長應依邀請列席報告、備詢及提供有關資料，不得拒絕或拖延(D)法定預算應於會計年度開始十五日前由總統公布之【110 年高考】

(D)26. 立法院若未能依限審議完成總預算案，各機關應如何動支經費？(A)由立法院與行政院議定補救辦法(B)行政院編假預算先執行(C)按上年度法定預算數執行(D)預算法明訂得先支出項目【110 年鐵特三級及退除役特考三等】

(D)27. 總預算案未能於法定期限審議通過，各機關可暫依上年度標準及實際發生數覈實執行之項目為：(A)新增計畫支出(B)新興資本支出(C)債務舉借(D)收入部分【108 年地特四等「政府會計概要」】

(D)28. 年度開始，本年度預算尚未經立法院審議通過，有關各機關預算之執行，預算法定有明文，下列何者不符規定？(A)收入部分暫依上年度標準及實際發生數，覈實收入(B)新增計畫不得動支(C)履行其他法定義務之收支(D)新增資本支出及新增計畫以外之計畫，得依上年度預算數，覈實動支【107 年高考】

(C)29. 總預算案應於會計年度開始 1 個月前由立法院議決，並於會計年度開始 15 日前由總統公布之，如不能依期限完成預算審議時，各機關預算之執行，可依法以下列何者規定為之？(A)收入部分暫依過去 3 年度平均數及實際發生數，覈實認列收入(B)所有新興資本支出及新增計畫，均須俟本年度預算完成審議程序後始得動支(C)新興資本支出及新增計畫以外之計畫得依已獲授權之原定計畫或上年度執行數，覈實動支(D)履行以上各項法定義務收支調度之債務舉借，均須俟本年度預算完成審議程序後始得發行【111 年普考「政府會計概要」】

二、初考、地特五等、經濟部所屬事業機構及台電公司新進僱員

(A)1. 立法院第十屆第二會期審議「110 年度中央政府總預算案」時，依規定應列席報告編製經過者有哪些人？(A)行政院院長、主計長及財政部部長(B)行政院院長(C)行政院院長與主計長(D)行政院院長與財政部部長【109 年地特五等】

(D)2. 依預算法規定，應分別負責向立法院報告年度總預算案歲入、歲出預算

編製之經過者，係屬下列何者？(A)行政院、行政院主計總處(B)行政院
主計總處、行政院主計總處(C)行政院、財政部(D)財政部、行政院主計
總處【110 年地特五等】

(C)3. 預算案歲入之審議，應就何者決定之？(A)機關別(B)政事別(C)來源別
(D)基金別【112 年地特五等】

(B)4. 依預算法規定，用途別、來源別、基金別、機關別、政事別及計畫別等
六個科目中，立法院審議總預算案歲出時應按幾種科目別決定之？(A)2
種(B)3 種(C)4 種(D)5 種【110 年地特五等】

(B)5. 下列有關預算之籌劃、擬編、審議之優先順序的敘述，何者正確？(A)
各主管機關應將其機關單位之歲入、歲出概算，排列優先順序，供立法
機關審議之參考(B)中央主計機關編列政府總預算案時，應排列優先順
序，供立法機關審議之參考(C)立法機關對預算案之審議，應注重歲入
與歲出之規模、預算餘絀、計畫績效、優先順序(D)為避免總預算案不
能依期限完成審議，導致各機關預算執行發生困難，預算法明文規定立
法機關應優先審議新興資本支出及新增計畫【106 年地特五等】

(C)6. 依預算法規定，下列事項何者係屬立法院審議營業基金預算時之主要重
點？①預算盈虧②業務計畫③資金運用④擬設定之支出(A)①②(B)①④
(C)②③(D)③④【107 年地特五等】

(A)7. 下列何者非屬立法院審議營業基金預算之重點？(A)基金運用計畫(B)營
業收支(C)生產成本(D)重大之建設事業【112 年經濟部事業機構】

(B)8. 依現行預算法規定，下列何者係屬立法院審議營業基金以外之其他特種
基金預算的主要重點？(A)預算餘絀(B)基金運用計畫(C)優先順序(D)重
大建設事業【107 年初考】

(C)9. 立法院在審議其他特種基金時，以下列何者為主？(A)業務計畫(B)營業
收支(C)基金運用計畫(D)資金運用【108 年地特五等】

(D)10.特種基金預算之審議，在其他特種基金應以下列何者為主？(A)業務計
畫(B)生產成本(C)重大之建設事業(D)基金運用計畫【112 年台電公司新
進僱員】

(B)11.作業基金之審議，以下列何者為主？(A)業務計畫(B)基金運用計畫(C)
營業收支(D)重大建設事業【112 年地特五等】

(C)12.有關立法院審議預算之重點，下列何者錯誤？(A)總預算案之審議，應

注重歲出規模、預算餘絀、計畫績效、優先順序(B)總預算案之審議，歲入以擬變更或擬設定之收入為主，審議時應就來源別決定之(C)營業基金預算之審議，以業務計畫、營業收支、生產成本、資金運用、轉投資及重大之建設事業為限(D)特別收入基金預算之審議，以基金運用計畫為主【111 年地特五等】

(A)13.總預算案應於會計年度開始幾個月前由立法院議決？(A)1(B)2(C)3(D)4【112 年初考】

(D)14.中華民國中央政府預算之籌劃、編造、審議、成立及執行，依預算法之規定辦理，該法相關時程規定，下列何者錯誤？(A)政府會計年度於每年 1 月 1 日開始，至同年 12 月 31 日終了(B)行政院應於年度開始 9 個月前，訂定下年度之施政方針(C)行政院於會計年度開始 4 個月前提出立法院審議(D)總預算案應於會計年度開始 10 天前由立法院議決【109 年初考】

(D)15.有關預算審議，下列何者正確？(A)總預算案應於會計年度開始 1 個月前由立法院議決，並於會計年度開始 10 日前由總統公布之(B)立法院審議總預算案時，由行政院長、審計長及財政部長列席，分別報告施政計畫及歲入、歲出預算編製之經過(C)預算案之審議，應注重歲入規模、結算餘絀、計畫績效、優先順序(D)除營業基金外，其他特種基金預算之審議，以基金運用計畫為主【108 年初考】

(B)16.依現行預算法規定，總預算案應於會計年度開始多久前由立法院議決？(A)2 個月(B)1 個月(C)15 日(D)10 日【109 年初考】

(A)17.中央政府之總預算案立法院應於何時議決，總統並於何時公布？(A)應於會計年度開始 1 個月前由立法院議決，並於會計年度開始 15 日前由總統公布之(B)應於會計年度開始 1 個月前由立法院議決，並於會計年度開始 10 日前由總統公布之(C)應於會計年度開始 2 個月前由立法院議決，並於會計年度開始 15 日前由總統公布之(D)應於會計年度開始 2 個月前由立法院議決，並於會計年度開始 10 日前由總統公布之【107 年初考】

(B)18.下列有關中央政府預算編審時程，何項不符合預算法之規定？(A)行政院應於年度開始 9 個月前，訂定下年度之施政方針(B)中央政府總預算案與附屬單位預算及其綜計表，由行政院於會計年度開始 3 個月前提出

立法院審議(C)總預算案應於會計年度開始 1 個月前由立法院議決(D)立法院議決之總預算，由總統於會計年度開始 15 日前公布之【106 年地特五等】

(A)19.總預算案應於會計年度開始 1 個月前由何者議決，並於會計年度開始 15 日前由何者公布之？(A)立法院，總統(B)行政院，立法院(C)立法院，監察院(D)行政院，總統【106 年初考】

(A)20.總預算案應於何時以前由立法院議決，並於何時以前由總統公布之？(A)會計年度開始 1 個月前；會計年度開始 15 日前(B)會計年度開始 2 個月前；會計年度開始 15 日前(C)會計年度開始 2 個月前；會計年度開始 1 個月前(D)會計年度開始 4 個月前；會計年度開始 2 個月前【112 年地特五等】

(B)21.現代民主國家之政府施政必須公開透明避免黑箱作業，中央政府總預算如何公布？(A)對人民公布全部內容(B)除預算中應守秘密部分外，對人民公布全部內容(C)僅對政府機關內部公布全部內容(D)除預算中應守秘密部分外，對政府機關內部公布全部內容【111 年初考】

(D)22.依預算法規定，立法院審查總預算案，下列何場域得限定議題進行政黨辯論？①立法院院會②立法院各委員會聯席會議③立法院各委員會會議(A)①②③(B)③(C)②(D)①【111 年初考】

(C)23.依預算法規定，有關預算審議之敘述，下列何者錯誤？(A)總預算案應於會計年度開始一個月前由立法院議決(B)法定預算附加條件或期限者，從其所定。但該條件或期限為法律所不許者，不在此限(C)立法院就預算案所為之附帶決議，應由各該機關單位依照法令辦理(D)總預算案於立法院院會審議時，得限定議題及人數，進行正反辯論或政黨辯論【111 年地特五等】

(A)24.有關預算審議之敘述，下列何者錯誤？(A)立法院審議總預算案時，由行政院長、主計長及審計長列席，分別報告施政計畫及歲入、歲出預算編製之經過(B)總預算案應於會計年度開始 1 個月前由立法院議決，並於會計年度開始 15 日前由總統公布之(C)預算中有應守秘密之部分，不予公布(D)總預算案之審議，如不能於會計年度開始 1 個月前由立法院議決，各機關預算之執行，收入部分暫依上年度標準及實際發生數，覈實收入【108 年地特五等】

(C)25.總預算案之審議，如不能依預算法第 51 條期限完成時，各機關預算之執行，收入部分暫依下列何者覈實收入？(A)上年度收入數(B)上年度歲入數(C)上年度標準及實際發生數(D)上年度收入實際發生數【108 年初考】

(B)26.總預算案之審議，如不能依預算法第 51 條期限完成時，各機關收入預算之執行暫依何者覈實收入？(A)上年度標準及上年度實際發生數(B)上年度標準及本年度實際發生數(C)本年度標準及本年度實際發生數(D)本年度標準及上年度實際發生數【112 年地特五等】

(D)27.總預算案審議不能依期限完成時，機關有關新興資本支出預算之執行，應依哪一項規定為之？(A)暫依上年度標準及實際發生數，覈實動支(B)暫依上年度執行數，覈實動支(C)得依已獲授權之原訂計畫，覈實動支(D)須俟本年度預算完成審議程序後始得動支【110 年經濟部事業機構】

(C)28.依預算法第 54 條規定，總預算案之審議，如不能依期限完成，下列何項支出不得於本預算年度動支？(A)公務人員人事費(B)法定義務支出(C)一般新興資本支出(D)已獲授權之原定計畫【107 年經濟部事業機構】

(D)29.會計年度開始後，若總預算案因故未能完成審議，則預算如何執行？(A)總預算案完成審議並公布後法定預算始成立，所以一定要完成法定程序後才能動支經費(B)先照上年度法定預算執行(C)由立法院議定補救辦法並通知行政院(D)依照法律規定有部分經費得先覈實支出【111 年初考】

(A)30.下列有關中央政府總預算案之審議，立法院如不能依期限完成時，各機關新年度預算該如何執行之敘述，何者錯誤？(A)所有之資本支出計畫，須俟本年度總預算案經立法院審議完成後，始得動支，沒有例外之規定(B)履行其他法定義務收支(C)為因應預算執行其收支調度需要之債務舉借，覈實辦理(D)收入部分暫依上年度標準及實際發生數，覈實收入【107 年初考】

(A)31.總預算案之審議，如不能依預算法第 51 條期限完成時，各機關預算之執行，下列何者有誤？(A)收入部分暫依上年度標準或實際發生數，覈實收入(B)新興資本支出及新增計畫，須俟本年度預算完成審議程序後

始得動支(C)履行其他法定義務收支(D)因應收支調度需要之債務舉借，覈實辦理【112 年台電公司新進僱員】

(D)32.「110 年度中央政府總預算案」如未能如期於 109 年 11 月 30 日前議決，並於 109 年 12 月 15 日前由總統公布之，各機關預算執行之規定，何者錯誤？(A)收入部分暫依上年度標準及實際發生數，覈實收入(B)新興資本支出及新增計畫，須俟本年度預算完成審議程序後始得動支。但依預算法第 88 條規定辦理或經立法院同意者，不在此限(C)上述(B)以外計畫得依已獲授權之原訂計畫或上年度執行數，覈實動支(D)履行其他非法定義務收支【修改自 109 年地特五等】

(B)33.下列有關總預算案不能依法定期限完成審議之補救辦法的敘述，何者錯誤？(A)新興資本支出及新增計畫以外之計畫，得依已獲授權之原訂計畫或上年度執行數，覈實動支(B)收支調度需要之債務舉借，需經立法機關同意後，始得覈實辦理(C)新興資本支出及新增計畫，須俟本年度預算完成審議程序後始得動支(D)收入部分暫依上年度標準及實際發生數，覈實收入【106 年地特五等】

第四章　預算之執行

壹、分配預算之編造、核定及修改

一、預算法相關條文

(一)分配預算之編造

第 55 條　各機關應按其法定預算，並依中央主計機關之規定編造歲入、歲出分配預算。

前項分配預算，應依實施計畫按月或按期分配，均於預算實施前為之。

(二)分配預算之核定

第 56 條　各機關分配預算，應遞轉中央主計機關核定之。

第 57 條　前條核定之分配預算，應即由中央主計機關通知中央財政主管機關及審計機關，並將核定情形，通知其主管機關及原編造機關。

(三)分配預算之修改

第 58 條　各機關於分配預算執行期間，如因變更原定實施計畫，或調整實施進度及分配數，而有修改分配預算之必要者，其程序準用前三條之規定。

二、解析

(一)預算法第 2 條規定，分配預算係在法定預算範圍內，由各機關依法分配實施之計畫。即分配預算為實施或執行法定預算的計畫。因此歲入、歲出分配預算係對預算執行時間按月或按期（係按每 3 個月為一期）進行分配，具有下列三項目的或功能：

1. 規劃與控管計畫實施進度：各機關應審酌各項計畫實施進度，配合負責執行計畫部門人力妥予分配歲入、歲出預算，作為機關內部計畫執

行進度與預算控管之依據。

2. 供國庫整體資金調度參考：因整年度各月、各期間現金收入與支出之數額未必能互相配合，為利國庫收支管理，必須對每月、每期之現金收取與支用數額予以合理預估，俾利國庫規劃資金調度，提高政府資源運用效能。

3. 作為督導與考核預算執行之依據：掌握各機關歲入、歲出分配預算與實施計畫之執行情形，每期進度即有適當管控準據，以提供有關機關與主管機關依預算法第 59 條、第 61 條、第 65 條、第 66 條等規定，有效監督各機關之預算執行進度與進行管制及考核。

(二)各機關歲入、歲出分配預算經中央主計機關（即行政院主計總處）核定後，依預算法第 57 條規定通知各相關機關之作用：

1. 財政部（國庫署）：作為國庫資金調度重要依據，另由國庫署支付管理組審核各機關支出所簽具之付款憑單，核對歲出分配預算或有關之支付法案後辦理國庫支付業務。

2. 審計部：可依審計法第 35 條規定，審核與法定預算或有關法令相符情形，並根據法定預算與分配預算內容，對各機關預算支用內容進行後續財務收支審核。

3. 主管機關：根據分配預算按月或按期追蹤分析預算執行進度，並辦理計畫與預算執行績效評核作業。

4. 原編造機關：按照核定之分配預算，作為預算執行與控制之依據。

(三)行政院所訂各機關單位預算執行要點第 11 點規定，各機關於年度進行中，若遇有支用機關變更，或配合計畫實施進度，經費須提前支用時，得申請修改歲出分配預算，但執行期間已過之分配預算應不再調整。另原歲入、歲出分配預算須配合立法院對附屬單位預算審議結果修改，或依預算法第 69 條規定將已定歲出分配數或以後各期分配數列為準備與後續動支，或同一工作計畫科目（無工作計畫科目者為業務計畫科目，以下同）。但由不同支用機關執行之經費調整，或依災害防救法第 57 條及其施行細則第 21 條等規定辦理不同工作計畫科目間經費之流用等，均須透過修改分配預算程序辦理。至修改歲入、歲出分配預算程序，仍按照原分配預算方式，由各機關重編「歲入預算分配表」或「歲出預算分配表」等相關表件，並於表上註明「第○次修

改」字樣遞轉主計總處核定，由主計總處通知財政部、審計部、原編造機關及其主管機關。

貳、分配預算執行之考核

一、預算法相關條文

第 59 條　各機關執行歲入分配預算，應按各月或各期實際收納數額考核之；其超收應一律解庫，不得逕行坐抵或挪移墊用。

第 60 條　依法得出售之國有財產及股票，市價高於預算者，應依市價出售。

第 61 條　各機關執行歲出分配預算，應按月或分期實施計畫完成之進度與經費支用之實際狀況逐級考核之，並由中央主計機關將重要事項考核報告送立法院備查；其下月或下期之經費不得提前支用，遇有賸餘時，除依第六十九條辦理外，得轉入下月或下期繼續支用。但以同年度為限。

二、解析

(一)歲入預算係對年度內政府收入的預估，各負責歲入之機關應依據相關法令規定所賦予執行歲入的權限及職責核實收取，俾符合行政機關依法行政原則。且各機關執行歲入預算禁止收支坐抵及將收入挪移墊用，但其他法律如另有規定可於所獲收入內逕行扣抵運用者，則不受此限。例如，公路法第 63 條規定，公路主管機關委託廠商辦理汽車定期檢驗，應支付委託費用，其費用由汽車檢驗費扣抵。至於國有財產及股票之出售，因受市場價格因素影響，與原編列歲入預算數比較，有超收、短收或同額收入等三種情形，但依國有財產法及預算法第 60 條等相關規定，最終出售價格仍應為市價。

(二)為使立法委員瞭解中央政府總預算、特別預算及附屬單位預算執行情形，主計總處應依預算法第 61 條規定，按季將重要事項考核報告送立法院備查。另各機關如未依預算法第 58 條等規定，循修改歲出分配預算程序辦理，則不得將下月或下期經費提前支用，至於已過期間之歲出預算分配數，除有預算法第 69 條規定，經主計總處協商其主管機關

陳報行政院核定,將其分配數之一部或全部列為準備之情形外,其餘之賸餘經費得轉入下月或下期繼續支用,以提升經費使用效能,但以同年度為限,避免影響嗣後年度決算之辦理。

參、經費流用限制

一、預算法相關條文

第 62 條　總預算內各機關、各政事及計畫或業務科目間之經費,不得互相流用。但法定由行政院統籌支撥之科目及第一預備金,不在此限。

第 63 條　各機關之歲出分配預算,其計畫或業務科目之各用途別科目中有一科目之經費不足,而他科目有賸餘時,得辦理流用,流入數額不得超過原預算數額百分之二十,流出數額不得超過原預算數額百分之二十。但不得流用為用人經費,且經立法院審議刪除或刪減之預算項目不得流用。

二、解析

(一)為維持法定預算的效力及立法監督的法治精神,預算法第 62 條規定,中央政府總預算內各歲出機關別、各歲出政事別科目、業務計畫科目及工作計畫科目間之經費,不得互相流用。所謂「流用」,係由有賸餘的科目向不足的科目移轉支用,有賸餘的科目為流出,而流向的不足科目為流入。另在法定預算中,具共同費用性質須由行政院統籌支撥之科目,如編列於行政院人事行政總處之「公教員工資遣退職給付」、「公教人員婚喪生育及子女教育補助」,編列於銓敘部之「公務人員退休撫卹給付」、「早期退休公教人員生活困難照護金」,有調整待遇時由行政院統籌編列之「調整軍公教人員待遇準備」等科目,以及各單位預算機關所編列之第一預備金,係為因應行政院與各機關實際需要所設立及備供統籌運用,其中統籌支撥科目部分,係由各支用機關按實際需要核實支用,並將各該科目支用數額表達於會計月報及決算,至於第一預備金於支用時,支用機關應編具動支第一預備金數額表,列明歸屬之業務計畫與工作計畫名稱,以及歲出用途別

科目金額等，故不受上述不得流用之限制。

(二)預算法第 63 條規定，各機關執行歲出分配預算，同一工作計畫科目
　　（無工作計畫科目者為業務計畫科目）內原編列之一級歲出用途別科
　　目中有科目之經費不足，在符合原法定預算歲出機關別預算表工作計
　　畫科目用途及範圍原則下，可依行政院所訂各機關單位預算執行要點
　　規定，由有膡餘之其他歲出用途別科目經費，按下列方式辦理流用
　　（舉例如表 1.4.1），包括：

1. 資本門預算不得流用至經常門，經常門得流用至資本門。

2. 各計畫科目內之人事費不得自其他用途別科目流入，如有膡餘亦不得
　　流出。

3. 除前項規定外，其餘各一級用途別科目間之流用，其流入、流出數額
　　均不得超過原預算數額 20%，但經立法院審議刪除或刪減之預算項目
　　不得流用。

4. 特別費及文康活動費，應切實依行政院所訂標準及支用規定覈實辦
　　理，不得超支；依法律、契約編列之債務費不得移作他用；縣（市）
　　政府機要費應依共同性費用編列基準表辦理，不得支用於禮金、奠
　　儀、接待、餽贈、便餐及慰問經費。

(三)其他法律中如有明定可排除預算法第 62 條及第 63 條流用之限制者，
　　則從其規定。例如：

1. 災害防救法第 57 條規定：「實施本法災害防救之經費，由各級政府按
　　本法所定應辦事項，依法編列預算。各級政府編列之災害防救經費，
　　如有不敷支應災害發生時之應變措施及災後之復原重建所需，應視需
　　要情形調整當年度收支移緩濟急支應，不受預算法第六十二條及第六
　　十三條規定之限制。前項情形，經行政院核定者，不受預算法第二十
　　三條規定之限制。」

2. 臺灣省政府功能業務與組織調整暫行條例（現已廢止）第 10 條、水患
　　治理特別條例（現已廢止）第 4 條、曾文南化烏山頭水庫治理及穩定
　　南部地區供水條例（現已廢止）第 5 條、莫拉克颱風災後重建特別條
　　例（現已廢止）第 6 條、行政院功能業務與組織調整暫行條例第 5
　　條、國立中正文化中心設置條例（現已廢止）第 27 條、學校法人及其
　　所屬私立學校教職員退休撫卹離職資遣條例第 8 條、嚴重特殊傳染性

肺炎防治及紓困振興特別條例第 11 條等，亦均有訂定可排除預算法第 62 條及第 63 條規定。

表 1.4.1　歲出用途別科目流用表

單位：千元

科目名稱	人事費	業務費	獎補助費	設備及投資	合計
一般行政	10.000	5.000	3.000	2.000	20.000

科目名稱	人事費	業務費	獎補助費	設備及投資
最多可流入（20%）	不可流入	1,000	600	400
最多可流出（20%）	不可流出	1,000	600	不可流到經常支出
實際可流入	不可流入	600	600	400
實際可流出	不可流出	1,000	600	不可流到經常支出

註：所列可流入或可流出之數額係為上限。

肆、第一預備金及第二預備金之動支

一、預算法相關條文

第 64 條　各機關執行歲出分配預算遇經費有不足時，應報請上級主管機關核定，轉請中央主計機關備案，始得支用第一預備金，並由中央主計機關通知審計機關及中央財政主管機關。

第 70 條　各機關有左列情形之一，得經行政院核准動支第二預備金及其歸屬科目金額之調整，事後由行政院編具動支數額表，送請立法院審議：

一、原列計畫費用因事實需要奉准修訂致原列經費不敷時。

二、原列計畫費用因增加業務量致增加經費時。

三、因應政事臨時需要必須增加計畫及經費時。

二、解析

(一)各機關執行歲出分配預算如循修改歲出分配預算程序仍無法因應者，

可視歲出機關別工作計畫科目（無工作計畫科目者為業務計畫科目）說明之相關性或一級歲出用途別科目經費編列情形，予以判定經費不足情形，並經審核無違反預算法第 22 條規定，且無超過統一規定標準及不合法令規定情形，得報經上級預算主管機關核定動支第一預備金後，轉請主計總處備案，並由主計總處函知審計部及財政部。又每筆動支數額超過 5,000 萬元者，各主管機關應依預算法第 22 條規定，先送立法院備查，但因緊急災害動支者，可於動支後再由主管機關函送立法院備查。

(二)各機關如有：1.原核定計畫所需經費，於執行時，因受外在環境之變遷及為應業務實際需要，必須增加總經費或調整實施期程，經完成計畫修訂程序後致原編預算有不足情形。2.原列計畫因業務量增加使所需經費相對增加，致原編預算有不敷支應之情形。3.年度進行中，為因應推動政事臨時需要，須增辦新興計畫或部分業務需增加經費時等三種情形之一，並經檢討年度預算相關經費確實無法調整容納，第一預備金亦不足支應，且無違反預算法第 22 條規定之限制者，得報經主管機關核轉行政院申請動支第二預備金。又依預算法第 22 條規定，每筆動支數額超過 5,000 萬元，除屬於因緊急災害動支者，可採動支後再函送立法院備查外，行政院應先函送立法院備查，再通知申請機關。行政院並應於年度終了後彙整當年度所有動支案件編具第二預備金動支數額表送請立法院審議。

伍、預算執行之控制及查核

一、預算法相關條文

(一)對於辦理政策宣導之規範

第 62 條之 1　基於行政中立、維護新聞自由及人民權益，政府各機關暨公營事業、政府捐助基金百分之五十以上成立之財團法人及政府轉投資資本百分之五十以上事業，編列預算於平面媒體、廣播媒體、網路媒體（含社群媒體）及電視媒體辦理政策及業務宣導，應明確標示其為廣告且揭示辦理或贊助機關、單

位名稱，並不得以置入性行銷方式進行。

前項辦理政策及業務宣導之預算，各主管機關應就其執行情形加強管理，按月於機關資訊公開區公布宣導主題、媒體類型、期程、金額、執行單位等事項，並於主計總處網站專區公布，按季送立法院備查。

(二)各機關應編製預算執行情形報告

第 65 條　各機關應就預算配合計畫執行情形，按照中央主計機關之規定編製報告，呈報主管機關核轉中央主計機關、審計機關及中央財政主管機關。

(三)中央主計機關得隨時派員調查各機關執行預算情形

第 66 條　中央主計機關對於各機關執行預算之情形，得視事實需要，隨時派員調查之。

(四)超過 4 年未動用之重大計畫預算應重行審查

第 67 條　各機關重大工程之投資計畫，超過四年未動用預算者，其預算應重行審查。

(五)中央主計機關等得實地調查預算及其對待給付之運用狀況

第 68 條　中央主計機關、審計機關及中央財政主管機關得實地調查預算及其對待給付之運用狀況，並得要求左列之人提供報告：

一、預算執行機關。

二、公共工程之承攬人。

三、物品或勞務之提供者。

四、接受國家投資、合作、補助金或委辦費者。

五、管理國家經費或財產者。

六、接受國家分配預算者。

七、由預算經費提供貸款、擔保或保證者。

八、受託辦理調查、試驗、研究者。

九、其他最終領取經費之人或受益者。

(六)得將各機關已核定歲出分配數之一部或全部列為準備

第 69 條　中央主計機關審核各機關報告，或依第六十六條規定實地調查結果發現該機關未按季或按期之進度完成預定工作，或原定歲出預算有節減之必要時，得協商其主管機關呈報行政院核定，將其已定分配數或以後各期分配數之一部或全部，列為準備，俟有實際需要，專案核准動支或列入賸餘辦理。

(七)預算執行中得辦理裁減經費

第 71 條　預算之執行，遇國家發生特殊事故而有裁減經費之必要時，得經行政院會議之決議，呈請總統以令裁減之。

二、解析

(一)名詞意義

1. 置入性行銷：係指刻意將行銷事務以巧妙的手法置入既存媒體，以期藉由既存媒體的曝光率來達成廣告效果。

2. 對待給付：係指債權人於要求債務人給付之同時，須相對盡某種給付義務。就各機關而言，係指其歲出預算支用所產出之效益與目標達成度，以及支付經費辦理物品、勞務採購以取得相對給付之狀況。

(二)政府各機關、公營事業、政府累計捐助基金 50%以上成立之財團法人，以及政府轉投資資本 50%以上事業等，編列預算於平面媒體、廣播媒體、網路媒體（含社群媒體）與電視媒體辦理政策及業務宣導時，應依預算法第 62 條之 1 規定明確標示其為廣告且揭示辦理或贊助機關、單位名稱，並不得以置入性行銷方式進行。又為具體落實執行，行政院已核定有「政府機關政策文宣規劃執行注意事項」，規範政府各機關等於辦理政府宣導採購平面媒體通路時，不得採購新聞報導、新聞專輯、首長自我宣傳及相關業配新聞（即將新聞計價商品化）；採購電子媒體通路時，不得採購新聞報導、新聞專輯、新聞出機、跑馬訊息、新聞節目配合等置入性行銷項目，亦不得進行其他含有政治性目的之置入性行銷等。又各機關辦理政策及業務宣導預算之執行情形，應由各該主管機關加強管理，按月於機關資訊公開區公布宣導主題、媒體類型、期程、金額、執行單位等事項，並於主計總處

網站專區公布，以及由各主管機關按季彙案函送立法院備查。

(三)預算法第 65 條規定，各機關應定期就歲入、歲出預算配合計畫執行情形編製書面報告，呈報主管機關核轉主計總處、審計部及財政部。第 66 條規定，主計總處得視實際需要隨時派員赴各機關進行實地訪查。主計總處尚可依決算法第 20 條與會計法第 106 條規定，赴各機關就其決算、會計制度等辦理實地查核，俾透過書面查核與實地查核兩種方式相輔相成，期對於各機關歲入及歲出預算執行績效等能有更深入之瞭解。

(四)預算法第 67 條規定，各機關屬於行政院所訂政府公共建設計畫先期作業實施要點、政府科技發展計畫先期作業實施要點、行政院重要社會發展計畫先期作業實施要點等所界定應送審之計畫，且在公務機關（含編列於中央政府總預算及其追加預算、特別預算及其追加預算）或非營業特種基金部分之總投資金額在 10 億元以上，營業基金部分之總投資金額在 100 億元以上之重大公共工程計畫，於編列預算超過 4 年仍未開始動用其工程主體預算（即不含探勘費、可行性研究及規劃設計費）者，不得再繼續保留及動支，如仍須再行辦理，則應重新循預算法所定預算之籌劃及擬編等預算程序辦理，並經立法院審議通過後始得據以執行。

(五)為因應法定預算在實際執行時，常有在籌編預算案時所未能設想之事由發生，已有預算法第 63 條之經費流用、第 64 條之動支第一預備金、第 70 條之動支第二預備金及災害準備金等彈性機制。又如遇國家發生重大天然災害、為因應國防緊急設施或戰爭、國家財政及經濟上有重大變故、發生癘疫及重大災變等特殊事故時，依憲法第 43 條、預算法第 69 條、第 71 條、第 79 條、第 81 條、第 83 條與災害防救法第 57 條及其他相關法令規定，亦可視所發生特殊事故之輕重及實際需求情形採取相關措施。至於裁減經費主要係為因應收入發生大幅短收須相對縮減支出所採行者，按 72 年度之辦理實例，共節減 132 億元，包括：1.部分軍費支出。2.各機關人事費如有賸餘不得流出，又除情形特殊及專案報行政院核定者外，其餘已編列預算尚未進用之員額及約聘僱人員，一律停止進用。3.各機關按統一標準計列之事務費、維護費及一般經常性業務費等，於未來 7 個月分配數分別按一定比率撙節。4.各

機關尚未動支之第一預備金一律節減 50%。5.嚴格控制第二預備金之動支。6.減列各機關部分建設計畫經費、對國營事業部分增資款、對非營業循環基金部分撥充基金款，以及對臺灣省政府部分補助款等。以上所裁減之項目及經費，類似近年來行政院參考預算法第 69 條規定所訂之中央政府預算執行節約措施，以凍結各機關年度歲出預算分配表尚未執行之部分經費方式辦理。

(六) 依預算法第 71 條規定所辦理裁減經費之項目範圍，按照 90 年 1 月 15 日司法院釋字第 520 號解釋意旨，除維持法定機關正常運作及其執行法定職務之經費，倘停止執行致影響機關存續者，非法之所許外，其餘非屬國家重要政策之變更，且符合預算法所定要件者，自得裁減經費或變動執行。至於因施政方針或重要政策變更涉及法定預算之停止執行時，則應本行政院對立法院負責之憲法意旨暨尊重立法院對國家重要事項之參與決策權，由行政院院長或有關部會首長適時向立法院提出報告並獲得立法院同意後，始得據以執行。此外，尚可循預算法第 81 條規定，由行政院提出追加、追減預算調整之。又近年來國家多次遭逢重大天然災害、經濟上重大變故或為達成中央政府總決算收支之平衡，行政院除循辦理追加、追減預算或特別預算送請立法院審議外，大多參考預算法第 69 條規定採訂定預算執行節約措施之行政命令撙節支出，故自 72 年度以後未再依預算法第 71 條規定以裁減經費方式辦理。

陸、各機關於年度終了收支之處理

一、預算法相關條文

第 72 條　會計年度結束後，各機關已發生尚未收得之收入，應即轉入下年度列為以前年度應收款；其經費未經使用者，應即停止使用。但已發生而尚未清償之債務或契約責任部分，經核准者，得轉入下年度列為以前年度應付款或保留數準備。

第 73 條　會計年度結束後，國庫賸餘應即轉入下年度。

第 74 條　第七十二條規定，轉入下年度之應付款及保留數準備，應於會計年度結束期間後十日內，報由主管機關核轉行政院核定，分

別通知中央主計機關、審計機關及中央財政主管機關。

第 75 條　誤付透付之金額及依法墊付金額，或預付估付之賸餘金額，在會計年度結束後繳還者，均視為結餘，轉帳加入下年度之收入。

二、解析

(一)名詞意義

1. 應收款：係收入之收取權已在年度內發生，如已課之罰款，但至年度終了時仍未實際收得之收入。

2. 應付款：係已發生權責或已取得對方之財物、權利、勞務或應付工程款，但至年度終了前尚未將款項支付對方者。

3. 保留數準備：係已簽訂契約，訂明由對方交付一定之財物、權利、勞務或興建工程等，約定交貨及付款時間在年度終了後者。

4. 誤付：係指非出於故意對非其應支付之對象而為支付、支付之財源錯誤、列支費用與有關法令規定不符、支應與歲出預算用途或預算年度不符之支出等。

5. 透付：係指實付之數超出其應付之數的超出部分。

6. 依法墊付金額：係指無法定預算，但因法律命令所為之短期或長期之墊付款項。如預算法第 84 條規定，合於第 83 條第 1 款至第 3 款者，在特別預算案尚未經立法院審議通過前，為因應情勢之緊急需要，得先支付之款項；依行政院所訂「各機關單位預算執行要點」第 44 點及第 45 點規定，直轄市及縣（市）各機關可於法定預算以外以墊付款先行支用之款項。

7. 預付：係指已有法定預算，但尚未達應實付之期間，按照契約或業務實際需要而預為支付之各項費用，如工程預付款。

8. 估付：係指某一費用已有法定預算，依規定或業務需要，必須予以支付，但一時無法確定其實際應付之金額，而先予概略估算支付，俟實際支用後，再行結算轉正者。

(二)各機關於會計年度結束後，收入部分屬於已發生權責者，即轉入下年度列為以前年度應收款，無須辦理保留，至於非屬已發生權責者，如公債收入、釋股收入，以及屬於收支併列配合歲出預算於下年度繼續執行之歲入等，仍須專案報行政院申請保留；歲出部分，各機關應於

會計年度結束期間後 10 日內（即每年 3 月 10 日前）陳報主管機關核轉行政院，惟配合中央政府總決算須提前於 4 月底前函送監察院，實務上，依各機關單位預算執行要點規定，係於每年 1 月底前陳報主管機關核轉行政院，經行政院核准保留者，屬於已發生而尚未清償之債務部分列為以前年度應付款，已發生之契約責任者則列為以前年度保留數準備。惟實務上亦有未實際發生債務或契約責任，經衡酌可於下年度付諸實施，且另循以後年度預算程序辦理亦緩不濟急者，為利重大施政計畫之推動，爰採計畫保留或專案保留之情形，至於歲入及歲出保留款之保留期限，依決算法第 7 條規定，以不超過 4 年為原則。

(三)財政部應依總決算編製作業手冊所定國庫主管機關編製國庫年度出納終結報告之書表格式，編製累計國庫賸餘明細表，列示本年度收入數減本年度支出數之本年度國庫餘絀，連同上年度結存轉入數總計為本年度累計之國庫賸餘，轉入下年度。至於因國庫餘絀係採收付實現制，與歲入歲出餘絀係採用權責發生制的記帳基礎不同所產生之差異情形，則由主計總處分別編製「繳付公庫數分析表」、「公庫撥入數分析表」及「總決算餘絀與公庫餘絀分析表」等三表，以便勾稽。

(四)各機關之誤付、透付金額在年度結束後繳還者，列入下年度之收入，依法墊付或預付、估付金額，因具有待結轉及待收回性質，於支付時先以「預付款」或「暫付款」等資產科目列支，年度結束時尚未結算金額轉列下年度，款項在會計年度結束後繳還者，以沖銷原列支科目處理，始符合權責發生基礎。

柒、附屬單位預算機關應行繳庫數之處理

一、預算法相關條文

第 77 條　總預算所列各附屬單位預算機關應行繳庫數，經立法程序審定後如有差異時，由行政院依照立法院最後審定數額，調整預算所列數額並執行之。

第 78 條　各附屬單位預算機關應行繳庫數，應依預算所列，由主管機關列入歲入分配預算依期報解。年度決算時，應按其決算及法定程序分配結果調整之，分配結果，應行繳庫數超過預算者，一

律解庫。

二、解析

(一)因立法院係先完成中央政府總預算案之審議,並咨請總統公布,致可能產生與嗣後完成審議之附屬單位預算所列盈(膽)餘應行繳庫審定數額不一致情形,為解決此一差異問題,故於預算法第 77 條明定可由行政院依立法院最終審議之附屬單位預算應行繳庫數之結果,調整並執行總預算中所列之營業盈餘及事業收入。目前實務做法,係立法院於審查中央政府總預算案時,對於涉及附屬單位預算盈餘(或膽餘)應行繳庫之數,均決議暫照列,俟附屬單位預算完成審議後,中央政府總預算應按照附屬單位預算審議結果所重新核算之繳庫數調整歲入所列「營業盈餘及事業收入」數額,至調整結果所產生之歲入、歲出差短變動數,係在總統公布之中央政府總預算數總額不變及維持中央政府總預算經常收支平衡之原則下,以調整移用以前年度歲計膽餘因應。

(二)各附屬單位預算應行繳庫之盈餘(或膽餘),應列入各主管機關歲入分配預算依期解繳,決算時,須依實際決算盈餘(或膽餘),並依決算法與預算法第 85 條、公司法、銀行法、附屬單位預算編製要點等相關法令規定程序重行分配,應行解庫數亦須按重行分配結果調整,調整後應行繳庫數超出預算部分,除其他法律另有規定(例如,國立高級中等學校校務基金設置條例第 12 條規定:「本基金年度決算如有膽餘,得循預算程序撥充基金或以未分配膽餘處理。」)或專案報經行政院核准者外,應一律解庫。

捌、作業及相關考題

※名詞解釋

一、流用

二、流入

三、流出

　　(註:一至三答案詳本文參、二、(一))

四、置入性行銷

五、對待給付

　　（註：四及五答案詳本文伍、二、(一)1.及 2.）

六、應收款

七、應付款

八、保留數準備

九、誤付

十、透付

十一、依法墊付金額

十二、預付

十三、估付

　　（註：六至十三答案詳本文陸、二、(一)1.至 8.）

※申論題

一、請試述分配預算之意義及目的為何？依預算法相關規定，請試述分配
　　預算之編核程序為何？【108 年鐵特三級及退除役特考三等】

答案：

(一) 分配預算之意義

　　依預算法第 2 條規定，分配預算係在法定預算範圍內，由各機關依法分
配實施之計畫。即分配預算為實施或執行法定預算的計畫。因此歲入、歲出
分配預算係對預算執行時間按月或按期進行分配。

(二) 分配預算具有下列三項目的或功能

　　（答案詳本文壹、二(一)之 1 至 3）

(三) 分配預算之編核程序

　 1. 分配預算之編造

　　 預算法第 55 條規定（請按條文內容作答）。

　 2. 分配預算之核定

　　 (1) 預算法第 56 條規定（請按條文內容作答）。

　　 (2) 預算法第 57 條規定（請按條文內容作答）。

　 3. 分配預算之修改

　　 預算法第 58 條規定（請按條文內容作答）。

二、請依預算法之規定，說明「經濟部」之預算分配的程序及規定。【110年關務四等】

答案：

　　經濟部係編列單位預算，有關其分配預算之編造、核定及修改，分述如下：

(一) 分配預算之編造

　　預算法第 55 條規定（請按條文內容作答）。

(二) 分配預算之核定

　1.預算法第 56 條規定（請按條文內容作答）。

　2.預算法第 57 條規定（請按條文內容作答）。

(三) 分配預算之修改

　　預算法第 58 條規定（請按條文內容作答）。

三、請依預算法及審計法之規定，回答下列有關分配預算之問題：

　　(一)何謂分配預算？

　　(二)財政部關務署之分配預算編好後，應該經過何種程序才能定案，並予以執行？

　　(三)財政部關務署預算執行如欲修改分配預算，應具備何種條件？修改時，應經過何種程序？

　　(四)財政部關務署在執行歲入分配預算時，應該注意哪些事項？

　　(五)財政部關務署已核定之分配預算，應依限送審計機關，審計機關如發現該分配預算與法定預算或有關法令不符者，審計機關該如何加以處理？【105 年關務人員四等】

答案：

(一) 分配預算之意義

　　依預算法第 2 條規定，分配預算係在法定預算範圍內，由各機關依法分配實施之計畫。即分配預算為實施或執行法定預算的計畫。因此歲入、歲出分配預算係對預算執行時間按月或按期進行分配。

(二) 關務署分配預算之編送及核定程序

　　預算法第 56 條與第 57 條規定，財政部關務署之歲入及歲出分配預算應陳送主管機關財政部核轉行政院主計總處核定，由主計總處通知財政部及審

計部，並副知原編造機關關務署。

(三) 分配預算之修改

　　預算法第 58 條規定，各機關於分配預算執行期間，如因變更原定實施計畫，或調整實施進度及分配數，而有修改分配預算之必要者，其程序準用前三條之規定。又行政院所訂各機關單位預算執行要點第 11 點規定，年度進行中，各機關如有支用機關變更，或配合計畫實施進度，經費須提前支用等兩種情形之一時，得申請修改歲出分配預算，其編造及核定程序均與分配預算相同，但執行期間已過之分配預算不再調整。故關務署如符合以上得修改分配預算之條件，可重編歲入預算分配表或歲出預算分配表等相關表件，並於表上註明「第○次修改」字樣，報主管機關財政部核轉主計總處核定。

(四) 執行歲入分配預算應注意事項

　　財政部關務署在執行歲入分配預算時，應注意依下列預算法等相關規定辦理：

1. 預算法第 59 條規定（請按條文內容作答）。
2. 預算法第 60 條規定（請按條文內容作答）。
3. 行政院所訂各機關單位預算執行要點第 3 點規定，各機關應依歲入、歲出分配預算及計畫進度切實嚴格執行。第 13 點規定，已收得確定為歲入之款項，不得以預收款、應付代收款及暫收款等科目列帳。

(五) 審計機關對已核定分配預算之查核

1. 審計法第 35 條規定（請按條文內容作答）。
2. 審計法施行細則第 22 條規定（請按條文內容作答）。

四、試依預算法第 55 條至第 59 條及第 61 條規定，說明各機關分配預算的步驟，及執行分配預算之考核規定。【108 年高考】

答案：

(一) 各機關分配預算的步驟

1. 各機關編造分配預算
　預算法第 55 條規定（請按條文內容作答）。
2. 中央主計機關核定分配預算
　預算法第 56 條規定（請按條文內容作答）。
3. 分配預算核定之通知

預算法第 57 條規定（請按條文內容作答）。

　4. 分配預算之修改

　　預算法第 58 條規定（請按條文內容作答）。

(二) 各機關執行分配預算之考核

　1. 歲入分配預算之考核

　　預算法第 59 條規定（請按條文內容作答）。

　2. 歲出分配預算之考核

　　預算法第 61 條規定（請按條文內容作答）。

五、預算法第 62 條之 1，涉及辦理政策及業務宣導之預算編列，此一條文目的為何？適用於那些單位？在那些媒體宣導？經費執行情形之揭露機制為何？後續執行及管理機制又為何？【111 年高考】

答案：

　依預算法第 62 條之 1 規定，分述如下：

(一) 立法目的：係基於行政中立、維護新聞自由及人民權益。

(二) 適用對象包括：

　1. 政府各機關。

　2. 公營事業。

　3. 政府捐助基金百分之五十以上成立之財團法人。

　4. 政府轉投資資本百分之五十以上事業。

(三) 適用媒體宣導之種類包括：

　1. 平面媒體。

　2. 廣播媒體。

　3. 網路媒體（含社群媒體）。

　4. 電視媒體。

(四) 經費執行情形之揭露機制

　　政府各機關等於所規定之媒體辦理政策及業務宣導，應明確標示其為廣告且揭示辦理或贊助機關、單位名稱，並不得以置入性行銷方式進行。

(五) 後續執行及管理機制

　　辦理政策及業務宣導之預算，各主管機關應就其執行情形加強管理，按月於機關資訊公開區公布宣導主題、媒體類型、期程、金額、執行單位等事

項，並於行政院主計總處網站專區公布，以及由各主管機關按季函送立法院備查。

六、請依預算法及相關規定，回答下列有關預算流用問題：

　　(一)各機關歲出分配預算得流用之科目及得流用之額度。

　　(二)各機關歲出分配預算不得互相流用之科目。【100年地特三等】

答案：

(一) 各機關歲出分配預算得流用之科目及得流用之額度

　　預算法第63條規定，各機關之歲出分配預算，其計畫或業務科目之各用途別科目中有一科目之經費不足，而他科目有賸餘時，得辦理流用，流入數額不得超過原預算數額20%，流出數額不得超過原預算數額20%。又行政院所訂各機關單位預算執行要點規定得流用事項如下：

1. 單位預算內同一工作計畫之用途別科目遇有經費不足，得由其他有賸餘之用途別科目依下列規定辦理流用：

(1) 經常門得流用至資本門。

(2) 各一級用途別科目間之流用，其流入、流出數額均不得超過原預算數額20%。

2. 單位預算法定由行政院、直轄市或縣（市）政府統籌支撥之科目及第一預備金，得於各工作計畫科目（無工作計畫科目者為業務計畫科目）間互相流用。

(二) 各機關歲出分配預算不得互相流用之科目

1. 預算法第62條規定，總預算內各機關、各政事及計畫或業務科目間之經費，不得互相流用。

2. 預算法第63條規定，各計畫或業務科目之各用途別科目，不得流用為用人經費，且經立法院審議刪除或刪減之預算項目不得流用。

3. 依各機關單位預算執行要點規定不得流用事項如下：

(1) 資本門預算不得流用至經常門。

(2) 各計畫科目內之人事費（不含編列於統籌科目之退休撫卹經費），不得自其他用途別科目流入，如有賸餘亦不得流出。

七、何謂經費流用？依預算法第63條規定，其有何限制？【104年地特三等】

答案：

(一) 經費流用之意義

1. 經費由有賸餘科目向不足的科目移轉支用，稱為流用。有賸餘的科目稱為流出，而流向的不足科目稱為流入。

2. 預算法第 63 條規定，各機關之歲出分配預算，其計畫或業務科目之各用途別科目中有一科目之經費不足，而他科目有賸餘時，得辦理流用。亦即於同一工作計畫科目（無工作計畫科目者為業務計畫科目）內不同用途別科目經費間之流入或流出。

(二) 經費流用之限制

依預算法第 63 條規定，各機關之歲出分配預算，同一工作計畫科目或業務計畫科目內不同用途別科目間之流用，流入數額不得超過原預算數額之 20%，流出數額不得超過原預算數額之 20%。但不得流用為用人經費，且經立法院審議刪除或刪減之預算項目不得流用。

八、經查某一機關有：逕以未編列救災重建預算之業務計畫經費，辦理災後重建工程之發包設計業務，並在修正計畫完成補正前，即先行動支第二預備金等缺失。請問：

(一)依預算法第 62 條之規定，總預算內經費之禁止流用及例外為何？

(二)依預算法第 70 條之規定，各機關在哪些情形下，得經行政院核准動支第二預備金及其歸屬科目金額之調整，事後由行政院編具動支數額表，送請立法院審議？【105 年鐵特三級】

答案：

(一) 預算法第 62 條對於經費之禁止流用及例外規定

1. 預算法第 62 條規定，總預算內各機關、各政事及計畫或業務科目間之經費，不得互相流用。但法定由行政院統籌支撥之科目（如編列於行政院人事行政總處之「公教人員婚喪生育及子女教育補助」、編列於銓敘部之「公務人員退休撫卹給付」等）及第一預備金，不在此限。

2. 災害防救法第 57 條第 2 項及第 3 項規定：「各級政府編列之災害防救經費，如有不敷支應災害發生時之應變措施及災後之復原重建所需，應視需要情形調整當年度收支移緩濟急支應，不受預算法第六十二條及第六十三條規定之限制。前項情形，經行政院核定者，不受預算法第二十三

條規定之限制。」故本題如符合以上規定，即可不受預算法第 23 條、第 62 條及第 63 條有關經費流用之限制。

(二) 第二預備金之動支規定

預算法第 70 條規定（請按條文內容作答）。

九、為保持預算的彈性，我國預算中設有預備金，請依預算法之相關規定，說明預備金的種類、動支條件及程序。【104 年薦任升等】

答案：

(一) 預算法對於設置第一預備金與第二預備金之規定

預算法第 22 條規定（請按條文內容作答）。

(二) 預算法對於第一預備金與第二預備金之動支條件及程序規定

1. 預算法第 64 條規定（請按條文內容作答）。

2. 預算法第 70 條規定（請按條文內容作答）。

十、某機關以原租用辦公館舍租期將屆且環境不佳、租金偏高為由，於○○年間辦理辦公館舍搬遷計畫，惟因事前未審慎評估，妥善編列相關預算，且於計畫執行遇到經費不足時，未循預算法規定籌措財源，以高達○○.○○％之利率逕向○○租賃公司借貸，致使增加公帑支出約美金○○萬元。經查其內部審核顯有闕漏與疏失。請依序回答下列問題：

(一) 有關政府債務之舉借，請依預算法第 13 條之規定說明。

(二) 相關預算應事前審慎評估妥編預算，執行時如遇經費不足時，應善用預算彈性措施。有關用途別科目流用、動支第一預備金或相關經費調整支應方式，請依預算法第 63 條、第 64 條之規定說明。【106 年簡任升等】

答案：

(一) 政府債務舉借之規定

1. 預算法第 13 條規定（請按條文內容作答）。

2. 債務之舉借（包括發行公債與長期借款，未來仍須償還）及移用以前年度歲計賸餘，屬於融資性收入；債務之償還（係償還以前年度所舉借之債務）屬於融資性支出，與政府一般實質收入及實質支出性質不同，故

不列入預算上歲入及歲出之範圍。

3. 因借款屬於融資性收入，係於編列總預算案或特別預算案時，考量整體歲入與歲出差短情形之彌補所需予以編列，非屬於各公務機關歲入之範圍，且依預算法第 27 條規定，各公務機關亦均不得於其預算外有自行對外借款（即增加債務）之行為。

4. 行政院根據預算法第 88 條規定原則，於所訂附屬單位預算執行要點中規定，附屬單位預算於年度進行中，如須於預算外舉借長期債務者，中央政府營業基金除增加國庫負擔，應專案報由主管機關核轉行政院核定者外，其餘應報由主管機關核辦；中央政府作業基金應報由主管機關核轉行政院核定；直轄市、縣（市）各基金應專案報由主管機關（單位）核轉各該直轄市、縣（市）政府核定，並均應補辦預算。

(二) 預算執行時之彈性措施

1. 設置第一預備金與第二預備金以及其動支規定
   (1) 預算法第 22 條規定（請按條文內容作答）。
   (2) 預算法第 64 條規定（請按條文內容作答）。
   (3) 預算法第 70 條規定（請按條文內容作答）。

2. 經費得互相流用及不得流用之規定
   (1) 預算法第 62 條規定（請按條文內容作答）。
   (2) 預算法第 63 條規定（請按條文內容作答）。

十一、請回答下列有關政府預算之問題

(一)邁向頂尖大學計畫的經費係來自第一預備金、第二預備金或追加預算？

(二)依預算法之規範，各機關因何情形，得支用第一預備金？

(三)依預算法之規範，各機關因三種情形之一，得經行政院核准動支第二預備金，請列出此三種情形。【108 年簡任升考】

答案：

(一) 邁向頂尖大學計畫經費編列情形

發展國際一流大學及頂尖研究中心計畫（又稱為邁向頂尖大學計畫）總經費 500 億元，主要係辦理輔導發展國際一流大學、發展頂尖系所及設置跨校研究中心、延攬教學研究優異人才等所需經費。94 年度至 97 年度係於中央

政府擴大公共建設投資計畫特別預算（教育部之高等教育「頂尖大學及研究中心」科目）內編列 350 億元，自 98 年度起則改編列於中央政府總預算教育部預算（高等教育之「高等教育行政及督導」科目）項下，98 年度並編列 50 億元，99 年度編列 75 億元，100 年度編列最後一年經費 25 億元，連同第二期第一年經費 100 億元，合共 125 億元。

(二) 預算法對於第一預備金之動支規定

　　　預算法第 64 條規定（請按條文內容作答）。

(三) 預算法對於第二預備金之動支規定

　　　預算法第 70 條規定（請按條文內容作答）。

十二、依預算法第 70 條規定，動支第二預備金必須符合哪些要件？【104 年地特三等】

答案：

　　預算法第 70 條規定（請按條文內容作答）。

十三、政府預算於本年度籌編次年度預算，籌編時無法預知執行年度將發生何種事故，因此必須賦予各機關預算執行彈性。彈性不宜過寬以免浮濫，也不宜過嚴致使各機關束手縛腳，不利政務之推動。預算法有規定各種預算執行彈性，依條號順序分別說明之。【104 年簡任升等】

答案：

(一) 設置第一預備金與第二預備金

　　　預算法第 22 條規定（請按條文內容作答）。

(二) 經費得互相流用及不得流用之規定

　1. 預算法第 62 條規定（請按條文內容作答）。

　2. 預算法第 63 條規定（請按條文內容作答）。

(三) 第一預備金之動支規定

　　　預算法第 64 條規定（請按條文內容作答）。

(四) 第二預備金之動支規定

　　　預算法第 70 條規定（請按條文內容作答）。

(五) 預算執行中得辦理裁減經費

預算法第 71 條規定（請按條文內容作答）。

(六) 行政院得提出追加歲出預算

　1. 追加預算辦理條件

　　預算法第 79 條規定（請按條文內容作答）。

　2. 追加預算之財源籌措

　　(1) 預算法第 80 條規定（請按條文內容作答）。

　　(2) 預算法第 81 條規定（請按條文內容作答）。

　3. 追加預算之辦理程序

　　預算法第 82 條規定（請按條文內容作答）。

(七) 行政院得提出特別預算

　1. 特別預算之辦理條件

　　預算法第 83 條規定（請按條文內容作答）。

　2. 特別預算之審議程序

　　預算法第 84 條規定（請按條文內容作答）。

十四、預算法第 77 條規定，總預算所列各附屬單位預算機關應行繳庫數，
　　　經立法程序審定後如有差異時，由行政院依照立法院最後審定數
　　　額，調整預算所列數額並執行之。我國立法機關採一院制，僅有立
　　　法院有權審議預算。預算案既僅由立法院審議，同一機關審議預算
　　　為何會有差異？試述預算法做此規定之意旨。【106 年高考】

答案：

(一) 立法院審議總預算案與各附屬單位預算機關的應行繳庫數會有差異之
　　原因

　　預算法第 86 條及第 89 條規定，附屬單位預算應編入總預算者，在營業
基金為盈餘之應解庫額及虧損之由庫撥補額與資本由庫增撥或收回額；在其
他特種基金，為由庫撥補額或應繳庫額。即特種基金之應行繳庫數除於附屬
單位預算內編列外，尚須於其主管機關之單位預算中編列「營業盈餘及事業
收入」，兩者數額應一致。但因立法院通常先完成中央政府總預算案之審
議，並咨請總統公布，致可能產生與嗣後完成審議之附屬單位預算盈餘（或
膡餘）應行繳庫審定數額不一致情形。

(二) 預算法第 77 條規定之意旨及實務處理情形

1. 為解決立法院審議總預算案與各附屬單位預算機關的應行繳庫數會有差異問題，故預算法第 77 條規定，總預算所列各附屬單位預算機關應行繳庫數，經立法程序審定後如有差異時，由行政院依照立法院最後審定數額，調整預算所列數額並執行之。

2. 實務上立法院於審議中央政府總預算案時，如有涉及附屬單位預算盈餘（或賸餘）應行繳庫之數（如行政院單位預算編列之中央銀行盈餘繳庫數），均決議暫照列，俟嗣後附屬單位預算完成審議後，中央政府總預算應按照附屬單位預算審議結果所重新核算之繳庫數調整歲入所列「營業盈餘及事業收入」數額。至於調整結果所產生之歲入、歲出差短變動數，立法院係在總統公布之中央政府總預算數總額不變及維持中央政府總預算經常收支平衡之原則下，以調整移用以前年度歲計賸餘數因應，並於附屬單位預算審查總報告之審議總結中載明。

※測驗題

一、高考、普考、薦任升等、三等及四等各類特考

(B)1. 在一會計年度內，編列下列各預算之時間由先至後之順序何者正確？①法定預算②概算③預算案④追加預算⑤分配預算(A)②③①④⑤(B)②③①⑤④(C)②③④①⑤(D)②③④⑤①【108 年地特三等】

(D)2. 預算主要工作階段包括籌劃、擬編、審議、執行，分配預算屬於預算法中哪一階段的工作？(A)籌劃(B)擬編(C)審議(D)執行【108 年鐵特三級及退除役特考三等】

(C)3. 各機關應按其法定預算，依哪個機關之規定編造歲入、歲出分配預算，並應遞轉那個機關核定之？(A)中央財政主管機關；中央財政主管機關(B)中央財政主管機關；立法機關(C)中央主計機關；中央主計機關(D)中央主計機關；立法機關【109 年高考】

(A)4. 中央政府各機關歲出與歲入分配預算，應由何機關核定？(A)應遞轉行政院主計總處核定之(B)應遞轉行政院會議核定之(C)應遞轉行政院主計總處與審計部核定之(D)應遞轉財政部核定之【106 年薦任升等】

(D)5. 中央政府各機關歲出與歲入分配預算，如何核定？(A)應遞轉行政院核定之(B)應遞轉財政部核定之(C)應遞轉審計部核定之(D)應遞轉行政院

主計總處核定之【106 年鐵特三級及退除役特考三等】

(A)6. 有關分配預算之敘述,下列何者正確?(A)各機關應按其法定預算,並依中央主計機關之規定編造歲入、歲出分配預算(B)各機關分配預算,應遞轉立法院核定之(C)立法院應將各機關分配預算核定情形通知中央財政主管機關及審計機關,並將核定情形,通知其主管機關及原編造機關(D)各機關於分配預算執行期間,如因變更原定實施計畫,或調整實施進度及分配數,而有修改分配預算之必要者,得在法定預算額度內自行修改之【112 年高考】

(D)7. 依預算法規定,對於各機關歲入、歲出分配預算之編造、核定及修改,下列敘述何者錯誤?(A)歲入、歲出分配預算應依實施計畫按月或按期分配(B)同年度之下月或下期經費如欲提前支用,必須循修改分配預算程序(C)同年度之上月或上期經費賸餘,不須修改分配預算即可繼續支用(D)歲入分配預算由中央財政主管機關核定【110 年地特四等「政府會計概要」】

(A)8. 依預算法之規定,下列有關各機關分配預算之敘述,何者錯誤?(A)各機關分配預算應由上級主管機關核定(B)核定之分配預算,應通知審計機關(C)分配預算執行期間,如有修改分配預算之必要,應遞轉中央主計機關核定之(D)各機關執行歲入分配預算,若有超收應一律解庫【110 年鐵特三級及退除役特考三等】

(A)9. 各機關執行歲入分配預算,其超收之歲入款應如何處理?(A)一律解庫(B)扣除支出後之賸餘繳庫(C)視情況繳庫(D)不必繳庫【106 年高考】

(B)10. 依預算法之規定,各機關執行歲入分配預算,應按各月或各期實際收納數額考核之;其超收金額應如何處理?(A)逕行坐抵(B)一律解庫(C)挪移墊用(D)暫時保留【106 年地特三等】

(B)11. 甲機關編列財產收入預算 200 萬元,為執行該項業務,並編列管理財產相關業務費用預算 25 萬元,另於年度中決定僱用臨時人力 2 人,須支出人事費用 100 萬元,惟未編列預算,財產收入實際收取 250 萬元,較法定預算數超收 50 萬元,下列敘述何者正確?(A)臨時人力人事費用 100 萬元,未編列預算,故甲機關以執行財產收入實際執行數扣除臨時人力人事費用後,按 150 萬元繳庫(B)甲機關應解繳國庫 250 萬元(C)甲機關應按法定預算數 200 萬元繳庫(D)臨時人力人事費用 100 萬元,未

編列預算,故甲機關以財產收入法定預算數扣除臨時人力人事費用後,按 100 萬元繳庫【112 年地特三等】

(A)12. 依現行預算法規定,依法得出售之國有財產及股票,市價高於預算者,機關應如何處理?(A)依市價出售(B)依預算出售(C)重編預算(D)辦理追加預算【108 年薦任升等】

(D)13. 臺中市政府於 X1 年購買中科公司股票 10,000 股,每股面額\$10,每股購買價格\$20,臺中市政府於 X5 年編列 X6 年預算,預計於 X6 年出售中科公司股票 5,000 股,每股預計售價\$30。X6 年 3 月 8 日出售中科公司股票 5,000 股,當時市價為\$200,000,試問 X6 年 3 月 8 日每股出售價格應為何?(A)\$10(B)\$20(C)\$30(D)\$40【107 年地特三等】

(B)14. 依預算法之規定,下列敘述何者錯誤?(A)各機關應按其法定預算,並依中央主計機關之規定編造歲入、歲出分配預算(B)各機關分配預算,應遞轉主管機關行政院核定之(C)各機關執行歲入分配預算,應按各月或各期實際收納數額考核之(D)各機關執行歲出分配預算,應按各月或分期實施計畫之完成進度與經費支用之實際狀況逐級考核之【111 年鐵特三級】

(C)15. 各機關執行歲出分配預算應逐級考核,並由何機關將重要事項考核報告送請何機關備查?(A)行政院送立法院(B)行政院送監察院(C)中央主計機關送立法院(D)中央主計機關送審計部【108 年鐵特三級及退除役特考三等】

(D)16. 下列有關政府預算執行控制之敘述何者錯誤?(A)公務機關執行歲出分配預算,其下月或下期之經費不得提前支用(B)公務機關對預算之成立、分配及保留等事項,應設置適當之預算控制科目記載之,並編製相關管理性報表(C)公務機關之預算控制科目,會計年度終了時,應予結清,其中預算保留數轉入下年度繼續執行時,於該年度仍應作預算控制紀錄(D)政府設置之特別收入基金,因所辦政務與公務機關相近,應依公務機關預算控制相關規定辦理【111 年普考「政府會計概要」】

(A 或 D)17. 下列有關預算執行之敘述,何者錯誤?(A)總預算內各機關、各政事及計畫或業務科目間之經費,不得互相流用(B)各機關分配預算,應遞轉中央主計機關核定(C)各機關執行歲入分配預算,應按月或各期實際收納數額考核之,其超收應一律解庫,不得坐抵或

挪移墊用(D)各機關應按其法定預算，並依行政院之規定編造歲入歲出分配預算【110年鐵特三級及退除役特考三等】

(A)18.各級政府總預算中，何者非屬統籌經費？(A)用人經費(B)退休撫卹經費(C)子女教育補助費(D)眷屬重病住院醫療補助費【111 年普考「政府會計概要」】

(D)19.有關歲入、歲出分配預算之執行，下列敘述何者錯誤？(A)各機關執行歲入分配預算，其超收應一律解庫，不得逕行坐抵或挪移墊用(B)總預算內各機關、各政事及計畫或業務科目間之經費，不得互相流用(C)各機關執行歲出分配預算，其下月或下期之經費不得提前支用(D)法定由行政院統籌支撥之科目及第一預備金，不得互相流用【112年高考】

(D)20.乙財團法人係甲機關捐助基金 80%成立之私法人，下列敘述何者錯誤？(A)乙財團法人辦理政策宣導時，應標示為廣告(B)乙財團法人年度預算書應送立法院審議(C)甲機關對乙財團法人補助事項，屬政府會計之報導範圍(D)乙財團法人之收支應全數納入政府會計報導個體範圍【109年地特四等「政府會計概要」】

(B)21.基於下列那些理由，政府各機關暨公營事業、政府捐助基金百分之五十以上成立之財團法人及政府轉投資資本百分之五十以上事業，編列預算於平面媒體、廣播媒體、網路媒體（含社群媒體)及電視媒體辦理政策及業務宣導，應明確標示其為廣告且揭示辦理或贊助機關、單位名稱，並不得以置入性行銷方式進行。①行政中立②社會安全③經濟效益④新聞自由⑤人民權益(A)①②③(B)①④⑤(C)③④⑤(D)②③④【110 年薦任升等】

(A)22.政府各機關暨公營事業等辦理政策及業務宣導之預算，依預算法相關規定應由何機關加強管理其執行情形及何時公開？(A)各主管機關，按月(B)各機關（構），按季(C)各機關（構），隨時(D)各主管機關，按年【112年薦任升等】

(C)23.下列何者並非單位預算之彈性機制？(A)追加預算(B)經費流用(C)超支併決算(D)修改分配預算【110年薦任升等】

(C)24.下列有關各機關歲出預算流用之敘述，何者正確？(A)各機關各政事及計畫或業務科目間之經費，得互相流用(B)用人經費不足時，應辦理流用(C)資本門預算不得流用至經常門(D)流用時流入數額不得超過原預算

數額 30%，流出數額不得超過原預算數額 30%【108 年鐵特三級及退除役特考三等】

(D)25.各機關之歲出分配預算，何類別科目中有一科目之經費不足，而他科目有賸餘時，得辦理流用？(A)政事別(B)計畫別(C)業務別(D)用途別【111年地特三等】

(A)26.依現行預算法規定，各機關之歲出分配預算，其計畫或業務科目之各用途別科目中有一科目之經費不足，而他科目有賸餘時，得辦理流用，惟流入數額和流出數額之限制為何？(A)流入數額不得超過原預算數額20%，流出數額不得超過原預算數額 20%(B)流入數額不得超過原預算數額 30%，流出數額不得超過原預算數額 30%(C)流入數額不得超過原預算數額 30%，流出數額不得超過原預算數額 20%(D)流入數額不得超過原預算數額 20%，流出數額不得超過原預算數額 30%【108 年薦任升等】

(D)27.下列有關各機關執行歲出分配預算遇經費不足時，辦理經費流用之敘述，何者錯誤？(A)同一工作計畫之經常門預算得流用至資本門(B)各計畫科目內之人事費（不含編列於統籌科目之退休撫卹經費），不得自其他用途別科目流入，如有賸餘亦不得流出(C)經立法院或議會審議刪除或刪減之預算項目不得流用(D)同一工作計畫之資本門與經常門預算用途別科目得相互流用，但流入、流出數均不得超出原預算數額百分之二十【112 年薦任升等】

(D)28.依預算法規定，下列何者為總預算內得互相流用科目？(A)各機關科目(B)各政事科目(C)各計畫或業務科目(D)第一預備金科目【111 年高考】

(C)29.甲機關某年度預算「一般行政」科目僅編列經常門之業務費 1,000 萬元、獎補助費 600 萬元與資本門之設備及投資 400 萬元，依預算法第63 條規定，業務費實際執行遇有不足時，最多可由其他用途別科目流入多少？(A)0 元(B)80 萬元(C)120 萬元(D)200 萬元【112 年普考「政府會計概要」】

(D)30.甲機關 112 年度預算一般行政項下編列人事費 3 億元，業務費 20 億元，一般建築及設備項下編列設備及投資 2 億元，第一預備金編列 200萬元。執行結果為人事費短少 100 萬元，業務費節餘150 萬元，一般建築及設備節餘 80 萬元。關於人事費短少部分，可採下列何種方式補

足？(A)由業務費流入 100 萬元(B)由一般建築及設備流入 80 萬元，業務費流入 20 萬元 (C)由一般建築及設備流入 80 萬元，動支第一預備金 20 萬元(D)動支第一預備金 100 萬元【112 年地特三等】

(D)31.某機關 108 年度預算編列人事費 2 億元，業務費 10 億元，建築及設備費 5 億元，年度進行中因為人員補實，人事費短少 500 萬元，執行業務時撙節支出，結餘 5,000 萬元，建築及設備費結餘 500 萬元，為彌補人事費之不足，可採下列何種方式？(A)由業務費在 20%範圍內流入(B)由業務費在 30%範圍內流入(C)由建築及設備費在 20%範圍內流入(D)動支第一預備金【108 年地特三等】

(B)32.下列何者非屬我國預算法所賦予機關執行歲出預算之彈性措施？(A)科目流用(B)債務舉借(C)動支預備金(D)經費裁減【108 年地特四等「政府會計概要」】

(B)33.依預算法規定，下列有關分配預算執行之敘述，何者錯誤？(A)各機關執行歲入分配預算，其超收應一律解庫(B)各機關執行歲出分配預算，遇有經費不足時，經機關首長決定，得支用第一預備金(C)各機關執行歲入分配預算，應按各月或各期實際收納數額考核之(D)各機關分配預算，應遞轉中央主計機關核定【112 年鐵特四級及退除役特考四等「政府會計概要」】

(C)34.依預算法規定，公務機關動支第一預備金，應報請上級主管機關核定，轉請何者備案始得支用？(A)財政部(B)審計部(C)中央主計機關(D)行政院【106 年地特三等】

(B)35.內政部警政署所屬之刑事警察局擬動支第一預備金，應經過下列何機關之核定？(A)內政部警政署(B)內政部(C)行政院主計總處(D)行政院【106 年原住民族特考四等「政府會計概要」】

(B)36.銓敘部所屬之公務人員退休撫卹基金管理委員會擬動支第一預備金時，應報請下列何機關核定？(A)銓敘部(B)考試院(C)立法院(D)行政院主計總處【107 年地特四等「政府會計概要」】

(B)37.預算法對於第一預備金及第二預備金之規定，下列何者正確？①第一預備金之數額不得超過公務機關單位預算歲出總額之 1%②內政部為主管機關可自行核定動支其年度預算第一預備金及送請中央主計機關備案③各機關動支第二預備金每筆數額超過 5 千萬元者應先送立法院審議，但

因緊急災害動支者不在此限(A)僅①(B)僅②(C)僅①③(D)僅②③【110年普考「政府會計概要」】

(D)38.各機關在執行分配預算時,下列敘述何者錯誤?(A)各機關執行歲入分配預算,其超收應一律解庫(B)各機關執行歲入分配預算,應按各月或各期實際收納數額考核之(C)各機關之歲出分配預算,其計畫或業務科目之各用途別科目中有一科目之經費不足,而他科目有賸餘時,得辦理流用(D)各機關執行歲出分配預算,遇有經費不足時,應報請上級主管機關核定,轉請中央主計機關備案,始得支用第二預備金【106年鐵特三級及退除役特考三等】

(C)39.依現行預算法規定,各機關重大工程之投資計畫,超過幾年未動用預算者,其預算應重行審查?(A)2年(B)3年(C)4年(D)5年【108年薦任升等】

(A)40.依現行預算法規定,有關預算之執行,下列敘述何者正確?(A)中央各機關分配預算,應遞轉中央主計機關核定之(B)各機關重大工程之投資計畫,超過2年未動用預算者,其預算應重行審查(C)政府各機關編列預算辦理政策宣導,應明確標示其為廣告且揭示辦理或贊助機關、單位名稱,並以置入性行銷方式進行(D)各機關執行歲出分配預算,如遇特別緊急情況,累計分配數不足以支應時,下月或下期之經費,得提前支用,但以同年度為限【108年地特三等】

(C)41.有關預算執行之敘述,下列何者正確?(A)各機關分配預算,應遞轉行政院核定之(B)各機關遇有用途別科目之經費不足,得辦理流用,流入數額不得超過原預算數20%,流出數額不得超過原預算數30%(C)各機關重大工程之投資計畫,超過4年未動用預算者,其預算應重行審查(D)各機關執行歲入分配預算,其超收得挪移墊用【107年地特三等】

(D)42.各機關重大工程之投資計畫,超過4年未動用預算者,其預算應如何處理?(A)轉呈行政院核准後繼續使用(B)轉呈中央主計機關核准後繼續使用(C)列為準備,未來可專案核准動支(D)重行審查【109年高考】

(B)43.依預算法規定,得實地調查預算及其對待給付之運用狀況者之機關,不包括下列何者?(A)行政院主計總處(B)法務部(C)審計部(D)財政部【110年地特四等「政府會計概要」】

(B)44.關於預算之執行,下列敘述何者錯誤?(A)總預算案之審議,未依期限

完成時，因應各機關執行已獲授權之原訂計畫，所需收支調度之債務舉借，覈實辦理(B)各機關重大工程之投資計畫，超過 4 年仍未能實現者，可免予編列(C)各機關辦理經費流用，其流入及流出數額，均不得超過原預算數額 20%。但不得流用為用人經費，且經立法院審議刪除或刪減之預算項目不得流用(D)中央主計機關得實地調查預算及其對待給付之運用狀況，並得要求公共工程之承攬人提供報告【112 年高考】

(A)45.中央主計機關、審計機關及中央財政主管機關得實地調查預算及其對待給付之運用狀況，並得要求哪些人提供報告？①接受國家投資、合作、補助金或委辦費者②接受國家分配預算者③實際簽名領取經費之人④公共工程之承攬人(A)僅①②④(B)僅①②③(C)僅②④(D)僅①④【110 年高考】

(C)46.依現行預算法規定，何機關審核各機關報告，或依預算法第 66 條規定實地調查結果發現該機關未按季或按期之進度完成預定工作，或原定歲出預算有節減之必要時，得協商其主管機關呈報行政院核定，將其已定分配數或以後各期分配數之一部或全部，列為準備，俟有實際需要，專案核准動支或列入賸餘辦理？(A)審計機關(B)財政主管機關(C)中央主計機關(D)立法院【107 年原住民族特考四等「政府會計概要」】

(A)47.中央政府以往曾採行預算執行節約措施，以凍結或控留各機關部分已分配歲出預算之方式處理，係依據下列預算法中之何項規定？(A)第 69 條之將部分已核定歲出預算分配數列為準備(B)第 71 條之裁減經費(C)第 58 條及第 61 條之修改歲出分配預算延後支用(D)第 63 條之限制各歲出用途別科目不得互相流用【110 年退除役特考四等「政府會計概要」】

(C)48.教育部所屬之體育署擬動支第二預備金，應經過下列何機關之核准始能動支？(A)教育部(B)行政院主計總處(C)行政院(D)立法院【106 年原住民族特考四等「政府會計概要」】

(D)49.各機關執行歲出分配預算過程，得支用第一或動支第二預備金之規定何者正確？(A)各機關原列計畫費用因事實需要奉准修訂致原列經費不敷時，應報請上級主管機關核定，轉請中央主計機關備案，始得支用第一預備金(B)中央主計機關應將各機關支用第一預備金情形通知立法院及審計機關(C)各機關因應政事臨時需要必須增加計畫及經費時，應報請上級主管機關核定，轉請中央主計機關備案，始得支用第一預備金(D)

各機關原列計畫費用因增加業務量致增加經費時,得經行政院核准動支第二預備金及其歸屬科目金額之調整,事後由行政院編具動支數額表,送請立法院審議【110 年高考】

(A)50.有關各機關動支第二預備金之敘述,下列何者錯誤?(A)執行歲出分配預算遇經費有不足時(B)因應政事臨時需要必須增加計畫及經費時(C)原列計畫費用因增加業務量致增加經費時(D)原列計畫費用因事實需要奉准修訂致原列經費不敷時【107 年普考「政府會計概要」】

(A)51.依預算法之規定,下列何者非為第二預備金得動支之情形?(A)各機關依法律增加業務致增加經費時(B)各機關因應政事臨時需要必須增加計畫及經費時(C)各機關原列計畫費用因增加業務量致增加經費時(D)各機關原列計畫費用因事實需要奉准修訂致原列經費不敷時【108 年退除役特考四等「政府會計概要」】

(D)52.下列各種情形,何者屬預算法明文規定動支第二預備金之情況?①因應政事臨時需要必須增加計畫及經費時②執行歲出分配預算遇經費有不足時③原列計畫費用因增加業務量致增加經費時④依法律增加業務或事業致增加經費時(A)①④(B)①②(C)②③(D)①③【108 年高考】

(B)53.法務部所屬矯正機關因實際收容人數超出預估人數,致原預算編列之收容人給養經費不敷,擬申請動支第二預備金支應,係符合下列那一項條件?(A)原列計畫費用因事實需要奉准修訂致原列經費不敷時(B)原列計畫費用因增加業務量致增加經費時(C)執行歲出分配預算遇經費有不足時(D)因應政事臨時需要必須增加計畫及經費時【111 年地特四等「政府會計概要」】

(A)54.預算之執行,遇國家發生特殊事故而有裁減經費之必要時,得經何會議之決議,呈請總統以令裁減之?(A)行政院會議(B)立法院會議(C)財政部會議(D)行政院主計總處會議【107 年地特三等】

(C)55.預算之執行,遇國家發生特殊事故而有裁減經費之必要時,處理程序為何?(A)得經行政院會議之決議,呈請立法院長以令裁減之(B)得經立法院會議之決議,呈請總統以令裁減之(C)得經行政院會議之決議,呈請總統以令裁減之(D)得經立法院會議之決議,呈請監察院長以令裁減之【110 年地特三等】

(D)56.預算之執行,遇國家發生特殊事故而有裁減經費之必要時,如何處理?

(A)得經國家安全會議之決議，呈請總統以令裁減之(B)得經行政院會議之決議，並經立法院會議通過，始得呈請總統以令裁減之(C)得經立法院會議之決議，呈請總統以令裁減之(D)得經行政院會議之決議，呈請總統以令裁減之【106 年薦任升等】

(D)57.依預算法規定，裁減經費與預算節減暫列為準備之下列敘述①兩者皆屬對歲出預算執行之通案作為②裁減經費需經行政院會議決議及總統以令裁減之③預算節減則由行政院協商主管機關後核定④裁減經費後不能動支，但預算節減後仍得專案申請行政院核准動支，何者正確？(A)僅①②(B)僅②③(C)僅③④(D)僅②④【109 年地特三等】

(B)58.依預算法規定，會計年度結束後，各機關已發生而尚未清償之債務部分，經核准者，得轉入下年度列為下列那一項？(A)歲出應付款(B)以前年度應付款(C)以前年度保留數準備(D)以前年度權責發生數【112 年普考「政府會計概要」】

(C)59.會計年度結束後，中央政府各機關已發生而尚未清償之債務或契約責任部分，需報由何機關核准（定）後，始得轉入下年度作為應付款及保留數準備？(A)主管機關(B)中央主計機關(C)行政院(D)審計機關【112 年薦任升等】

(D)60.各機關執行歲出分配預算之敘述，何者為非？(A)各機關下月或下期之經費不得提前支用(B)各機關之歲出分配預算，其計畫或業務科目之各用途別科目中有一科目之經費不足，而他科目有賸餘時，得辦理流用，流入數額不得超過原預算數額百分之二十，流出數額不得超過原預算數額百分之二十(C)經費不得流用為用人經費，且經立法院審議刪除或刪減之預算項目不得流用(D)會計年度結束後，各機關已發生尚未收得之收入，應即轉入下年度列為以前年度應收款；其經費已發生而尚未清償之債務或契約責任部分，應即停止使用【110 年地特三等】

(A)61.下列有關歲出分配預算之執行的敘述，何者錯誤？(A)各機關應按月或分期實施計畫之完成進度與經費支用之實際狀況逐級考核，並由中央主計機關將重要事項考核報告送立法院核定(B)各機關下月或下期之經費不得提前支用，遇有賸餘時，除依預算法第 69 條辦理外，得轉入下月或下期繼續支用，但以同年度為限(C)各機關、各政事及計畫或業務科目間之經費，不得互相流用，但法定由行政院統籌支撥之科目及第一預

備金，不在此限(D)會計年度結束後，各機關已發生而尚未清償之債務
或契約責任部分，經核准者，得轉入下年度列為以前年度應付款或保留
數準備【107年鐵特三級】

(C)62.會計年度結束後，各機關已發生而尚未清償之債務或契約責任部分，經
核准者得轉入下年度：(A)全數列為以前年度應付款(B)全數列為保留數
準備(C)全數列為以前年度應付款或保留數準備(D)將核准金額編列下年
度預算【108年鐵特三級及退除役特考三等】

(D)63.下列項目何者不符合預算法之規定？(A)會計年度結束後，國庫賸餘應
即轉入下年度(B)總預算內各機關間之經費，不得互相流用(C)依法得出
售之國有財產，市價高於預算者應依市價出售(D)立法院對特種基金預
算之審議，在營業基金以外之其他特種基金，以擬變更或擬設定之支出
為主【106年薦任升等】

(B)64.下列有關預算執行之敘述，何者正確？(A)預算之執行，遇國家發生特
殊事故而有裁減經費之必要時，得經行政院會議之決議裁減之(B)會計
年度結束後，各機關已發生尚未收得之收入，應即轉入下年度列為以前
年度應收款(C)會計年度結束後，各機關已發生而尚未清償之債務，應
即轉入下年度列為以前年度應付款(D)會計年度終了後之國庫賸餘，應
即轉入下年度【110年鐵特三級及退除役特考三等】

(A)65.依現行預算法規定，會計年度結束後，中央各機關已發生而尚未清償之
債務或契約責任部分，經核准轉入下年度之應付款或保留數準備，應於
會計年度結束期間後多久時間內，報由主管機關核轉行政院核定？
(A)10日(B)15日(C)20日(D)30日【108年地特三等】

(C)66.各機關轉入下年度之應付款及保留數準備，應於會計年度結束期間後幾
日內，報由主管機關核轉行政院核定？(A)三日(B)五日(C)十日(D)三十
日【112年鐵特三級及退除役特考三等】

(D)67.下列何種金額於會計年度結束後繳還者，轉帳加入下年度之收入？①誤
付金額②墊付金額③預付賸餘金額(A)①(B)①②(C)①③(D)①②③【108
年鐵特三級及退除役特考三等】

(D)68.凡實付之數超出其應付之數，其超出部分，係預算法所稱之何者？(A)
誤付(B)墊付(C)預付(D)透付【111年地特四等「政府會計概要」】

(D)69.某政府機關於100年度誤付100萬元，於會計年度結束後繳還者，應如

何處理？(A)作前期餘絀調整(B)調整上期支出(C)作本期餘絀調整(D)轉帳加入下年度收入【106年原住民族特考四等「政府會計概要」】

(D)70.誤付透付之金額，在會計年度結束後繳還者，應列入下年度何科目？(A)經費(B)支出(C)支出收回(D)收入【106年高考】

(C)71.下列有關預算執行之敘述，何者正確？(A)各機關分配預算，應送該機關之主管機關核定(B)各機關所有各項工程之投資計畫，超過4年未動用預算者，其預算應重行審查(C)中央主計機關得就最終領取經費之人或受益者，實地調查預算及其對待給付之運用狀況(D)誤付透付之金額在會計年度結束後繳還者，均視為結餘，並列入該誤付年度之整理收入科目內【109年鐵特三級】

(D)72.下列關於預算之執行何者正確？(A)預算之執行，遇國家發生特殊事故而有裁減經費之必要時，得經立法院之審議，呈請總統以令裁減之(B)繼續經費之按年分配額，在一會計年度結束後，未經使用部分，經核准者，得轉入下年度支用 (C)會計年度結束後，各機關已發生尚未收得之收入，應即轉入下年度列為下年度收入(D)會計年度結束後，其經費未經使用者，應即停止使用。但已發生而尚未清償之債務或契約責任部分，經核准者，得轉入下年度列為以前年度應付款或保留數準備【112年地特三等】

(A)73.中央政府總預算案附屬單位預算及綜計表─營業部分，立法院通常於總預算案審議完成，送請總統公布後，始接續進行審議並完成法定程序，因此，各附屬單位預算機關應行繳庫數，經立法程序審定後，如與總預算所列數額有差異時，應如何處理？(A)由行政院依照立法院最後審定數額，調整預算所列數額並執行(B)由行政院照立法院最後審定數額執行(C)因總預算已完成審議，故差異數納入下年度歲入預算執行(D)附屬單位預算依立法院最後審定結果調整，總預算無須調整差異，俟決算時再行處理差異【109年普考「政府會計概要」】

(A)74.附屬單位預算機關辦理決算時，若應行繳庫數超過預算者，應如何處理？(A)一律解庫(B)按總預算所列數額辦理繳庫(C)按附屬單位預算所列數額辦理繳庫(D)按立法院最後審定預算數額辦理繳庫【112年薦任升等】

(C)75.下列有關交通部之臺灣鐵路管理局繳庫事項之敘述，何者錯誤？(A)應

行繳庫數，應依預算所列，由主管機關列入歲入分配預算，依期報解(B)年度決算時，應按其決算及法定程序分配結果調整之(C)盈餘分配結果，應行繳庫數如有超過預算者，該局應補辦下年度預算後繳庫(D)該局應行繳庫數，經立法程序審定後如有差異時，由行政院依照立法院最後審定數額，調整預算所列數額並執行【109年鐵特三級】

(D)76. 下列有關預算執行之敘述，何者錯誤？(A)中央主計機關、審計機關及中央財政主管機關得實地調查預算及其對待給付之運用，並得要求相關人員提供報告(B)各機關如有為因應政事臨時需要必須增加計畫及經費時，得經行政院核准動支第二預備金(C)會計年度結束後，各機關經費未經使用者，應即停止使用，但已發生而尚未清償之債務或契約責任，經核准者，得轉入下年度列為以前年度應付款或保留數準備(D)公營事業年度決算時，其應行繳庫數，應按其決算及法定程序分配結果調整之，分配結果，應行繳庫數若超過預算者，應補編下年度預算後，再解庫【109年地特三等】

二、初考、地特五等、經濟部所屬事業機構及台電公司新進僱員

(B)1. 分配預算係屬於預算法中下列哪一個階段的工作？(A)籌劃(B)執行(C)擬編(D)審議【107年經濟部事業機構】

(A)2. 預算之主要工作階段包括：籌劃、擬編、審議、執行。分配預算係屬於預算法中哪一個階段的工作？(A)執行(B)審議(C)擬編(D)籌劃【107年初考】

(C)3. 各機關分配預算，應遞轉何者核定之？(A)立法機關(B)審計機關(C)中央主計機關(D)中央財政主管機關【107年地特五等】

(C)4. 經濟部智慧財產局之分配預算，應由下列何者核定？(A)該局主計室(B)經濟部會計處(C)行政院主計總處(D)財政部【112年初考】

(D)5. 下列有關分配預算的敘述，何者錯誤？(A)各機關應按其法定預算，並依中央主計機關之規定編造歲入、歲出分配預算，分配預算，應依實施計畫按月或按期分配(B)各機關分配預算，應遞轉中央主計機關核定之(C)已核定之分配預算，應即由中央主計機關通知中央財政主管機關及審計機關，並將核定情形，通知其主管機關及原編造機關(D)各機關已核定之分配預算，應依限送審計機關審核，審計機關如發現該分配預算

與法定預算或有關法令不符者，應修正之【106 年地特五等】

(D)6. 關於各機關執行按月或按期分配之歲入分配預算，遇有超收時之處理，下列何者正確？(A)先列為暫收款，再轉入下年度歲入預算(B)配合實際收取狀況，調整預算分配數，避免超收(C)可充為當年度經費不足之用(D)一律解庫，不得逕行坐抵或挪移墊用【108 年經濟部事業機構】

(A)7. 各機關執行歲入分配預算，其超收之歲入款應如何處理？(A)應一律解庫(B)得逕行坐抵或挪移墊用(C)扣除必要支出後之賸餘需解庫(D)得移轉下期支用【108 年初考】

(B)8. 各機關執行歲入分配預算，對於超收之歲入款應如何處理？(A)併決算辦理(B)一律解庫(C)扣除支出後，賸餘數繳庫(D)視情況繳庫【111 年地特五等】

(A)9. 中央政府各機關每年經收之歲入，包括所有預算外之收入及預算內之超收等各款，均應於何時繳庫？(A)當年度 12 月 31 日前(B)次年 1 月 15 日前(C)次年 1 月 20 日前(D)次年 1 月 31 日前【108 年地特五等】

(A)10.有關分配預算之敘述，何者正確？(A)各機關應按其法定預算及規定編造歲入、歲出分配預算，並應依實施計畫按月或按期分配(B)各機關分配預算，應遞轉行政院核定之，行政院應即通知中央財政主管機關及審計機關，並將核定情形通知其主管機關及原編造機關(C)各機關執行歲入分配預算，應按年度實際收納數額考核之(D)各機關執行歲入分配預算之超收，得逕行坐抵或挪移墊用【109 年地特五等】

(B)11.依法得出售之國有財產及股票，市價高於預算者，應如何處理？(A)應依預算出售(B)應依市價出售(C)應依預算及市價的平均值出售(D)應依原始成本出售【107 年地特五等】

(A)12.下列有關各機關執行歲出分配預算之敘述，何者正確？(A)X1 年 11 月之經費有賸餘時，得轉入 X1 年 12 月繼續支用(B)X1 年 12 月之經費有賸餘時，得轉入 X2 年 1 月繼續支用(C)X1 年 12 月之經費得提前於 X1 年 11 月支用(D)X2 年 1 月之經費得提前於 X1 年 12 月支用【112 年地特五等】

(D)13.預算的主要階段包括籌劃、擬編、審議、執行，經費流用係屬於那一個階段之工作？(A)籌劃(B)擬編(C)審議(D)執行【111 年地特五等】

(A)14.總預算內各機關、各政事及計畫或業務科目間之經費，不得互相流用。

但法定由行政院統籌支撥之科目及下列何者不在此限？(A)第一預備金
(B)第二預備金(C)追加（減）預算(D)特別預算【108年初考】

(B)15.總預算內各機關、各政事及計畫或業務科目間之經費，不得互相流用，
但不包含下列何者？(A)追加（減）預算(B)第一預備金(C)第二預備金
(D)第三預備金【110年經濟部事業機構】

(A)16.總預算內各機關、各政事及計畫或業務科目間之經費，除法定由行政院
統籌支撥之科目及第一預備金以外，其經費互相流用的規定為何？(A)
不得互相流用(B)可以互相流用，沒有限制(C)可以互相流用 50%以內
(D)可以互相流用 20%以內【107年地特五等】

(A)17.甲機關之經費不足，而乙機關有膳餘時，其機關間之流用限額為何？
(A)不得流用(B)流入數額不得超過原預算數額 10%(C)流入數額不得超
過原預算數額 20%(D)流入數額不得超過原預算數額 30%【112年地特
五等】

(D)18.政府捐助基金達百分之多少以上成立之財團法人，編列預算辦理政策宣
導，應明確標示其為廣告且揭示辦理或贊助機關、單位名稱，並不得以
置入性行銷方式進行？(A)20(B)30(C)40(D)50【106年初考】

(C)19.依預算法第 62 條之 1，涉及辦理政策及業務宣導之預算編列，不適用
於下列哪個對象？(A)政府捐助基金百分之五十以上成立財團法人(B)公
營事業(C)政府轉投資資本百分之五十以下事業(D)政府各機關【111年
經濟部事業機構】

(D)20.有關預算法第 62 條之 1 規定之政府編列預算辦理政策及業務宣導方
式，下列何者屬之？①社群媒體②廣播媒體③園遊會④電視媒體(A)①
②③④(B)僅②③④(C)僅②④(D)僅①②④【111年地特五等】

(B)21.政府各機關辦理政策及業務宣導之預算，應多久於機關資訊公開區公佈
宣導主題、媒體類型、期程、金額、執行單位等事項？(A)按週(B)按月
(C)按季(D)按年【112年初考】

(C)22.有關各機關歲出預算流用之敘述，下列何者正確？(A)各機關各政事及
計畫或業務科目間之經費，得互相流用(B)用人經費不足時，應辦理流
用(C)資本門預算不得流用至經常門(D)流用時流入數額不得超過原預算
數額 30%【108年經濟部事業機構】

(B)23.機關之歲出預算，其計畫中某科目經費不足而自其他科目辦理流用，流

入數額不得超過原預算數額百分之幾？(A)10(B)20(C)30(D)50【112 年台電公司新進僱員】

(B)24. 依預算法之規定，歲出分配數之流用，業務費流入數額不得超過原預算數額百分之多少？(A)10%(B)20%(C)25%(D)30%【112 年地特五等】

(A)25. 下列有關各機關歲出預算流用之敘述，何者正確？(A)資本門預算不得流用至經常門，經常門得流用至資本門(B)各計畫科目內之人事費，不得自其他用途別科目流入，如有賸餘則可流出(C)各一級用途別科目間之流用，其流入流出數額不得超過原預算數額 30%(D)經立法院刪除或刪減之預算項目，如因緊急且為特殊之需要，仍得流用【106 年地特五等】

(A)26. 各機關之歲出分配預算，其計畫或業務科目之各用途別科目中用人經費不足，而其他科目有賸餘時，流入數額不得超過原預算數額多少？(A)不得流用(B)10%(C)20%(D)30%【修改自 107 年經濟部事業機構】

(A)27. 各機關之歲出分配預算，其計畫或業務科目之各用途別科目中有一科目之經費不足，而他科目有賸餘時，得辦理流用，其規定為何？(A)流入數額不得超過原預算數額 20%，流出數額不得超過原預算數額 20%(B)流入數額不得超過原預算數額 20%，流出數額不得超過原預算數額 30%(C)流入數額不得超過原預算數額 30%，流出數額不得超過原預算數額 20%(D)流入數額不得超過原預算數額 30%，流出數額不得超過原預算數額 30%【106 年初考】

(A)28. 各機關之歲出分配預算，其計畫或業務科目之各用途別科目中有一科目之經費不足，而他科目有賸餘時，得辦理流用，流用之規定為何？(A)流入數額不得超過原預算數額百分之二十，流出數額不得超過原預算數額百分之二十(B)流入數額不得超過原預算數額百分之三十，流出數額不得超過原預算數額百分之三十(C)得流用為立法院審議刪除或刪減之預算項目(D)得流用為用人經費【110 年初考】

(D)29. 下列何者非屬單位預算之預算彈性機制？(A)追加預算(B)經費流用(C)動支第一預備金(D)超支併決算【112 年初考】

(B)30. 下列何種情況時應報請核定動支第一預備金？(A)原列計畫費用因事實需要奉准修訂致原列經費不敷(B)執行歲出分配預算遇經費有不足(C)計畫費用因增加業務量致增加經費(D)因應政事臨時需要必須增加計畫及

經費【109 年初考】

(B)31.各機關執行歲出分配預算遇經費有不足時，應報請何者核定，始得支用
第一預備金？(A)審計機關(B)上級主管機關(C)中央主計機關(D)中央財
政主管機關【112 年初考】

(A)32.有關預算執行之彈性，下列何者錯誤？(A)各機關因應政事臨時需要必
須增加計畫及經費時，得請求辦理追加歲出預算(B)各機關執行歲出分
配預算遇經費有不足時，應報請上級主管機關核定，轉請中央主計機關
備案，始得支用第一預備金(C)各機關之歲出分配預算，其計畫或業務
科目之各用途別科目中有一科目之經費不足，而他科目有賸餘時，得辦
理流用(D)各機關執行歲出分配預算，其下月或下期之經費不得提前支
用【111 年地特五等】

(A)33.某機關本年度編列第一預備金新臺幣 100 萬元，未編列賑災預算，預算
執行中不幸發生天災，須支出賑災經費新臺幣 80 萬元，該機關應如何
處理？(A)僅可動支第二預備金，不得動支第一預備金(B)僅可動支第一
預備金，不得動支第二預備金(C)第一預備金與第二預備金均得申請動
支(D)第一預備金與第二預備金均不得申請動支【110 年台電公司新進
僱員】

(A)34.某機關動支第一預備金，其核定機關及備案機關分別為何？(A)上級主
管機關、中央主計機關(B)上級主管機關、行政院(C)中央主計機關、行
政院(D)行政院、立法院【106 年初考】

(D)35.各機關執行歲出分配預算遇經費有不足時，應經下列何項程序始得支用
第一預備金？(A)報請上級主管機關核轉行政院核定(B)報請上級主管機
關核轉中央主計機關核定(C)報請上級主管機關備案，轉請中央主計機
關核定(D)報請上級主管機關核定，轉請中央主計機關備案【108 年地
特五等】

(C)36.各機關重大工程之投資計畫，超過幾年未動用預算者，其預算應重行審
查？(A)2 年(B)3 年(C)4 年(D)5 年【107 年地特五等】

(B)37.有關預算執行之限制，下列敘述何者正確？(A)各機關執行歲出分配預
算遇經費有不足時，應報請上級主管機關同意，轉請中央主計機關核
定，始得動支第一預備金(B)中央主計機關對於各機關執行預算，得視
事實需要，隨時派員調查之(C)各機關重大工程之投資計畫，超過 6 年

未動用預算者,其預算應重新審查(D)依法得出售之國有財產及股票,市價高於預算者,得依市價出售【110 年初考】

(C)38. 有關預算執行之敘述,何者正確?(A)各機關重大工程之投資計畫,超過 4 年未動用預算者,其預算應繼續保留(B)各機關之歲出分配預算,其計畫或業務科目之各用途別科目中有一科目之經費不足,而他科目有膡餘時,不得辦理流用(C)依法得出售之國有財產及股票,市價高於預算者,應依市價出售(D)各機關執行歲入分配預算,應按各月或各期實際收納數額考核之;其超收應一律解庫,得逕行坐抵或挪移墊用【108 年地特五等】

(C)39. 各機關重大工程之投資計畫,超過幾年未動用預算者,其預算應重新審查?(A)2 年(B)3 年(C)4 年(D)5 年【112 年台電公司新進僱員】

(B)40. 下列何機關得依預算法規定,實地調查預算及其對待給付之運用狀況?(A)行政院及監察院(B)財政部及審計部(C)法務部及行政院主計總處(D)司法院及立法院【106 年地特五等】

(B)41. 立法院審議審計部 109 年度預算案並要求對財金資訊股份有限公司(係財政部及公、民營金融機構共同出資籌設公司)2014 年成立臺灣行動支付公司之「臺灣 Pay」行動支付工具進行專案查核,審計機關依法得實地調查預算及其對待給付之運用狀況,並得要求提供報告,係因財金資訊股份有限公司及臺灣行動支付公司符合下列何項身分?(A)預算執行機關(B)接受國家投資、合作、補助金及委辦者(C)公共工程之承攬人(D)受託辦理調查、試驗、研究者【109 年地特五等】

(C)42. 依現行預算法規定,下列何者屬應由行政院主計總處核定之事項?(A)動支第二預備金(B)動支第一預備金(C)修改分配預算(D)預算編製辦法【107 年初考】

(D)43. 某機關原定歲出預算有節減之必要,經行政院核定,將其以後各期分配數之一部,列為準備,請問某機關有實際需要時,應如何處理?(A)辦理經費流用(B)動支預備金(C)辦理追加預算(D)專案核准動支【111 年地特五等】

(D)44. 各機關有何種情形時,得經行政院核准動支第二預備金?(A)國防緊急設施或戰爭(B)依法律增設新機關時(C)依法律增加業務或事業致增加經費時(D)因應政事臨時需要必須增加計畫及經費時【112 年初考】

(D)45.下列何者非預算法規定,各機關動支第二預備金之要件?(A)原列計畫
費用因事實需要奉准修訂致原列經費不敷時(B)原列計畫費用因增加業
務量致增加經費時(C)因應政事臨時需要必須增加計畫及經費時(D)依法
律增加業務或事業致增加經費時【108 年初考】

(D)46.下列何者非各機關得經行政院核准動支第二預備金之情形?(A)原列計
畫費用因事實需要奉准修訂致原列經費不敷時(B)原列計畫費用因增加
業務量致增加經費時(C)因應政事臨時需要必須增加計畫及經費時(D)已
獲得立法院財政委員會立法委員之支持的經費【108 年地特五等】

(D)47.中央某機關為因應政事臨時需要,必須增加計畫及經費,擬動支第二預
備金,請問事前程序為何?(A)經立法院核准(B)送行政院備查(C)送立
法院備查(D)經行政院核准【107 年經濟部事業機構】

(A)48.某縣政府 104 年度未編列賑災預算,預算執行中發生颱風災害,須支出
賑災經費,該縣政府應如何處理?(A)可動支第二預備金,不得動支第
一預備金(B)可動支第一預備金,不得動支第二預備金(C)得申請動支第
一預備金與第二預備金(D)不得動支第一預備金與第二預備金【106 年
初考】

(C)49.依現行預算法規定,下列有關預算執行之敘述,何者正確?(A)預算之
執行,遇有國家發生特殊事故而有裁減經費之必要時,得經立法院院會
之決議,呈請總統以令裁減之(B)行政院主計總處審核各機關歲出已分
配預算之執行情形,若遇有節減之必要時,得逕行列為準備(C)各機關
執行歲入分配預算,其超收應一律解庫,不得逕行坐抵或挪移墊用(D)
各機關依法得出售之國有財產,其預算高於市價者,應依市價出售
【107 年初考】

(D)50.依預算法規定,下列有關預算執行之敘述,何者正確?(A)經核准動支
的第二預備金,行政院應於事前依核定數額及歸屬科目編具動支數額
表,送請立法院審議(B)主管機關核定動支第一預備金後,仍應轉請中
央主計機關備查(C)遇國家發生特殊事故而有裁減經費之必要時,應經
立法院院會決議呈請總統以令裁減之(D)中央主計機關審核各機關報告
發現有節減之必要時,得協商其主管機關呈報行政院核定列為準備
【110 年地特五等】

(B)51.預算之執行,如遇國家發生特殊事故而有裁減經費之必要時,應如何辦

理？(A)行政院主計總處決議，呈請立法院院長以令裁減之(B)行政院會議決議，呈請總統以令裁減之(C)行政院主計總處決議，呈請行政院院長以令裁減之(D)立法院會議決議，呈請總統以令裁減之【106 年初考】

(A)52.預算之執行，遇國家發生特殊事故而有裁減經費之必要時，得經何會議之決議，呈請總統以令裁減之？(A)行政院會議(B)立法院會議(C)財政部會議(D)監察院會議【110 年台電公司新進僱員】

(D)53.依預算法規定，於會計年度結束後，各機關經費已發生而尚未清償之債務或契約責任部分，經核准得如何處理？(A)動用第一預備金結清未付款(B)從剩餘預算科目移用(C)提出特別預算(D)轉入下年度列為以前年度應付款或保留數準備【111 年台電公司新進僱員】

(A)54.會計年度結束後，轉入下年度之應付款及保留數準備，應於會計年度結束期間後多少日內，報由主管機關核轉行政院核定，分別通知中央主計機關、審計機關及中央財政主管機關？(A)10 日(B)15 日(C)20 日(D)30 日【108 年地特五等】

(C)55.依預算法規定，誤付透付之金額及依法墊付金額，或預付估付之賸餘金額，在會計年度結束後繳還者，均視為結餘，轉帳加入下列何者？(A)下年度支用之(B)未分配盈餘(C)下年度之收入(D)下年度之歲入【108 年初考】

(A)56.誤付透付之金額及依法墊付金額，或預付估付之賸餘金額，在會計年度結束後繳還者，均視為結餘，轉帳加入下年度之何項？(A)收入(B)支出(C)資產(D)負債【112 年初考】

(D)57.依預算法規定，誤付透付之金額，或預付估付之賸餘金額，在會計年度結束後繳還者，應列入下年度何科目？(A)應收款(B)支出收回(C)保留數準備(D)收入【111 年經濟部事業機構】

(D)58.公務機關誤付之金額在會計年度結束後繳還者，該金額應如何處理？(A)調整以前年度支出(B)轉帳減少下年度支出(C)調整以前年度收入(D)轉帳加入下年度收入【110 年台電公司新進僱員】

(B)59.有關繼續經費之敘述，下列何者有誤？(A)經費依設定之條件或期限，分期繼續支用者，稱為繼續經費(B)繼續經費之設立、變更或廢止，以法律為之(C)繼續經費應依各年度之分配額，編列各該年度預算(D)繼續

經費之按年分配額,在一會計年度結束後,未經使用部分,得轉入下年度支用之【109年經濟部事業機構】

(D)60.總預算所列各附屬單位預算機關應行繳庫款,經立法程序審定後如有差異時,由行政院依照下列何機關最後審定數額,調整預算所列數額並執行之?(A)中央財政主管機關(B)審計機關(C)中央主計機關(D)立法院【108年經濟部事業機構】

(C)61.關於預算之執行,下列敘述何者正確?(A)誤付透付之金額及依法墊付金額,在會計年度結束後繳還者,均視為結餘,調整為本年度之收入(B)繼續經費之按年分配額,在一會計年度結束後,未經使用部分,不得轉入下年度支用之(C)會計年度結束後,國庫賸餘應即轉入下年度(D)各附屬單位預算機關應行繳庫數,應依預算所列,由主管機關列入歲出分配預算依期報解【110年地特五等】

第五章　追加預算及特別預算

壹、追加預算之辦理條件、財源籌措及辦理程序

一、預算法相關條文

(一)追加預算辦理條件

第 79 條　各機關因左列情形之一，得請求提出追加歲出預算：

一、依法律增加業務或事業致增加經費時。

二、依法律增設新機關時。

三、所辦事業因重大事故經費超過法定預算時。

四、依有關法律應補列追加預算者。

(二)追加預算之財源籌措

第 80 條　前條各款追加歲出預算之經費，應由中央財政主管機關籌劃財源平衡之。

第 81 條　法定歲入有特別短收之情勢，不能依第七十一條規定辦理時，應由中央財政主管機關籌劃抵補，並由行政院提出追加、追減預算調整之。

(三)追加預算之辦理程序

第 82 條　追加預算之編造、審議及執行程序，均準用本法關於總預算之規定。

二、解析

(一)各公務機關如有符合下列四種情形之一，且確實無法以同一工作計畫（無工作計畫者為業務計畫）內歲出用途別科目間經費流用，動支各公務機關單位預算第一預備金及中央政府總預算第二預備金、災害準備金，或按照災害防救法第 57 條等歲出預算執行彈性措施因應，得在總預算案完成法定程序後，報經主管機關向行政院請求提出追加歲出

預算：

1. 依法律增加業務或事業致增加經費時

因配合增修訂相關法律，產生新興業務，或原所掌理業務之業務量增加，或對所轄事業有新增投資等需要，致需增加經費之情形。例如，92 年 2 月 7 日公布修正農業發展條例，於第 52 條新設置農產品受進口損害救助基金 1,000 億元，由政府分 3 年編列預算補足，不受公共債務法之限制，以及依 92 年 6 月 18 日公布修正敬老福利生活津貼暫行條例，擴大發放範圍並自 92 年 7 月 1 日起施行，行政院爰提出 92 年度中央政府總預算第二次追加預算案。

2. 依法律增設新機關時

依中央行政機關組織基準法規定，循制定組織法、組織條例、組織通則、組織規程、組織準則等程序所增設之新機關，且於年度進行中設立，為因應設立後業務運作之需求。惟以往曾因行政院大陸委員會組織條例於 80 年 1 月 18 日完成立法程序，新設立行政院大陸委員會（107 年 7 月 2 日改制為大陸委員會），行政院所提出之 80 年度中央政府總預算追加（減）預算案，包括有追加新設立行政院大陸委員會歲出預算 6.05 億元，經立法院審議結果全數刪除，並決議所需經費由行政院依規定動支第二預備金支應。又類此如有依法律增設新機關時，所需增加之經費需求通常不大，可由年度預算原列相關經費調整支應，或動支中央政府總預算第二預備金方式因應，故自 80 年度以後並未再有以本款為條件提出追加歲出預算之案例。

3. 所辦事業因重大事故經費超過法定預算時

國家發生颱風、豪雨、地震等重大天然災害，為因應國防緊急設施或戰爭、國家財政與經濟上有重大變故、發生瘟疫、重大災變及其他無法事先推測或預料不到之臨時重大政事等特殊事故，其所需經費超過法定預算，而必須辦理追加預算者。例如：

(1) 93 年度時因敏督利颱風帶來強大豪雨，造成部分地區淹水，為加速辦理大里溪及南湖溪大湖河段治理工程計畫，行政院提出 93 年度中央政府總預算追加預算案。

(2) 97 年度時為加強地方公共建設與穩定物價，以提振國內經濟景氣，行政

院提出「加強地方建設擴大內需方案」及「當前物價穩定方案」，並配合編製 97 年度中央政府總預算追加（減）預算案。

(3) 100 年度時為因應調整軍公教人員待遇 3%、社會救助法修正後政府照顧人口增加，以及推動 12 年國民基本教育等，行政院爰根據第 1 款及本款規定，提出 100 年度中央政府總預算追加預算案。

4. 依有關法律應補列追加預算者

根據法律規定應編列之預算，未及於當年度中央政府總預算內編列，而須以補列追加預算方式辦理者。例如，92 年度時基於為迅速舒緩短期間失業問題，提振經濟景氣，提升國人生活品質與強化國家基礎建設，依「公共服務擴大就業暫行條例」（現已廢止）及「擴大公共建設振興經濟暫行條例」（現已廢止）規定，行政院提出 92 年度中央政府總預算第一次追加預算案。

(二)辦理追加預算之財源，應由財政部籌劃財源平衡之，其方式包括增加歲入、移用以前年度歲計賸餘、舉借債務（含發行公債或長期借款）或追減歲出預算抵充，且財源之籌措不限於財政部所主管之歲入及舉借債務等部分，其他各機關預估可增加之歲入，亦可作為追加歲出財源。又依預算法第 80 條及第 81 條辦理追加預算後之中央政府總預算經常門收入必須大於經常門支出，以符合預算法第 23 條規定，若以增加舉借債務支應時，尚應注意債務之存量與當年度流量部分，不得超出公共債務法及財政紀律法規定可舉債之上限。但依「公共服務擴大就業暫行條例」（現已廢止）與「擴大公共建設振興經濟暫行條例」（現已廢止）規定，行政院所提出之 92 年度中央政府總預算第一次追加預算案，可不受預算法第 23 條所定經常門資本門支出及公共債務法第 4 條第 5 項有關每年度舉債額度之限制。至於追加預算之編造、審議及執行程序，均準用預算法第 35 條至第 53 條，及第 55 條至第 78 條關於中央政府總預算之規定。即追加預算準用預算法關於中央政府總預算之規定，不包括預算之籌劃部分。

貳、特別預算之辦理條件及審議程序

一、預算法相關條文

(一)特別預算之辦理條件

第 83 條　　有左列情事之一時，行政院得於年度總預算外，提出特別預算：

一、國防緊急設施或戰爭。

二、國家經濟重大變故。

三、重大災變。

四、不定期或數年一次之重大政事。

(二)特別預算之審議程序

第 84 條　　特別預算之審議程序，準用本法關於總預算之規定。但合於前條第一款至第三款者，為因應情勢之緊急需要，得先支付其一部。

二、解析

(一)特別預算係為因應緊急重大事故以及推動重大政事之彈性需要所辦理者，預算法第 83 條規定，有下列四種情形之一時，行政院得於年度中央政府總預算之外提出特別預算送請立法院審議：

　1.國防緊急設施或戰爭

　　為保障國家及人民安全，向外國採購或自製武器裝備、充實國防工事及建築等設施。例如：

　　(1)跨越 82 年度至 90 年度之中央政府採購高性能戰機特別預算。

　　(2)依新式戰機採購特別條例第 4 條規定，由行政院編列跨越 109 年度至 115 年度之中央政府新式戰機採購特別預算案。

　　(3)根據海空戰力提升計畫採購特別條例第 6 條規定，由行政院編列跨越 111 年度至 115 年度之中央政府海空戰力提升計畫採購特別預算案。

2. 國家經濟重大變故

國家遭逢影響經濟重大事故，致可能危及生存與發展，須編列特別預算以供緊急因應並穩定國情。例如：

(1)根據振興經濟擴大公共建設特別條例（現已廢止）第 5 條規定，本條例所需經費上限為 5,000 億元，以特別預算方式編列，其預算編製不受預算法第 23 條不得充經常支出，以及公共債務法第 4 條第 5 項有關每年度舉債額度之限制。行政院爰自 98 年度至 100 年度分三期編列中央政府振興經濟擴大公共建設特別預算案，因係分三個年度逐年編列特別預算案送請立法院審議，按其性質非屬繼續經費，而類似歲定經費之分年延續性計畫。

(2)按照前瞻基礎建設特別條例第 7 條規定，本條例支應前瞻基礎建設計畫，以 4 年為期程，預算上限為 4,200 億元，期滿後，後續預算及期程，經立法院同意後，以不超過前期預算規模及期程為之，並以特別預算方式編列，其預算編製不受預算法第 23 條不得充經常支出規定之限制，且每年度舉借債務之額度，不受公共債務法第 5 條第 7 項規定之限制，但中央政府總預算及特別預算於本條例施行期間之舉債額度合計數，不得超過該期間總預算及特別預算歲出總額合計數之 15%。行政院爰據以提出前瞻基礎建設計畫特別預算案，自 106 年度至 109 年度共分為三期編列。

(3)依嚴重特殊傳染性肺炎防治及紓困振興特別條例第 11 條規定，本條例所需經費上限為 8,400 億元，得視疫情狀況，分期編列特別預算，其預算編製與執行不受預算法第 23 條、第 62 條及第 63 條之限制，但經立法院審議刪除或刪減之預算不得流用。其每年度舉借債務之額度，不受公共債務法第 5 條第 7 項規定之限制，中央政府總預算及特別預算於本條例施行期間之舉債額度合計數，占該期間總預算及特別預算歲出總額合計數之比率，不受財政紀律法第 14 條第 2 項規定之限制，且為因應各項防治及紓困振興措施之緊急需要，各相關機關得報經行政院同意後，於特別預算案未完成法定程序前，先行支付其一部分。行政院爰據以提出中央政府嚴重特殊傳染性肺炎防治及紓困振興特別預算與其第一次至第四次追加預算案（本項特別預算及其追加預算有關肺炎防治部分亦符合第 3 款規定），期程為 109 年度至 111 年度。嗣於 111 年 4 月 15

日，行政院有鑑於嚴重特殊傳染性肺炎於國際間仍屬嚴峻，相關防疫作為與防疫設備、物資應有繼續採行及整備之必要，並得繼續執行特別條例相關措施，以維持國內經濟、民生之安定，經依上項條例第 19 條第 2 項規定：「本條例及其特別預算施行期間屆滿，得經立法院同意延長之。」函請立法院同意延長紓困振興條例到 112 年 6 月 30 日，經立法院於 111 年 5 月 27 日審議通過。

(4)根據疫後強化經濟與社會韌性及全民共享經濟成果特別條例第 5 條規定，本條例所需經費上限為 3,800 億元，以特別預算方式編列；其預算編製不受預算法第 23 條規定之限制。所需經費來源，得以移用以前年度歲計賸餘或舉借債務支應。但執行期間尚有以前年度歲計賸餘可供移用時，應優先支應，不得舉借債務。本條例施行期間，中央政府所舉借之 1 年以上公共債務未償餘額預算數，應依公共債務法第 5 條第 1 項規定辦理。行政院爰據以提出中央政府疫後強化經濟與社會韌性及全民共享經濟成果特別預算案，112 年度至 114 年度共編列 3,800 億元，包括辦理全民共享經濟成果普發現金、撥補台灣電力股份有限公司、撥補全民健康保險基金及勞工保險基金等。

3. 重大災變

　　遭受颱風、豪雨與地震等重大天然災害，或如重大傳染病等其他重大災變。例如：

(1)依九二一震災重建暫行條例（現已廢止）第 69 條規定，由行政院提出 90 年度中央政府九二一震災災後重建特別預算案。

(2)按照嚴重急性呼吸道症候群防治及紓困暫行條例（現已廢止）第 16 條規定，由行政院提出跨越 92 年度至 93 年度之中央政府嚴重急性呼吸道症候群防治及紓困特別預算案（本項特別預算有關紓困部分亦符合第 2 款規定）。

(3)根據莫拉克颱風災後重建特別條例（現已廢止）第 6 條規定，可在 1,200 億元限額內，以特別預算方式編列，爰由行政院提出跨越 98 年度至 101 年度之莫拉克颱風災後重建特別預算案。

4. 不定期或數年一次之重大政事

　　對於不具規則性，且無法預知之不定期重大政事，或具一定程度之規

則性，數年才會發生一次之重大政事。例如：

　　(1)依國軍老舊眷村改建條例第 10 條規定，由行政院提出跨越 86 年度至 94 年度之國軍老舊眷村改建特別預算案。

　　(2)行政院提出跨越 87 年度至 89 年度之中央政府立法院新院址興建計畫工程特別預算案，於完成法定預算後，至 94 年 12 月 31 日止，因超過 5 年未動用預算，保留屆滿 5 年，95 年度不再辦理保留。

(二)特別預算與中央政府總預算為互相獨立之預算，因此不計入總預算之歲入及歲出總額內，於特別預算成立後，其執行並單獨按期編造會計報告，年度終了未支用數得轉入下年度繼續支用，執行期滿則依決算法第 22 條規定單獨編造決算。又已完成立法程序之多年期特別預算屬繼續經費，特別預算並可視實際需要辦理追加預算，所辦理之追加預算因屬於原特別預算之追加，故仍應符合預算法第 83 條規定及適用第 84 條規定。

(三)預算法第 82 條規定，追加預算之編造、審議及執行程序，均準用預算法關於總預算之規定；第 84 條規定，特別預算之審議程序準用預算法關於總預算之規定。即追加預算案與特別預算案之審議程序，均準用預算法第 48 條及第 53 條規定。又中央政府總預算案審查程序第 8 條規定：「追加預算案及特別預算案，其審查程序與總預算案同，但必要時經院會聽取編製經過報告並質詢後，得逕交財政委員會會同有關委員會審查並提報院會。」故立法院對追加預算案與特別預算案之審議程序如下：

1. 立法院院會詢答，交付審查：追加預算案或特別預算案送達立法院後，由立法院定期邀請行政院院長、主計長及財政部長列席院會，分別提出報告。於報告及立法委員質詢完畢後，將追加預算案或特別預算案交付委員會審查。

2. 財政委員會會同有關委員會審查：立法院大多由財政委員會會同有關委員會舉行聯席會議審查，於審查時得請有關機關首長列席報告並備詢。審查完竣後即由財政委員會彙總整理提出追加預算案或特別預算案審查總報告提報立法院院會。

3. 進行朝野協商，議決追加預算案或特別預算案：追加預算案或特別預算案審查總報告中保留及待處理之各項提案，交由朝野黨團協商作進

一步處理後，提請立法院院會進行二、三讀程序。嗣後由立法院將審議通過之追加預算案或特別預算案咨請總統公布，並函復行政院。

(四)追加預算係在原總預算之基礎上追加，仍屬總預算之一環，其執行與控管準用預算法第四章，以及行政院所訂各機關單位預算執行要點之相關規定。又預算法第 84 條雖僅明定特別預算之審議程序，準用預算法關於總預算案之規定。但特別預算之籌劃、編造與執行，除法律另有規定外，視特別預算性質審酌適用或準用預算法對於總預算之部分規定，且為因應緊急情勢所需之時效性，並能適切表達預算內容，特別預算編造之書表格式及內容（含業務計畫科目及工作計畫科目），通常與中央政府總預算不同，俾增加歲出預算執行彈性。又在特別預算尚未完成法定程序前，符合預算法第 83 條第 1 款至第 3 款者，為因應情勢之緊急需要，得依第 84 條及國庫法第 23 條規定，由相關主管機關視實際需要情形報經行政院核准後，以「緊急支出」科目由國庫先行墊支一部分，俟特別預算案完成法定程序後再行歸墊。

(五)關於特別預算之執行控管適用或準用預算法第四章預算之執行方面，例如，預算法第 55 條至第 58 條有關歲入歲出分配預算之編造、核定及修改，第 59 條至第 63 條、第 65 條、第 66 條及第 69 條有關歲入歲出分配預算執行之控管、經費之流用、政策及業務宣導經費之執行等。且各機關單位預算執行要點第 53 點規定：「特別預算之執行，除法規另有規定外，準用本要點之規定辦理。」但近年來中央政府常先提出特別條例草案，經立法院審議通過後，再接著提出特別預算案，行政院亦配合訂有相關規定，其中均有與特別預算執行之控制及考核相關者，舉例說明如下：

1. 依嚴重特殊傳染性肺炎防治及紓困振興特別條例第 11 條規定，所分期編列之特別預算，其預算編製與執行不受預算法第 23 條、第 62 條及第 63 條之限制，但經立法院審議刪除或刪減之預算不得流用。且為因應各項防治及紓困振興措施之緊急需要，各相關機關得報經行政院同意後，於特別預算案未完成法定程序前，先行支付其一部分。

2. 行政院所訂之嚴重特殊傳染性肺炎防治及紓困振興特別預算應行注意事項，有甚多條文係參考預算法第四章、上項特別條例及各機關單位預算執行要點相關規定。例如：

(1)本特別預算由機關別預算表所列機關分別執行及控管，並依相關規定處理會計事務。

(2)本特別預算機關別預算表所列機關歲出分配預算之編送、核定及修改程序，依「各機關單位預算執行要點」規定辦理。

(3)各機關補助地方政府經費，得由受補助地方政府以代收代付方式辦理，地方政府並應依中央對直轄市及縣（市）政府補助辦法第 20 條規定，編製「中央補助款代收代付明細表」，以附表方式列入當年度決算。

(4)本特別預算之執行，依本特別條例第 11 條第 1 項規定，不受預算法第 23 條、第 62 條及第 63 條之限制。但經立法院審議刪除或刪減之預算項目不得流用。各機關或單位辦理本特別條例所定防治及紓困振興事項範圍所需經費，如有不足時，應依所列各項原則辦理。其中屬於機關間之流用者，行政院應先函送立法院備查。

(5)為因應各項防治及紓困振興措施之緊急需要，各機關得報經行政院同意後，於本特別預算未完成法定程序前，先行支付其一部分。

(6)行政院主計總處得視疫情發展，對於各機關執行情形進行瞭解，如發現原定歲出預算已無支用必要者，得報經行政院依預算法第 69 條規定，將已定分配數或以後各期分配數之一部或全部列為準備，各機關應配合修改分配預算，俟有實際需要專案動支。

(7)為迅速明瞭本特別預算執行狀況，各機關應比照「中央政府總預算歲入歲出執行狀況月報表」格式，按月填列歲入、歲出執行情形，送本特別預算機關別預算表所列機關審核彙編，於每月終了後 8 日內轉送行政院主計總處、審計部及財政部。

參、作業及相關考題

※申論題

一、請依預算法之規定，回答下列有關政府預算籌劃、編造、審議、成立及執行之問題：

　　(一)那一機關應將以前年度收入狀況，財務上增進效能與減少不經濟支出之建議及下年度財政措施，與最大可能之收入額度供給行政

院，作為下年度施政方針之參考資料？

(二)預算法第 16 條將政府預算分為五種。特種基金，應以歲入、歲出之一部編入總預算者，其預算均為何種預算？

(三)總預算案之審議，如不能依預算法第 51 條期限完成時，各機關預算之執行，收入部分暫依何者，覈實收入？

(四)各主管機關依其施政計畫初步估計之收支，稱概算；預算之未經立法程序者，稱預算案；其經立法程序而公布者，稱何者？

(五)各機關依法律增加業務或事業致增加經費時，得請求提出何種預算？【112 年普考「政府會計概要」】

答案：

(一) 中央財政主管機關

(二) 附屬單位預算

(三) 上年度標準及實際發生數

(四) 法定預算

(五) 追加預算

二、請回答下列有關政府預算之問題

(一)前瞻基礎建設計畫係編列於中央政府總預算及附屬單位預算之原始預算、追加預算或特別預算？

(二)依預算法之規範，各機關因四種情形之一，得請求提出追加歲出預算，請列出此四種情形。

(三)依預算法之規範，行政院因四種情事之一，得提出特別預算，請列出此四種情事。【108 年簡任升等】

答案：

(一) 前瞻基礎建設計畫係編列特別預算

前瞻基礎建設計畫係由行政院先擬具前瞻基礎建設計畫特別條例草案，經立法院審議通過後再接著提出特別預算。又前瞻基礎建設計畫特別預算自 106 年度至 109 年度共分為三期編列。

(二) 提出追加歲出預算之條件及提出追加追減預算之情況

1. 預算法第 79 條規定（請按條文內容作答）。

2. 預算法第 81 條規定（請按條文內容作答）。

(三) 提出特別預算之情事

　　預算法第 83 條規定（請按條文內容作答）。

三、美國於 2008 年發生金融危機，因而衝擊世界各國經濟發展。各國政府為因應是項經濟困境，紛紛提出擴大財政支出計畫方案，以挽救經濟衰退。試問依預算法政府如何籌編經費預算，因應上述擴大財政支出計畫方案？其經費決算應如何辦理？為考核財務效能審計機關審核各機關決算應注意事項為何？【98 年高考】

答案：

(一) 政府為挽救經濟衰退，並有效提振經濟，按照預算法規定可採取之方式如下：

1. 依預算法第 79 條第 3 款「所辦事業因重大事故經費超過法定預算時」與第 4 款「依有關法律應補列追加預算者」得提出追加預算之規定，辦理總預算之追加預算。例如，92 年度時依「公共服務擴大就業暫行條例」（現已廢止）及「擴大公共建設振興經濟暫行條例」（現已廢止），行政院提出 92 年度中央政府總預算第一次追加預算案（符合第 4 款規定）。97 年度時行政院提出「加強地方建設擴大內需方案」及「當前物價穩定方案」，並配合編製 97 年度中央政府總預算追加（減）預算案（符合第 3 款規定）。

2. 根據預算法第 83 條第 2 款規定，因「國家經濟重大變故」，行政院得於年度總預算外，提出特別預算。又近年來行政院常先擬具特別條例草案，經立法院審議通過後再接著提出特別預算。例如，依振興經濟擴大公共建設特別條例（現已廢止），由行政院分三期逐年編列 98 年度至 100 年度中央政府振興經濟擴大公共建設特別預算案；依前瞻基礎建設特別條例，由行政院分三期編列 106 年度至 109 年度前瞻基礎建設計畫特別預算案。

(二) 追加預算係在當年度總預算之基礎上追加，故其決算係併入總決算辦理。至於採特別預算辦理者，按照決算法第 22 條規定，特別預算之收支，應於執行期滿後，依決算法之規定編造其決算；其跨越兩個年度以上者，並應由主管機關依會計法所定程序，分年編送年度會計報告。有關特別決算之書表格式，與單位決算及主管決算相同，並由行政院主計

總處視實際需要情形增減之。

(三) 為考核財務效能，決算法第 23 條與審計法第 67 條規定，審計機關審核各機關或各基金決算，應注意下列效能及事項：

　1. 違法失職或不當情事之有無。

　2. 預算數之超過或賸餘。

　3. 施政計畫、事業計畫或營業計畫已成與未成之程度。

　4. 經濟與不經濟之程度。

　5. 施政效能、事業效能或營業效能之程度及與同類機關或基金之比較。

　6. 其他與決算有關事項。

四、試依預算法規定，說明提出追加預算、追減預算及特別預算之情況。其審議程序為何？【107 年地特三等】

答案：

(一) 提出追加預算之條件

　　預算法第 79 條規定（請按條文內容作答）。

(二) 提出追加追減預算之情況

　　預算法第 81 條規定（請按條文內容作答）。

(三) 提出特別預算之情事

　　預算法第 83 條規定（請按條文內容作答）。

(四) 追加預算及特別預算之審議程序

　1. 預算法第 82 條規定（請按條文內容作答）。

　2. 預算法第 84 條規定，特別預算之審議程序，準用預算法關於總預算之規定。但合於第 83 條第 1 款至第 3 款者（包括國防緊急措施或戰爭、國家經濟重大變故及重大災變），為因應情勢之緊急需要，得先支付其一部。

五、假設行政院擬提出 4 年特別預算從事軌道建設投資計畫，計畫重點為：總工程成本為 800 億元，興建期程為民國 106 年度至 109 年度，每一年度資金需求均為 200 億元，而總工程成本、興建期程、分年資金需求額等資料業經載明於預算書。試依據上述，回答下列問題：

　(一) 依預算法規定，行政院提出特別預算之法定原因有哪些？

　(二) 假設立法院已審議通過民國 106 年度特別預算 200 億元，是否可

表示總工程 800 億元皆屬繼續經費？試依預算法規定說明。【106
年鐵特三級及退除役特考三等】

答案：

(一) 提出特別預算之法定原因

　　預算法第 83 條規定（請按條文內容作答）。

(二) 預算法對於繼續經費之規定及說明

　1. 預算法第 5 條規定，繼續經費係依設定之條件或期限，分期繼續支用。
　　第 39 條規定（請按條文內容作答）。第 76 條規定（請按條文內容作
　　答）。

　2. 依上述預算法規定，我國繼續經費應具備之要件包括：(1)跨越一個年度
　　以上之計畫預算。(2)有明確總金額及分年度金額。(3)循預算程序辦理並
　　經立法院審議通過。(4)須依預算書中所定之用途與條件為合法之支用。
　　至其預算編列之項目範圍及年限並無限制。

　3. 我國中央政府所編列之中長程計畫，僅跨年期之特別預算屬於繼續經
　　費。本題因係由行政院一次提出跨越 106 年度至 109 年度共四個年度之
　　特別預算，每一年度資金需求均為 200 億元，如經立法院審議通過，則
　　800 億元均屬繼續經費。另中央政府總預算與附屬單位預算中所編列之
　　跨年期計畫，因立法院僅審議當年度預算，未對計畫之以後年度所需經
　　費予以審議或授權，故其法定效力只及於當年度，即屬於歲定經費。

六、去年莫拉克颱風造成慘重災情，重建經費龐大，立法院通過「莫拉克
　　颱風災後重建特別條例」，將重建特別預算規模訂在 1,200 億元，並
　　全數以舉債支應。請問：

　　(一)提出特別預算之情事為何？

　　(二)特別預算有何動支規定？

　　(三)特別預算之審議程序準用總預算之規定，請敘述立法院審議總預
　　　算案之程序、限制與審議重點？【99 年高考】

七、近年天災趨烈，政府為因應災害重建所需龐大經費，可能成立特別預
　　算，以為因應。請問：

　　(一)提出特別預算之情事為何？

　　(二)特別預算之動支有何規定？

(三)特別預算之審議程序，準用總預算之規定。請說明立法院審議總預算案之程序、限制與審議重點。【104 年鐵特三級及退除役特考三等】

答案： （含六、七）

(一)提出特別預算之情事

1. 預算法第 83 條規定，有四種情事之一時，行政院得於年度總預算外，提出特別預算，包括國防緊急設施或戰爭、國家經濟重大變故、重大災變、不定期或數年一次之重大政事。其中第 3 款之重大災變，即遭受颱風、豪雨與地震等重大天然災害，或如重大傳染病等其他重大災變。

2. 對於莫拉克颱風所造成重大災害之災後重建事項，符合預算法第 83 條所定「重大災變」之情事，且莫拉克颱風災後重建特別條例第 6 條規定，可在 1,200 億元範圍內以特別預算方式編列。

(二) 特別預算的動支規定

　　預算法第 84 條規定，特別預算之提出如合於第 83 條第 1 款至第 3 款情事者，為因應情勢之緊急需要，得在特別預算案尚未完成法定程序前先支付其一部。實務上係依本條及國庫法第 23 條規定，由相關主管機關視實需情形報經行政院核准後，以「緊急支出」科目由國庫先行墊付一部分，俟特別預算完成法定程序後再行歸墊。

(三) 立法院審議總預算案之程序、限制與審議重點

1. 立法院審議程序

(1) 立法院院會詢答，交付審查：總預算案送達立法院後，依預算法第 48 條規定，由立法院定期邀請行政院院長、主計長及財政部長列席院會，分別報告施政計畫及歲入、歲出預算編製之經過。於報告及立法委員質詢完畢後，將總預算案交付委員會審查。

(2) 各委員會分組審查：按照預算法第 53 條第 2 項規定，立法院各委員會於審查時，得請有關機關首長列席報告並備詢。各委員會審查完竣後，由財政委員會彙總整理提出年度總預算案審查總報告提報立法院院會。

(3) 進行朝野協商，議決總預算案：總預算案審查總報告中保留及待處理之各項提案，交由朝野黨團協商作進一步處理後，提請立法院院會進行二、三讀程序。嗣後由立法院將審議通過之總預算案咨請總統公

布，並函復行政院。

2. 立法院審議限制

(1) 憲法第 70 條規定：「立法院對於行政院所提預算案，不得為增加支出之提議。」

(2) 依 84 年 12 月 8 日司法院釋字第 391 號解釋：立法院對於行政院所提預算案雖得為合理之刪減，惟基於預算案與法律案性質不同，尚不得比照審議法律案之方式逐條逐句增刪修改，而對各機關所編列預算之數額，在款項目節間移動增減並追加或削減原預算之項目。故依上項解釋，立法委員審議中央政府總預算案時，移動或增減原預算之項目，屬於增加支出提議之一種，仍應受憲法第 70 條規定之限制。

(3) 立法院審議期限：預算法第 51 條規定，總預算案應於會計年度開始 1 個月前（即 11 月 30 日前）由立法院議決。

3. 立法院審議重點

(1) 預算法第 49 條規定（請按條文內容作答）。

(2) 預算法第 67 條規定（請按條文內容作答）。

八、109 年 2 月下旬，嚴重特殊傳染性肺炎疫情由原先以大陸地區為主進一步擴散至歐美，且日益加劇，世界衛生組織（WHO）於 3 月 11 日正式宣布進入「全球大流行」（global pandemic），因應國際疫情持續擴大，政府規劃辦理第二階段擴大紓困振興方案，所需增加經費 1,500 億元，編製中央政府嚴重特殊傳染性肺炎防治及紓困振興特別預算追加預算案送請立法院審議，並於 109 年 3 月 18 日公布，實施期程自 109 年 1 月 15 日至 110 年 6 月 30 日止。請問：

(一)該預算究屬特別預算還是追加預算？其決算應如何編造？

(二)特別預算與追加預算可提出之法定原因各為何？

(三)某立法委員提出疫苗研發法律案將大幅增加政府的歲出時，依預算法之規定應如何處理？【109 年高考】

答案：

(一)「中央政府嚴重特殊傳染性肺炎防治及紓困振興（以下簡稱紓困振興）特別預算」，究為特別預算或追加預算，以及決算之編造

1. 紓困振興特別預算案編列 600 億元，連同嗣後再辦理之四次追加預算

案，合共 8,400 億元，其中原特別預算案與第一次、第二次追加預算案之實施期程為自 109 年 1 月 15 日至 110 年 6 月 30 日止，第三次及第四次追加預算案之實施期程為自 109 年 1 月 15 日至 111 年 6 月 30 日止。嗣行政院於 111 年 4 月 15 日依紓困振興特別條例第 19 條第 2 項規定，函請立法院同意延長紓困振興特別條例到 112 年 6 月 30 日，經立法院於 111 年 5 月 27 日審議通過，其預算編製及執行均係依紓困振興特別條例第 11 條第 1 項規定辦理，整體實施期程跨越 109 年度至 112 年度，且其第 11 條第 4 項參考預算法第 84 條內容，規定：「為因應防治及紓困振興措施之緊急需要，各相關機關得報經行政院同意後，於第一項特別預算案未完成法定程序前，先行支應其一部分。」故特別預算之追加預算，本質上仍為特別預算，可跨年度編列，且屬於依預算法第 83 條第 1 款至第 3 款所提出之特別預算案及其追加預算案，在立法院未審議通過前，為因應情勢之緊急需要，得先支付其一部。又以上四次追加預算之預算執行，均併同原特別預算辦理，並於特別預算執行期滿（112 年 6 月 30 日）辦理決算。至於按照預算法第 79 條規定所辦理之追加預算，係當年度總預算之追加，其預算執行則併同原總預算辦理，並於年度終了辦理決算。

2. 紓困振興特別預算及其追加預算，依決算法第 22 條第 1 項規定：「特別預算之收支，應於執行期滿後，依本法之規定編造其決算；其跨越兩個年度以上者，並應由主管機關依會計法所定程序，分年編造年度會計報告。」即於執行期滿（112 年 6 月 30 日）後編造特別決算。

(二) 特別預算與追加預算可提出之法定原因
　1. 預算法第 83 條規定（請按條文內容作答）。
　2. 預算法第 79 條規定（請按條文內容作答）。

(三) 立法委員所提法律案大幅增加政府歲出之處理
　預算法第 91 條規定，立法委員所提法律案大幅增加歲出或減少歲入者，應先徵詢行政院之意見，指明彌補資金之來源；必要時，並應同時提案修正其他法律。故立法委員提出疫苗研發法律案會大幅增加政府歲出時，應依前開規定，先徵詢行政院之意見，並指明彌補資金之來源；必要時，並應同時提案修正其他法律。

九、請依預算法及決算法之規定，回答下列有關特別預算之問題：

　　(一)請說明我國中央政府曾編列「擴大公共建設投資計畫特別預算」係符合提出特別預算之哪種情況？

　　(二)某政府提出特別預算 500 億元，是否會因此而增加該政府原來「總預算」1 兆 9,000 億元之預算規模？為什麼？

　　(三)在哪些情況下之特別預算，為因應情勢之緊急需要，得先支付其一部？

　　(四)跨年度（如橫跨三個會計年度）特別預算之收支，其會計報告或決算該如何編造？【105 年關務人員四等】

答案：

(一) 提出特別預算之情事

　　預算法第 83 條規定，有下列情事之一時，行政院得於年度總預算外，提出特別預算，包括國防緊急設施或戰爭、國家經濟重大變故、重大災變、不定期或數年一次之重大政事。行政院曾依擴大公共建設投資特別條例（現已廢止）第 5 條規定，編列跨越 93 年度至 97 年度之「中央政府擴大公共建設投資計畫特別預算案」，係因我國經濟受到全球金融海嘯衝擊影響，致國內經濟面臨嚴峻情勢，基於為促進國內需求，維持國內經濟成長動能所辦理者，故符合其中第 2 款「國家經濟重大變故」之情事。

(二) 特別預算與總預算為互相獨立

　　特別預算與中央政府總預算為互相獨立之預算，故不會因此增加原來總預算 1 兆 9,000 億元之預算規模。

(三) 特別預算得先支付其一部之規定

　　預算法第 84 條規定，在特別預算尚未完成法定程序前，符合預算法第 83 條第 1 款至第 3 款者，包括國防緊急設施或戰爭、國家經濟重大變故、重大災變等，為因應情勢之緊急需要，得先支付其一部。實務上係依預算法第 84 條及國庫法第 23 條規定，由相關主管機關視實際需要情形報經行政院核准後，以「緊急支出」科目由國庫先行墊支一部分，俟特別預算案完成法定程序後再行歸墊。

(四) 跨年度特別預算會計報告及決算之編造

　1. 決算法第 22 條規定（請按條文內容作答）。

　2. 特別預算與總預算為互相獨立，且特別預算可一次編製跨越數個年度，

決算則為預算執行結果之終結報告，預算執行年度終了始須編製決算以為完結，本題特別預算之執行期間如跨越三個年度，依總決算編製要點規定，應比照年度決算之編送時間分年編送年度會計報告，即各主管機關應於各該年度終了 2 個月內，分別完成三個年度之會計報告，並於特別預算執行期滿後依決算法第 22 條規定單獨辦理決算。

3. 總決算編製要點第 41 點規定，各機關執行特別預算之特別決算，係比照總決算相關規定辦理。故行政院應於特別預算執行期滿之 4 個月內提出特別決算於監察院。審計部則比照總決算，依決算法第 26 條及審計法第 34 條規定，於行政院提出後 3 個月內完成其審核，編造最終審定數額表，並提出審核報告於立法院。

十、行政院已擬定「振興五倍券」的方案，規劃由特別預算支應，請依預算法之規定，說明特別預算之審議程序，及執行預算之控制與考核機制。【110 年高考】

答案：

(一) 立法院對特別預算之審議程序

1. 預算法第 84 條規定（請按條文內容作答）。

2. 立法院對特別預算案之審議程序，係準用預算法第 48 條、第 53 條及依中央政府總預算案審查程序第 8 條規定辦理，分述如下：

   (1) 立法院院會詢答，交付審查：特別預算案送達立法院後，由立法院定期邀請行政院院長、主計長及財政部長列席院會，分別提出報告。於報告及立法委員質詢完畢後，將特別預算案交付委員會審查。

   (2) 財政委員會會同有關委員會審查：立法院大多由財政委員會會同有關委員會舉行聯席會議審查，於審查時得請有關機關首長列席報告並備詢。審查完竣後即由財政委員會彙總整理提出特別預算案審查總報告提報立法院院會。

   (3) 進行朝野協商，議決特別預算案：特別預算案審查總報告中保留及待處理之各項提案，交由朝野黨團協商作進一步處理後，提請立法院院會進行二、三讀程序。嗣後由立法院將審議通過之特別預算案咨請總統公布，並函復行政院。

(二) 特別預算執行之控制與考核機制

　　預算法第 84 條雖僅明定特別預算之審議程序,準用預算法關於總預算之規定。但特別預算之執行,除法律另有規定外,視特別預算性質審酌適用或準用預算法對於總預算之部分規定,例如,預算法第 55 條至第 58 條有關歲入歲出分配預算之編造、核定及修改,第 59 條至第 63 條、第 65 條、第 66 條及第 69 條有關歲入歲出分配預算執行之控管、經費之流用、政策及業務宣導經費之執行等。且各機關單位預算執行要點第 53 點規定:「特別預算之執行,除法規另有規定外,準用本要點之規定辦理。」另近年來中央政府常先提出特別條例草案,經立法院審議通過後,再接著提出特別預算案,行政院亦配合訂有相關規定,其中均有與特別預算執行之控制及考核相關者,以納編振興五倍券之特別預算及其相關規定說明如下:

1. 依嚴重特殊傳染性肺炎防治及紓困振興特別條例第 11 條規定,所分期編列之特別預算,其預算編製與執行不受預算法第 23 條、第 62 條及第 63 條之限制。但經立法院審議刪除或刪減之預算不得流用。又為因應各項防治及紓困振興措施之緊急需要,各相關機關得報經行政院同意後,於特別預算案未完成法定程序前,先行支付其一部分。

2. 行政院所訂之嚴重特殊傳染性肺炎防治及紓困振興特別預算應行注意事項,有甚多條文係參考預算法第四章、上項特別條例及各機關單位預算執行要點相關規定。例如:

(1) 本特別預算由機關別預算表所列機關分別執行及控管,並依相關規定處理會計事務。有關歲出分配預算之編送、核定及修改程序,依「各機關單位預算執行要點」規定辦理。

(2) 本特別預算之執行,不受預算法第 23 條、第 62 條及第 63 條之限制。但經立法院審議刪除或刪減之預算項目不得流用。各機關或單位辦理本特別條例所定防治及紓困振興事項範圍所需經費,如有不足時,應依所列各項原則辦理。其中屬於機關間之流用者,行政院應先函送立法院備查。

(3) 為因應各項防治及紓困振興措施之緊急需要,各機關得報經行政院同意後,於本特別預算未完成法定程序前,先行支付其一部分。

(4) 行政院主計總處得視疫情發展,對於各機關執行情形進行瞭解,如發現原定歲出預算已無支用必要者,得報經行政院依預算法第 69 條規

定，將已定分配數或以後各期分配數之一部或全部列為準備，各機關
應配合修改分配預算，俟有實際需要專案動支。

(5) 為迅速明瞭本特別預算執行狀況，各機關應比照「中央政府總預算歲
入歲出執行狀況月報表」格式，按月填列歲入、歲出執行情形，送本
特別預算機關別預算表所列機關審核彙編，於每月終了後 8 日內轉送
行政院主計總處、審計部及財政部。

十一、試述特別預算之法源依據、特點以及缺點。【106 年薦任升等「審計
應用法規」】

答案：

(一) 特別預算之法源

預算法第 83 條規定（請按條文內容作答）。

(二) 特別預算之特點

1. 可因應突發緊急或重大政事所需：政府總預算自籌編、審議迄至執行，
通常需時 1 年以上，對於籌編預算案時難以事先預料之突發緊急或重大
事項，且第二預備金亦無法容納時，即可採取另行編列特別預算因應。

2. 得以編列跨越多年度之預算：特別預算可一次編列跨越多年度之計畫，
經立法機關審議通過後屬於繼續經費，其執行單獨按期編造會計報告，
年度終了未支用數得轉入下年度繼續支用，執行期滿則依決算法第 22 條
規定單獨編造決算。

3. 能夠爭取時效且預算執行較具彈性：特別預算為因應緊急情勢所需之時
效性，並能適切表達預算內容，所編造之書表格式及內容（含業務計畫
科目及工作計畫科目），通常與總預算不同，俾增加歲出預算執行彈
性。又在特別預算尚未完成法定程序前，符合預算法第 83 條第 1 款至第
3 款者，為因應情勢之緊急需要，得依第 84 條及國庫法第 23 條規定，
由相關主管機關視實需情形報經行政院核准後，以「緊急支出」科目由
國庫先行墊支一部分，俟特別預算案完成法定程序後再行歸墊。

(三) 特別預算之缺點

1. 違背預算單一原則：預算法第 11 條規定，政府預算，每一會計年度辦理
一次。特別預算係獨立於年度總預算之外所提出者，可能造成不容易瞭解
政府整體預算編列實況與其關聯性，或發生與總預算重複及浪費情形。

2. 預算編列與執行易產生較大落差：為因應緊急情勢所需之時效性，特別預算案在行政部門籌編作業與立法機關審議時，其時間一般多較為緊促，不如總預算案之周延及嚴謹，往往會因此造成預算編列與執行產生較大落差。

3. 特別預算逐漸演變為常態化：特別預算之編列，原則上應以突發性或屬於緊急重大者為限，但近年來幾乎每年都有編列特別預算，且尚有一年辦理兩次以上之情形，肇致特別預算之常態化。

4. 不利於預算執行控管與政府財政之健全：近年來中央政府常先提出特別條例草案，經立法院審議通過後，再接著提出特別預算案，於特別條例中常有規定，特別預算之編製與執行不受預算法第 23 條、第 62 條及第 63 條之限制，且每年度舉借債務之額度，不受公共債務法第 5 條第 7 項及財政紀律法第 14 條第 2 項規定之限制。違反經常收支平衡原則，且因預算執行規範較總預算寬鬆，以及特別預算之財源大多以舉借債務支應，不利於預算執行控管與政府財政之健全。

十二、立法院會於民國 111 年 5 月 27 日，通過同意「嚴重特殊傳染性肺炎防治及紓困振興特別條例」及其特別預算施行期間延長一年至民國 112 年 6 月 30 日。依預算法規定，特別預算提出之情事為何？此一特別條例係引用那一種情事？特別預算如何審議？【111 年高考】

答案：

(一) 提出特別預算之情事

　　預算法第 83 條規定（請按條文內容作答）。

(二) 特別條例引用預算法第 83 條情事

　　依「嚴重特殊傳染性肺炎防治及紓困振興特別條例」及其特別預算，其內容主要包括肺炎防治與紓困振興兩大部分，故適用預算法第 83 條第 2 款「國家經濟重大變故」及第 3 款「重大災變」之規定。

(三) 特別預算之審議程序

　　（請按第十題答案(一)作答）。

十三、明年度（2024）中央政府總預算中，國防經費整體規模達新臺幣 6,068 億元，其中含有特別預算 943 億元，用於新式戰機採購及海空戰力提升計畫採購。

(一)那些情況可以提出特別預算？國防部這筆 943 億元是否適用？特別預算之審議程序及相關規定為何？

(二)國防部這筆 943 億元是否可以用追加預算的方式來處理？那些情況可以提出追加預算？追加預算之審議程序及相關規定為何？

　　【112 年薦任升等】

答案：

(一) 提出特別預算之情事及立法院審議程序

　1. 預算法第 83 條規定（請按條文內容作答）。

　2. 國防部用於新式戰機採購及海空戰力提升計畫採購 943 億元，可適用預算法第 83 條第 1 項「國防緊急設施或戰爭」。

　3. 預算法第 84 條規定（請按條文內容作答）。

(二) 提出追加預算之情形及立法院審議程序

　1. 預算法第 79 條規定（請按條文內容作答）。

　2. 國防部用於新式戰機採購及海空戰力提升計畫採購 943 億元，亦可適用預算法第 79 條第 3 項「所辦事業因重大事故經費超過法定預算時」及第 4 項「依有關法律應補列追加預算者」。

　3. 預算法第 84 條規定，追加預算之審議程序，均準用預算法關於總預算之規定。

(三) 立法院對追加預算案及特別預算案之審議程序

　　立法院對追加預算案與特別預算案之審議程序，係準用預算法第 48 條、第 53 條及依中央政府總預算案審查程序第 8 條規定辦理，分述如下：

　　（以下請按本文貳、二(三)之 1.至 3.作答）

十四、民國 112 年 2 月 21 日總統公布「疫後強化經濟與社會韌性及全民共享經濟成果特別條例」，所需經費以特別預算方式編列，施行期間自公布日施行至 114 年 12 月 31 日止。請試述那些情況可提出特別預算？特別預算的審議程序為何？如何編造特別預算收支會計報告及決算？【112 年高考】

答案：

(一) 提出特別預算之情事

　　預算法第 83 條規定（請按條文內容作答）。

(二) 立法院對特別預算之審議程序

　　（請按第十題答案(一)作答）。

(三) 特別預算收支會計報告及決算之編造

　　決算法第 22 條第 1 項規定（請按條文內容作答）。

※測驗題

一、高考、普考、薦任升等、三等及四等各類特考

(C)1. 依預算法之規定，各機關遇下列何情形，不得請求提出追加歲出預算？(A)所辦事業因重大事故經費超過法定預算時(B)依法律增設新機關時(C)國家經濟重大變故(D)依法律增加業務或事業致增加經費時【109 年普考「政府會計概要」】

(B)2. 各機關因下列何種情形，得請求提出追加歲出預算？(A)原列計畫費用因事實需要奉准修訂致原列經費不敷時(B)所辦事業因重大事故經費超過法定預算時(C)因應政事臨時需要必須增加計畫及經費時(D)不定期或數年一次之重大政事【108 年地特三等】

(A)3. 各機關所辦事業因重大事故經費超過法定預算時，得請求提出何種預算？(A)追加歲出預算(B)特別預算(C)總預算內業務科目間經費流用(D)增加歲出分配預算【106 年地特三等】

(A)4. 各機關「因應政事臨時需要必須增加計畫及經費時」，及「所辦事業因重大事故經費超過法定預算時」，應動支或提出下列何者？(A)第二預備金；追加歲出預算(B)第一預備金；追加歲出預算(C)追加歲出預算；第二預備金(D)追加歲出預算；第一預備金【107 年高考】

(D)5. 追加預算所需經費，需由何機關籌劃財源平衡之？(A)中央主計機關(B)需求機關(C)需求機關之上級機關(D)中央財政主管機關【107 年地特三等】

(C)6. 中央政府在年度預算執行中，遇有法定歲入特別短收之情勢，且無法以裁減經費方式因應時，應由下列何機關負責籌劃抵補？(A)行政院(B)行政院主計總處(C)財政部(D)立法院【106 年地特四等「政府會計概要」】

(A)7. 追加預算除下列何項程序外，均準用預算法關於總預算之規定？(A)預算之籌劃(B)預算之編造(C)預算之審議(D)預算之執行【111 年地特四等

「政府會計概要」】

(B)8. 當發生下列何種情事時，應提出特別預算？①國防緊急設施②依法律增設新機關③國家經濟重大變故④重大災變(A)僅①②(B)僅①③④(C)僅②③④(D)①②③④【106年普考「政府會計概要」】

(A)9. 行政院得於年度總預算外，提出特別預算的情況為：(A)重大災變(B)依法律增設新機關時(C)依法律增加業務或事業致增加經費時(D)所辦事業因重大事故經費超過法定預算時【110年地特三等】

(B)10.下列何者非為預算法所規範提出特別預算之條件？(A)國家經濟重大變故(B)緊急重大工程(C)重大災變(D)不定期或數年一次之重大政事【110年薦任升等】

(D)11.依預算法規定，下列敘述①有國防緊急設施或戰爭之情事，行政院應提出特別預算②有重大災變之情事，總統得提出特別預算③有依法律增設新機關之情形，行政院應提出追加預算④有國家經濟重大變故時，行政院得提出特別預算⑤有數年一次之重大政事之情事，行政院應提出特別預算，何者正確？(A)僅①③⑤(B)僅①⑤(C)僅②(D)僅④【109年地特三等】

(B)12.民國106年的前瞻基礎建設計畫係使用何種預算？(A)追加預算(B)特別預算(C)第一預備金(D)第二預備金【110年薦任升等】

(B)13.中央政府嚴重特殊傳染性肺炎防治及紓困振興預算民國109年度至111年度，係屬何種預算？(A)總預算(B)特別預算(C)追加預算(D)第二預備金【111年鐵特三級】

(B)14.為有效防治嚴重特殊傳染性肺炎（COVID-19），維護人民健康，並因應其對國內經濟社會之衝擊，中央政府對於相關防治及紓困工作須提出何種預算？①於年度總預算外，提出特別預算②年度總預算的追加預算③於特別預算外，提出追加預算④特別預算的追加預算(A)僅①③(B)僅①④(C)僅②(D)僅③【111年高考】

(A)15.遇有預算法第83條規定情事之一時，行政院得於年度總預算外，提出特別預算，請問下列何者屬特別預算之構成因子？①歲出預算②債務之舉借③債務之償還④移用以前年度歲計賸餘(A)僅①②④(B)僅①③④(C)僅②③④(D)①②③④【112年高考】

(B)16.依預算法規定，審議程序準用預算法關於總預算之規定，為下列何者？

①特別預算②動支第二預備金③追加預算④歲出分配預算(A)僅①②(B)僅①③(C)僅①②③(D)①②③④【111年高考】

(D)17. 下列有關追加預算與特別預算的敘述，何者錯誤？(A)追加預算之編造、審議及執行程序，均準用總預算之規定(B)特別預算之審議程序，準用總預算之規定(C)特別預算若為因應情勢之緊急需要，得先支付其一部分；追加預算則不得先支付其一部分(D)追加預算與特別預算均屬於總預算之一部分【109年鐵特三級】

(A)18. 依預算法規定，特別預算合於下列何項情事所提出者，在立法院尚未審議通過前，為因應情勢之緊急需要，得先支付其一部分？①國家經濟重大變故②不定期或數年一次之重大政事③因重大事故經費超過法定預算④重大災變(A)僅①④(B)僅②④(C)僅①②③(D)僅①③④【110年地特四等「政府會計概要」】

(D)19. 下列有關追加預算與特別預算之敘述，何者正確？(A)提出追加預算與特別預算，經審議通過後，均會增加該政府年度總預算之規模(B)追加預算與特別預算之編造、審議及執行程序，均準用預算法關於總預算之規定(C)追加預算與特別預算為因應情勢之緊急需要，均得先支付其一部(D)所辦事業因重大事故經費超過法定預算時，得提出追加預算；不定期或數年一次之重大政事，得提出特別預算【107年鐵特三級】

(A)20. 特別預算之審議程序，準用預算法何種預算之規定？(A)總預算(B)單位預算(C)附屬單位預算(D)分預算【106年高考】

二、初考、地特五等、經濟部所屬事業機構及台電公司新進僱員

(B)1. 在一會計年度內，編列下列各預算之時間先後之順序，何者正確？①法定預算②概算③預算案④追加預算⑤分配預算(A)③②①④⑤(B)②③①⑤④(C)②③④①⑤(D)③①②⑤④【111年經濟部事業機構】

(B)2. 下列何項條件得請求提出追加歲出預算？(A)國家經濟重大變故(B)所辦事業因重大事故經費超過法定預算時(C)重大災變(D)數年一次之重大政事【109年初考】

(D)3. 各機關因何種情形得請求提出追加歲出預算？(A)重大災變(B)國家經濟重大變故(C)不定期或數年一次之重大政事(D)所辦事業因重大事故經費超過法定預算時【112年初考】

(C)4. 各機關所辦事業因重大事故經費超過法定預算時，得請求提出下列何事項？(A)第一預備金(B)第二預備金(C)追加歲出預算(D)特別預算【112年經濟部事業機構】

(B)5. 下列何者非屬各機關得請求追加歲出預算之理由？(A)依法律增設新機關(B)國家經濟重大變故(C)依有關法律應補列追加預算(D)依法律增加業務或事業致增加經費【111年台電公司新進僱員】

(A)6. 下列何者非為得提出追加預算之情形？(A)原列計畫費用因增加業務量致增加經費時(B)依法律增加業務或事業致增加經費時(C)依法律增設新機關時(D)依有關法律應補列追加預算者【112年地特五等】

(D)7. 追加歲出預算所需經費，應如何處理？(A)由財政部提出追加歲入預算平衡之(B)由中央主計機關籌劃財源平衡之(C)由中央主計機關提出追加歲入預算平衡之(D)由中央財政主管機關籌劃財源平衡之【108年經濟部事業機構】

(D)8. 有關追加預算之敘述，下列何者錯誤？(A)追加歲出預算之經費，應由中央財政主管機關籌劃財源平衡之(B)各機關依法律增加業務或事業致增加經費時，得請求提出追加歲出預算(C)追加預算之編造、審議及執行程序，均準用預算法關於總預算之規定(D)各機關所辦事業因經費超過法定預算時，得請求提出追加歲出預算【109年地特五等】

(C)9. 依預算法第 83 條，特別預算係由何者提出？(A)各機關(B)各主管機關(C)行政院(D)總統【112年初考】

(D)10.下列何者得於年度總預算外，提出特別預算？(A)行政院主計總處(B)財政部(C)主辦機關(D)行政院【111年地特五等】

(B)11.行政院於年度總預算外，得提出特別預算的情形為何？(A)依法律增加業務或事業致增加經費時(B)國家經濟發生重大變故時(C)依法律增設新機關時(D)所辦事業經費超過法定預算時【110年初考】

(B)12.行政院得於年度總預算外，提出特別預算之情況為何？(A)依法律增加業務或事業致增加經費時(B)重大災變(C)依法律增設新機關時(D)所辦事業因重大事故經費超過法定預算時【111年經濟部事業機構】

(B)13.有何情事時，行政院得於年度總預算外，提出特別預算？(A)依法律增設新機關(B)不定期或數年一次之重大政事(C)原列計畫費用因增加業務量致增加經費(D)因應政事臨時需要必須增加計畫及經費【112 年地特

五等】

(D)14.最近發生的嚴重特殊傳染性肺炎（COVID-19），有關經費部分，政府可以採取何種方式因應？①經費流用②動支第二預備金③編列追加預算④編列特別預算(A)①(B)①②(C)①②③(D)①②③④【111年初考】

(C)15.行政院得於年度總預算外，提出特別預算的情事，不包括下列何者？(A)重大災變(B)國家經濟重大變故(C)當年度未編列預算之經費(D)戰爭【108年初考】

(D)16.行政院於特殊情況下，得於年度總預算外，提出特別預算，但不包括下列何項？(A)不定期或數年一次之重大政事(B)重大災變(C)國家經濟重大變故(D)依法律增設新機關時【110年台電公司新進僱員】

(C)17.有關追加預算及特別預算之敘述，下列有幾項錯誤？①各機關依法律增加業務致增加經費時，得提出追加歲出預算②遇有不定期或數年一次之重大政事，提出追加預算③特別預算之經費，應由中央財政主管機關籌劃財源平衡之④所辦事業因重大事故，經費超過法定預算，得請求提出特別預算(A)僅一項(B)僅二項(C)僅三項(D)四項【111年地特五等】

(D)18.依現行預算法規定，下列何種情形之敘述錯誤？(A)遇有國家經濟重大變故，行政院得於年度總預算外，提出特別預算(B)遇有依法律增設新機關時，各機關得請求提出追加歲出預算(C)遇有法定歲入特別短收，且無法以經費裁減方式處理時，應由行政院提出追加、追減預算調整之(D)特別預算之審議程序，適用預算法關於總預算之規定【107年初考】

(B)19.下列關於特別預算及追加預算之敘述何者正確？①特別預算不得辦理追加預算②總預算不得辦理追加預算③特別預算得辦理追加預算④總預算得辦理追加預算(A)①②(B)③④(C)①④(D)②③【109年地特五等】

(D)20.行政院得於年度總預算外，提出特別預算的情況為：(A)依法律增加業務或事業致增加經費時(B)依法律增設新機關時(C)所辦事業因重大事故經費超過法定預算時(D)國家經濟重大變故【106年初考】

(B)21.行政院得於年度總預算外提出特別預算之情事，下列何者錯誤？(A)國防緊急設施或戰爭(B)數年一次的國家重大選舉(C)國家經濟重大變故與重大災變(D)不定期或數年一次之重大政事【108年地特五等】

(B)22.特別預算之審議程序，準用預算法關於總預算之規定。但有特定情事

時，為因應情勢之緊急需要，得先支付其一部。下列何者屬前述特定情事？(A)所辦事業因重大事故經費超過法定預算時(B)國家經濟重大變故(C)依法律增設新機關時(D)不定期或數年一次之重大政事【109 年初考】

第六章 附屬單位預算

壹、附屬單位預算之擬編及與總預算之關聯

一、預算法相關條文

(一)營業基金預算之擬編

第 85 條　附屬單位預算中，營業基金預算之擬編，依左列規定辦理：

一、各國營事業主管機關遵照施政方針，並依照行政院核定之事業計畫總綱及預算編製辦法，擬訂其主管範圍內之事業計畫，並分別指示所屬各事業擬訂業務計畫；根據業務計畫，擬編預算。

二、營業基金預算之主要內容如左：

(一) 營業收支之估計。

(二) 固定資產之建設、改良、擴充與其資金來源及其投資計畫之成本與效益分析。

(三) 長期債務之舉借及償還。

(四) 資金之轉投資及其盈虧之估計。

(五) 盈虧撥補之預計。

三、新創事業之預算，準用前款之規定。

四、國營事業辦理移轉、停業或撤銷時，其預算應就資產負債之清理及有關之收支編列之。

五、營業收支之估計，應各依其業務情形，訂定計算之標準；其應適用成本計算者，並應按產品別附具成本計算方式、單位成本、耗用人工及材料之數量與有關資料，並將變動成本與固定成本分析之。

六、盈餘分配及虧損填補之項目如左：

(一) 盈餘分配：

甲、填補歷年虧損。

乙、提列公積。

丙、分配股息紅利或繳庫盈餘。

丁、其他依法律應行分配之事項。

戊、未分配盈餘。

(二) 虧損填補：

甲、撥用未分配盈餘。

乙、撥用公積。

丙、折減資本。

丁、出資填補。

七、有關投資事項，其完成期限超過一年度者，應列明計畫內容、投資總額、執行期間及各年度之分配額；依各年度之分配額，編列各該年度預算。

國營事業辦理移轉、停業，應依預算程序辦理。

(二)附屬單位預算應編入總預算者

第 86 條　附屬單位預算應編入總預算者，在營業基金為盈餘之應解庫額及虧損之由庫撥補額與資本由庫增撥或收回額；在其他特種基金，為由庫撥補額或應繳庫額。

各附屬單位預算機關辦理以前年度依法定程序所提列之公積轉帳增資時，以立法院通過之當年度各該附屬單位預算所列數額為準，不受前項應編入總預算之限制。

第 89 條　附屬單位預算中，營業基金以外其他特種基金預算應編入總預算者，為由庫撥補額或應繳庫額，但其作業賸餘或公積撥充基金額，不在此限，其預算之編製、審議及執行，除信託基金依其所定條件外，凡為餘絀及成本計算者，準用營業基金之規定。

二、解析

(一)營業基金預算之擬編，係由各事業主管機關（如財政部、經濟部及交通部等）根據行政院訂定之年度施政方針、中央及地方政府預算籌編原則、國營事業計畫總綱、中央政府總預算附屬單位預算編製辦法等預算政策及規範核定事業計畫，各事業機構並據以擬定業務計畫，按

照業務計畫擬編預算，以貫徹計畫預算精神。另營業基金預算之主要內容除預算法第 85 條規定之營業收支之估計等五項外，對於未列為上述主要內容之補辦預算部分，因均屬影響基金財務之重大事項，實務上仍將其列入營業基金預算之主要內容表達。

(二)營業基金與作業基金同屬業權型基金，其附屬單位預算應編入總預算者，包括各基金盈餘或賸餘（營業基金為盈餘，作業基金為賸餘）繳庫、撥款彌補各基金之虧絀、現金投資或收回資本（營業基金為現金投資或收回資本，作業基金為現金撥充或折減基金）、營業基金之盈餘轉帳增資、國有財產作價投資（或撥充）涉及所有權移轉或處分得款留供基金運用者。至於以以前年度公積轉帳增資、非現金之實物資產減資（折減基金）繳庫，以及作業基金之賸餘撥充基金，則逕循附屬單位預算程序辦理，無需編入中央政府總預算。另國庫直接投資民營事業所獲配之股票股利，自 88 年度起改以會計帳務處理方式替代，亦不再透過中央政府總預算辦理。

(三)特別收入基金、資本計畫基金及債務基金同屬政事型基金，亦為學理上之動本基金，其附屬單位預算應編入總預算者，包括公務預算（即普通基金）為維持各基金業務運作所撥補之款項、基金年度收支預算結餘且無須再充作以後年度運作財源之應繳庫款、國有財產作價撥充涉及所有權移轉或處分得款留供基金運用者。至於僅提供財產供基金使用，不涉及所有權移轉及處分事宜者，即不透過中央政府總預算辦理。又以折減基金方式將非現金之實物資產繳回，則與營業基金相同，亦逕循附屬單位預算程序辦理，無需編入中央政府總預算。另信託基金係政府基於受託人之立場，依國內外機關、團體或私人所訂條件，代為管理或處分其財產，一般而言，與公務預算並無投資之關係，故尚無依預算法第 86 條及第 89 條所定應編入總預算者。

(四)營業基金以外其他特種基金之會計處理與營業基金著重損益及成本計算相同者，其預算編製、審議及執行當可準用營業基金之相關規定。又所準用營業基金之規定為準用預算法第 85 條及第 87 條。

(五)經再整理各類基金附屬單位預算與總預算之關聯如下：

1. 營業基金附屬單位預算

(1)應編入總預算者

　　　　盈餘繳庫、撥款彌補虧絀、現金投資或收回資本、盈餘轉帳增資、
　　　　國有財產作價投資涉及所有權移轉或處分得款留供基金運用。
　　(2)不須編入總預算者（按係逕循附屬單位預算程序辦理，以下同）
　　　　以以前年度公積轉帳增資、非現金之實物資產減資繳庫。
2. 作業基金附屬單位預算
　　(1)應編入總預算者
　　　　賸餘繳庫、撥款彌補虧絀、現金撥充或折減基金、國有財產作價撥
　　　　充涉及所有權移轉或處分得款留供基金運用。
　　(2)不須編入總預算者
　　　　以以前年度公積轉帳增資、非現金之實物資產折減基金繳庫、賸餘
　　　　撥充基金。
3. 特別收入基金、資本計畫基金與債務基金附屬單位預算
　　(1)應編入總預算者
　　　　公務預算撥補款項、基金結餘繳庫、國有財產作價撥充涉及所有權
　　　　移轉或處分得款留供基金運用。
　　(2)不須編入總預算者
　　　　僅提供財產供基金使用，不涉及所有權移轉及處分；以折減基金將
　　　　非現金之實物資產繳回。

貳、附屬單位預算之執行

一、預算法相關條文

第 87 條　各編製營業基金預算之機關，應依其業務情形及第七十六條之
　　　　　規定編造分期實施計畫及收支估計表，其配合業務增減需要隨
　　　　　同調整之收支，併入決算辦理。
　　　　　前項分期實施計畫及收支估計表，應報由各該主管機關核定執
　　　　　行，並轉送中央主計機關、審計機關及中央財政主管機關備查。
第 88 條　附屬單位預算之執行，如因經營環境發生重大變遷或正常業務
　　　　　之確實需要，報經行政院核准者，得先行辦理，並得不受第二
　　　　　十五條至第二十七條之限制。但其中有關固定資產之建設、改
　　　　　良、擴充及資金之轉投資、資產之變賣及長期債務之舉借、償

　　還，仍應補辦預算。每筆數額營業基金三億元以上，其他基金一億元以上者，應送立法院備查；但依第五十四條辦理及因應緊急災害動支者，不在此限。

　　公務機關因其業務附帶有事業或營業行為之作業者，該項預算之執行，準用前項之規定。

　　第一項所稱之附屬單位預算之正常業務，係指附屬單位經常性業務範圍。

第 90 條　附屬單位預算之編製、審議及執行，本章未規定者，準用本法其他各章之有關規定。

二、解析

(一)營業基金預算每年度執行數，包括當年度預算、以前年度保留數及奉准先行辦理之數，按照預算法第 87 條規定，應依當年度業務情形及第 76 條規定，分二期編造實施計畫及收支估計表報各該主管機關核定後由各基金據以執行（此與各機關歲入歲出分配預算係由各機關報主管機關核轉行政院主計總處核定不同），並轉送主計總處、審計部及財政部備查。嗣後於執行期間如遇有重大變動，包括重大補辦預算案件、重大收支估計變動等，或於法定預算公布後須修正時，亦循相同程序辦理。另所謂「配合業務增減需要隨同調整之收支」，係指各營業基金預算隨同產銷營運計畫（作業基金稱營運計畫）調整之相關收支，包括隨同生產、銷售與其他營運增減變動之收入、成本、費用，以及因營運量（值）變動，所衍生資產及負債之變動，如存放款、存貨、無形資產、長期貸款或資金轉投資以外之投資事項（如不動產投資及債券投資）等，併入當年度決算辦理。

(二)附屬單位預算為政府預算體系之一環，均應依預算法所定預算之籌劃及擬編、預算之審議及預算之執行等程序辦理。但考量附屬單位預算在營運管理上，常會受到外部經營環境及內部正常業務需要等因素影響，爰必須賦予預算執行彈性，俾機動調整增減預算所列計畫內容及金額，故除預算法第 87 條第 1 項規定，其配合業務增減需要隨同調整之收支，併入當年度決算辦理外，至屬於產銷營運計畫以外，即與產銷營運（業務）量（值）無連動關係事項，如因經營環境發生重大變

遷或正常業務之確實需要，而未及事先編列預算或預算編列不足時，得依預算法第 88 條第 1 項及行政院所訂附屬單位預算執行要點規定程序報經行政院核准後先行辦理，不受預算法第 25 條至第 27 條之限制。即可於預算外先行動支款項、投資、增購與處分或交換財產、增加債務等行為，亦併入當年度決算辦理。但其中有關固定資產之建設、改良及擴充，資金之轉投資，資產之變賣，長期債務之舉借及償還等，尚應於以後年度補辦預算，其辦理方式係於以後最近年度各附屬單位預算中詳列補辦預算之項目及金額，配合年度預算作業程序送立法院，一年辦理一次。

(三)預算法第 88 條第 1 項所規定應補辦預算事項，每筆數額營業基金如台灣中油股份有限公司等在 3 億元以上，作業基金、債務基金、特別收入基金與資本計畫基金，如經濟作業基金、就業安定基金、國軍營舍及設施改建基金等在 1 億元以上者，應送立法院備查，實務上係每半年由各主管機關填具補辦預算數額表，報行政院彙案轉送立法院備查；但依預算法第 54 條規定之補救措施辦理者，係屬先行辦理附屬單位預算內所列之新興資本支出或新增計畫，隨後立法院亦會完成審議程序，爰無再送立法院備查需要；至於因應緊急災害動支者，則可採於動支後再送立法院備查。另各公務機關以特定財源辦理特定業務者，已陸續設置非營業特種基金辦理，故尚無準用預算法第 88 條第 2 項規定辦理之例。

(四)因預算法第六章條文並未涵蓋所有附屬單位預算之編製（含程序）、審議及執行等相關規範，爰預算法第 90 條規定，第六章未規定者，準用其他各章之有關規定。至其他各章中，如年度施政方針、附屬單位預算編製辦法的訂定等為附屬單位預算編製之依據，有關明確規範附屬單位預算編送對象及程序、預算執行應行繳庫數等條文，係逕予適用，其餘關於預算編製、審議與執行之相關規定，係在性質不相牴觸之範圍內適用之。

參、作業及相關考題

※申論題

一、簡答題

(一)請依預算法第 4 條規定及中華民國 101 年度中央政府總預算案附屬單位預算（非營業部分）之基金名稱，說明債務基金及資本計畫基金之意義，並各列舉一個基金名稱。

(二)請依預算法第 88 條之規定，說明國營事業哪些項目報經行政院核准者，得先行辦理，但仍應補辦預算？

(三)審計法第 41 條規定：「審計機關派員赴各機關就地辦理審計事務，得審度其內部控制實施之有效程度，決定其審核之詳簡範圍。」請說明政府機構健全內部控制可合理確保達成哪些目標之項目？

(四)請依決算法第 26 條之 1 規定，說明審計長應於會計年度中將政府之半年結算報告，於政府提出後多少時間內完成其查核？並提出查核報告於何機關？且依現行實務說明該法第 26 條之 1 所稱政府係指何機關？

(五)請依審計法第 52 條規定，說明公有營業及事業盈虧撥補，應依法定程序辦理；其不依規定者，審計機關應如何處理？又所謂法定程序係指何種程序？【101 年高考】

答案：

(一) 預算法第 4 條所規定基金之意義

　1. 債務基金：係依法定或約定之條件，籌措財源供償還債本之用者。如中央政府債務基金。

　2. 資本計畫基金：係處理政府機關重大公共工程建設計畫者。如國軍營舍及設施改建基金。

(二) 預算法第 88 條第 1 項規定，固定資產之建設、改良、擴充及資金之轉投資，資產之變賣及長期債務之舉借、償還，報經行政院核准者，得先行辦理，但仍應補辦預算。

(三) 依行政院訂定之健全內部控制實施方案，可達成目標之項目，其中：

　1. 在公務機關方面，包括：(1)提升施政效能。(2)遵循法令規定。(3)保障資

產安全。(4)提供可靠資訊。

2. 在國營事業方面，包括：(1)可靠之財務報導。(2)有效率及有效果之營運。(3)相關法令之遵循。

(四) 依決算法第 26 條之 1 規定，審計長應於會計年度中將政府之半年結算報告，於政府提出後 1 個月內完成其查核，並提出查核報告於立法院。前者所指之政府為中央政府，後者所指之政府為行政院主計總處。

(五) 按照審計法第 52 條規定，對於公有營業及事業盈虧撥補，應依法定程序辦理；其不依規定者，審計機關應修正之。又審計法施行細則第 37 條規定，第 52 條所稱法定程序，係指法定預算與預算法第 85 條第 1 項第 6 款盈餘分配及虧損填補之程序。其中：

1. 盈餘分配為：填補歷年虧損、提列公積、分配股息紅利或繳庫盈餘、其他依法律應行分配之事項，以及未分配盈餘。

2. 虧損填補為：撥用未分配盈餘、撥用公積、折減資本及出資填補。

二、依預算法第 88 條第 1 項規定：「附屬單位預算之執行，如因經營環境發生重大變遷或正常業務之確實需要，報經行政院核准者，得先行辦理，並得不受第二十五條至第二十七條之限制。」上述第 25 條至第 27 條有何限制規定？此外，附屬單位預算之執行，於何種情況下，應送立法院備查？【107 年鐵特三級】

答案：

(一) 預算法第 25 條至第 27 條規定
1. 第 25 條規定（請按條文內容作答）。
2. 第 26 條規定（請按條文內容作答）。
3. 第 27 條規定（請按條文內容作答）。
4. 根據前述預算法第 25 條至第 27 條規定，即限制政府各機關不得於預算外動用公款、投資、增購與處分或交換財產、增加債務等行為。

(二) 附屬單位預算之執行應送立法院備查事項
預算法第 88 條第 1 項規定（請按條文內容作答）。

三、試比較公務機關與特種基金之執行預算彈性。【108 年薦任升等「審計應用法規」】

答案：

(一)公務機關部分

1. 總預算案立法院未如期通過，得依補救措施執行：預算法第 54 條規定，立法院對總預算案之審議，如不能依第 51 條期限完成時，除新興資本支出及新增計畫，須俟預算完成審議程序後始得動支外，其餘均可覈實收入及支出。

2. 得編列由行政院統籌支撥科目：預算法第 62 條規定，總預算內得編列不受經費流用限制之由行政院統籌支撥科目。如編列於行政院人事行政總處之「公教員工資遣退職給付」、「公教人員婚喪生育及子女教育補助」，編列於銓敘部之「公務人員退休撫卹給付」、「早期退休公教人員生活困難照護金」，有調整待遇時由行政院統籌編列之「調整軍公教人員待遇準備」等科目，係由各支用機關按實際需要核實支用。

3. 得辦理歲出用途別科目經費流用：預算法第 63 條規定（請按條文內容作答）。

4. 設第一預備金及第二預備金：預算法第 22 條規定，預算應設以下兩種預備金：

   (1) 第一預備金：於公務機關單位預算中設定，其數額不得超過經常支出總額 1%。又按照預算法第 64 條規定，第一預備金係各機關執行歲出分配預算遇經費有不足時，報請上級主管機關核定，轉請中央主計機關備案，始得支用。

   (2) 第二預備金：於總預算中設定，各機關如有原列計畫費用因事實需要奉准修訂致原列經費不敷時、原列計畫費用因增加業務量致增加經費時、因應政事臨時需要必須增加計畫及經費時等三種情形之一，得經行政院核准動支。

5. 得將各機關歲出分配數之一部或全部列為準備：預算法第 69 條規定（請按條文內容作答）。

6. 預算執行中得辦理裁減經費：預算法第 71 條規定（請按條文內容作答）。

7. 年度終了尚未收得之收入及未經使用之支出，得轉入下年度繼續處理：

預算法第 72 條規定（請按條文內容作答）。又第 76 條規定（請按條文內容作答）。

8. 得提出追加預算及追加追減預算：預算法第 79 條規定，各機關如有依法律增加業務或事業致增加經費時、依法律增設新機關時、所辦事業因重大事故經費超過法定預算時、依有關法律應補列追加預算者等四種情形之一，得請求提出追加歲出預算。又第 81 條規定，法定歲入有特別短收之情勢，不能依第 71 條規定（即裁減經費）辦理時，應由中央財政主管機關籌劃抵補，並由行政院提出追加、追減預算調整之。

9. 得提出特別預算：預算法第 83 條規定，如有國防緊急設施或戰爭、國家經濟重大變故、重大災變、不定期或數年一次之重大政事等四種情事之一時，行政院得於年度總預算外，提出特別預算。

(二) 特種基金部分

1. 準用補救措施並可先行動支新增計畫：政府特種基金係以附屬單位預算型態編列，依行政院所訂附屬單位預算執行要點第 22 點及第 31 點規定，得準用預算法第 54 條之補救措施辦理。又屬於新興資本支出及新增計畫，按照預算法第 88 條第 1 項規定，如確有業務實際需要，可報經行政院核准後先行動支。

2. 配合業務增減之收支可併決算辦理：預算法第 87 條規定，營業基金預算配合業務增減需要隨同調整之收支，併入決算辦理。第 89 條規定，營業基金以外其他特種基金，其預算之編製、審議及執行，凡為餘絀及成本計算者，準用營業基金之規定。

3. 非配合業務增減之收支亦得先行辦理：預算法第 88 條第 1 項規定（請按條文內容作答）。

4. 可對年度盈餘或賸餘進行分配：依預算法第 85 條、第 86 條及第 89 條規定，附屬單位預算年度決算之盈餘（營業基金為盈餘，作業基金為賸餘）得循預算程序撥充基金或以未分配盈餘（或賸餘）處理。其中營業基金以盈餘轉帳增資者，應編入總預算，作業基金以賸餘撥充基金者則逕循附屬單位預算程序辦理，不須編入總預算。

※測驗題

一、高考、普考、薦任升等、三等及四等各類特考

(D)1. 中央政府營業基金之預算屬於何者？(A)總預算(B)單位預算(C)單位預算之分預算(D)附屬單位預算【106年薦任升等】

(C)2. 下列有關國營事業計畫總綱、事業計畫及業務計畫之敘述，何者錯誤？(A)事業計畫總綱由行政院核定(B)事業計畫由國營事業主管機關擬訂(C)業務計畫由國營事業主管機關擬訂(D)業務計畫由各國營事業擬訂【106年高考】

(A)3. 下列各項財務報表預計數，何者未列入營業基金預算之主要表中？(A)資產負債預計表(B)損益預計表(C)現金流量預計表(D)盈虧撥補預計表【108年高考】

(B)4. 依預算法規定，編製附屬單位預算時，下列那一張報表不是主要表？(A)損益（收支）表(B)資產負債（平衡）表(C)盈虧（餘絀）撥補表(D)現金流量表【112年普考「政府會計概要」】

(B)5. 依據預算法規定，營業基金預算之主要內容不包含下列何者？(A)營業收支之估計(B)資產、負債之預計期末餘額(C)長期債務之舉借及償還(D)盈虧撥補之預計【110年薦任升等】

(B)6. 依預算法規定，營業基金主要內容不包括下列何者？(A)營業收支之估計(B)資產負債期末餘額之預計(C)資金之轉投資及其盈虧之估計(D)盈虧撥補之預計【112年鐵特三級及退除役特考三等】

(D)7. 新創事業預算之擬編，準用下列何者之規定？(A)作業基金預算(B)信託基金預算(C)普通公務基金預算(D)營業基金預算【106年地特三等】

(C)8. 行政院農業委員會於民國110年度起依農田水利法第22條規定設置農田水利事業作業基金，其賸餘分配不包含下列何者？(A)填補歷年虧損(B)提列公積(C)分配股息紅利(D)撥充基金【111年高考】

(C)9. 關於國營事業虧損填補的可能做法包括①出資填補②撥用公積③折減資本④撥用未分配盈餘，依預算法規定之處理順序為何？(A)②④①③(B)③①②④(C)④②③①(D)①②③④【108年薦任升等】

(C)10.依預算法規定，營業基金之虧損填補方式，其優先順序為何？①出資填補②撥用公積③撥用未分配盈餘④折減資本(A)①②③④(B)③④②①(C)③②④①(D)④③②①【111年地特四等「政府會計概要」】

(C)11.有關營業基金預算擬編之規定，下列何者錯誤？(A)營業基金預算之主要內容包括資金之轉投資及其盈虧之估計(B)虧損填補之項目包括：撥用未分配盈餘、撥用公積、折減資本及出資填補(C)國營事業辦理移轉、停業或撤銷時，其預算應就資金轉投資之清理及有關之收支編列之(D)各國營事業主管機關遵照施政方針，並依照行政院核定之事業計畫總綱及預算編製辦法，擬訂其主管範圍內之事業計畫【107 年地特三等】

(B)12.國營事業辦理移轉或停業時，其預算應如何編列？(A)就資產負債之移轉及有關之收支編列之(B)就資產負債之清理及有關之收支編列之(C)就資產負債及業主權益之移轉及有關之收支編列之(D)就資產負債及業主權益之清理及有關之收支編列之【107 年高考】

(D)13.下列何種基金之預算，其應編入總預算部分為盈餘之應解庫額及虧損之由庫撥補額與資本由庫增撥或收回額？(A)作業基金(B)普通基金(C)信託基金(D)營業基金【108 年退除役特考四等「政府會計概要」】

(B)14.依預算法規定，非營業特種基金附屬單位預算應編入總預算者，包括下列何者？①應繳庫額②資本由庫增撥額③資本由庫收回額④由庫撥補額(A)僅①③(B)僅①④(C)僅②③(D)①②③④【111 年地特四等「政府會計概要」】

(B)15.特別收入基金預算應編入總預算者為何？(A)應繳庫額或作業賸餘(B)由庫撥補額或應繳庫額(C)作業賸餘或公積撥充基金額(D)公積撥充基金額或由庫撥補額【110 年薦任升等】

(D)16.某機關 108 年度預算有 A、B 兩基金，均屬附屬單位預算，其中 A 基金總收入為 5 億元，總支出為 3.5 億元，賸餘 1.5 億元，另 1 億元繳庫數；B 基金總收入為 5 億元，總支出為 4.5 億元，賸餘 5,000 萬元，另國庫撥補 1 億元，則在當年度總預算中下列何者敘述正確？(A)繳庫數與撥補數互抵後，不再顯示(B)僅編列 A 基金繳庫數 1 億元(C)僅編列 B 基金國庫撥補數 1 億元(D)編列 A 基金繳庫數 1 億元及 B 基金國庫撥補數 1 億元【108 年地特三等】

(B)17.中央政府某年度附屬單位預算之營業基金部分包含營業總收入 25,359 億元、營業總支出 23,373 億元，稅後淨利 1,986 億元，盈餘繳庫 2,024 億元；非營業基金部分包含業務總收入 30,836 億元、業務總支出

30,378億元,賸餘458億元,賸餘繳庫225億元。另中央政府收有投資民營事業之現金股息紅利為236億元,下列何者為應列入該年度總預算之營業盈餘及事業收入?(A)2,444億元(B)2,485億元(C)2,249億元(D)2,680億元【111年高考】

(A)18.下列有關附屬單位預算之敘述,何者錯誤?(A)虧損填補順序為:撥用未分配盈餘→撥用公積→出資填補→折減資本(B)盈餘分配順序為:填補歷年虧損→提列公積→分配股息紅利或繳庫盈餘→其他依法律應行分配事項→未分配盈餘(C)附屬單位預算應編入總預算者,在營業基金為盈餘之應解庫額,以及虧損之由庫撥補額與資本由庫增撥或收回額(D)附屬單位預算應編入總預算者,在其他特種基金,由庫撥補額或應繳庫額【109年地特三等】

(C)19.依預算法第86條規定,附屬單位預算應編入總預算者,下列何者正確?①作業基金賸餘撥充基金額②營業基金虧損由庫撥補額③營業基金以前年度公積轉為增資額④作業基金由庫撥補額(A)僅①②(B)僅②③(C)僅②④(D)僅③④【110年退除役特考四等「政府會計概要」】

(B)20.某國營事業持股60%,其餘40%為公營行庫持有,該國營事業年度預算擬分配股利50億元,另編列以前年度依法定程序提列之公積轉帳增資20億元,請問總預算相對應編列之歲入、歲出金額各為若干?(A)歲入:42億元、歲出:12億元(B)歲入:30億元、歲出:無需編列(C)歲入:70億元、歲出:20億元(D)歲入、歲出均無需編列【107年高考】

(A)21.下列有關分期實施計畫及收支估計表之敘述,何者錯誤?(A)交通部之臺灣鐵路管理局、交通部均應編造分期實施計畫及收支估計表(B)編造分期實施計畫及收支估計表時,其配合業務增減需要隨同調整之收支,併入決算辦理(C)分期實施計畫及收支估計表應報由各該主管機關核定執行,並轉送中央主計機關、審計機關及中央財政主管機關備查(D)審計機關對分期實施計畫及收支估計表,應詳為查核,如有錯誤或不當,應通知更正或重編【109年鐵特三級】

(A)22.下列有關附屬單位預算之敘述,正確者計有幾項?①各編製營業基金預算之機關,其配合業務增減需要隨同調整之收支,併入決算辦理②各編製營業基金預算之機關,其分期實施計畫及收支估計表,應報由中央主計機關核定執行③各國營事業主管機關應擬訂其主管範圍內業務計畫④

各國營事業主管機關應指示所屬各事業擬訂其事業計畫(A)一項(B)二項(C)三項(D)四項【110年鐵特三級及退除役特考三等】

(B)23. 中央政府單位預算歲入、歲出分配預算與附屬單位預算分期實施計畫及收支估計表之核定機關分別為何？(A)中央主計機關；中央主計機關(B)中央主計機關；各該主管機關(C)各該主管機關；各該主管機關(D)中央主計機關；中央財政主管機關【112年薦任升等】

(D)24. 附屬單位預算之執行，如因市場狀況之重大變遷或業務之實際需要，報經下列何者核准，得先行辦理，並得不受預算法第25條至第27條之限制？(A)中央主計機關(B)主管機關(C)審計機關(D)行政院【110年高考】

(C)25. 關於附屬單位預算之敘述，下列何者正確？(A)附屬單位預算為單位預算之附屬組織或部門(B)在特種基金，應於總預算中編列全部歲入、歲出之基金預算(C)在特種基金，應以歲入、歲出之一部編入總預算(D)附屬單位預算之執行，不得於預算所定外，動用公款、處分公有財務或為投資之行為【112年地特三等】

(A)26. 依預算法第88條規定，國營事業在進行業務時，如遇業務上的需要而須於當年度辦理，但原未編列預算時，可報行政院核准後，提前於當年度先行辦理。下列何者非屬補辦預算之範圍？(A)公司票券之發行(B)廠房之改良(C)土地之變賣(D)公司債之償還【109年地特四等「政府會計概要」】

(D)27. 中央銀行預算之執行，因經營環境發生重大變遷或應正常業務之確實需要，依預算法之規定，下列何事項，得報經行政院核准，於預算外先行辦理，亦無須補辦預算？(A)長期債務之舉借(B)固定資產之建設(C)資金之轉投資(D)購置營業用之專利權【108年高考】

(A)28. 下列何者為附屬單位預算執行之彈性措施？(A)補辦預算(B)裁減經費(C)動支預備金(D)特別預算【106年高考】

(B)29. 根據預算法規定，有關附屬單位預算之敘述何者錯誤？(A)以其歲入歲出之一部分編入總預算(B)需編造歲入、歲出分配預算(C)有超支併決算之規定(D)有補辦預算之規定【110年薦任升等】

(A)30. 有關預算執行之敘述，下列何者錯誤？(A)各機關之歲出分配預算，其業務科目之經費不足，而他科目有賸餘時，得辦理流用，但不得流用為

用人經費(B)考試院因應政事臨時需要必須增加計畫及經費時，得經行政院核准動支第二預備金(C)附屬單位預算執行時，其配合業務增減需要隨同調整之收支，併入決算辦理(D)附屬單位預算為預算外之長期債務舉借，經行政院核准者，得先行辦理，仍應補辦預算【107年高考】

(D)31. 依預算法之規定，附屬單位預算與單位預算（均含分預算）執行有顯著差異，針對附屬單位預算及其分預算之敘述，下列何者錯誤？(A)配合業務需要得於預算外增加收入及支出，併入決算辦理(B)遇經營環境發生重大變遷或正常業務之確實需要，經行政院核准後得於預算外先行辦理(C)預算外先行辦理事項，其中固定資產之建設、改良、擴充及資金之轉投資，應補辦以後年度預算(D)不得於預算所定外動用公款，亦不得於預算外增加債務【112年地特三等】

(A)32. 依預算法規定，下列何者係送立法院審議之事項？(A)政府捐助基金累計超過百分之五十之財團法人及日本撤退臺灣接收其所遺留財產而成立之財團法人，每年由各該主管機關編送的年度預算書(B)動支預備金每筆數額超過 5,000 萬元者(C)營業基金固定資產之建設、改良、擴充應補辦預算，每筆在 3 億元以上者(D)重要公共工程建設及重大施政計畫選擇方案及替代方案之成本效益分析報告，連同財源籌措及資金運用之說明【111年高考】

(D)33. 公務機關因其業務附帶有事業或營業行為之作業者，該項預算應如何執行？(A)準用民營事業適用之相關法規執行(B)適用預算法有關普通基金執行之規定(C)參照預算法有關營業基金執行之規定(D)準用預算法有關附屬單位預算執行之規定【106年薦任升等】

(C)34. 下列有關附屬單位預算與總預算間關聯之敘述，何者錯誤？(A)營業基金辦理公積轉帳增資不用透列總預算(B)作業基金辦理賸餘撥充基金不用透列總預算(C)營業基金辦理盈餘轉帳增資不用透列總預算(D)營業基金辦理政府資產作價增資應透列總預算【108年薦任升等】

(C)35. 依預算法第88條規定，除依第54條辦理及因應緊急災害動支者外，行政院國家發展基金及國立臺灣大學校務基金應補辦預算者，分別在多少金額以上應送立法院備查？(A)3億元，1億元(B) 3億元，5千萬元(C)1億元，1 億元(D)1 億元，5 千萬元【111 年地特四等「政府會計概要」】

(C)36. 有關附屬單位預算之敘述，下列何者正確？(A)國營事業辦理移轉、停業，得不依預算程序辦理(B)所稱附屬單位預算之正常業務，係指附屬單位經常性及投資性業務範圍(C)新創事業之預算準用營業基金預算之主要內容(D)公務機關因其業務附帶有事業或營業行為之作業者，其預算之執行不適用預算法第88條第1項之規定【112年高考】

(A)37. 有關附屬單位預算之編製、審議及執行，下列敘述何者為真？(A)附屬單位預算應編入總預算者，在營業基金為盈餘之應解庫額及虧損之由庫撥補額與資本由庫增撥或收回額；在其他特種基金，為由庫撥補額或應繳庫額(B)附屬單位預算之執行，如因經營環境發生重大變遷或正常業務之確實需要，報經行政院核准者，得先行辦理，並得受第二十五條至第二十七條之限制(C)公務機關因其業務附帶有事業或營業行為之作業者，該項預算之執行，準用預算法其他各章有關單位預算之規定(D)附屬單位預算中，營業基金以外其他特種基金預算應編入總預算者，為由盈餘之應解庫額及虧損之由庫撥補額與資本由庫增撥或收回額【110年地特三等】

二、初考、地特五等、經濟部所屬事業機構及台電公司新進僱員

(D)1. 由特定營業基金所編製，作為其編製預算之依據者為何？(A)事業計畫(B)施政計畫(C)事業計畫總綱(D)業務計畫【112年初考】

(A)2. 下列何者非屬營業基金預算之主要內容？(A)資產負債之預計(B)營業收支之估計(C)長期債務之償還(D)盈虧撥補之預計【109年經濟部所事業機構】

(D)3. 附屬單位預算中，新創事業之預算主要內容不包含下列何者？(A)長期債務之舉借及償還(B)資金之轉投資及其盈虧之估計(C)營業收支之估計(D)分配股息紅利或繳庫盈餘之擬議【108年初考】

(C)4. 下列何者非屬營業基金預算盈餘分配項目？(A)提列公積(B)填補歷年虧損(C)撥用未分配盈餘(D)分配股息紅利【108年經濟部事業機構】

(C)5. 下列何者不屬於營業基金預算盈餘分配項目？(A)提列公積(B)填補歷年虧損(C)折減資本(D)未分配盈餘【110年台電公司新進僱員】

(D)6. 依預算法第85條規定，下列何者屬虧損填補之項目？(A)填補歷年虧損(B)提列公積(C)未分配盈餘(D)折減資本【112年經濟部事業機構】

(A)7. 依現行預算法規定，下列何者不屬營業基金虧損填補之項目？(A)填補歷年虧損(B)出資填補(C)撥用公積(D)折減資本【107年初考】

(C)8. 國營事業之虧損填補項目及其順序，下列何者正確？(A)撥用未分配盈餘、提列公積、折減資本、出資填補(B)撥用未分配盈餘、提列公積、出資填補、折減資本(C)撥用未分配盈餘、撥用公積、折減資本、出資填補(D)撥用未分配盈餘、折減資本、撥用公積、出資填補【106年經濟部事業機構】

(D)9. 預算法對國營事業虧損填補之順序為何？①出資填補②折減資本③撥用未分配盈餘④撥用公積(A)①②③④(B)②①③④(C)③④①②(D)③④②①【110年初考】

(C)10. 關於附屬單位預算中，營業基金預算之擬編，下列敘述何者錯誤？(A)盈餘分配：包含填補歷年虧損、提列公積、分配股息紅利或繳庫盈餘、其他依法律應行分配之事項、未分配盈餘(B)虧損填補：包含撥用未分配盈餘、撥用公積、折減資本、出資填補(C)投資事項，其完成期限超過一年度者，應列明計畫內容、投資總額、執行期間及各年度之分配額；一次編列預算依設定之條件或期限，分期繼續支用(D)附屬單位預算應編入總預算者，在營業基金為盈餘之應解庫額及虧損之由庫撥補額與資本由庫增撥或收回額【109年地特五等】

(C)11. 關於附屬單位預算之敘述，下列何者有誤？(A)附屬單位預算應編入總預算者，在營業基金為盈餘之應解庫額，以及虧損之由庫撥補額與資本由庫增撥或收回額(B)盈餘分配順序為：填補歷年虧損→提列公積→分配股息紅利或繳庫盈餘→其他依法律應行分配之事項→未分配盈餘(C)虧損填補順序為：撥用未分配盈餘→撥用公積→出資填補→折減資本(D)附屬單位預算應編入總預算者，在其他特種基金，為由庫撥補額或應繳庫額【111年經濟部事業機構】

(D)12. 附屬單位預算營業基金應編入總預算者，不包括下列那一項？(A)盈餘應解庫額(B)虧損由庫撥補額(C)資本由庫增撥額(D)盈餘之提列公積【111年地特五等】

(D)13. 下列有關附屬單位預算應編入總預算之項目的敘述，何者錯誤？(A)附屬單位預算應編入總預算者，在營業基金為盈餘之應解庫額及虧損之由庫撥補額與資本由庫增撥或收回額(B)附屬單位預算應編入總預算者，

在營業基金以外之其他特種基金，為由庫撥補額或應繳庫額(C)各附屬單位預算機關辦理以前年度依法定程序所提列之公積轉帳增資時，以立法機關通過之當年度各該附屬單位預算所列數額為準(D)附屬單位預算應編入總預算者，在營業基金與其他特種基金，均應將其營業收支與事業收支一併編入總預算者【106年地特五等】

(C)14. 營業基金預算中，以下何者不須編入總預算？(A)盈餘應解庫額(B)虧損由庫撥補額(C)公積轉帳增資額(D)資本由庫收回額【112年初考】

(D)15. 附屬單位預算應編入總預算者，在營業基金以外之其他特種基金為何？(A)盈餘之應解庫額(B)虧損之由庫撥補額(C)資本由庫收回額(D)由庫撥補額【112年初考】

(C)16. 國營事業於年度預算執行期間，因業務量增減而隨之調整之收支，其處理方式？(A)辦理流用(B)辦理追加減預算(C)併入決算辦理(D)動用預備金【106年經濟部事業機構】

(A)17. 附屬單位預算之執行，如因經營環境發生重大變遷或正常業務之確實需要，得不受預算法第 25 條（政府不得於預算所定外動用公款）之限制，於報經下列何機關核准後先行辦理？(A)行政院(B)行政院主計總處(C)審計部(D)主管機關【111年地特五等】

(C)18. 如因經營環境發生重大變遷，報經行政院核准者，得先行辦理，係指下列何種預算之執行？(A)特別預算(B)特種基金預算(C)附屬單位預算(D)營業基金預算【109年經濟部事業機構】

(C)19. 依現行預算法規定，有關附屬單位預算，下列何者正確？(A)各國營事業主管機關應擬訂其主管範圍內之業務計畫，並分別指示所屬各事業擬訂事業計畫(B)各編製營業基金預算之機關，所編造之分期實施計畫及收支估計表，應報由中央主計機關核定執行(C)附屬單位預算應編入總預算者，除營業基金之外的其他特種基金，為由庫撥補額或應繳庫額(D)附屬單位預算之執行，如因經營環境發生重大變遷或正常業務之確實需要，得先行辦理【109年初考】

(C)20. 有關附屬單位預算之敘述，下列何者正確？(A)各國營事業主管機關擬訂其主管範圍之業務計畫，並分別指示所屬各事業擬訂事業計畫(B)營業基金預算之機關編造之分期實施計畫及收支估計表，應報由中央主計機關核定執行(C)附屬單位預算應編入總預算者，在其他特種基金，為

由庫撥補額或應繳庫額(D)附屬單位預算之執行，無法先行辦理【110年經濟部事業機構】

(C)21.依預算法第 88 條規定，附屬單位預算之執行，如因正常業務之確實需要，經行政院核准者，得先行辦理，但下列何者須補辦預算？①長期債務之償還②短期債務之舉借③資產之變賣④資金之轉投資(A)①②③(B)②③④(C)①③④(D)①②③④【112 年經濟部事業機構】

(D)22.依預算法規定，中央政府關於下列何種動支應先送立法院備查？(A)各機關因緊急災害動支之第一預備金(B)各機關每筆數額超過五千萬元的災害準備金(C)作業基金因正常業務確實需要每筆數額三億元以上的固定資產建設(D)營業基金因經營環境發生重大變遷每筆數額三億元以上的長期債務償還【110 年地特五等】

(B)23.預算法第 88 條有關附屬單位預算之執行彈性，其規定每筆數額營業基金幾億元以上，其他基金幾億元以上者，應送立法院備查？(A)3，2(B)3，1(C)5，3(D)5，2【112 年初考】

(D)24.營業基金附屬單位預算之執行，如因經營環境發生重大變遷，報經行政院核准者得先行辦理。其中因緊急災害動支者，每筆數額多少元以上，應送立法院備查？(A)新臺幣 5,000 萬元(B)新臺幣 1 億元(C)新臺幣 3 億元(D)不必送立法院備查【111 年台電公司新進僱員】

(A)25.下列有關附屬單位預算中，營業基金預算之敘述，何者錯誤？(A)其因經營環境發生重大變遷或正常業務之確實需要之固定資產之建設、改良、擴充及資金之轉投資、資產之變賣及長期債務之舉借、償還，其每筆數額營業基金一億元以上，應送立法院備查(B)營業基金應編入總預算者為應解庫額及虧損之由庫撥補額與資本由庫增撥或收回額(C)各編製營業基金預算之機關，應編造分期實施計畫及收支估計表(D)特種基金預算之審議，在營業基金以業務計畫、營業收支、生產成本、資金運用、轉投資及重大之建設事業為主【112 年地特五等】

(B)26.附屬單位預算中，營業基金以外其他特種基金預算應編入總預算者為何？①由庫撥補額②應繳庫額③作業賸餘撥充基金額④公積撥充基金額(A)僅①(B)僅①②(C)僅①②③(D)①②③④【111 年初考】

(A)27.附屬單位預算應編入總預算者，在特別收入基金為何？(A)由庫撥補額(B)資本由庫收回額(C)盈餘之應解庫額(D)虧損之由庫撥補額【112 年地特五等】

第七章 附 則

壹、立法委員提案大幅增加歲出或減少歲入者之處理

一、預算法相關條文

第 91 條　立法委員所提法律案大幅增加歲出或減少歲入者，應先徵詢行政院之意見，指明彌補資金之來源；必要時，並應同時提案修正其他法律。

二、解析

　　預算法第 91 條係於 87 年 10 月增訂，與 88 年 1 月增訂之財政收支劃分法第 38 條之 1：「各級政府、立法機關制（訂）定或修正法律或自治法規，有減少收入者，應同時籌妥替代財源；需增加財政負擔者，應事先籌妥經費或於立法時明文規定相對收入來源。」以及地方制度法第 72 條：「直轄市、縣（市）、鄉（鎮、市）新訂或修正自治法規，如有減少收入者，應同時規劃替代財源；其需增加財政負擔者，並應事先籌妥經費或於法規內規定相對收入來源。」同樣均在於建立收支同步考量之原則，若能落實實施，應可控制政府預算赤字之擴大，且有助於發揮財政紀律之成效。又 108 年 4 月新訂之財政紀律法第 5 條亦有規定：「中央政府各級機關、立法委員所提法律案大幅增加政府歲出或減少歲入者，應先具體指明彌補資金之來源。各級地方政府或立法機關所提自治法規增加政府歲出或減少歲入者，準用前項規定。」但以上各項規定仍有待進一步落實。

貳、未依組織法令設立之機關不得編列預算

一、預算法相關條文

第 92 條　未依組織法令設立之機關，不得編列預算。

二、解析

　　中央行政機關組織基準法第 4 條與第 5 條規定，一級機關、二級機

關、三級機關及獨立機關以法律定之，包括組織法、組織條例及組織通則，其餘機關之組織以命令定之，包括組織規程及組織準則。故依上述基準法規定所設立之機關或機構，以及按照作用法，包括大學法、專科學校法、高級中學法、國民教育法等所設立之各級國立學校，均符合預算法第92條規定得以編列預算。

參、司法院得獨立編列司法概算

一、預算法相關條文

第 93 條　司法院得獨立編列司法概算。

行政院就司法院所提之年度司法概算，得加註意見，編入中央政府總預算案，併送立法院審議。

司法院院長認為必要時，得請求列席立法院司法及法制委員會會議。

二、解析

87 年 7 月修正之憲法增修條文第 5 條第 6 項增列：「司法院所提出之年度司法概算，行政院不得刪減，但得加註意見，編入中央政府總預算案，送立法院審議。」為 87 年 10 月預算法增列第 93 條之主要參據。在實務作業上，司法院於每年度提出歲出概算前均有與主計總處作初步溝通，其屬於與其他機關具有共同性之項目，亦照一致標準編列，俾利於行政院對司法院嗣後所提之歲出概算得以基於統籌整體財力資源之職責予以編列。又行政院對照數列入中央政府總預算案之司法院主管歲入及歲出概算，大多有加註意見併送立法院審議。另立法院召開司法及法制委員會審議司法院主管年度預算案時，一向均由司法院秘書長代表列席，司法院院長尚未有依預算法第 93 條規定請求列席報告及備詢之例。

肆、配額、頻率及其他限量或定額特許執照之授與原則

一、預算法相關條文

第 94 條　配額、頻率及其他限量或定額特許執照之授與，除法律另有規

定外，應依公開拍賣或招標之方式為之，其收入歸屬於國庫。

二、解析

(一) 預算法第 94 條中有關配額、頻率及特許執照之意義，依原行政院主計處於 88 年 11 月 16 日以臺⑻處忠字第 11838 號函釋，說明如下：

1. 配額：指一定數量之輸出許可證。如貿易法第 16 條規定，因貿易談判之需要或履行協定、協議，經濟部國際貿易局得對貨品之輸出入數量，採取無償或有償配額或其他因應措施。所稱有償配額，指由經濟部國際貿易局與有關機關協商後公告，以公開標售或依一定費率收取配額管理費之有償方式處理配額者。

2. 頻率：指使用電波之分配範圍。如電信法第 12 條規定，第一類電信事業（指設置電信機線設備，提供電信服務之事業）應經交通部特許並發給執照，始得營業。第一線電信事業開放之業務項目、範圍、時程及家數，由行政院公告。第 48 條規定，交通部為有效運用電波資源，對於無線電頻率使用者，應訂定頻率使用期限，並得收取使用費；其收費基準，由交通部定之（按以上原屬交通部之職權自 95 年 2 月 22 日國家通訊傳播委員會成立之日起，變更為該會）。

3. 特許執照：係相對於一般許可執照而言，凡符合一定之資格者均可發照，屬許可執照，如醫師證書、會計師證書及營利事業登記證等。至許可執照如附有數量限制者，則為特許執照。

(二) 預算法第 94 條關於配額、頻率等限量或定額特許執照，因屬稀少性之公共資源，採公開拍賣或招標之方式授與，可藉由市場競價機制，使較具競爭力之廠商取得經營權或使用權，並反映稀少性公共資源之市場價值，將超額利益歸屬國庫，由全體國民共享。惟公開招標或拍賣方式對負有公共利益或公共服務用途之配額或頻率等執照之使用，則未必適當，爰仍有由主管機關於相關法律中訂定彈性因應措施之必要，故其他法律或法律已明確授權由主管機關訂定之法規中，如有可排除預算法第 94 條規定之適用或可採其他適當方式授與者，則可從其規定。

伍、其他

一、預算法相關條文

第 95 條　監察委員、主計官、審計官、檢察官就預算事件，得為機關或附屬單位起訴、上訴或參加其訴訟。

第 97 條　預算科目名稱應顯示其事項之性質。歲入來源別科目之名稱及其分類，依財政收支劃分法之規定；歲出政事別、計畫或業務別與用途別科目之名稱及其分類，由中央主計機關定之。

第 98 條　預算書表格式，由中央主計機關定之。

第 99 條　本法修正施行後，因新舊會計年度之銜接，行政院應編製一次一年六個月之預算，以資調整。

第 100 條　本法自公布日施行。

本法修正條文施行日期，由行政院於修正條文公布後兩個會計年度內定之。

二、解析

(一)預算法第 95 條係比照政府採購法第 110 條：「主計官、審計官或檢察官就採購事件，得為機關提起訴訟、參加訴訟或上訴。」之規定訂定。主要目的係對於失職或違法公務員行政責任及財務責任之追究，雖然公務員服務法、審計法等相關法律均有規定，可據以辦理，惟為免機關疏於應有之行政作為，特賦予監察委員、主計官、審計官及檢察官等對於預算執行階段，公務員與廠商違反民法之規定負有民事責任之預算事件，得為預算編列之機關或事業機構起訴，要求公務員與廠商之民事賠償。又對於法院不利於機關（構）之判決，亦得提起上訴，或以參加人身分，輔助機關（構）進行訴訟，以維護國庫權益。至於預算事件之「事件」，係為民事訴訟及行政訴訟，因預算法第 93 條較偏重求償性質，故預算事件如涉及行政訴訟時，最有可能適用行政訴訟之給付訴訟（另尚有撤銷訴訟及確認訴訟）。

(二)87 年 10 月預算法修正前，政府會計年度採七月制，當時所編製之 88 年度預算係涵蓋 87 年 7 月 1 日至 88 年 6 月 30 日，修法後會計年度改為曆年制（自 1 月 1 日起至 12 月 31 日止），預算法第 100 條雖規定

修正條文之施行日期，可由行政院於修正條文公布後兩個會計年度內定之，惟行政院經審酌修法後各項條文之相關作業情形，並為因應國際政經環境之迅速變遷、推動政務實際需要及提升政府財務管理效能，乃決定在總統於 87 年 10 月 29 日公布新修正預算法後，於同日發布命令開始施行，並編製一次 1 年 6 個月（即 88 年下半年及 89 年度）之預算，以銜接新舊會計年度。

陸、作業及相關考題

※名詞解釋

一、配額

二、頻率

三、特許執照

（註：一至三答案詳本文肆、二、(一)1.至 3.）

※測驗題

一、高考、普考、薦任升等、三等及四等各類特考

(C)1. 依現行預算法規定，立法委員所提法律案大幅增加歲出或減少歲入者，應先徵詢下列何者之意見，指明彌補資金之來源？(A)審計部(B)財政部(C)行政院(D)行政院主計總處【108 年地特三等】

(D)2. 依預算法規定，下列何者正確？(A)立法委員所提法律案大幅減少歲入者應先徵詢財政部之意見(B)依組織法律設立之機關始得編列預算(C)司法院應獨立編列司法預算(D)立法委員所提法律案大幅增加歲出者應先徵詢行政院之意見【110 年退除役特考四等「政府會計概要」】

(A)3. 下列依時序劃分之預算類別，何者係屬預算法規定，司法院得獨立編列者？(A)概算(B)預算案(C)分配預算(D)法定預算【109 年地特三等】

(B)4. 預算法中規範何者得獨立編列其概算？(A)立法院(B)司法院(C)考試院(D)監察院【107 年鐵特三級】

(C)5. 下列何者屬獨立編列司法概算之機關？(A)臺灣新竹地方法院、臺灣新竹地方檢察署(B)司法官學院、法官學院(C)懲戒法院、智慧財產及商業法院(D)廉政署、調查局【111 年高考】

(D)6. 為確保司法獨立，預算法中定有相關規範，下列何者正確？(A)司法院秘書長認為必要時，得請求列席立法院司法及法制委員會會議(B)司法院院長認為必要時，得請求列席立法院院會會議(C)司法院秘書長認為必要時，得請求列席立法院院會會議(D)司法院院長認為必要時，得請求列席立法院司法及法制委員會會議【106 年地特四等「政府會計概要」】

(C)7. 下列有關政府預算之敘述，何者正確？(A)立法委員所提法律案大幅增加歲出者，應先徵詢行政院主計總處之意見(B)立法委員所提法律案大幅減少歲入者，應先徵詢財政部之意見(C)立法委員所提法律案大幅增加歲出或減少歲入者，應指明彌補資金之來源(D)立法院得獨立編列立法概算，行政院就立法院所提之年度立法概算，得加註意見，編入中央政府總預算案【107 年高考】

(B)8. 司法院得獨立編列司法概算，下列敘述何者正確？(A)司法院就該年度之概算，逕送立法院審議(B)行政院就司法院所提之年度司法概算，得加註意見，編入中央政府總預算案，併送立法院審議(C)行政院就司法院所提之年度司法概算，得加註意見，編入中央政府總預算案，併送立法院，立法院不再審議(D)立法院院長認為必要時，得要求司法院院長列席立法院司法及法制委員會會議【112 年地特三等】

(A)9. 下列各種情形，何者屬政府必須以公開拍賣或招標方式為之者？①發給營利事業登記證②發給定額特許執照③核給有償輸出入配額④無線電視執照期滿換發(A)②③(B)③④(C)②③④(D)①②④【108 年高考】

(D)10.依預算法之規定，下列何者可就預算事件，得為機關或附屬單位起訴、上訴或參加其訴訟？①立法委員②監察委員③主計官④檢察官(A)①②③(B)①②④(C)①③④(D)②③④【111 年鐵特三級】

(D)11.就預算事件，下列何者得為機關或附屬單位起訴、上訴或參加其訴訟？①監察委員②主計長③審計長④檢察官(A)①②③④(B)僅①②③(C)僅②③(D)僅①④【111 年高考】

(A)12.依預算法規定，監察委員就預算事件得為機關起訴、上訴或參加其訴訟，其訴訟行為，下列類別①民事訴訟②行政訴訟③刑事訴訟，何者正確？(A)僅①②(B)僅②③(C)僅①③(D)①②③【109 年地特三等】

(A)13.依預算法規定，就預算事件，得為機關或附屬單位起訴、上訴或參加其

訴訟之人員，不包括下列何者？(A)調查官(B)主計官(C)監察委員(D)審計官【110年退除役特考四等「政府會計概要」】

(A)14.依預算法之規定，下列敘述何者錯誤？(A)定額特許執照之授與，其拍賣收入應全數解繳國庫，其他法律不得明定排除(B)監察委員就預算事件，得為機關或附屬單位起訴、上訴或參加其訴訟(C)立法委員所提法律案大幅增加歲出或減少歲入者，應先徵詢行政院意見，指明彌補資金之來源(D)地方政府預算因應地方自治得另以法律定之，惟實務上尚無地方政府制定預算法【112年地特三等】

(C)15.依預算法規定，下列預算科目①用途別科目②來源別科目③政事別科目④計畫或業務別科目，何者係由中央主計機關定之？(A)①②③④(B)①②③(C)①③④(D)②③④【109年地特三等】

(C)16.下列有關歲出預算之編列與審議的敘述，何者正確？(A)各機關單位預算，歲出應按政事別、計畫或業務別科目編製之(B)單位預算應編入總預算者，在歲出為計畫或業務別與用途別科目及其數額(C)預算案之審議時，歲出以擬變更或擬設定之支出為主，應就機關別、政事別及基金別決定之(D)預算科目名稱應顯示其事項之性質，歲出的政事別、計畫或業務別與用途別科目之名稱及其分類，由行政院定之【107年鐵特三級】

(B)17.依預算法之規定，下列敘述錯誤者有幾項？①立法委員所提法律案大幅增加歲出或減少歲入者，應先徵詢行政院主計總處之意見②立法委員所提法律案大幅增加歲出或減少歲入者，應指明彌補資金之來源③歲入來源別預算科目之名稱及分類，由中央主計機關定之④歲出預算科目按政事別、計畫或業務別與用途別科目之名稱及分類，由中央主計機關定之(A)僅1項(B)僅2項(C)僅3項(D)4項【112年鐵特三級及退除役特考三等】

(B)18.下列有關預算法之敘述，正確者計有幾項？①立法委員所提法律案大幅增加歲出或減少歲入者，應先徵詢中央主計機關之意見，指明彌補資金之來源②中央主計機關就司法院所提之年度司法概算，得加註意見，編入中央政府總預算案，併送立法院審議③監察委員、主計官、審計官、檢察官就預算事件，得為機關或附屬單位起訴、上訴或參加其訴訟④預算書表格式，由中央主計機關定之(A)僅1項(B)僅2項(C)僅3項(D)4項【107年地特三等】

二、初考、地特五等、經濟部所屬事業機構及台電公司新進僱員

(A)1. 立法委員所提法律案大幅增加歲出或減少歲入者，依預算法規定，應先徵詢下列何機關之意見？(A)行政院(B)行政院主計總處(C)財政部(D)立法院【109年地特五等】

(D)2. 關於預算法的規定，下列敘述何者正確？(A)立法委員所提法律案大幅增加歲出或減少歲入者，應先徵詢中央財政主管機關之意見，指明彌補資金之來源；必要時，並應同時提案修正其他法律(B)預算經立法程序而公布者，稱預算案(C)追加歲出預算之經費，應由行政院籌劃財源平衡之(D)預算之編製及執行應以財務管理為基礎，並遵守總體經濟均衡之原則【112年地特五等】

(D)3. 依法得獨立編列年度概算之中央政府機關為下列哪一個？(A)立法院(B)審計部(C)監察院(D)司法院【108年地特五等】

(B)4. 下列何機關所提出之年度概算，行政院不得刪減？(A)立法院(B)司法院(C)考試院(D)監察院【106年初考】

(D)5. 4G（頻譜、頻率）特許執照政府應如何授與？(A)由交通部訂定辦法及價格授與(B)由立法院交通委員會訂定辦法及價格授與(C)由文化部訂定辦法及價格授與(D)依公開拍賣或招標方式授與【106年初考】

(A)6. 依現行預算法規定，下列何者得就預算事件，為機關或附屬單位起訴、上訴或參加其訴訟？①監察委員②主計官③審計官④檢察官⑤調查官(A)僅①②③④(B)僅①②③⑤(C)僅②③④⑤(D)僅①③④⑤【109年初考】

(D)7. 下列何者就預算事件，得為機關或附屬單位起訴、上訴或參加其訴訟？(A)僅監察委員與審計官(B)僅主計官與審計官(C)僅檢察官(D)監察委員、主計官、審計官、檢察官【108年地特五等】

(D)8. 下列何者就預算事件，得為機關或附屬單位起訴、上訴或參加其訴訟？(A)行政院政務委員(B)考試院考試委員(C)法官(D)檢察官【106年地特五等】

(C)9. 就預算事件，得為機關或附屬單位起訴、上訴或參加其訴訟之人員，下列敘述何者正確？(A)監察委員、主計長、審計官、檢察長(B)監察院院長、主計官、審計長、檢察長(C)監察委員、主計官、審計官、檢察官(D)監察院院長、主計長、審計長、檢察官【109年地特五等】

(D)10.下列何者不得就預算事件，為機關或附屬單位起訴、上訴或參加其訴訟？(A)主計官(B)審計官(C)檢察官(D)立法委員【110 年初考】

(D)11.下列關於預算之編造等相關敘述何者錯誤？(A)中華民國中央政府預算之籌劃、編造、審議、成立及執行，依預算法之規定(B)追加預算之編造、審議及執行程序，均準用預算法關於總預算之規定(C)附屬單位預算之編製、審議及執行，於附屬單位預算專章未規定者，準用預算法其他各章之有關規定(D)地方政府預算，不得以法律定之，準用預算法之規定【109 年地特五等】

(C)12.下列有關預算法規定之敘述，何者錯誤？(A)司法院得獨立編列司法概算(B)配額、頻率及其他限量或定額特許執照之授與，除法律另有規定外，應依公開拍賣或招標之方式為之，其收入歸屬於國庫(C)地方政府預算，不得以法律定之(D)監察委員、主計官、審計官、檢察官就預算事件，得為機關或附屬單位起訴、上訴或參加其訴訟【107 年初考】

(A)13.依現行預算法規定，下列何者屬授權由行政院主計總處訂定之範圍？(A)中央政府各級機關單位之分級(B)中央政府各機關歲出分配預算有關各用途別科目經費不足之流用(C)中央政府各機關概算、預算應行編送之份數(D)中央政府各機關歲入來源別預算科目之名稱及其分類【107 年初考】

(A)14.依預算法規定，預算科目名稱應顯示其事項之性質。請問歲入係按下列何者科目編製？(A)來源別(B)政事別(C)用途別(D)業務別【111 年台電公司新進僱員】

(B)15.依預算法規定，下列預算科目何者係依財政收支劃分法規定予以分類？(A)業務別科目(B)來源別科目(C)用途別科目(D)政事別科目【111 年初考】

(C)16.歲出政事別、計畫或業務別與用途別科目之名稱及其分類，由下列何機關定之？(A)立法院(B)行政院(C)中央主計機關(D)中央財政機關【108 年初考】

(B)17.下列有關預算科目名稱應顯示事項性質的敘述，何者錯誤？(A)歲入、歲出預算，按其收支性質分為經常門、資本門(B)債務之舉借，係屬歲入資本門(C)歲入來源別科目之名稱及其分類，依財政收支劃分法之規定(D)歲出政事別、計畫或業務別與用途別科目之名稱及其分類，由中

　　央主計機關定之【106年地特五等】

(C)18.依預算法規定,預算書表格式,由何機關定之?(A)行政院(B)立法院
　　(C)中央主計機關(D)審計部【110年初考】

第二篇

會計法

導　論

一、政府會計的意義

　　政府會計係根據會計法等相關法令規定及一般公認會計原則，應用複式簿記原理，對於政府部門有關財務活動予以記錄、分類、彙總、報導及公告，並加以分析解釋，同時透過公開透明的資訊揭露，以提供公共決策及行政監督的一種專業會計。

二、政府預算種類與會計組織之關聯

(一)政府公務預算與普通公務會計事務

　　預算法第 4 條規定，歲入供一般用途者為普通基金，以總預算型態編列。預算法第 17 條則規定，總預算內容包括各公務機關單位預算所有歲入及歲出、舉借債務（含發行公債及長期借款）、移用以前年度歲計賸餘、債務還本。至附屬單位預算應編入總預算部分，係編入其主管機關單位預算之歲入（含營業基金盈餘繳庫或收回資本、作業基金賸餘繳庫）及歲出（係由總預算編列對營業基金增資、彌補虧損及對其他特種基金增撥基金、彌補短絀、補助等）。以上之總預算，連同依預算法第 79 條與第 83 條規定所辦理之追加預算及特別預算，均通稱政府公務預算。其中編列單位預算之公務機關（即在總預算中有法定預算之機關單位），其所為之會計，按照會計法第 9 條（按：政府會計組織分為總會計、單位會計、分會計、附屬單位會計及附屬單位會計之分會計等五種）及第 11 條之規定係為單位會計，並依會計法第 4 條規定，辦理普通公務之會計事務。

(二)附屬單位預算與公營事業及特種基金會計事務

　　預算法第 4 條尚規定，歲入供特殊用途者為特種基金，分為營業基金、作業基金、特別收入基金、債務基金、資本計畫基金及信託基金等六種。其中政府代管之信託基金，因政府並無所有權，尚不宜納入政府會計報導個體之範圍，惟政府仍對其管理及營運情形負有責任，爰係於中央政府總預（決）算附屬單位預（決）算及綜計表（非營業部分），以附錄方

式揭露必要之補充資訊。其餘各特種基金係編列附屬單位預算,其會計,為會計法第 9 條規定之附屬單位會計及附屬單位會計之分會計;所辦之會計事務,其中營業基金為會計法第 7 條所定公營事業之會計事務,作業基金等四種係會計第 6 條所定特種基金之會計事務。

(三)部分公務機關尚須兼辦特種公務會計

會計法第 4 條至第 6 條所規定政府及其所屬機關辦理之會計事務,除前述單位預算機關所為之普通公務會計事務與特種基金所為之公營事業之會計事務及特種基金之會計事務外,尚有部分公務機關因負有特殊業務,亦須辦理會計法第 6 條所定特種公務會計,包括財政部國庫署係政府債務舉借機關(辦理政府公共債務之舉借與償還業務)與辦理各機關現金收付之國庫出納業務,因此尚須辦理公債之會計事務及公庫出納之會計事務;財政部國有財產署依國有財產法第 10 條承辦國有財產業務,尚須辦理財物經理會計;國立故宮博物院及國立歷史博物館等,管有歷史文物等珍貴財產,尚須辦理特種財物會計;各國稅局與海關因稽徵國稅及關稅,尚須辦理徵課之會計事務。

(四)各級政府應編報總會計及其範圍

會計法第 10 條規定,中央、直轄市、縣(市)、鄉(鎮、市)及直轄市山地原住民區之會計,各為一總會計。總會計係將政府所屬公務機關及特種基金之會計報告等資料彙編而為綜合之報告,以報導政府整體財務狀況。其中公務機關之會計報告,係彙總公務機關之普通公務單位會計財務報表及特種公務會計應彙入總會計之財務資訊,至特種公務會計應彙入部分,係包括與各機關現金收付有關之國庫出納業務、賦稅徵課機關之賦稅徵課業務、政府公共債務之舉借與償還業務,以及國有財產管理業務等,其所產生之會計資料,或與各機關普通公務單位會計為對帳關係,或直接彙入中央總會計,或先記入普通公務單位會計再彙入中央總會計;特種基金會計報告,係彙總特種基金之財務報表資訊,包括營業及非營業部分。

(五)中央總會計組織架構

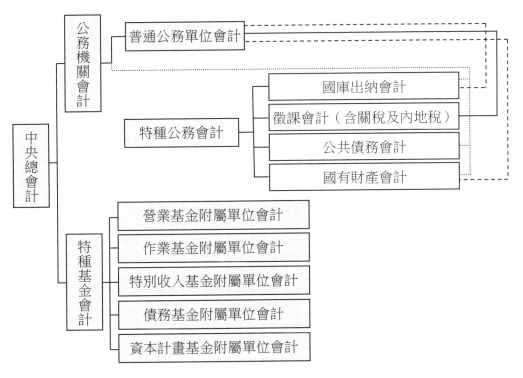

註：1.劃━━表示隸屬或彙總關係；劃┈┈┈表示特種公務會計應彙入中央總會計之財務資訊；劃----表示對帳關係。
2.公務機關會計報告，係彙總各公務機關普通公務單位會計與特種公務會計應彙入中央總會計之財務資訊：
    (1)國庫出納會計之現金、應付保管款，公共債務會計之長、短期債務，以及國有財產會計之撥交地方政府財產、非公用財產等財務資訊，係直接彙入公務機關會計後，再彙入中央總會計。
    (2)國庫出納會計應與各機關之普通公務單位會計核對歲入歲出繳領各科目及金額。
    (3)徵課會計係以每月產製收入支出表及平衡表作為原始憑證，記入普通公務單位會計。
    (4)國有財產會計應與各機關之普通公務單位會計核對公用財產金額。

圖 2.0.1　中央總會計架構圖

資料來源：主計月報社（民 109），《政府會計》，頁 603。

三、會計法於 108 年 11 月修正重點及其影響

　　會計法係設計政府會計制度之依據及處理會計事務之準繩。我國會計法於民國 3 年公布，24 年由國民政府重新制定全文 127 條，嗣後歷經七次修正，最近一次修正為 108 年 11 月 20 日，主要修正重點及其影響如下：

(一)因會計法第 4 條對於公有事業機關與公有營業機關之區分，與政府實務運作有所落差，爰比照預算法第 62 條之 1、統計法第 3 條、商業會計法第 1 條、政府採購法第 3 條及檔案法第 28 條，將會計法第 4 條、第 7 條、第 60 條、第 65 條、第 66 條與第 93 條中之「公有事業機關」及「公有營業機關」用語，合併修正為「公營事業機關」，使各相關法律中之用詞一致，並符合實況。

(二)配合 103 年 5 月 28 日公布施行之地方制度法第 83 條之 2，增列直轄市山地原住民區為地方自治團體之規定，於會計法第 10 條增列直轄市山地原住民區之會計為總會計，以為法律關聯規範之一致性。

(三)會計法第 16 條原規定政府會計記帳小數至分位為止，釐位四捨五入，修正為記帳至元為止，角位四捨五入。俾符合我國收付款項實況，亦可簡化會計事務處理。

(四)因原會計法第 29 條規定，有關政府財物及固定負債，除列入歲入之財物及彌補預算虧絀之固定負債外，應分別列表或編目錄，不得列入平衡表等。爰各機關動用年度預算購置之財產（按原僅將財產另表表達，並不含物品），以及政府為推動各項政務所舉借之長期債務，係採另行列表或編目錄方式，並未列入平衡表，使得我國政府會計所編製之平衡表，與國外先進國家係於平衡表即完整表達政府整體財務資訊之狀況不同，為能符合國際政府會計之潮流趨勢，得以將我國政府之財產及固定負債等財務資訊均列入平衡表中，俾完整呈現我國政府財務狀況，爰予以刪除。為因應刪除後必須將原分開列帳之政府財產及固定負債改併入平衡表表達，主計總處即進行各號政府會計準則公報之修正作業，此項修正對政府會計事務之主要影響為：

1.涉有政府財產與固定負債原採另行設置資本資產帳及長期負債帳表達者，均予刪除，將此類非流動資產及負債改列至平衡表表達。即將原按普通公務、資本資產、長期負債分設三套科目及帳表處理，整併為一套科目及帳表，故可於平衡表內清楚表達機關整體資產及負債全

貌，增進政府財務資訊完整性。

2. 購置固定資產原列為支出改列為資產，並提列折舊，以合理分攤財產隨時間經過之使用成本；固定資產出售、毀損、遺失、報廢與贈與他人時，認列財產交易收益或財產交易損失；新增長期股權投資續後評價並認列投資利益或投資損失等，俾反映政府經管財產效能並充分揭露變動實況。

(五) 會計法第 95 條第 1 項原規定：「各機關實施內部審核，應由會計人員執行之。」因同法第 96 條已明定會計人員執行內部審核之範圍，至其他涉及非會計專業規定、實質或技術性事項，係由業務主辦單位負責辦理，會計人員應予尊重，爰於第 95 條第 1 項後面增列：「但涉及非會計專業規定、實質或技術性事項，應由業務主辦單位負責辦理。」俾權責分明，達成提升行政效率之目標。

四、作業及相關考題

※名詞解釋

政府會計

（註：答案詳本文一）

※申論題

一、會計法於 108 年 11 月 20 日之修正重點及其影響為何？

（註：答案詳本文三）

二、會計法部分條文修正經總統於 108 年 11 月 20 日公布實施，其中刪除會計法第 29 條條文對政府會計事務處理影響較鉅，請試述刪除的理由及對政府會計事務處理之主要影響為何？【110 年薦任升等「審計應用法規」】

答案：

(一) 刪除會計法第 29 條之理由

　　會計法最近一次修正為 108 年 11 月 20 日，因原會計法第 29 條規定，有關政府財物及固定負債，除列入歲入之財物及彌補預算虧絀之固定負債

外，應分別列表或編目錄，不得列入平衡表等。爰各機關動用年度預算購置之財產，以及政府為推動各項政務所舉借之長期債務，係採另行列表或編目錄方式，並未列入平衡表，使得我國政府會計所編製之平衡表，與國外先進國家係於平衡表即完整表達政府整體財務資訊之狀況不同，為能符合國際政府會計之潮流趨勢，得以將我國政府之財產及固定負債等財務資訊均列入平衡表中，俾完整呈現我國政府財務狀況，爰予以刪除。

(二)對政府會計事務處理之主要影響

為因應刪除後必須將原分開列帳之政府財產及固定負債改併入平衡表表達，行政院主計總處即進行各號政府會計準則公報之修正作業，此項修正對政府會計事務之主要影響為：

1. 涉有政府財產與固定負債原採另行設置資本資產帳及長期負債帳表達者，均予刪除，將此類非流動資產及負債改列至平衡表表達。即將原按普通公務、資本資產、長期負債分設三套科目及帳表處理，整併為一套科目及帳表，故可於平衡表內清楚表達機關整體資產及負債全貌，增進政府財務資訊完整性。

2. 購置固定資產原列為支出改列為資產，並提列折舊，以合理分攤財產隨時間經過之使用成本；固定資產出售、毀損、遺失、報廢與贈與他人時，認列財產交易收益或財產交易損失；新增長期股權投資續後評價並認列投資利益或投資損失等，俾反映政府經管財產效能並充分揭露變動實況。

第一章 通 則

壹、會計法適用範圍

一、會計法相關條文

第 1 條　政府及其所屬機關辦理各項會計事務，依本法之規定。

第 121 條　受政府補助之民間團體及公私合營之事業，其會計制度及其會
計報告程序，準用本法之規定；其適用範圍，由中央主計機關
酌定之。

二、解析

(一)會計法係設計政府會計制度之根據，處理會計事務之準繩。為使中央
及各級地方政府對相同交易經濟實質有一致處理原則及會計結果，便
於比較及分析，會計法第 1 條規定，中央與各級地方政府及其所屬機
關辦理各項會計事務，均應依會計法之規定。又會計法所定各項會計
事務之範圍，包含會計制度之設計、內部審核之執行、會計事務程
序、會計人員之財務責任、職務解除或變更之辦理交代、超然主計制
度等。因此，會計法係中央及各級地方政府均適用，預算法及決算法
則是中央政府適用，在地方政府預算與決算法律尚未制定前，準用預
算法及決算法之規定。

(二)所謂公私合營之事業，依審計部所定審計機關審核公私合營事業辦法
第 2 條規定，係指：1.政府與人民合資經營，政府資本未超過 50%者。
2.公有營事業機關及各基金轉投資於其他事業，其轉投資之資本額未超
過該事業資本 50%者。3.公有營事業機關與各基金接受政府委託代管公
庫對國外合作事業及國內民營事業直接投資，政府資本未超過該合資
事業 50%者。4.政府及其所屬機關或基金投資國際金融機構或與國外合
作而投資於其公私企業者。由於受政府補助之民間團體及公私合營之
事業，係各依公司法（如公司）、人民團體法（如農會、公會等）、
財團法人法等登記設立，並非政府機關，自不能強制要求其完全依照

政府主計法令規定辦理,惟其領有公款補助或為政府直接或間接投資等,其會計制度及會計報告程序,依會計法第 121 條規定,係準用會計法有關規定;至受政府補助之民間團體及公私合營之事業之適用範圍,係由中央主計機關(即主計總處)酌定之,但目前主計總處並未訂有相關規定。

(三)有關政府對受政府補助之民間團體及公私合營之事業之財務與會計之管理及監督,均於其適用之法規予以明定,多數主管機關並據以訂定相關規範,例如:

1. 內政部依人民團體法第 66 條訂有社會團體財務處理辦法,於第 2 條規定,所定財務處理為會計、預算、決算、不動產及其他財務管理事項。該辦法主要內容包括會計基礎、會計簿籍、會計憑證、記帳單位、會計年度、年度工作計畫及收支預算表之編審、財務管理及查核等。

2. 教育部根據財團法人法第 24 條第 4 項訂有全國性教育財團法人會計處理及財務報告編製準則,內容包括總則、會計事務處理(含通則、會計憑證、會計帳簿及會計事務處理程序)、會計要素及財務報告編製(含會計要素之內容及財務報告之編製)、附則。

3. 衛生福利部依財團法人法第 24 條第 4 項訂有全國性社會福利財團法人會計處理及財務報告編製準則,內容包括總則、會計處理(含通則、會計憑證、會計帳簿及會計事務處理程序)、財務報告編製(含財務報告內容、資產負債表、收支餘絀表、淨值變動表、現金流量表、附註或附表、其他揭露事項)、附則。

貳、政府主計機構組織之超然性

一、會計法相關條文

第 2 條　各下級政府主計機關(無主計機關者,其最高主計人員),關於會計事務,應受該管上級政府主計機關之監督與指導。

二、解析

行政院主計總處組織法第 6 條規定:「全國各級主辦歲計、會計、統

計人員，分別對各該管上級機關主辦歲計、會計、統計人員負責，並依法受所在機關長官之指揮。」主計機構人員設置管理條例第 5 條並規定：「主計機構設置及員額編制標準，依各該機關之層級、組織型態、附屬機關（構）多寡及主計業務繁簡等因素，由中央主計機關定之。」形成特有之超然主計制度，重點如下：

(一)主計機構組織之超然

以行政院主計總處為最高主計機關，由上而下，全國成為一個主計系統。

(二)主計人事之超然

主計人員之任免、遷調、獎勵及考核，概由主計主管機關負責，不由所在機關長官處理。

(三)主計職責之超然

主計人員依會計法、統計法等規定可超然獨立行使其職務，不受影響。

參、政府各機關辦理之會計事務

一、會計法相關條文

(一)政府會計事項及其會計事務之性質

第 3 條　政府及其所屬機關，對於左列事項，應依機關別與基金別為詳確之會計：
一、預算之成立、分配、執行。
二、歲入之徵課或收入。
三、債權、債務之發生、處理、清償。
四、現金、票據、證券之出納、保管、移轉。
五、不動產物品及其他財產之增減、保管、移轉。
六、政事費用、事業成本及歲計餘絀之計算。
七、營業成本與損益之計算及歲計盈虧之處理。

八、其他應為會計之事項。

第 4 條　前條會計事項之事務，依其性質，分下列四類：

一、普通公務之會計事務：謂公務機關一般之會計事務。

二、特種公務之會計事務：謂特種公務機關除前款之會計事務外，所辦之會計事務。

三、公營事業之會計事務：謂公營事業機關之會計事務。

四、非常事件之會計事務：謂有非常性質之事件，及其他不隨會計年度開始與終了之重大事件，其主辦機關或臨時組織對於處理該事件之會計事務。

(二)普通公務之會計事務

第 5 條　普通公務之會計事務，為左列三種：

一、公務歲計之會計事務：謂公務機關之歲入或經費之預算實施，及其實施時之收支，與因處理收支而發生之債權、債務，及計算政事費用與歲計餘絀之會計事務。

二、公務出納之會計事務：謂公務機關之現金、票據、證券之出納、保管、移轉之會計事務。

三、公務財物之會計事務：謂公務機關之不動產物品及其他財產之增減、保管、移轉之會計事務。

(三)特種公務之會計事務

第 6 條　特種公務之會計事務，為左列六種：

一、公庫出納之會計事務：謂公庫關於現金、票據、證券之出納、保管、移轉之會計事務。

二、財物經理之會計事務：謂公有財物經理機關，關於所經理不動產物品及其他財產之增減、保管、移轉之會計事務。

三、徵課之會計事務：謂徵收機關，關於稅賦捐費等收入之徵課、查定，及其他依法處理之程序，與所用之票照等憑證，及其處理徵課物之會計事務。

四、公債之會計事務：謂公債主管機關，關於公債之發生、處理、清償之會計事務。

五、特種財物之會計事務：謂特種財物之管理機關，關於所管財物處理之會計事務。

六、特種基金之會計事務：謂特種基金之管理機關，關於所管基金處理之會計事務。

前項第六款稱特種基金者：謂除營業基金、公債基金及另為事業會計之事業基金外，各種信託基金、留本基金、非營業之循環基金等，不屬於普通基金之各種基金。

(四)公營事業之會計事務

第7條　公營事業之會計事務，為下列四種：

一、營業歲計之會計事務：謂營業預算之實施，及其實施之收支，與因處理收支而發生之債權、債務，及計算歲計盈虧與營業損益之會計事務。

二、營業成本之會計事務：謂計算營業之出品或勞務每單位所費成本之會計事務。

三、營業出納之會計事務：謂營業上之現金、票據、證券之出納、保管、移轉之會計事務。

四、營業財物之會計事務：謂營業上使用及運用之財產增減、保管、移轉之會計事務。

(五)各機關對於普通公務、特種公務及公營事業之會計事務應分別綜合彙編

第8條　各機關對於所有前三條之會計事務，均應分別種類，綜合彙編，作為統制會計。

二、解析

(一)會計法第3條所列應為詳確之會計事項，並非每一機關或基金均會發生，例如預算之成立及分配，僅適用公務機關，在營業及非營業特種基金並不入帳；歲入之徵課僅適用於徵課機關，如關務署及所屬各關、負責內地稅徵課之各稅捐稽徵機關；營業成本與損益之計算及歲計盈虧之處理，則適用於公營事業。

(二)會計法第 4 條有關普通公務之會計事務，係編列單位預算之公務機關所辦理一般之會計事務，即普通公務單位會計；特種公務之會計處理，以中央政府而言，如財政部所屬機關係除普通公務之會計事務外，尚依會計法第 6 條規定辦理四種特種公務會計事務。有關特種公務之會計事務的辦理概況，以及與普通公務單位會計、中央總會計之關聯，分述如下：

1. 公庫出納之會計事務：依公庫法第 2 條規定，公庫經管現金、票據、證券及其他財物。中央政府包括已核定歲入、歲出分配預算暨依法收納或撥（付）款事項之執行，與現金、票據、證券及其他財物之出納、保管、移轉等，均為國庫出納業務之範圍。國庫出納會計應與各公務機關之普通公務單位會計核對歲入歲出繳領各科目及金額，又國庫出納會計之現金及應付保管款等財務資訊，因非屬普通公務單位會計之範圍，爰直接彙入中央總會計之公務機關平衡表。

2. 徵課之會計事務：係關務署及所屬各關辦理關稅徵課業務，與各稅捐稽徵機關辦理內地稅之查定、徵收等業務之會計事務。關稅與內地稅徵課會計每月所產製之收入支出表及平衡表係普通公務單位會計之原始憑證，透過關稅徵課會計制度、內地稅徵課會計制度與中央政府普通公務單位會計制度之一致規定（以下簡稱普會制度）的會計科目之對應關係，據以記入關務署及所屬、各區國稅局及所屬之普通公務單位會計帳（稅課收入科目），與中央其他各機關普通單位會計報告彙總後，再彙入中央總會計。

3. 公債之會計事務：公共債務法第 4 條規定，各級政府可舉借內債及外債，其舉債方式包括發行公債、國庫券及向國內外借入之長期、短期款項等。按公共債務法第 2 條規定，財政部為公共債務之主管機關，債務舉借機關則為其所屬之財政部國庫署，並依會計法第 4 條規定，辦理發行公債、國庫券及國內、外借款等業務相關會計事務。中央政府長、短期債務餘額之財務資訊，因非屬普通公務單位會計之範疇，爰係由財政部國庫署依中央公共債務會計制度及中央公共債務會計處理參考指引，編製長、短期債務相關財務資訊，送主計總處據以彙整納入公務機關財務報表後，再彙入中央總會計平衡表。

4. 財物經理之會計事務：以中央政府而言，即為國有財產會計事務，包

括：(1)國有公用財產：涵蓋公務用財產、公共用財產及國營事業機構使用之事業用財產。(2)國有非公用財產：係指公用財產以外可供收益或處分之一切國有財產。其中公用財產以各直接使用機關為管理機關，於每一會計年度終了時，編具公用財產目錄及財產增減表，並與該機關之普通公務單位會計核對公用財產種類、數量及金額等；非公用財產則以財政部國有財產署為管理機關，又國有財產之非公用財產與撥交地方政府使用之國有公用財產的財務資訊，因非屬普通公務單位會計之範疇，爰直接彙入中央總會計平衡表之固定資產相關科目，且非公用財產所提列之折舊，亦應透過國有財產會計直接彙入中央總會計收入支出表之固定資產折舊科目。

5. 特種財物之會計事務

(1)國有財產法第 5 條規定，史料、古物與故宮博物等國有財產之保管及使用，仍依其他有關法令辦理。依文化資產保存法第 2 條及第 3 條規定，史蹟、古物、傳統表演藝術、工藝等具有歷史、藝術、科學等文化價值，經指定或登錄之有形及無形文化資產，其保存、維護、宣揚及權利之轉移應依該法規定辦理。另國立故宮博物院、中央研究院、國立歷史博物館及國家圖書館對其典藏文物等，訂定有國立故宮博物院典藏文物管理作業要點、中央研究院珍貴動產及不動產管理規定、國立歷史博物館文物管理作業規定及國家圖書館特藏古籍文獻保管要點等規範。又政府為妥善管理該等資產，行政院並依會計法第 50 條規定訂有「中央政府各機關珍貴動產不動產管理要點」，該要點所稱珍貴動產、不動產係指經文化資產主管機關指定或登錄為文化資產之動產及不動產，或具文化性、歷史性、藝術性或稀少性之財物，經管理機關認定具有珍貴保存價值者，或因屬性認定有爭議，陳經該管理機關之主管機關會同相關權責機關認定之財物，而該項珍貴動產之認定，不受財物標準分類所定財產要件金額 1 萬元以上且使用年限在 2 年以上之限制。

(2)珍貴動產、不動產依其屬公用財產或非公用財產之不同，分別以直接使用機關或財政部國有財產署為財產管理機關。該類財產於取得後，除比照一般財產按財物標準分類規定編號管理外，依會計法第 50 條規定，珍貴動產應登記於備有索引、照相、圖樣及其他便於查

對之暗記紀錄等備查簿；珍貴不動產則應備地圖、圖樣等備查簿，以供檢核及查考。

(3)各機關應按季編造珍貴動產、不動產增減表及增減結存表，作為國有財產增減表及增減結存表之附表，陳報主管機關彙轉國有財產署彙整；並於每一會計年度終了，編造珍貴動產、不動產目錄及目錄總表，連同國有財產目錄及目錄總表，陳報主管機關彙轉國有財產署彙整。

6. 公營事業之會計事務及特種基金之會計事務

(1)預算法第 4 條規定，特種基金包括營業基金、作業基金、特別收入基金、債務基金、資本計畫基金及信託基金等六種基金。營業基金所辦理會計事務為會計法第 4 條所定之公營事業會計事務，至其餘五種特種基金係辦理會計法第 6 條所定之特種基金會計事務。

(2)會計法第 6 條所列特種基金之名稱與預算法第 4 條比較，其中名稱相同者僅有營業基金及信託基金兩類，其餘之名稱均有所差異，主要為會計法尚未配合 87 年 10 月 29 日修正之預算法作修正所致，新修正之預算法對於基金之分類與名稱已作重新劃分及修正，將其中之公債基金改為債務基金，留本基金併入信託基金，事業基金與非營業循環基金則劃分為作業基金、特別收入基金及資本計畫基金，即實質上會計法與預算法所規範之基金種類大致相同，均包括營業基金、債務基金、信託基金、作業基金、特別收入基金及資本計畫基金。又因預算法是政府財務行政的首要依據，且會計法第 3 條規定，政府及其所屬機關對於預算之成立、分配、執行等事項，應依機關別與基金別為詳確之會計，因此應依預算法第 4 條規定之基金名稱編列預算及執行，惟未來會計法仍宜配合預算法作修正，使預算法與會計法所列之相關基金名稱一致。

(3)依政府會計準則公報第 8 號「政府會計報告之編製」規定，營業基金、作業基金、特別收入基金、債務基金及資本計畫基金之會計報告等資訊應彙入政府年度會計報告（如中央總會計年度會計報告），但在編製整體資產負債表時，應將公務機關與特種基金間之內部往來事項加以沖銷；至於政府代管或依法設立的信託基金之資產、負債等資訊，則於政府年度會計報告揭露必要之補充資訊。

(三)會計法第 4 條所謂非常事件之會計事務，係指辦理不隨會計年度起訖之特別預算，其主辦機關或臨時組織對於處理特別預算事件之會計事務。特別預算與總預算為互相獨立，21 年由國民政府制定之預算法第 75 條中稱非常經費預算，26 年之預算法第 68 條謂非常預算，37 年之預算法第 60 條始修正為特別預算，爰會計法第 4 條、第 24 條及第 64 條等配合當時預算法規定稱為非常事件之會計事務，尚未配合嗣後預算法之修訂作修正。因特別預算係於年度總預算之外另行提出，大致屬於多年期計畫，故其執行須單獨按期編造會計報告，年度終了未支用數得轉入下年度繼續支用，並於執行期滿後依決算法第 22 條規定單獨編造特別決算。

肆、政府會計之組織

一、會計法相關條文

(一)政府會計組織之種類

第 9 條　政府會計之組織為左列五種：

一、總會計。

二、單位會計。

三、分會計。

四、附屬單位會計。

五、附屬單位會計之分會計。

前項各款會計，均應用複式簿記。但第三款、第五款分會計之事務簡單者，不在此限。

第一項各款會計之帳務處理，得視事實需要，呈請上級主計機關核准後，集中辦理。

(二)總會計

第 10 條　中央、直轄市、縣（市）、鄉（鎮、市）、直轄市山地原住民區之會計，各為一總會計。

(三)單位會計

第 11 條　左列各款會計，為單位會計：

一、在總預算有法定預算之機關單位之會計。

二、在總預算不依機關劃分而有法定預算之特種基金之會計。

(四)分會計

第 12 條　單位會計下之會計，除附屬單位會計外，為分會計，並冠以機關名稱。

(五)附屬單位會計

第 13 條　左列各款會計，為附屬單位會計：

一、政府或其所屬機關附屬之營業機關、事業機關或作業組織之會計。

二、各機關附屬之特種基金，以歲入、歲出之一部編入總預算之會計。

(六)附屬單位會計之分會計

第 14 條　附屬單位會計下之會計，為附屬單位會計之分會計，並冠以機關名稱。

二、解析

(一)中央政府、直轄市、縣（市）、鄉（鎮、市）及六個直轄市山地原住民區（包括新北市烏來區，桃園市復興區，臺中市和平區，高雄市那瑪夏區、桃園區及茂林區），各有一個總會計，且政府會計組織與預算體系大致上呈現對應關係，在預算體系方面，分為總預算、單位預算、單位預算之分預算、附屬單位預算及附屬單位預算之分預算等五種，另尚有與總預算互相獨立之特別預算；政府會計之組織則分為總會計、單位會計、分會計（實務上大多稱為單位會計之分會計）、附屬單位會計及附屬單位會計之分會計等五種。但依中央總會計制度第 3 點規定，總會計包括普通公務單位會計之財務報表、特種公務會計應彙入總會計之財務資訊及特種基金之會計報告等資料所彙編而成，實

際上涵蓋了總預算、特別預算及各附屬單位預算等應為詳確會計之相關財務資訊，範圍較總預算為大。

(二)會計法第 9 條第 3 項有關集中會計事務處理，係會計法於民國 61 年全文修正時，鑑於時代之進步及電子計算機之應用，今後會計事務之處理，將由分散而趨於集中，爰增列第 3 項凡總會計、單位會計、分會計或附屬單位會計及其分會計，均得因事實需要，呈請上級主計機關核准後，集中辦理。

(三)預算法第 18 條所定之單位預算，包括公務機關單位預算及特種基金單位預算，會計法第 11 條亦對應有公務機關單位會計（即普通公務單位會計）及特種基金單位會計，因自 88 年度起，中央政府已無編製單位預算之特種基金，爰實務上亦不再有特種基金單位會計。又依中央政府各級機關單位分級表第 1 點第 4 項規定，有關「單位會計」、「單位會計之分會計」與「單位預算」、「單位預算之分預算」的分級要件相同。

(四)預算法第 4 條規定之六種特種基金，除信託基金外，均已編製附屬單位預算，故均為會計法第 13 條之附屬單位會計。

伍、會計年度及年度期間之劃分

一、會計法相關條文

第 15 條　會計年度之開始及終了，依預算法之所定。

會計年度之分季，自年度開始之日起，每三個月為一季。

會計年度之分月，依國曆之所定。

各月之分旬，以一日至十日為上旬，十一日至二十日為中旬，二十一日至月之末日為下旬。

各月之分為五日期間者，自一日起，每五日為一期，其最後一期為二十六日至月之末日。

期間不以會計年度或國曆月份之始日起算者，或月份非連續計算者，其計算依民法第一百二十一條至第一百二十三條之所定。

二、解析

(一)民法第 120 條:「以時定期間者,即時起算。以日、星期、月或年定期間者,其始日不算入。」民法第 121 條:「以日、星期、月或年定期間者,以期間末日之終止,為期間之終止。期間不以星期、月或年之始日起算者,以最後之星期、月或年與起算日相當日之前一日,為期間之末日。但以月或年定期間,於最後之月,無相當日者,以其月之末日,為期間之末日。」按照上述規定,期間不以「日、星期、月、年」定期間者,第一日不計算,從第二日開始計算之相當日的前一日,即為期間之末日。例如:

1. 從星期二開始之一星期,則星期二不計算,自星期三起算一星期之相當日為下星期三,其前一日之下星期二即為期間之末日。

2. 自 7 月 7 日開始之一個月,則 7 月 7 日不計算,自 7 月 8 日起算一個月之相當日為 8 月 8 日,其前一日之 8 月 7 日即為期間之末日。

3. 自 8 月 31 日開始之一個月,因 9 月沒有 31 日,故期間之末日為 9 月 30 日。

(二)民法第 122 條:「於一定期日或期間內,應為意思表示或給付者,其期日或其期間之末日,為星期日、紀念日或其他休息日時,以其休息日之次日代之。」例如,期間之末日剛好遇到 10 月 10 日國慶日,即可順延至 10 月 11 日為期間之末日。

(三)民法第 123 條:「稱月或年者,依曆計算。月或年非連續計算者,每月為三十日,每年為三百六十五日。」即對於連續期間採曆法計算法,例如,自 7 月 1 日起算 3 個月,則計至 9 月 30 日止。至於非連續期間則採取自然計算法,例如,自 7 月 10 日起 5 個月完工,則此 5 個月無論各月之大小,均以實際工作天計足 150 天為期間之屆滿。

陸、政府會計之記帳本位幣

一、會計法相關條文

第 16 條　政府會計應以國幣或預算所定之貨幣為記帳本位幣;其以不合本位幣之本國或外國貨幣記帳者,應折合本位幣記入主要之帳簿。記帳時,除為乘除計算外,至元為止,角位四捨五入。

前項規定，如有特殊情形者，得擬定處理辦法，經各該政府主
計機關核定施行。

二、解析

　　政府會計應以國幣或預算所定之貨幣（即新臺幣）為記帳本位幣，除
為乘除計算外，至元為止，角位四捨五入。另考量，例如駐外使領館及公
營事業之國外分支機構等，其日常收支，均係應用當地貨幣，如必須逐筆
折合新臺幣記帳，未免過繁，爰第 16 條第 2 項規定，如有特殊情形者，得
擬定處理辦法，報經各該政府主計機關核定施行。即中央政府各機關部
分，係報經由主計總處核定施行。至於地方政府各機關部分，則報經由各
該地方政府主計處（室）核定施行。又政府支出憑證處理要點第 18 點規
定，支出憑證列有其他貨幣數額者，應註明折合率，除有特殊情形者外，
應附兌換水單或其他匯率證明。

柒、作業及相關考題

※申論題

一、會計法第 3 條所稱之會計事項，除預算之成立、分配、執行（第 1
　　款），歲入之徵課或收入（第 2 款）及其他應為會計之事項（第 8
　　款）外，尚包括哪些事項？又同法第 5 條第 1 款所稱公務歲計之會計
　　事務，與上述哪些會計事項有直接相關？【107 年關務人員四等】

答案：

(一) 會計法第 3 條規定，政府及其所屬機關，應依機關別與基金別為詳確之
　　會計事項，除第 1 款、第 2 款及第 8 款外，尚包括以下五款：

　1. 債權、債務之發生、處理、清償。

　2. 現金、票據、證券之出納、保管、移轉。

　3. 不動產物品及其他財產之增減、保管、移轉。

　4. 政事費用、事業成本及歲計餘絀之計算。

　5. 營業成本與損益之計算及歲計盈虧之處理。

(二) 會計法第 5 條第 1 款公務歲計之會計事務，與第 3 條所列會計事項之相
　　關性

1. 會計法第 5 條第 1 款所稱公務歲計之會計事務：謂公務機關之歲入或經費之預算實施，及其實施時之收支，與因處理收支而發生之債權、債務，及計算政事費用與歲計餘絀之會計事務。

2. 會計法第 3 條所列應為詳確之會計事項，並非每一機關或基金均會發生，例如預算之成立及分配，僅適用公務機關，在營業及非營業特種基金並不入帳；歲入之徵課僅適用於徵課機關，如關務署及所屬各關、負責內地稅徵課之各稅捐稽徵機關；營業成本與損益之計算及歲計盈虧之處理，則適用於公營事業。故會計法第 5 條第 1 款與會計法第 3 條有直接相關之會計事項如下：

   (1) 預算之成立、分配、執行。

   (2) 歲入之徵課或收入，其中歲入之徵課僅適用於徵課機關。

   (3) 債權、債務之發生、處理、清償。

   (4) 政事費用及歲計餘絀之計算。

   (5) 其他應為會計之事項。

二、請回答下列有關政府基金之問題

　　(一)依會計法之規範，政府特種基金包括哪幾種？

　　(二)會計法與預算法規範之政府特種基金名稱並不完全相同，其差異原因為何？應如何解決此差異？【108 年薦任升等】

三、預算法第 4 條第 1 項第 2 款所稱之特種基金，與會計法第 6 條第 1 項第 6 款特種基金之會計事務中所稱之特種基金，兩者有何相同之處？【107 年關務人員四等】

答案：（含二及三）

(一) 會計法對於政府特種基金種類之規範

　　會計法第 6 條第 1 項第 6 款規定，特種基金之會計事務，謂特種基金之管理機關，關於所管基金處理之會計事務。至於所稱特種基金者，謂除營業基金、公債基金及另為事業會計之事業基金外，各種信託基金、留本基金、非營業之循環基金等，不屬於普通基金之各種基金。

(二) 預算法對於政府特種基金種類之規範

　　預算法第 4 條規定，特種基金係歲入之供特殊用途者，其種類如下：

1. 供營業循環運用者，為營業基金。

2. 依法定或約定之條件，籌措財源供償還債本之用者，為債務基金。

3. 為國內外機關、團體或私人之利益，依所定條件管理或處分者，為信託基金。

4. 凡經付出仍可收回，而非用於營業者，為作業基金。

5. 有特定收入來源而供特殊用途者，為特別收入基金。

6. 處理政府機關重大公共工程建設計畫者，為資本計畫基金。

(三) 會計法第 6 條與預算法第 4 條對於特種基金之名稱不完全相同之說明

1. 會計法第 6 條第 1 項第 6 款所列特種基金之名稱與預算法第 4 條比較，其中名稱相同者僅有營業基金及信託基金兩類，其餘之名稱均有所差異，主要為會計法尚未配合 87 年 10 月 29 日修正之預算法作修正所致，新修正之預算法對於基金之分類與名稱已作重新劃分及修正，將其中之公債基金改為債務基金，留本基金併入信託基金，事業基金與非營業循環基金則劃分為作業基金、特別收入基金及資本計畫基金，即實質上會計法與預算法所規範之基金種類大致相同，均包括營業基金、債務基金、信託基金、作業基金、特別收入基金及資本計畫基金。

2. 營業基金與作業基金具循環基金性質；信託基金如獎學基金為留本基金，但亦有部分為動本基金；普通基金、特別收入基金及資本計畫基金則為動本基金性質。

3. 因預算法是政府財務行政的首要依據，又會計法第 3 條規定，政府及其所屬機關對於預算之成立、分配、執行等事項，應依機關別與基金別為詳確之會計，因此應依預算法第 4 條規定之基金名稱編列預算及執行，惟未來會計法仍宜配合預算法作修正，使預算法與會計法所列之相關基金名稱一致。

四、依會計法規定，政府及其所屬機關之會計事務分為哪五種？【106 年鐵特三級及退除役特考三等】

答案：

(一) 會計法第 4 條原規定政府及其所屬機關之會計事務係分為五類，依 108 年 11 月新修正之第 4 條，已將其中「公有事業之會計事務」與「公有營業之會計事務」，合併修正為「公營事業之會計事務」，故精簡為四類。

(二) 新修正之會計法第 4 條規定，政府及其所屬機關會計事項之事務，依其性質，分下列四類：

1. 普通公務之會計事務：謂公務機關一般之會計事務。

2. 特種公務之會計事務：謂特種公務機關除前款之會計事務外，所辦之會計事務。

3. 公營事業之會計事務：謂公營事業機關之會計事務。

4. 非常事件之會計事務：謂有非常性質之事件，及其他不隨會計年度開始與終了之重大事件，其主辦機關或臨時組織對於處理該事件之會計事務。所謂非常事件之會計事務，係指辦理不隨會計年度起訖之特別預算，其主辦機關或臨時組織對於處理特別預算事件之會計事務。

五、政府及其所屬機關，應依機關別與基金別為詳確之會計，請依民國 108 年 11 月修正公布之會計法第 4 條規定，說明會計事項之事務，依其性質，可分為四個類別的內容。【109 年關務人員四等】

答案：

(一) 會計事項事務之分類

　　會計法第4條規定（請按條文內容作答）。

(二) 會計事項事務之內容

1. 普通公務之會計事務，係編列單位預算之公務機關所辦理一般之會計事務，即普通公務單位會計。

2. 特種公務之會計處理，係除普通公務之會計事務外，依會計法第 6 條規定辦理之會計事務。有關特種公務之會計事務的辦理概況如下：

　　(1) 公庫出納之會計事務：依公庫法第 2 條第 1 項規定，公庫經管現金、票據、證券及其他財物。中央政府包括已核定歲入、歲出分配預算暨依法收納或撥（付）款事項之執行，與現金、票據、證券及其他財物之出納、保管、移轉等，均為國庫出納業務之範圍。

　　(2) 徵課之會計事務：係關務署及所屬各關辦理關稅徵課業務，與各稅捐稽徵機關辦理內地稅之查定、徵收等業務之會計事務。

　　(3) 公債之會計事務：公共債務法第 4 條規定，各級政府可舉借內債及外債，其舉債方式包括發行公債、國庫券及向國內外借入之長期、短期款項等。按公共債務法第 2 條規定，財政部為公共債務之主管機關，

債務舉借機關則為其所屬之財政部國庫署，並依會計法第 4 條規定，辦理發行公債、國庫券及國內、外借款等業務相關會計事務。

(4) 財物經理之會計事務：以中央政府而言，即為財政部國有財產署辦理之國有財產會計事務，包括：A.國有公用財產。B.國有非公用財產。

(5) 特種財物之會計事務：係指特種財物之管理機關，關於所管財物處理之會計事務。行政院並依會計法第 50 條規定訂有中央政府各機關珍貴動產不動產管理要點作為執行準據。該要點所稱珍貴動產、不動產，係指經文化資產主管機關指定或登錄為文化資產之動產及不動產，或具文化性、歷史性、藝術性或稀少性之財物，經管理機關認定具有珍貴保存價值者，或因屬性認定有爭議，陳經該管理機關之主管機關會同相關權責機關認定之財物，而該項珍貴動產之認定，不受財物標準分類所定財產要件金額 1 萬元以上且使用年限在 2 年以上之限制。

(6) 特種基金之會計事務：係指包括作業基金、特別收入基金、債務基金、資本計畫基金及信託基金等五種基金之會計事務。

3. 公營事業之會計事務：係指公營事業機關之會計事務。

4. 會計法第 4 條所謂非常事件之會計事務，係指辦理不隨會計年度起訖之特別預算，其主辦機關或臨時組織對於處理特別預算事件之會計事務。

六、會計法將政府會計組織分為五種。請說明單位會計、附屬單位會計之定義，並就中央政府之單位會計、附屬單位會計，各列舉一實例。
【112 年薦任升等「審計應用法規」】

答案：

(一) 單位會計之定義及實例

會計法第 11 條規定（請按條文內容作答）。例如，行政院、內政部、交通部等均為單位會計，另目前中央政府並無編列特種基金單位預算，故亦沒有特種基金單位會計。

(二) 附屬單位會計之定義及實例

會計法第 13 條規定（請按條文內容作答）。例如，中央銀行、台灣電力股份有限公司及國立臺灣大學校務基金等均為附屬單位會計。

七、請依預算法、會計法及決算法規定，回答下列問題：

　　(一)附屬單位預算中，營業基金預算盈餘分配及虧損填補之項目。

　　(二)附屬單位決算營業基金決算之主要內容。

　　(三)公有營業機關及公有事業機關如何區別？

　　(四)何謂作業組織？【100年地特三等】

答案：

(一) 營業基金預算盈餘分配及虧損填補之項目

　1. 預算法第85條第1項第6款第1目規定，營業基金預算盈餘分配項目如下：

　　(1) 填補歷年虧損。

　　(2) 提列公積。

　　(3) 分配股息紅利或繳庫盈餘。

　　(4) 其他依法律應行分配之事項。

　　(5) 未分配盈餘。

　2. 預算法第85條第1項第6款第2目規定，營業基金預算虧損填補項目如下：

　　(1) 撥用未分配盈餘。

　　(2) 撥用公積。

　　(3) 折減資本。

　　(4) 出資填補。

(二) 附屬單位決算營業基金決算之主要內容

　　決算法第15條第1項規定，附屬單位決算中關於營業基金決算之主要內容如下：

　1. 損益之計算。

　2. 現金流量之情形。

　3. 資產、負債之狀況。

　4. 盈虧撥補之擬議。

(三) 公有營業機關與公有事業機關之區別

　　原會計法第4條第2項規定，凡政府所屬機關，專為供給財物、勞務或其他利益，而以營利為目的或取相當之代價者，為公有營業機關；其不以營利為目的者，為公有事業機關。

(四) 作業組織之意義

原會計法第 7 條第 4 項規定：

1. 公務機關附帶為事業或營業之行為而別有一部分之組織者，其組織為作業組織。

2. 公有事業或公有營業機關，於其本業外，附帶為他種事業或營業之行為而別有一部分之組織者，其組織亦得視為作業組織。

八、會計法第 4 條第 1 項將會計事項之事務，依其性質區分為哪幾類？依同法第 8 條之規定，上述哪些會計事務，應分別種類，綜合彙編，作為統制會計？【107 年關務人員四等】

答案：

(一) 政府及其所屬機關會計事務之分類

會計法第 4 條規定（請按條文內容作答）。

(二) 應分別種類綜合彙編作為統制會計之會計事務

會計法第 8 條規定，各機關對於所有第 5 條至第 7 條之會計事務，均應分別種類，綜合彙編，作為統制會計。其內容如下：

1. 普通公務之會計事務：會計法第 5 條規定，普通公務之會計事務，為下列三種（請按條文內容作答）。

2. 特種公務之會計事務：會計法第 6 條規定，特種公務之會計事務，為下列六種（請按條文內容作答）。

3. 公營事業之會計事務：會計法第 7 條規定，公營事業之會計事務，為下列四種（請按條文內容作答）。

九、試就現行財政部國庫署承辦會計業務，依會計法第 6 條之規定，說明其辦理哪些特種公務之會計事務？【102 年地特三等】

答案：

會計法第 6 條規定，特種公務之會計事務有六種，其中由財政部國庫署承辦者為下列三種：

(一) 公庫出納之會計事務：謂公庫關於現金、票據、證券之出納、保管、移轉之會計事務。

(二) 公債之會計事務：謂公債主管機關，關於公債之發生、處理、清償之會

計事務。

(三) 特種基金之會計事務：謂特種基金之管理機關，關於所管基金處理之會
　　計事務。以上之特種基金，其中由國庫署承辦者有中央政府債務基金及
　　行政院公營事業民營化基金之會計事務。

十、特種公務之會計事務包括哪些？【106 年關務人員四等】

答案：

(一) 會計法第6條規定（請按條文內容作答）。

(二) 特種公務之會計處理，係除普通公務之會計事務外，依會計法第 6 條規
　　定辦理之會計事務，其辦理概況分述如下：

1. 公庫出納之會計事務：依公庫法第 2 條規定，公庫經管現金、票據、證
　　券及其他財物。中央政府包括已核定歲入、歲出分配預算暨依法收納或
　　撥（付）款事項之執行，與現金、票據、證券及其他財物之出納、保
　　管、移轉等，均為國庫出納業務之範圍。

2. 徵課之會計事務：係關務署及所屬各關辦理關稅徵課業務，與各稅捐稽
　　徵機關辦理內地稅之查定、徵收等業務之會計事務。

3. 公債之會計事務：公共債務法第 4 條規定，各級政府可舉借內債及外
　　債，其舉債方式包括發行公債、國庫券及向國內外借入之長期、短期款
　　項等。按公共債務法第 2 條規定，財政部為公共債務之主管機關，債務
　　舉借機關則為其所屬之財政部國庫署，並依會計法第 4 條規定，辦理發
　　行公債、國庫券及國內外借款等業務相關會計事務。

4. 財物經理之會計事務：以中央政府而言，即為財政部國有財產署辦理之
　　國有財產會計事務，包括：

　　(1) 國有公用財產：涵蓋公務用財產、公共用財產及國營事業機構使用之
　　　　事業用財產。

　　(2) 國有非公用財產：係指公用財產以外可供收益或處分之一切國有財
　　　　產。

5. 特種財物之會計事務：行政院依會計法第 50 條規定訂有中央政府各機關
　　珍貴動產不動產管理要點，所稱珍貴動產、不動產，係指經文化資產主
　　管機關指定或登錄為文化資產之動產及不動產，或具文化性、歷史性、
　　藝術性或稀少性之財物，經管理機關認定具有珍貴保存價值者，或因屬

性認定有爭議，陳經該管理機關之主管機關會同相關權責機關認定之財物，而該項珍貴動產之認定，不受財物標準分類所定財產要件金額 1 萬元以上且使用年限在 2 年以上之限制。

  6. 特種基金之會計事務：係指包括作業基金、特別收入基金、債務基金、資本計畫基金及信託基金等五種基金之會計事務。

十一、會計法將政府會計組織分為總會計、單位會計、分會計、附屬單位會計、附屬單位會計之分會計等五種。依會計法規定說明單位會計及附屬單位會計之意義。【109 年鐵特三級】

答案：

    會計法中有關單位會計及附屬單位會計之意義如下：

(一) 單位會計

    會計法第 11 條規定（請按條文內容作答）。

(二) 附屬單位會計

    會計法第 13 條規定（請按條文內容作答）。

十二、請試述下列名詞之意涵：

    （一）總預算

    （二）總會計

    （三）單位預算

    （四）單位會計

    （五）附屬單位會計【110 年鐵特三級及退除役特考三等】

答案：

(一) 總預算：預算法第 17 條規定（請按條文內容之第 1 項及第 2 項作答）。

(二) 總會計：決算法第 10 條規定（請按條文內容作答）。

(三) 單位預算：預算法第 18 條規定（請按條文內容作答）。

(四) 單位會計：決算法第 11 條規定（請按條文內容作答）。

(五) 附屬單位會計：決算法第 13 條規定（請按條文內容作答）。

十三、會計法第 9 條至第 14 條條文明文規定，政府會計之組織名稱及其定義；試依上述規定，回答下列問題

    (一) 繪圖表達政府會計之組織架構。

(二)政府會計之組織名稱與定義各為何？【106 年地特三等】

答案：

(一) 政府會計之組織

會計法第 9 條第 1 項規定，政府會計之組織為下列五種：

1. 總會計。
2. 單位會計。
3. 分會計。
4. 附屬單位會計。
5. 附屬單位會計之分會計。

依據會計法第 9 條至第 14 條規定，政府會計組織如下圖。

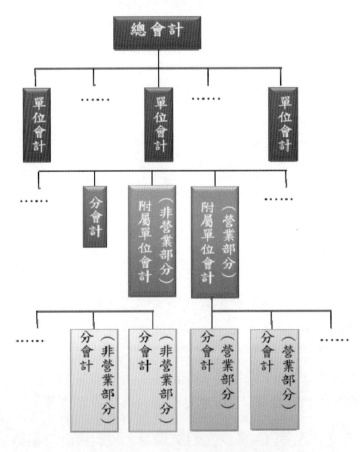

圖 2.1.1　政府會計組織圖

資料來源：作者自行整理

(二) 政府會計之組織名稱與定義

1. 總會計：會計法第 10 條規定，中央、直轄市、縣（市）、鄉（鎮、市）、直轄市山地原住民區之會計，各為一總會計。

2. 單位會計：會計法第 11 條規定（請按條文內容作答）。

3. 分會計：會計法第 12 條規定，單位會計下之會計，除附屬單位會計外，為分會計，並冠以機關名稱。

4. 附屬單位會計：會計法第 13 條規定（請按條文內容作答）。

5. 附屬單位會計之分會計：會計法第 14 條規定，附屬單位會計下之會計，為附屬單位會計之分會計，並冠以機關名稱。

十四、請依會計法之規定，說明我國政府會計組織的種類及定義。【110 年關務四等】

答案：

依會計法第 9 條至第 14 條規定，政府會計組織的種類及定義如下：

(一) 總會計：會計法第 10 條規定（請按條文內容作答）。

(二) 單位會計：會計法第 11 條規定（請按條文內容作答）。

(三) 分會計：會計法第 12 條規定（請按條文內容作答）。

(四) 附屬單位會計：會計法第 13 條規定（請按條文內容作答）。

(五) 附屬單位會計之分會計：會計法第 14 條規定（請按條文內容作答）。

※測驗題

一、高考、普考、薦任升等、三等及四等各類特考

(A)1. 政府及其所屬機關對於預算之成立、分配、執行，應依下列何者為詳確之會計？(A)機關別與基金別(B)組織觀點與計畫觀點(C)報導個體與衡量焦點(D)預算觀點與作業觀點【106 年地特三等】

(D)2. 下列何者為會計法所訂會計事項之事務？①普通公務之會計事務②特種公務之會計事務③公營事業之會計事務④非常事件之會計事務(A)①②(B)①②③(C)②③④(D)①②③④【110 年鐵特三級及退除役特考三等】

(C)3. 下列何者屬於會計法所規定之會計事務名稱：①普通公務②特種公務③公有事業④非常事件(A)①②(B)①②③(C)①②④(D)①②③④【111 年地特三等】

(B)4. 行政院於 112 年間提出中央政府疫後強化經濟與社會韌性及全民共享經濟成果特別預算，其中財政部國庫署編列普發現金計畫 1,416 億元，請問財政部國庫署辦理普發現金計畫之會計事務，係屬下列何者？(A)普通公務之會計事務(B)非常事件之會計事務(C)國庫出納之會計事務(D)特別預算之會計事務【112 年高考】

(B)5. 凡政府所屬機關，專為供給財物、勞務或其他利益，而以營利為目的者，係為：(A)公有事業機關(B)公有營業機關(C)特種公務機關(D)普通公務機關【106 年地特三等】

(D)6. 普通公務會計事務包含哪些範圍？(A)公務歲計之會計事務、公庫出納之會計事務、公務財務之會計事務(B)公務會計之會計事務、公庫出納之會計事務、公務財物之會計事務(C)公務歲計之會計事務、公務出納之會計事務、公務財務之會計事務(D)公務歲計之會計事務、公務出納之會計事務、公務財物之會計事務【106 年高考】

(D)7. 試指出下列何者為普通公務之會計事務？①公務歲計②公務出納③公務財物④公庫出納⑤徵課及公債(A)①②④(B)②③⑤(C)③④⑤(D)①②③【106 年地特三等】

(B)8. 依會計法有關普通公務會計事務之規定，試指出下列何者屬於普通公務會計事務？①公務歲計②公務出納③公務徵課④公務財物(A)①②③(B)①②④(C)①③④(D)②③④【111 年鐵特三級】

(A)9. 下列何者之會計事務屬普通公務會計事務之範圍？①公務機關之現金、票據、證券之出納、保管、移轉之會計事務②公務機關之不動產物品及其他財產之增減、保管、移轉之會計事務③公庫關於現金、票據、證券之出納、保管、移轉之會計事務④公債主管機關，關於公債之發生、處理、清償之會計事務(A)①②(B)①③(C)②③(D)③④【111 年高考】

(C)10. 公務機關之不動產物品及其他財產之增減、保管、移轉之會計事務，係屬何者？(A)財物經理之會計事務(B)特種財物之會計事務(C)公務財物之會計事務(D)營業財物之會計事務【107 年鐵特三級】

(D)11. 下列有關普通公務之會計事務的敘述，何者正確？(A)公務財物之會計事務：謂公務機關之動產物品之增減、保管、移轉之會計事務(B)公務出納之會計事務：謂公庫關於現金、票據、證券之出納、保管、移轉之會計事務(C)公務徵課之會計事務：謂徵收機關，關於稅賦捐費等收入

之徵課、查定，及其他依法處理之程序，與所用之票照等憑證，及其處理徵課物之會計事務(D)公務歲計之會計事務：謂公務機關之歲入或經費之預算實施，及其實施時之收支，與因處理收支而發生之債權、債務，及計算政事費用與歲計餘絀之會計事務【111 年地特三等】

(B)12. 下列何者為特種公務之會計事務？①公務出納之會計事務②公務財物之會計事務③公債之會計事務④公庫出納之會計事務⑤公務歲計之會計事務(A)僅①②(B)僅③④(C)僅①②③④(D)①②③④⑤【109 年鐵特三級】

(A)13. 下列何者屬於特種公務會計事務：①徵課②特種基金③公務財物④公務出納(A)①②(B)①②③(C)①②④(D)①②③④【111 年地特三等】

(C)14. 依會計法規定，下列哪些屬於特種公務之會計事務？①財務經理②徵課③公債④特種基金⑤公庫出納(A)①②③④⑤(B)①②③⑤(C)②③④⑤(D)②③⑤【108 年鐵特三級及退除役特考三等】

(C)15. 徵課之會計事務屬於何種會計事務？(A)公有營業(B)公有事業(C)特種公務(D)普通公務【106 年高考】

(B)16. 依會計法等相關規範，財政部國庫署須處理下列哪些會計事務？①公務出納②國庫出納③公債④財物經理(A)①②③④(B)①②③(C)①②④(D)②③④【108 年薦任升等】

(A)17. 關於會計事務，下列敘述何者正確？(A)公務機關之現金、票據、證券之出納、保管、移轉之會計事務，屬公務出納之會計事務(B)公務機關之不動產物品及其他財產之增減、保管、移轉之會計事務，屬財物經理之會計事務(C)各機關關於公債之發生、處理、清償之會計事務，屬公債之會計事務(D)各機關之規費收入及其他依法處理之程序，屬徵課之會計事務【112 年地特三等】

(B)18. 依會計法規定，財政部國有財產署及國庫署分別辦理幾種特種公務之會計事務？(A)1 種、2 種(B)1 種、3 種(C)2 種、2 種(D)3 種、2 種【112 年鐵特三級及退除役特考三等】

(D)19. 下列敘述何者正確？(A)公務機關之現金、票據、證券之出納、保管、移轉之會計事務，為公庫出納之會計事務(B)公務機關之不動產物品及其他財產之增減、保管、移轉之會計事務，為財物經理之會計事務(C)徵收機關關於稅賦捐費等收入之徵課、查定，及其他依法處理徵課物之

會計事務，為歲計之會計事務(D)公債主管機關關於公債之發生、處理、清償之會計事務，為公債之會計事務【106年薦任升等】

(B)20.台灣電力公司是中央政府 100%投資設立的國營事業，有關其預算編列與會計事務之敘述，下列何者正確？(A)編列附屬單位預算，辦理特種基金之會計事務(B)編列附屬單位預算，辦理公營事業之會計事務(C)編列附屬單位預算之分預算，辦理營業基金之會計事務(D)編列附屬單位預算，辦理特種公務之會計事務【112年高考】

(A)21.依會計法中有關公有營業之會計事務，其因處理收支而發生之債權、債務，及計算歲計盈虧與營業損益之會計事務，屬下列何種會計事務？(A)營業歲計之會計事務(B)營業成本之會計事務(C)營業財務之會計事務(D)營業財物之會計事務【108年高考】

(D)22.下列各機關之預算型態係為單位預算，機關在預算執行時，在其權責範圍內必需處理之會計事務，何者為正確？(A)行政院主計總處關於公債之發生、處理、清償之會計事務應翔實記載(B)財政部關於稅賦捐費等收入之徵課、查定，及其他依法處理之程序，與所用之票照等憑證，及其處理徵課物之會計事務應翔實記載(C)經濟部關於營業預算之實施，及其實施之收支，與因處理收支而發生之債權、債務，及計算歲計盈虧與營業損益之會計事務應翔實記載(D)行政院之歲入或經費之預算實施，及其實施時之收支，與因處理收支而發生之債權、債務，及計算政事費用與歲計餘絀之會計事務【108年地特三等】

(B)23.所謂統制會計係指各機關對於會計法規定哪些會計事務加以分別種類綜合彙編而成？①普通公務之會計事務②特種公務之會計事務③公營事業之會計事務④行政法人之會計事務(A)①②③④(B)①②③(C)②③④(D)①②④【110年地特三等】

(C)24.有關作業組織之敘述，下列何者錯誤？(A)公務機關附帶為事業之行為而別有一部分之組織者，其組織(B)公務機關附帶為營業之行為而別有一部分之組織者，其組織(C)公有營業機關，於其本業內，附帶為他種營業之行為而別有一部分之組織者，其組織(D)公有營業機關，於其本業外，附帶為他種營業之行為而別有一部分之組織者，其組織【106 年鐵特三級及退除役特考三等】

(C)25.依會計法規定，試指出下列組織中，何者為總會計？①總統府②臺灣省

政府③臺南市政府④雲林縣政府⑤莿桐鄉公所(A)①②③④⑤(B)僅②③⑤(C)僅③④⑤(D)僅①②④【111 年普考「政府會計概要」】

(D)26.下列何者之會計為一總會計？(A)行政院(B)高雄市鼓山區(C)臺北市政府主計處(D)新竹市政府【108 年地特三等】

(A)27.下列何者之會計事務屬總會計？①中央②直轄市③縣（市）、鄉（鎮、市）④直轄市山地原住民區(A)①②③④(B)僅①②③(C)僅①③④(D)僅①②④【111 年高考】

(C)28.依會計法規定，下列之會計①臺東縣關山鎮②臺中市和平區③高雄市六龜區④花蓮縣壽豐鄉，何者須各為一總會計？(A)僅①④(B)僅②③(C)僅①②④(D)①②③④【109 年地特三等】

(B)29.臺中市和平區公所之會計係屬下列何者？(A)總會計(B)單位會計(C)單位會計之分會計(D)附屬單位會計【110 年高考】

(C)30.臺中市豐原區公所之會計係屬何者？(A)總會計(B)分會計(C)單位會計(D)附屬單位會計【111 年地特三等】

(D)31.臺中市北區區公所之會計屬何者？臺中市和平區區公所之會計屬何者？(A)單位會計、單位會計(B)附屬單位會計、附屬單位會計(C)附屬單位會計、總會計(D)單位會計、總會計【110 年薦任升等】

(B)32.依會計法之規定，在總預算不依機關劃分而有法定預算之特種基金之會計，稱為何種會計？(A)總會計(B)單位會計(C)分會計(D)附屬單位會計【107 年地特三等】

(B)33.機關某項支出為美金 300.2 元，匯率為 29.67，折合新臺幣為 8,906.934元，下列何者為記入主要帳簿之記帳金額？(A)新臺幣 8,906.9 元(B)新臺幣 8,907 元(C)美金 300.2 元(D)美金 300 元【111 年高考】

(B)34.臺灣中油股份有限公司對於油價之帳務，擬運用角分處理記帳，依會計法規定，其擬定之處理辦法，須經下列何者核定施行？(A)行政院(B)行政院主計總處(C)經濟部(D)經濟部會計處【111 年高考】

(C)35.受政府補助的民間團體及公私合營的事業，其會計制度及其會計報告程序等適用範圍，如何制定？(A)由該管主管機關酌定之(B)由補助機關酌定之(C)由中央主計機關酌定之(D)由行政院酌定之【112 年鐵特三級及退除役特考三等】

二、初考、地特五等、經濟部所屬事業機構及台電公司新進僱員

(A)1. 依會計法規定,政府機關對於預算成立、分配、執行……等事項,應依下列何者為詳確之會計?①機關別②基金別③政事別④來源別(A)①②(B)①③(C)①②③(D)①②③④【111 年初考】

(A)2. 政府及其所屬機關應依機關別與基金別對會計事項為詳確之會計,下列何者非屬會計事項?(A)機關的治理、風險管理及內部控制(B)政事費用、事業成本及歲計餘絀之計算(C)現金、票據、證券之出納、保管、移轉(D)預算之成立、分配、執行【108 年地特五等】

(B)3. 下列何者非屬政府及其所屬機關應為詳確之會計事項?(A)債權、債務之發生、處理、清償(B)各項成本、費用及營業收支增減之原因(C)現金、票據、證券之出納、保管、移轉(D)不動產物品及其他財產之增減、保管、移轉【111 年地特五等】

(C)4. 依現行會計法第 4 條規定,下列何者非屬會計事項的分類?(A)普通公務之會計事務(B)特種公務之會計事務(C)公有事業之會計事務(D)非常事件之會計事務【110 年地特五等】

(C)5. 行政院於 108 年提出中央政府新式戰機採購特別預算,執行期間為 109 年度至 115 年度,請問主辦機關處理該特別預算事件之會計事務,為下列何者?(A)普通公務之會計事務(B)特種公務之會計事務(C)非常事件之會計事務(D)特種基金之會計事務【111 年地特五等】

(C)6. 下列哪些項目屬於普通公務之會計事務?①公庫出納之會計事務②公務財物之會計事務③公務歲計之會計事務④公債之會計事務(A)①②(B)①③(C)②③(D)③④【107 年經濟部事業機構】

(C)7. 下列何者並非普通公務之會計事務?(A)公務歲計之會計事務(B)公務出納之會計事務(C)公務債務之會計事務(D)公務財物之會計事務【112 年初考】

(D)8. 依會計法規定,規範公務機關之歲入或經費之預算實施,屬於何種普通公務會計事務?(A)公務財務之會計事務(B)公務財物之會計事務(C)公務出納之會計事務(D)公務歲計之會計事務【110 年初考】

(A)9. 因處理收支而發生之債權、債務,係屬於下列何種普通公務之會計事務?(A)公務歲計(B)公務出納(C)公務財物(D)公務財務【110 年經濟部事業機構】

(A)10.依會計法規定，下列何者非屬須辦理公務出納會計事務之機關？(A)交通部高速公路局(B)交通部民用航空局(C)財政部國庫署(D)交通部鐵道局【110年地特五等】

(C)11.依會計法規定，下列何者之會計事務，屬於特種公務之會計事務？①公庫出納②公務財物③徵課④公債⑤特種財物(A)僅①②③④(B)僅①②④⑤(C)僅①③④⑤(D)僅②③④⑤【109年初考】

(C)12.下列哪些項目屬於特種公務之會計事務？①公庫出納之會計事務②公債之會計事務③公務歲計之會計事務④財物經理之會計事務(A)①②③(B)①③④(C)①②④(D)①②③④【112年經濟部事業機構】

(B)13.下列有關特種公務之會計事務的敘述，何者錯誤？(A)公庫出納之會計事務：謂公庫關於現金、票據、證券之出納、保管、移轉之會計事務(B)財物經理之會計事務：謂公務機關之不動產物品及其他財產之增減、保管、移轉之會計事務(C)公債之會計事務：謂公債主管機關，關於公債之發生、處理、清償之會計事務(D)特種基金之會計事務：謂特種基金之管理機關，關於所管基金處理之會計事務【112年地特五等】

(D)14.下列何者應辦理特種會計事務中特種基金之會計事務？(A)普通公務機關(B)營業基金(C)公債基金(D)信託基金【112年台電公司新進僱員】

(C)15.下列何者非屬會計法所規範特種公務之會計事務？(A)公庫出納之會計事務(B)公債之會計事務(C)公務歲計之會計事務(D)財物經理之會計事務【110年台電公司新進僱員】

(A)16.特種公務之會計事務不包含下列何者？(A)公務出納之會計事務(B)公債之會計事務(C)財物經理之會計事務(D)特種財物之會計事務【112年地特五等】

(A)17.公營事業中，因處理收支而發生之債權、債務，及計算歲計盈虧為何種會計事務？(A)營業歲計之會計事務(B)營業成本之會計事務(C)營業出納之會計事務(D)營業財物之會計事務【112年地特五等】

(A)18.下列何者非屬公有營業之會計事務？①營業收入②營業成本③營業出納④營業財物⑤營業財務⑥營業歲計(A)①⑤(B)②③(C)④⑥(D)③④【108年經濟部事業機構】

(C)19.下列何者非屬公營事業之會計事務？(A)營業歲計(B)營業成本(C)公務出納(D)營業財物【111年台電公司新進僱員】

(C)20.依會計法規定，下列各種會計事務有幾種應辦理現金、票據、證券相關事宜之詳確會計？①公庫出納②公務財物③財物經理④營業出納⑤特種財物(A)4 種(B)3 種(C)2 種(D)1 種【107 年地特五等】

(C)21.下列何者非會計法第 9 條規定政府會計之組織？(A)總會計(B)單位會計(C)單位會計之分會計(D)附屬單位會計之分會計【108 年初考】

(A)22.下列何者為會計法所定名詞？(A)分會計(B)現金傳票(C)調整紀錄(D)債務基金【108 年初考】

(A)23.臺北市為何種會計組織？(A)總會計(B)單位會計(C)分會計(D)附屬單位會計【107 年地特五等】

(A)24.下列有關總會計之敘述何者正確？(A)中央、直轄市、縣（市）、鄉（鎮、市）、直轄市山地原住民區之會計，各為一總會計(B)中央、直轄市、縣（市）、鄉（鎮、市）之會計，縣（市）山地原住民區各為一總會計(C)中央、直轄市、縣（市）、鄉（鎮、市、區）、直轄市、縣（市）山地原住民區之會計，各為一總會計(D)中央、直轄市、縣（市）、鄉（鎮、市、區）、直轄市山地原住民區之會計，各為一總會計【109 年地特五等】

(A)25.直轄市山地原住民區之會計屬下列何種？(A)總會計(B)單位會計(C)附屬單位會計(D)附屬單位會計之分會計【112 年初考】

(A)26.依會計法規定，高雄市及高雄市那瑪夏區之會計，分別為下列何種？(A)總會計、總會計(B)總會計、單位會計(C)總會計、附屬單位會計(D)單位會計、分會計【111 年地特五等】

(B)27.下列何者不是總會計？(A)直轄市之會計(B)村里之會計(C)鄉（鎮、市）之會計(D)直轄市山地原住民區之會計【110 年初考】

(B)28.下列何者為單位會計？(A)中央、直轄市、縣（市）、鄉（鎮、市）之會計(B)在總預算不依機關劃分而有法定預算之特種基金之會計(C)各機關附屬之特種基金，以歲入、歲出之一部編入總預算之會計(D)政府或其所屬機關附屬之營業機關、事業機關或作業組織之會計【106 年初考】

(A)29.在總預算不依機關劃分，而有法定預算之特種基金之會計屬於何種會計？(A)單位會計(B)附屬單位會計(C)單位會計之分會計(D)附屬單位會計之分會計【111 年初考】

(A)30. 在總預算不依機關劃分而有法定預算之特種基金之會計,屬於何種會計?(A)單位會計(B)附屬單位會計(C)分會計(D)附屬單位會計之分會計【112 年經濟部事業機構】

(D)31. 下列各機關或單位①行政院②主計總處③客家文化發展中心④北區國稅局及所屬,何者之會計屬單位會計?(A)①②③④(B)①②③(C)①③④(D)①②④【109 年地特五等】

(D)32. 政府會計均應用複式簿記,但下列何者之事務簡單者不在此限?(A)總會計(B)單位會計(C)附屬單位會計(D)附屬單位會計之分會計【110 年初考】

(D)33. 經濟部及其所屬國營事業分別為下列何種會計組織?(A)單位會計、分會計(B)總會計、分會計(C)總會計、附屬單位會計(D)單位會計、附屬單位會計【111 年經濟部事業機構】

(D)34. 下列敘述何者錯誤?(A)財政部印刷廠屬於附屬單位會計(B)臺北市大安區公所屬於單位會計(C)臺北市為總會計(D)行政院為總會計【108 年初考】

(C)35. 會計年度之開始及終了,係依何法之所定?(A)會計法(B)審計法(C)預算法(D)決算法【106 年初考】

(A)36. 依會計法規定,會計年度之開始及終了,依下列何者所定?(A)預算法(B)決算法(C)審計法(D)會計法【112 年台電公司新進僱員】

(B)37. 依會計法第 15 條規定,關於會計年度及會計年度之分期,下列敘述何者錯誤?(A)各月之分旬,以二十一日至月之末日為下旬(B)會計年度之分月,依農曆之所定(C)會計年度之分季,自年度開始之日起,每三個月為一季(D)會計之開始及終了,依預算法之所定【110 年地特五等】

(C)38. 依會計法規定,除為乘除計算外,記帳時應如何辦理?(A)記帳時至分為止,釐位四捨五入(B)記帳時至角為止,分位四捨五入(C)記帳時至元為止,角位四捨五入(D)記帳時至千元為止,百元以下四捨五入【109 年經濟部事業機構】

(A)39. 機關某筆支出的金額為新臺幣 456.726 元,其記帳金額應為多少元?(A)457(B)456.7(C)456.73(D)456.726【109 年地特五等】

(A)40. 受政府補助之民間團體,其會計制度及其會計報告程序,準用會計法之規定;其適用範圍,由下列何者酌定之?(A)中央主計機關(B)立法院(C)中央財政主管機關(D)審計機關【110 年地特五等】

第二章 會計制度

壹、會計制度之設計、核定及應明定事項

一、會計法相關條文

(一)會計制度之設計原則

第 17 條 　會計制度之設計，應依會計事務之性質、業務實際情形及其將來之發展，先將所需要之會計報告決定後，據以訂定應設立之會計科目、簿籍、報表及應有之會計憑證。

　　　　　凡性質相同或類似之機關或基金，其會計制度應為一致之規定。政府會計基礎，除公庫出納會計外，應採用權責發生制。

(二)會計制度之設計及核定機關

第 18 條 　中央總會計制度之設計、核定，由中央主計機關為之。

　　　　　地方政府之總會計制度及各種會計制度之一致規定，由各該政府之主計機關設計，呈經上級主計機關核定頒行。

　　　　　各機關之會計制度，由各該機關之會計機構設計，簽報所在機關長官後，呈請各該政府之主計機關核定頒行。

　　　　　前項設計，應經各關係機關及該管審計機關會商後始得核定；修正時亦同。

　　　　　各種會計制度之釋例，與會計事務處理之一致規定，由各該會計制度之頒行機關核定之。

(三)會計制度應明定事項

第 19 條 　前二條之設計，應明定左列各事項：

　　　　　一、各會計制度應實施之機關範圍。

　　　　　二、會計報告之種類及其書表格式。

　　　　　三、會計科目之分類及其編號。

　　　　　四、會計簿籍之種類及其格式。

五、會計憑證之種類及其格式。

六、會計事務之處理程序。

七、內部審核之處理程序。

八、其他應行規定之事項。

(四)各會計制度不得牴觸之規定

第 20 條　　各會計制度，不得與本法及預算、決算、審計、國庫、統計等
　　　　　　法牴觸；單位會計及分會計之會計制度，不得與其總會計之會
　　　　　　計制度牴觸；附屬單位會計及其分會計之會計制度，不得與該
　　　　　　管單位會計或分會計之會計制度牴觸。

二、解析

(一)各機關（基金）之會計制度，乃會計事務處理之準繩，內部管理之工
　　具。其設計在原則上應配合業務之實際情形，並顧及將來之發展，以
　　擴大制度之適應性。會計制度之擬定，首先應決定會計報告，再據以
　　訂定會計科目、簿籍、報表與憑證。為使各機關（基金）設計會計制
　　度有所依循，主計總處訂有「政府各種會計制度設計應行注意事
　　項」，主要規定：

1. 各機關設計會計制度時，應考量會計事務性質、業務情形、將來發展
　　與內部控制及管理需求。

2. 各種會計制度之會計基礎，除公庫出納會計外，應採權責發生制，使
　　能允當表達財務狀況及經營績效或施政成果，並輔以收付實現制與契
　　約責任制，以加強經費之控制。

3. 各種會計制度之設計，應明定下列各事項：

　　(1)訂定之依據及實施範圍（係於總則章規範，總則章除規範訂定之依
　　　　據與實施範圍外，尚應包括會計年度、會計基礎、記帳單位及其他
　　　　相關事項）。

　　(2)簿記組織系統圖。

　　(3)會計報告之種類及其書表格式。

　　(4)會計科目之分類、名稱、定義及其編號。

　　(5)會計簿籍之種類及其格式。

(6)會計憑證之種類及其格式。

(7)會計事務之處理。

(8)會計檔案之管理。

(9)內部審核之處理,包括內部審核處理準則、預算審核、收支審核、會計審核、現金審核、採購及處分財物審核、工作審核。

(10)其他應行規定之事項。

4. 各種會計制度,應於本文之前加具總說明,闡明制度訂定之沿革、重要內容及核定權責機關等。

5. 各種會計制度所定會計事務之處理,應力求簡單明瞭,便於追蹤核對,並視會計事務性質及業務實際需要,擇下列事項訂定之:

(1)會計事務處理原則。

(2)普通會計事務處理。

(3)成本會計事務處理。

(4)業務會計事務處理。

(5)出納會計事務處理。

(6)材料會計事務處理。

(7)財產會計事務處理。

(8)工程會計事務處理。

(9)管理會計事務處理。

(10)會計作業電腦化處理。

(11)會計事務與非會計事務之劃分。

(12)其他會計事務處理。

(二)根據會計法第 17 條規定,為使性質相同之機關(構)有一致遵循之會計處理原則,主計總處訂有中央政府普通公務單位會計制度之一致規定(以下簡稱普會制度);各直轄市、各縣(市)各訂有其適用之普通公務單位會計制度之一致規定,冠以各直轄市或各縣(市)名稱,經主計總處核定頒行;又各鄉(鎮、市)公所及直轄市山地原住民區,因業務規模較小,僅編列總預算,未編有單位預算,為期一致處理,係由縣(市)所轄各鄉(鎮、市)公所與直轄市所轄山地原住民區公所分別共同設計,訂有鄉(鎮、市)總會計及普通公務會計制度、直轄市山地原住民區總會計及普通公務會計制度,並冠以各鄉

（鎮、市）或直轄市山地原住民區名稱，經各縣或直轄市政府主計機構核定頒行。為因應個別公務機關辦理特種公務會計所需，掌管五個特種公務之財政部經依會計法第 18 條規定及參酌普會制度，分別報奉主計總處核定有國庫出納會計制度、關稅徵課會計制度、內地稅徵課會計制度、中央公共債務會計制度及國有財產會計制度。又各特種基金配合其內部組織與管理流程之運行，按照中央政府特種基金管理準則第 12 條規定，均應訂定適用之會計制度。至於如性質相同或類似之基金，其會計制度得為一致之規定，如教育部統一訂定國立大學校院校務基金會計制度之一致規定、國立大學校院附設醫院會計制度之一致規定，均報由主計總處核定實施。

(三)中央及地方總會計制度之設計為各級政府主計機構之職掌，其會計制度固為會計事務處理之準繩，亦為業務管理之工具，其內容設計允宜配合各級政府業務之需要，相同會計事務亦應為一致規定，爰會計法第 18 條規定，中央總會計制度係由主計總處設計及核定；直轄市及縣市之總會計制度由各該政府主計處設計後，送主計總處核定；鄉鎮市與直轄市山地原住民區總會計制度由各該公所設計後，送其轄管縣及直轄市政府主計處核定。又總會計制度之設計，應經各關係機關（如涉有公庫、出納及財產等規制時，屬於財政單位業管）及該管審計機關會商後始得核定；制度修正時，程序亦相同。至於各種會計制度之釋例與會計事務處理之細部規定，為簡化程序，係賦予頒行機關核定之。

(四) 相關名詞意義

1. 現金基礎：又稱收付實現制，係指收入（或收益）、支出（或費損）及相關資產負債等要素，於收付現金之時點認列入帳，公庫出納會計即採現金基礎。

2. 權責發生基礎：又稱權責發生制，係指收入（或收益）、支出（或費損）及相關資產負債等要素，於發生權利或義務之時點認列入帳。

3. 契約責任制：係政府採定額預算方式，支出預算雖未實現或發生債權、債務關係，但為避免是項預算尚未執行，被流作他用或年度終了時列為賸餘繳庫，爰於簽定契約或發出訂單時，即予以保留該筆支出預算，備供未來實現或發生債權、債務時，有財源得以履行支付義務。

貳、會計報告之分類

一、會計法相關條文

(一)對外報告及對內報告

第 21 條　各種會計報告應劃分會計年度，按左列需要，編製各種定期與不定期之報告，並得兼用統計與數理方法，為適當之分析、解釋或預測：

一、對外報告，應按行政、監察、立法之需要，及人民所須明瞭之會計事實編製之。

二、對內報告，應按預算執行情形、業務進度及管理控制與決策之需要編製之。

(二)靜態報告與動態報告及其表件

第 22 條　會計報告分左列二類：

一、靜態之會計報告：表示一定日期之財務狀況。

二、動態之會計報告：表示一定期間內之財務變動經過情形。

前項靜態、動態報告各表，遇有比較之必要時，得分別編造比較表。

第 23 條　各單位會計及附屬單位會計之靜態與動態報告，依充分表達原則，及第五條至第七條所列之會計事務，各於其會計制度內訂定之。

靜態報告應按其事實，分別編造左列各表：

一、平衡表。

二、現金結存表。

三、票據結存表。

四、證券結存表。

五、票照等憑證結存表。

六、徵課物結存表。

七、公債現額表。

八、財物或特種財物目錄。

九、固定負債目錄。

動態報告應按其事實，分別編造左列各表：

一、歲入或經費累計表。

二、現金出納表。

三、票據出納表。

四、證券出納表。

五、票照等憑證出納表。

六、徵課物出納表。

七、公債發行表及公債還本付息表。

八、財物或特種財物增減表。

九、固定負債增減表。

十、成本計算表。

十一、損益計算表。

十二、資金運用表。

十三、盈虧撥補表。

(三)非常事件會計報告

第 24 條　非常事件所應編造之會計報告各表，由主計機關按事實之需要，參酌前條之規定分別定之。

(四)單位會計應按基金別編造會計報告

第 25 條　各單位會計所需編製之會計報告各表，應按基金別編造之。但為簡明計，得按基金別分欄綜合編造。

(五)分會計報告

第 26 條　分會計應編造之靜態與動態報告，應就其本身及其隸屬單位會計或附屬單位會計之需要，於其會計制度內訂定之。

二、解析

(一)依政府會計觀念公報第 2 號「政府會計報告之目的」第三段規定，政府會計報告之主要目的在提供有用資訊，以供報告使用者監督政府對有限資源做最佳配置，與評估政府之公開報導責任、施政績效責任及

財務遵循責任。各種會計報告應根據會計紀錄編造，並得兼用統計與數理方法，為適當之分析、解釋或預測。

(二)會計法第 21 條規定，政府會計報告按編送對象分為對外報告與對內報告兩大類，對外報告係政府機關依會計法第 21 條、決算法第 26 條及第 26 條之 1 或政府各種會計制度等規定，定期對社會大眾、立法及監察機關、投資人及債權人或其他利害關係人等外界人士提供之報告，應按行政、監察、立法之需要，及人民所須明瞭之會計事實編製，有月報、半年度結算報告及年度報告；對內報告則供政府內部員工及管理人員使用，可視使用目的，按預算執行情形、業務進度與管理控制及決策等需要編製，例如，各機關及各特種基金自行視需要編製之各種管理性報表。

(三)會計法第 23 條規定，會計報告分為靜態報告與動態報告兩類。靜態報告為表示由以往累積至某一特定日期之財務狀況，如平衡表、平衡表科目明細表、現金結存表、財物或特種財物目錄等；動態報告則為表示在一定期間內（如 1 年）之收支執行狀況或財務增減變動經過情形，如歲入或經費累計表、收入支出表、現金出納表、財物或特種財物增減表、繳付公庫數分析表、公庫撥入數分析表等。其餘各項表件究為靜態報告或動態報告，可按以上之定義加以區分。

(四)普會制度第 14 點規定，各機關之會計月報內容分為：
1. 預算執行報表：主要表包括歲入累計表、經費累計表、以前年度歲入轉入數累計表、以前年度歲出轉入數累計表；附屬表包括歲出用途別累計表、繳付公庫數分析表、公庫撥入數分析表。以上各表均為動態報告。
2. 會計報表：主要表包括平衡表（靜態報告）、收入支出表（動態報告）；附屬表包括平衡表科目明細表（靜態報告），長期投資、固定資產、遞耗資產及無形資產變動表（動態報告），應付租賃款及其他長期負債變動表（動態報告）。
3. 參考表：包括預算執行與會計收支對照表、公庫收入（支出）差額解釋表、銀行（公庫）存款差額解釋表、財產增減結存表。

(五)普會制度第 15 點規定，各機關年度會計報告，得與決算報告合併編製，內容分為：

1. 決算報表：主要表包括歲入累計表、經費累計表、以前年度歲入轉入數累計表、以前年度歲出轉入數累計表；附屬表包括歲出用途別累計表、繳付公庫數分析表、公庫撥入數分析表。以上之主要表及附屬表均與會計月報之預算執行報表相同。

2. 會計報表：主要表包括平衡表、收入支出表；附屬表包括平衡表科目明細表，長期投資、固定資產、遞耗資產及無形資產變動表，長期投資明細表，應付租賃款及其他長期負債變動表。以上之主要表及附屬表，與會計月報之會計報表比較，僅增加長期投資明細表，其餘均相同。

3. 參考表：包括決算與會計收支對照表、現金出納表、財產目錄總表。雖與會計月報之名稱不同，但係為年度之整體報告，兩者實質表達內容並無差異。

(六) 普會制度第 14 點與第 15 點規定，會計月報及年度會計報告應按年度預算、特別預算分別編造之，主計總處並得視需要，就各機關會計月報相關資料予以統計彙編之，各機關為應業務需要得編製管理用報表。第 16 點規定，分會計機關會計報告，比照各單位會計機關之規定編報，並由其所隸屬之單位會計機關綜合彙編之。

(七) 預算法第 18 條規定，單位預算區分為公務機關單位預算與特種基金單位預算兩種，會計法第 11 條規定，其會計亦分為公務機關單位會計與特種基金單位會計。因自 88 年度起中央政府已無編製單位預算之特種基金，故實務上並無須依會計法第 25 條規定，單位會計按不同基金別編造，以及得按基金別分欄綜合編造之情形。

參、會計報告之編送

一、會計法相關條文

(一) 會計報告之編製原則

第 27 條　第二十二條至第二十五條之報告及各表，得由各該政府主計機關，會同其單位會計機關或附屬單位會計機關之主管長官及其主辦會計人員，按事實之需要，酌量減少或合併編製之。

第 28 條　政府之總會計，應為第二十一條至第二十三條綜合之報告。但依第九條第三項集中辦理者，得就其會計紀錄產生會計報告。

第 30 條　各種會計報告表，應根據會計紀錄編造，並使便於核對。

第 31 條　非政府機關代理政府事務者，其報告與會計人員之報告發生差額時，應由會計人員加編差額解釋表。

(二)會計報告之編送期限

第 32 條　各單位會計機關及各附屬單位會計機關報告之編送，應依左列期限：

一、日報於次日內送出。

二、五日報於期間經過後二日內送出。

三、週報、旬報於期間經過後三日內送出。

四、月報、季報於期間經過後十五日內送出。但法令另定期限者，依其期限。

五、半年度報告於期間經過後三十日內送出；年度報告，依決算法之規定。

前項第一款至第四款各報告之編送期限，於分會計及附屬單位會計之分會計適用之。

第一項第五款之報告，應由單位會計或附屬單位會計機關，就其分會計機關整理後之報告彙編之；其編送期限，得按各該分會計機關呈送整理報告之期限及其郵遞實需期間加算之；採用機器處理會計資料之機關，其會計報告編送期限，由該管主計機關定之。

第 33 條　前條第一項第一款至第四款之報告，其關於各機關本身之部分，在日報應以每日辦事完畢時已入帳之會計事項；在五日報、週報、旬報、月報、季報，應以各該期間之末日辦事完畢時已入帳之會計事項，分別列入。其關於彙編所屬機關之部分，在日報，應以每日辦事完畢時已收到之所屬機關日報內之會計事項；在五日報、週報、旬報、月報、季報，應以各該期間之末日辦事完畢時已收到之所屬機關之五日報、週報或旬報、月報、季報內之會計事項，分別列入。但月報、季報之採用月結、季結制者，不在此限。

二、解析

(一)中央總會計制度第 29 點規定，年度會計報告得與總決算合併編製，第 13 點及第 19 點並規定，年度會計報告依公務機關、特種基金會計報告等資料彙編而成，其中公務機關財務報表，係彙總各公務機關之普通公務單位會計與特種公務會計應彙入總會計之財務資訊。中央政府自 49 年度（48 年 7 月至 49 年 6 月）起即將政府年度會計報告與總決算所編之各種報表視其性質合併編製，並循例以總決算之名稱表達，有關公務機關財務報表內容分為：

　1.表達年度預算執行情形之決算報表：主要表包括歲入來源別累計表、歲出政事別累計表、歲出機關別累計表、融資調度累計表、以前年度歲入來源別轉入數累計表、以前年度歲出政事別轉入數累計表、以前年度歲出機關別轉入數累計表、以前年度融資調度轉入數累計表；附屬表包括歲出用途別累計表、繳付公庫數分析表、公庫撥入數分析表。

　2.呈現會計處理結果之會計報表：主要表包括平衡表、收入支出表；附屬表為平衡表科目明細表；參考表為現金出納表。

(二)會計法第 31 條有關非政府機關代理政府事務者，例如，公路主管機關依公路法等規定，委託廠商辦理汽車定期檢驗。按照公路法第 63 條規定，公路主管機關應支付廠商之委託費用，係由原應繳交公庫之汽車檢驗費扣抵，爰受委託廠商根據委託契約定期將汽車檢驗費扣抵委託費用後之淨額繳交公庫，尚不須依會計法第 31 條後段規定，由會計人員加編差額解釋表之情形。

(三)會計法第 32 條及第 33 條規定，政府會計報告按其編送之期限分為日報、五日報、週報、旬報、月報、季報、半年度報告及年度報告等八種，實務上各公務機關與各特種基金定期對外之會計報告僅有月報、半年度結算報告及年度會計報告（係與總決算合併編製）等三種，其餘得自行視實際需要設計編製之。另普會制度第 18 點規定，會計報告內容應與簿籍所記載者相同，且各種報表相關數額應勾稽相合。

(四)普會制度第 17 點規定，各機關之會計月報，應於次月 15 日前送達各該上級主管機關、審計機關、財政部及中央主計機關，其編送期限與會計法第 32 條第 1 項第 4 款規定相同。但各機關 12 月份之會計月

報，配合年度決算編製期程，於總決算編製要點第 7 點規定，中央政府各機關於次年 2 月 5 日前，各直轄市與縣（市）政府各機關則於次年 1 月 31 日前分別送達其主管機關及相關機關。

(五)會計法第 32 條第 1 項第 5 款規定，年度報告，依決算法之規定。決算法第 21 條第 2 項規定：「各級機關決算之編送程序及期限，由行政院定之。」普會制度第 15 點規定，各機關年度會計報告，得與決算報告合併編製。第 17 點規定，年度會計報告之編送期限，比照總決算編製要點規定辦理。該編製要點第 29 點則規定，中央政府各機關單位決算應於次年 2 月 15 日前（外交部及國防部所屬等部分機關單位決算得展延 5 日送達），直轄市或縣（市）各機關單位決算應於次年 2 月 20 日前，分別送達其主管機關及相關機關，縣（市）政府單位決算得展延至次年 2 月 28 日前送達。第 34 點規定，編有主管預算之主管機關（單位）應於次年 2 月 28 日前將主管決算送達該管審計機關、財政機關及主計機關，司法院、外交部、國防部、教育部及法務部主管決算得展延 10 日送達。

肆、會計科目之訂定

一、會計法相關條文

(一)會計科目之名稱

第 34 條　各種會計科目，依各種會計報告所應列入之事項定之，其名稱應顯示其事項之性質；如其科目性質與預算、決算科目相同者，其名稱應與預算、決算科目之名稱相合。

(二)總表會計科目與明細表會計科目之關係

第 35 條　各種會計報告總表之會計科目，與其明細表之會計科目，應顯示其統制與隸屬之關係，總表會計科目為統制帳目，明細表會計科目為隸屬帳目。

(三)對於事項相同或性質相同會計科目之訂定

第 36 條　為便利綜合彙編及比較計，中央政府各機關對於事項相同或性

質相同之會計科目，應使其一致，對於互有關係之會計科目，應使之相合。

地方政府對於與中央政府事項相同或性質相同之會計科目，應依中央政府之所定；對於互有關係之會計科目，應使合於中央政府之所定。

(四)會計科目應兼用收付實現事項及權責發生事項

第 37 條　各種會計科目之訂定，應兼用收付實現事項及權責發生事項，為編定之對象。

(五)會計科目應按性質加以分類編號

第 38 條　各種會計科目，應依所列入之報告，並各按其科目之性質，分類編號。

(六)會計科目之核定

第 39 條　會計科目名稱經規定後，非經各該政府主計機關或其負責主計人員之核定，不得變更。

前項變更會計科目之核定，應通知該管審計機關。

二、解析

(一)會計法第 19 條規定，會計制度之設計所應明定事項，包括會計科目之分類及其編號。有關由主計總處設計及核定之會計制度，有中央總會計制度、普會制度，主計總處並訂有中央政府與地方政府營業基金、作業基金、債務基金、特別收入基金及資本計畫基金之會計科目，作為各基金訂定或修訂會計制度之依據。又依會計法第 18 條規定，財政部主管之各類特種公務會計制度、中央及地方政府各特種基金之會計制度等應呈請各該政府之主計機關核定頒行，因此可使各類會計科目之訂定儘量相合及一致，並符合會計法第 34 條至第 39 條之規定。

(二)普會制度第 23 點至第 26 點規定，會計科目之設置原則為：

1. 依各種會計報告所應報導之事項設置，其名稱應能顯示事項之性質及涵義，並按各科目之性質加以分類編號。

2. 凡事項或性質相同之會計科目，應使其一致，對於互有關係之會計科

目，應使之相合。

3. 會計科目分為資產、負債、淨資產、收入及支出等五類，並設置預算控制類科目，暨兼顧政府年度會計報告編製必要之沖銷等科目。

4. 為因應不同觀點之會計報告編製需要，會計科目應搭配來源別（收入類）、歲出機關別、政事別、業務或工作計畫別、性質別（經資門）、用途別（支出類）、預算別等科目使用之。

伍、會計簿籍之分類

一、會計法相關條文

(一)會計簿籍分為帳簿與備查簿

第 40 條　會計簿籍分左列二類：

一、帳簿：謂簿籍之紀錄，為供給編造會計報告事實所必需者。

二、備查簿：謂簿籍之紀錄，不為編造會計報告事實所必需，而僅為便利會計事項之查考，或會計事務之處理者。

會計資料採用機器處理者，其機器貯存體中之紀錄，視為會計簿籍。

前項機器貯存體中之紀錄，應於處理完畢時，附置總數控制數碼，並另以書面標示，由主辦會計人員審核簽名或蓋章。

第 77 條　採用機器處理會計資料者，因機器性能限制，得不適用第六十八條、第七十二條至第七十六條之規定。

(二)帳簿分為序時帳簿與分類帳簿

第 41 條　帳簿分左列二類：

一、序時帳簿：謂以事項發生之時序為主而為紀錄者，其個別名稱謂之簿。

二、分類帳簿：謂以事項歸屬之會計科目為主而為紀錄者，其個別名稱謂之帳。

第 42 條　序時帳簿及分類帳簿，均得就事實上之需要及便利，設立專欄。

(三)序時帳簿分為普通序時帳簿與特種序時帳簿

第 43 條　序時帳簿分左列二種：
　　　　一、普通序時帳簿：謂對於一切事項為序時登記，或並對於第
　　　　　　二款帳項之結數為序時登記而設者，如分錄日記帳簿。
　　　　二、特種序時帳簿：謂對於特種事項為序時登記而設者，如歲
　　　　　　入收支登記簿、經費收支登記簿、現金出納登記簿及其他
　　　　　　關於特種事項之登記簿。

(四)分類帳簿分為總分類帳簿與明細分類帳簿

第 44 條　分類帳簿分左列二種：
　　　　一、總分類帳簿：謂對於一切事項為總括之分類登記，以編造
　　　　　　會計報告總表為主要目的而設者。
　　　　二、明細分類帳簿：謂對於特種事項為明細分類或分戶之登
　　　　　　記，以編造會計報告明細表為主要目的而設者，如歲入明
　　　　　　細帳簿、經費明細帳簿、財物明細帳簿及其他有關於特種
　　　　　　事項之明細帳簿。
　　　　設有明細分類帳簿者，總分類帳簿內應設統制帳目，登記各該
　　　　明細分類帳之總數。但財物明細分類帳簿，除依第二十九條應
　　　　列入平衡表者外，應另設統制帳簿。

二、解析

　　鑑於會計作業均已電子化，凡採用電腦處理會計資料者，其紀錄均存
於機器貯存體，形式上已無帳簿實體之存在，爰會計法第 40 條及第 77 條
規定，採用機器處理者，其機器貯存體中之紀錄，視為會計簿籍，並明定
因機器性能限制，得不適用第 68 條、第 72 條至第 76 條之規定。復為確保
資料完整性，規定應於處理完畢時，附置總數控制數碼，並另以書面標
示，由主辦會計人員審核簽名或蓋章。又依會計法第 40 條至第 44 條規
定，會計簿籍分類之體系如圖 2.2.1：

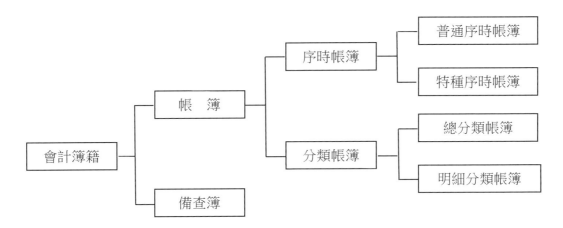

圖 2.2.1　會計簿籍分類體系圖

陸、會計簿籍之設置

一、會計法相關條文

(一)特種序時帳簿、明細分類帳簿及備查簿之設置

第 45 條　政府主計機關，對於總會計、單位會計、附屬單位會計及分會
計之特種序時帳簿及明細分類帳簿，為求簡便計，得酌量合併
編製。

第 46 條　關於各單位會計或附屬單位會計之帳簿，除應設置普通序時帳
簿及總分類帳簿外，其特種序時帳簿及明細分類帳簿，應由各
該政府主計機關，會同單位會計或附屬單位會計機關或基金之
主管長官及主辦會計人員，按事實之需要，酌量設置之。

各單位會計或附屬單位會計之備查簿，除主計機關認為應設置
者外，各機關或基金主管長官及主辦會計人員，亦得按其需要
情形，自行設置之。

(二)分會計之帳簿種類及列帳

第 47 條　各分會計之會計事務較繁者，其帳簿之種類，準用關於單位會
計或附屬單位會計之規定；其會計事務較簡者，得僅設序時帳
簿及其必需之備查簿。

第 48 條　各分會計機關，應就其序時帳簿之內容，按時抄送主管之單位
　　　　　會計機關或附屬單位會計機關列帳；其會計事務較繁者，得由
　　　　　主管之單位會計機關或附屬單位會計機關，商承各該政府主計
　　　　　機關及該管審計機關，使僅就其每期各科目之借方、貸方各項
　　　　　總數，抄送主管之單位會計機關或附屬單位會計機關列帳。

(三)總會計帳簿之設置

第 49 條　總會計之帳簿，應就其彙編會計總報告所需之記載設置之；其
　　　　　備查簿就其處理事務上之需要設置之。

(四)珍貴動產及不動產應分別設置備查簿

第 50 條　管理特種財物機關，關於所管珍貴動產，應備索引、照相、圖
　　　　　樣及其他便於查對之暗記紀錄等備查簿；關於所管不動產，應
　　　　　備地圖、圖樣等備查簿；其程式由各該政府之主計機關定之。

二、解析

(一)有關設置會計簿籍之種類及其格式，中央政府各公務機關部分已於普
　　會制度做一致規定，各類特種公務及各特種基金亦視需要情形於其會
　　計制度內加以規範。中央總會計係以普通公務單位會計之財務報表、
　　特種公務會計應彙入總會計之財務資訊以及特種基金之會計報告等資
　　料彙編產生報告，爰並未設置帳簿。又普會制度第 32 點規定，會計簿
　　籍應斟酌事實需要及業務繁簡情形設置，並力求簡化。第 40 點並規定
　　會計簿籍之種類（如圖 2.2.2），且各種帳簿應按年設置，在同一會計
　　年度應連續記載。至於備查簿，則依第 39 點規定，由各機關按事實需
　　要，酌量設置之。

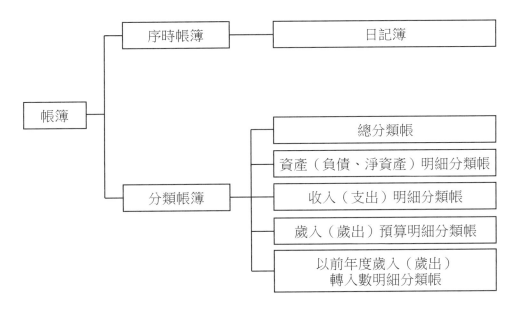

圖 2.2.2　中央政府普通公務機關帳簿之種類

(二)依會計法第 47 條，有關分會計之帳簿設置規定如下：

1. 分會計之會計事務較繁者，其帳簿之種類，準用第 46 條單位會計或附屬單位會計之規定，即除應設置普通序時帳簿（如第 43 條第 1 款中之分錄日記帳簿）及總分類帳簿外，有關特種序時帳簿（如第 43 條第 2 款中之歲入收支登記簿、經費收支登記簿與現金出納登記簿等）及明細分類帳簿（如第 44 條第 2 款中之歲入明細帳簿、經費明細帳簿與財物明細帳簿等），按事實之需要，酌量設置，備查簿則除主計機關認為應設置者外，亦得按其需要情形，自行設置。

2. 分會計之會計事務較簡者，得僅設普通序時帳簿（如第 43 條第 1 款中之分錄日記帳簿）、特種序時帳簿（如第 43 條第 2 款中之歲入收支登記簿、經費收支登記簿與現金出納登記簿等）及其必需之備查簿。

(三)行政院訂定之「中央政府各機關珍貴動產不動產管理要點」

1. 第 7 點規定，珍貴動產於取得後，應即分類、編號、攝照製卡建檔及保管，並登記於備有索引、照相、圖樣及其他便於查對之暗記紀錄等備查簿；備查簿應永久保存，以備檢核、查考之用。

2. 第 9 點規定，珍貴不動產於取得後，應即分類、編號、辦理登記，並

應備地圖、圖樣等備查簿；備查簿應永久保存，以備檢核、查考之用。

柒、會計憑證之分類及傳票生效要件

一、會計法相關條文

(一)會計憑證分為原始憑證及記帳憑證

第 51 條　會計憑證分左列二類：

一、原始憑證：謂證明事項經過而為造具記帳憑證所根據之憑證。

二、記帳憑證：謂證明處理會計事項人員責任，而為記帳所根據之憑證。

(二)原始憑證之種類

第 52 條　原始憑證為左列各種：

一、預算書表及預算準備金依法支用與預算科目間經費依法流用之核准命令。

二、現金、票據、證券之收付及移轉等書據。

三、薪俸、工餉、津貼、旅費、卹養金等支給之表單及收據。

四、財物之購置、修繕；郵電、運輸、印刷、消耗等各項開支發票及收據。

五、財物之請領、供給、移轉、處置及保管等單據。

六、買賣、貸借、承攬等契約及其相關之單據。

七、存匯、兌換及投資等證明單據。

八、歸公財物、沒收財物、贈與或遺贈之財物目錄及證明書類。

九、稅賦捐費等之徵課、查定，或其他依法處理之書據、票照之領發，及徵課物處理之書據。

十、罰款、賠款經過之書據。

十一、公債發行之法令、還本付息之本息票及處理申溢折扣之

　　　　計算書表。（註：申溢折扣之計算即現行溢價及折價攤銷
　　　　之計算）

十二、成本計算之單據。

十三、盈虧處理之書據。

十四、會計報告書表。

十五、其他可資證明第三條各款事項發生經過之單據或其他書
　　　　類。

前項各種憑證之附屬書類，視為各該憑證之一部。

(三)記帳憑證之種類

第 53 條　　記帳憑證為左列三種：

一、收入傳票。

二、支出傳票。

三、轉帳傳票。

前項各種傳票，應以顏色或其他方法區別之。

(四)傳票應記載事項

第 54 條　　各種傳票應為左列各款之記載：

一、年、月、日。

二、會計科目。

三、事由。

四、本位幣數目，不以本位幣計數者，其貨幣之種類、數目及
　　　折合率。

五、有關之原始憑證種類、張數及其號數、日期。

六、傳票號數。

七、其他備查要點。

(五)傳票生效要件

第 55 條　　各種傳票，非經左列各款人員簽名或蓋章不生效力。但實際上
　　　　　　無某款人員者缺之：

一、機關長官或其授權代簽人。

二、業務之主管或主辦人員。

三、主辦會計人員或其授權代簽人。

四、關係現金、票據、證券出納保管移轉之事項時,主辦出納事務人員。

五、關係財物增減、保管、移轉之事項時,主辦經理事務人員。

六、製票員。

七、登記員。

前項第一款、第二款、第五款人員,已於原始憑證上為負責之表示者,傳票上得不簽名或蓋章。

(六)原始憑證得用作記帳憑證

第56條　原始憑證,其格式合於記帳憑證之需要者,得用作記帳憑證,免製傳票。

(七)分會計之原始憑證得用作記帳憑證

第57條　各分會計機關之事務簡單者,其原始憑證經機關長官及主辦會計人員簽名或蓋章後,得用作記帳憑證,免製傳票。

二、解析

(一)會計法第 51 條規定,會計憑證分為原始憑證及記帳憑證兩類,普會制度第 51 點再將原始憑證分為三類:1.外來憑證:指自本機關以外之機關(構)、法人、團體或個人取得者。2.對外憑證:指由本機關製作,給予本機關以外之機(構)、法人、團體或個人者。3.內部憑證:指由本機關製作自行使用者。又會計法第 53 條規定,記帳憑證分為收入傳票、支出傳票及轉帳傳票等三種。則有關會計憑證分類體系如圖 2.2.3。

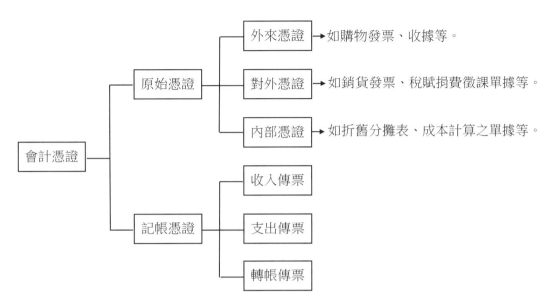

圖 2.2.3　會計憑證之分類體系圖

(二) 各機關凡有關收入之交易事項，支出之交易事項，年度開始開帳、年度終了結帳及平時轉帳事項，係由會計人員分別編製收入傳票、支出傳票及轉帳傳票作為記帳憑證，傳票下方有製票人員、覆核人員、收（付）款人員、主辦出納人員、主辦會計人員及機關長官之簽名或蓋章。但依會計法第 56 條及普會制度第 50 點規定，原始憑證如符合記帳憑證之要件者（即可證明處理會計事項相關人員責任，而為記帳所根據者），得代替記帳憑證，免製傳票。又普會制度第 53 點規定，各機關支出採集中支付方式處理，其支出傳票與轉帳傳票，得應事實需要，分別以付款憑單與轉帳憑單替代，其格式依公庫相關作業規定辦理。

(三) 傳票制度分為單式傳票及複式傳票兩種，分述如下：

　1. 單式傳票：傳票之編製，以會計科目為單位，每一會計科目編製一張傳票。記帳憑證採單式傳票制者，包括現金收入傳票、現金支出傳票、轉帳收入傳票及轉帳支出傳票。

　2. 複式傳票：傳票之編製，以交易為單位，每筆交易，不論其所牽涉會計科目多寡，係按每一筆交易填寫一張傳票之制度。記帳憑證採複式

傳票制度，包括現金收入傳票、現金支出傳票、分錄轉帳傳票及現金轉帳傳票。採複式傳票制如一筆交易涉及二個以上會計科目，則在製成傳票後，尚須將傳票之內容過入總分類帳及明細分類帳。

(四) 普會制度第 55 點規定，各機關支出憑證之處理，應依政府支出憑證處理要點規定辦理。主要內容如下：

1. 第 2 點：本要點所稱支出憑證，指為證明支付事實所取得之收據、統一發票、表單或其他可資證明書據。

   各機關支付款項，應取得支出憑證。支出憑證透過網路下載列印者，除本要點另有規定外，應由經手人簽名。

2. 第 3 點：各機關員工申請支付款項，應本誠信原則對所提出之支出憑證之支付事實真實性負責，不實者應負相關責任。

3. 第 4 點：各機關支付款項所取得之收據，應由受領人或其代領人簽名，並記明下列事項：

   (1)受領事由。

   (2)實收數額。

   (3)機關名稱。

   (4)受領人之姓名或名稱、身分證明文件字號、營利事業或扣繳單位統一編號（以下簡稱統一編號）。但已留存受領人資料或受領人為他機關者，得免記明身分證明文件字號或統一編號。

   (5)開立日期。

   (6)其他由各機關依其業務性質及實際需要增列之事項。

   同一受領事由支付不同受領人之款項，各機關得編製受領人清冊，載明前項規定應記明事項，並於最後結記總數。

4. 第 5 點：各機關支付款項所取得之統一發票（含電子發票證明聯）或依加值型及非加值型營業稅法規定掣發之普通收據，應記明下列事項：

   (1)營業人之名稱及其統一編號。

   (2)品名及總價。僅列代號或非本國文者，應由經手人加註或擇要譯註品名；必要時，應加註廠牌或規格。

   (3)開立日期。

   (4)機關名稱或統一編號。但具有機密性者，得免記明。

   前項第 2 款所定應記明事項，得以清單或文件佐證者，免逐項記明。

電子發票證明聯之取得，依電子發票實施作業要點規定由營業人提供或機關自行下載列印，其未列明營業人名稱者，免予補正；機關自行下載列印者，免由經手人簽名。

除第 1 項所定應記明事項外，各機關得依其業務性質及實際需要增列單價及數量等其他事項。

5. 第 12 點：支出憑證遺失或供其他用途者，應取得其影本或其他可資證明之文件，由經手人註明無法提出原本之原因，並簽名。

因特殊情形不能取得前項影本或其他可資證明之文件者，應由經手人開具支出證明單，書明不能取得原因，並簽名。

6. 第 16 點：各機關於經費結報時，應檢附支出憑證。

採購案除依前項規定辦理外，應檢附驗收紀錄或其他足資證明之文件；無驗收紀錄或其他足資證明之文件者，應由驗收人員於支出憑證或原始憑證黏存單上簽名。採購案訂有契約者，第一次支付款項時，並應檢附契約副本或抄本。

7. 第 17 點：各機關審核支出憑證時，應由下列人員簽名；屬第 4 點第 2 項或第 6 點第 1 項所定支出憑證者，其簽名應於彙總頁為之：

(1)業務事項之主管人員及經手人。

(2)主辦會計人員或其授權代簽人。

(3)機關長官或其授權代簽人。

前項第 2 款及第 3 款人員，已在傳票上為負責之表示者，支出憑證上得免簽名。

8. 第 20 點：數計畫或科目共同分攤之支付款項，須分別開立傳票，且其支出憑證不能分割者，應加具支出科目分攤表。

9. 第 21 點：數機關分攤之支付款項，其支出憑證無法分割者，依下列方式辦理：

(1)由主辦機關支付廠商者，支出憑證應加具支出機關分攤表，其他各分攤機關應檢附主辦機關出具之收據及支出機關分攤表或載明其內容之公文。

(2)由分攤機關分別支付廠商者，除主辦機關免出具收據外，其餘仍依前款規定辦理。

(五)普會制度第 55 點亦規定，各機關支出憑證採用電子化方式處理者，並

應依政府支出憑證電子化處理要點規定辦理。主要內容如下：

1. 第 2 點：所稱支出會計憑證電子化處理，指各機關為支付款項，於取得原始憑證辦理報支至完成記帳憑證簽核過程之經費結報作業，以電子方式在網路作業環境下傳簽及辦理。

   前項網路作業環境，應建構在安全環境並採用電子認證安全管制措施，確保內容之可認證性。

2. 第 5 點：各機關已完成電子化處理之會計憑證檔案，其內容包含原始憑證電子檔、記帳憑證電子檔、簽核流程與各簽核點之簽章及意見等資訊。

   前項檔案之保存應採用適當之電子媒體及儲存格式，以唯讀方式儲存之，並應注意具可閱讀性與建立完善之備份及還原機制。除業務實際需要外，不另印製紙本。

   各機關應定期查驗前二項檔案，以確保資料之完整性及安全性。查驗時如遇損壞者，應即修復；無法修復時，應予作廢，重行製作；無法製作時，應予註記，並依會計法第 109 條及檔案電子儲存管理實施辦法中有關檔案損毀所定程序辦理。

捌、作業及相關考題

※名詞解釋

一、現金基礎

二、權責發生基礎

三、契約責任制

（註：一至三答案詳本文壹、二、(四)）

四、外來憑證

五、對外憑證

六、內部憑證

七、單式傳票

八、複式傳票

（註：四至八答案詳本文柒、二、(一)及(三)）

九、支出憑證

十、支出會計憑證電子化處理
　　（註：九及十答案詳本文柒、二、(四)及(五)）

※申論題

一、依會計法之規範，交通部臺灣鐵路管理局會計制度應明定之內容依序
　　為何？【110年薦任升等】
答案：
　　依會計法第19條規定，交通部臺灣鐵路管理局會計制度應明定下列事項
（請按第19條所列之8項回答）。

二、會計法第二章為會計制度，請回答下列相關問題
　　(一)依第20條之內容，說明會計制度牴觸之規定。
　　(二)依第18條之內容，說明各縣市政府之總會計制度應由何機關設計
　　　　及核定頒行。【106年高考】
答案：
(一) 會計制度牴觸之規定
　　會計法第20條規定（請按條文內容作答）。
(二) 各縣市政府總會計制度之設計及核定
　　會計法第18條第2項規定，地方政府之總會計制度及各種會計制度之一
致規定，由各該政府之主計機關設計，呈經上級主計機關核定頒行。因自88
年起，省政府為行政院派出機關，省非為地方自治團體，自108年起再予虛
級化，故各縣市政府之總會計制度，應由各該縣市政府主計處設計，呈經行
政院主計總處核定頒行。

三、請回答下列有關會計基礎之問題
　　(一)依據會計法第幾條之規範，我國政府之會計基礎為何？請明確說
　　　　明條次及內容。
　　(二)在中央政府總決算主要表之一的平衡表中，資產項下包括哪些
　　　　類？負債項下包括哪些類？此種平衡表之表達內容主要乃依據會
　　　　計法第幾條之規範？請明確說明條次及內容。
　　(三)政府依據會計法及相關會計準則公報，訂定中央政府普通公務單

位會計制度之一致規定，在此一致規定之總說明中敘述，為使我國政府會計能接軌國際理論及實務做法等，行政院主計總處經積極蒐整研析參採先進國家做法及哪一套會計準則，以訂定此一致規定？

(四)根據前述第(一)至(三)題之回答，我國會計法及參採之國外會計準則所要求採用的會計基礎是相同的，則所要求編製的平衡表內容是否包括相同的資產及負債類別？如果不同，差異處為何？如果相同，請說明兩者均要求表達哪些類別的資產及負債？【108 年簡任升等】

答案：

(一) 我國政府之會計基礎

　　會計法第 17 條第 2 項規定，政府會計基礎，除公庫出納會計外，應採用權責發生制。所謂現金基礎，係指收入（或收益）、支出（或費損）及相關資產負債等要素，於收付現金之時點認列入帳；權責發生基礎，則指收入（或收益）、支出（或費損）及相關資產負債等要素，於發生權利或義務之時點認列入帳。

(二) 中央政府總決算平衡表內容

1. 會計法第 23 條規定，各單位會計與附屬單位會計應編造之表件包括屬於靜態報告之平衡表。108 年度中央政府總決算之編製係依循原會計法第 29 條規定：「政府之財物及固定負債，除列入歲入之財物及彌補預算虧絀之固定負債外，應分別列表或編目錄，不得列入平衡表。但營業基金、事業基金及其他特種基金之財物及固定負債為其基金本身之一部分時，應列入其平衡表。」按中央政府總決算之平衡表係綜合彙編各單位會計報告之平衡表而成，故 108 年度中央政府總決算之平衡表僅報導流動資產與流動負債部分，其中：

(1) 流動資產：包括現金、應收款項、應收其他基金款、應收其他政府款、存貨、暫付款、預付款、預付其他基金款、預付其他政府款、存出保證金及其他流動資產等。

(2) 流動負債：包括短期債務、應付款項、應付其他基金款、應付其他政府款、暫收款、預收款、預收其他基金款、存入保證金、應付代收款、應付保管款及其他流動負債等。

(3) 另編製包括長期投資、固定資產、遞耗資產、無形資產及其他資本資產之「資本資產表」；表達長期負債（含應付債券與長期借款）、負債準備、其他長期負債及應付租賃款之「長期負債表」。

(4) 因原會計法第 29 條後段規定：「但營業基金、事業基金及其他特種基金之財物及固定負債為其基金本身之一部分時，應列入其平衡表。」故營業基金及作業基金不適用原會計法第 29 條規定之固定項目分開原則，其固定資產及長期負債均應列入平衡表。

2. 會計法於 108 年 11 月 20 日修正刪除第 29 條後，行政院主計總處自 109 年度起，將原採另行設置資本資產帳與長期負債帳表達者，均予刪除，即將原分開列帳之政府財產及固定負債均改併入平衡表表達。因此平衡表之資產類包含流動資產、長期投資及固定資產等；負債則包括流動負債及長期負債等，可完整呈現政府整體財務狀況。

(三) 參採國際公共部門會計準則修訂相關規定

為使我國政府會計能接軌國際理論及實務做法等，行政院主計總處經積極蒐整研析參採國際公共部門會計準則（IPSAS）及先進國家做法等，於 104 年 12 月修正中央政府普通公務單位會計制度之一致規定（以下簡稱普會制度），並自 105 年度起實施，106 年時配合相關法規修正及衡酌實際辦理情形加以修正，後為因應會計法於 108 年 11 月 20 日修正刪除第 29 條等，爰再作檢討修正，自 109 年度起實施。

(四) 我國所編製之平衡表內容與國際間之比較

1. 因原會計法第 29 條規定，政府之財物及固定負債，除列入歲入之財物及彌補預算虧絀之固定負債外，應分別列表或編目錄，不得列入平衡表。使得我國所編製之平衡表（僅包括流動資產與流動負債部分，即不含長期投資、固定資產及長期負債），與國外先進國家係於平衡表即完整表達政府整體財務資訊之狀況不同。

2. 行政院主計總處依新修正會計法所修訂之普會制度，已將原另表表達之資本資產帳及長期負債帳整併為一套帳，爰可於一張平衡表內清楚表達機關整體資產及負債全貌，增進政府財務資訊完整性，並可與國外先進國家平衡表之表達方式相同。

四、依會計法有關規定，回答下列問題

　　(一)政府何種財物應列入平衡表？並說明該財物之意義。

　　(二)政府何種固定負債應列入平衡表？並說明該固定負債之意義。

　　(三)何種情況下所有財物及固定負債均應列入平衡表？【101 年地特三
　　　　等】

答案：

(一) 原會計法第 29 條規定，政府之財物，除列入歲入之財物外，不得列入平
　　　衡表。故：

　1. 列入歲入之財物應列入平衡表，所謂列入歲入之財物，係指依照原會計
　　　法第 29 條規定，須另表表達之固定資產、無形資產及長期投資等處分之
　　　收入，循預算程序編列為年度預算或特別預算歲入之財源。

　2. 此處財物之意義，係指政府持有之固定資產、無形資產及長期投資等，
　　　並依行政院訂頒之財物標準分類所定財產，包括土地、土地改良物、房
　　　屋及建築，暨使用年限 2 年以上且金額在 1 萬元以上之交通及運輸設
　　　備、機械及設備、雜項設備。

(二) 原會計法第 29 條規定，政府之固定負債，除彌補預算虧絀之固定負債
　　　外，不得列入平衡表。故：

　1. 彌補預算虧絀之固定負債應列入平衡表，即發行公債之收入及向金融機
　　　構之長期借款，在總會計平衡表以「應付債券」及「長期借款」科目表
　　　達。

　2. 固定負債之意義：係指依原會計法第 29 條規定須另表表達之長期負債及
　　　其他負債。

(三) 原會計法第 29 條後段規定：「但營業基金、事業基金及其他特種基金之
　　　財物及固定負債為其基金本身之一部分時，應列入其平衡表。」故營業
　　　基金及作業基金不適用原會計法第 29 條規定之固定項目分開原則，其固
　　　定資產及長期負債均應列入平衡表。

五、請依預算法、會計法及相關規定，回答下列有關固定項目分開原則
　　問題

　　(一)會計法第 29 條規定：政府之財物及固定負債，除(A)及(B)外，應
　　　　分別列表或編目錄，不得列入平衡表。前述規定中的(A)及(B)，為

得以列入平衡表之財物及固定負債，請敘述此兩個項目。

(二)請依會計法第 29 條之規定，指出下列兩項負債應表達於哪些報表中？請以下列報表之英文代號回答之：(A)平衡表。(B)歲入歲出簡明比較分析表。(C)收支簡明比較分析表。(D)財產目錄。(E)債款目錄。

1. 因應國庫短期資金調度而發行國庫券。

2. 因應公共工程建設而發行十年期公債。【103 年地特三等】

答案：

(一) 原會計法第 29 條規定，政府之財物及固定負債，除(A)列入歲入之財物及(B)彌補預算虧絀之固定負債外，應分別列表或編目錄，不得列入平衡表。但營業基金、事業基金及其他特種基金之財物及固定負債為其基金本身之一部分時，應列入其平衡表。

(A) 列入歲入之財物：係指依原會計法第 29 條規定，須另表表達之長期投資、固定資產等，於循預算程序編列為年度預算或特別預算歲入之財源。

(B) 彌補預算虧絀之固定負債：預算虧絀係指對於預算法第 23 條規定，經常收支之差短，以公債或賒借等固定負債彌補者，應將此固定負債列入平衡表，並以「應付債券」及「長期借款」科目表達。

(二) 有關發行國庫券及公債之表達

1. 因應國庫短期資金調度而發行國庫券，應於(A)平衡表表達。

2. 因應公共工程建設而發行十年期公債，係債務之舉借收入，非屬歲入範圍，故係列於總預算(C)收支簡明比較分析表，但屬於政府之長期債務，故亦應列入(E)債款目錄。

六、依會計法第 45 條及第 46 條，對於簿籍之設置，有哪些彈性之規定？【104 年地特三等】

答案：

(一) 特種序時帳簿及明細分類帳簿得酌量合併編製

會計法第 45 條規定（請按條文內容作答）。

(二) 特種序時帳簿及明細分類帳簿得酌量設置

會計法第 46 條第 1 項規定（請按條文內容作答）。

(三) 備查簿得按需要情形自行設置

會計法第 46 條第 2 項規定（請按條文內容作答）。

七、依照預算法第 6 條之規定：「歲入、歲出之差短，以公債、賒借或以前年度歲計賸餘撥補之。」以中央政府 103 年度總預算為例，差短達 2,000 多億元，最後大多以發行政府公債解決。復查，我國的政府財務體制，係採取財務聯綜制度，透過行政、主計、公庫及審計四個系統運作，以達分工制衡之功效。請問現行之會計審計法規中，主計系統對「政府公債之舉借與償還」，應注意辦理之事項有哪些？【104 年高考】

答案：

　　我國會計審計法規中，主計系統對「政府公債之舉借與償還」應注意辦理之事項如下：

(一) 預算法規定

1. 預算法第 13 條規定（請按條文內容作答）。

2. 預算法第 27 條規定，政府非依法律，不得於其預算外增加債務；其因調節短期國庫收支而發行國庫券時，依國庫法規定辦理。以上所謂依法律，應指預算法中規定，政府各項收支均應編入預算；公共債務法與財政紀律法中規定，政府每年度可舉借債務額度之上限、歷年債務累積餘額之限制，以及每年度至少應編列之債務還本數額等。

(二) 會計法規定

1. 會計法第 6 條第 1 項規定，特種公務之會計事務包括有公債之會計事務，謂公債主管機關，關於公債之發生、處理、清償之會計事務。

2. 根據會計法第 29 條（按本條已於 108 年 11 月 20 日刪除）規定，以固定項目分開原則編製相關報表。原第 29 條規定為（請按條文內容作答）。

3. 根據會計法第 52 條第 1 項第 11 款規定，政府公債之舉借與償還應以下列為原始憑證：「公債發行之法令、還本付息之本息票及處理申溢折扣之計算書表。」

(三) 決算法規定

　　決算法第 4 條第 1 項規定，政府每一會計年度歲入與歲出、債務之舉借與以前年度歲計賸餘之移用及債務之償還，均應編入其決算；其上年度報告

未及編入決算之收支，應另行補編附入。

八、請回答下列問題
　　(一)依預算法第 2 條規定，預算之種類以編製程序而分有哪些？
　　(二)依預算法第 79 條規定，各機關在哪些情形下得請求提出追加歲出預算？
　　(三)依預算法第 4 條規定，以基金性質而分有哪些基金？
　　(四)何謂內部審核？依會計法第 95 條規定，內部執行人員為何？
　　(五)依會計法規定，在何種情形下，原始憑證可代替記帳憑證？【103 年高考】

答案：

(一) 政府預算按編審與執行階段之分類
　　按照預算法第 2 條規定，可分為下列四個階段：
　1. 概算：各主管機關依其施政計畫初步估計之收支。
　2. 預算案：預算之未經立法程序者。
　3. 法定預算：預算經立法程序而公布者。
　4. 分配預算：在法定預算範圍內，由各機關依法分配實施之計畫。
(二) 得請求提出追加預算之條件
　　預算法第 79 條規定（請按條文內容作答）。
(三) 基金按性質之分類
　　預算法第 4 條規定，基金分下列二類：
　1. 普通基金：歲入之供一般用途者，為普通基金。
　2. 特種基金：歲入之供特殊用途者，為特種基金，其種類如下：
　　(1) 供營業循環運用者，為營業基金。
　　(2) 依法定或約定之條件，籌措財源供償還債本之用者，為債務基金。
　　(3) 為國內外機關、團體或私人之利益，依所定條件管理或處分者，為信託基金。
　　(4) 凡經付出仍可收回，而非用於營業者，為作業基金。
　　(5) 有特定收入來源而供特殊用途者，為特別收入基金。
　　(6) 處理政府機關重大公共工程建設計畫者，為資本計畫基金。

(四) 內部審核之意義及執行人員

1. 內部審核處理準則第 2 條規定,所謂內部審核,係指經由收支之控制、現金及其他財物處理程序之審核、會計事務之處理及工作成果之查核,以協助各機關發揮內部控制之功能。又依會計法第 95 條第 2 項規定,內部審核分下列二種:

(1) 事前審核:謂事項入帳前之審核,著重收支之控制。

(2) 事後複核:謂事項入帳後之審核,著重憑證、帳表之複核與工作績效之查核。

2. 會計法第 95 條第 1 項規定,各機關實施內部審核,應由會計人員執行之。

(五) 原始憑證可代替記帳憑證之情形

1. 會計法第 56 條規定(請按條文內容作答)。

2. 會計法第 57 條規定(請按條文內容作答)。

※測驗題

一、高考、普考、薦任升等、三等及四等各類特考

(D)1. 依會計法規定,會計制度之設計,應先將所需要之何種項目決定後,據以訂定應設立之其他項目?(A)會計報表(B)會計科目(C)會計簿籍(D)會計報告【109 年高考】

(A)2. 會計制度設計之原則為何?(A)先決定會計報告再訂定會計科目、簿籍與會計憑證(B)先決定會計科目再訂定會計簿籍、憑證與會計報告(C)先決定會計簿籍再訂定會計科目、憑證與會計報告(D)先決定會計憑證再訂定會計科目、簿籍與會計報告【106 年鐵特三級及退除役特考三等】

(B)3. 會計制度之設計,相關項目之決定順序為:(A)先決定會計科目,再訂定會計憑證、簿籍及會計報告(B)先決定會計報告,再訂定會計科目、簿籍及會計憑證(C)先決定會計簿籍,再訂定會計科目、憑證及會計報告(D)先決定會計憑證,再訂定會計科目、簿籍及會計報告【106 年薦任升等】

(D)4. 依會計法之規定,會計制度設計之順序為何?①會計憑證②會計科目③會計簿籍④會計報告(A)①②③④(B)②③④①(C)④①②③(D)④②③①【107 年地特三等】

(D)5. 依會計法規定，下列何種會計不採用權責發生制？(A)財物經理(B)徵課(C)特種財物(D)公庫出納【106 年高考】

(B)6. 關於政府會計制度，下列敘述何者正確？(A)中央政府普通公務單位會計制度之一致規定，由行政院定之，並採用權責發生制(B)中央政府普通公務單位會計制度之一致規定，由行政院主計總處定之，並採用權責發生制(C)國庫出納會計制度，由行政院定之，並採用權責發生制(D)國庫出納會計制度，由行政院主計總處定之，並採用權責發生制【112 年地特三等】

(C)7. 依預算法及會計法規定，下列有幾項規定係由行政院主計總處定之？①中央政府各級機關單位之分級②各機關分配預算之核定③各機關預算應編送之份數④中央總會計制度之設計、核定(A)僅 1 項(B)僅 2 項(C)僅 3 項(D)4 項【112 年鐵特三級及退除役特考三等】

(C)8. 依會計法之規定，各機關之會計制度，由各該機關之會計機構設計，再呈請何者核定頒行？(A)該機關之長官(B)審計機關(C)各該政府之主計機關(D)行政院【106 年地特三等】

(C)9. 臺灣高雄地方法院之會計制度，經由該機關之會計機構設計，並簽報所在機關長官後，應呈請下列何者核定頒行？(A)臺灣高等法院會計處(B)司法院會計處(C)行政院主計總處(D)高雄市政府主計處【108 年地特三等】

(C)10. 交通部之臺灣鐵路管理局之會計制度，由誰來設計？經何種核定程序？(A)由該局之會計部門設計，簽報該局局長後，直接呈請行政院主計總處核定(B)由該局之會計部門設計，簽報該局局長後，呈請該局之主管機關交通部核定(C)由該局之會計部門設計，簽報該局局長後，再報請交通部轉呈請行政院主計總處核定(D)由主管機關交通部之會計處設計，簽報該部部長後，呈請行政院主計總處核定【109 年鐵特三級】

(D)11. 臺北市立國民小學之會計制度由何機關核定頒行？(A)行政院主計總處(B)臺北市政府(C)臺北市教育局(D)臺北市主計處【106 年高考】

(D)12. 連江縣總會計制度及一致性規定，其設計、會商及核定之機構分別為何？

設　　　　　計	會　　　　商	核　　　　　定
(A)行政院主計總處	審計部	行政院主計總處
(B)連江縣政府主計處	連江縣審計室	行政院主計總處
(C)連江縣政府主計處	連江縣審計室	連江縣政府主計處
(D)連江縣政府主計處	基隆市審計室	行政院主計總處

【110 年薦任升等】

(A)13. 下列有關會計制度之敘述，錯誤者計有幾項？①中央總會計制度之設計、核定，由中央主計機關為之②地方政府之總會計制度由各該政府之主計機關設計及核定③各機關之會計制度由各機關之會計機構設計，簽報機關長官後，呈請各該政府之主計機關核定頒行④各種會計制度之釋例，由各該會計制度之頒行機關核定(A)一項(B)二項(C)三項(D)四項
【110 年鐵特三級及退除役特考三等】

(C)14. 各地方政府之各種會計制度之一致規定，分別由何機關設計及核定頒行？(A)因為實施地方自治，均由各地方政府主計機關設計及核定頒行(B)為求全國一致性，由行政院主計總處統一設計並核定頒行(C)由地方政府主計機關設計，上級主計機關核定頒行(D)由地方政府主計機關設計，中央主計機關核定頒行【111 年地特三等】

(B)15. 下列有關地方政府會計制度設定原則與核定程序之敘述，何者正確？(A)彰化縣政府之總會計制度，由彰化縣政府之主計機關設計，呈行政院主計總處再轉呈行政院核定後頒行(B)彰化縣各機關之會計制度，由各該機關會計機構設計，簽報所在機關長官後，呈請各該政府之主計機關核定頒行(C)彰化縣政府總會計制度之設計，應經各關係機關及審計部之會商後，始得核定(D)彰化縣政府各種會計制度之釋例與會計事務處理之一致規定，由該政府主計機關設計，呈經行政院主計總處核定
【109 年地特三等】

(A)16. 依會計法規定，各種會計制度之釋例，與會計事務處理之一致規定，由下列何者核定之？(A)各該會計制度之頒行機關(B)各該政府主計機關(C)上級主管機關(D)審計部【109 年高考】

(D)17. 附屬單位會計及其分會計之會計制度不得與何種會計制度牴觸？①總會計②該管單位會計③該管單位會計之分會計(A)①③(B)①②(C)②③(D)①②③【108 年鐵特三級及退除役特考三等】

(B)18. 會計報告分為靜態會計報告及動態會計報告，下列敘述何者正確？(A)

平衡表屬動態報告(B)歲入或經費累計表屬動態報告(C)損益計算表屬靜態報告(D)現金出納表屬靜態報告【108 年地特三等】

(A)19.試問下列各表何者為靜態報告？①平衡表②現金結存表③證券結存表④歲入或經費累計表⑤現金出納表(A)①②③(B)②③④(C)②④⑤(D)①③④【106 年地特三等】

(B)20.下列何者為動態報告？①平衡表②成本計算表③現金結存表④盈虧撥補表⑤徵課物出納表⑥固定負債目錄(A)①③(6)(B)②④⑤(C)③⑤⑥(D)④⑤⑥【107 年鐵特三級】

(A)21.下列何者為動態報表？(A)成本計算表(B)公債現額表(C)現金結存表(D)固定負債目錄【111 年鐵特三級】

(B)22.下列何者為各單位會計及附屬單位會計之動態報告？(A)平衡表(B)歲入或經費累計表(C)固定負債目錄(D)財物或特種財物目錄【106 年鐵特三級及退除役特考三等】

(B)23.依中央總會計制度規定，公務機關應編製之會計報表，下列何者屬動態報告性質？(A)現金出納表(B)收入支出表(C)平衡表科目明細表(D)公庫撥入數分析表【109 年地特三等】

(D)24.會計報告分為動態與靜態報告，下列敘述何者正確？(A)平衡表、歲入累計表屬靜態報告；現金出納表、成本計算表屬動態報告(B)票據結存表、固定負債目錄屬靜態報告；經費累計表、證券結存表屬動態報告(C)公債現額表、資金運用表屬靜態報告；票據出納表、票照等憑證出納表屬動態報告(D)特種財物目錄、現金結存表屬靜態報告；成本計算表、盈虧撥補表屬動態報告【112 年地特三等】

(D)25.依現行會計法規定，各單位會計所需編製之會計報告各表，應按下列何者編造之？(A)機關別(B)政事別(C)用途別(D)基金別【108 年薦任升等】

(B)26.各單位會計所需編製之會計報告各表，應如何編造之？(A)機關別(B)基金別(C)計畫或業務別(D)主管別【112 年薦任升等】

(A)27.會計法第 29 條刪除後，政府財物應編入哪一張主要表？(A)平衡表(B)財產目錄(C)收入支出表(D)平衡表及財產目錄【110 年薦任升等】

(D)28.依會計法規定，非政府機關代理政府事務者，其報告與會計人員之報告發生差額時，由何加編差額解釋表？(A)主辦出納人員(B)代理政府事務

人員(C)審計人員(D)會計人員【112 年薦任升等】

(D)29. 下列有關會計報告規定的敘述，何者正確？(A)各單位會計所需編製之會計報告各表，應按機關別、政事別、基金別分別編造(B)公債發行表及公債還本付息表是歸屬於靜態報表(C)非常事件所應編造之會計報告各表，由各該目的事業主管機關按事實之需要，參酌會計法第 23 條之規定分別定之(D)非政府機關代理政府事務者，其報告與會計人員之報告發生差額時，應由會計人員加編差額解釋表【107 年鐵特三級】

(A)30. 有關會計制度之敘述，何者為非？(A)中央及地方政府總會計制度之設計、核定，統一由中央主計機關為之(B)非常事件所應編造之會計報告各表，由主計機關按事實之需要，參酌會計法之規定分別定之(C)各單位會計所需編製之會計報告各表，應按基金別編造之(D)非政府機關代理政府事務者，其報告與會計人員之報告發生差額時，應由會計人員加編差額解釋表【110 年地特三等】

(C)31. 非政府機關代理政府事務者，其報告與會計人員之報告發生差額時，應由下列何者加編差額解釋表？(A)業務經辦人員(B)出納人員(C)會計人員(D)單位主管決定【106 年高考】

(A)32. 依會計法規定，非政府機關代理政府事務者，其報告與會計人員之報告發生差額時，應由何人編製差額解釋表？(A)會計人員(B)出納人員(C)稽核人員(D)機關首長指定【108 年鐵特三級及退除役特考三等】

(D)33. 下列有關會計事務程序之敘述，何者正確？(A)會計報告分為靜態報告與動態報告二種，其中之公債發行表及公債還本付息表，屬於靜態報告(B)各單位會計所需編製之會計報告各表，應按機關別編造之(C)非政府機關代理政府事務者，其報告與會計人員之報告發生差額時，應由審計人員加編差額解釋表(D)各單位會計機關月報、季報於期間經過後 15 日內送出；半年度報告於期間經過後 30 日內送出【109 年地特三等】

(A)34. 下列關於各種會計報告、年度報告等各類書表之敘述，何者正確？(A)各單位會計機關及各附屬單位會計機關之半年度報告於期間經過後 30 日內送出(B)總會計年度報告於期間經過後 30 日內送出(C)特別預算跨越兩個年度以上者，其收支應於執行期滿後，編送各該年之年度會計報告(D)特別預算跨越兩個年度以上者，應由主管機關依會計法所定程序，分年編送年度決算【111 年高考】

(B)35.各單位會計機關及各附屬單位會計機關報告之編送,何者應於期間經過後十五日內送出?(A)旬報(B)季報(C)半年度報告(D)年度報告【111 年鐵特三級】

(B)36.會計科目名稱經規定後,非經下列何者之核定,不得變更?(A)各該機關主辦會計(B)各該政府主計機關或其負責主計人員(C)各該機關長官及主辦會計(D)行政院主計總處【106 年高考】

(A)37.會計科目名稱經規定後,非經下列何者核定,不得變更?(A)各該政府主計機關或其負責主計人員之核定(B)上級政府主計機關(C)行政院(D)行政院主計總處【108 年鐵特三級及退除役特考三等】

(A)38.會計科目名稱經規定後,若有變更,應如何處理?(A)非經各該政府主計機關或其負責主計人員的核定,不得變更(B)經各該政府審計機關之核定者,得變更之(C)變更會計科目之核定,應通知上級主計機關(D)變更會計科目之核定,應通知中央主計機關【112 年鐵特三級及退除役特考三等】

(C)39.依會計法之規定,下列有關會計科目之敘述,何者錯誤?(A)各種會計科目之訂定,應兼用收付實現事項及權責發生事項,為編定之對象(B)地方政府對於與中央政府事項相同之會計科目,應依中央政府之所定(C)主計機關核定收入類會計科目之變更後,應通知財政主管機關(D)各種會計報告總表之會計科目,與其明細表之會計科目,應顯示其統制與隸屬之關係【110 年鐵特三級及退除役特考三等】

(D)40.下列關於各項會計帳簿之敘述,何者錯誤?(A)分錄日記帳簿屬普通序時帳簿(B)歲入收支登記簿、經費收支登記簿屬特種序時帳簿(C)總分類帳簿,以編造會計報告總表為主要目的而設(D)歲入收支登記簿、經費收支登記簿以編造會計報告明細表為主要目的而設【111 年高考】

(C)41.關於會計簿籍的規定,下列敘述何者正確?(A)會計簿籍分為帳簿及序時帳簿二類(B)會計資料採用機器處理者,其機器貯存體中之紀錄,為編造會計報告事實所需,爰視為備查簿(C)總分類帳簿,以編造會計報告總表為主要目的而設 (D)特種序時帳簿,僅於特種基金為序時登記而設者【112 年地特三等】

(D)42.有關會計簿籍之敘述,下列何者正確?(A)會計簿籍分為序時帳簿及分類帳簿二類(B)政府主計機關對於單位會計之普通序時帳簿及明細分類

帳簿，為求簡便計，得酌量合併編製(C)經費收支登記簿為普通序時帳簿(D)設有明細分類帳簿者，總分類帳簿內應設統制帳目【107 年高考】

(C)43.下列有關會計簿籍之敘述，何者正確？(A)會計簿籍分為序時帳簿及分類帳簿二種(B)政府主計機關對於單位會計之序時帳簿及明細分類帳簿，為求簡便計，得酌量合併編製(C)設有明細分類帳簿者，總分類帳簿內應設統制帳目，登記各該明細分類帳之總數(D)序時帳簿及分類帳簿，均應就事實上之需要及便利，設立專欄【110 年鐵特三級及退除役特考三等】

(D)44.根據我國會計法規定，單位會計必設之會計簿籍為何？(A)普通序時帳簿、特種序時帳簿、總分類帳簿、明細分類帳簿、備查簿(B)普通序時帳簿、特種序時帳簿、總分類帳簿、明細分類帳簿(C)普通序時帳簿、總分類帳簿、備查簿(D)普通序時帳簿、總分類帳簿【110 年薦任升等】

(B)45.下列有關備查簿之敘述，何者錯誤？(A)各分會計之會計事務較簡者，得僅設序時帳簿及其必需之備查簿(B)備查簿是會計簿籍之一種，也是帳簿之一種(C)管理特種財物之機關，關於其所管珍貴動產，應備索引、照相、圖樣及其他便於查對之暗記紀錄等備查簿(D)管理特種財物之機關，關於其所管珍貴不動產，應備地圖、圖樣等備查簿【109 年鐵特三級】

(B)46.管理特種財物機關，關於所管珍貴動產，應備索引、照相、圖樣及其他便於查對之暗記紀錄等備查簿；關於所管不動產，應備地圖、圖樣等備查簿；其程式由各該政府之那一機關定之？(A)教育機關(B)主計機關(C)建設機關(D)民政機關【110 年地特三等】

(B)47.何機關應備珍貴動產及不動產之索引、照相、圖樣及其他便於查對之暗記紀錄或地圖、圖樣備查簿？(A)各該政府之主計機關(B)管理特種財物機關(C)特種財物主管機關(D)財物經理機關【112 年薦任升等】

(C)48.下列有關備查簿規定的敘述，何者錯誤？(A)會計簿籍分為帳簿與備查簿(B)各單位會計或附屬單位會計之備查簿，除主計機關認為應設置者外，各機關或基金主管長官及主辦會計，亦得按其需要自行設置(C)管理特種財物機關，關於所管珍貴動產與珍貴不動產，均應備索引、照

相、圖樣及其他便於查對之暗記紀錄等備查簿(D)總會計之帳簿，應就其彙編會計總報告所需之記載設置之；其備查簿就其處理事務上之需要設置之【107 年鐵特三級】

(B)49.下列何者為原始憑證？①承攬契約②會計報告書表③收入傳票④盈虧處理之書據⑤預算科目間經費依法流用之核准命令⑥贈與或遺贈之財物目錄及證明書類(A)②④⑤⑥(B)①②④⑤⑥(C)①③④⑥(D)①④⑤【108年地特三等】

(C)50.依會計法之規定，下列敘述何者錯誤？(A)各種傳票，非經機關長官或其授權代簽人之簽名或蓋章不生效力(B)各種傳票，非經主辦會計人員或其授權代簽人之簽名或蓋章不生效力(C)各種傳票，非經會計佐理人員或其授權代簽人之簽名或蓋章不生效力(D)各種傳票，非經業務主管或主辦人員之簽名或蓋章不生效力【111 年鐵特三級】

(A)51.何人已於原始憑證上為負責之表示者，傳票上得不簽名或蓋章？(A)業務主辦人員(B)主辦會計人員(C)製票員(D)登記員【109 年鐵特三級】

(C)52.各種傳票依規定需經相關人員簽名或蓋章，但會計法亦有例外規定，某些人員已於原始憑證上為負責之表示者，傳票上得不簽名或蓋章，該些人員包括：(A)機關長官或其授權代簽人、業務之主管或主辦人員、主辦出納事務人員(B)主辦出納事務人員、主辦經理事務人員、登記員(C)機關長官或其授權代簽人、業務之主管或主辦人員、主辦經理事務人員(D)業務之主管或主辦人員、主辦經理事務人員、登記員【107 年高考】

(D)53.依會計法規定，關係現金、票據、證券出納保管移轉事項所造具之傳票，下列何者已於原始憑證上為負責之表示，傳票上得不簽名或蓋章？①主辦會計人員或其授權代簽人②主辦出納事務人員③機關長官或其授權代簽人④業務之主管或主辦人員(A)僅①③④(B)①②③④(C)僅②③④(D)僅③④【112 年高考】

(D)54.依會計法規定，下列那些情形得免製傳票？①關係財物增減事項，原始憑證經機關長官及主辦會計人員已為負責之表示者②分會計機關之事務簡單，原始憑證經機關長官及主辦會計人員簽名或蓋章者③整理結算及結算後轉入帳目事項無原始憑證者④原始憑證格式合於記帳憑證之需要者(A)①②(B)①③(C)②③(D)②④【111 年高考】

(D)55. 下列哪一機關之事務簡單者，其原始憑證經機關長官及主辦會計人員簽名或蓋章後，得用作記帳憑證，免製傳票？(A)總會計(B)單位會計(C)附屬單位會計(D)分會計【110年地特三等】

二、初考、地特五等、經濟部所屬事業機構及台電公司新進僱員

(C)1. 政府會計制度之設計，應依會計事務之性質、業務實際情形及其將來之發展，首先決定：(A)會計科目(B)會計簿籍(C)會計報告(D)會計憑證【106年初考】

(D)2. 依會計法規定，會計制度之設計應就下列何者先予決定？(A)會計科目(B)會計簿籍(C)會計報表(D)會計報告【106年經濟部事業機構】

(A)3. 依會計法規定，會計制度之設計應就下列何者先行決定？(A)會計報告(B)會計憑證(C)會計科目(D)會計簿籍【111年初考】

(D)4. 會計制度之設計，下列相關項目之決定順序為何？①會計憑證②會計科目③會計簿籍④會計報告(A)①②③④(B)②①③④(C)④①②③(D)④②③①【111年地特五等】

(D)5. 依會計法規定，政府會計基礎應採用權責發生制，下列何者除外？(A)公務出納會計(B)公務財物會計(C)公務歲計會計(D)公庫出納會計【112年台電公司新進僱員】

(C)6. 政府會計基礎，除公庫出納會計外，應採用何種會計基礎？(A)稅務實現制(B)收付實現制(C)權責發生制(D)契約完工制【106年初考】

(C)7. 政府會計基礎，除公庫出納會計外，應採用哪種制度？(A)先實後虛制(B)先虛後實制(C)權責發生制(D)現金基礎制【107年地特五等】

(D)8. 下列何者係設計與核定中央總會計制度之機關？(A)中央主計機關設計及審計部核定(B)財政部設計及中央主計機關核定(C)財政部設計及審計部核定(D)中央主計機關設計及核定【109年經濟部事業機構】

(B)9. 下列關於總會計制度之敘述，何者錯誤？(A)中央總會計制度之設計，由中央主計機關為之(B)中央總會計制度之核定，由審計機關為之(C)地方政府之總會計制度，由各該政府之主計機關設計(D)地方政府之總會計制度，由各該政府之上級主計機關核定頒行【112年地特五等】

(A)10. 地方政府之總會計制度及各種會計制度之一致規定，由何者設計？(A)各該政府之主計機關(B)上級主計機關(C)中央主計機關(D)審計機關【112年地特五等】

(D)11. 澎湖縣政府總會計制度之設計機關及核定頒行機關為何？(A)澎湖縣主
計處設計並頒行(B)澎湖縣主計處設計，縣政府核定頒行(C)澎湖縣政府
設計並頒行(D)澎湖縣主計處設計，行政院主計總處核定頒行【111 年
初考】

(D)12. 台北市政府之總會計制度的設計、會商及核定機構，依序分別為何？
(A)臺北市政府主計處、臺北市審計處、臺北市政府(B)臺北市政府主計
處、臺北市審計處、審計部(C)行政院主計總處、審計部、臺北市政府
(D)臺北市政府主計處、臺北市審計處、行政院主計總處【112 年初
考】

(C)13. 下列有關會計制度設計的敘述，何者錯誤？(A)凡性質相同或類似之機
關或基金，其會計制度應為一致之規定(B)中央總會計制度之設計、核
定，由中央主計機關為之(C)地方政府之總會計制度及各種會計制度之
一致規定，由各該政府之主計機關設計及核定頒行(D)各機關之會計制
度，由各該機關之會計機構設計，簽報所在機關長官後，呈請各該政府
之主計機關核定頒行【106 年地特五等】

(D)14. 臺北市立士東國小之會計制度應由下列何機關核定頒行？(A)中央主計
機關(B)教育部(C)臺北市政府教育局(D)臺北市政府主計處【108 年初
考】

(A)15. 下列有關會計制度之敘述何者錯誤？(A)政府會計以複式簿記為原則，
集中制為主，分散式為輔(B)性質相同之機關，其會計制度應為一致之
規定(C)政府會計基礎應採用權責發生制，公庫出納會計除外(D)會計制
度之設計，應明定內部審核之處理程序【108 年初考】

(D)16. 依會計法規定，除各會計制度應實施之機關範圍外，會計制度應最先設
計者為下列何者？(A)會計事務(B)會計憑證(C)會計科目(D)會計報告
【107 年初考】

(B)17. 下列有關會計制度設計、核定之敘述，何者錯誤？(A)中央總會計制度
之設計、核定，由中央主計機關為之(B)地方政府之總會計制度由該政
府之主計機關設計，呈報中央主計機關核定(C)各機關之會計制度，由
該機關之會計機構設計，簽報機關長官後，呈請各該政府之主計機關核
定頒行(D)各機關會計制度之設計應經各關係機關及該管審計機關會商
後始得核定【110 年初考】

(D)18.下列何者非屬會計法第 19 條，會計制度之設計應明定之事項？(A)各會計制度應實施之機關範圍(B)會計科目之分類及其編號(C)內部審核之處理程序(D)會計人員應列入所在機關之人事費用編列【110 年台電公司新進僱員】

(A)19.政府會計制度之敘述，下列敘述何者錯誤？(A)中央總會計制度之設計、核定，由行政院為之(B)會計制度設計應包括各會計制度應實施之機關範圍、會計報告之種類及其書表格式、會計科目之分類及其編號等事項(C)各會計制度，不得與會計法及預算、決算、審計、國庫、統計等法牴觸(D)中央總會計年度報告，包括整體資產負債表，以及公務機關財務報表、特種基金財務報表及信託基金及行政法人報表【108 年地特五等】

(D)20.單位會計之會計制度，不得與下列何者牴觸？①決算法②審計法③總會計之會計制度④附屬單位會計之會計制度⑤國庫法(A)①②③(B)①②⑤(C)①②③④(D)①②③⑤【106 年經濟部事業機構】

(D)21.依會計法規定，關於各會計制度之敘述，下列何者錯誤？(A)附屬單位會計之會計制度不得牴觸預算法(B)單位會計之會計制度不得牴觸統計法(C)附屬單位會計之會計制度不得牴觸該管總會計之會計制度(D)單位會計之會計制度不得牴觸該管附屬單位會計之會計制度【107 年初考】

(A)22.依會計法規定，下列何者屬政府編製對外報告之需要？(A)行政之需要(B)司法之需要(C)預算執行進度(D)管理控制與決策【112 年台電公司新進僱員】

(D)23.各種對內會計報告，應按下列何者需要編製各種定期與不定期之報告？①預算執行情形②業務進度③管理控制與決策④立法之需要(A)①②③④(B)僅②③④(C)僅①③④(D)僅①②③【109 年初考】

(C)24.依會計法第 22 條與 23 條政府會計報告的分類，票據結存表屬於下列何種型態的會計報告？(A)連動的會計報告(B)動態的會計報告(C)靜態的會計報告(D)變動的會計報告【110 年台電公司新進僱員】

(C)25.依會計法之規定，下列何者屬於靜態之會計報告？(A)盈餘撥補表(B)現金出納表(C)現金結存表(D)成本計算表【108 年經濟部事業機構】

(A)26.何者為靜態報告？(A)公債現額表(B)歲入累計表(C)證券出納表(D)成本計算表【112 年初考】

(B)27. 依會計法規定，下列何者屬靜態之會計報告？(A)現金出納表(B)公債現額表(C)資金運用表(D)公債發行表及公債還本付息表【106 年經濟部事業機構】

(D)28. 依現行會計法規定，下列何者是靜態報告？(A)財物或特種財物增減表(B)現金出納表(C)盈餘撥補表(D)固定負債目錄【109 年初考】

(D)29. 下列何者屬各單位會計及附屬單位會計之靜態報告？(A)損益計算表(B)資金運用表(C)盈虧撥補表(D)平衡表【109 年地特五等】

(D)30. 下列何者為會計法第 23 條中提及之單位會計及附屬單位會計之靜態報告？(A)公債還本付息表(B)成本計算表(C)現金出納表(D)公債現額表【112 年地特五等】

(D)31. 下列何者非屬靜態報告？(A)公債現額表(B)現金結存表(C)固定負債目錄(D)歲入或經費累計表【108 年初考】

(C)32. 依會計法規定，下列何者非屬靜態報告？(A)平衡表(B)公債現額表(C)公債發行表及公債還本付息表(D)財物或特種財物目錄【112 年台電公司新進僱員】

(D)33. 下列何者為動態報告？(A)平衡表(B)現金結存表(C)財物或特種財物目錄(D)歲入或經費累計表【106 年初考】

(C)34. 下列何者為各單位會計及附屬單位會計之動態報告？(A)平衡表(B)固定負債目錄(C)歲入或經費累計表(D)財物或特種財物目錄【107 年經濟部事業機構】

(D)35. 依會計法規定，下列何項報告不屬於動態報告？(A)歲入或經費累計表(B)徵課物出納表(C)固定負債增減表(D)公債現額表【109 年初考】

(A)36. 依會計法規定，下列報表屬於靜態報告及動態報告各有幾種？①公債現額表②票照憑證結存表③公債還本付息表④財物增減表⑤經費累計表⑥成本計算表(A)靜態二種，動態四種(B)靜態三種，動態三種(C)靜態四種，動態二種(D)靜態一種，動態五種【107 年地特五等】

(B)37. 依會計法規定，有關會計報告之敘述下列何者有誤？(A)非常事件所應編造之會計報告各表，由主計機關按事實之需要，參酌會計法第 23 條之規定分別定之(B)各單位會計所需編製之會計報告各表，應按機關別編造之(C)分會計應編造之靜態與動態報告，應就其本身及其隸屬單位會計或附屬單位會計之需要，於其會計制度內訂定之(D)靜態、動態報

告各表，遇有比較之必要時，得分別編造比較表【106 年經濟部事業機構】

(A)38.依會計法規定，各單位會計所需編製之會計報告各表，應按下列何者編造之？(A)基金別(B)機關別(C)單位別(D)科目別【107 年初考】

(B)39.各單位會計所需編製之會計報告各表，應按何種類別編造之？(A)地區別(B)基金別(C)收入別(D)支出別【107 年地特五等】

(A)40.各單位會計所需編製之會計報告各表，應按何者編造之？(A)基金別(B)部門別(C)政事別(D)計畫別【112 年地特五等】

(無標準解)41.下列何者非屬應列入普通基金平衡表者？(A)流動資產(B)流動負債(C)長期性資產(D)彌補虧絀之長期負債【112 年台電公司新進僱員】

(A)42.依會計法規定，各種會計報告表應根據下列何者編造？(A)會計紀錄(B)會計簿籍(C)原始憑證(D)記帳憑證【111 年初考】

(A)43.依會計法規定，非政府機關代理政府事務者，其報告與會計人員之報告發生差額時，應由何者加編差額解釋表？(A)會計人員(B)出納人員(C)業務人員(D)採購人員【109 年初考】

(A)44.非政府機關代理政府事務者，其報告與會計人員之報告發生差額時，應由何者加編差額解釋表？(A)會計人員(B)上級會計人員(C)機關長官(D)審計人員【110 年初考】

(A)45.非政府機關代理政府事務者，其報告與會計人員之報告發生差額時，應由何人加編差額解釋表？(A)會計人員(B)出納人員(C)業務人員(D)機關自行決定【111 年地特五等】

(A)46.非政府機關代理政府事務者，其報告與會計人員之報告發生差額時，應由何者加編差額解釋表？(A)會計人員(B)出納人員(C)內部稽核人員(D)審計人員【112 年初考】

(D)47.有關政府會計制度之敘述，下列何者有誤？(A)非政府機關代理政府事務，其報告與會計人員之報告有差額，應由會計人員加編差額解釋表(B)單位會計及分會計之會計制度，不得與其總會計之會計制度牴觸(C)現金出納表為動態之會計報告(D)對內之會計報告應按行政、監察、立法之需要編製之【111 年台電公司新進僱員】

(D)48.非政府機關代理政府事務者，其報告與會計人員之報告發生差額時，如

何處理？(A)以非政府機關之報告為準(B)以會計人員之報告為準(C)以非政府機關之報告與會計人員之報告的平均數為準(D)由會計人員加編差額解釋表【107 年地特五等】

(C)49.依會計法，關於各單位會計機關及各附屬單位會計機關報告之編送期限，週報、旬報應於期間經過後幾日內送出？(A)一日內(B)二日內(C)三日內(D)五日內【110 年地特五等】

(D)50.依會計法規定，半年度會計報告之送出期限為何？(A)依決算法之規定(B)於期間經過後 1 個月內送出(C)於期間經過後 15 日內送出(D)於期間經過後 30 日內送出【107 年初考】

(D)51.各單位會計機關及各附屬單位會計機關半年度報告之編送，應於期間經過後幾日內送出？(A)2 (B)3 (C)15 (D)30【112 年初考】

(D)52.依會計法規定，各單位會計機關報告之編送期限，下列敘述何者正確？(A)日報於該日結束後 2 日內送出(B)週報、旬報於期間經過後 7 日內送出(C)半年度報告於期間經過後 15 日內送出(D)五日報於期間經過後 2 日內送出【111 年台電公司新進僱員】

(C)53.中央政府各機關 12 月份會計報告，需於次年何時前分別送達審計部、財政部及行政院主計總處？(A)1 月 15 日(B)1 月 20 日(C)2 月 5 日(D)2 月 15 日【108 年地特五等】

(D)54.會計科目之訂定應採下列何種事項為編定之對象？(A)權責發生(B)修正權責發生(C)收付實現(D)兼採收付實現及權責發生【107 年經濟部事業機構】

(C)55.依會計法規定，各種會計科目之訂定，應以何種事項為編定之對象？(A)全部使用收付實現事項(B)全部使用權責發生事項(C)兼用收付實現事項及權責發生事項(D)兼用權責發生事項及修正權責發生事項【111 年初考】

(C)56.有關會計科目之訂定原則，下列敘述何者錯誤？(A)中央政府各機關對於事項相同或性質相同之會計科目，應使其一致(B)地方政府對於與中央政府事項相同或性質相同之會計科目，應依中央政府之所定(C)地方政府對於與中央政府事項互有關係之會計科目，應依中央政府之所定(D)各種會計科目，應依所列入之報告，並各按其科目之性質，分類編號【109 年初考】

(C)57. 依會計法規定，中央政府各類會計制度之會計科目，非經何者核定不得修正？(A)行政院(B)立法院(C)行政院主計總處(D)審計部【111 年初考】

(A)58. 會計科目名稱經規定後，非經下列何者核定，不得變更？(A)主計機關(B)審計機關(C)機關首長(D)財報簽證會計師【112 年台電公司新進僱員】

(C)59. 依會計法規定，有關會計科目名稱之變更，下列敘述何者正確？(A)變更須經該管審計機關核定(B)變更僅需機關首長核定(C)變更須經該政府主計機關或其負責主計人員核定(D)科目名稱不可變更【110 年初考】

(B)60. 有關會計報告與會計科目之敘述，下列何者有誤？(A)動態之會計報告表示一定時間內之財務變動經過情形(B)總表會計科目為隸屬帳目，明細表會計科目為統制帳目(C)會計報告表，應根據會計紀錄編造(D)會計科目名稱經規定後，非經各該政府主計機關或其負責主計人員之核定，不得變更【110 年經濟部事業機構】

(C)61. 下列有關會計科目之敘述，何者錯誤？(A)會計報告總表之會計科目，與其明細表之會計科目，應顯示其統制與隸屬之關係，總表會計科目為統制帳，明細表會計科目為隸屬帳(B)為便利綜合彙編及比較，各機關對於事項相同或性質相同之會計科目，應使其一致，對於互有關係之會計科目，應使之相合(C)各種會計科目之訂定，應一律採用權責發生事項，為編定之對象(D)各種會計科目，應依所列入之報告，並各按其科目之性質，分類編號【106 年地特五等】

(A)62. 有關會計簿籍之敘述，何者正確？(A)會計資料採用機器處理者，其機器貯存體中之紀錄，視為會計簿籍(B)備查簿：謂簿籍之紀錄，為供給編造會計報告事實所必需者(C)帳簿：謂簿籍之紀錄，不為編造會計報告事實所必需，而僅為便利會計事項之查考，或會計事務之處理者(D)帳簿分為序時帳簿、分類帳簿及及調整帳簿三類【109 年地特五等】

(C)63. 以事項歸屬之會計科目為主而為紀錄者，稱為何種帳簿？(A)普通序時簿(B)特種序時簿(C)分類帳簿(D)備查簿【111 年初考】

(B)64. 歲入收支登記簿為何種帳簿？(A)普通序時帳簿(B)特種序時帳簿(C)總分類帳簿(D)明細分類帳簿【112 年初考】

(B)65. 歲入收支登記簿及經費收支登記簿屬於下列何種帳簿？(A)普通序時帳

簿(B)特種序時帳簿(C)總分類帳簿(D)備查簿【109 年經濟部事業機構】

(D)66.下列何者為特種序時帳簿？(A)歲入明細帳簿(B)經費明細帳簿(C)財物明細帳簿(D)現金出納登記簿【107 年地特五等】

(C)67.依會計法之規定，現金出納登記簿屬於何種帳簿？(A)明細分類帳簿(B)普通序時帳簿(C)特種序時帳簿(D)備查簿【108 年經濟部事業機構】

(B)68.現金出納登記簿屬何者？(A)普通序時帳簿(B)特種序時帳簿(C)總分類帳簿(D)明細分類帳簿【112 年地特五等】

(C)69.依會計法規定，會計帳簿分類之敘述，下列何者正確？(A)會計帳簿分為序時帳簿、分類帳簿及備查簿三類(B)分錄日記帳簿屬特種序時帳簿(C)如有明細分類帳，應於總分類帳設統制帳目(D)就事實上之需要及便利，僅可於分類帳簿設立專欄【107 年初考】

(C)70.有關會計簿籍之敘述，下列何者正確？(A)會計簿籍分為序時帳簿及分類帳簿二類(B)經費收支登記簿為普通序時帳簿(C)設有明細分類帳簿者，總分類帳簿內應設統制帳目(D)政府主計機關對於單位會計之普通序時帳簿及明細分類帳簿，為求簡便得酌量合併編製【112 年台電公司新進僱員】

(B)71.各單位會計與附屬單位會計之帳簿，下列何者屬必要設置之帳簿？①總分類帳簿②明細分類帳簿③普通序時帳簿④特種序時帳簿⑤備查簿(A)①②(B)①③(C)②③(D)①③⑤【106 年經濟部事業機構】

(C)72.依會計法規定，分會計之會計事務較簡者，其會計簿籍之設置，下列何者正確？(A)應設分類帳簿、序時帳簿及其必需之備查簿(B)得僅設分類帳簿及其必需之備查簿(C)得僅設序時帳簿及其必需之備查簿(D)得僅設分類帳簿及序時帳簿【107 年初考】

(C)73.依會計法規定，有關會計簿籍之設立原則，下列敘述何者錯誤？(A)總會計之帳簿，應就其彙編會計總報告所需之記載設置之(B)總會計、單位會計、附屬單位會計及分會計之特種序時帳簿及明細分類帳簿，為求簡便計，得酌量合併編製(C)各分會計之會計事務較簡者，其帳簿之種類，準用關於單位會計或附屬單位會計之規定(D)各單位會計或附屬單位會計之備查簿，除主計機關認為應設置者外，各機關或基金主管長官及主辦會計人員，亦得按其需要情形，自行設置之【109 年地特五等】

(D)74.依會計法規定，各分會計機關當其會計事務較為簡單時，關於現金出納

登記簿、分錄日記帳簿、經費收支登記簿、財物明細帳簿等四種帳簿，一定毋須設置的有幾種？(A)4 種(B)3 種(C)2 種(D)1 種【110 年地特五等】

(A)75.下列有關會計簿籍之敘述，何者錯誤？(A)分會計之會計事務較繁者，得僅設序時帳簿及其必需之備查簿(B)會計資料採用機器處理者，其機器貯存體中之紀錄，視為會計簿籍(C)單位會計之特種序時帳簿及明細分類帳簿，為求簡便計，得酌量合併編製(D)管理特種財物機關，關於所管珍貴動產，應備索引、照相、圖樣及其他便於查對之暗記紀錄等備查簿【111 年地特五等】

(A)76.管理特種財物機關，關於所管不動產，應備地圖、圖樣等備查簿，其程式由何者定之？(A)各該政府之主計機關(B)各該政府之審計機關(C)各該政府之立法機關(D)各特種財物機關長官【110 年初考】

(B)77.依會計法規定，臺北市政府某一管理特種財物機關，針對所管珍貴動產應備便於查對之暗記紀錄等備查簿，其程式由誰定之？(A)行政院主計總處(B)臺北市政府主計處(C)該管理特種財物機關之主計機構(D)該管理特種財物機關之機關首長【107 年初考】

(B)78.管理特種財物機關，關於所管珍貴動產，應備索引、照相、圖樣及其他便於查對之暗記紀錄等備查簿；關於所管不動產，應備地圖、圖樣等備查簿；其程式由各該政府之何種機關定之？(A)財政機關(B)主計機關(C)審計機關(D)法制機關【108 年地特五等】

(B)79.依會計法第 51 條規定，證明事項經過而為造具記帳憑證所根據之憑證，為下列何者之定義？(A)記帳憑證(B)原始憑證(C)支出憑證(D)證明憑證【110 年台電公司新進僱員】

(B)80.證明處理會計事項人員責任，而為記帳所根據之憑證，謂之下列何者？(A)原始憑證(B)記帳憑證(C)收入憑證(D)債權憑證【108 年初考】

(D)81.下列何者非屬原始憑證？(A)歸公財物之財物目錄(B)預算書表(C)成本計算之單據(D)轉帳傳票【108 年初考】

(B)82.下列何者非為原始憑證？(A)承攬契約(B)轉帳傳票(C)公債發行法令(D)薪俸支給表單與收據【106 年初考】

(B)83.下列何者非屬原始憑證？(A)存匯、兌換及投資等證明單據(B)傳票(C)財物之請領、供給、移轉、處置及保管等單據(D)買賣、貸借、承攬等

契約及其相關之書據【111 年經濟部事業機構】

(D)84.依政府支出憑證處理要點規定，若因特殊情形不能取得收據、統一發票或相關書據者，支出之經手人應開具何種文件取代？(A)分批（期）付款表(B)支出科目分攤表(C)支出機關分攤表(D)支出證明單【112 年經濟部事業機構】

(D)85.有關會計憑證之敘述，何者錯誤？(A)會計憑證分為原始憑證及記帳憑證二類(B)原始憑證係證明事項經過而為造具記帳憑證所根據之憑證，例如：現金、票據、證券之收付及移轉等書據(C)記帳憑證係證明處理會計事項人員責任，而為記帳所根據之憑證，例如：收入、支出及轉帳傳票(D)各種憑證之附屬書類，不視為各該憑證之一部【109 年地特五等】

(A)86.會計憑證分為原始憑證及記帳憑證兩大類，下列關於原始憑證之敘述，何者錯誤？(A)各種憑證之附屬書類，不屬於各該憑證之一部(B)預算書表及預算準備金依法支用與預算科目間經費依法流用之核准命令(C)歸公財物、沒收財物、贈與或遺贈之財物目錄及證明書類(D)罰款、賠款經過之書據【108 年地特五等】

(A)87.下列關於原始憑證及記帳憑證之敘述何者正確？(A)預算書表及預算準備金依法支用與預算科目間經費依法流用之核准命令為原始憑證(B)會計報告書表為記帳憑證(C)收入傳票為原始憑證(D)成本計算之單據為記帳憑證【109 年地特五等】

(A)88.有關支出憑證之敘述，下列何者正確？(A)支出憑證無法分割者，但由分攤機關分別支付廠商者，主辦機關免出具收據(B)數計畫共同分攤之支付款項，無須分別開立傳票(C)採購案於經費結報時，無驗收紀錄或其他證明之文件，應由會計人員於支出憑證簽名(D)支出憑證遺失無法取得影本或其他證明之文件，應由會計人員開具支出證明單【110 年經濟部事業機構】

(C)89.依會計法之規定，下列何者非屬記帳憑證？(A)支出傳票(B)收入傳票(C)存匯證明單據(D)轉帳傳票【108 年經濟部事業機構】

(A)90.下列何者並非會計法所稱之記帳憑證？(A)分類傳票(B)支出傳票(C)轉帳傳票(D)收入傳票【106 年初考】

(B)91.依會計法規定，下列何者因已於原始憑證上為負責之表示，傳票上得不

簽名或蓋章？(A)主辦會計人員或其授權代簽人(B)機關長官或其授權代簽人(C)製票員(D)登記員【111 年台電公司新進僱員】

(A)92. 依據會計法第 55 條第 2 項規定已於原始憑證上為負責之表示者，傳票上得不簽名或蓋章，不包括下列何者？①製票員②登記員③業務主辦人員④業務主管⑤主辦會計人員或其授權代簽人⑥機關長官或其授權代簽人(A)①②⑤(B)③④⑥(C)①②⑤⑥(D)①②③④⑤⑥【106 年經濟部事業機構】

(D)93. 機關員工申請支付款項所提出之支出憑證，其支付事實之真實性應由何人負責？(A)機關首長(B)會計人員(C)員工主管(D)申請員工【110 年經濟部事業機構】

(C)94. 依政府支出憑證處理要點規定，各機關審核支出憑證時，應由下列人員簽名之敘述，何者有誤？(A)業務事項之主管人員及經手人(B)主辦會計人員或其授權代簽人(C)主辦出納人員或其授權代簽人(D)機關長官或其授權代簽人【111 年經濟部事業機構】

(D)95. 依會計法規定，下列人員何者已在原始憑證上為負責之表示，則可免在記帳憑證上簽名或蓋章？①製票員②主辦經理事務人員③業務主管人員④主辦會計人員⑤主辦出納事務人員⑥機關長官(A)④⑤⑥(B)②③④(C)①④⑤(D)②③⑥【107 年地特五等】

(B)96. 依會計法規定，關於業務主辦人員、主辦出納事務人員、主辦財物經理事務人員、主辦會計人員等四類人員，其中若已在原始憑證上為負責之表示，則無須在傳票上簽名蓋章者有幾類？(A)1 類(B)2 類(C)3 類(D)4 類【110 年地特五等】

(C)97. 有關會計憑證之敘述，下列何者正確？(A)記帳憑證係證明事項經過所根據之憑證(B)主辦會計人員已於原始憑證上為負責之表示者，傳票上得不簽名或蓋章(C)原始憑證，其格式合於記帳憑證之需要者，得用作記帳憑證，免製傳票(D)記帳憑證包含支出傳票與收入傳票，不含轉帳傳票【110 年經濟部事業機構】

(A)98. 下列有關分會計的敘述，何者錯誤？(A)分會計的會計事務一律應用複式簿記之做法(B)分會計應編造之靜態與動態報告，應就其本身及其隸屬單位會計或附屬單位會計之需要，於其會計制度內訂定之(C)分會計之特種序時帳簿及明細分類帳簿，為求簡便計，得酌量合併編製(D)分

會計機關之事務簡單者，其原始憑證經機關長官及主辦會計人員簽名或蓋章後，得用作記帳憑證，免製傳票【106年地特五等】

(B)99.各分會計機關之事務簡單者，其原始憑證經下列何者簽名或蓋章後，得用作記帳憑證，免製傳票？(A)主辦會計人員及其佐理人員(B)機關長官及主辦會計人員(C)主辦會計人員及審計人員(D)機關長官及審計人員【110年初考】

第三章　會計事務程序

壹、記帳原則及過帳

一、會計法相關條文

(一)造具記帳憑證及記帳

第 58 條　會計人員非根據合法之原始憑證，不得造具記帳憑證；非根據合法之記帳憑證，不得記帳。但整理結算及結算後轉入帳目等事項無原始憑證者，不在此限。

第 59 條　大宗財物之增減、保管、移轉，應隨時造具記帳憑證。但零星消費品、材料品之付出，得每月分類彙總造具記帳憑證。

(二)成本之處理

第 60 條　公營事業有永久性財物之折舊，與無永久性財物之盤存消耗，應以成本為標準；其成本無可稽考者，以初次入帳時之估價為標準。

第 61 條　成本會計事務，對於成本要素，應為詳備之紀錄及精密之計算，分別編造明細報告表，並比較分析其增減原因。

(三)傳票之記帳與帳簿之按期結算及過帳

第 62 條　除本條第二項及第三項之轉帳傳票外，各種傳票於記入序時帳簿時，設有明細分類帳簿者，並應同時記入關係之明細分類帳簿。

特種序時帳簿之按期結算，應過入總分類帳簿者，應先以其結數造具轉帳傳票，記入普通序時帳簿，始行過帳。但特種序時帳簿僅為現金出納序時帳簿一種者，得直接過入總分類帳簿。

公務財物、特種財物，應就其明細分類帳簿按期結算，以其結數造具轉帳傳票，過入另設之統制帳簿。

二、解析

(一)普會制度第 44 點、第 45 點、第 54 點及第 56 點規定：

1. 各機關經辦事項人員應負責提供合法之原始憑證，供會計人員造具記帳憑證，登載入會計簿籍，但整理結算及結算後轉入帳目等事項無原始憑證者，不在此限。

2. 各機關收入、支出及財物之增減、移轉等事項，應隨時造具記帳憑證，但零用金之支用、材料之使用及呆稅（帳）之沖銷，得定期分類彙總造具記帳憑證。

3. 帳簿之記載務求詳實迅速，並應日清月結，不得積壓。

(二)過帳係指依據日記簿（即序時帳簿，包括普通序時帳簿及特種序時帳簿）所記各會計科目增減變化的分錄，按照借貸方向及金額，轉記於分類帳中相關帳戶的程序。普會制度第 46 點及第 47 點規定：

1. 會計人員應根據收入、支出、轉帳傳票及付款、轉帳憑單，記入序時帳簿，再據以過入總分類帳，其設有明細分類帳者，應同時記入有關之明細分類帳。

2. 總分類帳之記帳，按第四級會計科目設置帳戶，並設置有關明細帳戶。

貳、序時帳簿之結總及辦理結帳或結算

一、會計法相關條文

(一)序時帳簿之結總

第 63 條　各種特種序時帳簿，應於左列時期結總：

一、每月終了時，遇事實上有需要者，得每月、每週、每五日或每日為之，均應另為累計之總數。

二、各種會計事務之主管或主辦人員交代時。

三、機關或基金結帳時。

普通序時帳簿，於每月終了時、機關結帳時或主辦會計人員交代時，亦應結總。

(二)辦理結帳或結算

第 64 條　各機關或基金有左列情形之一時，應辦理結帳或結算：

一、會計年度終了時。

二、有每月、每季或每半年結算一次之必要者，其每次結算時。

三、非常事件，除第一款、第二款情形外，其事件終了時。

四、機關裁撤或基金結束時。

(三)結帳前對於部分帳目應先做整理紀錄與處理借方及貸方之餘額

第 65 條　各種分類帳簿之各帳目所有預收、預付、到期未收、到期未付及其他權責已發生而帳簿尚未登記之各事項，均應於結帳前先為整理紀錄。

公營事業之會計事務，除為前項之整理紀錄外，對於呆帳、折舊、耗竭、攤銷，及材料、用品、產品等盤存，與內部損益銷轉，或其他應為整理之事項，均應為整理紀錄。

各單位會計或附屬單位會計有所屬分會計者，應俟其所屬分會計之結帳報告到達後，再為整理紀錄。但所屬分會計因特殊事故，其結帳報告不能按期到達時，各該單位會計或附屬單位會計得先行整理結帳，加註說明，俟所屬分會計報告到達後，再行補作紀錄，整理結帳。

第 66 條　各帳目整理後，其借方、貸方之餘額，應依下列規定處理之：

一、公務之會計事務，各收支帳目之餘額，應分別結入歲入預算及經費預算之各種帳目，以計算歲入及經費之餘絀。

二、公營事業之會計事務，各損益帳目之餘額，應結入總損益之各種帳目，以為損益之計算。

三、前二款會計事務，有關資產、負債性質各帳目之餘額，應轉入下年度或下期各該帳目。

二、解析

(一)結總係對帳簿內所記載各個會計科目之金額作累計之總數。普會制度第 48 點規定，總分類帳及明細分類帳，除機關長官及主辦會計人員交

代時,或遇事實上有需要者應結總外,均應於每月終了或年終結帳時結總一次,據以編造會計報告。

(二)結帳係對本期內所發生之各分類帳戶金額,於會計期末予以結清,通常在會計年度終了時、非常事件終了即特別預算執行期滿時,以及機關裁撤或基金結束時辦理,包括結清本期發生額與期末餘額,並結轉本期損益至下一期或下一會計年度之會計程序。結算係對一個時期內之所有收支情況進行總結及核算。因此,結算係在年度中,有每月、每季或每半年辦理一次必要時進行。

(三)依普會制度第 65 點及交易事項分錄釋例,會計年度終了,收入、支出科目互抵後之餘額,應結轉至淨資產。資產、負債及淨資產類各科目之餘額應轉入下年度。有關於年度終了結帳時收入及支出結轉至淨資產之會計分錄如下:

借:××收入

　　公庫撥入數

　　資產負債淨額(借餘)

　貸:××支出

　　　繳付公庫數

　　　資產負債淨額(貸餘)

　註:「資產負債淨額」科目,係資產減除負債後之餘額,增加之數,記入貸方;減少之數,記入借方。

參、帳務錯誤之更正及原始憑證之保管

一、會計法相關條文

(一)帳務錯誤之更正及損失之賠償

第 67 條　會計報告、帳簿及重要備查帳或憑證內之記載,繕寫錯誤而當時發現者,應由原登記員劃線註銷更正,於更正處簽名或蓋章證明,不得挖補、擦、刮或用藥水塗滅。

　　　　　前項錯誤,於事後發現,而其錯誤不影響結數者,應由查覺人將情形呈明主辦會計人員,由主辦會計人員依前項辦法更正

之；其錯誤影響結數者，另製傳票更正之。採用機器處理會計資料或貯存體之錯誤，其更正辦法由中央主計機關另定之。

因繕寫錯誤而致公庫受損失者，關係會計人員應負連帶損害賠償責任。

第 68 條　帳簿及重要備查簿內，如有重揭兩頁，致有空白時，將空白頁劃線註銷；如有誤空一行或二行，一列或二列者，應將誤空之行列劃線註銷，均應由登記員及主辦會計人員簽名或蓋章證明。

(二)傳票入帳後之保管

第 69 條　各傳票入帳後，應依照類別與日期號數之順序，彙訂成冊，另加封面，並於封面詳記起訖之年、月、日、張數及號數，由會計人員保存備核。

(三)原始憑證之保管

第 70 條　原始憑證，除依法送審計機關審核者外，應逐一標註傳票編號，附同傳票，依前條規定辦理；其不附入傳票保管者，亦應標註傳票編號，依序黏貼整齊，彙訂成冊，另加封面，並於封面詳記起訖之年、月、日、頁數及號數，由主辦會計人員於兩頁間中縫與每件黏貼邊縫，加蓋騎縫印章，由會計人員保存備核。但原始憑證便於分類裝訂成冊者，得免黏貼。

依第九條集中處理會計事務者，其原始憑證之整理及保管，得由中央主計機關另訂辦法處理之。

第 71 條　左列各種原始憑證，不適用前條之規定。但仍應於前條冊內註明其保管處所及其檔案編號，或其他便於查對之事實：

一、各種契約。

二、應另歸檔案之文書及另行訂冊之報告書表。

三、應留待將來使用之存取或保管現金、票據、證券及財物之憑證。

四、應轉送其他機關之文件。

五、其他事實上不能或不應黏貼訂冊之文件。

二、解析

(一)各機關歲計會計相關作業，多已運用電腦資訊系統取代傳統人工作業，會計法第 70 條前段「原始憑證，除依法送審計機關審核者外，應逐一標註傳票編號……」因原審計法第 36 條「各機關或各種基金，應照會計法及會計制度之規定，編製會計報告，連同原始憑證，依限送該管審計機關審核。」於 104 年 5 月 29 日修正為「各機關或各種基金，應依會計法及會計制度之規定，編製會計報告連同相關資訊檔案，依限送該管審計機關審核；審計機關並得通知其檢送原始憑證或有關資料。」故各機關或各基金之原始憑證原則已無需送審計部審核。

(二)有關各機關採用電腦處理會計事務於普會制度第七章第六節「電腦處理會計業務」規定如下：

1. 第 93 點：電腦處理會計資料範圍，包括會計憑證、會計簿籍及會計報告之處理，普通公務單位會計部分，採用行政院主計總處開發之共通性會計資訊系統處理會計資料者，依該系統之作業規定辦理。

2. 第 94 點：規劃設計電腦處理會計資料時應注意工作之連貫性，所有相關之業務及會計紀錄應作整體性設計。各會計業務中之相關部分，其處理亦須互相貫通。各項目間對同一業務之編號應求一致。

3. 第 95 點：資訊單位對會計資料負保密之責任，除合於政府資訊公開法等規定外，非經簽准不得對外提供。

4. 第 96 點：凡在電腦處理過程中，列入電腦之數字與原輸入憑證不符時，會計單位應依主計總處訂定之各機關採用電子方式處理會計資料或貯存體之錯誤更正要點規定予以更正。如該項錯誤影響結數時，應由會計單位依據上開要點規定編製傳票更正之。

5. 第 97 點：各機關負責資料之輸入或查詢者，應經其主管人員核准，建立使用帳戶及安全密碼，方可使用電腦處理會計資料；並視實際需要，定期或不定期加以更新安全密碼，當職務變更時應立即消除其安全密碼。

6. 第 98 點：為維持電腦會計資料之安全性及完整性，重要會計資料均應建立備份檔案，將正式檔及備用檔分置兩地保存，並定期更新。

7. 第 99 點：會計單位對於電腦處理產生之會計資料或報表，應負責與原

輸入之憑證資料加以核對，並與其相關表件作關聯性之複核。

(三)普會制度第 96 點所述之錯誤更正要點，其主要內容如下：

1. 第 2 點：電子方式處理會計資料之錯誤，指輸入資料錯誤、程式設計錯誤、電腦操作錯誤及電腦故障。

2. 第 3 點：電子方式處理會計資料之錯誤，不影響貯存體資料之正確者，按下列規定由相關部門或人員重新輸入或更正：

(1)輸入資料錯誤者，由原製單人員更正傳票或其他表單，經部門權責人員核章後辦理更正。

(2)程式設計錯誤者，由會計部門請程式維護部門或人員更正。

(3)電腦操作錯誤者與電腦故障者，由相關部門或人員按正確之操作程序重新作業及修護。

3. 第 4 點：電子方式處理會計資料之錯誤，影響貯存體資料之正確者，按下列規定更正後，併更正案之有關憑證歸檔備查：

(1)輸入資料錯誤者，由原製單人員更正傳票，經部門權責人員核章後辦理更正。

(2)程式設計錯誤、電腦操作錯誤或電腦故障者，請程式維護部門、操作部門或人員更正後，由會計部門以書面通知資料處理部門或人員，將貯存體之錯誤資料，恢復至更新前之狀況，其需重新輸入資料者，仍由原製單人員更正傳票或其他表單，經部門權責人員核章後辦理更正。

肆、帳簿之使用及保存

一、會計法相關條文

(一)帳簿首頁之處理

第 72 條　　各種帳簿之首頁，應標明機關名稱、帳簿名稱、冊次、頁數、啟用日期，並由機關長官及主辦會計人員簽名或蓋章。

(二)帳簿末頁之處理

第 73 條　　各種帳簿之末頁，應列經管人員一覽表，填明主辦會計人員及

記帳、覆核等關係人員之姓名、職務與經管日期,並由各本人簽名或蓋章。

(三)帳頁之編號

第 74 條　各種帳簿之帳頁,均應順序編號,不得撕毀。總分類帳簿及明細分類帳簿,並應在帳簿前加一目錄。

(四)活頁帳簿之使用

第 75 條　活頁帳簿每用一頁,應由主辦會計人員蓋章於該頁之下端;其首頁、末頁適用第七十二條、第七十三條之規定。但免填頁數,另置頁數累計表及臨時目錄於首頁之後,裝訂時應加封面,並為第七十四條之手續,隨將總頁數填入首頁。卡片式之活頁不能裝訂成冊者,應由經管人員裝匣保管。

除總會計外,序時帳簿與分類帳簿不得同時並用活頁。

(五)帳簿之更換

第 76 條　各種帳簿,除已用盡者外,在決算期前,不得更換新帳簿;其可長期賡續記載者,在決算期後,亦無庸更換。

更換新帳簿時,應於舊帳簿空白頁上,逐頁註明空白作廢字樣。

(六)採用機器處理會計資料者得不適用之規定

第 77 條　採用機器處理會計資料者,因機器性能限制,得不適用第六十八條、第七十二條至第七十六條之規定。

(七)使用完畢之會計簿籍及憑證等之保存

第 78 條　使用完畢之會計報告、簿籍、機器處理會計資料之貯存體及裝訂成冊之會計憑證,均應分年編號收藏,並製目錄備查。

二、解析

　　會計法第 72 條至第 76 條與第 78 條,對於帳簿之首頁、末頁、內部帳頁與活頁帳簿之使用、更換帳簿及會計資料之保存等,有詳細規定。但近

來各機關已多採用電腦處理會計資料,依會計法第 40 條第 2 項「會計資料採用機器處理者,其機器貯存體中之紀錄,視為會計簿籍」,爰各機關會計簿籍都以貯存體方式保存。按照普會制度第 93 點規定,電腦處理會計資料範圍,包括會計憑證、會計簿籍及會計報告之處理。中央政府普通公務單位會計部分,依普會制度第 100 點規定,以使用行政院主計總處開發之共通性會計資訊系統為原則。又行政院國家發展委員會訂有檔案電子儲存管理實施辦法,主計總處並訂定「各機關採用電子方式處理會計資料或貯存體之錯誤更正要點」(已如前述),可供各機關據以處理。

伍、會計報告之簽章、編號及公告

一、會計法相關條文

(一)會計報告之簽章

第 79 條　各項會計報告,應由機關長官及主辦會計人員簽名或蓋章;其有關各類主管或主辦人員之事務者,並應由該事務之主管或主辦人員會同簽名或蓋章。但內部使用之會計報告,機關長官免予簽名或蓋章。

前項會計報告經彙訂成冊者,機關長官及主辦會計人員得僅在封面簽名或蓋章。

第 80 條　會計報告簿籍及憑證上之簽名或蓋章,不得用別字或別號。

(二)會計報告之編號

第 81 條　第三十二條第一項第一款至第四款之報告,應各編以順序號數,其號數均應每年度重編一次。但在會計年度終了後整理期間內補編之報告,仍續編該終了年度之順序號數。

(三)會計報告之公告

第 82 條　總會計年度報告之公告,依決算法之規定。

各機關會計月報,應由會計人員按月向該機關公告之。但其中應保守秘密之部分,得不公告。

各該機關人員對上項公告有疑義時,得向會計人員查詢之。

二、解析

(一)有關會計報告之簽章及公告，於普會制度第 19 點至第 21 點有相關規定如下：

1. 各機關編送各種會計報告，應加具目次，裝訂成冊，並於封面書明機關名稱、會計報告之種類及其所屬年度（月報應同時列明月份），由機關長官及主辦會計人員蓋職名章。

2. 會計報告，除依國家機密保護法及其施行細則規定，涉及機密部分應以機密方式處理外，各機關應公告於網站或張貼於機關內之適當揭示處為之。

3. 各機關人員對該機關公告之會計報告內容，如有疑義，依會計法第 82 條規定，得向會計單位查詢之。查詢時，應以書面為之，並由會計單位負責解答，如涉及非會計業務，由業務相關單位協同辦理。

(二)中央政府自 49 年度起，已將中央總會計之年度會計報告與中央政府總決算合併編製，並依決算法規定公告。又決算法第 21 條規定，中央主計機關應編成總決算書，於會計年度結束後 4 個月內（即 6 月底前，自 65 年度起實務上提前於 4 月底前完成），提出於監察院。同法第 26 條規定，審計長於中央政府總決算送達後 3 個月內（即 9 月底前，實務上於 7 月底前）完成其審核，編造最終審定數額表，並提出審核報告於立法院。有關中央政府總決算、特別決算與各機關單位決算等資訊，可分別於行政院主計總處及各機關之網站查詢。

陸、會計檔案之保存及銷毀

一、會計法相關條文

第 83 條　各種會計憑證，均應自總決算公布或令行日起，至少保存二年；屆滿二年後，除有關債權、債務者外，經該管上級機關與該管審計機關之同意，得予銷毀。
　　　　　前項保存期限，如有特殊原因，亦得依上述程序延長或縮短之。

第 84 條　各種會計報告、帳簿及重要備查簿，與機器處理會計資料之貯存體暨處理手冊，自總決算公布或令行日起，在總會計至少保

存二十年；在單位會計、附屬單位會計至少保存十年；在分會計、附屬單位會計之分會計至少保存五年。其屆滿各該年限者，在總會計經行政長官及審計機關之同意，得移交文獻機關或其他相當機關保管之；在單位會計、附屬單位會計及分會計應經該管上級機關與該管審計機關之同意，始得銷毀之。但日報、五日報、週報、旬報、月報之保存期限，得縮短為三年。

前項保存年限，如有特殊原因，得依前項程序縮短之。

二、解析

總會計之會計報告、帳簿及重要備查簿，與機器處理會計資料之貯存體暨處理手冊，係揭露政府整體財務資訊，具永久保存價值，爰會計法第 84 條明定於保管屆滿 20 年，經行政長官及審計機關之同意，得移交文獻機關或其他相當機關保管之。至各機關之會計憑證、會計報告及記載完畢之會計簿籍等會計檔案，依普會制度第 104 點規定，於總決算公告或令行日後，應由主辦會計人員移交所在機關管理檔案人員保管之。第 106 點規定，會計檔案之保存年限應依會計法之規定辦理，屆滿保存年限，如需銷毀時，除尚涉有債權、債務之會計憑證外，應經該管上級機關與該管審計機關之同意，再依檔案法相關規定辦理（按檔案法第 12 條第 2 項規定，各機關銷毀檔案，應先制定銷毀計畫及銷毀之檔案目錄，送交檔案中央主管機關審核）後，始得銷毀。行政院並訂有「政府會計憑證保管調案及銷毀應行注意事項」做進一步之規範。

柒、會計報告之分送

一、會計法相關條文

(一)分會計機關會計報告之編製及分送

第 85 條　各級分會計機關之會計報告，應由主辦會計人員依照規定之期日、期間及方式編製之，經該機關長官核閱後，呈送該管上級機關。

第 86 條　前條報告，經該管上級機關長官核閱後，應交其主辦會計人員

查核之;其有統制、綜合之需要者,並應分別為統制之紀錄及綜合之報告。

第 87 條　各級分會計機關之會計報告,依次遞送至單位會計或附屬單位會計機關,單位會計或附屬單位會計機關長官核閱後,應交其主辦會計人員查核之;其有統制、綜合之需要者,並應分別為統制之紀錄或綜合之報告,呈送該管上級機關。

前項單位會計機關,如為第二級機關單位時,應按其需要,分別報告該級政府之主計、公庫、財物經理及審計等機關。

(二)單位會計機關會計報告之分送

第 88 條　各單位會計機關得以其報告逕行分送各該政府之主計、公庫、財物經理及審計等機關。但有必要時,亦得呈由上級單位會計機關分別轉送。

(三)各級政府主計機關彙編會計總報告

第 89 條　各該政府主計機關,接到各單位會計機關、各單位會計基金之各種會計報告後,其有統制、綜合之需要者,應分別為統制之紀錄,以彙編各該政府之會計總報告。

第 90 條　各該政府主計機關之會計總報告,與其政府之公庫、財物經理、徵課、公債、特種財物及特種基金等主管機關之報告發生差額時,應由該管審計機關核對,並製表解釋之。

(四)會計報告均應留副本備查

第 91 條　各種會計報告,均應由編製機關存留副本備查。

(五)採用機器集中處理會計資料者之分送

第 92 條　採用機器集中處理會計資料者,其產生之會計報告或資料,由集中處理機關分送各有關機構。

二、解析

(一)單位預算之分預算,係由主管機關考量各分預算機關之預算規模、業務性質及機關層級等因素,編列於單位預算;附屬單位預算之分預

算，在營業基金部分，係以編製合併報表方式，併入原投資事業附屬單位預算表達，非營業特種基金部分，則以綜計方式，併入其所隸屬基金附屬單位預算表達，爰兩種分預算所對應單位會計之分會計與附屬單位會計之分會計，分別屬於單位會計及附屬單位會計內容之一部分，應送由單位會計機關與附屬單位會計機關查核及作綜合彙編。

(二)依主計總處所訂「中央政府各級機關單位分級表」，第一級為主管機關，第二級為單位預算，第三級為單位預算之分預算。依會計法第 87 條第 2 項「單位會計機關，如為第二級機關單位時，應按其需要，分別報告該級政府之主計、公庫、財物經理及審計等機關。」及審計法第 36 條「各機關或各種基金，應依會計法及會計制度之規定，編製會計報告連同相關資訊檔案，依限送該管審計機關審核。」等規定，且各機關預算之執行及收支處理等與財政部具有相關性。故普會制度第 17 點規定，各機關（即單位會計機關）之會計月報與年度會計報告，應按規定期限〔1 月至 11 月之會計月報於次月 15 日前，12 月份之會計月報，配合年度決算編製期程，於次年 2 月 5 日前送出，至於年度會計報告，中央政府各機關於次年 2 月 5 日前，各直轄市與縣（市）政府各機關則於次年 1 月 31 日前送出〕分送各該上級主管機關、審計機關、財政部及中央主計機關。

(三)中央總會計制度第 3 點規定，中央總會計係以公務機關、特種基金之會計報告等資料產生彙編報告，其中公務機關之會計報告，包括普通公務單位會計之財務報表及特種公務會計應彙入總會計之財務資訊。有關特種公務會計之財務資訊，其中：

1. 賦稅徵課收支為先記入普通公務單位會計，與中央其他各機關普通公務單位會計報告彙總後，再彙入中央總會計。

2. 國庫出納會計之現金及應付保管款等係直接彙入中央總會計平衡表，又各機關歲入繳庫及向國庫領取金額，應與國庫出納會計核對相符。

3. 國有財產會計之撥交地方政府財產及非公用財產之財務資訊直接彙入中央總會計。

4. 中央公共債務之長短期債務，應由財政部國庫署依中央公共債務會計制度及中央公共債務會計處理參考指引，編製公共債務平衡表、公共債務溢、折價攤銷表及相關長短期債務財務資訊，送主計總處據以彙

整納入公務機關財務報表後，再彙入中央總會計。

(四)中央政府總決算係由主計總處編製收入實現數與繳付公庫數分析表、支出實現數與公庫撥入數分析表、總決算餘絀與公庫餘絀分析表等三表作為附屬表，以表達各表兩者差異之原因。

捌、會計事務處理之職責

一、會計法相關條文

第 93 條　各公務機關掌理一種以上之特種公務者，應辦理一種以上之特種公務之會計事務；其兼辦公營事業者，並應辦理公營事業之會計事務。

非政府所屬機關代理政府事務者，對於所代理之事務，應依本法之規定，辦理會計事務。

第 94 條　各機關會計事務與非會計事務之劃分，應由主計機關會同關係機關核定。但法律另有規定者，依其規定。

二、解析

(一)普會制度第 101 點及第 102 點規定，各機關會計業務之主要事項如下，至所列會計業務以外之事項，均為非會計業務：

1. 預（概）算、分配預算及決（結）算書表之編製。

2. 會計報告之編造、分析及解釋。

3. 預算執行及控制之審核、簽證及案件會辦。

4. 經費流用、動支預備金、準備金及保留案件之核辦。

5. 各項收支憑證之審核、傳票之編製、會計簿籍之登記及各項帳務之處理。

6. 工程、財物及勞務採購案件之監辦。

7. 內部審核之執行。

8. 對審計機關審核通知聲復（或聲請覆議）之彙辦，以及對審計機關決定剔除、修正、賠償及繳還等事項通知有關單位或人員限期追（收）繳之處理。

9. 會計憑證之整理及未移交機關管理檔案人員前會計檔案之管理。

10. 會計制度及各項會計業務處理程序之訂定（修正）。

11. 其他有關之會計業務。

(二)政府採購法第 13 條規定，機關辦理公告金額以上採購之開標、比價、議價、決標及驗收，除有特殊情形者外，應由其主（會）計及有關單位會同監辦。其會同監辦採購辦法，由主管機關會同行政院主計處（已自 101 年 2 月 6 日起改制為行政院主計總處）定之。有關由行政院公共工程委員會會同主計總處會銜訂定之「機關主會計及有關單位會同監辦採購辦法」中監辦人員會同監辦採購案件之方式及應負之職責如下：

1. 第 2 條：機關主（會）計及有關單位會同監辦公告金額以上採購之開標、比價、議價、決標及驗收，依本辦法之規定。

2. 第 3 條：政府採購法第 13 條第 1 項所稱有關單位，由機關首長或其授權人員就機關內之政風、監查（察）、督察、檢核或稽核單位擇一指定之。

3. 第 4 條：監辦人員會同監辦採購，應實地監視或書面審核機關辦理開標、比價、議價、決標及驗收是否符合政府採購法規定之程序。但監辦人員採書面審核監辦，應經機關首長或其授權人員核准。
前項會同監辦，不包括涉及廠商資格、規格、商業條款、底價訂定、決標條件及驗收方法等採購之實質或技術事項之審查。但監辦人員發現該等事項有違反法令情形者，仍得提出意見。

4. 第 5 條：政府採購法第 13 條第 1 項所稱特殊情形，指合於下列情形之一，且經機關首長或其授權人員核准者，得不派員監辦：

(1)未設主（會）計單位及有關單位。

(2)依政府採購法第 40 條規定洽由其他具有專業能力之機關代辦之採購，已洽請代辦機關之類似單位代辦監辦。

(3)以書面或電子化方式進行開標、比價、議價、決標及驗收程序，而以會簽主（會）計及有關單位方式處理。

(4)另有重要公務需處理，致無人員可供分派。

(5)地區偏遠，無人員可供分派。

(6)重複性採購，同一年度內已有監辦前例。

(7)因不可預見之突發事故，確無法監辦。

(8)依公告、公定或管制價格或費率採購財物或勞務,無減價之可能。

(9)即買即用或自供應至使用期間甚為短暫,實地監辦驗收有困難。

(10)辦理分批或部分驗收,其驗收金額未達公告金額。

(11)經政府機關或公正第三人查驗,並有相關規格、品質、數量之證明文書供驗收。

(12)依政府採購法第 48 條第 2 項前段或招標文件所定家數規定流標。

(13)無廠商投標而流標。

5. 第 6 條:採購案有下列情形之一且尚未解決者,機關首長或其授權人員不得為前條之核准:

(1)廠商提出異議或申訴。

(2)廠商申請調解、提付仲裁或提起訴訟。

(3)經採購稽核小組或工程施工查核小組認定採購有重大異常情形。

承辦採購單位通知主(會)計及有關單位監辦時,有前項各款情形之一者,應予敘明。

6. 第 7 條:監辦人員於完成監辦後,應於紀錄簽名,並得於各相關人員均簽名後為之。無監辦者,紀錄應載明其符合本辦法第 5 條規定所列可免予會同監辦之特殊情形。

辦理採購之主持人或主驗人不接受監辦人員所提意見者,應納入紀錄,報機關首長或其授權人員決定之。但不接受上級機關監辦人員意見者,應報上級機關核准。

前項監辦,屬於書面審核監辦者,紀錄應由各相關人員均簽名後再併同有關文件送監辦人員。

監辦人員辦理書面審核監辦,應於紀錄上載明「書面審核監辦」字樣。

7. 第 8 條:採購案之承辦人員不得為該採購案之監辦人員。

玖、作業及相關考題

※名詞解釋

一、過帳

（註：答案詳本文壹、二、（二））

二、結總

三、結帳

四、結算

（註：二至四答案詳本文貳、二、（一）(二)）

※申論題

一、依據會計法，各機關或基金應辦理結帳或結算的情形有哪些？結帳前之整理紀錄又有哪些規定？【109 年地特三等】

答案：

(一) 應辦理結帳或結算之情形

會計法第 64 條規定（請按條文內容作答）。

(二) 結帳前對於部分帳目應先做整理紀錄

會計法第 65 條規定（請按條文內容作答）。

二、各帳目整理後，其借方、貸方之餘額，應如何處理？使用完畢之會計報告、簿籍、機器處理會計資料之貯存體及裝訂成冊之會計憑證，應如何處理？請依會計法第 66 條及第 78 條之規定說明。【107 年高考】

答案：

(一) 各帳目整理後借方及貸方餘額之處理

會計法第 66 條規定（請按條文內容作答）。

(二) 使用完畢會計文件之處理

會計法第 78 條規定（請按條文內容作答）。

三、會計法第 6 條規定特種公務會計事務。特種公務會計事務包括：「特種財物之會計事務：謂特種財物之管理機關，關於所管財物處理之會計事務。」請問該法對特種財物之會計如何規範？應編製何種會計報

告？應設何種會計簿籍？應如何辦理過帳？主計機關之會計總報告與其政府之特種財物主管機關之報告發生差額時，該如何處理？【108 年關務人員四等】

答案：

(一) 會計法對特種財物處理之規範

1. 會計法第 6 條第 1 項第 5 款規定，特種財物之會計事務：謂特種財物之管理機關，關於所管財物處理之會計事務。

2. 會計法第 6 條第 1 項第 2 款「財物經理之會計事務」與第 5 款「特種財物之會計事務」，以中央政府而言，即為國有財產會計事務，包括：(1) 國有公用財產。(2)國有非公用財產。

(二) 特種財物應編製之會計報告

會計法第 23 條規定，各單位會計及附屬單位會計之靜態報告應按其事實編造「財物或特種財物目錄」，動態報告亦應按其事實編造「財物或特種財物增減表」。

(三) 特種財物之會計簿籍

會計法第 50 條規定（請按條文內容作答）。

(四) 特種財物之辦理過帳

1. 會計法第 62 條第 3 項規定，公務財物及特種財物，應就其明細分類帳簿按期結算，以其結數造具轉帳傳票，過入另設之統制帳簿。

2. 過帳係指依據日記簿（即序時帳簿，包括普通序時帳簿及特種序時帳簿）所記各會計科目增減變化的分錄，按照借貸方向及金額，轉記於分類帳中相關帳戶的程序。

(五) 會計總報告與特種財物主管機關報告發生差額時之處理

會計法第 90 條規定（請按條文內容作答）。

四、請依序回答下列問題

(一)依會計法第 66 條之規定，說明政府及其所屬機關辦理各項會計事務時，各帳目整理後，其借方、貸方之餘額應如何處理？

(二)各機關實施內部審核，應由會計人員執行之。請依會計法第 96 條之規定，說明「內部審核」之範圍為何？

(三)各機關或基金決算之編送、查核及綜合編造，應依相關規定辦

理。請依決算法第 9 條之規定，說明各機關或基金在年度內如有變更者，其決算應如何處理？【105 年鐵特三級】

答案：

(一)各帳目整理後借方及貸方餘額之處理

會計法第 66 條規定（請按條文內容作答）。

(二) 內部審核之範圍

會計法第 96 條規定（請按條文內容作答）。

(三) 各機關或基金在年度內有變更者其決算之辦理

決算法第 9 條規定（請按條文內容作答）。

五、請依現行會計法之相關規定，就下列問題加以說明

(一)會計檔案包括哪些項目？

(二)會計檔案之保存年限為何？

(三)會計檔案屆滿保存年限時，應如何處理？【101 年高考】

答案：

(一) 會計檔案包括之項目

會計法第 109 條規定，會計檔案包括會計憑證、會計報告及記載完畢之會計簿籍、機器處理會計資料之儲存體。

(二) 會計檔案之保存年限

會計法第 83 條及第 84 條規定，會計檔案之保存年限自總決算公布或令行日起計算，其中：

1. 會計憑證至少保存 2 年。

2. 會計報告、帳簿及重要備查簿、機器處理會計資料之貯存體暨處理手冊之保存年限如下：

   (1) 總會計至少保存 20 年，於屆滿年限時，經行政長官及審計機關之同意，得移交文獻機關或其他相當機關保管之。

   (2) 單位會計及附屬單位會計至少保存 10 年。

   (3) 分會計及附屬單位會計之分會計至少保存 5 年。

   (4) 日報、五日報、週報、旬報及月報之保存期限得縮短為 3 年。

(三) 會計檔案屆滿保存年限時之處理

會計法第 83 條、第 84 條及檔案法第 12 條規定，會計檔案屆滿保存年限

時按下列方式處理：

1. 各種會計憑證，除有關債權、債務者外，經該管上級機關與該管審計機關及國家檔案局同意，得予銷毀。

2. 在總會計經行政長官及審計機關之同意，得移交文獻機關或其他相當機關保管之。

3. 在單位會計、附屬單位會計及分會計應經該管上級機關與該管審計機關及國家檔案局同意，始得銷毀之。

六、請依「機關主會計及有關單位會同監辦採購辦法」規定，說明監辦人員會同監辦採購案件之方式及應負之職責。【99年地特三等】

答案：

依「機關主會計及有關單位會同監辦採購辦法」（以下簡稱監辦採購辦法）規定，監辦人員會同監辦採購案件之方式及應負之職責如下：

(一) 監辦採購辦法第4條規定（請按條文內容作答）。

(二) 監辦採購辦法第 5 條規定，有特殊情形，如未設主（會）計單位及有關單位等，且經機關首長或其授權人員核准者，得不派員監辦。

(三) 監辦採購辦法第 7 條規定（請按條文內容作答）。

※測驗題

一、高考、普考、薦任升等、三等及四等各類特考

(A)1. 公有營業有永久性財物之折舊，與無永久性財物之盤存消耗，應以何者為標準？(A)成本(B)售價(C)公允價值(D)淨變現價值【107年高考】

(A)2. 有關帳簿結總之規定，下列敘述何者錯誤？(A)普通序時帳簿遇事實上有需要者，得每月、每週、每 5 日或每日結總(B)特種序時帳簿於每月終了時結總(C)各種會計事務之主管或主辦人員交代時，特種序時帳簿應結總(D)主辦會計人員交代時，普通序時帳簿應結總【107年高考】

(B)3. 有關會計事務程序，下列敘述何者錯誤？(A)成本會計事務，對於成本要素應詳細記錄及精密計算，並比較分析增減原因，除作為編製財務報告之用外，並提供內部管理依據(B)機關裁撤時，無須立刻辦理結算工作，於會計年度終了一併辦理決算即可(C)機關大宗財物之增減、保管、移轉，應隨時造具記帳憑證(D)公營事業之會計事務，應採權責基

礎記錄外，對於折舊、折耗、攤銷及用品盤存等損益事項，均須整理記錄【112 年地特三等】

(D)4. 下列有關會計事務程序之敘述，何者錯誤？(A)特種序時帳簿之按期結算，應過入總分類帳簿者，應先以其結數造具轉帳傳票，記入普通序時帳簿，始行過帳(B)公務財物、特種財物，應就其明細分類帳簿按期結算，以其結數造具轉帳傳票，過入另設之統制帳簿(C)特種序時帳簿之結總，包括每月終了，或遇事實上有需要者，得每月、每週、每 5 日或每日為之，並另為累計(D)分類帳簿之預收、預付、到期未收、到期未付及權責已發生而帳簿尚未登記事項，均應於平時加以整理紀錄【109 年地特三等】

(D)5. 下列有關整理紀錄規定的敘述，何者錯誤？(A)各種分類帳簿之各帳目預收、預付、到期未收、到期未付及其他權責已發生而帳簿尚未登記之各事項，均應於結帳前先為整理紀錄(B)公有營業除為(A)選項之整理外，對呆帳、折舊、耗竭、攤銷，及材料、用品、產品等盤存，與內部損益銷轉時，均應為整理紀錄(C)各單位會計或附屬單位會計有所屬分會計者，應俟其所屬分會計之結帳報告到達後，再為整理紀錄(D)所屬分會計因特殊事故不能按期送達時，各該單位會計或附屬單位會計不得先行整理結帳，須俟分會計報告到達後，再作整理結帳【107 年鐵特三級】

(B)6. 公務之會計事務及公有事業之會計事務，於會計年度終了時，各帳目整理後，其收支帳目借方、貸方之餘額應如何處理？(A)應結入總損益之各種帳目，以為損益之計算(B)應分別結入歲入預算及經費預算之各種帳目，以計算歲入及經費之餘絀(C)應轉入下年度或下期各該帳目(D)應為詳備之紀錄及精密之計算，並比較分析增減之原因【106 年地特三等】

(C)7. 有關會計事務程序之敘述，何者為非？(A)各機關裁撤或基金結束時應辦理結帳或結算(B)普通序時帳簿，於每月終了時、機關結帳時或主辦會計人員交代時，亦應結總(C)各種分類帳簿之各帳目所有預收、預付、到期未收、到期未付及其他權責已發生而帳簿尚未登記之各事項，均應於結帳後再予以整理紀錄(D)各帳目整理後，其借方、貸方之餘額，有關資產、負債性質各帳目之餘額，應轉入下年度或下期各該帳目

【110年地特三等】

(C)8. 會計帳簿或憑證內之記載,繕寫錯誤而當時發現者,應由原登記員如何處理?(A)挖補更正(B)擦刮更正(C)劃線註銷更正(D)藥水塗滅更正【106年鐵特三級及退除役特考三等】

(A)9. 會計報告、帳簿及重要備查帳或憑證內之記載,繕寫錯誤而於事後發現,其錯誤影響結數者,應如何處理?(A)另製傳票更正(B)劃線註銷更正(C)挖補、擦、刮更正(D)用藥水塗滅更正【109年高考】

(C)10. 會計報告、帳簿及重要備查帳或憑證內之記載,繕寫錯誤,而於事後發現,且其錯誤影響結數者,應如何處置?(A)應由原登記員劃線註銷更正,於更正處簽名或蓋章證明(B)應挖補、擦、刮或用藥水塗滅後更正之(C)應另製傳票更正之(D)應懲處原登記員【106年薦任升等】

(D)11. 中央主計機關依會計法訂定各機關採用電子方式處理會計資料或貯存體之錯誤更正要點規定,①輸入資料錯誤②程式設計錯誤③電腦操作錯誤④電腦故障,何者屬於電子方式處理會計資料之錯誤?(A)②(B)②③(C)①②③(D)①②③④【112年薦任升等】

(B)12. 依會計法規定,下列那些情形係由中央主計機關另訂辦法予以處理?①所管不動產,應備地圖、圖樣等備查簿其程式②採用機器處理會計資料或貯存體其錯誤更正③集中處理會計事務者,原始憑證之整理及保管其處理④受政府補助之民間團體及公私合營之事業,其會計制度及會計報告程序(A)①②(B)②③(C)③④(D)①④【111年高考】

(C)13. 各種帳簿之末頁應由何人簽名或蓋章?①主辦會計人員②記帳人員③覆核人員④機關長官(A)僅①(B)僅①②(C)僅①②③(D)①②③④【107年鐵特三級】

(C)14. 下列有關會計事務程序之敘述,何者正確?(A)會計人員非根據合法之原始憑證,不得造具記帳憑證;非根據合法之記帳憑證,不得記帳,沒有例外之規定(B)各機關之大宗財物之增減、保管、移轉,與零星消費品、材料品之付出等,均應隨時造具記帳憑證(C)特種序時帳簿僅為現金出納序時帳簿一種者,得直接過入總分類帳簿(D)除總會計與單位會計之分會計二者外,序時帳簿與分類帳簿不得同時並用活頁【109年鐵特三級】

(A)15. 下列何種會計,序時帳簿與分類帳簿得同時並用活頁?(A)總會計(B)單

位會計(C)分會計(D)附屬單位會計【112 年薦任升等】

(B)16.下列有關會計報告、帳簿及憑證簽章人員敘述，何者錯誤？(A)各種帳簿之首頁，應標明機關名稱、帳簿名稱、冊次、頁數、啟用日期，並由機關長官及主辦會計人員簽名或蓋章(B)各種帳簿之末頁，應列經管人員一覽表，填明主辦會計人員及記帳、覆核等關係人員之姓名、職務與經管日期，並由機關長官及各本人簽名或蓋章(C)各分會計機關之事務簡單者，其原始憑證經機關長官及主辦會計人員簽名或蓋章後，得用作記帳憑證，免製傳票(D)會計報告經彙訂成冊者，機關長官及主辦會計人員得僅在封面簽名或蓋章【112 年薦任升等】

(B)17.依會計法規定，總會計年度報告之公告，依下列何者之規定？(A)預算法(B)決算法(C)會計法(D)審計法【109 年高考】

(D)18.政府有關債權、債務之會計憑證，自總決算公布或令行日起，至少應保存幾年，並經該管上級及審計機關同意後，得予銷毀？(A)2 年(B)10 年(C)20 年(D)不得銷毀【107 年地特三等】

(D)19.債權及債務以外之會計憑證，得予銷毀之要件包括：①自總決算公布或令行日起至少保存 2 年②該管上級機關同意③該管審計機關同意(A)①②(B)①③(C)②③(D)①②③【108 年鐵特三級及退除役特考三等】

(A)20.各種會計報告、帳簿及重要備查簿，自總決算公布或令行日起，在總會計、單位會計、附屬單位會計至少應保存幾年？(A)20 年、10 年、10 年(B)20 年、10 年、5 年(C)30 年、20 年、20 年(D)30 年、20 年、10 年【106 年鐵特三級及退除役特考三等】

(B)21.總統府之各種會計報告、帳簿及重要備查簿，與機器處理會計資料之貯存體暨處理手冊，自總決算公布或令行日起，至少要保存幾年？(A)5 年(B)10 年(C)15 年(D)20 年【108 年薦任升等】

(C)22.依會計法之規定，附屬單位會計之會計報告與帳簿，自總決算公布或令行日起，應至少保存幾年？(A)3 年(B)5 年(C)10 年(D)20 年【106 年地特三等】

(B)23.各級主計機關之會計總報告與其政府各特種公務主管機關之相關報告發生差額時，應由何者核對，並製表解釋之？(A)上級主計機關(B)該管審計機關(C)各該政府主計機關(D)各該政府機關首長【108 年高考】

(A)24.中央政府會計總報告與公庫、財物經理、徵課、公債等主管機關之報告

發生差額時，應由何機關核對，並製表解釋之？(A)審計部(B)行政院主計總處(C)財政部(D)各該主管機關【107年地特三等】

(D)25.下列有關加編差額解釋表之敘述，何者錯誤？(A)非政府機關代理政府事務者，其報告與會計人員之報告發生差額時，應由會計人員加編差額解釋表(B)各機關之銀行存款結存與帳面結存，如有不相符情事，應由出納管理單位編製差額解釋表(C)政府主計機關會計總報告，與其政府公庫主管機關之報告發生差額時，應由該管審計機關核對並製表解釋(D)政府主計機關會計總報告，與其政府特種財物主管機關之報告發生差額時，應由該管財政機關核對並製表解釋【109年鐵特三級】

(C)26.有關會計人員會同監辦採購，下列敘述何者正確？(A)採購監辦單位僅指主（會）計單位(B)未設主（會）計單位，係機關首長得不派員監辦之特殊情形(C)採書面審核監辦時，紀錄應先由各相關人員均簽名後，再併同有關文件送監辦人員(D)監辦人員所提意見，採購主持人得不接受並逕行決定，但應納入紀錄【108年高考】

(C)27 各機關會計事務與非會計事務之劃分，除法律另有規定外，應由何機關核定？(A)由各機關本於權責，簽陳機關首長核定(B)由主計機關核定(C)由主計機關會同關係機關核定(D)由主管上級機關核定【111 年地特三等】

二、初考、地特五等、經濟部所屬事業機構及台電公司新進僱員

(C)1. 有關會計憑證規定之敘述，下列何者有誤？(A)非依合法原始憑證，不得造具記帳憑證。但整理結算等事項無原始憑證者，不在此限(B)原始憑證其格式合於記帳憑證之需要者，得用作記帳憑證，免製傳票(C)各分會計機關事務簡單者，原始憑證經主辦會計簽章後，得用作記帳憑證，免製傳票(D)會計報告書表係屬於原始憑證，而非記帳憑證【111年台電公司新進僱員】

(A)2. 下列有關會計事務程序原則之敘述，何者錯誤？(A)會計人員非根據合法之原始憑證，不得造具記帳憑證；非根據合法之記帳憑證，不得記帳，沒有例外之規定(B)大宗財物之增減、保管、移轉，應隨時造具記帳憑證，但零星消費品、材料品之付出，得每月分類彙總造具記帳憑證(C)公有營業有永久性財物之折舊，與無永久性財物之盤存消耗，應以

成本為標準；其成本無可稽考者，以初次入帳時之估價為標準(D)成本會計事務，對於成本要素，應為詳備之紀錄及精密之計算，分別編造明細報告表，並比較分析其增減原因【107年初考】

(A)3. 公有營業永久性財物之折舊，與無永久性財物之盤存消耗，應以下列何者為標準？(A)成本(B)市價(C)現時估價(D)淨變現價值【106年初考】

(D)4. 公營事業有永久性財物之折舊，應以何者為標準？(A)應以市值為標準(B)成本無可稽考時以市值為標準(C)應以殘值為標準(D)成本無可稽考時以初次入帳時之估價為標準【110年經濟部事業機構】

(A)5. 公營事業有永久性財物之折舊，與無永久性財物之盤存消耗，應以何者為標準？(A)成本(B)市價(C)成本與市價孰低(D)淨值【110年初考】

(B)6. 依會計法規定，臺灣鐵路管理局的無永久性財物之盤存消耗，應以下列何者為標準？(A)公允價值(B)成本(C)估計價值(D)淨變現價值【111年初考】

(B)7. 有關會計事務程序之敘述，下列何者有誤？(A)會計人員非根據合法之原始憑證，不得造具記帳憑證(B)大宗財物之增減，應定期造具記帳憑證(C)公營事業有永久性財物之折舊，應以成本為標準(D)成本會計事務，對於成本要素，應為詳備之紀錄及精密之計算，並比較分析其增減原因【112年台電公司新進僱員】

(C)8. 依會計法規定，有關會計憑證之敘述，下列何者有誤？(A)成本計算之單據為原始憑證(B)收入、支出、轉帳傳票為記帳憑證(C)原始憑證不得作為記帳憑證(D)各種傳票於記入序時帳簿時，設有明細分類帳簿者，並應同時記入關係之明細分類帳簿【112年台電公司新進僱員】

(D)9. 依會計法規定，各機關遇有下列四種情況：①年度終了時②主辦會計人員交代時③非常事件終了時④機關結帳時，其普通序時帳簿應予結總之情形為何？(A)①②③(B)①③④(C)①③(D)②④【110年地特五等】

(B)10. 關於各種特種序時帳簿結總時期之規定，下列敘述何者錯誤？(A)應於機關或基金結帳時結總(B)應於各種會計事務之主管或佐理人員交代時結總(C)應於每月終了時結總(D)遇事實上有需要者，得每月、每週、每五日或每日結總【110年地特五等】

(B)11. 依會計法規定，普通序時帳簿毋須於下列何時辦理結總？(A)機關結帳時(B)機關遷移至新處所時(C)每月終了時(D)主辦會計人員交代時【111

年經濟部事業機構】

(B)12.各機關於何種情形下，應辦理結帳或結算？①會計年度終了時②機關遷移時③非常事件終了時④機關裁撤時(A)①②③(B)①③④(C)②③④(D)①②③④【112年經濟部事業機構】

(C)13.各機關或基金應辦理結帳或結算之情形不包括下列何者？(A)會計年度終了時(B)有每月、每季或每半年結算一次之必要者，其每次結算時(C)機關首長異動時(D)機關裁撤或基金結束時【108年地特五等】

(B)14.各機關或基金應辦理結帳或結算的情形，不包括下列何者？(A)會計年度終了時(B)主辦會計人員異動時(C)機關裁撤或基金結束時(D)有每月、每季或每半年結算一次之必要者【110年初考】

(D)15.下列有關各機關或基金應辦理結帳或結算之說明，何者錯誤？(A)會計年度終了時(B)機關裁撤時(C)基金結束時(D)各種會計事務之主管或主辦人員交代時【106年地特五等】

(D)16.下列有關各機關或基金應辦理結帳之時點，何者錯誤？(A)機關裁撤時(B)基金結束時(C)會計年度終了時(D)會計事務之主管或主辦人員交代時【112年初考】

(A)17.公營事業各種分類帳簿，應於結帳前先為整理紀錄之事項者，不包含下列何者？(A)歸公財物、沒收財物、贈與(B)預收、預付(C)到期未收、到期未付(D)呆帳、折舊、攤銷、盤存、內部損益銷轉【111年台電公司新進僱員】

(A)18.公務之會計事務，各收支帳目之餘額，應分別結入何種帳目，以計算歲入及經費之餘絀？(A)歲入預算及經費預算之各種帳目(B)有關負債性質各帳目(C)有關資產性質各帳目(D)總損益之各種帳目【111年經濟部事業機構】

(B)19.有關會計事務程序之敘述，何者錯誤？(A)會計人員非根據合法之原始憑證，不得造具記帳憑證；非根據合法之記帳憑證，不得記帳(B)公有營業有永久性財物之折舊，與無永久性財物之盤存消耗，應以成本為標準；其成本無可稽考者，以初次入帳時之估價為標準(C)各種分類帳簿之各帳目所有預收、預付、到期未收、到期未付及其他權責已發生而帳簿尚未登記之各事項，均應於結帳前先為整理紀錄(D)公營事業之會計事務，各損益帳目之餘額，應結入總損益之各種帳目，以為損益之計算

【109年地特五等】

(B)20. 依會計法規定，下列各種會計事務何者於結帳前辦理帳目整理時，應將其收支結入預算帳目？①普通公務②公有營業③公有事業(A)①②③(B)①③(C)②③(D)①②【107年地特五等】

(C)21. 公務或公營事業之會計事務，各帳目整理後，有關資產、負債性質各帳目之餘額，應如何處理？(A)分別結入歲入預算及經費預算之各種帳目(B)結入總損益之各種帳目(C)轉入下年度或下期各該帳目(D)轉入準備【110年初考】

(B)22. 會計事務程序之敘述，下列何者錯誤？(A)會計人員非根據合法之原始憑證，不得造具記帳憑證；非根據合法之記帳憑證，不得記帳(B)所有財物之增減、保管、移轉，應隨時造具記帳憑證(C)各種分類帳簿之各帳目所有預收、預付、到期未收、到期未付及其他權責已發生而帳簿尚未登記之各事項，均應於結帳前先為整理紀錄(D)會計報告、帳簿及重要備查簿或憑證內之記載，繕寫錯誤而當時發現者，應由原登記員劃線註銷更正，於更正處簽名或蓋章證明，不得挖補、擦、刮或用藥水塗滅【108年地特五等】

(C)23. 會計報告、帳簿及重要備查簿或憑證內之記載，繕寫錯誤而當時發現者，應由原登記員如何處理？(A)挖補更正(B)擦拭更正(C)劃線註銷更正(D)藥水塗滅更正【106年初考】

(C)24. 會計帳簿之記載有繕寫錯誤而當時發現者，登記員應採取下列何種措施？(A)另製傳票更正(B)以修正液塗滅，另寫正確數字(C)劃線註銷更正，並蓋章證明(D)由主辦會計人員以修正液塗滅，並蓋章證明【110年台電公司新進僱員】

(B)25. 會計報告、帳簿或憑證內之記載，繕寫錯誤而當時發現者，應如何更正？(A)挖補、擦、刮更正(B)劃線註銷更正(C)藥水塗滅更正(D)另製傳票更正【107年地特五等】

(C)26. 會計報告、帳簿及重要備查簿或憑證內之記載，繕寫錯誤應如何更正？(A)當時發現者，迅速用橡皮擦拭乾淨(B)當時發現者，呈請主辦會計人員更正，並於更正處簽名證明(C)當時發現者，由原登記員劃線註銷更正，並於更正處簽名證明(D)當時發現者，由主辦會計人員製傳票更正【108年經濟部事業機構】

(A)27.會計報告、帳簿或憑證內之記載如有繕寫錯誤,而於事後發現且其錯誤影響結數者,應如何處理?(A)另製傳票更正(B)劃線註銷更正(C)呈報機關首長(D)視情況而定【110年初考】

(D)28.會計報告、帳簿及重要備查帳或憑證內之記載,繕寫錯誤於事後發現且影響結數者,該如何處置?(A)由原登記員更正,並於更正處簽名或蓋章證明(B)由主辦會計更正,並於更正處簽名或蓋章證明(C)無需處理,等待錯誤於後續年度自動抵銷(D)另製傳票更正之【112年初考】

(D)29.下列有關會計報告、帳簿及重要備查簿或憑證內之繕寫錯誤而需更正的敘述,何者錯誤?(A)繕寫錯誤而當時發現者,應由原登記員劃線註銷更正,於更正處簽名或蓋章證明(B)繕寫錯誤之更正,不得採用挖補、擦、刮、或用藥水塗滅等方式(C)繕寫錯誤,於事後發現,而其錯誤不影響結數者,應由查覺人將情形呈明主辦會計人員,由主辦會計人員依法更正之(D)繕寫錯誤,於事後發現,且其錯誤影響結數者,應報經上級主計機關同意後,另製傳票更正之【106年地特五等】

(D)30.下列有關會計報告、帳簿及重要備查簿或憑證記載錯誤的註銷更正之敘述,何者錯誤?(A)繕寫錯誤而當時發現者,應由原登記員劃線註銷更正,於更正處簽名或蓋章證明(B)繕寫錯誤,於事後發現,而其錯誤不影響結數者,應由查覺人將情形呈明主辦會計人員,由主辦會計人員依規定更正之(C)記載錯誤影響結數者,應另製傳票更正之(D)採用機器處理會計資料或貯存體之錯誤,其更正辦法由各該政府之主計機關另定【107年初考】

(B)31.會計報告或帳簿,因繕寫錯誤而致公庫受損失者,關係會計人員應負下列何種責任?(A)充當證人(B)連帶損害賠償(C)損害賠償(D)停職【112年台電公司新進僱員】

(C)32.某機關會計人員登記序時帳簿,因重揭兩頁致有空白,應如何處理?(A)不須處理(B)將空白頁黏貼(C)將空白頁劃線註銷(D)將空白頁打洞註銷【106年初考】

(A)33.依現行會計法規定,下列敘述何者正確?(A)以事項歸屬之會計科目為主而為紀錄者,謂之分類帳簿(B)證明事項經過之憑證,謂之分類帳簿(C)各機關事務簡單者,其原始憑證經機關長官及主辦會計人員簽名或蓋章後,得用作記帳憑證,免製傳票(D)帳簿內如有誤空一行或一列

者，應將誤空之行列劃線註銷，並由機關長官簽名或蓋章證明【109 年初考】

(B)34. 依會計法第 68 條規定，重要備查簿內如有重揭兩頁，致有空白時，空白頁劃線註銷，應由何人簽名或蓋章證明？(A)登記員及機關長官(B)登記員及主辦會計人員(C)機關長官(D)主辦會計人員及機關長官【110 年台電公司新進僱員】

(D)35. 有關原始憑證之敘述，何者錯誤？(A)原始憑證，除依法送審計機關審核者外，應逐一標註傳票編號，附同傳票入帳後，依照類別與日期號數之順序，彙訂成冊(B)原始憑證不附入傳票保管者，亦應標註傳票編號，依序黏貼整齊，彙訂成冊，另加封面，並於封面詳記起訖之年、月、日、頁數及號數，由主辦會計人員於兩頁間中縫與每件黏貼邊縫，加蓋騎縫印章，由會計人員保存備核(C)但原始憑證便於分類裝訂成冊者，得免黏貼(D)各種契約、或應轉送其他機關之文件等原始憑證，仍適用上述(A)至(C)之規定【109 年地特五等】

(B)36. 下列有關會計事務程序的敘述，何者錯誤？(A)零星消費品、材料品之付出，得每月分類彙總造具記帳憑證(B)會計人員非根據合法之原始憑證，不得造具記帳憑證；非根據合法之記帳憑證，不得記帳，沒有例外之規定(C)成本會計事務，對於成本要素，應為詳備之紀錄及精密之計算，分別編造明細報告表，並比較分析其增減原因(D)各種帳簿之首頁，應標明機關名稱、帳簿名稱、冊次、頁數、啟用日期，並由機關長官及主辦會計人員簽名或蓋章【106 年地特五等】

(C)37. 各種帳簿之首頁，應標明機關名稱、帳簿名稱、冊次、頁數、啟用日期，並由何者簽名或蓋章？(A)主辦會計人員(B)機關長官(C)機關長官及主辦會計人員(D)上級機關長官及主辦會計人員【106 年初考】

(D)38. 各種帳簿之首頁，應標明機關名稱、帳簿名稱、冊次、頁數、啟用日期，並由下列何者簽名或蓋章？(A)機關長官(B)主辦會計(C)機關長官或主辦會計(D)機關長官及主辦會計【108 年地特五等】

(C)39. 會計帳簿之末頁應標明：(A)帳簿名稱(B)冊次、頁數與日期(C)經管人員一覽表(D)機關名稱【106 年初考】

(D)40. 依會計法規定，除總會計外，下列簿籍何者不得同時為活頁？①序時帳簿②分類帳簿③備查簿(A)①②③(B)②③(C)①③(D)①②【107 年地特

五等】

(B)41.下列關於會計簿籍之敘述,何者錯誤?(A)單位會計或附屬單位會計之帳簿,應設置普通序時帳簿及總分類帳(B)各分會計之會計事務較簡者,得僅設明細分類帳簿及其必需之備查簿(C)各種帳簿之首頁,應由機關長官及主辦會計人員簽名或蓋章(D)除總會計外,序時帳簿與分類帳簿不得同時並用活頁【112年地特五等】

(A)42.下列有關帳簿之處理的敘述,何者錯誤?(A)總會計、單位會計、分會計、附屬單位會計、附屬單位會計之分會計的序時帳簿與分類帳簿,得同時並用活頁(B)活頁帳簿每用一頁,應由主辦會計人員蓋章於該頁之下端(C)卡片式之活頁不能裝訂成冊者,應由經管人員裝匣保管(D)各種帳簿除已用盡者外,在決算期前,不得更換新帳簿;其可長期賡續記載者,在決算期後,亦無庸更換【106年地特五等】

(D)43.會計法有關帳簿空白頁之規定,下列何者正確?(A)帳簿空白頁之註銷應由登記員及見證人簽名或蓋章證明(B)帳簿如因重揭兩頁,致有空白時,應將空白頁以膠水黏住(C)更換新帳簿時,舊帳簿空白頁須撕下,並在末筆註明(D)更換新帳簿時,舊帳簿空白頁上,應逐頁註明空白作廢【109年經濟部事業機構】

(B)44.有關會計事務程序之敘述,下列何者有誤?(A)活頁帳簿每用一頁,應由主辦會計人員蓋章於該頁之下端(B)除總會計外,序時帳簿與分類帳簿,如因特殊需要,得同時並用活頁(C)會計報告簿籍及憑證上之簽名或蓋章,不得用別字或別號(D)各種帳簿,除已用盡者外,在決算期前,不得更換新帳簿【109年經濟部事業機構】

(C)45.會計法中關於會計報告之簽章,下列敘述何者錯誤?(A)各項會計報告,應由機關長官及主辦會計人員簽名或蓋章;但內部使用之會計報告,機關長官免予簽名或蓋章(B)會計報告中有關各類主管或主辦人員之事務者,並應由該事務之主管或主辦人員會同簽名或蓋章(C)會計報告上之簽名或蓋章,得使用別字或別號(D)各項會計報告經彙訂成冊者,機關長官及主辦會計人員得僅在封面簽名或蓋章【110年地特五等】

(A)46.中央政府總會計年度報告之公告係依何法之規定辦理?(A)決算法(B)審計法(C)預算法(D)會計法【109年經濟部事業機構】

(B)47.總會計年度報告之公告，應依下列何法之規定？(A)預算法(B)決算法(C)會計法(D)審計法【108 年初考】

(B)48.各種會計憑證，均應自總決算公布或令行日起，至少保存多少年？(A)1年(B)2 年(C)3 年(D)4 年【108 年初考】

(A)49.各種會計憑證，均應自總決算公布或令行日起，至少保存之年限為何？(A)2 年(B)5 年(C)10 年(D)20 年【108 年地特五等】

(B)50.各種會計憑證，均應自總決算公布或令行日起，至少保存幾年？(A)1年(B)2 年(C)3 年(D)5 年【110 年經濟部事業機構】

(A)51.各種原始憑證，均應自總決算公布或令行日起，至少應保存幾年？(A)2年(B)3 年(C)4 年(D)5 年【106 年初考】

(D)52.政府債權、債務之會計憑證於總決算公布日起至少應保存多少年後始得銷毀？(A)2 年(B)10 年(C)20 年(D)不得銷毀【111 年經濟部事業機構】

(C)53.依會計法規定，會計檔案保存期限之計算，以下列何日起算？(A)年度終了日(B)結束期間終了日(C)總決算公布日(D)審核報告提出日【111 年初考】

(A)54.各機關各種會計憑證，其保存年限屆滿幾年後得予銷毀；且如何銷毀？(A)2 年；經該管上級機關及該管審計機關之同意，得予銷毀(B)2 年；經該管上級機關之同意，得予銷毀(C)5 年；經該管上級機關及該管審計機關之同意，得予銷毀(D)5 年；經該管上級機關，得予銷毀【111 年地特五等】

(C)55.除有關債權、債務者外之各種會計憑證，保存期限屆滿二年後得如何處理？(A)經機關首長之同意，得予銷毀(B)經中央主計機關之同意，得予銷毀(C)經該管上級機關與該管審計機關之同意，得予銷毀(D)經該管上級機關或該管審計機關之同意，得予銷毀【110 年初考】

(D)56.各種會計報告、帳簿及重要備查簿，與機器處理會計資料之貯存體暨處理手冊，自總決算公布或令行日起，在總會計至少保存幾年？(A)5 年(B)10 年(C)15 年(D)20 年【112 年台電公司新進僱員】

(B)57.下列關於會計憑證、簿籍、報告之保存期限及責任，何者正確？(A)各種會計憑證，均應自會計年度結束日起，至少保存 2 年(B)各種會計憑證於保存期限屆滿後，除有關債權、債務者外，經該管上級機關與該管審計機關之同意，得予銷毀(C)總會計報告屆滿會計法第 84 條所述之保

存年限者，經行政長官及審計機關之同意，得銷毀之(D)附屬單位會計及分會計報告屆滿會計法第 84 條所述之保存年限者，經行政長官及審計機關之同意，得移交文獻機關或其他相當機關保管之【112 年地特五等】

(B)58. 依會計法之規定，各種會計報告、帳簿及重要備查簿，自總決算公布或令行日起，在總會計、單位會計、分會計各至少保存幾年？(A)10 年、5 年、3 年(B)20 年、10 年、5 年(C)25 年、10 年、5 年(D)25 年、10 年、7 年【108 年經濟部事業機構】

(D)59. 自總決算公布或令行日起，下列有關會計憑證、會計報告、帳簿及重要備查簿，與機器處理會計資料之貯存體暨處理手冊之保存年限何者錯誤？(A)會計報告在總會計至少保存 20 年(B)帳簿在單位會計、附屬單位會計至少保存 10 年(C)機器處理會計資料之貯存體暨處理手冊在附屬單位會計之分會計至少保存 5 年(D)各種會計憑證，至少保存 5 年【106 年地特五等】

(D)60. 依會計法規定，下列有關會計報告、簿籍保存之敘述何者正確？①在附屬單位會計，至多保存 10 年②有關保存時間之起算日，係指總會計公布或令行之日③在總會計，得在保存屆滿 20 年後，經行政長官及審計機關同意移交文獻機關保管④所有會計報告均得經行政長官及審計機關同意縮短保存期限為 3 年(A)①②③④(B)①③(C)②④(D)③【107 年地特五等】

(D)61. 依會計法第 84 條之規定，機器處理會計資料之貯存體暨處理手冊，自總決算公布或令行日起，在總會計至少保存多久？(A)3 年(B)5 年(C)15 年(D)20 年【107 年經濟部事業機構】

(B)62. 各種會計報告、帳簿及重要備查簿，與機器處理會計資料之貯存體暨處理手冊，自總決算公布或令行日起，在單位會計及附屬單位會計至少應保存幾年？(A)5 年(B)10 年(C)15 年(D)20 年【106 年初考】

(C)63. 根據會計法規定，各種會計報告、帳簿及重要備查簿，與機器處理會計資料之貯存體暨處理手冊，自總決算公布或令行日起，在分會計、附屬單位會計之分會計至少應保存幾年？(A)20 年(B)10 年(C)5 年 (D)2 年【112 年初考】

(B)64. 會計報告及帳簿自總決算公布或令行日起，在附屬單位會計之分會計、

單位會計至少應保存幾年？(A)5 年、5 年(B)5 年、10 年(C)10 年、10 年(D)10 年、20 年【110 年經濟部事業機構】

(C)65. 機器處理會計資料之貯存體暨處理手冊，自總決算公布或令行日起，在附屬單位會計至少應保存幾年？(A)2 年(B)5 年(C)10 年(D)20 年【108 年初考】

(C)66. 依會計法規定，附屬單位會計之各種會計憑證、會計帳簿、會計報告及重要備查簿保存年限，下列何者正確？(A)會計憑證自總決算公布或令行日起算保存 5 年(B)會計帳簿自總決算公布或令行日起算保存 7 年(C)會計報告自總決算公布或令行日起保存 10 年(D)重要備查簿自總決算公布或令行日起算保存 3 年【106 年經濟部事業機構】

(B)67. 依現行會計法規定，各種會計報告、帳簿及重要備查簿，與機器處理會計資料之貯存體暨處理手冊，自總決算公布或令行日起，在附屬單位會計至少要保存多久？(A)5 年(B)10 年(C)15 年(D)20 年【109 年初考】

(C)68. 有關會計憑證、會計報告、帳簿之保存年限，下列敘述正確者有幾項？①各種會計憑證，應自總決算公布或令行日起，至少保存 2 年②各種會計報告、帳簿，自總決算公布或令行日起，在總會計至少保存 20 年③各種會計報告、帳簿，自總決算公布或令行日起，在單位會計至少保存 10 年④各種會計報告、帳簿，自總決算公布或令行日起，在附屬單位會計至少保存 5 年(A)一項(B)二項(C)三項(D)四項【110 年初考】

(A)69. 依會計法規定，下列會計檔案保存規定之敘述，何者錯誤？(A)各種會計報告之保存年限如有特殊原因，得依程序延長或縮短之(B)各種會計憑證之保存期限，如有特殊原因，得依程序延長或縮短之(C)各種會計帳簿及重要備查簿之保存年限，如有特殊原因，得依程序縮短之(D)各種會計憑證、會計報告、帳簿及重要備查簿之保存期限均自總決算公布或令行日起算【110 年地特五等】

(B)70. 依會計法規定，中央政府主計機關之會計總報告與其特種公務會計之報告發生差額時，係由下列何者負責核對並製表解釋？(A)行政院主計總處(B)審計部(C)行政院(D)財政部【110 年地特五等】

(A)71. 依據會計法規定，各該政府主計機關之會計總報告，與其政府之公庫、財物經理、徵課、公債、特種財物及特種基金等主管機關之報告發生差額時，應由何者製表解釋之？(A)該管審計機關(B)該政府主計機關(C)

該政府財政主管機關(D)該政府政風機關【112 年初考】

(D)72.有關編製解釋表之敘述，何者錯誤？(A)各種會計報告應劃分會計年度，按對內對外報告需要，編製各種定期與不定期之報告，並得兼用統計與數理方法，為適當之分析、解釋或預測(B)非政府機關代理政府事務者，其報告與會計人員之報告發生差額時，應由會計人員加編差額解釋表(C)各該政府主計機關之會計總報告，與其政府之公庫、財物經理、徵課、公債、特種財物及特種基金等主管機關之報告發生差額時，應由該管審計機關核對，並製表解釋之(D)非政府機關代理政府事務者，其報告與會計人員之報告發生差額時，應由非政府機關加編差額解釋表【108 年地特五等】

(C)73.下列有關會計報告的敘述，何者正確？(A)分會計之會計報告，其保存期限與單位會計、附屬單位會計相同(B)主計機關之會計總報告，與其政府之公庫、財物經理、徵課、公債、特種財物等報告發生差額時，應由該主計機關核對並製表解釋(C)採用機器集中處理會計資料者，其產生之會計報告，由集中處理機關分送各有關機構(D)各單位會計機關不得以其報告逕行分送各該政府主計、公庫、財物經理及審計等機關，必須呈由上級單位會計機關分別轉送【106 年地特五等】

(B)74.依會計法規定，各機關會計事務與非會計事務之劃分，除法律另有規定者外，應由下列何者核定？(A)中央主計機關會同審計機關(B)各主計機關會同關係機關(C)各主計機關會同審計機關(D)中央主計機關會同關係機關【107 年初考】

(A)75.各機關會計事務與非會計事務之劃分，應由下列何者核定。但法律另有規定者，依其規定？(A)主計機關會同關係機關核定(B)主計機關協同審計機關核定(C)主計機關協同法制機關核定(D)主計機關核定【108 年地特五等】

(A)76.依會計法的規定，下列敘述何者正確？(A)各機關之會計制度，由各該機關之會計機構設計，簽報所在機關長官後，呈請各該政府之主計機關核定頒行(B)各單位會計所需編製之會計報告各表，應按機關別編造之(C)各機關會計事務與非會計事務之劃分，應由審計機關核定(D)非政府機關代理政府事務者，其報告與會計人員之報告發生差額時，應由審計人員加編差額解釋表【112 年地特五等】

第四章　內部審核

壹、內部審核之執行人員、種類、範圍及實施方式

一、會計法相關條文

(一)內部審核之執行人員及種類

第 95 條　各機關實施內部審核，應由會計人員執行之。但涉及非會計專業規定、實質或技術性事項，應由業務主辦單位負責辦理。

內部審核分下列二種：

一、事前審核：謂事項入帳前之審核，著重收支之控制。

二、事後複核：謂事項入帳後之審核，著重憑證、帳表之複核與工作績效之查核。

(二)內部審核之範圍

第 96 條　內部審核之範圍如左：

一、財務審核：謂計畫、預算之執行與控制之審核。

二、財物審核：謂現金及其他財物之處理程序之審核。

三、工作審核：謂計算工作負荷或工作成果每單位所費成本之審核。

(三)內部審核之實施方式

第 97 條　內部審核之實施，兼採書面審核與實地抽查方式，並應規定分層負責，劃分辦理之範圍。

二、解析

(一)行政院主計總處根據會計法內部審核相關條文規定，訂有內部審核處理準則作進一步規範，其與會計法第 95 條至第 97 條相關之重點如下：

1. 第 2 條第 1 項：內部審核之意義

指經由收支之控制、現金及其他財物處理程序之審核、會計事務之處理及工作成果之查核，以協助各機關發揮內部控制之功能。

2. 第 2 條第 2 項：內部審核執行人員

各機關實施內部審核，應由會計人員執行之。但涉及非會計專業規定、實質或技術事項，應由主辦單位負責辦理。

3. 第 3 條：內部審核之範圍及相關名詞定義

(1)內部審核之範圍

①財務審核：謂計畫、預算之執行與控制之審核，包括預算審核、收支審核及會計審核。

②財物審核：謂現金及其他財物處理程序之審核，包括現金審核、採購及財物審核。

③工作審核：謂計算工作負荷或工作成果每單位所費成本之審核。

(2)相關名詞定義

①預算審核：各項計畫與預算之執行及控制之審核。

②收支審核：各項業務收支處理作業之查核。

③會計審核：會計憑證、報表、簿籍及有關會計事務處理程序之審核。

④現金審核：現金、票據、證券等出納事務處理及保管情形之查核。

⑤採購及財物審核：工程之定作、財物之買受、定製、承租與勞務之委任或僱傭等採購事務及財物處理程序之審核。

4. 第 4 條：內部審核之實施方式

各機關內部審核之實施，兼採書面審核與定期或不定期實地抽查方式，並得透過電腦輔助處理，且應按下列原則分層負責，劃分辦理之範圍：

(1)各機關之會計報表、憑證及簿籍，由各機關主（會）計單位指定審核人員負責審核。

(2)各機關內部單位憑證、帳表之複核，現金、票據、證券及其他財物之查核，由各機關主（會）計單位或指定辦理會計人員負責。

(3)各機關所轄各分支機關經管現金、票據、證券及其他財物之查核，由各機關主（會）計單位負責。

　　各主管機關對所屬機關實施內部審核情形，應加強監督，並得視事實需要派員抽查之。

(二)行政院為提升政府施政效能，依法行政及展現廉政肅貪之決心，於 100年 2 月 1 日訂定「健全內部控制實施方案」，主要重點為：

1. 以促進合理確保達成提升施政效能，遵循法令規定，保障資產安全，以及提供可靠資訊等四項目標。
2. 行政院成立內部控制推動及督導小組，負責規劃推動內部控制制度，並督導落實執行。
3. 各機關分別組設內部控制專案小組，負責推動及執行方案相關工作。

(三)健全內部控制實施方案，嗣後修正為強化內部控制實施方案，於 104年 7 月 7 日停止適用，又行政院內部控制推動及督導小組、政府內部控制考評及獎勵要點亦一併停止適用。有關各機關之內部控制，由主計總處移給行政院國家發展委員會主管，並由國家發展委員會與風險管理整合，主計總處則負責內部稽核事項，各機關則亦整併原設之風險管理小組與內部控制小組，將風險管理及內部控制融入機關日常作業中。

貳、會計人員執行內部審核之職權

一、會計法相關條文

(一)會計人員行使內部審核職權得向各單位查閱或檢查事項

第 98 條　　會計人員為行使內部審核職權，向各單位查閱簿籍、憑證暨其他文件，或檢查現金、財物時，各該負責人不得隱匿或拒絕。遇有疑問，並應為詳細之答復。

　　　　　會計人員行使前項職權，遇必要時，得報經該機關長官之核准，封鎖各項有關簿籍、憑證或其他文件，並得提取其一部或全部。

(二)主辦會計人員對於不合法會計程序或會計文書之處理

第 99 條　各機關主辦會計人員，對於不合法之會計程序或會計文書，應使之更正；不更正者，應拒絕之，並報告該機關主管長官。

前項不合法之行為，由於該機關主管長官之命令者，應以書面聲明異議；如不接受時，應報告該機關之主管上級機關長官與其主辦會計人員或主計機關。

不為前二項之異議及報告時，關於不合法行為之責任，主辦會計人員應連帶負之。

(三)會計人員對於財物與收支事項之審核

第 100 條　各機關會計人員對於財物之訂購或款項之預付，經查核與預算所定用途及計畫進度相合者，應為預算之保留。關係經費負擔或收入一切契約，及大宗動產、不動產之買賣契約，非經會計人員事前審核簽名或蓋章，不生效力。

(四)會計人員對於會計憑證及收據之審核

第 101 條　會計憑證關係現金、票據、證券之出納者，非經主辦會計人員或其授權人之簽名或蓋章，不得為出納之執行。

對外之收款收據，非經主辦會計人員或其授權人之簽名或蓋章者，不生效力。但有特殊情形者，得報經該管主計機關核准，另定處理辦法。

(五)會計人員對於原始憑證之審核

第 102 條　各機關會計人員審核原始憑證，發現有左列情形之一者，應拒絕簽署：

一、未註明用途或案據者。

二、依照法律或習慣應有之主要書據缺少或形式不具備者。

三、應經招標、比價或議價程序始得舉辦之事項，而未經執行內部審核人員簽名或蓋章者。

四、應經機關長官或事項之主管或主辦人員之簽名或蓋章，而未經其簽名或蓋章者。

五、應經經手人、品質驗收人、數量驗收人及保管人簽名或蓋章而未經其簽名或蓋章者；或應附送品質或數量驗收之證明文件而未附送者。

六、關係財物增減、保管、移轉之事項時，應經主辦經理事務人員簽名或蓋章，而未經其簽名或蓋章者。

七、書據之數字或文字有塗改痕跡，而塗改處未經負責人員簽名或蓋章證明者。

八、書據上表示金額或數量之文字、號碼不符者。

九、第三款及第五款所舉辦之事項，其金額已達稽察限額之案件，未經依照法定稽察程序辦理者。

十、其他與法令不符者。

前項第四款規定之人員，得由各機關依其業務規模，按金額訂定分層負責辦法辦理之。

(六)會計人員執行內部審核之免責規定

第 103 條　會計人員執行內部審核事項，應依照有關法令辦理；非因違法失職或重大過失，不負損害賠償責任。

二、解析

(一)會計法第 98 條至第 103 條係規定各機關會計人員執行內部審核之職權，內部審核係屬行政監督範疇，會計人員依法執行內部審核，應由法律予以保障，爰會計法第 103 條規定，如非因違法失職或重大過失，不負損害賠償責任，並於內部審核處理準則補充內部審核之職權如下：

1. 第 7 條及第 8 條：執行內部審核人員事先應注意事項

(1)第 7 條：各機關執行內部審核人員，對於執行任務之有關法令、規章、制度、程序及其他資料，應事先詳細研閱。

各機關執行內部審核人員，得依業務需要，擬訂內部審核計畫，報請機關長官核定後，據以執行。

(2)第 8 條：各機關主（會）計單位為供內部審核之參考，應蒐集下列各項有關資料：

　　　　①組織與職掌。
　　　　②人力配備。
　　　　③計畫目標。
　　　　④程序與方法。
　　　　⑤其他重要事項。
　2. 第 9 條：執行內部審核人員於完成審核程序時應載明日期並簽名或
　　　蓋章
　　　　執行內部審核人員對於完成審核程序之帳表、憑證，均應載明日期，
　　並簽名或蓋章證明。檢查現金、票據、證券及其他財物應將檢查日期、檢
　　查項目、檢查結果及負責檢查人員姓名等項逐項登記，並簽名或蓋章證
　　明。
　3. 第 10 條：執行內部審核人員所發現特殊情況或建議應以書面提出
　　　報告
　　　　執行內部審核人員，如發現特殊情況或提出重要改進建議，均應以書
　　面報告行之，送經主辦會計人員報請機關長官核定後辦理。
　4. 第 11 條：內部審核有關資料等應建檔及妥慎管理
　　　　內部審核之有關資料及報告等應建立檔案分類編號妥慎管理，留備上
　　級機關或審計機關查核之參考。
　5. 第 12 條：各機關會計人員審核各項計畫與預算之執行及控制應注
　　　意事項
　　　(1)各項計畫之實施進度與費用之動支是否保持適當之配合。
　　　(2)各項收入及支出，有否按期與預算收支相比較，差異達規定之比率
　　　　者，計畫主管單位有否分析其原因並採適當措施。
　　　(3)資本支出實際進度與預算是否經常注意按下列各目分別比較：
　　　　①採購進度是否與預定計畫及預算進度相符。
　　　　②採購款項之支付是否與採購契約相符。
　　　　③計畫已完成部分，其實際效益是否與預期效益相符。如有不合，
　　　　　計畫主管單位有否分析檢討其原因，並謀改進辦法。
　　　　④資本支出預算之保留及流用是否依照規定辦理。

(4)補助預算之撥款有無依計畫實際執行進度及經費支用情形,補助款有無確依計畫用途運用,補助經費執行賸餘有無確依規定繳回公庫。

6. 第 13 條:各機關會計人員審核各項業務收支應注意下列事項

(1)業務單位每日收受之現金、票據及證券,有無於每日終了時,連同填製現金及票券日報表繳送出納管理單位簽收入帳,並通知主(會)計單位。

(2)業務單位編製各項業務之收支日報表,所列現金收付金額是否與當日現金日報或銀行結單核對調節相符。

(3)業務單位編製各項業務收支月報表,有無經主(會)計單位審核,其收支是否符合有關規定或有無積欠未清情事。

7. 第 16 條

各機關會計人員審核原始憑證,發現有會計法第 102 條所列情形之一者,應使之更正或拒絕簽署(按會計法第 102 條僅規定應拒絕簽署,又以下除少了會計法第 102 條中第 9 項,以及僅(3)與會計法第 102 條第 3 項較有差異外,其餘大致相同):

(1)未註明用途或案據。

(2)依照法律或習慣應有之主要書據缺少或形式不具備。

(3)未依政府採購或財物處分相關法令規定程序辦理。

(4)應經機關長官或事項之主管或主辦人員之簽名或蓋章,而未經其簽名或蓋章。

(5)應經經手人、驗收人或保管人簽名或蓋章而未經其簽名或蓋章;或應附送品質或數量驗收之證明文件而未附送。

(6)關係財物增減、保管、移轉之事項,應經主辦經理事務人員簽名或蓋章,而未經其簽名或蓋章。

(7)書據之數字或文字有更正,而更正處未經負責人員簽名或蓋章證明。

(8)書據上表示金額或數量之文字、號碼不符。

(9)其他與法令不符之情形。

前項第 4 款規定之人員,得由各機關依其業務規模,按金額訂定分層

負責規定辦理。

8. 第 18 條：各機關會計人員審核帳簿應注意事項

(1)各類帳簿之設置，是否與會計制度及有關法令之規定相符。

(2)各種帳簿之記載是否與傳票相符，各項帳目是否依規定按期記載完畢。

(3)設有現金出納登記簿者，是否每日記載及結總，其內容是否與相關原始憑證相符。

(4)設有現金出納登記簿者，每日收付總額及結餘，是否與總分類帳及明細分類帳現金科目當日收付及結餘金額相符，並應按月與出納管理單位現金出納備查簿核對是否符合。

(5)各種明細帳是否均能按時登記，並與總分類帳有關統制科目核對是否相符。

(6)各種帳簿之首頁，是否標明機關名稱、帳簿名稱、冊次、頁數、啓用日期，有無由機關長官及主辦會計人員簽名或蓋章。

(7)各種帳簿之末頁，是否列明經管人員一覽表，填明主辦會計人員及記帳、覆核等關係人員之姓名、職務與經管日期，有無由各本人簽名或蓋章。

(8)各種帳簿之帳頁，是否順序編號，有無重號或缺號情形。

(9)帳簿之過頁、結轉、劃線、註銷、錯誤更正及更換新帳簿等是否依照規定辦理。

(10)帳簿裝訂、保管及存放地點是否安全妥善。

(11)帳簿之保存年限是否符合規定，帳簿之銷毀有無依照規定程序辦理。

9. 第 24 條：各機關會計人員審核採購及財物處理時應注意事項

(1)採購案件有無預算及是否與所定用途符合，金額是否在預算範圍內，有無於事前依照規定程序陳經核准。

(2)經常使用之大宗材料與用品是否由主管單位視耗用情形統籌申請採購，覈實配發使用。

(3)辦理採購案件是否依照政府採購法規定程序辦理。

(4)承辦採購單位是否根據陳經核准之申請辦理採購。在招標前，有無

將投標須知、契約草案，先送主（會）計單位審核涉及財務收支事項。

(5)各種財物之登記與管理是否依照有關規定辦理及每年至少盤點一次，盤點之數量是否與帳冊相符。珍貴動產不動產之管理有無依規定辦理。

(6)財物報廢之處理程序是否符合規定，廢品是否及時處理。財物已屆滿使用年限且具使用價值者，不得任意廢棄，仍應設帳管制。

(7)處分財物是否事前陳經核准，經辦處分財物人員不得主持驗交工作。

（除以上條文外，其餘請詳「內部審核處理準則」）

(二)會計法第 99 條規定，各機關主辦會計人員對於不合法會計程序或會計文書之行為，係由於所在機關主管長官之命令者，應以書面聲明異議，如不接受時，實務上多係循主計一條鞭系統報告其上級機關主辦會計人員或主計機關，再由上級機關主辦會計人員或主計機關進一步瞭解實際情況後，作必要之處理，例如協助解決相關法規適用之疑義，或與其所在機關長官溝通協調化解爭執，如仍無法解決時，再由上級機關主辦會計人員簽報其所在機關長官裁決。甚少由各機關主辦會計人員同時報告其主管上級機關長官與其主辦會計人員之情形。

(三)在 61 年之審計法第 59 條原規定，各機關營繕工程及各種財物購置、定製或變賣之開標、比價、議價、決標、驗收在一定金額以上者，應照法定程序辦理，並於一定期限內通知審計機關派員稽察，其限額及稽察程序，另以法律定之。爰另訂有機關營繕工程及購置定製變賣財物稽察條例，其中第 5 條規定，各機關營繕工程及購置、定製、變賣財物，在一定金額以上者（即所謂稽察限額），辦理招標、比價、議價及訂約、驗收、驗交時，應報其上級主管機關，並通知審計機關派員監視。第 36 條規定，所稱一定金額，由審計機關決定之。嗣配合政府採購法於 88 年 5 月 21 日訂定施行，審計法修正第 59 條為審計機關對於各機關採購之規劃、設計、招標、履約、驗收及其他相關作業，得隨時稽察之；發現有不合法定程序，或與契約、章則不符，或有不當者，應通知有關機關處理。至於原來有關各機關辦理一定金額、查核金額及公告金額以上採購案等相關事項則於政府採購法中加以規

範，前述之稽察條例並於 88 年 6 月 2 日廢止。故原引述會計法第 102
條之內部審核處理準則第 16 條第 1 項中所列十款規定，已配合以上演
變情形加以修正，並刪除第 1 項第 9 款原列之「第三款及第五款所舉
辦之事項，其金額已達稽察限額之案件，未經依照法定稽察程序辦理
者。」

參、95 年 12 月 31 日以前支用之國務機要計畫費用、特別費不追究行政、民事及刑事責任

一、會計法相關條文

第 99 條之 1　中華民國九十五年十二月三十一日以前各機關支用之國務機
　　　　　　　要計畫費用、特別費，其報支、經辦、核銷、支用及其他相
　　　　　　　關人員之財務責任均視為解除，不追究其行政及民事責任；
　　　　　　　如涉刑事責任者，不罰。

二、解析

(一)國務機要經費係國家元首行使職權有關費用，主要包括國內外訪視、
　　犒賞、獎助、慰問、接待、贈禮及其他相關經費等，總統府於 95 年 9
　　月 12 日修訂「總統府執行國務機要經費作業規定」，明定相關會計憑
　　證及報支程序依會計法、審計法、支出憑證處理要點、內部審核處理
　　準則及國家機密保護法等規定辦理。

(二)特別費係為因應各機關、學校之首長、副首長等人員公務所需，由行
　　政院核定每月可支給數額。行政院並於 95 年 12 月 29 日訂定「各級政
　　府機關特別費支用規定」，其使用範圍包括：1.贈送婚喪喜慶之禮金、
　　奠儀、禮品、花籃（圈）、喜幛、輓聯、中堂及匾額等支出。2.對本機
　　關及所屬機關人員之獎（犒）賞、慰勞（問）及餐敘等支出。3.對外部
　　機關（即本機關及所屬機關以外之機關）、民間團體與有關人士等之
　　招待、餽（捐）贈及慰問等支出。其支用應依「政府支出憑證處理要
　　點」規定取得收據、統一發票或相關書據，如因特殊情形不能取得
　　者，應由經手人開具支出證明單，書明不能取得原因，並經支用人
　　（即首長、副首長等人）核（簽）章後，據以請款。

(三) 會計法第 99 條之 1 之立法理由，係因民國 90 年以來，各級政府機關首長特別費及 95 年爆發國務機要費支用問題，受到各界高度矚目，也產生諸多爭議，除影響政府形象外，且司法機關之偵審，外界亦有不同聲音，已對社會造成巨大的衝擊。鑑於特別費及國務機要費歷經數十年的報支及核銷等程序，已形成行政慣例，參與此項業務之相關人員，如各該機關長官或其授權代簽人、報支人、承辦人、經手人、業務之主管或主辦人員、主辦會計人員或其授權代簽人、主辦出納事務人員、製票員及登記員等，對此處理方式已產生信賴，並依例辦理相關事務，因此對該等人員按照行政慣例之行為，需給予善意信賴保護。故為杜絕社會各界之爭議及給予解除相關人員之責任，爰由立法委員提案通過增訂本條文有關 95 年 12 月 31 日以前支用之特別費不追究行政、民事及刑事責任之規定，於 100 年 5 月 18 日經總統公布實施，嗣於 111 年 5 月 30 日修正通過增列 95 年 12 月 31 日以前支用之國務機要費不追究行政、民事及刑事責任之規定。

肆、作業及相關考題

※名詞解釋

一、內部審核

二、財務審核

三、財物審核

四、工作審核

五、預算審核

六、收支審核

七、會計審核

八、現金審核

九、採購及財物審核

　　（註：一至九答案詳本文壹、二、(一)1.及 3.）

※申論題

一、試依內部審核處理準則規定，說明各機關會計人員審核採購及財物處
　　理時，應注意之事項為何？【107 年地特三等】

答案：

　　內部審核處理準則第 24 條規定（請按條文內容作答）。

二、內部審核分那二種？【111 年關務人員四等】

答案：

　　會計法第 95 條第 2 項規定（請按條文內容作答）。

三、會計法第 95 條規定：各機關實施內部審核，應由會計人員執行之。試
　　回答下列有關內部審核之問題。
　　(一)民國 108 年底會計法修正時，會計法第 95 條的修正重點為何？
　　(二)依會計法第 95 條之規定，事項入帳前之審核的著重點為何？
　　(三)依會計法第 95 條之規定，事項入帳後之審核的著重點為何？【111
　　　　年鐵特三級】

答案：

(一)會計法第 95 條的修正重點

　　會計法第 95 條第 1 項原規定：「各機關實施內部審核，應由會計人員執
行之。」因同法第 96 條已明定會計人員執行內部審核之範圍，至其他涉及非
會計專業規定、實質或技術性事項，係由業務主辦單位負責辦理，會計人員
應予尊重，爰 108 年 11 月之修法，係於第 95 條第 1 項後面增列：「但涉及
非會計專業規定、實質或技術性事項，應由業務主辦單位負責辦理。」俾權
責分明，達成提升行政效率之目標。

(二) 事項入帳前之審核重點

　　會計法第 95 條第 2 項第 1 款規定：「事前審核：謂事項入帳前之審核，
著重收支之控制。」

(三) 事項入帳後之審核重點

　　會計法第 95 條第 2 項第 2 款規定：「事後複核：謂事項入帳後之審核，
著重憑證、帳表之複核與工作績效之查核。」

四、請依會計法第 95 條、第 96 條、第 97 條規定，說明內部審核之種類、範圍及方式。【102 年高考】

五、政府機關之內部審核協助發揮內部控制之功能。依會計法之規定，內部審核之種類及執行人員為何？其範圍為何？實施方式為何？【104 年鐵特三級及退除役特考三等】

答案：（含四、五）

(一) 內部審核之執行人員及種類

　　會計法第 95 條規定（請按條文內容作答）。

(二) 內部審核之範圍

　　會計法第 96 條規定（請按條文內容作答）。

(三) 內部審核之實施方式

　　會計法第 97 條規定（請按條文內容作答）。

六、試依會計法第 97 條、第 98 條及內部審核處理準則第 4 條規定，說明內部審核實施的方式及分層負責劃分辦理的範圍。【112 年關務人員四等】

答案：

(一) 內部審核實施方式

　1. 會計法第 97 條規定（請按條文內容作答）。

　2. 會計法第 98 條規定（請按條文內容作答）。

(二) 內部審核分層負責及劃分辦理的範圍

　　內部審核處理準則第 4 條規定（請按條文內容作答）。

七、依會計法相關規定，請試述實施內部審核之方式及重點為何？主辦會計人員對不合法會計程序文書之處理為何？【108 年鐵特三級及退除役特考三等】

答案：

(一) 內部審核之執行人員及種類

　　會計法第 95 條規定（請按條文內容作答）。

(二) 內部審核之範圍

　　會計法第 96 條規定（請按條文內容作答）。

(三) 內部審核之實施方式

　　會計法第 97 條規定（請按條文內容作答）。

(四) 主辦會計人員對於不合法會計程序或會計文書之處理

　　會計法第 99 條規定（請按條文內容作答）。

八、機關主辦會計人員執行內部審核工作，面對不法之會計程序或會計文書時，請問：

　　(一)依會計法第 99 條第 1 項及第 2 項之規定應如何依序處理？

　　(二)如不為前二項之處理時，應負何種責任？

　　(三)在實務上會計法第 99 條第 1 項及第 2 項，哪一項之規定較難落實？其理由為何？【109 年高考】

答案：

(一) 會計法第 99 條第 1 項及第 2 項規定之依序處理

　　會計法第 99 條第 1 項規定（請按條文內容作答）。同條第 2 項規定（請按條文內容作答）。

(二) 不為會計法第 99 條第 1 項及第 2 項規定處理者之責任

　　會計法第 99 條第 3 項規定（請按條文內容作答）。

(三) 會計法第 99 條第 1 項及第 2 項規定之落實問題

　　會計法第 99 條第 1 項規定，各機關主辦會計人員對於不合法之會計程序或會計文書，如不接受或有不同意見時，以書面表達方式處理，普遍均可做到，且無窒礙之處；至於第 2 項規定則較難落實，主要原因為，依主計機構人員設置管理條例第 29 條規定，各級主辦人員對各該管上級機關主辦人員負責，並依法受所在機關長官之指揮。會計法第 105 條亦規定，各機關辦理會計人員所需一般費用，應列入所在機關之經費預算。又公務員服務法第 3 條第 1 項規定：「公務員對於長官監督範圍內所發之命令有服從義務……。」因此，主辦會計人員以書面聲明異議後，如機關長官仍不接受時，若再有所堅持，則很容易與機關長官產生衝突，此在公務倫理、年度考績（按實務上，各機關主辦會計人員之年終考績，係由上級主計機關主辦會計人員參考其所在機關長官之考核結果予以核定）與在所在機關會計業務的推展，勢必造成重大不利影響，爰有諸多顧慮。故目前如有會計法第 99 條第 2 項規定情形時，各機關主辦會計人員通常都是向其上級機關主辦會計人員報告，以期

能獲得必要之協助，例如協助解決相關法規適用之疑義，或與其所在機關長官溝通協調化解爭執，如仍無法解決時，再由上級機關主辦會計人員簽報其所在機關長官裁決。但極少（甚至沒有）同時向上級機關長官報告（如各國立大學主計主任同時向教育部會計處長及教育部長報告，或教育部會計處長同時向行政院主計長及行政院長報告）之情形。

九、立法院財政委員會於民國 111 年 5 月 30 日，三讀通過會計法第 99 條之 1 修正案，將國務機要費除罪，請說明修正後該條文內容為何？此一修正案，朝野雙方有何不同看法？【111 年高考】

答案：

(一) 會計法第 99 條之 1 新修正條文內容

中華民國 95 年 12 月 31 日以前各機關支用之國務機要計畫費用、特別費，其報支、經辦、核銷、支用及其他相關人員之財務責任均視為解除，不追究其行政及民事責任；如涉刑事責任者，不罰。

(二) 修法過程中朝野之不同看法

1. 民進黨委員（代表執政黨）提出修法，其提案內容說明，「國務機要費」可追溯至 38 年度，當時分為「特別費」與「機密費」，52 年度則合併編列為「國務機要費」科目，顯見「機要（密）費」與「特別費」之性質相同。又特別費之報支及核銷等程序，數十年來儼然形成行政慣例，參與其業務之相關人員，如各機關首長或其授權之承辦人員，對其處理方式已產生一定程度之信賴，並依例辦理相關業務。因此，對辦理國務機要費等相關業務之人員，其所按照行政慣例之行為，應給予善意之信賴保護，以杜絕社會各界之爭議，並給予解除相關人員之責任。民國 100 年新增會計法第 99 條之 1 時，為避免修法困難，刻意排除國務機要費部分，卻造成諸多不公，甚至波及奉上級命令辦理之承辦人員。

2. 在野立法委員反對修法，認為「國務機要費」之適用對象、金額大小與性質，與原會計法第 99 條之 1 的「機關首長特別費」不同，且有為 1 人修法及支持貪污之嫌，故「國務機要費」不宜比照特別費予以修法除罪。

十、政府各機關雖均已導入內部控制制度，以匡正政府整體財政紀律及提升施政績效，但因組織龐大，仍偶有一些缺失與案例之發生，如：少

數學校老師涉嫌虛報研究經費、購買發票，或以空白收據不實核銷業務費及虛報差旅費等情事；某機關職員辦理採購公用器材物品等報支業務時，以偽造、變造之不實單據充當報支經費……等。請依序回答下列問題：

(一)依會計法第 99 條之規定，說明會計人員面對不合法之會計程序或會計文書時，應如何處理？

(二)依會計法第 102 條之規定，各機關會計人員審核原始憑證時，如發現有條列情形之一者，應拒絕簽署。請舉出四款情形說明之。

　　【106 年簡任升等】

答案：

(一) 主辦會計人員對於不合法會計程序或會計文書之處理

　　會計法第99條規定（請按條文內容作答）。

(二) 會計人員審核原始憑證應拒絕簽署之情形

　　會計法第 102 條及內部審核處理準則第 16 條規定，各機關會計人員審核原始憑證，發現有下列情形之一者，應使之更正或拒絕簽署（請按會計法第 102 條規定之 10 款情形擇 4 款作答）。

十一、請依序回答下列問題：

(一)內部審核分成哪二種？內部審核之範圍為何？請依會計法第 95、96 條之規定說明。

(二)各機關會計人員審核原始憑證，發現有哪些情形時，應拒絕簽署？請依會計法第 102 條之規定，試舉三項說明。【110 年地特三等】

答案：

(一) 內部審核之種類及範圍

　1. 內部審核之種類

　　會計法第95條第2項規定（請按條文內容作答）。

　2. 內部審核之範圍

　　會計法第96條規定（請按條文內容作答）。

(二) 會計人員審核原始憑證應拒絕簽署之情形

　　會計法第102條及內部審核處理準則第16條規定，各機關會計人員審核

原始憑證，發現有下列情形之一者，應使之更正或拒絕簽署（請按會計法第102 條規定之 10 款情形擇 3 款作答）。

※測驗題

一、高考、普考、薦任升等、三等及四等各類特考

(A)1. 內部審核人員審核資本支出計畫之執行，針對「採購款項之支付是否與採購契約所訂相符」之查核注意事項，係屬內部審核處理準則規範之何種內部審核範圍？(A)預算審核(B)收支審核(C)會計審核(D)採購及財物審核【108 年高考】

(B)2. 依會計法之規定，各機關實施內部審核，由誰負責執行？(A)機關首長指定(B)會計人員(C)出納人員(D)不一定【107 年地特三等】

(D)3. 各機關實施內部審核，應由何人執行之？(A)出納人員(B)業務人員(C)審計人員(D)會計人員【111 年鐵特三級】

(C)4. 各機關實施內部審核，涉及實質或技術性事項，應由何人執行之？(A)會計人員(B)審計人員(C)業務主辦單位(D)主管上級機關【109 年鐵特三級】

(B)5. 各機關實施內部審核，應由何者執行之？但涉及非會計專業規定、實質或技術性事項，應由何者負責辦理？(A)會計人員、業務上級主管機關(B)會計人員、業務主辦單位(C)審計人員、業務上級主管機關(D)審計人員、業務主辦單位【110 年高考】

(A)6. 依會計法第 95 條之規定，內部審核之事前審核的著重點為何？(A)收支之控制(B)工作績效之查核(C)憑證、帳表之複核(D)財物之處理程序之審核【111 年地特三等】

(A)7. 依會計法有關內部審核之規定，試指出下列何者屬於內部審核之範圍？①財務審核②財物審核③工作審核④風險審核(A)①②③(B)①②④(C)①③④(D)②③④【111 年鐵特三級】

(B)8. 有關內部審核之敘述，下列何者正確？(A)計畫與控制之審核為工作審核(B)現金處理程序之審核為財物審核(C)著重收支之控制的內部審核為事後審核(D)各機關實施內部審核，應由審計人員執行之【106 年鐵特三級及退除役特考三等】

(D)9. 執行內部審核時，工作績效之查核係屬何種？(A)事前審核、財務審核

(B)事後複核、財務審核(C)事前審核、工作審核(D)事後複核、工作審核【110 年高考】

(D)10.下列有關內部審核之敘述，何者正確？(A)事前審核謂事項入帳前之審核，著重收支之控制，以及憑證、帳表之複核(B)財務審核謂計畫、預算之執行與控制之審核，以及現金及其他財物之處理程序之審核(C)內部審核之實施，得就書面審核與實地抽查方式中，選擇其中較優者之一辦理(D)內部審核應由會計人員執行之，但涉及非會計專業規定、實質或技術性事項，應由業務主辦單位負責辦理【109 年地特三等】

(D)11.依會計法之規定，有關內部審核之敘述，下列何者正確？(A)現金及其他財物之處理程序之審核為工作審核(B)計算工作負荷或工作成果每單位所費成本之審核為績效審核(C)著重收支之控制為事後複核(D)計畫、預算之執行與控制之審核為財務審核【107 年地特三等】

(C)12.下列何者非屬會計法第 96 條所列內部審核範圍之項目？(A)財物審核(B)工作審核(C)遵行審核(D)財務審核【106 年地特三等】

(D)13.下列何者並非會計法內部審核之範圍？(A)計畫、預算之執行與控制之審核(B)現金及其他財物之處理程序之審核(C)計算工作負荷或工作成果每單位所費成本之審核(D)人員配置及人員績效之審核【110 年薦任升等】

(A)14.依會計法之規定，下列有關內部審核之敘述，何者錯誤？(A)各機關實施內部審核，應由業務主辦單位負責執行(B)內部審核依事項入帳前與入帳後，區分為事前審核與事後複核(C)計算工作成果每單位所費成本之審核屬工作審核(D)對預算之執行與控制之審核屬財務審核【110 年鐵特三級及退除役特考三等】

(A)15.著重收支控制之內部審核以及計畫、預算之執行與控制之審核各屬何者？(A)事前審核、財務審核(B)事前審核、工作審核(C)事後複核、財務審核(D)事後複核、工作審核【110 年薦任升等】

(A)16.下列有關內部審核敘述，正確者計有幾項？①內部審核範圍分為財物審計、財務審計及績效審計②各機關實施內部審核，由機關首長指定人員執行之③內部審核兼採書面與抽查方式實施④事後複核：謂事項入帳後之審核，著重收支控制(A)一項(B)二項(C)三項(D)四項【110 年鐵特三級及退除役特考三等】

(B)17. 依會計法規定，下列敘述正確者有幾項？①內部審核分為事前審核與事後複核②內部審核之實施兼採書面審核與實地抽查方式③內部審核得由會計人員執行之④內部審核之範圍分為現金審核、財務審核、財物審核(A)僅1項(B)僅2項(C)僅3項(D)4項【112年鐵特三級及退除役特考三等】

(B)18. 依會計法之規定，下列敘述何者錯誤？①內部審核可分為事前審核與事後複核②內部審核的實施兼採書面審核與口頭報告方式③會計人員行使簽證職權，可向各單位查閱簿籍、憑證④各機關會計事務與非會計事務之劃分，應由主計機關會同關係機關核定(A)①②(B)②③(C)③④(D)①④【111年鐵特三級】

(B)19. 下列有關內部審核規定的敘述，何者錯誤？(A)會計人員為行使內部審核職權，向各單位查閱簿籍、憑證暨其他文件，或檢查現金、財物時，各該負責人不得隱匿或拒絕(B)會計人員行使前項職權，遇必要時，得報經該主管機關之長官核准，封鎖各項有關簿籍、憑證或其他文件，並得提取其一部或全部(C)內部審核之實施，兼採書面審核與實地抽查方式，並應規定分層負責，劃分辦理之範圍(D)各機關實施內部審核，應由會計人員執行之【107年鐵特三級】

(A)20. 各機關主辦會計人員，對於不合法之會計程序或會計文書，首先應如何辦理？(A)應使之更正(B)應口頭聲明異議(C)應報告主管機關長官(D)應移送司法機關【106年地特三等】

(D)21. 依會計法內部審核之規定，下列有關各機關實施內部審核之敘述，何者錯誤？(A)內部審核應由會計人員執行之(B)內部審核之事前審核著重收支之控制(C)各機關主辦會計人員，對於不合法之會計文書應使之更正；不更正者，應拒絕之，並報告該機關主管長官(D)內部審核之範圍包括預算審核、財務審核與財物審核【108年高考】

(A)22. 依現行會計法之規定，下列敘述何者正確？(A)證明處理會計事項人員責任，而為記帳所根據之憑證，謂之記帳憑證(B)各機關附屬之特種基金，以歲入、歲出之全部編入總預算之會計，為附屬單位會計(C)各機關會計事務與非會計事務之劃分，應由主計機關核定(D)各機關主辦會計人員，對於不合法之會計程序或會計文書，應使之更正，並報告該機關主管長官【108年地特三等】

(C)23. 不合法之會計文書，係由於該機關主管長官之命令者，各機關主辦會計人員，首先應如何處理？(A)應使之更正(B)應報告上級機關長官(C)應以書面聲明異議(D)應報告上級主計機關【106年薦任升等】

(C)24. 由於機關主管長官之命令的不合法之會計程序或會計文書等行為，則該機關主辦會計人員，應如何處理？(A)應服從辦理(B)自行調整及更正(C)以書面聲明異議(D)報告該機關之主管上級機關長官【106 年鐵特三級及退除役特考三等】

(D)25. 民國 95 年 12 月 31 日以前各機關支用之特別費，其報支、經辦、核銷、支用及其他相關人員之財務責任應如何處理？(A)追究其行政、民事及刑事責任(B)追究其行政及民事責任，如涉刑事責任者，不罰(C)不追究其行政及民事責任，但涉刑事責任者，依法處罰(D)不追究其行政及民事責任；如涉刑事責任者，不罰【110年薦任升等】

(D)26. 會計憑證關係現金、票據、證券之出納者，非經何者簽名或蓋章，不得為出納之執行？(A)審計人員或其授權人員(B)機關長官或其授權人(C)出納人員或其授權人(D)主辦會計人員或其授權人【109年高考】

(C)27. 各機關實施內部審核，下列敘述何者正確？(A)內部審核為會計人員法定職責，均由會計人員執行，未涉業務主辦單位工作(B)會計人員執行內部審核工作只需查閱會計簿籍及憑證等，至於現金及財物由總務（秘書）單位負責，會計人員無須檢查(C)會計人員執行內部審核工作，得兼採書面審核與實地抽查方式辦理(D)會計憑證關係現金、票據及證券等出納者，為求時效，得先為出納之執行再由主辦會計人員簽名或蓋章【112年地特三等】

(A)28. 依會計法之規定，下列有關非經簽名或蓋章不生效力之敘述，何者正確？①各種傳票非經主辦會計人員或其授權代簽人簽名或蓋章不生效力②大宗動產、不動產之購買契約，非經主辦會計人員或其授權代簽人簽名或蓋章不生效力③大宗動產、不動產之出售契約，非經主辦會計人員或其授權代簽人簽名或蓋章不生效力④關係經費負擔或收入一切契約，非經主辦會計人員或其授權代簽人簽名或蓋章不生效力(A)僅①(B)僅①②③(C)僅②③④(D)①②③④【110年鐵特三級及退除役特考三等】

(C)29. 下列有關內部審核之敘述，何者正確？(A)各機關實施內部審核，應由主計人員執行之(B)內部審核之財務審核，係指現金及其他財物之處理

程序之審核(C)內部審核人員行使其職權時，遇必要情況，得報經該機關主管長官核准，封鎖或提取各項有關簿籍、憑證、文件等(D)為控管收入，各機關對外之收款收據，非經主辦會計或其授權人之簽名或蓋章者，不生效力，沒有例外規定【109年鐵特三級】

二、初考、地特五等、經濟部所屬事業機構及台電公司新進僱員

(B)1. 依內部審核處理準則之規定，各機關對計畫、預算之執行與控制所為之內部審核，屬於下列何者？(A)計畫審核(B)財務審核(C)財物審核(D)工作審核【108年經濟部事業機構】

(B)2. 依內部審核處理準則規定，各機關會計人員對於帳簿之審核，稱之為下列何者？(A)工作審核(B)會計審核(C)財務審核(D)協同審核【112年台電公司新進僱員】

(B)3. 根據現行「內部審核處理準則」規定，下列哪些項目屬於財物審核？(A)預算審核及收支審核(B)現金審核及採購審核(C)會計審核及成本審核(D)現金審核及預算審核【修改自107年經濟部事業機構】

(A)4. 依內部審核處理準則規定，關係經費負擔或收入之一切契約，及大宗動產、不動產之買賣契約，應經會計人員事前審核，係屬何種內部審核工作？(A)採購及財物審核(B)收支審核(C)會計審核(D)預算審核【111年經濟部事業機構】

(C)5. 依內部審核處理準則規定，下列何者非屬各機關會計人員審核帳簿應注意事項？(A)各類帳簿之設置，是否與所訂會計制度及有關法令之規定相符(B)現金出納登記簿是否每日記載及結總，其內容是否與相關原始憑證相符(C)應歸屬之會計科目是否適當(D)帳簿之保存年限是否符合規定，帳簿之銷毀有無依照規定程序辦理【106年經濟部事業機構】

(C)6. 各機關實施內部審核，應由下列何者執行之？(A)稽核人員(B)上級機關之稽核人員(C)會計人員(D)主計人員【108年初考】

(A)7. 各機關實施內部審核，應由下列何者負責執行？(A)會計人員(B)政風人員(C)內部稽核人員(D)審計人員【106年初考】

(C)8. 各機關實施內部審核，涉及非會計專業規定、實質或技術性事項，應由下列何者負責辦理？(A)會計人員(B)專門技術人員(C)業務主辦單位(D)採購人員【111年地特五等】

(B)9. 內部審核之範圍包括：①工作審核②績效審核③財務審核④財物審核(A)僅①②③(B)僅①③④(C)僅②③④(D)①②③④【110年初考】

(D)10.依內部審核處理準則規定，內部審核之範圍包括下列哪些項目？①控制審核②財務審核③財物審核④事後審核⑤工作審核(A)③④⑤(B)②③④⑤(C)①②③(D)②③⑤【111年經濟部事業機構】

(C)11.依會計法規定，內部審核之範圍包括下列何種審核？①財務審核②財物審核③工作審核④績效審核(A)僅①②(B)僅①④(C)僅①②③(D)①②③④【111年初考】

(B)12.根據會計法規定，內部審核之範圍為何？(A)事前審核、事後複核(B)財務審核、財物審核、工作審核(C)報表審核、遵循審核、作業審核(D)書面審核、實地抽查【112年初考】

(B)13.下列何者係屬內部審核中有關事前審核著重之項目？(A)憑證之複核(B)收支之控制(C)工作績效之查核(D)帳表之複核【108年地特五等】

(A)14.各機關實施內部審核，應由會計人員執行之，有關事項入帳前之審核，其著重之重點為何？(A)收支之控制(B)工作績效之查核(C)憑證、帳表之複核(D)財務處理程序之審核【112年經濟部事業機構】

(C)15.依會計法規定，著重收支控制之內部審核，應屬哪一種內部審核之範圍？(A)財物審核(B)財務審核(C)事前審核(D)事後審核【107年地特五等】

(C)16.依會計法及內部審核處理準則之規定，會計審核係歸屬於下列何種內部審核之範疇？(A)事前審核(B)財物審核(C)財務審核(D)工作審核【110年地特五等】

(D)17.下列何者非屬內部審核之範圍？(A)預算之執行與控制之審核(B)現金之處理程序之審核(C)工作成果每單位所費成本之審核(D)預算之擬編與審議【109年初考】

(A)18.下列何者非屬內部審核處理準則有關內部審核之範疇？(A)員工獎懲審核(B)工作審核(C)預算審核(D)採購審核【110年經濟部事業機構】

(C)19.財務審核係指：(A)計算工作負荷之審核(B)現金及其他財物之處理程序之審核(C)計畫、預算之執行與控制之審核(D)工作成果每單位所費成本之審核【106年初考】

(C)20.依內部審核處理準則規定，財務審核包括下列哪些項目？①現金審核②

預算審核③收支審核④會計審核(A)①②③(B)①③④(C)②③④(D)①②③④【112 年經濟部事業機構】

(A)21.計畫、預算之執行與控制之審核，係稱為何者？(A)財務審核(B)財物審核(C)工作審核(D)績效審核【112 年初考】

(A)22.依會計法及內部審核處理準則規定，下列那些項目屬於財務審核？(A)預算審核及會計審核(B)現金審核及收支審核(C)工作審核及收支審核(D)現金審核及會計審核【111 年初考】

(D)23.依會計法規定，現金處理程序之審核，係屬哪一類內部審核？(A)事前審核(B)財務審核(C)工作審核(D)財物審核【107 年初考】

(B)24.下列有關內部審核之敘述，何者正確？(A)計畫、預算之執行與控制之審核謂之工作審核(B)著重收支之控制，謂之事前審核(C)現金及其他財物處理程序之審核謂之財務審核(D)各機關實施內部審核，應由機關首長指派之【111 年地特五等】

(C)25.內部審核之實施方式為何？(A)僅採書面審核(B)僅採實地抽查(C)兼採書面審核與實地抽查(D)由該管審計機關決定【107 年地特五等】

(C)26.依現行會計法規定，有關內部審核，下列何者正確？(A)各機關實施內部審核，應由內部稽核人員執行之(B)事項入帳後之審核，謂之事後審核，著重收支之控制(C)現金及其他財物之處理程序之審核，謂之財物審核(D)內部審核之實施，採實地全查方式，並應規定分層負責，劃分辦理之範圍【109 年初考】

(C)27.有關會計人員行使內部審核之職權，下列敘述何者錯誤？(A)得查閱簿籍、憑證暨其他文件(B)得檢查現金、財物(C)在取得機關主辦會計之同意下，即可封鎖各項有關簿籍、憑證或其他文件(D)遇有詢問相關業務時，相關負責人不得隱匿或拒絕【112 年初考】

(B)28.各機關主辦會計人員，對於不合法之會計程序或會計文書，應使之更正；不更正者，應如何處理？(A)應拒絕之，並做成備忘紀錄(B)應拒絕之，並報告該機關主管長官(C)應拒絕之，並報告主計機關(D)應拒絕之，並報告該管審計機關【106 年初考】

(A)29.各機關主辦會計人員，對於不合法之會計程序或會計文書，其處理程序為何？(A)應使之更正；不更正者，應拒絕之，並報告該機關主管長官(B)應使之更正；不更正者，應拒絕之，並報告審計機關(C)應使之更

正；不更正者，應拒絕之，並報告政風機關(D)應使之更正；不更正
者，應拒絕之，並報告上級主計機關長官【108 年經濟部事業機構】

(B)30.各機關主辦會計人員，對於不合法之會計程序或會計文書，應使之更
正。若該項不合法之行為，係由於該機關主管長官之命令者，應如何處
理？(A)拒絕簽名蓋章(B)以書面聲明異議(C)報告上級主管機關長官(D)
報告上級主辦會計人員【109 年初考】

(D)31.各機關主辦會計人員執行內部審核，對於該機關主管長官命令之不合法
會計文書，應如何辦理？(A)報告上級機關(B)拒絕之(C)報告監察院(D)
書面聲明異議【111 年地特五等】

(C)32.下列有關對不合法會計文書的處理之敘述，何者錯誤？(A)各機關主辦
會計人員，對於不合法之會計程序或會計文書，應使之更正(B)不合法
之會計程序或會計文書若不更正者，主辦會計人員應拒絕之，並報告該
機關主管長官(C)不合法之行為，若是由於該機關主管長官之命令者，
應以口頭方式聲明異議(D)該機關主管長官如不接受更正時，應報告該
機關之主管上級機關長官與其主辦會計人員或主計機關【107 年初考】

(C)33.依會計法規定，下列哪一日期以前，有關特別費支用之相關人員財務責
任均由法律予以明文解除？(A)93 年 12 月 31 日(B)94 年 12 月 31 日
(C)95 年 12 月 31 日(D)96 年 12 月 31 日【107 年初考】

(C)34.各機關大宗動產、不動產之買賣契約，非經下列何者事前審核簽名或蓋
章，不生效力？(A)主計單位(B)主辦會計(C)會計人員(D)主辦出納【108
年地特五等】

(D)35.下列有關內部審核之敘述，何者正確？(A)內部審核之實施，僅採書面
審核方式(B)各機關主辦會計人員，對於不合法之會計程序或會計文
書，應拒絕之，並報告該機關主管長官(C)財務審核係指現金及其他財
物之處理程序之審核(D)會計憑證關係現金、票據、證券之出納者，非
經主辦會計人員或其授權人之簽名或蓋章，不得為出納之執行【106 年
地特五等】

(B)36.依會計法規定，關係經費負擔或收入一切契約，及大宗動產、不動產之
買賣契約，非經下列何者事前審核簽名或蓋章，不生效力？(A)出納人
員(B)會計人員(C)檢核人員(D)機關首長或其授權人員【112 年台電公司
新進僱員】

(B)37.各機關對外之收款收據，非經主辦會計人員或其授權人之簽名或蓋章者，不生效力；但有特殊情形者，得報經下列何者核准，另定處理辦法？(A)該管審計機關(B)該管主計機關(C)該管主計機關及審計機關(D)所在機關長官【111年地特五等】

(A)38.有關採購或財物審核，何者非屬契約得免經會計人員事前審核之情形？(A)大宗動產、不動產買賣契約(B)緊急需要而臨時決定之契約，由主辦單位負完全責任(C)配合需要須委託國外機構在國外洽辦(D)契約草案第1次經會計人員事前審核，內容不變【110年經濟部事業機構】

(C)39.會計人員審核原始憑證，發現書據上表示數量或金額之文字、號碼不符時，應如何處理？(A)以文字為準簽署之(B)以號碼為準簽署之(C)拒絕簽署(D)會計人員予以更正後簽署之【110年台電公司新進僱員】

(B)40.有關內部審核之敘述，下列何者錯誤？(A)內部審核之範圍包括財務、財物及工作審核(B)內部審核分為事前、事中及事後審核三種(C)各機關會計人員對於財物之訂購或款項之預付，經查核與預算所定用途及計畫進度相合者，應為預算之保留(D)各機關會計人員審核原始憑證，發現有書據之數字或文字有塗改痕跡，而塗改處未經負責人員簽名或蓋章證明者，應拒絕簽署【108年地特五等】

(D)41.各機關會計人員審核原始憑證，其中應拒絕簽署之情形，不包括下列何者？(A)未註明用途或案據者(B)依照法律或習慣應有之主要書據缺少或形式不具備者(C)書據上表示金額或數量之文字、號碼不符者(D)案件未加會所引用法令之內部相關權責單位者【109年地特五等】

(B)42.關於內部審核，下列敘述何者錯誤？(A)事後複核著重憑證、帳表之複核與工作績效之查核(B)財務審核包括現金之處理程序之審核(C)兼採書面審核與實地抽查方式(D)執行內部審核人員非因違法失職或重大過失，不負損害賠償責任【108年初考】

(C)43.有關機關內部審核之敘述，下列何者正確？(A)審核財物處理時發現財物雖具使用價值但已屆滿使用年限，無須設帳管制(B)執行內部審核人員，發現特殊情況或提出重要改進建議，得以書面或口頭報告行之(C)會計人員執行內部審核，依照法令辦理，非因違法失職或重大過失，不負損害賠償責任(D)機關內部審核之實施，兼採書面審核與定期或不定期實地抽查，但不得透過電腦輔助處理【110年經濟部事業機構】

第五章　會計人員

壹、超然主計制度之規定

一、會計法相關條文

(一)主計機構超然之規定

第 2 條　各下級政府主計機關（無主計機關者，其最高主計人員），關於會計事務，應受該管上級政府主計機關之監督與指導。

第 105 條　主計機關派駐各機關之辦理會計人員所需一般費用，應列入所在機關之經費預算；其屬專案業務費，得列入該管主計機關之預算。

(二)主計人員超然之規定

第 104 條　各該政府所屬各機關主辦會計人員及其佐理人員之任免、遷調、訓練及考績，由各該政府之主計機關依法為之。

(三)主計職務超然之規定

第 106 條　各該政府所屬各機關之會計事務，由各該管主計機關派駐之主辦會計人員綜理、監督、指揮之；主計機關得隨時派員赴各機關視察會計制度之實施狀況，與會計人員之辦理情形。

第 107 條　各機關辦理第五條至第七條所列各種會計事務之佐理人員，均應由主計機關派充，除直接對於前條主辦會計人員負責外，並依其性質，分別對於各類事務之主管或主辦人員負責，而受其指揮。

第 108 條　第五條至第七條所列各種會計事務，在事務簡單之機關得合併或委託辦理。但會計事務設有專員辦理者，不得兼辦出納或經理財物之事務。

第 110 條　主辦會計人員與所在機關長官因會計事務發生爭執時，由該管上級機關之主管長官及其主辦會計人員處理之。會計人員有違

　　法或失職情事時，經所在機關長官函達主計機關長官，應即依
　　法處理之。

二、解析

(一)在主計機構的超然方面，主計機構人員設置管理條例第 5 條規定，主
　　計機構設置及員額編制標準，依各該機關之層級、組織型態、附屬機
　　關（構）多寡及主計業務繁簡等因素，由中央主計機關定之。主計總
　　處並訂有「主計機構設置及員額編制標準」。且依會計法第 2 條與統
　　計法第 20 條規定，各級政府主計機關關於會計事務及統計業務，應受
　　該管上級主計機關之監督與指導。另除主計總處及部分直轄市政府之
　　主計機關如臺北市政府主計處、新北市政府主計處等，因屬機關型
　　態，爰以單位預算型態編列外，其餘各主計機關主計人員人事費及所
　　需業務費用等，按照會計法第 105 條規定，係列入所在機關預算。

(二)在主計人員超然方面，會計法第 104 條規定，各該政府所屬各機關主
　　辦會計人員及其佐理人員之任免、遷調、訓練及考績，由各該政府之
　　主計機關依法為之。而有關各級主計人員之任免、遷調、考核、獎懲
　　及訓練進修等，係由各該政府主計機關依主計機構人員設置管理條例
　　辦理。行政院主計總處組織法第 7 條尚規定，主計長得依法調用各機
　　關辦理歲計、會計、統計人員。主計總處並另訂有主計機構編制訂定
　　及人員任免遷調辦法、主計人員遷調規定、主計人員陞遷規定、主計
　　人員獎懲辦法等。

(三)主計職務（或職責）之超然，即主計人員依預算法、決算法、會計
　　法、統計法及其他相關主計法規辦理主計事務時，可以超然運用其獨
　　立職權之意。除上面所列會計法第 106 條、第 107 條、第 108 條與第
　　110 條外，會計法第 99 條、統計法第 21 條：「主辦統計人員與該機關
　　長官對統計業務有不同意見時，由該管上級機關之長官及主辦統計人
　　員處理。」及第 22 條：「各級政府主計機關得稽核及複查各該政府所
　　屬機關之統計業務。中央主計機關得稽核及複查地方政府之統計業
　　務。」、行政院主計總處組織法第 6 條：「全國各級主辦歲計、會
　　計、統計人員，分別對各該管上級機關主辦歲計、會計、統計人員負
　　責，並依法受所在機關長官之指揮。」、主計機構人員設置管理條例

第 29 條亦有類似規定等，均為主計職務超然性之顯現。

(四)會計人員主要負責歲入、歲出概（預）算及決算之編製、執行內部審核工作、會計事務之處理等，且依政府採購法第 13 條、機關主會計及有關單位會同監辦採購辦法第 4 條、會計法第 95 條等規定，會計人員對機關辦理採購負有監督及內部審核職權。又內部審核處理準則第 21 條所規定之現金審核，係由各機關會計人員審核現金、票據、證券等出納事務處理及保管情形，在各機關學校無論規模大小與業務繁簡等，均已設有專任或兼任會計人員實況下，按照會計法第 108 條規定，會計人員自不得經辦採購財物及兼辦出納、財產管理等工作，以落實職能分工，發揮內部控制機制。

貳、會計檔案之保管及有遺失、損毀時之處理

一、會計法相關條文

第 109 條　各機關之會計憑證、會計報告及記載完畢之會計簿籍等檔案，於總決算公布或令行日後，應由主辦會計人員移交所在機關管理檔案人員保管之。但使用機器處理會計資料所用之儲存體，得另行處理之。

會計檔案遇有遺失、損毀等情事時，應即呈報該管上級主辦會計人員或主計機關及所在機關長官與該管審計機關，分別轉呈各該管最上級機關，非經審計機關認為其對於良善管理人應有之注意並無怠忽，且予解除責任者，應付懲戒。

遇有前項情事，匿不呈報者，從重懲戒。

因第二項或第三項情事，致公庫受損害者，負賠償責任。

二、解析

(一)行政院主計總處所訂「政府會計憑證保管調案及銷毀應行注意事項」第 2 點規定，各機關會計憑證，在未依會計法第 109 條規定移交所在機關管理檔案人員保管前，主辦會計人員應指派專人處理之；移交後，管理檔案人員應依檔案法相關規定管理，並注意與主（會）計單位之權責分工，以確保憑證之安全。又支出會計憑證採電子化處理

者，則應依行政院所訂「政府支出會計憑證電子化處理要點」辦理。

(二)會計檔案應妥慎保管，遇有遺失、毀損等情事時，保管人員應儘速通報機關主辦會計人員，並由主辦會計人員呈報上級主辦會計人員或主計機關、所在機關長官與該管審計機關，分別轉呈各該管最上級機關，非經審計機關認為其對於良善管理人應有之注意並無怠忽，且予解除責任者，應予懲戒。而依公務員懲戒法第 9 條規定，公務員之懲戒處分包括免除職務、撤職、罰款、記過、申誡等九種。會計法第 109 條規定之懲戒，應指行政處分之申誡及記過。又於主計人員獎懲辦法第 8 條中規定，主計人員經管之會計檔案，未盡善良管理之責，致檔案遺失或損毀，應視情節申誡一次或二次。

參、會計人員兼職及兼任職務之限制

一、會計法相關條文

第 112 條　會計人員不得兼營會計師、律師業務，除法律另有規定外，不得兼任公務機關、公私營業機構之職務。

二、解析

(一)公務員服務法第 14 條規定，公務員不得經營商業，非經公股股權管理機關指派代表公股等情形，並經服務機關（機關首長則為上級機關）事先核准者不得兼任以營利為目的之事業負責人、董事或監察人或相類似職務。第 15 條第 1 項規定，公務員除法令規定外，不得兼任他項公職；其依法令兼職者，不得兼薪。第 15 條第 4 項規定，公務員兼任教學或研究工作或非以營利為目的之事業或團體職務，受有報酬者，應經服務機關同意，機關首長則應經上級機關同意，其辦法，由考試院會同行政院定之。考試院爰訂有「公務員兼任非營利事業或團體受有報酬職務許可辦法」，其中第 4 條規定，公務員之兼職應向服務機關申請許可。

(二)會計人員屬公務員範圍，除依會計法第 112 條規定，不得兼營會計師及律師業務外，適用前述公務員服務法等相關法令。即會計人員之兼職，除法律另有規定外，得經服務機關之許可兼任職務，如兼任會計

員，兼任社團法人、財團法人與行政法人之董事或監察人，兼任公民營公司政府官股代表之董事或監察人，兼任私立學校財團法人之公益監察人，兼任以開會型態為主之職務等，並依行政院所訂軍公教人員兼職費支給表領取兼職費。

肆、會計人員請假及交代

一、會計法相關條文

(一)主辦會計人員之請假或出差

第 111 條　主辦會計人員之請假或出差，應呈請該管上級機關之主辦會計人員或主計機關指派人員代理；其期間不逾一個月者，得自行委託人員代理。但仍應先期呈報，並連帶負責。

(二)會計人員辦理交代

第 113 條　會計人員經解除或變更其職務者，應辦交代。但短期給假或因公出差者，不在此限。

(三)主辦會計人員辦理交代

第 114 條　主辦會計人員辦理交代，應由所在機關長官或其代表及上級機關主辦會計人員或其代表監交。
前項人員交代時，應將印信、文件及其他公有物與其經管之會計憑證、會計簿籍、會計報告、機器處理會計資料之貯存體、機器處理會計手冊，造表悉數交付後任，其已編有目錄者，依目錄移交，得不另行造表。

(四)會計佐理人員辦理交代

第 115 條　會計佐理人員辦理交代，應由主辦會計人員或其代表監交；交代時，應將業務上所用之章戳、文件、簿籍及其他公有物並經辦未了事件，造表悉數交付後任。

(五)辦理交代方式

第116條 交代人員應將經管帳簿及重要備查簿,由前任人員蓋章於其經管最末一筆帳項之後;新任蓋章於其最初一筆帳項之前。均註明年、月、日,證明責任之終始。

(六)辦理交代之期限

第117條 主辦會計人員,應自後任接替之日起五日內交代清楚,非取得交代證明書後,不得擅離任所。但前任因病卸職或在任病故時,得由其最高級佐理人員代辦交代,均仍由該前任負責。
後任接受移交時,應即會同監交人員,於二日內依據移交表或目錄,逐項點收清楚,出具交代證明書,交前任收執,並會同前任呈報所在機關長官及各該管上級機關。但移交簿籍之內容,仍由前任負責。

第118條 會計佐理人員,自後任接替之日起二日內交代清楚,除因病卸任者,得委託代辦交代外,其在任病故者之交代,應由其該管上級人員為之。

(七)辦理交代不清之責任

第119條 會計人員交代不清者,應依法懲處;因而致公庫損失者,並負賠償責任;與交代不清有關係之人員,應連帶負責。

(八)機關被裁撤或基金結束之交代

第120條 因機關被裁或基金結束而交代時,交代人員視為前任,接受人員視為後任;其交代適用本章之規定。

二、解析

依會計法、主計機構人員設置管理條例及行政院主計總處組織法等,對於超然主計制度之規定,各機關主辦會計人員除對各該管上級機關主辦會計人員負責外,並依法受所在機關長官之指揮。故主辦會計人員之請假或出差,應報經所在機關長官核准,並呈請上級機關主辦會計人員或主計機關指派人員代理,其期間不逾 1 個月者,實務上大多由主辦會計人員依

據會計法第 111 條後段規定，自行覓人代理。又主辦會計人員辦理交代，係由所在機關長官或其代表及上級機關主辦會計人員或其代表監交，並交接印信及編造移交清冊，已形成了一套固定或標準的作業模式，因此可避免延宕交接時間或發生交代不清情形。

伍、作業及相關考題

※名詞解釋

一、主計機構超然
二、主計人事超然
三、主計職務（或職責）超然
　　（註：一至三答案詳本文壹、二、(一)至(三)）

※申論題

一、試依會計法之規定，分別說明主辦會計人員及會計佐理人員辦理交代的內容及程序。【112 年地特三等】

答案：

(一) 主辦會計人員辦理交代之內容及程序
　1. 會計法第 114 條規定（請按條文內容作答）。
　2. 會計法第 117 條第 1 項規定（請按條文內容作答）。
(二) 會計佐理人員辦理交代之內容及程序
　1. 會計法第 115 條規定（請按條文內容作答）。
　2. 會計法第 118 條規定（請按條文內容作答）。

※測驗題

一、高考、普考、薦任升等、三等及四等各類特考

(D)1. 各該政府所屬各機關主辦會計人員之任免、遷調、訓練及考績，由何者依法為之？(A)各機關長官(B)各機關主管會計人員(C)各該政府之人事機關(D)各該政府之主計機關【107 年高考】

(A)2. 各該政府所屬各機關主辦會計人員及佐理人員之任免、遷調、訓練及考績，由下列何者為之？(A)各該政府的主計機關(B)各機關首長(C)各機

關主辦會計人員(D)各機關人事單位【112 年鐵特三級及退除役特考三等】

(B)3. 主計機關派駐機關之辦理會計人員所需一般費用,應列入何機關之經費預算?(A)主計機關(B)所在機關(C)所在機關之上級機關(D)不編入機關預算,由第二預備金支應【106 年高考】

(C)4. 財政部主辦會計人員之任免、遷調、訓練及考績,由何機關依法為之?財政部之辦理會計人員所需一般費用,應列入何機關之經費預算?(A)財政部;財政部(B)財政部;行政院主計總處(C)行政院主計總處;財政部(D)行政院主計總處;行政院主計總處【107 年地特三等】

(D)5. 下列有關超然主計精神之敘述,何者錯誤?(A)各該政府所屬各機關主辦會計人員之任免及遷調,由各該政府之主計機關依法為之(B)各該政府所屬各機關主辦會計人員之訓練及考績,由各該政府之主計機關依法為之(C)各下級政府主計機關,關於會計事務,應受該管上級政府主計機關之監督及指導(D)各下級政府主計機關之辦理會計人員所需一般費用,應列入該管上級政府主計機關之經費預算【110 年高考】

(C)6. 依會計法規定,主計機關得隨時派員赴各機關視察會計制度之實施狀況,與下列何者之辦理情形?(A)會計事務(B)內部審核(C)會計人員(D)內部控制【109 年高考】

(C)7. 主計機關派駐各機關之辦理會計人員所需費用,應如何編列?(A)一般費用列入所在機關之經費預算;其屬專案業務費,得列入上級機關之預算(B)一般費用與專案業務費,均得列入所在機關之經費預算(C)一般費用列入所在機關之經費預算;其屬專案業務費,得列入該管主計機關之預算(D)一般費用列入該管主計機關之預算;其屬專案業務費,得列入所在機關之經費預算【106 年薦任升等】

(B)8. 有關各級政府會計人員之規定,下列何者錯誤?(A)各該政府所屬各機關主辦會計人員及其佐理人員之任免、遷調、訓練及考績,由各該政府之主計機關依法為之(B)主計機關派駐各機關之辦理會計人員所需一般費用,應列入該管主計機關之預算(C)主計機關得隨時派員赴各機關視察會計制度之實施狀況,與會計人員之辦理情形(D)各機關辦理會計法第 5 條至第 7 條所列各種會計事務之佐理人員,均應由主計機關派充【112 年高考】

(B)9. 下列有關會計人員之敘述，何者正確？(A)主計機關派駐各機關之辦理會計人員所需一般費用，應列入所在機關之經費預算，或該管主計機關之預算(B)各該政府所屬各機關之會計事務，由各該管主計機關派駐之主辦會計人員綜理、監督、指揮之(C)主計機關應定期派員赴各機關視察會計制度之實施狀況，與會計人員之辦理情形(D)會計事務在事務簡單之機關，得合併或委託辦理，但會計事務設有科員者，其不得兼辦出納或經理財物事務【109年地特三等】

(D)10.依現行會計法之規定，各機關之會計憑證、會計報告及記載完畢之會計簿籍等檔案，於總決算公布或令行日後，應如何保管之？(A)由機關主辦會計人員移交該管審計機關(B)由所在機關管理檔案人員移交該管審計機關(C)由所在機關管理檔案人員移交主辦會計人員(D)由主辦會計人員移交所在機關管理檔案人員【108年地特三等】

(A)11.下列關於會計法所規定之會計程序，何者錯誤？(A)會計報告、帳簿及重要備查帳或憑證內之記載，繕寫錯誤而當時發現者，應由主辦會計劃線註銷更正(B)機器貯存體中之紀錄，應於處理完畢時，附置總數控制數碼，並另以書面標示，由主辦會計人員審核簽名或蓋章(C)各機關之會計憑證、會計報告及記載完畢之會計簿籍等檔案，於總決算公布或令行日後，應由主辦會計人員移交所在機關管理檔案人員保管之(D)各級分會計機關之會計報告，應由主辦會計人員依照規定之期日、期間及方式編製之【110年薦任升等】

(C)12.某國立大學之會計檔案遇有遺失、損毀等情事時，應即呈報何者？(A)該國立大學校長(B)該國立大學校長、教育部會計處(C)該國立大學校長、教育部會計處、審計部(D)該國立大學校長、教育部會計處、審計部及監察院【110年薦任升等】

(B)13.有關審計機關與會計報告及其相關資訊之規定，下列何者錯誤？(A)各種會計憑證，均應自總決算公布或令行日起，至少保存二年；屆滿二年後，除有關債權、債務者外，經該管上級機關與該管審計機關之同意，得予銷毀(B)各種會計報告、帳簿及重要備查簿，與機器處理會計資料之貯存體暨處理手冊，自總決算公布或令行日起，在總會計至少保存二十年；在單位會計、附屬單位會計至少保存十年；在分會計、附屬單位會計之分會計至少保存五年。其屆滿各該年限者，在總會計經行政長官

及審計機關之同意，始得銷毀之(C)各該政府主計機關之會計總報告，
與其政府之公庫、財物經理、徵課、公債、特種財物及特種基金等主管
機關之報告發生差額時，應由該管審計機關核對，並製表解釋之(D)會
計檔案遇有遺失、損毀等情事時，應即呈報該管上級主辦會計人員或主
計機關及所在機關長官與該管審計機關，分別轉呈各該管最上級機關，
非經審計機關認為其對於良善管理人應有之注意並無怠忽，且予解除責
任者，應付懲戒【110年高考】

(C)14. 主辦會計人員與所在機關長官因會計事務發生爭執時該如何處理？(A)
由該管上級機關之主管長官處理之(B)由該管上級機關之主辦會計人員
處理之(C)由該管上級機關之主管長官及其主辦會計人員處理之(D)由中
央政府之主計機關依法辦理之【106年地特三等】

(D)15. 主辦會計人員與所在機關長官因會計事務發生爭執時，依法如何處理？
(A)由該管上級機關之主管長官處理之(B)由該管上級機關之主辦會計人
員處理之(C)由該管上級機關之主管長官及其主辦人事人員處理之(D)由
該管上級機關之主管長官及其主辦會計人員處理之【106 年鐵特三級及
退除役特考三等】

(B)16. 依會計法規定，下列有關超然主計制度之敘述，何者正確？(A)各級主
計機關派駐所屬各機關之辦理會計人員所需之專案業務費應列入該管主
計機關之預算(B)各機關專責辦理會計事務之人員，不得兼辦出納或經
理財物之事務(C)各機關主辦會計人員與所在機關長官因會計事務發生
爭執時，應由該管上級機關之主管長官全權處理(D)各機關除主辦會計
人員應由該管主計機關派駐外，辦理各類會計事務之佐理人員則由所在
機關派充【112年鐵特三級及退除役特考三等】

(C)17. 依會計法之規定，會計人員有違法或失職情事時，如何處理？(A)經所
在機關長官函達審計機關長官，依法處理之(B)經所在機關長官函達上
級機關長官，依法處理之(C)經所在機關長官函達主計機關長官，依法
處理之(D)所在機關長官得逕行依法處理之【112年薦任升等】

(C)18. 有關會計人員之敘述，何者為非？(A)各該政府所屬各機關主辦會計人
員及其佐理人員之任免、遷調、訓練及考績，由各該政府之主計機關依
法為之(B)各該政府所屬各機關之會計事務，由各該管主計機關派駐之
主辦會計人員綜理、監督、指揮之(C)主辦會計人員與所在機關長官因

會計事務發生爭執時，由中央主計機關統一處理之(D)會計人員不得兼營會計師、律師業務，除法律另有規定外，不得兼任公務機關、公私營業機構之職務【110年地特三等】

(A)19. 依會計法有關辦理交代之規定，主辦會計人員辦理交代，應由下列何者監交？①所在機關長官或其代表②上級機關主辦會計人員或其代表③所在機關會計佐理人員④所在機關內部稽核人員(A)①②(B)②③(C)③④(D)①④【111年鐵特三級】

(D)20. 依會計法規定，會計佐理人員辦理交代，應由何人監交？(A)所在機關長官或其代表及上級機關會計人員或其代表(B)上級機關會計人員或其代表(C)所在機關長官或其代表及主辦會計人員或其代表(D)主辦會計人員或其代表【109年高考】

(A)21. 下列有關會計人員之敘述，何者錯誤？(A)會計人員不得兼營會計師、律師業務，亦不得兼任某公營機構之董監事(B)會計人員變更其職務者，應辦交代(C)會計佐理人員辦理交代，應由主辦會計人員監交(D)會計檔案遇有遺失，應即呈報該管上級主辦會計人員或主計機關及所在機關長官與該管審計機關，分別轉呈各該管最上級機關【107年高考】

(C)22. 依現行會計法規定，主辦會計人員，應自後任接替之日起多久時間交代清楚，非取得交代證明書後，不得擅離住所？(A)2日內(B)3日內(C)5日內(D)7日內【108年薦任升等】

(D)23. 會計法有關主辦會計人員之規定，下列敘述何者錯誤？(A)各機關主辦會計人員之出差或請假，如其期間不超過1個月者，得自行委託人員代理(B)會計人員經解除或變更其職務者，應辦交代，但短期給假，不在此限(C)主辦會計人員辦理交代，應由所在機關長官或其代表及上級機關主辦會計人員或其代表監交(D)主辦會計人員，應自後任接替之日起7日內交代清楚【108年高考】

(D)24. 有關會計人員之敘述，下列何者正確？(A)會計人員於不影響公務範圍，得兼營會計師業務(B)主辦會計人員，應自後任接替之日起10日內交代清楚(C)會計檔案遇有遺失、毀損等情形，如已盡良善管理人應有之注意，即無須再呈報上級主計機關、所在機關長官與所管審計機關(D)各機關會計憑證、會計報告及記載完畢之會計簿籍等檔案，於總決算公布或令行日後，應移交所在機關管理檔案人員保管【112年地特三

等】

(A)25. 主辦會計人員辦理移交時，後任人員應於幾日內依據移交表或目錄，逐項點收清楚，出具交代證明書？(A)二日內(B)三日內(C)四日內(D)五日內【112年薦任升等】

(B)26. 依會計法規定，會計人員辦理交代之敘述何者正確？(A)會計佐理人員，自後任接替之日起 3 日內交代清楚(B)會計佐理人員因病卸任者，得委託代辦交代(C)主辦會計人員，應自後任接替之日起 7 日內交代清楚(D)主辦會計請假不逾 1 個月者，應自行委託人員代理【108 年鐵特三級及退除役特考三等】

(B)27. 下列有關會計人員交代之敘述，正確者計有幾項？①主辦會計人員辦理交代，應由所在機關長官或其代表及上級機關主辦會計人員或其代表監交②會計佐理人員辦理交代，應由主辦會計人員或其代表監交③主辦會計人員，應自後任接替之日起七日內交代清楚④會計佐理人員應自後任接替之日起五日內交代清楚(A)一項(B)二項(C)三項(D)四項【110 年鐵特三級及退除役特考三等】

(C)28. 下列有關會計人員的敘述，何者最正確？(A)主辦會計人員辦理交代，應由所在機關長官或上級機關派員監交(B)主辦會計人員與所在機關長官因會計事務發生爭執時，應由上級主計機關派員處理之(C)主辦會計人員，自後任接替之日五日內交代清楚(D)會計佐理人員，自後任接替之日五日內交代清楚【112 年鐵特三級及退除役特考三等】

(D)29. 依會計法之規定，下列有關連帶負責之敘述，何者錯誤？(A)會計憑證之記載因繕寫錯誤而致公庫受損失者，關係會計人員應負連帶損害賠償責任(B)因機關主管長官命令所為之不合法會計程序，主辦會計人員若不以書面聲明異議，對於不合法行為，應負連帶責任(C)會計人員交代不清因而致公庫損失，與交代不清有關係之人員，應連帶負責(D)主辦會計人員之請假期間不逾一個月者，若代理人已先期呈報核准，則無須連帶負責【110 年鐵特三級及退除役特考三等】

二、初考、地特五等、經濟部所屬事業機構及台電公司新進僱員

(B)1. 臺北市政府所屬各機關主辦會計人員及其佐理人員之任免、遷調、訓練及考績，由下列何者依法為之？(A)臺北市政府人事處(B)臺北市政府主

計處(C)行政院人事行政總處(D)行政院主計總處【109 年初考】

(C)2. 主計機關派駐各機關之辦理會計人員所需一般費用，原則上應列入：(A)該管主計機關之預算(B)上級機關之經費預算(C)所在機關之經費預算(D)中央主計機關預算【108 年初考】

(C)3. 下列有關主計超然的敘述，何者錯誤？(A)各下級政府主計機關，關於會計事務，應受該管上級政府主計機關之監督與指導(B)各該政府所屬各機關主辦會計人員及其佐理人員之任免、遷調、訓練及考績，由各該政府之主計機關依法為之(C)主計機關派駐各機關之辦理會計人員所需全部費用，應列入該管主計機關之預算(D)各該政府所屬各機關之會計事務，由各該管主計機關派駐之主辦會計人員綜理、監督、指揮之【106 年地特五等】

(A)4. 下列有關主計超然之敘述，何者錯誤？(A)各該政府所屬各機關主辦會計人員及其佐理人員之任免、遷調、訓練及考績，由各該政府之機關首長依法為之(B)主計機關派駐各機關之辦理會計人員所需一般費用，應列入所在機關之經費預算；其屬專案業務費，得列入該管主計機關之預算(C)各該政府所屬各機關之會計事務，由各該管主計機關派駐之主辦會計人員綜理、監督、指揮之(D)主計機關得隨時派員赴各機關視察會計制度之實施狀況，與會計人員之辦理情形【107 年初考】

(D)5. 關於會計人員之敘述，下列何者正確？(A)各該政府所屬各機關主辦會計人員及其佐理人員之任免、遷調、訓練及考績，由各該政府所屬各機關依法為之(B)主計機關派駐各機關之辦理會計人員所需一般費用，應列入該管主計機關之預算(C)各該政府所屬各機關之會計事務，由各該政府所屬各機關指派主辦會計人員綜理、監督、指揮之；主計機關得隨時派員赴各機關視察會計制度之實施狀況，與會計人員之辦理情形(D)會計事務設有專員辦理者，不得兼辦出納或經理財物之事務【109 年地特五等】

(B)6. 依會計法規定，各機關除使用機器處理會計資料所用之儲存體外，會計報告檔案於總決算公布或令行日後，應由下列何者負責保管之？(A)各機關主辦會計人員(B)各機關管理檔案人員(C)文獻機關相關人員(D)予以銷毀不用保存【107 年初考】

(C)7. 各機關會計憑證、會計簿籍及會計報告，應於何時由主辦會計移交所在

機關管理檔案人員保管之？(A)會計年度結束期間後(B)會計年度終了日後(C)總決算公布或令行日後(D)隨時辦理【111 年地特五等】

(D)8. 依會計法規定，各機關之會計憑證、會計報告及記載完畢之會計簿籍等檔案，應於何時由主辦會計人員移交所在機關管理檔案人員保管？(A)會計年度終了日(B)會計年度結束期間(C)總決算提出於監察院(D)總決算公布或令行日後 【112 年經濟部事業機構】

(A)9. 有關會計檔案保管之敘述，下列何者錯誤？(A)總會計之會計憑證，於保存屆滿 20 年後，經行政長官及審計機關之同意，得移交文獻機關或其他相當機關保管之(B)各機關之會計憑證，於總決算公布或令行日後，應由主辦會計人員移交所在機關管理檔案人員保管之(C)附屬單位會計之會計報告，自總決算公布或令行日起，至少保存 10 年(D)分會計之日報、五日報、週報、旬報、月報之保存期限，得縮短為 3 年【111 年地特五等】

(C)10. 依會計法第 109 條，某機關會計人員所保管之會計檔案遺失，惟匿不呈報，該會計人員將面臨何種處罰？(A)解除職務(B)記過(C)從重懲戒(D)公告姓名【109 年經濟部事業機構】

(D)11. 有關會計人員應負責任之敘述，何者錯誤？(A)會計人員執行內部審核事項，應依照有關法令辦理；非因違法失職或重大過失，不負損害賠償責任(B)會計檔案遇有遺失、損毀等情事時，應即呈報該管上級主辦會計人員或主計機關及所在機關長官與該管審計機關，分別轉呈各該管最上級機關，非經審計機關認為其對於良善管理人應有之注意並無怠忽，且予解除責任者，應付懲戒(C)遇有上述(B)情事且匿不呈報者，從重懲戒(D)主辦會計人員與所在機關長官因會計事務發生爭執時，由該管上級機關之主辦會計人員處理之【109 年地特五等】

(D)12. 主辦會計人員與所在機關長官因會計事務發生爭執時，由下列何者處理之？(A)該管上級機關之主管長官(B)該管上級機關之主辦會計人員(C)該管上級機關之主管長官或其主辦會計人員(D)該管上級機關之主管長官及其主辦會計人員【108 年地特五等】

(D)13. 會計人員有違法或失職情事時，所在機關長官應如何處理？(A)函達上級機關長官依法處理之(B)函達審計機關長官依法處理之(C)函達司法機關長官依法處理之(D)函達主計機關長官依法處理之【107 年經濟部事

業機構】

(C)14.主辦會計人員之請假或出差，應呈請該管上級機關之主辦會計人員或主
計機關指派人員代理，但不逾以下何期間者，得自行委託人員代理？
(A)7 日(B)15 日(C)1 個月(D)2 個月【107 年經濟部事業機構】

(A)15.主辦會計人員之請假或出差，應呈請該管上級機關之主辦會計人員或主
計機關指派人員代理；其期間不逾幾個月者，得自行委託人員代理？
(A)1(B)2(C)3(D)4【112 年初考】

(C)16.下列有關會計人員之規範，何項不符合會計法之規定？(A)各該政府所
屬各機關之會計事務，由各該管主計機關派駐之主辦會計人員綜理、監
督、指揮之(B)主辦會計人員與所在機關長官因會計事務發生爭執時，
由該管上級機關之主管長官及其主辦會計人員處理之(C)主辦會計人員
之請假或出差，一律應呈請該管上級機關之主辦會計人員或主計機關指
派人員代理(D)會計人員不得兼營會計師、律師業務【106 年地特五
等】

(A)17.依會計法規定，會計人員於下列何種情事應辦理交代？①變更職務②短
期給假③因公出差(A)①(B)①②(C)①③(D)①②③【111 年初考】

(D)18.關於會計人員之相關規定，下列敘述何者錯誤？(A)會計人員有違法或
失職情事時，經所在機關長官函達主計機關長官，應即依法處理之(B)
會計人員不得兼營會計師、律師業務，除法律另有規定外，不得兼任公
務機關、公私營業機構之職務(C)會計人員經解除或變更其職務者，應
辦交代(D)會計人員因短期給假或因公出差，應辦交代【108 年初考】

(A)19.主辦會計人員辦理交代，應由下列何者辦理監交？(A)所在機關長官或
其代表及上級機關主辦會計人員或其代表監交(B)所在機關長官或其代
表及上級機關審計人員或其代表監交(C)所在機關長官或其代表及上級
主管機關代表監交(D)上級機關主辦會計人員或其代表監交【109 年初
考】

(C)20.主辦會計人員辦理交代，依會計法規定係採雙監交人制度，此雙監交人
係指下列何者？(A)所在機關長官或其代表及審計人員或其代表(B)上級
機關主辦人事長官或其代表及所在機關長官或其代表(C)所在機關長官
或其代表及上級機關主辦會計人員或其代表(D)上級機關主辦會計人員
或其代表及審計人員或其代表【111 年經濟部事業機構】

(D)21. 下列有關會計人員交代之敘述，何者錯誤？(A)主辦會計人員辦理交代，應由所在機關長官或其代表及上級機關主辦會計人員或其代表監交(B)會計人員經解除或變更其職務者，應辦交代(C)會計佐理人員辦理交代，應由主辦會計人員或其代表監交(D)主辦會計人員應自後任接替之日起三日內交代清楚【110年初考】

(B)22. 會計佐理人員辦理交代，應由何者監交？(A)審計人員(B)主辦會計人員(C)所在機關長官(D)上級機關主辦會計人員【112年初考】

(D)23. 下列有關會計人員之敘述，何者錯誤？(A)會計人員不得兼營會計師、律師業務，除法律另有規定外，不得兼任公務機關、公私營業機構之職務(B)會計人員有違法或失職情事時，經所在機關長官函達主計機關長官，應即依法處理之(C)主辦會計人員辦理交代，應由所在機關長官或其代表及上級機關主辦會計人員或其代表監交(D)主辦會計人員辦理交代，應自後任接替之日起 10 日內交代清楚，非取得交代證明書後，不得擅離任所【107年初考】

(C)24. 各該政府所屬各機關之會計事務由主辦會計人員綜理、監督及指揮，下列有關主辦會計人員交代事項之敘述，何者錯誤？(A)後任接受移交後，移交簿籍之內容，仍由前任負責(B)主辦會計人員，應自後任接替之日起 5 日內交代清楚(C)後任主辦會計人員接受移交時，應即會同監交人員，於 5 日內依據移交表或目錄，逐項點收清楚，出具交代證明書，交前任收執(D)前任主辦會計人員因病卸職或在任病故時，得由其最高級佐理人員代辦交代，均仍由該前任負責【109年初考】

(B)25. 依會計法規定，某機關主辦會計在任病故，得由下列何者辦理交代？(A)該機關新任主辦會計人員(B)該機關最高級會計佐理人員(C)該主辦會計人員之上級長官(D)該上級長官指派之會計佐理人員【107 年地特五等】

(B)26. 主辦會計人員、會計佐理人員自後任接替之日起需分別於多少日內交代清楚？(A)10 日；5 日(B)5 日；2 日(C)10 日；10 日(D)5 日；5 日【108年地特五等】

(B)27. 有關會計人員之交代，下列何者錯誤？(A)主辦會計人員，應自後任接替之日起 5 日內交代清楚(B)會計佐理人員，自後任接替之日起 3 日內交代清楚(C)會計佐理人員辦理交代，應由主辦會計人員或其代表監交

(D)會計人員交代不清者，應依法懲處【112年地特五等】

(C)28. 有關會計人員之敘述，下列何者錯誤？(A)各機關之會計憑證、會計報告及記載完畢之會計簿籍等檔案，於總決算公布或令行日後，應由主辦會計人員移交所在機關管理檔案人員保管之(B)各該政府所屬各機關之會計事務，由各該管主計機關派駐之主辦會計人員綜理、監督、指揮之(C)會計人員得兼營會計師、律師業務(D)會計人員交代不清者，應依法懲處；因而致公庫損失者，並負賠償責任；與交代不清有關係之人員，應連帶負責【108年地特五等】

第三篇

決算法

導　論

一、政府決算的意義

　　政府決算係一個政府之預算經完成法定程序後，就其執行期間（通常為 1 年）內財務收支實際情況，由各機關或各基金以會計處理原則與程序加以記錄、彙整，並於會計年度終了後編造之終結報告，以顯現預算執行情形及其成效。

二、政府決算的功能

(一)表達政府各機關施政計畫及預算執行結果

　　根據政府各機關各項施政計畫之達成程度與整體預算收支執行結果，可作為政府施政成果的具體表徵及顯示國家財政、經濟演變的趨勢。

(二)考核政府各機關施政績效及作為以後年度籌編預算案之參據

　　藉著政府各機關各項計畫及財務收支之實際執行情形，與原訂計畫及預算數之比較，能夠衡量政府施政績效與缺失，並提供以後年度釐訂施政方針、編製預算案及改進財務管理之參據。

(三)藉著總決算對外公告以增進民眾對政府財政收支狀況之瞭解

　　透過總決算之公告，可增進人民對政府財政收支實際狀況及政府謀求人民福祉所作努力之瞭解，並達到資訊公開之目的。

(四)決算須經審計機關審定可明確相關人員之財務責任

　　決算經依決算法與審計法等規定送審計機關審定後，對於預算執行及財務管理等相關人員之財務責任，始能獲得某種程度之解除。

三、決算法的性質

(一)決算法為憲法所規定政府應辦理決算之具體規範

　　憲法第 60 條規定：「行政院於會計年度結束後四個月內，應提出決算

於監察院。」第 105 條規定：「審計長應於行政院提出決算後三個月內，依法完成其審核，並提出審核報告於立法院。」確立了五權憲政體制下政府決算編送與其審核之權責及作業程序，至於有關決算之編造及審核等詳細內容，則於決算法中做具體之規範。

(二)決算法是預算法的延伸

完整的政府預算制度，一般係指包括預算案的籌劃、預算案編製、預算案審議、預算執行與控制、預算執行結果報告等五部分，決算屬於預算執行結果之報告，實為整體預算制度之重要一環。政府預算為政府的財政收支計畫，決算乃預算實施之結果，預算法係規範政府財政收支計畫之相關事宜，決算法則規範預算執行結果報告之編送及審核等事項，依決算法所編造之年度總決算與特別決算，可作為考核各機關預算執行成效及評估收支執行合法性之依據，故決算法實具有預算法延伸之性質。

(三)決算法是會計法的補充

具有完整的預算執行資料，表達預算執行結果之決算，係依各機關會計紀錄編製而成，顯示決算為處理政府會計事務的終結報告。又依會計法第 32 條第 1 項第 5 款規定，年度報告之編送期限依決算法規定。第 82 條第 1 項規定：「總會計年度報告之公告，依決算法之規定。」故各機關年度會計資料之編送期限及公告係按照決算法之規定辦理，顯見決算法具有補充會計法之性質。

(四)決算是顯示國庫年度財政收支調度之終結狀況

決算法第 17 條第 1 項規定：「國庫之年度出納終結報告，由國庫主管機關就年度結束日止該年度內國庫實有出納之全部編報之。」顯示國庫主管機關即財政部依決算法規定編成之國庫年度出納終結報告，為年度國庫整體出納及國庫財政收支調度事務之完結狀況。

(五)決算法與審計法同屬政府財務監督的一環

政府財務行政工作，主要包括財務計畫、財務執行與財務監督等三項職能，其中財務監督方面大致上為決算、審計及稽察程序，我國有決算法與審計法等相關法規加以規範。又決算法第三章關於決算之審核部分，其

內容與審計法第五章「考核財務效能」及第六章「核定財務責任」有甚多相通之條文，例如決算法第 23 條、第 24 條規定即與審計法第 67 條及第 68 條之規定雷同，至於其他條文內容，亦有甚多具相關性者，故決算法與審計法按其性質同屬政府財務監督的一環。

四、作業及相關考題

※名詞解釋

政府決算

（註：答案詳本文一）

※申論題

(一) 政府決算的功能為何？

（註：答案詳本文二）

(二) 決算法有哪些性質？

（註：答案詳本文三）

第一章 總 則

壹、決算法的適用範圍

一、決算法相關條文

第 1 條　　中華民國中央政府決算之編造、審核及公告，依本法之規定。

第 31 條　　地方政府決算，另以法律定之。

前項法律未制定前，準用本法之規定。

二、解析

(一)配合預算法之修正，使決算法成為純屬中央政府適用之法律，中央政府之決算，係指包括行政院、立法院、司法院、考試院、監察院、總統府、國家安全會議等憲政機關及其所屬機關之決算。

(二)目前並未另定有關地方政府決算編造、審議及公布之法律，僅於地方制度法第 42 條訂有各地方政府提出決算案與審計機關向直轄市及縣（市）議會提出決算審核報告之時限、議會與鄉（鎮、市）民代表會之審議作業及公告決算，其餘均準用決算法規定。又「準用」係指就某些事項所定之法規，於性質不相牴觸之範圍內，適用於其他事項之謂。即「準用」非完全適用所援引之法規，僅在性質容許之範圍內類推適用。故有關地方政府決算之編造、審核及公告，以地方制度法已有規範者應優先適用，其餘則準用決算法規定。

貳、政府決算之辦理時間及其種類

一、決算法相關條文

(一)政府決算之辦理時間

第 2 條　　政府之決算，每一會計年度辦理一次，年度終了後二個月，為該會計年度之結束期間。

結束期間內有關出納整理事務期限，由行政院定之。

(二)政府決算之種類

第 3 條　政府之決算，應按其預算分左列各種：

　　　　一、總決算。

　　　　二、單位決算。

　　　　三、單位決算之分決算。

　　　　四、附屬單位決算。

　　　　五、附屬單位決算之分決算。

二、解析

(一)政府應每年辦理年度總決算一次，作為該年度預算內各項計畫收支實際執行結果之總結，即年度預算執行結果之終結報告，至於特別預算則依決算法第 22 條規定，於執行期滿後編造決算。

(二)因中央政府所屬機關眾多、預算金額龐大、計畫項目繁多及決算事務龐雜紛繁，為利各機關辦理預算執行之總結工作，決算法第 2 條第 1 項規定，會計年度終了後 2 個月為該會計年度之結束期間，即各機關應於會計年度終了日（12 月 31 日）後至會計年度結束期間之結束日（次年 2 月底）內辦竣會計事務之整理、清結、歲入之應收數及保留數、歲出之應付數及保留數之申請保留等作業。至於會計年度結束期間內有關出納整理及辦理相關事務期限等，各機關應依行政院所訂總決算編製要點規定辦理。其中有關國庫年度收支截止期限，除國防部所管軍費支出為次年 1 月 20 日外，其餘各機關均為次年 1 月 15 日。

(三)依有預算始有決算之基本原則，決算之種類與預算之種類相同。決算法第 3 條係按照預算法第 16 條規定，將決算分為下列五種：

　1. 總決算：係就個別政府當年度總預算歲入、歲出與融資調度財源（含長期債務之舉借與償還、移用以前年度歲計賸餘）及以前年度歲入、歲出轉入數等之執行結果所編之決算報告。我國編列總決算者，有中央政府、六個直轄市（含臺北市、新北市、桃園市、臺中市、臺南市及高雄市）、十六個縣（市）、鄉（鎮、市）及六個直轄市山地原住民區（含新北市烏來區，桃園市復興區，臺中市和平區，高雄市那瑪夏區、桃源區及茂林區）。凡編列總決算者，均應依決算法第 21 條或地方制度法第 42 條規定期限內提出予各該管監督機關（中央政府為監

察院；地方政府為各該管審計機關）及民意機關。

2. 單位決算：係指單位預算機關或單位預算特種基金就其單位預算執行結果所編之決算報告。

3. 單位決算之分決算：係附屬於單位決算之內，其決算之編製，依總決算編製要點第 31 點規定，應按照有關單位決算之規定辦理。

4. 附屬單位決算：係就附屬單位預算執行結果所編之決算報告。

5. 附屬單位決算之分決算：係就附屬單位預算之分預算執行結果所編之決算報告。其分決算之編製，依總決算附屬單位決算編製要點第 19 點規定，應按照有關附屬單位決算編製之規定辦理。

參、政府決算收支之範圍與決算之機關單位、基金、科目及其門類

一、決算法相關條文

(一)政府決算收支之範圍

第 4 條　政府每一會計年度歲入與歲出、債務之舉借與以前年度歲計賸餘之移用及債務之償還，均應編入其決算；其上年度報告未及編入決算之收支，應另行補編附入。

當年度立法院為未來承諾之授權金額執行結果，應於決算內表達；因擔保、保證或契約可能造成未來會計年度內之支出者，應於決算書中列表說明。

(二)政府決算之科目及其門類

第 5 條　決算之科目及其門類，應依照其年度之預算科目門類。但法定由行政院統籌支撥之科目、第一預備金及依中央主計機關規定流用之用途別科目，不在此限；如其收入為該年度預算所未列者，應按收入性質另定科目，依其門類列入其決算。

(三)政府決算之機關單位及基金

第 6 條　決算所用之機關單位及基金，依預算法之規定；其記載金額之貨

幣，依法定預算所列為準。

二、解析

(一)決算法第 4 條規定中央政府總決算收支之範圍，與預算法第 13 條及第 17 條所規範總預算收支之範圍相同。另在實務作業上，各機關收支均依規定編入當年度決算，並無另行補編附入下年度決算之情形。

(二)配合預算法第 7 條至第 9 條，決算法第 4 條第 2 項亦規定應於決算內表達未來承諾之授權金額執行結果，因中央政府總預算及附屬單位預算尚未實施未來承諾之授權機制，故中央政府總決算內並未表達其執行結果。至於因擔保、保證或契約可能造成未來會計年度內之支出金額，已於中央政府總決算中列表說明及於非營業特種基金決算中揭露。另依獎勵民間參與交通建設條例及促進民間參與公共建設法規定，各機關辦理促進民間參與案件，於簽約後涉及政府應負擔經費，與在契約中訂有強制接管營運條款，亦可能造成政府未來會計年度之支出者，仍須依以上預算法與決算法規定，於預算書及決算書中予以揭露。

(三)依主計總處所訂「中央政府各級機關單位分級表」，分為主管機關、單位預算與單位預算之分預算，爰決算之機關單位亦分為主管決算、單位決算及單位決算之分決算；特種基金分為營業基金、債務基金、信託基金、作業基金、特別收入基金及資本計畫基金等六類，因此按其預算編製情形，分別編造附屬單位決算、附屬單位決算之分決算及信託基金決算。至預算與決算均係以國幣，即新臺幣記載，僅預算之單位為千元，決算之單位為元。

(四)決算之科目及其門類，係依照其年度之預算科目門類。即各機關單位預算歲入應按來源別科目編製之，歲出應按政事別、計畫或業務別與用途別科目編製之，歲入、歲出預算按其收支性質分為經常門、資本門，總預（決）算並包括長期債務之舉借、預計移用以前年度歲計賸餘調節因應數及長期債務之償還等融資性收支項目。至於附屬單位預算之營業基金，係照「IFRS 各業適用會計科（項）目名稱、定義及編號核定表（自 102 年度預算實施）」規定科目編製；非營業特種基金分別按「作業基金採企業會計準則適用科（項）目核定表（中央政府

自 107 年度預算適用）」與「債務基金、特別收入基金及資本計畫基金會計報表適用科（項）目核定表（中央政府自 109 年度起適用）」規定科目編製。

(五)中央政府總預算內「調整軍公教人員待遇準備」（有調整待遇時始編列）、「公教員工資遣退職給付」、「公教人員婚喪生育及子女教育補助」、「公務人員退休撫卹給付」、「早期退休公教人員生活困難照護金」等行政院統籌支撥科目，決算之科目及其門類，仍與預算相同，至於「第二預備金」與「災害準備金」等行政院統籌支撥科目，各公務機關單位預算所編列第一預備金，依行政院主計總處規定得予流用之歲出用途別科目經費，部分法律中有特別規定可排除預算法第 23 條、第 62 條與第 63 條規定之限制者等，則依實際動支科目及其門類列入決算。又年度預算所未列之收入，應按收入性質依「歲入來源別預算科目設置依據與範圍」所定科目，按其門類列入決算，如確有特殊原因及事實，致原定科目不敷應用時，應依照預算法第 97 條規定，由各主管機關事先擬具科目名稱專案送經主計總處核定後，當年度收入併年度決算處理。

肆、決算所列應收款及應付款等之保留期限

一、決算法相關條文

第 7 條　決算所列各項應收款、應付款、保留數準備，於其年度終了屆滿四年，而仍未能實現者，可免予編列。但依其他法律規定必須繼續收付而實現者，應於各該實現年度內，準用適當預算科目辦理之。

二、解析

(一)各機關應於年度終了後，按決算法第 7 條規定將各項應收款、應付款及保留數準備列入決算中表達。為避免應收與應付款項久懸不清，各機關應於該等款項保留期間積極清理，如於其年度終了屆滿 4 年，而仍未能實現者，可免予繼續保留。但在應收款部分，應依主計總處所訂「中央政府各機關註銷應收款項、存貨及存出保證金會計事務處理

作業規定」辦理註銷後，始得免予保留。

(二)按照民法第 125 條：「請求權，因十五年間不行使而消滅。但法律所定期間較短者，依其規定。」及行政程序法第 131 條：「公法上之請求權，於請求權人為行政機關時，除法律另有規定外，因五年間不行使而消滅；於請求權人為人民時，除法律另有規定外，因十年間不行使而消滅。公法上請求權，因時效完成而當然消滅。前項時效，因行政機關為實現該權利所作成之行政處分而中斷。」等規定，所謂準用適當預算科目辦理，即在法律請求權時效範圍內必須繼續收付而實現者，應於各該實現年度內，就應收款部分，以適當之歲入預算科目入帳，至應支付之款項，則由年度預算相關科目經費調整支應、動支第一預備金、動支第二預備金或另行編列預算方式處理。

(三)營業基金與非營業特種基金之應收款項及應付款項，應於資產負債表（或平衡表）表達，其逾期欠款債權、催收款及呆帳轉銷之會計事務處理，係依主計總處所訂「國營事業逾期欠款債權催收款及呆帳處理有關會計事務補充規定」（非營業特種基金準用上述補充規定）辦理。

伍、作業及相關考題

※名詞解釋

一、準用

（註：答案詳本文壹、二、(二)）

二、準用適當預算科目

（註：答案詳本文肆、二、(二)）

※申論題

一、請依決算法第 4 條規定決算應編入事項，回答下列問題：

(一)說明政府每一會計年度，除歲入與歲出外，尚有何種收入及支出均應編入決算？

(二)何種事項應於決算內表達？

(三)何種事項應於決算書中列表說明？

(四)何種事項應另行補編附入？【112 年薦任升等「審計應用法規」】

答案：

依決算法第 4 條規定：

(一)政府每一會計年度歲入與歲出，債務之舉借與以前年度歲計賸餘之移用及債務之償還，均應編入其決算。

(二)當年度立法院為未來承諾之授權金額執行結果，應於決算內表達。

(三)因擔保、保證或契約可能造成未來會計年度內之支出者，應於決算書中列表說明。

(四)其上年度報告未及編入決算之收支，應另行補編附入。但在目前實務作業上，各機關收支均依規定編入當年度決算，並無另行補編附入下年度決算之情形。

※測驗題

一、高考、普考、薦任升等、三等及四等各類特考

(C)1. 依據決算法之規定，民國 X 年度之結束及終了分別是何時？(A)皆為 X 年度 12 月 31 日(B)結束為 X 年度 12 月 31 日，終了為 X＋1 年度 2 月底(C)結束為 X＋1 年度 2 月底，終了為 X 年度 12 月 31 日(D)皆為 X＋1 年度 2 月底【111 年地特三等】

(A)2. 依決算法之規定，結束期間內有關出納整理事務期限，由何機關定之？(A)行政院(B)中央主計機關(C)審計部(D)財政部【108 年鐵特三級及退除役特考三等】

(C)3. 中央政府下列何種基金於會計年度結束期間內，經行政院規定出納整理事務期限為 1 月 15 日？(A)特別收入基金(B)營業基金(C)普通基金(D)作業基金【112 年薦任升等】

(B)4. 依決算法之規定，總統府屬於下列何種決算？(A)總決算(B)單位決算(C)單位決算之分決算(D)附屬單位決算【110 年普考「政府會計概要」】

(D)5. 依決算法規定，雲林縣政府與雲林縣莿桐鄉公所，分屬於何種型態之政府決算？(A)單位決算及單位決算(B)總決算及單位決算(C)單位決算及單位決算之分決算(D)總決算及總決算【112 年普考「政府會計概要」】

(C)6. 依決算法之規定，下列各項基金之決算應全部或一部編入總決算者，計有幾項？①普通基金②營業基金③作業基金④信託基金⑤債務基金(A)2項(B)3項(C)4項(D)5項【111年地特四等「政府會計概要」】

(B)7. 依決算法規定，下列何者之歲入歲出應全部編入總決算？①行政院②桃園市政府③台灣中油股份有限公司④國立政治大學(A)僅①(B)僅①②(C)僅①②④(D)僅②③④【112年普考「政府會計概要」】

(A)8. 依決算法之規定，下列屬附屬單位決算者，計有幾項？①保險業務發展基金②國民年金保險基金③金融監督管理基金④勞工退休基金⑤臺灣銀行股份有限公司(A)2項(B)3項(C)4項(D)5項【110年普考「政府會計概要」】

(B)9. 依決算法之規定，下列何者屬於附屬單位決算？(A)臺灣銀行股份有限公司(B)臺灣菸酒股份有限公司(C)臺灣港務港勤股份有限公司(D)中央造幣廠【109年地特四等「政府會計概要」】

(D)10.下列應編入決算者為何？①歲入與歲出②債務之舉借③債務之償還④以前年度歲計賸餘之移用(A)僅①(B)僅①②(C)僅①②③(D)①②③④【110年高考】

(B)11.110年度中央政府總預算之歲入、歲出預算數各為2兆535億元、2兆1,359億元，另債務還本850億元、債務舉借數1,674億元；經執行結果，歲入、歲出決算數各為2兆3,867億元、2兆896億元，另債務還本1,200億元、原預算所列債務舉借數全數不予舉借。下列何者為決算之收支賸餘？(A)824億元(B)1,771億元(C)2,971億元(D)3,445億元【111年高考】

(D)12.依決算法第4條之規定，下列何者應於決算內表達？(A)國富統計(B)綠色國民所得帳(C)綠色國民支出帳(D)未來承諾之授權【110年高考】

(D)13.有關應編入政府決算之內容，包括下列哪些？①歲入與歲出②債務之舉借與以前年度歲計賸餘之移用及債務之償還③上年度報告未及編入決算之收支④當年度行政院為未來承諾之授權金額執行結果，應於決算內表達(A)①②③④(B)①②(C)③④(D)①②③【110年地特三等】

(D)14.我國決算法中並未規範下列何者應表達於決算書中？①上年度報告未及編入決算之收支②當年度立法院為未來承諾之授權金額執行結果③因擔保、保證或契約可能造成未來會計年度內之支出④綠色國民所得帳(A)

①②③④(B)僅②③④(C)僅③④(D)僅④【107 年地特三等】

(A)15.依現行決算法規定，各機關因擔保、保證或契約可能造成未來會計年度
內之支出者，應於決算書中如何處理？(A)列表說明(B)附註揭露(C)補
編附入(D)帳列表達【108 年薦任升等】

(B)16.決算之科目及其門類，應依照其年度之預算科目門類。但下列何者不在
此限？①法定由行政院統籌支撥之科目②第一預備金③第二預備金④依
中央主計機關規定流用之用途別科目⑤追加預算⑥追減預算(A)①②③
(B)①②④(C)①③④⑤(D)②③⑤⑥【107 年高考】

(D)17.政府決算之科目及其門類，應依照其年度之預算科目門類。但下列何者
不在此限？(A)僅法定由行政院統籌支撥之科目(B)法定由行政院統籌支
撥之科目、第一預備金之用途別科目(C)依中央主計機關規定流用之用
途別科目、法定由行政院統籌支撥之科目(D)法定由行政院統籌支撥之
科目、第一預備金之用途別科目、依中央主計機關規定流用之用途別科
目【111 年鐵特三級】

(B)18.決算所用之機關單位及基金，依何種法規之規定？(A)決算法(B)預算法
(C)會計法(D)審計法【106 年高考】

(C)19.依決算法之規定，下列敘述，何者正確？(A)各機關單位決算由其主管
機關編造之(B)特種基金之單位決算，由各該基金之上級機關編造之(C)
決算記載金額之貨幣，依法定預算所列為準(D)年度終了後 2 個月，為
該會計年度之終了期間【108 年普考「政府會計概要」】

(C)20.下列有關決算之敘述何者正確？(A)會計年度結束後 2 個月為會計年度
結束期間(B)決算之科目及其門類應依照其年度之會計科目門類(C)決算
所列應收款，於其年度終了屆滿 4 年而仍未能實現者，可免予編列(D)
跨越兩個年度之特別預算應每年度編造特別決算【106 年高考】

(D)21.依決算法之規定，決算所列各項應收款、應付款，於年度終了屆滿幾
年，仍未能實現者，可免予編列？(A)1 年(B)2 年(C)3 年(D)4 年【107
年地特四等「政府會計概要」】

(B)22.決算所列何項，於其年度終了屆滿 4 年，而仍未能實現者，可免予編
列？①應收款②預收款③應付款④預付款⑤保留數準備(A)①②③④⑤
(B)僅①③⑤(C)僅②④⑤(D)僅①③④【106 年薦任升等】

(D)23.依決算法規定，下列敘述何者正確？(A)決算之科目及其門類，應依照

其年度之預算科目門類，絕對不能移動(B)決算所列各項應收款、應付款、保留數準備，於其年度終了屆滿 4 年，而仍未能實現者，應繼續編列(C)收入為該年度預算所未列者，應就現有已編科目列入其決算(D)政府每一會計年度歲入與歲出、債務之舉借與以前年度歲計賸餘之移用及債務之償還，均應編入其決算【108 年地特三等】

(B)24. 依決算法之規定，下列決算所列各項科目於其年度終了屆滿 4 年，而仍未能實現者，可免予編列，計有幾項？①應收款②暫收款③應付款④暫付款(A)1 項(B)2 項(C)3 項(D)4 項【110 年地特四等「政府會計概要」】

(A)25. 依決算法之規定，下列敘述何者錯誤？(A)政府之決算，每一會計年度辦理一次，年度終了後四個月，為該會計年度之結束期間(B)政府每一會計年度歲入與歲出、債務之舉借與以前年度歲計賸餘之移用及債務之償還，均應編入其決算(C)當年度立法院為未來承諾之授權金額執行結果，應於決算內表達(D)決算所列各項應收款、應付款、保留數準備，於其年度終了屆滿四年，而仍未能實現者，可免予編列【111 年鐵特三級】

二、初考、地特五等、經濟部所屬事業機構及台電公司新進僱員

(C)1. 政府 110 會計年度之結束期間係指下列那一段時間？(A)110 年 12 月 1 日至 12 月 31 日(B)111 年 1 月 1 日至 1 月 31 日(C)111 年 1 月 1 日至 2 月 28 日(D)111 年 1 月 1 日至 3 月 31 日【111 年初考】

(D)2. 會計年度之結束期間，係依何法之規定？又民國 111 會計年度之結束期間為下列何者？(A)預算法；民國 111 年 11 月 1 日至 12 月 31 日(B)審計法；民國 111 年 12 月 1 日至 12 月 31 日(C)會計法；民國 112 年 1 月 1 日至 1 月 31 日(D)決算法；民國 112 年 1 月 1 日至 2 月 28 日【111 年經濟部事業機構】

(D)3. 中央政府之決算，會計年度結束期間內有關出納整理事務期限，由下列何者定之？(A)財政部國庫署(B)行政院主計總處(C)財政部(D)行政院【109 年初考】

(A)4. 會計年度結束期間內有關出納整理事務期限，由下列何機關定之？(A)行政院(B)財政部(C)行政院主計總處(D)審計部【106 年地特五等】

(A)5. 政府之決算，每一會計年度辦理一次，年度終了後 2 個月，為該會計年度之結束期間，結束期間內有關出納整理事務期限，由下列何機關定之？(A)行政院(B)行政院主計總處(C)財政部(D)審計部【108 年初考】

(C)6. 機關若有上年度報告未及編入決算之收支，應如何處理？(A)重編以前年度決算(B)應另行補編附入上年度決算(C)應另行補編附入本年度決算(D)不需編入決算【109 年經濟部事業機構】

(D)7. 政府每一會計年度歲入與歲出、債務之舉借與以前年度歲計賸餘之移用及債務之償還，均應編入其決算；其上年度報告未及編入決算之收支，應如何處理？(A)重編上年度報告(B)重編今年度報告(C)轉列為準備(D)另行補編附入【110 年初考】

(A)8. 下列何者不必編入政府決算？①國民生產毛額②債務之舉借與償還③歲入與歲出(A)①(B)①②(C)①③(D)②③【110 年台電公司新進僱員】

(B)9. 政府決算應編入之項目，不包括何者？(A)每一會計年度歲入與歲出、債務之舉借與以前年度歲計賸餘之移用及債務之償還(B)當年度內部審核、內部稽核未改善之收支相關缺失(C)上年度報告未及編入決算之收支(D)當年度立法院為未來承諾之授權金額執行結果【108 年地特五等】

(B)10. 依決算法之規定，決算之科目及其門類，應如何處理？(A)應依照上級主管機關之規定(B)應依照其年度之預算科目門類(C)應依照年度預算執行結果而定(D)應依照審計機關之規定【110 年初考】

(B)11. 依決算法第 5 條規定，決算之科目及其門類，應依照其年度之預算科目門類，下列何者應依前述規定辦理？(A)行政院統籌支撥之科目(B)債務之舉借與償還(C)第一預備金(D)依中央主計機關規定流用之用途別科目【109 年初考】

(B)12. 決算法有關決算之科目及其門類應依照其年度預算科目門類，下列何者應按前述規定辦理？(A)法定由行政院統籌支撥之科目(B)債務的舉借與償還(C)第一預備金(D)依中央主計機關規定流用之用途別科目【110 年經濟部事業機構】

(D)13. 機關若有收入但為該年度預算所未列者，則決算時如何處理之？(A)先以暫收款列收，俟下年度時再列入適當科目之收入(B)併入預算科目中之其他收入(C)併入主管決算中之預算外收入(D)按收入性質另訂科目，

依其門類列入其決算【108 年經濟部事業機構】

(C)14.決算所列各項應收款、應付款,於其年度終了屆滿幾年,而仍未能實現者,可免予編列?(A)一年(B)三年(C)四年(D)七年【110 年初考】

(D)15.決算所列各項應收款、應付款、保留數準備,於其年度終了屆滿幾年,而仍未能實現者,可免予編列?(A)1(B)2(C)3(D)4【112 年初考】

(D)16.下列何項符合決算法之規定?(A)決算所列各項應收款,於其年度終了屆滿 5 年,而仍未能實現者,可免予編列(B)政府辦理決算其上年度報告未及編入決算之收支,得另行補編附入(C)年度預算執行中收到未列歲入預算科目之收入不應納入決算(D)政府每一會計年度歲入與歲出、債務之舉借與以前年度歲計賸餘之移用及債務之償還,均應編入其決算【106 年地特五等】

(C)17.下列有關決算之編造的敘述,何者錯誤?(A)政府之決算,每一會計年度辦理一次,年度終了後 2 個月,為該會計年度之結束期間(B)因擔保、保證或契約可能造成未來會計年度內之支出者,應於決算書中列表說明(C)往年決算所列各項應收款、預收款、應付款、保留數準備,於其年度終了屆滿 4 年,而仍未能實現者,原則上可免編列(D)當年度立法院為未來承諾之授權金額執行結果,應於決算內表達【106 年地特五等】

(B)18.依決算法之規定,下列哪些事項於其年度終了屆滿 4 年,而仍未能實現者,可免予編列?(A)預收預付款、應收應付款(B)應收應付款、保留數準備(C)預收預付款、保留數準備(D)預收預付款、應收應付款、保留數準備【107 年經濟部事業機構】

(C)19.依決算法規定,下列何項於其年度終了屆滿 4 年,而仍未能實現者,可免予編列?(A)預收預付款、保留數準備(B)預收預付款、應收應付款(C)應收應付款、保留數準備(D)應收應付款、預收預付款、保留數準備【112 年經濟部事業機構】

(D)20.決算所列何種科目,於其年度終了屆滿四年仍然未能實現者,可免予編列?①應收款②應付款③保留數準備(A)僅②(B)僅③(C)僅①②(D)①②③【111 年初考】

(B)21.決算所列保留數準備,原則上於其年度終了屆滿幾年仍未能實現者,可免予編列?(A)3 年(B)4 年(C)5 年(D)7 年【108 年初考】

(C)22. 決算所列各項應收款、應付款、保留數準備,於其年度終了屆滿若干年,而仍未能實現者,可免予編列?(A)2 年(B)3 年(C)4 年(D)5 年【106年初考】

(C)23. 中央政府 105 年度總決算中,有 104 年度之保留數準備,105 年度仍未實現,試問該保留數準備於哪一年度仍未實現時,可免予編列?(A)106年(B)107 年(C)108 年(D)109 年【106 年經濟部事業機構】

(C)24. 有關中央政府決算之敘述,下列何者錯誤?(A)政府之決算,每一會計年度辦理一次(B)政府之決算應按其預算分為五種(C)決算所列各項應收款、應付款、保留數準備,於其年度終了屆滿 4 年,而仍未能實現者,應繼續編列(D)決算所用之機關單位及基金,依預算法之規定【108 年地特五等】

(C)25. 有關中央政府決算之敘述何者錯誤?(A)決算之科目及其門類,應依照其年度之預算科目門類(B)政府每一會計年度歲入與歲出、債務之舉借與以前年度歲計賸餘之移用及債務之償還,均應編入其決算(C)決算所列各項應收款、應付款、保留數準備,於其年度終了屆滿 4 年,而仍未能實現者,應繼續編列(D)依其他法律規定必須繼續收付而實現之各項應收款、應付款、保留數準備,應於各該實現年度內,準用適當預算科目辦理之【109 年地特五等】

第二章　決算之編造

壹、決算之編造機關或基金

一、決算法相關條文

第 8 條　各機關各基金決算之編送、查核及綜合編造，除本法另有規定外，依會計法關於會計報告之規定。

第 9 條　各機關或基金在年度內有變更者，其決算依左列規定辦理：
一、機關改組、基金改變或其管轄移轉者，由改組後之機關、改變或移轉後之基金主管機關一併編造。
二、機關或基金名稱更改者，由更改後之機關或基金主管機關編造。
三、數機關或數基金合併為一機關或一基金者，在未合併以前各該機關或基金之決算，由合併後之機關或基金主管機關代為分別編造。
四、機關之改組、變更致預算分立或基金先合併而後分立者，其未分立期間之決算，由原機關或原基金主管機關編造。

第 11 條　政府所屬機關或基金在年度終了前結束者，該機關或該基金之主管機關應於結束之日辦理決算。但彙編決算之機關仍應以之編入其年度之決算。

二、解析

(一)政府決算係就預算執行之會計處理所為之終結報告，為政府之重要會計報告。決算法中對於單位決算、單位決算之分決算、附屬單位決算、附屬單位決算之分決算、主管決算、中央政府總決算、附屬單位決算綜計表（營業及非營業部分）、特別決算等之編造、編送之期限、程序、內容、查核彙編及綜合編造等，於第 2 條、第 9 條、第 12 條、第 14 條至第 22 條有相關規定，主計總處並每年度編印總決算編製作業手冊及總決算附屬單位決算編製作業手冊，俾利各機關辦理。

至於決算法未規定者，則參照會計法第 21 條至第 23 條、第 29 條、第 30 條、第 32 條、第 79 條、第 80 條、第 82 條、第 84 條、第 91 條、第 109 條、第 114 條及第 119 條等較具相關性之規定為準據。

(二)由於機關改組或名稱更改後，原機關之主體實質上變動不大，且係由新機關承接原機關之全部業務，故其決算由改組後或名稱更改後之機關編造。例如原隸屬於公務人員保障暨培訓委員會之國家文官培訓所，於 99 年 3 月 26 日改造為國家文官學院，則國家文官培訓所屬於 99 年度部分之決算，係由組織改造後之國家文官學院一併編造；原內政部土地測量局於 96 年 11 月 16 日改名為內政部國土測繪中心，則原內政部土地測量局 96 年度之決算，係由名稱更改後之國土測繪中心編造；法務部廉政署於 100 年 7 月 20 日成立，承接原法務部政風司及中部辦公室之全部業務，故原隸屬法務部之該部中部辦公室 100 年度分決算，係由後續承接機關法務部廉政署編造。

(三)基金型態改變、管轄機關移轉與名稱更改後，因原基金之主體實質上亦變動不大，且係由新基金管理機關承接原基金管理機關之全部業務，故其決算由基金型態改變、管轄機關移轉及名稱更改後之基金主管（或管理）機關編造。例如為配合學校改制，國立勤益技術學院校務基金於 96 年 2 月 1 日改為國立勤益科技大學校務基金，其決算由改制後之基金管理機關國立勤益科技大學編造「國立勤益技術學院（國立勤益科技大學）校務基金附屬單位決算」。

(四)配合政府組織改造與基金簡併，數機關或數基金可能於年度內合併為一機關或一基金，各該機關或基金在未合併以前之決算，係由合併後之機關或基金管理機關代為分別編造。例如行政院金融監督管理委員會於 93 年 7 月 1 日成立，將原財政部主管項下之金融局、證券暨期貨管理委員會等二個單位預算機關，改隸屬金融監督管理委員會單位預算之分預算機關，並分別更名為銀行局及證券期貨局，繼續執行原預算，其未合併以前原財政部主管項下之兩機關 93 年度單位決算，則由合併並更名後之機關銀行局及證券期貨局分別代為編造。又如國立花蓮教育大學校務基金自 97 年 8 月 1 日併入國立東華大學校務基金，由合併後之國立東華大學繼續執行原二校之預算，至於原國立花蓮教育大學校務基金 97 年度決算，則由國立東華大學代為編造「國立花蓮教

育大學（國立東華大學）校務基金附屬單位決算」。

(五)政府進行各機關學校或各基金改造時，倘機關學校之改組、變更致預算分立或基金先合併而後分立者，因為僅就原所辦理之業務做分割，但其組織成員及主管機關並未改變，故其未分立期間之決算，由原機關或原基金管理機關編造。例如於 93 年 3 月 10 日整併原內政部警政署空中警察隊、消防署空中消防隊籌備處、交通部民用航空局航空隊及行政院海岸巡防署空中偵巡隊等，成立內政部空中勤務總隊籌備處，並於 94 年 11 月 9 日正式成立內政部空中勤務總隊，94 年度預算係統籌編列於內政部單位預算「空中勤務總隊業務」業務計畫項下，自 95 年度起獨立編列空中勤務總隊單位預算，有關該總隊 94 年度之決算，仍由原機關內政部編造。又如國立體育學院與國立臺灣體育學院於 97 年 2 月 1 日合併為國立臺灣體育大學，其未合併以前原兩校校務基金 97 年度決算，由合併後之國立臺灣體育大學代為分別編造；98 年 8 月 1 日國立臺灣體育大學桃園校區與臺中校區分立為國立體育大學及國立臺灣體育學院，其未分立期間原國立臺灣體育大學校務基金 98 年度決算，由原基金管理機關國立體育大學編造；100 年 8 月 1 日國立臺灣體育學院更名為國立臺灣體育運動大學，原國立臺灣體育學院校務基金 100 年度決算，由更名後之國立臺灣體育運動大學編造。

(六)部分機關或特種基金如有於年度進行中被裁撤者，表示其預算執行期間提早終結，因此該機關或基金之主管機關應於結束之日辦理決算，以表達其當年度預算執行至結束日之結果，至於被裁撤之機關或基金所編結束日之分決算、單位決算或附屬單位決算，仍循中央政府總決算及中央政府附屬單位決算編製程序辦理。又倘結束日係在 6 月 30 日以前者，尚須依中央政府總預算半年結算報告、中央政府總預算附屬單位預算半年結算報告之編製程序辦理。

貳、單位決算之編造

一、決算法相關條文

第 12 條　機關別之單位決算，由各該單位機關編造之。編造時，應按其事實備具執行預算之各表，並附有關執行預算之其他會計報

告、執行預算經過之說明、執行施政計畫、事業計畫績效之說明及有關之重要統計分析。

特種基金之單位決算，由各該基金之主管機關依前項規定辦理之。

二、解析

(一)單位決算區分為兩種，公務機關之單位決算由各該編製單位預算之機關編造；特種基金之單位決算，則由各編製單位預算特種基金之主管機關編造。因自 88 年度起中央政府已無編製單位預算之特種基金，故目前僅有公務機關之單位決算。又總決算編製要點第 31 點規定，單位決算之分決算編製，應依有關單位決算之規定辦理。

(二)決算為年度終了後預算收支實際執行結果之總結與終結報告，為顯示整體收支執行狀況及施政績效等，爰依決算法第 12 條規定，單位決算之編製內容應包括：

1. 應配合單位預算書之內容，備具執行預算之各表與執行預算經過之說明。

2. 附可表達各機關資產負債、現金出納及財物經理等實況的執行預算之其他會計報告。

3. 能夠呈現各機關運用財力資源所獲得之具體施政成果，並分析與衡量政府施政績效，即執行施政計畫及事業計畫績效之說明。

4. 對特定計畫項目進行檢討分析之有關重要統計分析等。

(三)依中央政府普通公務單位會計制度之一致規定（以下簡稱普會制度）第 15 點規定，各機關年度會計報告，得與決算報告合併編製。有關各機關年度會計報告應編製之內容（決算書表之名稱以括弧表達）如下：

1. 總說明

(1)財務報告之簡述（財務報告之簡述）。

(2)財務狀況之分析（財務狀況之分析）。

（註：按照中央總會計制度規定，應編製之年度會計報告，在「財務狀況之分析」之下有增加「前後年度財務資訊之比較」）

(3)重要施政計畫執行成果之說明（重要施政計畫執行成果之說明）。

(4)其他重要說明（其他重要說明）。

2. 決算報表

(1)主要表

　　①歲入累計表（歲入來源別決算表）。

　　②經費累計表（歲出政事別決算表、歲出機關別決算表）。

　　③以前年度歲入轉入數累計表（以前年度歲入來源別轉入數累計表）。

　　④以前年度歲出轉入數累計表（以前年度歲出政事別轉入數決算表、以前年度歲出機關別轉入數決算表）。

(2)附屬表

　　①歲出用途別累計表（歲出用途別決算分析表、歲出用途別決算累計表）。

　　②繳付公庫數分析表（繳付公庫數分析表）。

　　③公庫撥入數分析表（公庫撥入數分析表）。

3. 會計報表

(1)主要表

　　①平衡表（平衡表）。

　　②收入支出表（收入支出表）。

(2)附屬表

　　①平衡表科目明細表（平衡表科目明細表）。

　　②長期投資、固定資產、遞耗資產及無形資產變動表（長期投資、固定資產、遞耗資產及無形資產變動表）。

　　③長期投資明細表（長期投資明細表）。

　　④應付租賃款及其他長期負債變動表（應付租賃款及其他長期負債變動表）。

4. 參考表

(1)決算與會計收支對照表（決算與會計收支對照表）。

(2)現金出納表（現金出納表）。

(3)財產目錄總表（國有財產目錄總表，珍貴動產、不動產目錄總表）。

(四)按照普會制度第 15 點之說明，前項相關累計表之格式，得依總決算編製要點之規定辦理。經檢視總決算編製作業手冊有關各機關應編製單

位決算之書表,除前項括號內所列者外,尚較普會制度規定之表件增加如下:

1. 歲入保留分析表。
2. 歲入餘絀(或減免、註銷)分析表。
3. 歲出保留分析表。
4. 歲出賸餘(或減免、註銷)分析表。
5. 人事費分析表。
6. 增購及汰換車輛明細表。
7. 補、捐(獎)助其他政府機關或團體個人經費報告表。
8. 委託辦理計畫(事項)經費報告表。
9. 出國計畫執行情形報告表。
10. 赴大陸地區計畫執行情形報告表。
11. 重大計畫執行績效報告表。
12. 重大社會發展、科技發展計畫執行情形及目標達成情形表。
13. 促進民間參與公共建設案件涉及政府未來年度負擔經費明細表。
14. 調整年度預算支應災害防救經費報告表。
15. 歲出按職能及經濟性綜合分類表。
16. 因擔保、保證或契約可能造成未來會計年度支出明細表。
17. 立法院審議通過中央政府總預算案、總決算審核報告決議、附帶決議及注意事項辦理情形報告表。

參、附屬單位決算之編造

一、決算法相關條文

(一)營業基金決算應根據會計紀錄編造

第 14 條　　附屬單位決算中關於營業基金決算,應就執行業務計畫之實況,根據會計紀錄編造之,並附具說明,連同業務報告及有關之重要統計分析,分送有關機關。

各國營事業所屬各部門,其資金獨立,自行計算盈虧或轉投資其他事業,其股權超過百分之五十者,應附送各該部門或事業

之分決算。

(二)營業基金決算之主要內容

第 15 條　附屬單位決算中關於營業基金決算之主要內容如左：

一、損益之計算。

二、現金流量之情形。

三、資產、負債之狀況。

四、盈虧撥補之擬議。

前項第一款營業收支之決算，應各依其業務情形與預算訂定之計算標準加以比較；其適用成本計算者，並應附具其成本之計算方式、單位成本、耗用人工與材料數量，及有關資料，並將變動成本與固定成本分析之。

第一項第三款關於固定資產、長期債務、資金轉投資各科目之增減，應將其詳細內容與預算數額分別比較。

(三)營業基金以外其他特種基金決算之編造

第 16 條　附屬單位決算中營業基金以外其他特種基金決算，得比照前二條之規定辦理。

二、解析

(一)預算法第 85 條規定，營業基金係由各國營事業擬定年度業務計畫，根據業務計畫，擬編預算。故決算法第 14 條第 1 項規定，營業基金決算應就執行業務計畫之實況，根據會計紀錄編造之，以允當報導營業基金之財務狀況、經營績效及財務狀況之變動。又各營業基金附屬單位決算應於規定期限內分送主管機關、審計部、財政部及主計總處，俾利主管機關依決算法第 20 條規定進行查核彙編，審計部按照決算法第 23 條規定加以審核，主計總處根據決算法第 21 條規定彙編中央政府總決算附屬單位決算（包括營業及非營業部分）。又國營事業依預算法第 41 條第 2 項規定編製附屬單位預算之分預算者，應編製附屬單位決算之分決算，併送主管機關審查。

(二)決算法第 15 條第 1 項配合預算法第 85 條，亦規定營業基金決算之主要內容，又營業基金之決算報表與會計報表相同，惟現所編製營業基

金年度決算之主要內容，與營業基金預算之主要內容有其不同之處，
說明如下：

1. 主要不同：營業基金決算之主要表包括表達資產及負債狀況之資產負
債表，至營業基金預算方面，因資產負債表係表達營業基金一特定日
之財務狀況，按預算編造時點（行政院應於會計年度開始 4 個月前將
中央政府總預算案附屬單位預算及綜計表提出於立法院），實無法編
造資產負債預計表，爰營業基金預算之主要內容無需表達資產及負債
之預計，故資產負債預計表並非編製營業基金預算之法定表件，僅由
各事業單位列為預算參考表。

2. 次要不同：營業基金決算編製現金流量表，係表達全部現金流量情
形，至於預算法第 85 條規定營業基金預算之主要內容不包括現金流量
預計表，惟仍須編列固定資產之建設、改良、擴充與其資金來源及其
投資計畫之成本與效益分析，長期債務之舉借及償還，資金之轉投資
及其盈虧之估計。故於總預算附屬單位預算編製作業手冊中規定，營
業基金預算仍須編製現金流量預計表。

3. 兩者相同者：按照主計總處編印之總預算附屬單位預算編製作業手冊
及總決算附屬單位決算編製作業手冊，營業基金預算之主要表，除上
述之現金流量預計表外，尚有損益預計表及盈虧撥補預計表；至於營
業基金決算之主要表，係供瞭解營業基金整體財務狀況及營運情形，
除上述之資產負債表與現金流量表外，亦包括損益表及盈虧撥補表，
即營業基金預算與決算，均須表達營業收支與損益情形，以及盈虧撥
補狀況。

(三)營業基金以外其他特種基金之決算，其中作業基金會計事務處理與營
業基金雷同，均著重損益及成本之計算，爰大多比照營業基金會計事
務處理及決算書表格式辦理，又作業基金之決算報表亦與會計報表相
同，有關作業基金年度決算之主要表包括收支餘絀表、餘絀撥補表、
現金流量表及平衡表（在企業會計準則公報即 EAS 稱為資產負債
表）；特別收入基金、債務基金、資本計畫基金之會計事務處理及決
算編製與營業基金屬性有所差異，此三類基金年度決算主要表為基金
來源、用途及餘絀表，會計報表為收入支出表、現金流量表及平衡
表。

(四)各基金有關決算編製期程及分送有關機關等規定均相同。另信託基金
　　部分，因政府對信託基金之財產屬代管性質，並無所有權，僅有管理
　　及運用權，有別於政府所設之其他五類特種基金，惟為因應其預算書
　　與決算書須送立法院及監察院需要，行政院已對各機關辦理信託基金
　　預算及決算之編製分別訂有相關規定，其決算報表與會計報表相同，
　　主要表名稱則與作業基金一致，均包括收入支出表、餘絀撥補表、現
　　金流量表及平衡表，另編製退休基金適用之收繳給付表。

肆、各機關決算經簽名或蓋章後分送該管上級機關及審計機關

一、決算法相關條文

第 19 條　各機關之決算，經機關長官及主辦會計人員簽名或蓋章後，分
　　　　　送該管上級機關及審計機關。

二、解析

　　依決算法第 3 條與第 19 條、預算法第 3 條、主計總處所訂中央政府各
級機關單位分級表及總決算編製要點、總決算附屬單位決算編製要點等相
關規定，有關各機關之決算的範圍，應指單位決算、單位決算之分決算、
附屬單位決算及附屬單位決算之分決算。各機關與各基金之決算於編製完
成後，屬單位決算與單位決算之分決算，應於封底加蓋機關長官及主辦會
計人員職名章；屬附屬單位決算及附屬單位決算之分決算，則於封底加蓋
基金主持人及主辦會計人員職名章（以上印章均得以套印方式處理），以
彰顯決算書為機關之重要文件，並為負責之表示。又各機關之決算書應於
規定期限（約次年 2 月 15 日至 2 月 25 日前）送達主管機關、審計部、主
計總處及財政部。

伍、主管決算及總決算之編造

一、決算法相關條文

(一)國庫年度出納終結報告之編報

第 17 條　國庫之年度出納終結報告，由國庫主管機關就年度結束日止該

年度內國庫實有出納之全部編報之。

前項報告，應於年度結束後二十五日內，分送中央主計機關及審計機關查核。

(二)主管決算之彙編

第 18 條　各機關單位之主管機關編造決算各表，關於本機關之部分，應就截至年度結束時之實況編造之；其關於所屬機關之部分，應就所送該年度決算彙編之。

第 20 條　各主管機關接到前條決算（即第 19 條各機關之決算），應即查核彙編，如發現其中有不當或錯誤，應修正彙編之，連同單位決算，轉送中央主計機關。

前項彙編之修正事項，應通知原編造機關及審計機關。

中央主計機關彙編總決算，準用前兩項之規定。

(三)總決算之編造及提出於監察院

第 21 條　中央主計機關應就各單位決算，及國庫年度出納終結報告，參照總會計紀錄，編成總決算書，並將各附屬單位決算包括營業及非營業者，彙案編成綜計表，加具說明，隨同總決算，一併呈行政院，提經行政院會議通過，於會計年度結束後四個月內，提出於監察院。

各級機關決算之編送程序及期限，由行政院定之。

二、解析

(一)公庫法第 2 條規定，中央政府之公庫稱國庫，以財政部為主管機關。公庫法第 9 條及第 13 條規定，各機關之收入，除該法或其他法律另有規定外，均應由繳款人向各該公庫代理銀行或代辦機構繳納，並歸入各該公庫存款戶；各機關之支出，除該法或其他法律另有規定外，應以集中支付方式處理，由各該公庫存款戶內直接支付之。因此，中央政府公款係由國庫集中管理，採統收統支方式辦理，其會計基礎，依會計法第 17 條第 2 項後段規定：「政府會計基礎，除公庫出納會計外，應採用權責發生制。」採用現金基礎。

(二)國庫年度出納終結報告，係財政部就該年度國庫實際出納情形所編之

決算報告，用以顯示全年度國庫現金實收實支及結存狀況，為決算法第 21 條第 1 項所定中央政府總決算書之編造依據之一。因國庫出納會計採用現金基礎，各機關辦理之普通公務會計採用權責發生制，因此，財政部須請各機關就其普通公務會計涉及國庫收付部分，與國庫年度出納終結報告妥為核帳，始能依決算法第 17 條規定提出正確之國庫年度出納終結報告，於年度結束後 25 日內（即 3 月 25 日前）分送主計總處及審計部查核，列入中央政府總決算內之相關書表及平衡表之現金科目，係出納與會計數據相互勾稽最重要之環節。主計總處並就國庫出納會計與普通公務會計兩者記帳基礎之不同，致國庫實收實支數及餘絀，與決算收入支出及餘絀間之差異情形，於總決算分別編製「繳付公庫數分析表」、「公庫撥入數分析表」及「總決算餘絀與公庫餘絀分析表」等三表，以便勾稽。

(三)決算法第 18 條所指「年度結束時之實況」，參酌本條於 27 年及 37 年之條文內容，應指年度終了日即 12 月 31 日時之實況，與決算法第 2 條「會計年度之結束期間」的結束日為次年 2 月底之意義不同。另有關主管決算之彙編，因主管機關與所屬機關具備統屬關係，具有監督及管理之責，爰主管機關接到所屬機關單位決算，應依決算法第 20 條規定進行查核，如發現其中有不當或錯誤，實務上，係通知所屬機關修正後，再就本機關及所屬機關單位決算彙編成主管決算，連同單位決算轉送主計總處。至主管決算應編製之重點、書表內容與應送達審計部、財政部及主計總處之期限等，已於總決算編製要點及總決算編製作業手冊中作明確規定。

(四)依決算法第 21 條規定，主計總處應負責編造中央政府總決算暨附屬單位決算及綜計表（營業及非營業部分），其查核彙編程序準用決算法第 20 條第 1 項及第 2 項規定，係就各單位決算進行查核，並與國庫年度出納終結報告進行核帳，如發現其中有不當或錯誤，即通知各機關（或基金）或財政部（國庫主管機關）修正後，據以彙編成中央政府總決算，並將查核修正後之附屬單位決算包括營業及非營業部分，彙編成附屬單位決算及綜計表（營業及非營業部分），加具說明，連同總決算簽呈行政院提報行政院會議通過，於會計年度結束後 4 個月內，即次年 6 月底前以行政院函送監察院審核，與憲法第 60 條所規定

之時間相同。惟行政院為期迅速產生預算執行之考核資料,俾供核編下年度預算案參考及增進財務效能,並為使應於 8 月底前送立法院審議之下年度中央政府總預算案,其中所列之以前年度決算數得以審計部之最終審定數額予以表達,故自 65 年度起,均提前於次年 4 月底前送監察院,審計部並於 7 月底前完成審定。

(五)地方制度法第 42 條規定,直轄市、縣(市)決算案,應於會計年度結束後 4 個月內,提出於該管審計機關,審計機關應於決算送達後 3 個月內完成其審核,編造最終審定數額表,並提出決算審核報告於直轄市議會、縣(市)議會。總決算最終審定數額表,由審計機關送請直轄市、縣(市)政府公告。直轄市議會、縣(市)議會審議直轄市、縣(市)決算審核報告時,得邀請審計機關首長列席說明。鄉(鎮、市)決算報告應於會計年度結束後 6 個月內送達鄉(鎮、市)民代表會審議,並由鄉(鎮、市)公所公告。

陸、特別決算之編造及財團法人決算之編送

一、決算法相關條文

第 22 條　　特別預算之收支,應於執行期滿後,依本法之規定編造其決算;其跨越兩個年度以上者,並應由主管機關依會計法所定程序,分年編送年度會計報告。

政府捐助基金累計超過百分之五十之財團法人及日本撤退臺灣接收其所遺留財產而成立之財團法人,每年應由各該主管機關將其年度決算書,送立法院審議。

二、解析

(一)特別預算與總預算為互相獨立,且特別預算可一次編製跨越數個年度,決算則為預算執行結果之終結報告,預算執行年度終了始須編製決算以為完結,故特別預算如跨越兩個年度以上者,應分年編送年度會計報告,其屬會計法所定會計報告之一種,應由各機關按照會計法第 4 條第 1 項第 5 款、第 23 條、第 24 條與總決算編製要點等規定辦理,並於特別預算執行期滿後依決算法第 22 條規定單獨辦理決算。

(二)總決算編製要點第 41 點規定，各機關執行特別預算之年度會計報告及特別決算，係比照編送年度單位決算及彙編主管決算規定辦理。即中央政府各機關特別預算之年度會計報告應於次年 2 月 15 日前送達主管機關、審計部、主計總處及財政部（外交部及國防部所屬等部分機關得展延 5 日送達）；直轄市或縣（市）各機關應於次年 2 月 20 日前，分別送達其主管機關（單位）、審計機關、財政機關及主計機關，縣（市）政府得展延至次年 2 月 28 日送達。編有主管預算之主管機關（單位）應於次年 2 月 28 日前將主管決算送達該管審計機關、財政機關及主計機關，司法院、外交部、國防部、教育部及法務部主管決算得展延 10 日送達。

(三)決算法第 22 條第 2 項有關政府捐助基金累計超過 50%之財團法人的認定，依行政院 99 年 3 月 2 日函所定原則，除維持原來已「累計」概念認定外，創立時政府「原始」捐助基金超過 50%者，亦應比照辦理。至「日本撤退臺灣接收其所遺留財產而成立之財團法人」，根據行政院 97 年 7 月 22 日函，係指凡接受日本政府或日據時期臺灣之私法人所遺留財產而成立之財團法人，例如法務部主管之財團法人福建更生保護會等。因財團法人法於 107 年 8 月 1 日公布，上項政府捐助基金累計超過 50%之財團法人的認定，應依財團法人法第 2 條規定辦理。以上財團法人之年度決算書，應依行政院函所訂之「財團法人依法決算須送立法院或監察院之決算編製注意事項」辦理，並應由主管機關將其年度決算書送立法院審議。

柒、作業及相關考題

※申論題

一、(一) 立法院審議總預算案，未能依規定期限審議完成時，各機關預算之執行，其補救辦法為何？

(二)政府為提升行政效能，執行政府組織精簡計畫，若在年度內發生機關改組、名稱變更、合併等情事者，其決算應如何辦理？【108 年地特三等】

答案：

(一) 總預算案未能依規定期限完成審議時之補救辦法

　　預算法第 54 條規定（請按條文內容作答）。

(二) 年度內發生機關改組、名稱變更及合併等情事者決算之辦理

　　決算法第 9 條規定（請按條文內容作答）。

二、請依決算法之規定，說明各機關或基金在年度內有變更時之決算編造
　　原則。【110 年關務四等】

答案：

(一) 決算法第 9 條規定（請按條文內容作答）。

(二) 決算法第 11 條規定（請按條文內容作答）。

三、請問財政部關務署及其所屬應編製何種決算？並請列出其決算書中的
　　五項決算書表名稱。【112 年關務人員四等】

答案：

(一) 財政部關務署及其所屬應編製之決算

　1. 依行政院主計總處所定之「中央政府各級機關單位分級表」，財政部關
　　務署及所屬為單位預算，各關則為單位預算之分預算，故應分別編製單
　　位決算及單位決算之分決算。

　2. 總決算編製要點第 31 點規定，單位決算之分決算編製，應依有關單位決
　　算之規定辦理。

(二) 決算書中應編製之書表名稱

　　按照總決算編製作業手冊規定，單位決算及單位決算之分決算應編製之
書表，包括決算報表、會計報表及參考表，其中決算報表之主要表為下列 6
個：

　1. 歲入來源別決算表。

　2. 歲出政事別決算表。

　3. 歲出機關別決算表。

　4. 以前年度歲入來源別轉入數決算表。

　5. 以前年度歲出政事別轉入數決算表。

　6. 以前年度歲出機關別轉入數決算表。

四、請依序回答下列問題

　　(一)總預算案應於會計年度開始 1 個月前由立法院議決，並於會計年度開始 15 日前由總統公布之。如總預算案之審議，不能依上述期限完成時，各機關之預算應如何執行？請依預算法第 54 條之規定說明。

　　(二)有關決算之編造，附屬單位決算中關於營業基金決算之主要內容為何？請依決算法第 15 條之規定說明。

　　(三)各機關或基金在年度內有變更者，其決算依哪些規定辦理？請依決算法第 9 條之規定說明。

　　(四)各機關或基金在哪些情形時，應辦理結帳或結算？請依會計法第 64 條之規定說明。

　　(五)內部審核之實施方式為何？請依會計法第 97 條之規定說明。

　　　【106 年薦任升等】

答案：

(一) 總預算案未依規定期限完成審議之補救措施

　　預算法第 54 條規定（請按條文內容作答）。

(二) 營業基金決算之主要內容

　　決算法第 15 條規定（請按條文內容作答）。

(三) 各機關或基金在年度內有變更者其決算之辦理

　　決算法第 9 條規定（請按條文內容作答）。

(四) 各機關或基金辦理結帳或結算

　　會計法第 64 條規定（請按條文內容作答）。

(五) 內部審核之實施方式

　　會計法第 97 條規定（請按條文內容作答）。

五、請依決算法之規定，說明附屬單位決算的內容為何？【109 年關務人員四等】

答案：

(一) 營業基金決算應根據會計紀錄編造

　　決算法第 14 條規定（請按條文內容作答）。

(二) 營業基金決算之主要內容

　　決算法第 15 條規定（請按條文內容作答）。
(三) 營業基金以外其他特種基金決算之編造
　　決算法第 16 條規定（請按條文內容作答）。

六、請依決算法及會計法之規定，回答下列有關政府決算之問題
　　(一)政府每一會計年度之哪些事項，均應編入其決算？
　　(二)機關改組、基金改變或其管轄移轉者，其決算該由哪個機關來辦理？
　　(三)財政部關務署應該編製哪一種決算？
　　(四)中央政府國庫之年度出納終結報告，該由哪個機關來編製？如何編製？
　　(五)請列舉五種靜態會計報告。【105 年關務人員四等】

答案：

(一) 政府決算收支之範圍
　　決算法第 4 條規定（請按條文內容作答）。
(二) 機關改組等決算之編造
　　決算法第 9 條第 1 款規定，在年度內有機關改組、基金改變或其管轄移轉者，由改組後之機關、改變或移轉後之基金主管機關一併編造。
(三) 關務署編造決算之種類
　　依有預算始有決算之基本原則，決算之種類與預算之種類相同。因財政部及所屬各關係以單位預算型態編列（各關均分別編列單位預算之分預算），故關務署應編製關務署及所屬單位決算。
(四) 國庫年度出納終結報告之編報
　　決算法第 17 條規定（請按條文內容作答）。
(五) 靜態會計報告
　　會計法第 23 條規定，各單位會計及附屬單位會計之靜態與動態報告，依充分表達原則，及同法第 5 條至第 7 條所列之會計事務，各於其會計制度內訂定之。其中靜態報告應按其事實，分別編造下列各表（請選擇五表回答）：
　1. 平衡表。
　2. 現金結存表。

3. 票據結存表。

4. 證券結存表。

5. 票照等憑證結存表。

6. 徵課物結存表。

7. 公債現額表。

8. 財物或特種財物目錄。

9. 固定負債目錄。

七、依決算法第 17 條規定，國庫年度出納終結報告由何者編報？應於何時編報完成並分送哪些機關？【104 年地特三等】

答案：

(一) 決算法第 17 條第 1 項規定，國庫之年度出納終結報告，由國庫主管機關（即財政部）就年度結束日止該年度內國庫實有出納之全部編報之。

(二) 決算法第 17 條第 2 項規定，國庫之年度出納終結報告，應於年度結束後 25 日內（即 3 月 25 日前），分送中央主計機關（即行政院主計總處）及審計機關（即審計部）查核。

八、請依決算法之規定，說明單位主管機關決算各表如何編造？【108 年關務人員四等】

答案：

(一) 機關別單位決算之編造

1. 決算法第 12 條規定（請按條文內容作答）。

2. 決算法第 19 條規定（請按條文內容作答）。

(二) 國庫年度出納終結報告之編報

決算法第 17 條規定（請按條文內容作答）。

(三) 主管決算之彙編

1. 決算法第 18 條規定（請按條文內容作答）。

2. 決算法第 20 條規定（請按條文內容作答）。

九、請回答各級政府預算案及總決算（決算案），應提出於民意機構或審計機關之時間（請依下列題號將答案寫於申論試卷上即可，無須列表）。【99 年地特三等】

政府別	中央政府	直轄市政府	縣（市）政府	鄉（鎮、市）公所
預算案	(一)年度開始 ＿個月前	(二)年度開始 ＿個月前	(三)年度開始 ＿個月前	(四)年度開始 ＿個月前
總決算 （決算案）	(五)年度結束後 ＿個月內	(六)年度結束後 ＿個月內	(七)年度結束後 ＿個月內	(八)年度結束後 ＿個月內

答案：

政府別	中央政府	直轄市政府	縣（市）政府	鄉（鎮、市）公所
預算案	(一)年度開始 4個月前	(二)年度開始 3個月前	(三)年度開始 2個月前	(四)年度開始 2個月前
總決算 （決算案）	(五)年度結束後 4個月內	(六)年度結束後 4個月內	(七)年度結束後 4個月內	(八)年度結束後 6個月內

十、試依決算法第 18 條至第 22 條規定，說明決算書表之編造及送審的規定。【108 年高考】

答案：

(一) 各機關決算書表之編造

決算法第 18 條規定（請按條文內容作答）。

(二) 各機關決算之分送

決算法第 19 條規定（請按條文內容作答）。

(三) 主管機關與中央主計機關之查核彙編

決算法第 20 條規定（請按條文內容作答）。

(四) 編成總決算書並送監察院

決算法第 21 條規定（請按條文內容作答）。

(五) 特別決算及政府捐助財團法人決算之辦理

決算法第 22 條規定（請按條文內容作答）。

十一、預算法第五章明定追加預算及特別預算；決算法第二章明定決算之編造；試依上述二者之規定，回答下列問題

(一)何機關得於年度總預算外，提出特別預算？

(二)有哪些情事時，得於年度總預算外，提出特別預算？

(三)中央政府前瞻基礎建設特別預算，係依何種情事提出特別預算？

(四)特別預算於何時編造其決算？

(五)跨越二個年度以上之特別預算，應由何機關依何種主計法令所定
　　程序分年編送何種報告？【106 年地特三等】

答案：

(一) 行政院。

(二) 預算法第 83 條規定（請按條文內容作答）。

(三) 中央政府前瞻基礎建設特別預算，係期盼由政府扮演擴張性刺激景氣角
　　色，以發揮公共支出提振經濟景氣及帶動國內需求之乘數效果，故屬於
　　「國家經濟重大變故」之情事所提出者。

(四) 決算法第 22 條第 1 項規定，特別預算之收支，應於執行期滿後，依決算
　　法之規定編造其決算。

(五) 決算法第 22 條第 1 項規定，特別預算跨越兩個年度以上者，應由主管機
　　關依會計法所定程序，分年編送年度會計報告。

十二、某特別預算執行期間自民國 104 年 3 月 1 日至民國 106 年 10 月 31
　　　日，回答下列有關特別決算之問題
　　　(一)該特別預算應辦理幾次特別決算？
　　　(二)該特別預算應於何時辦理特別決算？
　　　(三)特別決算之賸餘或短絀如何處理？【104 年簡任升等】

答案：

(一) 特別預算辦理特別決算之次數
　1. 決算法第 22 條第 1 項規定（請按條文內容作答）。
　2. 特別預算與總預算為互相獨立，且特別預算可一次編製跨越數個年度；
　　決算則為預算執行結果之終結報告，預算執行年度終了始須編製決算以
　　為完結，故特別預算如跨越兩個年度以上者，係於特別預算執行期滿
　　（106 年 10 月 31 日）後依決算法第 22 條規定單獨辦理一次決算。

(二) 特別預算辦理特別決算之時間
　　　總決算編製要點第 41 點規定，各機關執行特別預算之年度會計報告及特
　別決算，係比照編送年度單位決算及彙編主管決算規定辦理。故行政院應於
　特別預算執行期滿之 4 個月內，即 107 年 2 月底前提出於監察院。審計部則
　比照總決算，依決算法第 26 條及審計法第 34 條規定，於行政院提出後 3 個

月內，即 107 年 5 月底前完成其審核，編造最終審定數額表，並提出審核報告於立法院。

(三) 特別決算賸餘或短絀之處理

特別預算因與總預算為互相獨立，爰係分別編列其收入及支出。以近年來中央政府所辦理之特別預算為例，其財源大多為發行公債、長期借款及移用以前年度歲計賸餘，故於特別預算執行期滿辦理決算結果，應不會發生短絀情形，至如有產生賸餘或短絀，則比照總決算，依預算法第 73 條規定轉入國庫餘絀，並由行政院主計總處按照總決算編製作業手冊規定，編製累計餘絀表，分別列示總決算與特別決算之歲入歲出餘絀、長期債務舉借之數額，連同以前年度累計餘絀，轉入下年度。

十三、因疫情險峻，中央政府特別制定「嚴重特殊傳染性肺炎防治及紓困振興特別條例」，並據以編列「中央政府嚴重特殊傳染性肺炎防治及紓困振興特別預算」及追加預算，執行期間自民國 109 年 1 月 15 日至 110 年 6 月 30 日。依決算法及審計法之相關規定，說明該特別預算應於何時編造決算及年度會計報告？審計部應於何時完成審核該特別決算？【109 年鐵特三級】

答案：

(一) 特別預算編造決算及年度會計報告規定

1. 決算法第 22 條第 1 項規定（請按條文內容作答）。

2. 特別預算與總預算為互相獨立，且特別預算可一次編製跨越數個年度；決算則為預算執行結果之終結報告，預算執行年度終了始須編製決算以為完結，本題特別預算之執行期間（自 109 年 1 月 15 日至 110 年 6 月 30 日）因跨越兩個年度，依總決算編製要點第 41 點規定，應比照年度決算之編送時間分年編送年度會計報告，即各主管機關應於 109 年度終了 2 個月內，即 110 年 2 月底前完成 109 年度會計報告（司法院、外交部、國防部、教育部及法務部主管部分得展延 10 日送達），並於特別預算執行期滿（110 年 6 月 30 日）後依決算法第 22 條規定單獨辦理決算。即各主管機關應於 109 年度終了 2 個月內編造 109 年度會計報告，並於 110 年 8 月底前編造特別決算，行政院則應於 110 年 10 月底前向監察院提出特別決算。

(二) 特別決算之實際編送時間及審計部完成審核期限

　　總決算編製要點第 41 點規定，各機關執行特別預算之特別決算，係比照總決算相關規定辦理。故行政院應於特別預算執行期滿之 4 個月內，即 110 年 10 月底前提出於監察院。審計部則比照總決算，依決算法第 26 條及審計法第 34 條規定，於行政院提出後 3 個月內，即 111 年 1 月底前完成其審核，編造最終審定數額表，並提出審核報告於立法院。

※測驗題

一、高考、普考、薦任升等、三等及四等各類特考

(C)1. 下列有關決算之敘述，何者錯誤？(A)政府的決算，每一會計年度辦理一次(B)會計年度終了後二個月，為該會計年度的結束期間(C)結束期間內有關出納整理事務期限，由中央主計機關定之(D)各機關決算之編送，除決算法另有規定外，依會計法關於會計報告之規定【110 年鐵特三級及退除役特考三等】

(C)2. 各機關各基金決算之編送、查核及綜合編造，應依下列何種法律之規定辦理？①預算法②決算法③會計法④審計法(A)僅②(B)僅①②(C)僅②③(D)僅①③④【110 年退除役特考四等「政府會計概要」】

(C)3. A 機關在年度內與 B 機關合併為 C 機關，試問在未合併前各該機關決算依規定如何辦理？(A)由 A 機關編造(B)由 B 機關編造(C)由 C 機關代為分別編造(D)由 A、B 機關合併編造【106 年地特三等】

(A)4. 各機關或基金在年度內變更者，其決算如何辦理？(A)機關或基金名稱更改者，由更改後之機關或基金主管機關編造(B)機關改組、基金改變或其管轄移轉者，由改組前之機關，改變前或移轉前之基金主管機關一併編造(C)機關之改組、變更致預算分立或基金先合併而後分立者，其未分立期間之決算，由中央主計機關代為編造(D)數機關或數基金合併為一機關或一基金者，在未合併以前各該機關或基金之決算，由中央主計機關代為分別編造【109 年高考】

(B)5. 各機關或基金在年度內有變更者，其決算規定，何者正確？(A)機關或基金名稱更改者，由更改前之機關或基金主管機關編造(B)機關或基金名稱更改者，由更改後之機關或基金主管機關編造(C)機關改組者，由改組前之機關一併編造(D)機關之改組致預算分立，其未分立期間之決

算，由改組後機關編造【110 年地特三等】

(B)6. 依決算法規定，下列敘述何者正確？(A)機關名稱更改者，更改前後之決算由更改後之機關分別編造(B)機關之改組致預算分立者，其未分立期間之決算，由原機關編造(C)機關改組者，由改組前與改組後之機關分別編造(D)數機關合併為一者，在未合併前各該機關之決算，由合併後機關一併編造【112 年鐵特四級及退除役特考四等「政府會計概要」】

(C)7. 國立甲技術學院於某年度 2 月 15 日改制升格為甲科技大學，該學校校務基金年度決算之處理，下列敘述何者正確？(A)甲技術學院校務基金及甲科技大學校務基金之決算由甲科技大學於年度終了後分別編造表達(B)甲技術學院校務基金及甲科技大學之決算由甲技術學院校務基金及甲科技大學於年度終了各自編造表達(C)僅由甲科技大學於年度終了時編造甲科技大學校務基金決算(D)甲技術學院應於 2 月 15 日編造決算，甲科技大學於年度終了編造決算【108 年高考】

(A)8. 國立交通大學與國立陽明大學於 110 年 2 月 1 日正式合併為「國立陽明交通大學」，有關未合併以前原兩校校務基金 110 年度決算之敘述，下列何者正確？(A)由國立陽明交通大學代為分別編造(B)由國立陽明交通大學一併編造(C)由教育局代為分別編造(D)由教育部一併編造【111 年高考】

(A)9. 政府所屬機關或基金在年度終了前結束者，該機關或該基金之主管機關應於何時辦理決算？(A)結束日(B)年度終了日(C)結束日或年度終了日皆可(D)不需辦理決算【107 年高考】

(A)10. 政府所屬機關或基金在年度終了前結束者，該機關或該基金之主管機關應於何時辦理決算？(A)結束日(B)結束日之當月底(C)年度終了日(D)不需辦理決算【107 年地特三等】

(A)11. 下列有關決算之編造的敘述，何者錯誤？(A)各機關各基金決算之編送、查核及綜合編造，只能依照決算法之規定辦理，沒有例外之補充規定(B)政府所屬機關或基金在年度終了前結束者，該機關或該基金之主管機關應於結束之日辦理決算(C)機關別之單位決算，由各該單位機關編造之(D)特種基金之單位決算，由各該基金之主管機關依決算法之規定辦理之【109 年地特三等】

(D)12.下列有關決算書之敘述，何者錯誤？(A)特種基金之單位決算，由各該
基金之主管機關依決算法之規定辦理(B)機關或基金名稱更改者，由更
改後之機關或基金主管機關編造決算書(C)決算所列各項應收款、應付
款、保留數準備，於其年度終了屆滿 4 年，而仍未能實現者，可免予編
列(D)各級政府因擔保、保證或契約可能造成未來會計年度內之支出
者，應於決算書中附註揭露說明【109 年鐵特三級】

(B)13.某國營事業轉投資其他三個事業，投資股權比率分別為 10%、30%、
60%，則該國營事業應附送幾個投資事業之分決算？(A)0(B)1(C)2(D)3
【107 年鐵特三級】

(D)14.依決算法之規定，下列何者非屬附屬單位決算中關於營業基金決算之主
要內容？(A)損益之計算(B)現金流量之情形(C)資產、負債之狀況(D)盈
虧撥補之預計【108 年高考】

(D)15.下列何者非為附屬單位決算中關於營業基金決算之主要內容？(A)損益
之計算(B)盈虧撥補之擬議(C)資產、負債之狀況(D)資本由庫增撥或收
回之擬議【107 年地特三等】

(C)16.下列何者非營業基金決算之主要內容？(A)損益之計算(B)資產、負債之
狀況(C)資金流量之情形(D)盈虧撥補之擬議【112 年薦任升等】

(C)17.下列何者非屬營業基金決算之主要內容？(A)現金流量情形(B)資產及負
債財務狀況(C)淨值變動情形(D)盈虧撥補之擬議【112 年地特三等】

(B)18.附屬單位決算中關於營業基金決算之主要內容說明，在資產、負債之狀
況方面，應將下列何者之詳細內容與預算數額分別比較？①流動資產②
固定資產③短期債務④長期債務⑤基金餘額⑥資本轉投資各科目之增減
(A)①③(B)②④⑥(C)②④⑤⑥(D)①②③④⑤⑥【107 年高考】

(C)19.依決算法規定，下列何種決算，其適用成本計算者須將變動成本與固定
成本加以分析？(A)總決算(B)單位決算(C)附屬單位決算(D)視情況而定
【106 年高考】

(B)20.依決算法之規定，下列相關時間之敘述，何者錯誤？(A)會計年度之結
束期間為年度終了後二個月(B)決算所列各項應收款、應付款，於其年
度終了屆滿二年，而仍未能實現者，可免予編列(C)決算所列各項保留
數準備，於其年度終了屆滿四年，而仍未能實現者，可免予編列(D)國
庫之年度出納終結報告，應於年度結束後二十五日內，分送中央主計機

關及審計機關查核【110 年鐵特三級及退除役特考三等】

(C)21. 國庫之年度出納終結報告，應於年度結束後 25 日內，如何編送？(A)由中央財政機關編報，分送中央主計機關及審計機關及立法院查核(B)由國庫主管機關編報，分送中央財政機關及審計機關查核(C)由國庫主管機關編報，分送中央主計機關及審計機關查核(D)由中央財政機關編報，分送中央主計機關及國庫主管機關查核【106 年薦任升等】

(B)22. 依決算法規定，國庫之年度出納終結報告，應依限分送某些機關查核，該等機關計有幾個？(A)3 個(B)2 個(C)1 個(D)0 個【112 年鐵特三級及退除役特考三等】

(B)23. 關於預算法及決算法所規定相關文件應完成之期限，下列何者錯誤？(A)行政院應於每年 3 月 31 日前訂定下年度之施政方針(B)各機關轉入下年度之應付款及保留數準備，應於次年 3 月底前報由主管機關核轉行政院核定(C)行政院應於每年 6 月 30 日前將上年度中央政府總決算提出於監察院(D)財政部應於 3 月 25 日前將國庫之上年度出納終結報告分送行政院主計總處及審計部查核【112 年鐵特四級及退除役特考四等「政府會計概要」】

(C)24. 澎湖縣政府公庫之主管機關為：(A)臺灣銀行(B)中央銀行(C)澎湖縣政府財政處(D)澎湖縣政府主計處【106 年地特四等「政府會計概要」】

(D)25. 各機關之決算，經何者簽名或蓋章後，分送何機關？(A)經辦會計人員及主辦會計人員；該管上級機關及立法機關(B)主辦會計人員及機關長官；該管上級機關及立法機關(C)經辦會計人員及主辦會計人員；該管上級機關及審計機關(D)主辦會計人員及機關長官；該管上級機關及審計機關【107 年地特三等】

(C)26. 有關國庫的年度出納終結報告，下列敘述正確者有幾項？①由國庫主管機關就年度結束日止該年度內國庫實有出納之全部編造之②應於年度結束 20 日內編報③分送中央主計機關及審計機關查核④中央主計機關應就各單位決算，國庫年度出納終結報告，參照總會計紀錄，編成總決算書(A)僅 1 項(B)僅 2 項(C)僅 3 項(D)4 項【112 年鐵特三級及退除役特考三等】

(D)27. 特種基金中之信託基金，於政府會計之報導中，下列敘述何者正確？(A)列入政府會計報導範圍，得揭露必要之資訊(B)列入政府會計報導範

圍，但不須揭露資訊(C)不宜列入政府會計報導範圍，也不須揭露資訊(D)不宜列入政府會計報導範圍，得揭露必要之資訊【112 年地特三等】

(B)28.依決算法及審計法等規定，各級機關決算之編送程序及期限，由哪一機關決定？(A)行政院主計處(B)行政院(C)監察院(D)行政院主計總處【109 年地特三等】

(C)29.民國 93 年編列某特別預算，預計 93 至 97 年度執行，惟查截至 97 年底，預算尚未執行完竣，因而保留一部分，直至 98 年才執行完成，應於何時編報該特別決算？(A)93 至 97 年度每一個年度都要編報特別決算(B)除了 93 至 97 年度每一個年度都要編報特別決算外，98 年度也要再編報一次特別決算(C)只有 97 年度當年度才要編報特別決算(D)只有 98 年度當年度才要編報特別決算【107 年鐵特三級】

(C)30.下列有關決算編造之敘述，何者錯誤？(A)機關別之單位決算，由各該單位機關編造之(B)特種基金之單位決算，由各該基金之主管機關編造之(C)特別預算之收支，應於執行期滿後依會計法之規定，編造其決算(D)特別預算跨越二個年度以上者，應由主管機關依會計法所定程序，分年編送年度會計報告【112 年鐵特三級及退除役特考三等】

(C)31.行政院提出中央政府前瞻基礎建設計畫特別預算（112 年度至 113 年度），請問 112 年底該特別預算尚未執行之按年分配額，應如何處理？(A)列為以前年度應付款(B)列為以前年度保留數準備(C)得轉入下年度支用之(D)應即停止使用【112 年高考】

(B)32.行政院依嚴重特殊傳染性肺炎防治及紓困振興特別條例規定，於 109 年 1 月 15 日提出中央政府嚴重特殊傳染性肺炎防治及紓困振興特別預算 600 億元及辦理 4 次追加預算，合共編列 8,400 億元，其中原特別預算與第 1 次、第 2 次追加預算之執行期程為自 109 年 1 月 15 日至 110 年 6 月 30 日止，第 3 次及第 4 次追加預算之執行期程為自 109 年 1 月 15 日至 111 年 6 月 30 日止，嗣因疫情仍屬嚴峻，經立法院同意延長上開紓困振興特別條例及其特別預算施行期間到 112 年 6 月 30 日，下列有關上開特別預算執行及決算辦理之敘述，何者正確？(A)該特別預算整體實施期程跨越 109 年度至 112 年度，但原特別預算與第 1 次及第 2 次追加預算係於 110 年 6 月 30 日後辦理決算；第 3 次及第 4 次追加預算

係於 111 年 6 月 30 日後辦理決算(B)所辦理 4 次追加預算之預算執行，均應併同原特別預算辦理，並於執行期滿（112 年 6 月 30 日）後編造中央政府嚴重特殊傳染性肺炎防治及紓困振興特別決算(C)原特別預算與 4 次追加預算，分屬 5 個獨立預算，應分別於 110 年 6 月 30 日後及 111 年 6 月 30 日後辦理決算(D)原特別預算與 4 次追加預算，分屬 5 個獨立預算，應分別於執行期滿（112 年 6 月 30 日）後辦理決算【112 年高考】

(B)33. 依決算法之規定，下列有關決算編造之敘述，何者正確？(A)各級機關決算之編送程序及期限，由中央主計機關定之(B)特別預算之收支，應於執行期滿後，依決算法之規定編造其決算(C)各機關之決算，經機關長官及主辦會計人員簽名或蓋章後，分送該管上級機關及中央主計機關(D)政府捐助基金累計超過 50%之財團法人，每年應由各該主管機關將其年度決算書，送審計機關審議【108 年地特四等「政府會計概要」】

(D)34. 中央政府某機關於本年度共須執行一個年度預算及三個特別預算，則其年度會計報告共應有幾套？(A)1(B)2(C)3(D)4【109 年普考「政府會計概要」】

(B)35. 依預算法及決算法規定，各主管機關每年應如何處理政府捐助基金累計超過百分之五十之財團法人及日本撤退臺灣接收其所遺留財產而成立之財團法人之預、決算書？(A)各該主管機關將其年度預、決算書，分別送立法院審議及提出於監察院(B)由各該主管機關將其年度預、決算書，送立法院審議(C)由各該主管機關將其年度預、決算書審核後，送行政院審議(D)由各該主管機關將其年度預、決算書，送行政院院會通過後，分別送立法院及監察院【112 年薦任升等】

二、初考、地特五等、經濟部所屬事業機構及台電公司新進僱員

(B)1. 有關預算及決算編造之敘述，下列何者有誤？(A)預算之編製應以財務管理為基礎，並遵守總體經濟均衡之原則(B)年度預算執行中收到未列入預算之收入，不應納入決算(C)基金決算之編製，除決算法另有規定者外，依會計法關於會計報告之規定(D)政府之決算，每一年度辦理一次【109 年經濟部事業機構】

(B)2. 各機關各基金決算之編送、查核及綜合編造，除決算法另有規定外，依

下列何者之相關規定辦理？(A)預算法(B)會計法(C)審計法(D)公庫法
【110年地特五等】

(D)3. 依決算法規定，機關如在年度中改組，其決算如何編造？(A)主管機關
一併編造(B)改組前及改組後機關分別編造(C)改組前之機關一併編造
(D)改組後之機關一併編造【110年初考】

(C)4. 各機關年度內有變更，其決算之辦理下列何者有誤？(A)機關改組，由
改組後之機關一併編造(B)機關名稱更改，由更改後之機關編造(C)數機
關合併為一機關，在未合併以前各該機關之決算，由合併後之機關代為
合併編列(D)機關之改組、變更致預算分立，其未分立期間之決算，由
原機關編造【106年經濟部事業機構】

(D)5. 各機關或基金在年度內有變更者，其決算之編造，下列何者正確？(A)
機關改組者，由改組前之機關一併編造(B)基金名稱更改者，由更改前
之基金主管機關編造(C)數機關合併為一機關，在未合併以前各該機關
之決算，由合併前之機關代為分別編造(D)基金先合併而後分立者，其
未分立期間之決算，由原基金主管機關編造【108年地特五等】

(D)6. 各機關或基金在年度內有變更者，其決算之辦理何者錯誤？(A)機關改
組、基金改變或其管轄移轉者，由改組後之機關、改變或移轉後之基金
主管機關一併編造(B)機關或基金名稱更改者，由更改後之機關或基金
主管機關編造(C)數機關或數基金合併為一機關或一基金者，在未合併
以前各該機關或基金之決算，由合併後之機關或基金主管機關代為分別
編造(D)機關之改組、變更致預算分立或基金先合併而後分立者，其未
分立期間之決算，由分立後之機關或基金主管機關編造【109 年地特五
等】

(B)7. 下列有關年度內機關或基金主體改變，其決算編造者之敘述，何者錯
誤？(A)機關改組、基金改變或其管轄移轉者，由改組後之機關、改變
或移轉後之基金主管機關一併編造(B)機關或基金名稱更改者，由更改
前之機關或基金主管機關編造(C)數機關或數基金合併為一機關或一基
金者，在未合併以前各該機關或基金之決算，由合併後之機關或基金主
管機關代為分別編造(D)機關之改組、變更致預算分立或基金先合併而
後分立者，其未分立期間之決算，由原機關或原基金主管機關編造
【106年地特五等】

(B)8. 各機關或基金在年度內有變更者，其決算之辦理，下列何者有誤？(A)機關之改組、變更致預算分立，其未分立期間之決算，由原機關編造(B)數基金合併為一基金，未合併以前各該基金之決算，由合併後基金主管機關代為一併編造(C)機關名稱更改者，由更改後機關編造(D)基金改變或其管轄移轉者，由改變或移轉後之基金主管機關一併編造【110年經濟部事業機構】

(A)9. 依決算法規定，假設經濟部礦物局與地質調查所因配合政府組織改造，於年度中改隸環境資源部，並合併設立地礦署，則該兩機關在未合併前之決算，係由下列何者編造？(A)地礦署代為分別編造(B)礦物局及地質調查所分別編造(C)經濟部代為分別編造(D)環境資源部代為分別編造【107年地特五等】

(D)10.國立陽明大學與國立交通大學於110年2月1日合併為國立陽明交通大學，其未合併以前原兩校109年度決算，依決算法第9條規定，應由何者編造？(A)分別由原國立陽明大學、原國立交通大學編造(B)教育部主計處代為分別編造(C)行政院主計總處代為分別編造(D)國立陽明交通大學代為分別編造【111年地特五等】

(A)11.依決算法第 11 條規定，政府所屬機關在年度終了前結束者，該機關至遲應於何時辦理決算？(A)結束之日辦理決算(B)結束後 1 個月內辦理決算(C)結束後 2 個月內辦理決算(D)年度終了時一併辦理決算【110 年台電公司新進僱員】

(C)12.依決算法規定，政府所屬機關或基金在年度終了前結束者，該機關或該基金之主管機關應於何時辦理決算？(A)會計年度終了日(B)相關資料併入彙編決算之機關決算，故該機關或該基金之主管機關不須另行辦理決算(C)該機關或該基金結束之日(D)該機關或該基金結束次月【110 年地特五等】

(A)13.甲機關在 X1 年 11 月 15 日結束，甲機關應於何時辦理決算？(A)11 月 15 日(B)11 月 30 日(C)12 月 31 日(D)不辦理決算【112 年地特五等】

(D)14.國營事業所屬各部門，其資金獨立，自行計算盈虧或轉投資其他事業，其股權超過多少者，應附送各該部門或事業之分決算？(A)股權超過20%(B)股權超過 30%(C)股權超過 40%(D)股權超過 50%【107 年經濟部事業機構】

(D)15.下列何者非附屬單位決算中關於營業基金決算之主要內容？(A)現金流量之情形(B)資產、負債之狀況(C)損益之計算(D)權益之變動【108 年初考】

(A)16.下列何者非為附屬單位決算中，關於營業基金決算之主要內容？(A)採購招標預算之結算(B)盈虧撥補之擬議(C)資產、負債之狀況(D)現金流量之情形【106 年初考】

(A)17.下列何者非屬附屬單位決算中關於營業基金決算之主要內容？(A)資金運用計畫(B)現金流量之情形(C)資產、負債之狀況(D)盈虧撥補之擬議【106 年地特五等】

(D)18.依決算法規定，下列何者非屬營業基金決算之主要內容？(A)損益之計算(B)資產、負債之狀況(C)盈虧撥補之擬議(D)資金運用之情形【111 年初考】

(B)19.附屬單位決算中關於營業基金決算之主要內容，下列何者錯誤？(A)損益之計算(B)實際預計之比較(C)現金流量之情形(D)盈虧撥補之擬議【112 年初考】

(B)20.依決算法規定，附屬單位決算中關於營業基金決算之主要內容，不包含下列何者？(A)營業損益之計算(B)盈虧撥補之預計(C)盈虧撥補之擬議(D)資產負債之狀況【111 年台電公司新進僱員】

(B)21.下列何種決算須將變動成本及固定成本加以分析？(A)單位決算(B)附屬單位決算(C)特別決算(D)總決算【107 年經濟部事業機構】

(D)22.依決算法規定，附屬單位決算中關於營業基金決算之主要內容，其涉及損益計算相關規定，下列敘述何者錯誤？(A)營業收支之決算，應各依其業務情形與預算訂定之計算標準加以比較(B)適用成本計算者，並應附具其成本之計算方式、單位成本、耗用人工與材料數量，及有關資料(C)適用成本計算者，應分析變動成本與固定成本(D)營業收支之決算，應各依其業務情形與上年度執行情形相互比較【109 年初考】

(B)23.附屬單位決算中關於營業基金決算之編造，何者錯誤？(A)各國營事業所屬各部門，其資金獨立，自行計算盈虧或轉投資其他事業，其股權超過 50%者，應附送各該部門或事業之分決算(B)營業基金決算之內容為：損益之計算；現金流量之情形；資產、負債之狀況(C)附屬單位決算中關於營業基金決算，應就執行業務計畫之實況，根據會計紀錄編造

之，並附具說明，連同業務報告及有關之重要統計分析，分送有關機關
(D)關於固定資產、長期債務、資金轉投資各科目之增減，應將其詳細
內容與預算數額分別比較【109 年地特五等】

(D)24. 決算法中附屬單位決算有關營業基金決算之敘述，下列何者有誤？(A)
主要內容包含盈虧撥補之擬議(B)適用成本計算者，應分析變動成本及
固定成本(C)固定資產科目增減應與預算數額分別比較(D)營業收支決算
應依業務與前年度執行情形比較【110 年經濟部事業機構】

(A)25. 附屬單位決算中關於營業基金決算之主要內容，在資產、負債之狀況方
面，下到哪些科目之增減，應將其詳細內容與預算數額分別比較？①資
金轉投資②流動資產③固定資產④短期債務⑤長期債務⑥其他資產(A)
①③⑤(B)②③④(C)②④⑤⑥(D)①②③④⑤【111 年經濟部事業機構】

(B)26. 會計年度結束期間內有關出納整理事務期限，由何機關定之？每年度國
庫出納終結報告應於何時分送中央主計機關及審計機關查核？(A)行政
院主計總處；次年 1 月 25 日以前(B)行政院；次年 3 月 25 日以前(C)國
庫主管機關；次年 3 月 25 日以前(D)審計部；次年 1 月 25 日以前【112
年經濟部事業機構】

(D)27. 國庫之年度出納終結報告應分送那些機關查核？(A)中央主計機關及財
政主管機關(B)財政主管機關及審計機關(C)中央主計機關、財政主管機
關及審計機關(D)中央主計機關及審計機關【111 年地特五等】

(B)28. 國庫之年度出納終結報告，應於年度結束後 25 日內，分送何者查核？
(A)監察機關及審計機關(B)審計機關及中央主計機關(C)中央主計機關
及司法機關(D)司法機關及監察機關【112 年地特五等】

(D)29. 國庫之年度出納終結報告應於何日前送何機關？(A)年度結束後 20 日
內，分送財政機關及審計機關(B)年度結束後 20 日內，分送中央主計機
關及審計機關(C)年度結束後 25 日內，分送財政機關及審計機關(D)年
度結束後 25 日內，分送中央主計機關及審計機關【106 年經濟部事業
機構】

(C)30. 依決算法規定，國庫之年度出納終結報告，國庫主管機關應於年度結束
後幾日內，分送中央主計機關及審計機關查核？(A)10 日(B)20 日(C)25
日(D)30 日【110 年初考】

(D)31. 國庫之年度出納終結報告，應於年度結束後幾日內，分送中央主計機關

及審計機關查核？(A)10 日內(B)15 日(C)20 日內(D)25 日內【112 年初考】

(B)32.下列有關決算的敘述何者正確？(A)決算所列各項應收款、應付款於年度終了屆滿 2 年，仍未能實現者，可免予編列(B)決算所用之機關單位及基金，依預算法之規定(C)各機關之決算，經機關長官及主辦會計人員簽名或蓋章後，分送中央主計機關及該管審計機關(D)機關名稱更改者，其決算由更改前之機關編造【111 年地特五等】

(B)33.各機關之決算須經何人簽名或蓋章後，分送該管上級機關及審計機關？①出納人員②主辦會計人員③審計人員④機關長官(A)①②(B)②④(C)②③(D)①④【109 年經濟部事業機構】

(C)34.下列有關各機關決算之編造與主管機關之查核的敘述，何者錯誤？(A)各機關單位之主管機關編造決算，關於本機關之部分，應就截至年度結束時之實況編造；其所屬機關部分，應就所送該年度決算彙編(B)各機關之決算，經機關長官及主辦會計人員簽名或蓋章後，分送該管上級機關及審計機關(C)各主管機關查核彙編各機關之決算時，如發現該決算有不當或錯誤，應修正彙編之，連同單位決算，轉送審計機關(D)主管機關查核彙編決算後，彙編所列之修正事項，應通知原編造機關及審計機關【106 年地特五等】

(B)35.依決算法規定，各主管機關查核彙編所屬各機關之單位決算，如有修正時，該修正事項之應通知對象，下列何者錯誤？(A)中央主計機關(B)國庫主管機關(C)原編造機關(D)審計機關【110 年地特五等】

(B)36.中央政府總決算由下列何機關編造與審核？(A)各單位編造由主計機關審核(B)中央主計機關編造由審計部審核(C)審計部編造由立法院審核(D)各單位編造由行政院審核【108 年初考】

(A)37.中央政府總決算書應由何機關編成？(A)中央主計機關(B)主管機關(C)中央審計機關(D)中央財政機關【111 年地特五等】

(A)38.有關行政院主計總處查核彙編中央政府總決算暨附屬單位決算及綜計表，依決算法第 20 條及第 21 條規定，下列敘述何者錯誤？(A)應就各主管決算及國庫年度出納終結報告，參照總會計紀錄，編成總決算書(B)接到單位決算，應即查核彙編，如發現其中有不當或錯誤，應修正彙編之(C)查核彙編單位決算之修正事項，應通知原編造機關及審計機

關(D)應將各附屬單位決算包括營業及非營業者，彙案編成綜計表，加具說明，隨同總決算，一併呈行政院【111 年地特五等】

(A)39.中央政府總決算應於會計年度結束後，多久時間內提出於監察院？(A)4 個月(B)6 個月(C)9 個月(D)1 年【109 年經濟部事業機構】

(D)40.中央主計機關應就各單位決算及國庫年度出納終結報告，編成總決算書，並將各附屬單位決算彙案編成綜計表，一併呈行政院，提經行政院會議通過，於會計年度結束後多久時間內提出於監察院？(A)1 個月(B)2 個月(C)3 個月(D)4 個月【111 年台電公司新進僱員】

(D)41.特別預算收支，應於何時編造決算？(A)每年(B)每 2 年(C)每 3 年(D)執行期滿後【106 年初考】

(D)42.跨越兩個年度以上之特別預算，依決算法之規定，其收支應於何時編造決算？(A)比照總預算每年年度終了後編造(B)比照總預算每年年度結束後編造(C)分年編造決算，執行期滿後再彙總編造(C)執行期滿後編造【112 年經濟部事業機構】

(A)43.依決算法規定，有關各類決算編送方式，下列敘述何者錯誤？(A)各機關之單位決算應分送該管上級機關及主計機關(B)各機關單位之主管機關編造決算各表，關於本機關之部分，應就截至年度結束時之實況編造之(C)總決算應提經行政院會議通過後，提出於監察院(D)特別預算之收支，應於執行期滿後編造其決算【109 年初考】

(A)44.特別預算跨兩年度以上者，主管機關應依下列何者所定之程序，分年編送年度會計報告？(A)會計法(B)預算法(C)決算法(D)決算編製要點【106 年初考】

(B)45.下列有關決算編造之敘述，正確者有幾項？①各主管機關接到各機關決算，應即查核彙編，如發現其中有不當或錯誤，應修正彙編之，連同單位決算，轉送中央主計機關②主管機關彙編各機關決算時，所提出之修正事項，應通知原編造機關及審計機關③特別預算之收支，應於執行期滿後，依會計法之規定，編造其決算④特別預算之收支，跨越兩個年度以上者，應由主管機關依決算法所定程序，分年編送年度會計報告(A)一項(B)二項(C)三項(D)四項【110 年初考】

(A)46.政府捐助基金累計超過百分之五十之財團法人，每年應由各該主管機關將其年度決算書，送下列何者審議？(A)立法院(B)行政院(C)審計機關

(D)監察院【111 年台電公司新進僱員】

(B)47.政府捐助基金累計超過 50%之財團法人及日本撤退臺灣接收其所遺留財產而成立之財團法人,下列敘述何者正確?(A)每年應由各該主管機關就以前年度投資或捐助之效益評估,併入決算辦理後,分別編製營運及資金運用計畫送立法院(B)每年應由各該主管機關將其年度預、決算書,送立法院審議(C)每年應由各該主管機關將其年度預、決算書,送立法院備查(D)每年應由各該主管機關將其年度預、決算書及會計報告,送立法院審議【109 年地特五等】

(D)48.依決算法規定,下列敘述何者正確?(A)政府捐助基金累計 50%之財團法人,每年應由各該財團法人將其年度決算書送立法院審議(B)日本撤退臺灣接收其所遺留財產而成立之財團法人,每年應由各該財團法人將其年度決算書送立法院備查(C)政府捐助基金累計 51%之財團法人,每年應由該主管機關將其決算書送立法院備查(D)日本撤退臺灣接收其所遺留財產而成立之財團法人,每年應由該主管機關將其年度決算書送立法院審議【110 年地特五等】

第三章　決算之審核

壹、半年結算報告之編製及審計機關之查核

一、決算法相關條文

第 26 條之 1　審計長應於會計年度中將政府之半年結算報告，於政府提出後一個月內完成其查核，並提出查核報告於立法院。

二、解析

(一)決算法適用於中央政府，地方政府為準用，又依行政院所訂總預算半年結算報告編製要點第 1 點規定，中央政府、直轄市及縣（市）政府均須編製半年結算報告，但決算法第 26 條之 1 所指「政府之半年結算報告」則為中央政府之半年結算報告。至於主計總處所彙編完成之中央政府總預算半年結算報告、附屬單位預算半年結算報告及綜計表，應於每年 8 月 31 日前函送審計部，故第 26 條之 1 所指「於政府提出後」，乃指於主計總處提出後。

(二)行政院所訂總預算半年結算報告編製要點及總預算附屬單位預算半年結算報告編製要點，有關中央政府半年結算報告編製重點如下：

1. 單位預算半年結算報告之編製

(1)各機關於編製半年結算報告時，應詳實查填預算數、分配數及執行數。其中分配數應依主計總處核定之分配數列之，如有修改分配預算者，按照修改後之分配預算數列之，另辦理經費流用者，應確實依科目流用規定作分配預算數之調整，不得產生執行數超出分配數情形。

(2)各機關單位預算半年結算報告，應於 7 月 20 日前送達審計部及主計總處；另編有主管預算半年結算報告者，各機關應送主管機關。

(3)各機關單位預算半年結算報告列有特種基金盈（賸）餘應繳庫額及虧損（短絀）由庫撥補額，與資本（基金）由庫增撥或收回額及有關之補（輔）助款項等列數，應與各基金附屬單位預算半年結算報

告所列各相關數額確實核對相符。

(4)中央政府總預算省市地方政府科目項下所列補助地方政府經費，應由各該接受補助之地方政府編具半年結算報告，於 7 月 25 日前送達審計部及主計總處。

2. 主管預算半年結算報告之彙編

(1)主管機關應彙編所屬各機關之單位預算半年結算報告，於彙編及審核時，如發現不當或錯誤者，應予修正彙編，並將修正事項通知審計部、主計總處及原編造機關。

(2)編有主管預算之主管機關（單位）僅有本機關一個單位預算者，得以單位預算半年結算報告代替主管預算半年結算報告。並於 7 月 20 日前送審計部及主計總處，其餘有彙編所屬機關之主管預算半年結算報告，則由各主管機關於 7 月 25 日前送達審計部及主計總處。

(3)財政部應於 7 月 20 日前編製總預算融資調度半年結算報告送達審計部及主計總處。

3. 附屬單位預算半年結算報告之編製

(1)各基金應編製附屬單位預算半年結算報告，於 7 月 20 日前送達主管機關、審計部及主計總處，編製合併報表及合編報表之基金，得延至 7 月 25 日前。

(2)主管機關對所屬基金陳報之半年結算報告，應予審核，於 8 月 1 日前將審核結果送審計部及主計總處。但由主管機關編製半年結算報告者，免填審核結果。

(3)清理或結束整理基金及各機關經管之信託基金半年結算報告，應於 7 月 20 日前送達主管機關、審計部及主計總處，主管機關應於 8 月 1 日前將審核結果送審計部及主計總處。

(4)編製附屬單位預算分預算之基金準用以上相關規定。

4. 總預算半年結算報告與附屬單位預算半年結算報告及綜計表之彙編

(1)主計總處應依各機關編送之單位預算半年結算報告及主管預算半年結算報告，彙編中央政府總預算半年結算報告，另就各基金編送之附屬單位預算半年結算報告，彙編附屬單位預算半年結算報告及綜計表（包括營業及非營業部分）。以上於彙編及審核時，如發現有

　　不當或錯誤者，應即予修正彙編，並將修正事項通知審計部、主管
　　機關及原編造機關或基金。

(2)基金於 6 月 30 日前辦理移轉民營或結束者，清理或結束整理基金
　　與各機關經管之信託基金半年結算書表，應列入中央政府總預算附
　　屬單位預算半年結算報告及綜計表附錄。

(3)主計總處將彙編完成之中央政府總預算半年結算報告，連同加具總
　　說明之附屬單位預算半年結算報告及綜計表，於 8 月 31 日前函送
　　審計部。

5.特別預算半年結算報告之編製

　　各機關執行特別預算應編製之特別預算半年結算報告，依編製單位預
算半年結算報告及主管預算半年結算報告規定辦理。

(三)審計部於收到主計總處所送半年結算報告後，即依該部查核中央政府
　　年度總預算半年結算報告作業要點規定，實施書面查核作業，並在每
　　年 9 月底前提出中央政府之半年結算查核報告於立法院，報告內容重
　　點包括對中央政府總預算半年結算報告之查核、國營事業與非營業特
　　種基金半年結算報告之查核，及重要審核意見等。

貳、審計機關審核各機關或各基金決算應注意之效能

一、決算法相關條文

第 23 條　審計機關審核各機關或各基金決算，應注意左列效能：

　　　　　一、違法失職或不當情事之有無。

　　　　　二、預算數之超過或剩餘。

　　　　　三、施政計畫、事業計畫或營業計畫已成與未成之程度。

　　　　　四、經濟與不經濟之程度。

　　　　　五、施政效能或營業效能之程度，及與同類機關或基金之比
　　　　　　　較。

　　　　　六、其他有關決算事項。

二、解析

(一)審計機關辦理政府審計工作之重點（如圖 3.3.1）分為下列三類：

1. 適正性審計：在審核各機關或各基金決算數額有無錯誤、重複或粉飾等情事。審定決算即為適正性審計。

2. 合規性審計：在確定各機關或各基金財務收支均依法辦理，即審核財務收支有無違背預算或有關法令等不當支出（核定財務責任，或剔除不當支出），以及查核財務管理有無未盡善良管理人應有之注意或故意或重大過失〔核定賠償責任，或揭發財務（物）上之違法或違失行為〕。決算法第 23 條第 1 款「違法失職或不當情事之有無」屬於合規性審計。

3. 效能性審計：在評核各機關或各基金是否有效運用預算編定之人力、財力及物力，完成工作目標，達到最大效益。決算法第 23 條第 3 款「施政計畫、事業計畫或營業計畫已成與未成之程度」、第 4 款「經濟與不經濟之程度」及第 5 款「施政效能或營業效能之程度，及與同類機關或基金之比較」，均屬於效能性審計。即包括發現未盡職責、發現效能過低、發現制度規章缺失、發現設施不良、發現有可提升效能或增進公共利益者、發現潛在風險事項等，並提出財務上增進效能與減少不經濟支出之建議。

(二)決算法第 23 條對於審計機關審核各機關或各基金決算應注意事項共六項，其意義及內涵說明如下：

1. 違法失職或不當情事之有無

各機關與各基金執行預算有無違背預算或有關法令之不當支出；經管現金、票據、證券、財物或其他資產有無未盡善良管理人應有之注意，致發生遺失、毀損及損失；出納與會計人員辦理業務有無因故意或過失，使公款遭受損失等。

2. 預算數之超過或剩餘

歲入來源別決算表各科目與各基金收入（含來源）科目所列之數額，包括實現數、應收帳款等是否正確；歲出政事別決算表、歲出機關別決算表各科目與各基金支出（含用途）科目所列之數額，包括實現數、應付款、保留數準備等是否正確，以及各機關、各基金預算之收入、支出決算

數與法定預算數比較之增減情形，俾提高政府財務報表之公信力。

3. 施政計畫、事業計畫或營業計畫已成與未成之程度

各機關年度施政計畫與各基金事業計畫或營業計畫之實施結果，其屬於已完成計畫、尚待執行計畫及未來執行計畫之情形，並予以評估與考核是否達成原預期目標及發揮效果。

4. 經濟與不經濟之程度

於執行預算及使用資產時，對資源投入與資產使用之經濟性及所產生之效益程度，即是否在既定之人力、資產與經費範圍內秉持經濟及有效運用原則，完成原定工作或發揮預期效益，或有無雖已完成原預定工作，但發生耗費更多人力及財力之情事。

5. 施政效能或營業效能之程度，及與同類機關或基金之比較

考核各機關施政計畫與各基金事業計畫或營業計畫之實施績效及其所發揮效能之程度，即就計畫所投入之資源及其產出結果加以評估，有無顯不相稱情形，並與其他同類機關及基金之類似情事或計畫做比較分析。

6. 其他有關決算事項

其他可增進政府財務效能及減少不經濟支出之相關事項。如審計部依預算法第 28 條及審計法第 70 條規定，於行政院籌劃擬編年度概算前，供給以前年度預算執行之有關資料，與財務上增進效能及減少不經濟支出之建議，作為行政院決定下年度施政方針之參考資料。

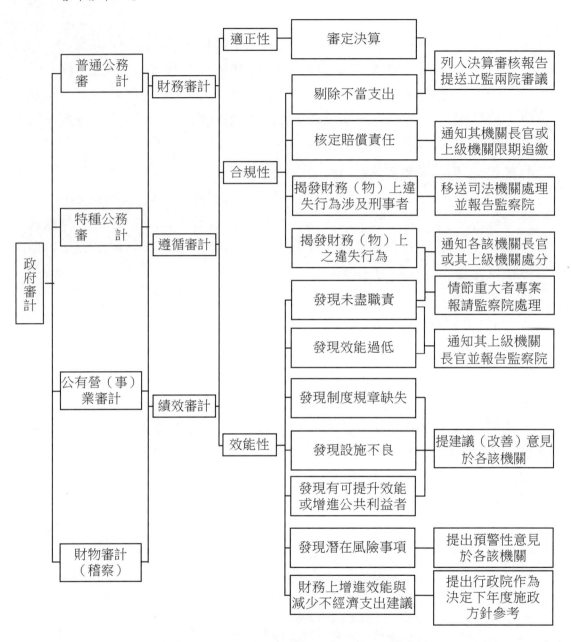

圖 3.3.1 政府審計業務處理簡圖

資料來源：中華民國 112 年政府審計年報，頁 17。

參、審計機關審核總決算應注意之效能

一、決算法相關條文

第 24 條　審計機關審核政府總決算，應注意左列效能：

一、歲入、歲出是否與預算相符，如不相符，其不符之原因。

二、歲入、歲出是否平衡，如不平衡，其不平衡之原因。

三、歲入、歲出是否與國民經濟能力及其發展相適應。

四、歲入、歲出是否與國家施政方針相適應。

五、各方所擬關於歲入、歲出應行改善之意見。

二、解析

決算法第 24 條對於審計機關審核中央政府總決算應注意事項共五項，其意義及內涵說明如下：

(一)歲入、歲出是否與預算相符，如不相符，其不符之原因

歲入部分是否確實依各種賦稅法律、規費法及其他相關法令規定收取，並與原編歲入預算數比較之差異情形，以及預算外收入之科目歸類是否適當等；歲出部分，除預算法中與其他法令對預算範圍內經費之流用，以及於預算所定外可先行動支款項等另有特別規定外，原則上係注意有無超出預算書內各主要表（含歲出政事別預算表及歲出機關別預算表）業務計畫或工作計畫科目所列可動支數額之上限，是否符合其動支目的，以及各科目或個別計畫之實際執行情形與原編歲出預算之差異等。

(二)歲入、歲出是否平衡，如不平衡，其不平衡之原因

總預算扣除長期債務舉借、償還及移用以前年度歲計賸餘等屬於融資性收支項目後之實質收支執行結果，如果有不平衡時之原因。

(三)歲入、歲出是否與國民經濟能力及其發展相適應

中央政府歲入與歲出預算之執行結果是否達成原於辦理全國總資源供需估測或國家經濟建設計畫所預期促進經濟成長，並符合國家經濟建設與未來發展目標，以及對國民賦稅負擔、政府累積債務餘額的影響等之評估。

(四)歲入、歲出是否與國家施政方針相適應

各機關根據行政院訂定之年度施政方針所擬定之施政計畫及編製之歲入、歲出預算執行結果,與原訂施政或工作計畫之目標、內容等比較,以及行政院對各機關施政績效、個別施政計畫之考核情形。

(五)各方所擬關於歲入、歲出應行改善之意見

國際間相關機構、立法院、監察院、各地方政府、民間團體、學者專家與民眾等針對政府推動各項重大建設、施政計畫、財政改革、健全法制等之建議或意見,以及有關主管機關辦理情形等。

肆、審計機關審核決算之修正及最終審定

一、決算法相關條文

(一)審計機關審核決算之修正

第 25 條　審計機關審核決算時,如有修正之主張,應即通知原編造決算之機關限期答辯;逾期不答辯者,視為同意修正。決算經審定後,應通知原編造決算之機關,並以副本分送中央主計機關及該管上級機關。

(二)審計機關編造最終審定數額表

第 26 條　審計長於中央政府總決算送達後三個月內完成其審核,編造最終審定數額表,並提出審核報告於立法院。

二、解析

(一)審計機關於審核政府總決算及特別決算時,對各機關如有應繳庫而未繳者、違背預算或相關法令之不當支出等部分,可提出修正決算之主張,並通知原編造決算之機關於一定期限內提出說明,原編造決算之機關如放棄說明或逾期不說明,則視為接受審計機關所提之修正意見。原編造決算之機關已於所定期限內提出答辯,但審計機關對其答覆內容不認同時,可逕行決定予以修正決算,包括增減列收入、剔除或修正減列支出,以及將實支數轉列為歲出保留數等。

(二)審計機關在完成審核並審定決算後，依審計法第 45 條規定發給審定書予原編造決算機關，並以副本通知主計總處及該管上級機關。至於所發給各機關之審定書，意謂著該機關對當年度預算執行結果，業經審核確定，渠等人員於財務上行為應負之責任，亦獲得某種程度之解除，但其中如涉有增減列收入、剔除或修正減列歲出等事項，原編造決算之機關應做適當之處置，即除按照修正數調整會計帳務外，有須繳庫者，應追回解繳公庫。

(三)行政院原依決算法第 21 條規定，應於會計年度結束後 4 個月內，即次年 6 月底前將年度中央政府總決算提出於監察院審核，因自 65 年度起，行政院均提前於次年 4 月底前送監察院，故按照第 26 條規定，審計部係於次年 7 月底前完成審定，並提出審核報告送立法院。

伍、立法院對審計部所送總決算審核報告之審議

一、決算法相關條文

第 27 條　　立法院對審核報告中有關預算之執行、政策之實施及特別事件之審核、救濟等事項，予以審議。

立法院審議時，審計長應答覆質詢，並提供資料；對原編造決算之機關，於必要時，亦得通知其列席備詢，或提供資料。

第 28 條　　立法院應於審核報告送達後一年內完成其審議，如未完成，視同審議通過。

總決算最終審定數額表，由立法院審議通過後，送交監察院，由監察院咨請總統公告；其中應守秘密之部分，不予公告。

二、解析

(一)依決算法第 26 條與審計法第 45 條等規定，審計機關對決算之審核結果屬審定性質，爰立法院按照決算法第 27 條規定對審計部所提出中央政府總決算審核報告之審議，即不能如審議預算案般對已審定之收入決算數額作增減以及對支出決算數額作刪減之決議。至於決算法第 27 條所規定立法院對審核報告之審議範圍，其中：

1. 預算之執行：係立法院就審計部對中央政府總預算、特別預算、營業

基金與非營業特種基金附屬單位預算、其他特種基金（含國家金融安定基金與信託基金）預算、政府捐助財團法人與行政法人等各項收入、支出預算執行之審核結果，以及與原列預算數之比較，予以審議，以發揮監督及適時矯正之效果。

2. 政策之實施：係立法院就審計部對各公務機關施政（或工作）計畫實施情形之考核、基金各項計畫實施情形之查核，以及所提出之重要審核意見等予以審議。

3. 特別事件之審核及救濟事項：係立法院就審計部每年度於其所辦理之常態性審核事項外，針對特別事項予以專案審核或查核，及須予救濟事項之處理情形予以審議。

(二)立法院於審議中央政府總決算審核報告時，審計長應列席答覆立法委員質詢，並提供有關資料。惟所提供之資料，按照 72 年 12 月 23 日司法院釋字第 184 號解釋意旨，不包括審計部依審計法第 36 條及第 71 條審定之原始憑證。

(三)決算法第 28 條規定，立法院於審核報告送達後 1 年內未完成審議，視同審議通過，係為使立法院能及時完成審議作業，除可適時解除機關首長及相關人員之財務責任外，尚可使立法院對前一年度中央政府總決算審核報告與下年度中央政府總預算案等之審議作業得以密切結合，提升審議效能。

陸、監察院對總決算審核報告所列應行處分事項之處理

一、決算法相關條文

第 29 條　監察院對總決算及附屬單位決算綜計表審核報告所列應行處分之事項為左列之處理：

一、應賠償之收支尚未執行者，移送國庫主管機關或附屬單位決算之主管機關執行之。

二、應懲處之事件，依法移送該機關懲處之。

三、未盡職責或效能過低應予告誡者，通知其上級機關之長官。

二、解析

決算法第 29 條規定，監察院對中央政府總決算及附屬單位決算綜計表所列應行處分事項共三類，其意義及內涵如下：

(一)應賠償之收支尚未執行者，移送國庫主管機關或附屬單位決算之主管機關執行之

依預算法第 25 條、審計法第 72 條、第 73 條、第 75 條、第 76 條、國庫法第 34 條、會計法第 67 條、第 99 條、第 103 條、第 109 條及第 119 條等規定，各機關人員經辦業務，因故意或重大過失或未盡善良管理人應有之注意，致造成公帑損失，應負損害賠償之款項，包括預算外不當收支與執行預算，經管財物及辦理出納事務、會計帳務、內部審核等涉及財務責任事項，經審計機關審查決定應負責賠償，若尚未全數追還款項，則由監察院移送國庫主管機關（即財政部）或附屬單位決算之主管機關執行之；如違失情節重大者，不論其是否執行，並應追究違失責任。

(二)應懲處之事件，依法移送該機關懲處之

審計人員稽察各機關人員辦理財務事項，若發覺有不法或不忠於職務之行為等應懲處之事，經按照審計法第 17 條規定，通知各該機關懲處，若尚未處分者，則由監察院根據決算法第 29 條規定，移送該機關依公務人員考績法及其施行細則與其他相關法規懲處之，如有懲處不當情事，則通知該機關再予處理。

(三)未盡職責或效能過低應予告誡者，通知其上級機關之長官

審計機關考核各機關之績效，所發現有未盡職責或效能過低之情事，經通知各該機關檢討改善，並按照審計法第 69 條規定通知其上級機關及報告監察院，經監察院專案調查結果，如係因制度規章缺失或設施不良所致者，除對相關機關提出建議改善意見，促其改善外，亦有對主管機關提案糾正或對違法及失職人員提出彈劾。

柒、決算書表格式之訂定

一、決算法相關條文

第30條　決算書表格式，由中央主計機關定之。

二、解析

決算書表為決算之具體表達，主計總處根據決算法第 30 條規定之授權，已於總決算編製作業手冊，以及總決算附屬單位決算編製作業手冊中，對決算各類書表格式訂定統一規範，供各機關遵循辦理。

捌、作業及相關考題

※名詞解釋

一、適正性審計

二、合規性審計

三、效能性審計

（註：一至三答案詳本文貳、二、(一)）

※申論題

一、依決算法規定，各機關之單位決算應如何編造？又依同法第 23 條，審計機關審核各機關決算，應注意哪些效能？【103 年高考】

答案：

(一) 各機關單位決算之編造

決算法第 12 條規定（請按條文內容作答）。

(二) 審計機關審核各機關或各基金決算應注意之效能

決算法第 23 條規定（請按條文內容作答）。

二、依據決算法，政府決算由哪些機關審核？審核程序為何？【109 年地特三等】

答案：

(一) 中央政府決算之審核

　　決算法第 21 條及審計法第 34 條規定，行政院應於會計年度結束後 4 個月內，將中央政府總決算，提出於監察院，監察院則交由審計機關即審計部審核。

(二) 中央政府決算之審核程序

1. 審計機關審核決算之修正

　　決算法第 25 條規定（請按條文內容作答）。

2. 審計機關編造最終審定數額表

　　決算法第 26 條規定（請按條文內容作答）。

3. 立法院對審計部所送總決算審核報告之審議

　　(1) 決算法第 27 條規定（請按條文內容作答）。

　　(2) 決算法第 28 條規定（請按條文內容作答）。

4. 監察院對總決算審核報告所列應行處分事項之處理

　　決算法第 29 條規定（請按條文內容作答）。

(三) 地方政府決算之審核

1. 決算法第 31 條規定：「地方政府決算，另以法律定之。前項法律未制定前，準用本法之規定。」目前係適用地方制度法第 42 條規定。

2. 地方制度法第 42 條規定，直轄市、縣（市）決算案，應於會計年度結束後 4 個月內，提出於該管審計機關審核。審計機關應於各直轄市及縣（市）決算案送達後 3 個月內完成其審核，編造最終審定數額表，並提出決算審核報告於直轄市議會、縣（市）議會。總決算最終審定數額表，由審計機關送請直轄市、縣（市）政府公告。直轄市議會、縣（市）議會審議直轄市、縣（市）決算審核報告時，得邀請審計機關首長列席說明。鄉（鎮、市）決算報告應於會計年度結束後 6 個月內送達鄉（鎮、市）民代表會審議，並由鄉（鎮、市）公所公告。

三、有關決算之審核，請依序回答下列問題

　　(一) 審計機關審核政府總決算，應注意哪些效能？請依決算法第 24 條之規定說明。

　　(二) 審計機關審核決算時，如有修正之主張，應如何處理？決算經審定後，應如何處理？請依決算法第 25 條之規定說明。

　　(三) 監察院對總決算及附屬單位決算綜計表審核報告所列應行處分之

事項，應如何處理？請依決算法第 29 條之規定說明。【106 年簡任升等】

答案：

(一) 審計機關審核政府總決算應注意之效能

決算法第 24 條規定（請按條文內容作答）。

(二) 審計機關審核決算之修正

決算法第 25 條規定（請按條文內容作答）。

(三) 監察院對總決算審核報告所列應行處分事項之處理

決算法第 29 條規定（請按條文內容作答）。

四、依決算法相關規定，請試述監察院對決算審核報告所列應行處分事項之處理方式為何？【108 年鐵特三級及退除役特考三等】

答案：

決算法第 29 條規定（請按條文內容作答）。

五、試就下列構面，說明決算法所規範的決算審核制度：

(一)流程與時限。

(二)應注意的效能。【108 年薦任升等「審計應用法規」】

答案：

(一) 決算審核流程與時限

1. 總決算之編造及提出於監察院

決算法第 21 條第 1 項規定（請按條文內容作答）。

2. 審計機關審核決算之修正

決算法第 25 條規定（請按條文內容作答）。

3. 審計機關編造最終審定數額表

決算法第 26 條規定（請按條文內容作答）。

4. 立法院對審計部所送總決算審核報告之審議

(1) 決算法第 27 條規定（請按條文內容作答）。

(2) 決算法第 28 條規定（請按條文內容作答）。

5. 監察院對總決算審核報告所列應行處分事項之處理

決算法第 29 條規定（請按條文內容作答）。

(二) 決算審核應注意之效能

  1. 審計機關審核各機關或各基金決算應注意之效能

    決算法第 23 條規定（請按條文內容作答）。

  2. 審計機關審核總決算應注意之效能

    決算法第 24 條規定（請按條文內容作答）。

六、媒體報導，「110 年度中央政府總決算」，由原預算差短 824 億元，反轉為賸餘 2,971 億元，創下歷史新高。請依決算法規定，回答下列問題：中央主計機關對於總決算與綜計表如何編送？審計機關審核政府總決算時，應注意事項為何？立法院對於審計長提出之審核報告如何審議？【111 年高考】

答案：

(一) 中央主計機關對於總決算之編送

  決算法第 21 條第 1 項規定（請按條文內容作容）。

(二) 審計機關審核政府總決算時應注意事項

  審計法第 68 條第 1 項及第 2 項規定（請按條文內容作容）。

(三) 立法院對於審計長所提出審核報告之審議

  決算法第 27 條規定（請按條文內容作容）。

※測驗題

一、高考、普考、薦任升等、三等及四等各類特考

(B)1. 審計機關審核各機關決算，應注意何事項？(A)營業盛衰之趨勢(B)預算數之超過或賸餘(C)歲入、歲出是否與國家施政方針相適應(D)財產運用有效程度及現金、財物之盤查【111 年地特三等】

(D)2. 依決算法之規定，下列何者為審計機關審核各機關或各基金決算時應注意之效能？①歲入、歲出是否與預算相符，如不相符，其不符之原因②違法失職或不當情事之有無③經濟與不經濟之程度④預算數之超過或剩餘⑤歲入、歲出是否平衡，如不平衡，其不平衡之原因⑥施政效能或營業效能之程度，及與同類機關或基金之比較⑦歲入、歲出是否與國家施政方針相適應(A)僅①②⑤⑥⑦(B)僅②③④⑤⑥(C)僅①③⑤⑦(D)僅②

③④⑥【109 年普考「政府會計概要」】

(A)3. 審計機關審核營業基金決算，應注意之事項為何？(A)違法失職或不當情事之有無(B)財產運用有效程度及現金、財物之盤查(C)應收、應付帳款及其他資產、負債之查證核對(D)各項計畫實施進度、收支預算執行經過及其績效【110 年薦任升等】

(D)4. 依審計法及相關實務處理之規定，下列審計結果①發現未盡職責②核定賠償責任③審定決算④揭發財務（物）上之違失行為，何者屬合規性審計？(A)僅①②(B)僅③④(C)僅①③(D)僅②④【109 年地特三等】

(B)5. 下列審計事項，何者屬於合規性審計？①審定決算②揭發財務(物)上之違失行為③核定賠償責任④發現未盡職責(A)①②③④(B)②③(C)①③(D)③④【108 年薦任升等】

(A)6. 依審計法規定，須列入決算審核報告並提送立法及監察兩院審議之審計結果為何？(A)剔除不當支出(B)發現未盡職責(C)揭發財務（物）上違失行為涉及刑事者(D)發現潛在風險【112 年鐵特三級及退除役特考三等】

(C)7. 有關審計機關審核各機關或各基金決算、政府總決算應注意效能之規定，下列何者錯誤？(A)違法失職或不當情事之有無(B)預算數之超過或剩餘(C)歲入、歲出是否與法令相符，如不相符，其不符之原因(D)各方所擬關於歲入、歲出應行改善之意見【110 年高考】

(D)8. 依現行決算法規定，審計機關審核政府總決算，應注意下列何種效能？(A)預算數之超過或剩餘(B)違法失職或不當情事之有無(C)施政計畫、事業計畫或營業計畫已成與未成之程度(D)歲入、歲出是否與預算相符，如不相符，其不符之原因【108 年地特三等】

(A)9. 依決算法之規定，審計機關審核政府總決算，應注意之效能為何者？①歲入、歲出是否與預算相符②歲入、歲出是否平衡③施政計畫、事業計畫或營業計畫已成與未成之程度④經濟與不經濟之程度(A)①②(B)③④(C)①②③(D)②③④【110 年鐵特三級及退除役特考三等】

(B)10.依決算法有關決算審核之規定，審計機關審核政府總決算，應注意那些效能？①歲入、歲出是否與決算相符，如不相符，其不符之原因②歲入、歲出是否平衡，如不平衡，其不平衡之原因③歲入、歲出是否與國民經濟能力及其發展相適應④歲入、歲出是否與國家經濟發展策略相適

應(A)①②(B)②③(C)③④(D)①④【111 年鐵特三級】

(D)11. 依決算法之規定，審計機關審核政府總決算時，下列何者非審計機關應注意的效能？(A)各方所擬關於歲入、歲出應行改善之意見(B)歲入、歲出是否與國家施政方針相適應(C)歲入、歲出是否與國民經濟能力及其發展相適應(D)預算數之超過或剩餘【108 年高考】

(A)12. 依決算法之規定，下列何者並非審計機關審核政府總決算所應注意之效能？(A)違法失職或不當情事之有無(B)歲入、歲出是否平衡(C)歲入、歲出是否與國家施政方針相適應(D)歲入、歲出是否與國民經濟能力及其發展相適應【106 年地特三等】

(B)13. 下列有關決算編造、審核期限之敘述，何者正確？(A)年度終了後 1 個月，為該會計年度之結束期間(B)總決算經行政院會議通過，於會計年度結束後 4 個月內，提出於監察院(C)審計長於中央政府總決算送達後 4 個月內完成其審核(D)國庫之年度出納終結報告，國庫主管機關應於年度結束後 1 個月內，分送中央主計機關及審計機關查核【107 年地特三等】

(A)14. 依決算法規定，下列敘述何者正確？(A)108 年 1 月 1 日至 2 月 28 日為 107 會計年度之結束期間(B)108 年 1 月 1 日至 2 月 28 日為 107 會計年度之整理期間(C)行政院應於 108 年 4 月 30 日以前將 107 年度總決算提出於立法院(D)審計長應於 108 年 6 月 30 日以前，完成 107 年度中央政府總決算之審核，編造最終審定數額表，並提出審核報告於立法院【108 年地特三等】

(A)15. 審計長應完成中央政府總決算之審核，編造何種表，並提出何種報告於立法院？(A)最終審定數額表，審核報告(B)最終審計數額表，審核報告(C)最終審定數額表，審計報告(D)最終審計數額表，審計報告【108 年鐵特三級及退除役特考三等】

(A)16. 中央政府年度總決算，應由審計部於行政院提出後 3 個月內完成其審核，並提出下列何者於立法院？(A)審核報告(B)審定報告(C)查核報告(D)最終審定數額表【108 年地特三等】

(B)17. 下列有關決算之敘述，何者正確？(A)政府之決算，每一會計年度辦理一次，年度終了後 4 個月，為該會計年度之結束期間(B)決算所列各項應收款、應付款、保留數準備，於其年度終了屆滿 4 年，而仍未能實現

者，可免予編列(C)審計長於中央政府總決算送達後 4 個月內完成其審核，編造最終審定數額表，並提出審核報告於立法院(D)各國營事業所屬各部門，其資金獨立，自行計算盈虧或轉投資其他事業，其股權超過40%者，應附送各該部門或事業之分決算【107 年高考】

(C)18. 中央政府年度總決算審核之處理程序為何？(A)由審計部於行政院提出後 7 個月內完成其審核，並提出審核報告於立法院(B)由行政院於行政院主計總處提出後 7 個月內完成其審核，並提出審核報告於審計部(C)由審計部於行政院提出後 3 個月內完成其審核，並提出審核報告於立法院(D)由行政院於行政院主計總處提出後 3 個月內完成其審核，並提出審核報告於審計部【109 年高考】

(C)19. 依決算法之規定，審計長應於政府提出半年結算報告後，何時內完成其查核，並提出何種報告於立法院？(A)1 個月；審查報告(B)2 個月；審查報告(C)1 個月；查核報告(D)2 個月；查核報告【109 年高考】

(A)20. 審計長對於會計年度中央政府之半年結算報告，應如何處理？(A)於政府提出後 1 個月內完成其查核，並提出查核報告於立法院(B)於政府提出後 3 個月內完成其審核，並提出查核報告於立法院(C)於政府提出後 1 個月內完成其查核，並提出查核報告於監察院(D)於政府提出後 3 個月內完成其審核，並提出查核報告於監察院【106 年鐵特三級及退除役特考三等】

(A)21. 中央政府之半年結算，如何完成查核？(A)由審計長於中央政府提出後 1 個月內完成其查核(B)由審計長於中央政府提出後 3 個月內完成其查核(C)由主計長於中央政府提出後 1 個月內完成其查核(D)由主計長於中央政府提出後 3 個月內完成其查核【106 年薦任升等】

(D)22. 下列敘述何者正確？①政府會計年度於每年 1 月 1 日開始，至同年 12 月 31 日終了②行政院應於年度開始 9 個月前，訂定下年度之施政方針③中央政府概算與附屬單位概算及其綜計表，經行政院會議決定後，交由中央主計機關彙編，由行政院於會計年度開始 4 個月前提出立法院審議④政府之決算，每半年辦理一次，年度終了後 2 個月，為該會計年度之結束期間⑤主計長於中央政府總決算送達後 3 個月內完成其審核，編造最終審定數額表，並提出審核報告於立法院⑥主計長應於會計年度中將政府之半年結算報告，於政府提出後 1 個月內完成其查核，並提出查

核報告於立法院(A)①②③④⑤⑥(B)①②③④(C)①②③(D)①②【108年地特三等】

(A)23.立法院就審計長提送之中央政府總決算審核報告予以審議時,係就審核報告中有關下列何事項予以審議?(A)預算之執行、政策之實施及特別事件之審核、救濟等事項(B)預算之執行、計畫之實施及特別預算之審核、救濟等事項(C)預算之實施、計畫之執行及特別事件之審核、救濟等事項(D)預算之實施、政策之執行及特別預算之審核、救濟等事項【107年高考】

(A)24.依決算法規定,下列何者是立法院審議審計長所提審核報告之事項?①預算之分配②預算之執行③政策之實施④預算之餘絀(A)②③(B)③④(C)①②④(D)①②③④【108年薦任升等】

(A)25.依決算法之規定,立法院審議審核報告中的那些內容?①預算之執行②政策之實施③特別事件之審核④決算之差異(A)①②③(B)②③④(C)①③④(D)①②④【111年鐵特三級】

(D)26.依決算法之規定,下列相關期間之敘述,何者錯誤?(A)總決算書應於會計年度結束後四個月內,提出於監察院(B)審計長應於政府提出半年結算報告後一個月內完成其查核(C)審計長應於中央政府總決算送達後三個月內完成其審核(D)立法院應於審核報告送達後六個月內完成其審議【110年鐵特三級及退除役特考三等】

(D)27.下列有關中央政府決算審核(議)之規定,何者錯誤?(A)審計長於中央政府總決算送達後三個月內完成其審核,編造最終審定數額表,並提出審核報告於立法院(B)立法院對審核報告中有關預算之執行、政策之實施及特別事件之審核、救濟等事項,予以審議(C)立法院審議時,審計長應答覆質詢,並提供資料;對原編造決算之機關,於必要時,亦得通知其列席備詢,或提供資料(D)立法院應於審核報告送達後六個月內完成其審議,如未完成,視同審議通過【110年高考】

(D)28.立法院應於中央政府總決算審核報告送達後1年內完成其審議,如未能如期完成,該作何處置?(A)延長立法院會期,加班審議(B)交由人民公投(C)立法院得延長審議期限(D)視同審議通過【106年薦任升等】

(A)29.立法院對於審計部所提何種報告,若於送達後1年內未完成審議,視同審議通過?(A)審核報告(B)查核報告(C)審議報告(D)最終審定報告【106

年普考「政府會計概要」】

(C)30.依決算法之規定，立法院應於審計部審核報告送達後 1 年內完成審議，如未完成，其效力如何？(A)按行政院核定結果通過(B)由審計機關催告之(C)視同立法院審議通過(D)視同審議不通過【108 年退除役特考四等「政府會計概要」】

(C)31.立法院審議通過總決算最終審定數額表，由何機關咨請總統公告？(A)立法院(B)行政院(C)監察院(D)行政院主計總處【107 年原住民族特考四等「政府會計概要」】

(C)32.依決算法之規定，如立法院未能於審計部審核報告送達後 1 年內完成審議時，後續之法律程序為何？(A)由審計長呈請監察院公告(B)由審計長咨請總統公告(C)由監察院咨請總統公告(D)由行政院咨請總統公告【110年退除役特考四等「政府會計概要」】

(C)33.依決算法之規定，有關決算審核之敘述，正確者計有幾項？①審計部對總決算及附屬單位決算綜計表審核報告所列應懲處之事件，依法移送其上級機關懲處②立法院應於審核報告送達後 1 年內完成其審議，如未完成，視同審議通過③審計機關審核決算時，如有修正之主張，應即通知原編造決算之機關限期答辯(A)僅③(B)僅①②(C)僅②③(D)①②③【107年地特三等】

(D)34.當總決算及附屬單位決算綜計表審核報告列有國營事業尚未執行應賠償收支之處分事項，監察院依決算法應為何種處理？(A)應移送其上級機關長官加以執行(B)應對負責執行之公務員依法移送有關機關加以懲處(C)應移送國庫主管機關予以執行(D)應移送附屬單位決算之主管機關執行【108 年薦任升等】

(A)35.監察院對總決算及附屬單位決算綜計表審核報告所列應行處分之事項為下列之處理，何者錯誤？(A)未盡職責者，通知該機關長官(B)應懲處之事件，依法移送該機關懲處之(C)效能過低應予告誡者，通知其上級機關之長官(D)應賠償之收支尚未執行者，移送國庫主管機關或附屬單位決算之主管機關執行之【109 年鐵特三級】

(A)36.監察院對總決算及附屬單位決算綜計表審核報告所列應行處分之事項，關於應賠償之收支尚未執行者，應如何處理？(A)移送國庫主管機關或附屬單位決算之主管機關執行(B)依法移送該機關懲處(C)通知其上級機

關之長官(D)移送法院強制執行【106 年鐵特三級及退除役特考三等】

(B)37. 監察院對總決算及附屬單位決算綜計表審核報告中應懲處之事件，如何處理？(A)移送主管機關懲處之(B)依法移送該機關懲處之(C)通知上級機關之長官(D)通知中央主計機關【108 年鐵特三級及退除役特考三等】

(B)38. 依決算法之規定，下列事宜應由行政院定之者，計有幾項？①結束期間內有關出納整理事務期限②各級機關決算之編送程序及期限③決算書表格式④地方政府決算(A)1 項(B)2 項(C)3 項(D)4 項【110 年退除役特考四等「政府會計概要」】

(B)39. 依預算法及決算法之規定，下列敘述正確者有幾項？①決算書表之格式，由行政院定之②預算書表之格式，由行政院定之③政府機關於未來四個會計年度所需支用之經費，立法機關得為未來承諾之授權④當年度立法院為未來承諾之授權金額執行結果，應於決算內表達(A)僅 1 項(B)僅 2 項(C)僅 3 項(D)4 項【112 年鐵特三級及退除役特考三等】

二、初考、地特五等、經濟部所屬事業機構及台電公司新進僱員

(B)1. 依決算法規定，下列何者係屬審計機關審核各機關決算應注意之效能？(A)歲入、歲出是否與國家施政方針相適應(B)預算數之超過或剩餘(C)歲入、歲出是否與國民經濟能力及其發展相適應(D)各方所擬關於歲入、歲出應行改善之意見【107 年初考】

(A)2. 審計機關審核各機關決算，應注意之效能為何？(A)預算數之超過或剩餘(B)歲入、歲出是否與預算相符，如不相符，其不符之原因(C)歲入、歲出是否平衡，如不平衡，其不平衡之原因(D)歲入、歲出是否與國家施政方針相適應【107 年地特五等】

(B)3. 依決算法第 23 條之規定，下列何者非審計機關審核各機關或各基金決算，應注意之效能？(A)預算數之超過或賸餘(B)歲入歲出是否與國家施政方針相適應(C)違法失職或不當情事之有無(D)經濟與不經濟之程度【107 年經濟部事業機構】

(B)4. 下列有關審計機關審核各機關或各基金決算應注意事項的敘述，何者錯誤？(A)施政計畫、事業計畫或營業計畫已成與未成之程度(B)歲入、歲出是否平衡，如不平衡，其不平衡之原因(C)經濟與不經濟之程度(D)違

法失職或不當情事之有無【106 年地特五等】

(A)5. 審計機關審核各機關或各基金決算時,下列何者不屬於應注意之事項?(A)歲入、歲出是否平衡;如不平衡,其不平衡之原因(B)施政計畫、事業計畫或營業計畫已成與未成之程度(C)經濟與不經濟之程度(D)預算數之超過或賸餘【112 年初考】

(B)6. 下列何項並非審計機關審核各機關或各基金決算,應注意之效能?(A)預算數之超過或剩餘(B)歲入歲出是否平衡(C)經濟與不經濟之程度(D)違法失職或不當情事之有無【112 年地特五等】

(D)7. 審計機關審核政府總決算,應注意何項效能?(A)經濟與不經濟之程度(B)違法失職或不當情事之有無(C)施政計畫已成與未成之程度(D)歲入、歲出是否與國家施政方針相適應【112 年初考】

(D)8. 審計機關審核中央政府總決算,應注意何事項?(A)經濟與不經濟之程度(B)違法失職或不當情事之有無(C)施政計畫、事業計畫或營業計畫已成與未成之程度(D)歲入、歲出是否與預算相符;如不相符,其不符之原因【112 年地特五等】

(D)9. 依決算法規定,下列何者非屬審計機關審核政府總決算應注意之效能?(A)歲入、歲出是否平衡,如不平衡,其不平衡之原因(B)歲入、歲出是否與國民經濟能力及其發展相適應(C)歲入、歲出是否與國家施政方針相適應(D)經濟與不經濟之程度【110 年台電公司新進僱員】

(C)10.依決算法第 25 條規定,審計機關審核決算時,如有修正之主張,應即通知原編造決算之機關限期答辯。逾期不答辯者,審計人員應如何處置?(A)應報告該管審計機關,通知各該機關長官處分承辦人員(B)應予催告(C)視為同意修正(D)呈請監察院核辦【112 年初考】

(C)11.依決算法之規定,審計機關審核決算時,如有修正之主張,應即通知原編造決算之機關限期答辯;逾期不答辯者,審計機關應如何處置?(A)糾正之(B)提出建議改進意見(C)視為受查機關同意修正(D)通知受查機關之上級機關長官處分之【112 年地特五等】

(D)12.審計機關審定決算後,應通知原編送決算之機關,並以副本分送下列何者?(A)該管地方機關及上級機關(B)該管上級機關及再上級機關(C)原編造機關及中央主計機關(D)中央主計機關及該管上級機關【111 年台電公司新進僱員】

(C)13.依決算法規定，中央政府總決算書提出與審核期間各為何？(A)會計年度結束後 3 個月內提出總決算；總決算送達後 3 個月內完成審核(B)會計年度結束後 4 個月內提出總決算；總決算送達後 4 個月內完成審核(C)會計年度結束後 4 個月內提出總決算；總決算送達後 3 個月內完成審核(D)會計年度結束後 3 個月內提出總決算；總決算送達後 4 個月內完成審核【108 年初考】

(C)14.中央政府年度總決算，應由審計部於行政院提出後幾個月內完成其審核，並提出審核報告於立法院？(A)1(B)2(C)3(D)4【112 年初考】

(B)15.依決算法規定，請問下列何人應於中央政府總決算書送達後，於多久期限內完成其審核，並編造最終審定數額表？(A)主計長，3 個月(B)審計長，3 個月(C)主計長，2 個月(D)審計長，2 個月【107 年經濟部事業機構】

(B)16.中央政府年度總決算審核報告，應向下列何者提出？(A)總統府(B)立法院(C)司法院(D)行政院【106 年初考】

(C)17.審計長編造之中央政府總決算審核報告是向何機關提出？(A)總統府(B)監察院(C)立法院(D)行政院【111 年初考】

(A)18.關於中央政府年度總決算之敘述，何者正確？(A)行政院於會計年度結束後 4 個月內，提出於監察院；由審計部於行政院提出後 3 個月內完成其審核，並提出審核報告於立法院(B)行政院於會計年度結束後 3 個月內，提出於監察院；由審計部於行政院提出後 4 個月內完成其審核，並提出審核報告於立法院(C)行政院於會計年度結束後 4 個月內，提出於審計部；由審計部於行政院提出後 3 個月內完成其審核，並提出審核報告於立法院(D)行政院於會計年度結束後 3 個月內，提出於審計部；由審計部於行政院提出後 4 個月內完成其審核，並提出審核報告於立法院【109 年地特五等】

(D)19.依決算法規定，何者應於中央政府總決算送達後幾個月內完成其審核，編造最終審定數額表，並提出審核報告於何機關？(A)主計長；1 個月；立法院(B)主計長；2 個月；監察院(C)審計長；4 個月；監察院(D)審計長；3 個月；立法院【112 年經濟部事業機構】

(C)20.有關審計長就中央政府總決算送達後完成審核時限，以及就政府之半年結算報告提出後完成查核時限，下列何者正確？(A)1 個月、2 個月(B)2

個月、3 個月(C)3 個月、1 個月(D)1 個月、3 個月【110 年經濟部事業機構】

(C)21.審計長應於會計年度中將政府之半年結算報告，於政府提出多久內完成其查核，並提出查核報告於立法院？(A)15 日(B)20 日(C)1 個月(D)2 個月【111 年地特五等】

(D)22.依決算法等規定，審計部查核 106 年度中央政府半年結算報告，其查核報告應於何時前提出於立法院？(A)106 年 7 月 30 日(B)106 年 7 月 31 日(C)106 年 8 月 31 日(D)106 年 9 月 30 日【107 年地特五等】

(A)23.行政院若於本年 10 月 31 日提出半年結算報告，審計長應於何時內完成查核，並提出查核報告於立法院？(A)本年 11 月 30 日內(B)本年 12 月 31 日內(C)次年 1 月 31 日內(D)次年 2 月底內【111 年初考】

(D)24.審計長應於會計年度中將政府之半年結算報告，於政府提出後一個月內完成其查核，並提出何項報告於立法院？(A)審核報告(B)審計報告(C)審定書(D)查核報告【110 年地特五等】

(B)25.有關決算之審核規定，下列何者有誤？(A)審計長於中央政府總決算送達後 3 個月內完成其審核，編造最終審定數額表，並提出審核報告於立法院(B)審計長應於會計年度中將政府之半年決算報告，於政府提出後 1 個月內完成其查核，並提出查核報告於立法院(C)決算經審定後，應通知原編造決算之機關，並以副本分送中央主計機關及該管上級機關(D)立法院審議時，審計長應答覆質詢，並提供資料【106 年經濟部事業機構】

(C)26.有關政府決算審核之敘述，何者錯誤？(A)審計機關審核決算時，如有修正之主張，應即通知原編造決算之機關限期答辯；逾期不答辯者，視為同意修正(B)決算經審定後，應通知原編造決算之機關，並以副本分送中央主計機關及該管上級機關(C)審計長於中央政府總決算送達後 4 個月內完成其審核，編造最終審定數額表，並提出審核報告於立法院(D)審計長應於會計年度中將政府之半年結算報告，於政府提出後 1 個月內完成其查核，並提出查核報告於立法院【109 年地特五等】

(C)27.下列何者非立法院審議審核報告之審議事項？(A)有關預算之執行(B)政策之實施(C)臨時災害之審核(D)救濟【108 年初考】

(B)28.依決算法規定，下列何者非立法院審議中央政府年度總決算審核報告之

事項？(A)預算之執行(B)應懲處事件之移送(C)特別事件之審核(D)政策之實施【107 年地特五等】

(A)29. 下列何者非屬決算法規定立法院審議總決算審核報告之事項？(A)決算審定數(B)特別事件之救濟(C)預算之執行(D)政策之實施【111 年經濟部事業機構】

(D)30. 依我國決算、審計相關法規之規定，於中央政府，何者不具有修正單位決算之職權？(A)該單位決算之上級機關(B)中央主計機關(C)中央審計機關(D)立法機關【112 年地特五等】

(B)31. 下列有關總決算審核之敘述，何者正確？(A)政府於會計年度結束後，應編製總決算，送立法院或地方議會後，交給審計機關審核(B)中央政府年度總決算，應由審計部於行政院提出後 3 個月內完成其審核，並提出審核報告於立法院(C)立法院、監察院或兩院中之各委員會，審議由審計部提出之審核報告，如有諮詢或需要有關審核之資料，審計長得答復或提供之(D)地方政府年度總決算之編送及審核，依各該地方政府決算法之規定辦理【107 年初考】

(A)32. 關於決算之審核、審議，下列何者有誤？(A)審計長於中央政府總決算書送達後 4 個月內完成其審核(B)審計長應提出審核報告於立法院(C)立法院應於審核報告送達後 1 年內完成其審議(D)立法院審議審核報告時，審計長應答覆質詢【108 年經濟部事業機構】

(D)33. 立法院應於審核報告送達後幾個月內完成其審議？(A)1(B)3(C)6(D)12【112 年初考】

(A)34. 依決算法規定，立法院應於審核報告送達後多久完成其審議？(A)一年內(B)九個月內(C)半年內(D)三個月內【110 年地特五等】

(D)35. 總決算審核報告送達立法院後，如未於 1 年內完成其審議，應如何處理？(A)由立法院繼續審議(B)退回給行政院重新編造(C)退回審計部重新審核(D)視同立法院審議通過【106 年初考】

(D)36. 有關決算之審核，下列敘述何者正確？(A)審計機關審核決算時，如有修正之主張，應即通知原編造決算之機關限期修正(B)主計長對於中央政府總決算應向監察院提出查核報告(C)審計長應編造總決算最終審定數額表，經監察院審議通過後，向立法院提出審核報告(D)立法院應於審核報告送達後 1 年內完成其審議，如未完成，視同審議通過【110 年

台電公司新進僱員】

(D)37.中央政府總決算公告前須行經下列哪些機關？①中央主計機關②行政院③審計部④監察院⑤立法院(A)僅①③④⑤(B)僅①②③⑤(C)僅①②④⑤(D)①②③④⑤【108年初考】

(A)38.依決算法規定，總決算最終審定數額表除應守秘密部分外，應由下列何者咨請總統公告？(A)監察院(B)立法院(C)行政院(D)審計部【110年地特五等】

(C)39.總決算最終審定數額表，其審議及公告分別由下列何者執行？(A)監察院、總統(B)監察院、立法院(C)立法院、總統(D)行政院、監察院【111年台電公司新進僱員】

(A)40.依決算法規定，下列有關總決算審議及公告之敘述，何者正確？(A)立法院應對審計長所提審核報告進行審議(B)立法院應對審計長所編最終審定數額表進行審議(C)最終審定數額表應由立法院咨請總統公告(D)立法院應於總決算送達後1年內完成審議【107年初考】

(A)41.有關中央政府總決算最終審定數額表之公告程序，下列何者正確？(A)由監察院咨請總統公告(B)由監察院函請行政院公告(C)由立法院咨請總統公告(D)由監察院自行上網公告【108年經濟部事業機構】

(D)42.下列有關中央政府總決算之編送、審定、審核報告之審議及公告之敘述，何者正確？(A)行政院於會計年度結束後4個月內，應提出於審計部(B)審計長於中央政府總決算送達後4個月內完成其審核，編造最終審定數額表，並提出審核報告於立法院(C)立法院應於審核報告送達後2年內完成其審議，如未完成，視同審議通過(D)總決算最終審定數額表，由立法院審議通過後，送交監察院，由監察院咨請總統公告【106年地特五等】

(A)43.依決算法等規定，監察院對於審計部如剔除經濟部能源局某筆經費支出並經審定該機關經辦業務人員應負賠償責任，則其尚未執行之賠償收入，應移送下列何者執行？(A)財政部(B)經濟部(C)財政部國庫署(D)經濟部能源局【107年地特五等】

(B)44.監察院對總決算及附屬單位決算綜計表審核報告所列應行處分之事項中，對於應懲處之事件，應如何處理？(A)通知其上級機關之長官懲處(B)依法移送該機關懲處之(C)由主管機關懲處(D)通知公務員懲戒委員

會懲處【108 年初考】

(C)45.依決算法規定，監察院對於總決算審核報告中應懲處之事件，應依法移送下列何者機關懲處？(A)中央主計機關(B)審計機關(C)該機關(D)該管上級機關【111 年台電公司新進僱員】

(B)46.依決算法規定，監察院對審計機關審核報告所列應行處分之事項，下列處理之敘述，何者正確？(A)能源局應懲處之事件，依法移送經濟部懲處之(B)經濟作業基金應賠償之收支尚未執行者，移送經濟部執行之(C)國際貿易局應賠償之收支尚未執行者，應移送經濟部執行之(D)工業局未盡職責應予告誡者，通知經濟部【110 年地特五等】

(B)47.監察院對總決算及附屬單位決算綜計表審核報告所列應行處分之事項，關於未盡職責或效能過低應予告誡者，應如何處理？(A)通知該機關之長官(B)通知其上級機關之長官(C)通知行政院(D)通知公務員懲戒委員會【106 年初考】

(D)48.決算書表格式，由何機關訂定？(A)負責編造並提出決算之行政院(B)負責審核決算之審計部(C)決算是預算執行結果，負責審議預算之立法院(D)負責彙編決算之中央主計機關【111 年初考】

第四篇

審計法

導　論

一、政府審計制度之特質

　　政府審計係國家獨立監督機構之一環，針對國家資源運用之合規性、經濟性、效率性及效果，執行獨立、客觀之查核，主要目的在監督政府之財務廉能及防制貪污，並確保民主治理之廉正與提升治理之品質及韌性。依憲法、審計法、決算法及審計部組織法等規定，我國政府審計制度之特質如下：

(一)審計權屬監察權之一，並由審計機關行使

　　憲法第 90 條及其增修條文第 7 條規定，審計權為監察院的監察權之一。審計法第 2 條與第 3 條並規定，審計職權由審計機關即審計部行使之，包括：1.監督預算之執行。2.核定收支命令。3.審核財務收支，審定決算。4.稽察財物及財政上之不法或不忠於職務之行為。5.考核財務效能。6.核定財務責任。7.其他依法律應行辦理之審計事項。

(二)審計長有任期保障，審計人員並依法獨立行使職權

　　憲法第 104 條規定，監察院設審計長，由總統提名，經立法院同意任命之。審計部組織法第 3 條則規定，審計長之任期為 6 年。又 83 年 7 月 8 日司法院釋字第 357 號解釋，設置於監察院之審計長，其職務之性質與應隨執政黨更迭或政策變更而進退之政務官不同。審計部組織法第 3 條關於審計長任期為 6 年之規定，旨在確保其職位之安定，俾能在一定任期中超然獨立行使職權。故審計長有任期之保障。另審計法第 10 條規定，審計人員依法獨立行使其審計職權，不受干涉。

(三)審計長應依法提出決算審核或查核報告，踐行透明課責及促進政府良善治理

　　憲法第 105 條、決算法第 26 條及審計法第 34 條等規定，審計長應於行政院提出決算後 3 個月內，依法完成其審核，並提出審核報告於立法院。決算法第 26 條之 1 尚規定，審計長應於會計年度中將政府之半年結算

報告，於政府提出後 1 個月內完成其查核，並提出查核報告於立法院。立法院則依決算法第 27 條規定，對審核報告中有關預算之執行、政策之實施及特別事件之審核、救濟等事項，予以審議。立法院審議時，審計長應答覆質詢，並提供資料，俾踐行透明課責及促進政府良善治理。至於直轄市及縣（市）決算，則由審計部設於各該地方之審計機關，依地方制度法第 42 條規定，於直轄市、縣（市）決算送達後 3 個月內完成其審核，編送最終審定數額表，並提出決算審核報告於直轄市議會、縣（市）議會。

(四)審計職權行使對象為各級政府機關及人員，並於法律中規範行使方式

審計法第 1 條規定，政府及其所屬機關財務之審計，依本法之規定。爰審計職權行使對象為中央與各級地方政府機關及人員。至於審計職權之行使方式，如審計法第 12 條至第 16 條規定，審計機關與審計人員為行使職權，無論書面審核或派員實地抽查，均得向各機關、公私團體或有關人員查（調）閱資料、檢查現金及財物等，各機關人員不得隱匿或拒絕，遇有疑問或需要有關資料，並應為詳實之答復或提供。第 22 條至第 24 條規定，審計機關應將審計結果，分別發給核准通知或審核通知於被審核機關，接得審核通知之機關得於規定期限內聲復，又對審計機關之決定不服時，亦得於規定期限內聲請覆議等。

(五)審計機關組織採一條鞭制，由中央直貫地方

審計法第 4 條至第 7 條及審計部組織法第 14 條規定，審計部負責辦理中央各機關及其所屬機關財務之審計，並於地方設審計處室掌理各直轄市、各縣（市）政府及其所屬機關之審計事項。即我國審計機關均隸屬審計部，由審計長監督之，其組織為一條鞭制。

二、審計權與行政權及立法權之關係

(一)三權財政及掌理機關

政府財務按預算循環過程劃分為財務行政、財務立法及財務司法等三部分，即所謂三權財政。其中財務行政指編製預算案與決算、執行收支、保管公共資源等職權；財務立法指審議預算案及決算職權；財務司法則指

監督預算執行、審定決算等職權，一般稱為政府審計權。我國中央政府之三權財政，分別由行政院（財務行政）、立法院（財務立法）、監察院及審計部（財務司法）掌理，三權財政之運用，必須三個職權各盡其職，不相逾越、相輔而行及相制而成。

(二)代理理論及課責之概念

以政府治理之觀點，政府審計職能主要在於「確認政府履行其財務與績效責任」，至於政府課責（Accountability）機制之精神，依代理理論（Agent Theory）之觀點，係委託人（民意機關）授予權力與預算予代理人（行政機關），代理人必須向委託人提出公開透明之課責報告，即為代理人對於委託人之授權所應負說明之責任；為降低代理風險，另由獨立之第三人（審計機關）負責查核前開課責報告，對代理人所提出之資訊加以驗證，並向委託人提出獨立、客觀之審計報告。三方之代理關係（Principal-agent Relationship）如圖 4.0.1。

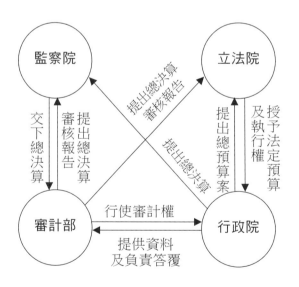

圖 4.0.1　中央政府課責機制（財務行政、財務立法及財務司法三權關係）

資料來源：中華民國 112 年政府審計年報，頁 14。

三、政府審計之功能

　　審計部經歸納我國政府審計之三大核心職掌為監督功能、洞察功能及前瞻功能，分述如下：

(一)監督功能：促進政府施政透明，匡正財務紀律

1. 審核財務收支與審定決算，提高財務資訊公信力及促進透明度

　　審計法、決算法及其他相關法規關於財務審計之規範，主要包括查核分配預算、審核財務收支、隨時稽察採購案件、審定年度決算與特別決算等，並於政府總決算及特別決算提出後 3 個月內完成審核，編造最終審定數額表，提出審核報告於立法院或地方議會。由於財務資訊可靠及透明為公部門邁向良善治理之基本要素，審計機關透過財務審計工作，對政府預算執行結果與財務狀況進行獨立驗證及確信，因而可有效提升政府財務資訊公信力及促進透明度。

2. 稽察各機關人員財務上之違失，匡正財務紀律及防杜貪腐

　　審計法第 17 條至第 19 條規定，審計人員發覺各機關人員有財務上不法或不忠於職務之行為，應報告該管審計機關，通知各該機關長官處分之，並得由審計機關報請監察院依法處理；其涉及刑事者，應移送法院辦理，並報告於監察院。受通知處分之機關長官應從速執行之，如經通知須為緊急處分而不為之，應連帶負責。如應負責者為機關長官時，審計機關應通知其上級機關執行處分。故透過審計機關審計人員獨立客觀地行使審計職權，可匡正財務紀律及有效防杜貪腐。

3. 審查決定各機關人員財務上行為應負之責任，落實課責機制

　　公務員之課責，係指其應對被賦予職權負起責任之義務。審計機關則被賦予審查決定各機關人員財務行為應負之責任。依審計法第 21 條、第 58 條、第 72 條、第 74 條、第 75 條及第 78 條等規定，審計機關審核各機關經管現金、票據、證券、財物或其他資產之遺失、毀損、損失情形，並決定各機關人員應負之責任；決定各機關違背預算或有關法令之不當支出的剔除、繳還、賠償責任；對於主管人員未盡善良管理財務（物）之責任、會計人員簽證支出有故意或過失或記錄不實、出納人員誤付款項等，致使公款或公有財物受到損失者，審計機關經查明決定剔除、繳還、賠償

責任後，各該機關長官應限期追繳，並通知公庫、公有營業或公有事業主管機關；逾期者，該負責機關長官應即移送法院強制執行。

(二)洞察功能：考核財務效能，並提供財務管理諮詢之服務

　　決算法第 23 條與審計法第 67 條規定，審計機關審核各機關或各基金決算，應注意施政計畫、事業計畫或營業計畫已成與未成之程度，經濟與不經濟之程度，施政效能、事業效能或營業效能之程度及與同類機關或基金之比較。審計法第 69 條第 1 項及第 2 項規定，審計機關考核各機關之績效，如認為有未盡職責或效能過低者，除通知其上級機關長官外，並應報告監察院；其由於制度規章缺失或設施不良者，應提出建議改善意見於各該機關。前述考核，如認為有可提升效能或增進公共利益者，應提出建議意見於各該機關或有關機關。預算法第 28 條與審計法第 70 條規定，審計機關於政府籌劃擬編年度概算前，應提供審核以前年度預算執行之有關資料，與財務上增進效能及減少不經濟支出之建議意見。以上均為強化政府審計洞察功能之具體規範。其功能在於藉由評估政策、計畫達成情形、分享標竿性資訊，以及各政府層級之橫向與縱向比較，提出對行政管理之改善建議，並提供持續性回饋資訊，協助行政機關及時調整政策或改進缺失，尚可藉以提升各機關個別施政計畫執行績效，以及啟發行政部門對類似問題之解決能力。

(三)前瞻功能：及時辨識關鍵趨勢與新興挑戰，提供預警服務

　　前瞻功能係指對於行政部門之關鍵趨勢與新興挑戰變成危機前，審計機關能及時辨識，並提出預警性建議意見，分析重點不侷限於過程與產出，而是轉為強調預計成果及結果。審計法第 69 條第 3 項規定，審計機關發現有影響各機關施政或營（事）業效能之潛在風險事項，得提出預警性意見於各該機關或有關機關，妥為因應。即為明定政府審計之前瞻功能，由審計機關協助各機關辨認未來趨勢，提醒各機關注意即將發生的挑戰，並藉著及時提出宏觀之預警性建議意見，防範各機關投注鉅額經費興建公共設施，卻發生閒置或低度利用情形，以發揮政府審計積極功能。

四、作業及相關考題

※申論題

　　鑑於國際審計潮流趨勢，績效審計已是先進國家審計機關政府審計之核心議題，審計部近年來積極發揮政府審計扮演之監督者（oversight）、洞察者（insight）及前瞻者（foresight）之角色，期促使各機關提升施政績效。其中洞察者及前瞻者角色，請就審計法、預算法及決算法，試述有何相關規範？【110年薦任升等「審計應用法規」】

答案：

　　政府審計之洞察功能，在於考核財務效能，並提供財務管理諮詢之服務。至於政府審計之前瞻功能，則為及時辨識關鍵趨勢與新興挑戰，提供預警服務。相關規範如下：

(一) 審計法
  1. 第 41 條規定（請按條文內容作答，審核結果與兩種功能可能具相關性）。
  2. 第 67 條規定（請按條文內容作答，屬於洞察功能）。
  3. 第 69 條規定（請按條文內容作答，其中第 1 項及第 2 項為洞察功能，第 3 項為前瞻功能）。
  4. 第 70 條規定（請按條文內容作答，屬於洞察功能）。

(二) 預算法
　　第 28 條規定（請按條文內容作答，屬於洞察功能）。

(三) 決算法
  1. 第 23 條規定（請按條文內容作答，與審計法第 67 條規定大致相同，屬於洞察功能）。
  2. 第 26 條規定（請按條文內容作答，審核結果與兩種功能可能具相關性）。
  3. 第 26 條之 1 規定（請按條文內容作答，查核結果與兩種功能可能具相關性）。

※測驗題

一、高考、普考、薦任升等、三等及四等各類特考

(B)1. 依審計法規定,下列審計職權何者屬於洞察功能?(A)審核財務收支(B)考核財務效能(C)核定財務責任(D)稽察財政上不忠於職務之行為【112年鐵特三級及退除役特考三等】

(D)2. 我國政府審計具有監督、洞察及前瞻三大核心功能,屬前瞻功能之預警性發現事項,下列何者正確?(A)發現有未盡職責者(B)發現制度規章有缺失者(C)發現有可提升效能者(D)發現有影響營業效能之潛在風險者【111年高考】

第一章　通　則

壹、審計法的適用範圍

一、審計法相關條文

(一)政府及其所屬機關

第 1 條　政府及其所屬機關財務之審計，依本法之規定。

(二)公有營業及事業機關

第 47 條　應經審計機關審核之公有營業及事業機關如左：

一、政府獨資經營者。

二、政府與人民合資經營，政府資本超過百分之五十者。

三、由前二款公有營業及事業機關轉投資於其他事業，其轉投資之資本額超過該事業資本百分之五十者。

(三)公私合營事業及接受公款補助之私人團體

第 79 條　審計機關對於公私合營之事業，及受公款補助之私人團體應行審計事務，得參照本法之規定執行之。

二、解析

(一)預算法與決算法係適用於中央政府，地方政府準用之。會計法及審計法則適用於中央與各級地方政府及其所屬機關，包括公務機關、營業基金及非營業特種基金。

(二)於 108 年 11 月 20 日新修正之會計法，已將原來之公有事業及公有營業之名稱均予合併改為公營事業，公營事業機構係指由國家或地方自治團體獨資經營之機構，或與民間合資經營，政府資本超過 50%之機構，中央政府稱為國營事業。依 43 年 10 月 20 日司法院釋字第 41 號解釋，國營事業轉投資於其他事業之資金，應視為政府資本，如其數額超過其他事業資本 50%者，該其他事業即屬於國營事業。

(三)審計法施行細則第 77 條規定，審計機關對於公私合營事業，除審計法第 47 條第 2 款及第 3 款已有規定者外，其政府資本額在 50%以下者，及受公款補助之私人團體，應行審計事務，得參照審計法規定，另訂審核辦法。審計部爰訂有「審計機關審核公私合營事業辦法」，主要重點為：

1. 第 2 條規定，本辦法所稱公私合營事業範圍如下：

(1)政府與人民合資經營，政府資本未超過 50%者。

(2)公有營事業機關及各基金轉投資於其他事業，其轉投資之資本額未超過該事業資本 50%者。

(3)公有營事業機關及各基金接受政府委託代管公庫對國外合作事業及國內民營事業直接投資，政府資本未超過該合資事業 50%者。

(4)政府及其所屬機關或基金投資國際金融機構或與國外合作而投資於其公私企業者。

2. 第 3 條規定，政府或公有營事業機關及各基金參加公私合營事業投資，應依照預算法有關規定辦理，其已編有預算者，應由主管機關就投資目的、所營事業、資本組成、投資金額及效益分析等計畫，檢同有關資料、協議或契約等，送審計機關，變更時亦同。

前項投資如為因應事實需要，依預算法第 88 條規定報經各級政府核准，預撥資本者，在未完成預算程序前，應比照前項規定辦理。

3. 第 4 條規定，主管機關對於各公私合營事業之公股代表處理下列重大事項所為核示之資料，應於核示後 15 日內送審計機關：

(1)章程之訂定及修正。

(2)締結、變更或終止關於出租全部營業，委託經營或與他人經常共同經營之契約。

(3)讓與或受讓全部或主要部分之營業或財產。

(4)財務上之重大變更。

(5)非辦理保證業務之對外保證要則之訂定及修正。

(6)金融機構轉投資行為以外之重大轉投資行為。

(7)重大之人事議案（如總經理、副總經理之聘任、解任）。

(8)解散或合併。

前項重大事項，經主管機關授權由投資機關核定者，其有關資料應由

各該投資機關送審計機關。

行政院國家發展基金投資之民營事業，其股東會及董事會議程涉及第 1 項所定之重大事項者，應由主管機關將會議紀錄送審計機關。

4. 第 7 條規定，審計機關審核公私合營事業，應注意下列事項：

(1)投資機關或主管機關檢送之資料是否完整。

(2)投資機關之投資有無違背預算或有關法令。

(3)投資機關或主管機關有無就投資金額及其增減變動、資本組成、營業狀況等，檢討是否符合原定投資目的，對於效能過低者有無檢討處理。

(4)公股代表有無未盡職責情事；投資機關或主管機關有無未盡監督責任情事。

(5)公私合營事業之經營有無潛在風險事項及其處理情形。

貳、審計職權與行使機關及人員

一、審計法相關條文

(一)審計職權範圍

第 2 條　審計職權如左：

　　　　一、監督預算之執行。

　　　　二、核定收支命令。

　　　　三、審核財務收支，審定決算。

　　　　四、稽察財物及財政上之不法或不忠於職務之行為。

　　　　五、考核財務效能。

　　　　六、核定財務責任。

　　　　七、其他依法律應行辦理之審計事項。

(二)審計職權由審計機關行使

第 3 條　審計職權，由審計機關行使之。

(三)審計人員依法獨立行使審計職權

第 10 條　審計人員依法獨立行使其審計職權，不受干涉。

二、解析

(一)審計法第 2 條第 1 款監督預算之執行：係自查核歲入及歲出分配預算開始，終於決算之審定，於此期間內對於各機關施政計畫、歲入及歲出分配預算、經費撥付、會計簿籍、財務報表、各項收支及財務管理等，依照規定審核是否符合預算或有關法令，如有錯誤或弊端情事，依法處理。並對各機關或各基金各項業務、財務、會計事務處理及內部審核，是否切實依照所訂制度、規章及程序規定辦理予以審核。

(二)審計法第 2 條第 2 款核定收支命令：係審計機關就各機關為支付各類費款所開具之付款憑單、撥款憑單、緊急支出命令等，於支付機關開立公庫支票或撥付款項前，應經審計機關或駐審人員事前審計核簽後，始得付款或轉帳。惟審計部已自 81 年 7 月起，將核簽各機關付款憑單工作，依審計法第 37 條後段規定，改為採取隨時派員抽查方式辦理，並於 82 年與 83 年陸續裁撤國庫審計處、臺灣省審計處省庫審計室，又按照 87 年 5 月 27 日公布施行之政府採購法第 109 條，與 87 年 11 月 11 日修正之審計法第 59 條及第 82 條規定，對於各機關辦理採購，審計機關得隨時稽察，並於 88 年 6 月 2 日廢止機關營繕工程及購置定製變賣財物稽察條例，爰審計機關對於各機關採購之監督方式，亦由事前稽察改為隨時稽察。即審計機關已不再事先核定收支命令。

(三)審計法第 2 條第 3 款審核財務收支及審定決算：係預算執行之結果以會計紀錄表達其經過，決算表達其結果，此會計紀錄與決算是否合法及正確、是否按照預算之數額與規定程序執行，由審計機關予以審核或審定。

(四)審計法第 2 條第 4 款稽察財物及財政上之不法或不忠於職務之行為：係審計機關稽察各機關經管財物及辦理採購事項，有無違反相關法令或未盡善良管理人應有之注意。所稱之財物，根據主計總處所訂財物標準分類，指財產與物品，財產包括供使用土地、土地改良物、房屋建築及設備，與金額 1 萬元以上且使用年限在 2 年以上之機械及設備、交通及運輸設備、什項設備，惟圖書館典藏之分類圖書仍依有關規定辦理；物品則為不屬於財產之設備、用具，包括非消耗品及消耗用品。

(五)審計法第 2 條第 5 款考核財務效能：即所謂效能性審計，係在評核各

機關或各基金是否有效運用預算編定之人力、財力及物力，完成工作目標。爰審計機關宜注意各機關或各基金年度施政計畫實施已成與未成之程度及預算執行結果、各項公務成本增減變化之原因等，作效率性、經濟性與效益性之綜合評估及考核，有無效能過低之情事，以發揮審計之積極功能。

(六) 審計法第 2 條第 6 款核定財務責任：係對各機關經管財物人員，就其所經管之現金、票據、證券、財產、物品或其他資產，如有遺失、毀損，或因其他意外事故而致損失者；審計機關決定剔除或繳還之款項，相關人員未能依限追還，致遭受損失者；出納人員誤為簽發支票或給付現金，以及會計人員對於會計簿籍或報告發生錯誤，致公款遭受損失者。由審計機關查核是否已盡善良管理人應有之注意或故意或重大過失，從而核定應否負損害賠償責任。

(七) 審計法第 2 條第 7 款其他依法律應行辦理之審計事項：係審計機關依審計法以外之其他法律規定，應行辦理之審計事項。例如，預算法第 68 條規定，審計機關得實地調查預算及其對待給付之運用狀況。決算法第 25 條規定，審計機關審核決算時，如有修正之主張，應即通知原編造決算之機關限期答辯。尚於會計法第 18 條，財政紀律法第 18 條，政府採購法第 109 條，行政法人法第 19 條，國有財產法第 50 條、第 51 條及第 56 條等有相關規定。

(八) 審計機關即審計部及其所屬處（室），審計部為政府審計事務的最高主管機關，隸屬於監察院，獨立行使審計權，又依憲法第 104 條規定，監察院設審計長，由總統提名，經立法院同意任命之。審計部組織法第 3 條規定，審計長之任期為 6 年。除審計法第 10 條規定，審計人員依法獨立行使其審計職權，不受干涉外，審計人員任用條例第 8 條尚規定，審計官、審計、稽察非有法定原因，不得停職、免職或轉職。均在確保審計機關與審計人員之超然性及獨立性。

參、審計機關之組織

一、審計法相關條文

(一)中央各機關及其所屬機關之財務審計

第4條　中央各機關及其所屬機關財務之審計，由審計部辦理；其在各省（市）地方者，得指定就近審計處（室）辦理之。

(二)省（市）與縣（市）政府財務之審計

第5條　各省（市）政府及其所屬機關財務之審計，由各該省（市）審計處辦理之；各縣（市）政府及其所屬機關財務之審計，由各該縣（市）酌設審計室辦理之。

(三)特種公務、公有營業及公有事業機關財務之審計

第6條　特種公務機關、公有營業機關、公有事業機關財務之審計，由各該組織範圍審計處（室）辦理之。

(四)未設審計處（室）者財務之審計

第7條　未設審計處（室）者，其財務之審計，由各該管審計機關辦理，或指定就近審計處（室）兼理之。

(五)審計機關得委託其他審計機關辦理

第8條　審計機關對於審計事務，為辦理之便利，得委託其他審計機關辦理，其決定應通知原委託機關。

(六)審計機關對於重要審計案件之處理

第11條　審計機關處理重要審計案件，在部以審計會議，在處（室）以審核會議決議行之。
　　　　前項會議規則，由審計部定之。

二、解析

(一)審計法施行細則第 2 條規定，依審計法第 4 條規定，審計處（室）辦

理在各該省（市）或縣（市）之中央機關及其所屬機關財務之審計，
應以審計部所指定辦理者為限，辦理結果，應呈報審計部。其依審計
法第 7 條規定，兼辦未設審計處（室）者之財務審計，其辦理結果，
應由該被指定兼理之審計處（室）負責。

(二)審計部及所屬教育農林審計處、交通建設審計處，係掌理中央政府及
其所屬機關之審計事務；於直轄市分別設有臺北市、新北市、桃園
市、臺中市、臺南市及高雄市等六個審計處；並於臺灣省各縣（市）
與福建省金門縣，設有基隆市（兼辦福建省連江縣）、宜蘭縣、新竹
縣、新竹市、苗栗縣、彰化縣、南投縣、雲林縣、嘉義縣、嘉義市、
屏東縣、花蓮縣、臺東縣、澎湖縣與福建省金門縣等十五個審計室，
分別掌理臺灣省 14 個縣（市）與 188 個鄉（鎮、市）、福建省 2 個縣
及 10 個鄉（鎮）之審計事務。

(三)審計法第 11 條與審計部組織法第 12 條規定，審計部處理重要審計案
件，由審計長、副審計長及審計官組成審計會議，以審計會議之決議
行之。又按照審計部組織法等規定，審計部本部設審計長一人，副審
計長一人或二人、五個廳、一個覆審室及行政幕僚單位，另因應審計
業務需要，設審計業務研究委員會、關鍵審計議題發展委員會、審計
人員訓練委員會及法規委員會。

(四)審計法施行細則第 20 條規定，審計機關對於聲請覆議、再審查及聲請
覆核案件所為之准駁，審計法第 23 條所為之逕行決定，及第 77 條所
為之免除賠償責任或糾正之處置，均應以審計會議或審核會議決議行
之。

(五)依審計法施行細則第 20 條、審計部審計會議議事規則第 3 條、審計處
室審核會議議事規則第 3 條等規定及實務作業，應行提出審計會議或
審核會議議決之重要審計案件如下：

  1. 審計法第 23 條之逾限未經聲復所為之逕行決定案件。
  2. 審計法第 24 條之聲復聲請覆議案件。
  3. 審計法第 27 條之再審查案件。
  4. 審計法第 27 條及其施行細則第 19 條之再審查聲請覆核案件。
  5. 審計法第 72 條至第 76 條應負損害賠償責任之決定事項。
  6. 審計法第 77 條之免除損害賠償責任或糾正之處置事項。

7. 審計法規之訂定、修正及重要解釋事項。

8. 審計之各種章則及書表格式之訂定、修正事項。

9. 審計部處務規程及審計處（室）辦事細則之訂定、修正事項。

10.審計技術方法之劃一事項。

11.其他重要審計案件及審計長或審計處長、室主任交議事項。

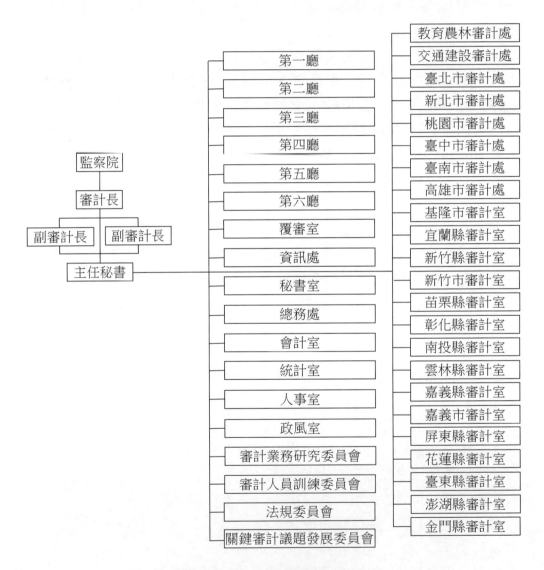

圖 4.1.1　審計機關組織圖

資料來源：中華民國 112 年政府審計年報，頁 21。

肆、審計職權之行使方式

一、審計法相關條文

(一)就地審計

第 12 條　審計機關應經常或臨時派員赴各機關就地辦理審計事務；其未就地辦理者，得通知其送審，並得派員抽查之。

第 37 條　審計機關對於公庫及各地區支付機構經管事務，得隨時派員抽查。

第 40 條　審計機關派員赴徵收機關辦理賦稅捐費審計事務，如發現有計算錯誤或違法情事，得通知該管機關查明，依法處理。

(二)書面審計

1.公務機關書面審計

第 33 條　政府發行債券或借款，應由主管機關將發行條例或借款契約等送該管審計機關備查；如有變更，應隨時通知審計機關。

第 35 條　各機關已核定之分配預算，連同施政計畫及其實施計畫，應依限送審計機關；變更時亦同。
　　　　　前項分配預算，如與法定預算或有關法令不符者，應糾正之。

第 36 條　各機關或各特種基金，應依會計法及會計制度之規定，編製會計報告連同相關資訊檔案，依限送該管審計機關審核；審計機關並得通知其檢送原始憑證或有關資料。

第 45 條　各機關於會計年度結束後，應編製年度決算，送審計機關審核；審計機關審定後，應發給審定書。

2.公有營業與公有事業機關書面審計

第 49 條　公有營業及事業機關之營業或事業計畫及預算，暨分期實施計畫、收支估計表、會計月報，應送審計機關。

第 50 條　公有營業及事業機關應編製結算表、年度決算表，送審計機關審核。

第 53 條　公有營業及事業機關，依照法令規定，為固定資產之重估價

時，應將有關紀錄，送審計機關審核。

3.財物書面審計

第 56 條 　各機關對於所經管之不動產、物品或其他財產之增減、保管、移轉、處理等事務，應按會計法及其他有關法令之規定，編製有關財物會計報告，依限送審計機關審核；審計機關並得派員查核。

4.考核財務效能書面審計

第 62 條 　各主管機關應將逐級考核各機關按月或分期實施計畫之完成進度、收入，與經費之實際收支狀況，隨時通知審計機關。

第 63 條 　公務機關編送會計報告及年度決算時，應就計畫及預算執行情形，附送績效報告於審計機關；其有工作衡量單位者，應附送成本分析之報告，並說明之。

第 64 條 　各公有營業及事業機關編送結算表及年度決算表時，應附業務報告；其適用成本會計者，應附成本分析報告，並說明之。

(三)隨時稽察

第 13 條 　審計機關對於各機關一切收支及財物，得隨時稽察之。

第 59 條 　審計機關對於各機關採購之規劃、設計、招標、履約、驗收及其他相關作業，得隨時稽察之；發現有不合法定程序，或與契約、章則不符，或有不當者，應通知有關機關處理。

　　　　　各機關對於審計機關之稽察，應提供有關資料。

(四)委託審計

第 8 條 　審計機關對於審計事務，為辦理之便利，得委託其他審計機關辦理，其決定應通知原委託機關。

第 9 條 　審計機關對於審計上涉及特殊技術及監視、鑑定等事項，得諮詢其他機關、團體或專門技術人員，或委託辦理，其結果仍由原委託之審計機關決定之。

二、解析

　　綜合審計法及其施行細則、預算法、會計法、決算法、政府採購法等相關條文規定，審計機關行使審計職權之方式如下：

(一)就地審計

1. 就地審計即預算法第 68 條，審計機關得實地調查預算及其對待給付之運用狀況；審計法第 12 條、第 37 條與第 40 條規定，審計機關應經常或臨時派員赴各機關辦理抽查或專案審計，並得隨時派員抽查公庫與各地區支付機構經管事務及徵收機關辦理賦稅捐費情形，以實地瞭解與評核各機關有關財務收支及計畫之執行。

2. 審計法施行細則第 4 條規定，審計機關依審計法第 12 條規定，派員赴各機關就地辦理審計事務，或辦理送審機關之抽查審計，其應行審核事項，由審計機關規定之。同細則第 5 條規定，辦理就地審計事務或抽查人員，遇有應行查詢、更正、補送等事項，得以書面送達各該被審核機關。

(二)書面審計

　　書面審計又稱集中審計或送請審計，即依預算法第 57 條、第 58 條、第 65 條及第 74 條，會計法第 88 條，決算法第 17 條、第 19 條、第 20 條、第 21 條、第 22 條與第 26 條之 1，審計法第 33 條、第 35 條、第 36 條、第 45 條、第 49 條、第 50 條、第 53 條、第 56 條、第 62 條、第 63 條、第 64 條等規定，各機關或相關機關應將相關文件或資料，依規定期限送審計機關查核或審核，包括：

1. 公務機關書面審計，主要為發行債券條例或借款契約，各機關之歲入歲出分配預算連同施政計畫及其實施計畫，預算配合計畫執行情形報告，轉入下年度之應付款及保留數準備，會計月報連同相關資訊檔案、半年結算報告、年度決算、總決算與特別決算等會計報告。

2. 公有營業與公有事業機關書面審計，主要為各基金之營業或事業計畫及預算、分期實施計畫、收支估計表、會計月報、半年結算報告、年度決算及固定資產重估價紀錄等。

3. 財物書面審計，主要為各機關對於所經管之不動產、物品或其他財產

之增減、保管、移轉及處理等，應編製有關財物會計報告。

4. 考核財務效能書面審計，主要為各主管機關應將按月或分期逐級考核所屬各機關資料通知審計機關，公務機關編造會計報告及年度決算時應附送績效報告，各公有營業與事業機關編送結算表及年度決算表時應附業務報告等。

(三)隨時稽察

隨時稽察即審計法第 13 條及第 59 條規定，審計機關對於各機關一切收支、財物與採購之規劃、設計、招標、履約、驗收及其他相關作業，得隨時派員稽察或抽查。又政府採購法第 109 條亦規定，機關辦理採購，審計機關得隨時稽察之。

(四)委託審計

1. 委託審計即審計法第 8 條規定，審計機關對於審計事務，為辦理之便利，得委託其他審計機關辦理，其決定應通知原委託機關，係屬審計機關間之委託。另審計法第 9 條規定，對於審計上涉及特殊技術及監視、鑑定等事項，得諮詢其他機關、團體或專門技術人員，或委託辦理，其結果仍由原委託之審計機關決定之，係屬特殊或專門技術事項之諮詢或委辦。

2. 審計法施行細則第 3 條規定，審計機關依審計法第 8 條及第 9 條規定之委託辦理事項，應將委託事務範圍及其他必要事項，以書面通知之，又受委託審計機關所作決定，應負其責任，遇有審計法第 27 條規定再審查時，並應由該受委託審計機關辦理之。至於委託其他機關、團體或專門技術人員辦理事項，其結果應由原委託之審計機關決定之。

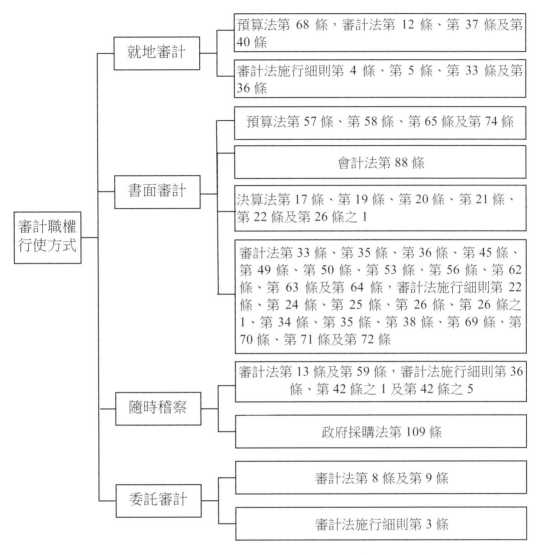

圖 4.1.2　審計機關行使審計職權方式及相關條文

伍、審計人員實際行使審計職權之規範及各機關應配合事項

一、審計法相關條文

(一)審計人員得向各機關查閱簿籍、憑證或檢查現金及財物等

第 14 條　審計人員為行使職權，向各機關查閱簿籍、憑證或其他文件，
　　　　　或檢查現金、財物時，各該主管人員不得隱匿或拒絕；遇有疑

問，或需要有關資料，並應為詳實之答復或提供之。

如有違背前項規定，審計人員應將其事實報告該管審計機關，通知各該機關長官予以處分，或呈請監察院核辦。

(二)審計機關得派員持稽察證向有關之公私團體或個人查詢或調閱簿籍及憑證等

第 15 條　審計機關為行使職權，得派員持審計部稽察證，向有關之公私團體或個人查詢，或調閱簿籍、憑證或其他文件，各該負責人不得隱匿或拒絕；遇有疑問，並應為詳實之答復。

行使前項職權，必要時，得知照司法或警憲機關協助。

(三)審計機關或審計人員行使職權時對於詢問事項得作成筆錄

第 16 條　審計機關或審計人員行使前二條之職權，對於詢問事項，得作成筆錄，由受詢人簽名或蓋章；必要時，得臨時封鎖各項有關簿籍、憑證或其他文件，並得提取全部或一部。

(四)審計各種章則及書表格式由審計部定之

第 80 條　關於審計之各種章則及書表格式，由審計部定之。

(五)訂定審計法施行細則作為補充規範

第 81 條　本法施行細則，由審計部擬訂，呈請監察院核定之。

二、解析

為利審計人員行使審計職權，除審計法第 14 條至第 16 條外，審計法其他條文及其施行細則亦有相關規範，綜合說明如下：

(一)審計人員執行職務應有派遣文件及持審計部稽察證

審計法施行細則第 6 條規定，審計人員赴各機關執行職務，應提示審計機關派遣文件。且審計法第 15 條規定，審計機關派員向有關之公私團體或個人行使職權時，應持審計部稽察證。此項稽察證依審計法施行細則第 7 條規定，係由該管審計機關長官核發，稽察證須載明事由、地點、時日及持用人職別姓名。稽察證使用規則，由審計部定之。

(二)各機關對於審計人員之查核應予配合並詳實答復或提供有關資料

審計法第 14 條第 1 項規定，審計人員為行使職權，向各機關查閱簿籍、憑證或其他文件，或檢查現金、財物時，各該主管人員不得隱匿或拒絕；遇有疑問或需要有關資料，並應為詳實之答復或提供。同法第 15 條第 1 項規定，審計人員向有關之公私團體或個人查詢，或調閱簿籍、憑證或其他文件，各該負責人不得隱匿或拒絕；遇有疑問，並應為詳實之答復。又審計法施行細則第 8 條規定，審計機關行使稽察職權，有需各機關團體協助時，各機關團體應負協助之責。

(三)審計機關詢問事項得作成筆錄並得臨時封鎖或提取有關資料

審計法第 16 條規定，審計機關或審計人員行使職權，對於詢問事項，得作成筆錄，由受詢人簽名或蓋章；必要時，得臨時封鎖各項有關簿籍、憑證或其他文件，並得提取全部或一部。審計法施行細則第 9 條並規定，審計人員執行封鎖時，應製作筆錄，記明封鎖物之種類件數後加封，於封面簽名或蓋章，並令封鎖物之所有人或其關係人，於筆錄及封面簽名或蓋章。又應令封鎖物之所有人或其關係人負責保管，不得擅自拆封。同施行細則第 10 條規定，審計人員執行提取時，應製作筆錄，記明提取物之種類件數，並出具收據交物之所有人或其關係人收執。

(四)審計人員如有應行查詢、更正及補送等事項得以書面通知被審核機關

審計法施行細則第 5 條規定，辦理就地審計事務或抽查之審計人員，遇有應行查詢、更正及補送等事項，得以書面送達各該被審核機關。

(五)必要時得通知被審核機關長官或其上級機關派員蒞視，亦得請司法或警憲機關協助

審計法施行細則第 11 條規定，審計人員赴各機關執行職務，必要時得通知該機關長官或其上級機關派員蒞視，其結果得製作筆錄，由關係人或蒞視人簽名或蓋章。又審計法第 15 條第 2 項規定，審計機關行使職權，必要時，得知照司法或警憲機關協助。

(六)對於不配合審計職權行使者之處分

審計法第 14 條第 2 項規定，各機關主管人員如未配合審計人員之查核而有隱匿或拒絕、未作翔實答復或提供有關資料，審計人員應將其事實報告該管審計機關，通知各該機關長官予以處分，或呈請監察院核辦。同法第 19 條規定，如應負責者為機關長官時，審計機關應通知其上級機關執行處分。

(七)審計人員在外執行職務完畢應作翔實報告

審計法施行細則第 12 條規定，審計人員在外執行職務，應於每一機關任務完畢後，隨即製作翔實報告，陳報該管審計機關核辦，除特殊案件經呈奉核准者外，其報告不得超過 20 日。

(八)審計各種章則及書表格式由審計部定之

審計機關為行使審計職權，其有關各種章則及書表格式，依審計法第 80 條規定，由審計部定之。

陸、審計機關審計結果發覺有不法或不忠於職務行為及不當支出等之處理——在對人之處理方面

一、審計法相關條文

(一)審計人員發覺有財務上不法或不忠於職務行為時之處理

第 17 條　審計人員發覺各機關人員有財務上不法或不忠於職務上之行為，應報告該管審計機關，通知各該機關長官處分之，並得由審計機關報請監察院依法處理；其涉及刑事者，應移送法院辦理，並報告於監察院。

(二)審計人員認為有緊急處分必要時之處置

第 18 條　審計人員對於前條情事，認為有緊急處分之必要，應立即報告該管審計機關，通知該機關長官從速執行之。

　　　　該機關長官接到前項通知，不為緊急處分時，應連帶負責。

(三)各機關有財務上不法或不忠於職務行為應負責者為機關長官時之處理

第 19 條　第十四條第二項、第十七條、第十八條及第七十八條所舉情事，應負責者為機關長官時，審計機關應通知其上級機關執行處分。

(四)審計機關通知處分案件得向各機關查詢

第 20 條　對於審計機關通知處分之案件，各機關有延壓或處分不當情事，審計機關應查詢之，各機關應為負責之答復。

審計機關對各機關不負責答復，或對其答復認為不當時，得由審計部呈請監察院核辦。

(五)被審核機關負責人員行蹤不明時之處理

第 29 條　審計機關如因被審核機關之負責人員之行蹤不明，致案件無法清結時，除通知其主管機關負責查追外，得摘要公告，並將負責人員姓名通知銓敘機關；在未清結前，停止敘用。

二、解析

(一)審計機關審計結果發覺有不法或不忠於職務行為之處理，在對人方面之主要重點

1. 通知各該機關長官或其上級機關處分（審計法第 17 條至第 19 條）。
2. 報請監察院依法處理，涉及刑事者，則應移送法院辦理，並報告於監察院（審計法第 17 條及第 20 條）。
3. 如因被審核機關之負責人員行蹤不明，在案件未清結前，得將姓名通知銓敘機關，停止敘用（審計法第 29 條）。

(二)審計法施行細則相關規定

1. 細則第 15 條規定，受通知處分之機關，應依通知之內容執行，並將處分結果報告審計機關。
2. 細則第 16 條規定，審計機關依審計法第 17 條規定通知各該機關長官處分之案件，應以副本抄送監察院。其情節重大者，應專案報請監察

院依法處理，俟監察院決定後再行通知各該機關。

3. 細則第 17 條規定，依審計法第 17 條規定審計機關移送法辦之案件，或有關財務訴訟案件之曾經審計程序者，司法機關為明瞭案情或蒐集證據，得向審計機關查詢或調閱有關案卷，其經辦案件之審計人員，不受傳訊，但有涉及私人行為者，不在此限。

4. 細則第 21 條規定，審計機關依審計法第 29 條、第 32 條所為之公告，於各級政府公報或審計部公報為之。

柒、審計機關對於審計結果之處理方式及程序

一、審計法相關條文

(一)發給核准通知或審核通知

第 22 條　審計機關處理審計案件，應將審計結果，分別發給核准通知或審核通知於被審核機關。

(二)各機關之聲復

第 23 條　各機關接得審計機關之審核通知，除決算之審核依決算法規定外，應於接到通知之日起三十日內聲復，由審計機關予以決定；其逾限者，審計機關得逕行決定。

(三)各機關不服審計機關決定之聲請覆議

第 24 條　各機關對於審計機關前條之決定不服時，除決算之審定依決算法之規定辦理外，得自接到通知之日起三十日內，聲請覆議；其逾期者，審計機關不予覆議。
　　　　　聲請覆議，以一次為限。

第 25 條　各機關對於審計機關逕行決定案件之聲請覆議或審核通知之聲復，因特別事故未能依照前二條所定期限辦理時，得於限內聲敘事實，請予展期。
　　　　　前項展期，由審計機關定之，並以一次為限。

(四)審計機關得通知被審核機關派員說明

第 26 條 審計機關對於重大審計案件之審查，必要時得通知被審核機關派員說明，並答復詢問。

(五)對審查完竣案件得為再審查

第 27 條 審計機關對於審查完竣案件，自決定之日起二年內發現其中有錯誤、遺漏、重複等情事，得為再審查；若發現詐偽之證據，十年內仍得為再審查。

(六)再審查結果如變更原決定者之處理

第 28 條 審計機關因前條為再審查之結果，如變更原決定者，其已發之核准通知及審定書，失其效力，並應限期繳銷。

二、解析

(一)審計法第 22 條至第 27 條規定審計機關處理審計案件之程序

1. 審計機關將審計結果發給核准通知或審核通知於被審核機關，除決算之審核依決算法規定辦理外，被審核機關接到審計機關之審核通知如不涉及修正、剔除、繳還或賠償事項，按照審計法施行細則第 14 條規定，應限期將辦理情形函復審計機關；至於審計機關之審核通知涉及修正、剔除、繳還或賠償事項，則依第 23 條至第 25 條規定辦理，即各機關應於接到審核通知之日起 30 日內聲復，其因故未能依所定期限辦理時，得於限內聲敘事實，請予展期，並以一次為限。審計機關經審視被審核機關聲復內容後如無須再請機關處理，即表示已同意機關之聲復，若仍有尚待釐清、處理或不同意事項，則再請被審核機關說明。

2. 被審核機關對於審計機關之決定或逕行決定不服時，除決算之審定依決算法規定辦理外，得自接到通知之日起 30 日內聲請覆議，其因故未能依所定期限辦理時，得於限內，請予展期，並以一次為限。又依審計法第 27 條規定，審計機關對於審查完竣案件，自決定之日起 2 年內如發現其中有錯誤、遺漏、重複等情事，得為再審查；若發現有詐偽

之證據，10 年內仍得為再審查。

3. 決算法第 25 條規定，審計機關審核決算時，如有修正之主張，應即通知原編造決算之機關限期答辯。在實務作業上，審計機關對於各機關決算之查核結果，如有須請機關說明事項，因審核總決算有法定期限，一般會先給予機關 1 個月的期限聲復，回復後如仍有尚待處理事項，再給予 7 日，仍未接受時，再給予 3 日辦理，惟以上之辦理期限，審計機關仍會視實際作業情況調整。

(二)審計法施行細則相關規定

1. 細則第 13 條規定，審計機關依審計法第 22 條規定發出之通知，應取得送達日期之回證或以掛號郵件送達。同一案件，受通知之機關有二個以上時，應分別送達。

2. 細則第 14 條規定，審計機關發給各機關之審核通知，除涉及修正、剔除、繳還或賠償事項，應依審計法第 23 條至第 25 條之規定處理外，其餘通知事項，亦應限期將辦理情形，函復審計機關。被審核機關如有逾期未函復者，審計機關應予催告，經催告後，仍不函復者，得依審計法第 17 條規定辦理，即通知各該機關長官處分之，並得由審計機關報請監察院依法處理。

3. 細則第 18 條規定，審計機關對於各機關會計報告，有關剔除、減列、繳還、賠償事項之聲復，應詳為覆核，分別予以准駁，於全案決定後，發給核准通知。

4. 細則第 19 條規定，審計機關對於依審計法第 27 條再審查案件所為之決定，各機關仍堅持異議者，得於接到通知之日起 30 日內提出聲請覆核，原核定之審計機關應附具意見，檢同關係文件，陳送上級審計機關覆核，原核定之審計機關為審計部時，不予覆核。聲請覆核，以一次為限。審計法第 27 條所稱決定之日，係指總決算公布或令行之日。

5. 細則第 20 條規定，審計機關對於聲請覆議、再審查及聲請覆核案件所為之准駁，審計法第 23 條所為之逕行決定，及第 77 條所為之免除賠償責任或糾正之處置，均應以審計會議或審核會議決議行之。

捌、審計機關參與各機關有關財務之組織、會計制度與內部審核規章之核定，以及各機關請求解釋審計有關法令

一、審計法相關條文

(一)審計機關得派員參加各機關有關財務之組織會議

第 30 條　各機關有關財務之組織，由審計機關派員參加者，其決議事項，審計機關不受拘束。但以審計機關參加人對該決議曾表示異議者為限。

(二)各機關會計制度及有關內部審核規章應會商該管審計機關後始得核定施行

第 31 條　各機關會計制度及有關內部審核規章，應會商該管審計機關後始得核定施行，變更時亦同；其有另行訂定業務檢核或績效考核辦法者，應通知審計機關。

(三)各機關對於審計法令之疑義或爭執時得以書面向該管審計機關諮詢

第 32 條　各機關長官或其授權代簽人及主辦會計人員，簽證各項支出，對於審計有關法令，遇有疑義或爭執時，得以書面向該管審計機關諮詢，審計機關應解釋之。
　　　　　前項解釋，得公告之。

二、解析

(一)各機關有關財務之組織，係指機關內職掌業務涉及財務規劃與執行之組織單位。其組織類型主要可分為：

　1. 政府組織：如銓敘部下設之公教人員保險監理委員會，審計部依該委員會組織規程第 2 條規定，遴派 1 人為其委員會委員。

　2. 由政府出資設立之民間單位：如財團法人賑災基金會，審計部依該基金會捐助章程第 12 條規定，指派 1 人為其基金會監察人。

(二)各機關牽涉財務、會計等制度性事項或規章之研討，有時會邀請審計

機關派員參加，提供專業諮詢，以期更為周延。又會計法第 18 條已規定各機關之會計制度，應經各關係機關及該管審計機關會商後始得核定。審計法第 31 條則規定，各機關除會計制度外，有關內部審核規章亦應會商該管審計機關後始得核定施行，如有另行訂定業務檢核或績效考核辦法者，應通知審計機關。

玖、審計機關對於政府總決算之審核

一、審計法相關條文

第 34 條　政府於會計年度結束後，應編製總決算，送審計機關審核。

中央政府年度總決算，應由審計部於行政院提出後三個月內完成其審核，並提出審核報告於立法院。

立法院、監察院或兩院中之各委員會，審議前項報告，如有諮詢或需要有關審核之資料，審計長應答復或提供之。

地方政府年度總決算之編送及審核，準用前列各項規定。

二、解析

決算法第 21 條規定，中央主計機關應編成總決算書，提經行政院會議通過，於會計年度結束後 4 個月內（即 6 月底前，目前實際上係提前於 4 月底前）提出於監察院。第 26 條規定，審計長於中央政府總決算送達後 3 個月內（即 9 月底前，實際上係於 7 月底前）完成其審核，編造最終審定數額表，並提出審核報告於立法院。審計法第 34 條第 1 項及第 2 項與決算法第 21 條及第 26 條規定雷同，審計法第 34 條第 3 項則規定立法院與監察院於審議審計部（長）所提出之中央政府年度總決算審核報告時，審計部（長）應配合辦理事項。

拾、作業及相關考題

※名詞解釋

一、就地審計

二、書面審計

三、隨時稽察

四、委託審計

　　（註：一至四答案詳本文肆、二、(一)至(四)）

※申論題

一、請依據審計法，說明審計機關之審計職權。根據審計學原理，審計可分成財務報表審計（financial statement audit）、遵行審計（compliance audit）以及作業審計（operational audit）等三類，試就每一種審計職權歸類其審計類型。請於試卷上依下列格式作答。

審計職權	審計類型

【106 年薦任升等「審計應用法規」】

答案：

　　財務報表審計、遵行審計、作業審計分別與合規性審計、適正性審計、效能性審計具相關性，經按審計法第 2 條規定之審計職權的審計類型列表如下：

審計職權	審計類型
1.監督預算之執行	遵行審計
2.核定收支命令	遵行審計
3.審核財務收支，審定決算	財務報表審計、遵行審計
4.稽察財物及財政上之不法或不忠於職務之行為	遵行審計
5.考核財務效能	作業審計
6.核定財務責任	遵行審計
7.其他依法律應行辦理之審計事項	財務報表審計、遵行審計、作業審計

二、請說明審計職權包括那些？【111 年關務人員四等】

答案：

審計法第2條規定（請按條文內容作答）。

三、會計法訂有內部審核相關規定，審計法則訂定審計職權，以下就兩者的相關層面進行比較：

(一)內部審核的執行者為何？種類為何？範圍為何？

(二)審計職權的執行者為何？內容為何？

(三)法務部的全國法規資料庫，英文版的會計法中，內部審核的英文為 internal audit，而英文版的審計法中，審計職權的英文為 auditing function。審核與審計兩者之間差異為何？【112 年薦任升等】

答案：

(一) 內部審核之執行者、種類及範圍

1. 會計法第95條第1項規定（請按條文內容作答）。

2. 會計法第95條第2項規定（請按條文內容作答）。

3. 會計法第96條及內部審核處理準則第3條規定，內部審核之範圍如下：

   (1) 財務審核：謂計畫、預算之執行與控制之審核。包括：

   　①預算審核：各項計畫與預算之執行及控制之審核。

   　②收支審核：各項業務收支處理作業之查核。

   　③會計審核：會計憑證、報表、簿籍及有關會計事務處理程序之審核。

   (2) 財物審核：謂現金及其他財物處理程序之審核。包括：

   　①現金審核：現金、票據、證券等出納事務處理及保管情形之查核。

   　②採購及財物審核：工程之定作、財物之買受、定製、承租及勞務之委任或僱傭等採購事務及財物處理程序之審核。

   (3) 工作審核：謂計算工作負荷或工作成果每單位所費成本之審核。

(二) 審計職權之執行者及內容

1. 審計法第3條規定，審計職權，由審計機關行使之。

2. 審計法第 2 條規定，審計機關及審計人員行使之審計職權，包括下列 7

種：

(1) 監督預算之執行。

(2) 核定收支命令。

(3) 審核財務收支，審定決算。

(4) 稽察財物及財政上之不法或不忠於職務之行為。

(5) 考核財務效能。

(6) 核定財務責任。

(7) 其他依法律應行辦理之審計事項。

(三) 內部審核與審計之差異

1. 內部審核：依主計總處所訂內部審核處理準則，內部審核，係指經由收支之控制、現金及其他財物處理程序之審核、會計事務之處理及工作成果之查核，以協助各機關發揮內部控制之功能。由各所在機關之會計人員執行之。但涉及非會計專業規定、實質或技術事項，應由主辦單位負責辦理。

2. 審計：政府審計係國家獨立監督機構之一環，針對國家資源運用之合規性、經濟性、效率性及效果，執行獨立、客觀之查核，主要目的在監督政府之財務廉能及防制貪污，並確保民主治理之廉正與提升治理之品質及韌性。按照審計法第 3 條規定，審計職權由審計機關即審計部行使之。

四、依審計法有關規定，說明審計機關辦理審計事務，遇到下列情形如何處理？

(一)連江縣未設審計室，如何辦理連江縣政府之審計事務。

(二)臺北市審計處查核臺北市某機關，發現該機關向地址在澎湖縣之廠商購買商品，審計處懷疑可能有舞弊情事，有實地查核廠商之必要。

(三)審計機關懷疑某項工程是否偷工減料，牽涉專業技術。【101 年地特三等】

答案：

(一) 連江縣未設審計室，其財務之審計事項，依審計法第 7 條規定，由各該管審計機關辦理，或指定就近審計處（室）兼理之。目前係由基隆市審

計室兼理連江縣審計事務。

(二) 根據審計法第 2 條第 4 款規定，稽察財物及財政上之不法或不忠於職務之行為，屬審計職權之一。本題於辦理實地查核時，依審計法第 15 條規定，得派員持審計部稽察證，向有關之公私團體或個人查詢，或調閱簿籍、憑證或其他文件，各該負責人不得隱匿或拒絕；遇有疑問，並應為詳實之答復。行使前項職權，必要時，得知照司法或警憲機關協助。

(三) 審計法第 9 條規定：「審計機關對於審計上涉及特殊技術及監視、鑑定等事項，得諮詢其他機關、團體或專門技術人員，或委託辦理，其結果仍由原委託之審計機關決定之。」故如因涉及專業技術，可諮詢其他機關、團體或專門技術人員，或採取委託辦理方式。

五、請回答下列問題

(一)請依預算法第 2 條之規定，說明依預算編製程序可分為哪幾個階段？並說明其定義。

(二)請依預算法第 85 條之規定，說明營業基金預算之主要內容為何？

(三)請依審計法及其相關規定加以說明審計機關辦理政府審計工作，有哪幾種審計方式？【102 年高考】

答案：

(一) 按照預算編審及執行階段之不同分類

依預算法第 2 條規定，分為下列四個階段：

1. 概算：各主管機關依其施政計畫初步估計之收支。
2. 預算案：預算之未經立法程序者。
3. 法定預算：預算經立法程序而公布者。
4. 分配預算：在法定預算範圍內，由各機關依法分配實施之計畫。

(二) 營業基金預算之主要內容

預算法第 85 條規定，營業基金預算之主要內容如下：

1. 營業收支之估計。
2. 固定資產之建設、改良、擴充與其資金來源及其投資計畫之成本與效益分析。
3. 長期債務之舉借及償還。
4. 資金之轉投資及其盈虧之估計。

5. 盈虧撥補之預計。

(三) 審計機關辦理審計工作之審計方式

依審計法及其施行細則規定，審計機關辦理審計工作之審計方式如下：

1. 就地審計：即審計法第 12 條、第 37 條與第 40 條規定，審計機關應經常或臨時派員至各機關辦理抽查或專案審計，並得隨時派員抽查公庫與各地區支付機構經管事務及徵收機關辦理賦稅捐費情形，以實地瞭解與評核各機關有關財務收支及計畫之執行。又審計法施行細則第 5 條規定，辦理就地審計事務或抽查人員，遇有應行查詢、更正、補送等事項，得以書面送達各該被審核機關。

2. 書面審計：書面審計又稱集中審計或送請審計，即審計法第 33 條、第 35 條、第 36 條、第 45 條、第 49 條、第 50 條、第 53 條、第 56 條、第 62 條、第 63 條、第 64 條等規定，各機關或相關機關應將相關文件或資料依規定期限送審計機關查核或審核，包括：

   (1) 公務機關書面審計，主要為發行債券條例或借款契約，各機關之歲入歲出分配預算連同施政計畫及其實施計畫，會計月報連同相關資訊檔案、半年結算報告、年度決算、總決算與特別決算等會計報告。

   (2) 公有營業與公有事業機關書面審計，主要為各基金之營業或事業計畫及預算、分期實施計畫、收支估計表、會計月報、半年結算報告、年度決算及固定資產重估價紀錄等。

   (3) 財物書面審計，主要為各機關對於所經管之不動產、物品或其他財產之增減、保管、移轉及處理等，應編製有關財物會計報告。

   (4) 考核財務效能書面審計，主要為各主管機關應將按月或分期逐級考核所屬各機關資料通知審計機關，公務機關編造會計報告及年度決算時應附送績效報告，各公有營業與事業機關編送結算表及年度決算表時應附業務報告等。

3. 隨時稽察：即審計法第 13 條及第 59 條規定，審計機關對於各機關一切收支、財物與採購之規劃、設計、招標、履約、驗收及其他相關作業，得隨時派員稽察或抽查。又政府採購法第 109 條亦規定，機關辦理採購，審計機關得隨時稽察之。

4. 委託審計：包括以下兩種情形：

   (1) 審計機關間之委託：審計法第 8 條規定，審計機關對於審計事務，為

辦理之便利，得委託其他審計機關辦理，其決定應通知原委託機關。

(2) 特殊或專門技術事項之諮詢或委辦

① 審計法第 9 條規定（請按條文內容作答）。

② 審計法施行細則第 3 條規定，審計機關依審計法第 8 條及第 9 條規定之委託辦理事項，應將委託事務範圍及其他必要事項，以書面通知之，又受委託審計機關所作決定，應負其責任，遇有審計法第 27 條規定再審查時，並應由該受委託審計機關辦理之。至於委託其他機關、團體或專門技術人員辦理事項，其結果應由原委託之審計機關決定之。

六、依據審計部民國 109 年度中央政府總決算審核報告指出：「勞動部民國 109 年新冠肺炎疫情之自營作業者或無一定雇主的勞工生活補貼，有領受者資格與規劃補貼對象未盡貼合，亟待檢討釐清」，請依審計法之規定，說明及分析審計職權與功能，及相關人員的責任。【110 年高考】

答案：

(一) 審計職權之範圍與功能

審計法第 2 條規定，有關審計職權及功能如下：

1. 監督預算之執行：主要係審核是否符合預算或有關法令，如有錯誤或弊端情事，依法處理。

2. 核定收支命令：審計機關已自 81 年 7 月起，將核簽各機關付款憑單工作，改為隨時派員抽查方式辦理。又對於各機關採購之監督，亦由以往之事前稽察改為隨時稽察。即審計機關已不再事先核定收支命令。

3. 審核財務收支，審定決算：主要係審核會計紀錄與決算是否合法及正確、是否按照預算之數額與規定程序執行，由審計機關予以審核或審定。

4. 稽察財物及財政上之不法或不忠於職務之行為：主要係稽察各機關經管財物及辦理採購事項，有無違反相關法令或未盡善良管理人應有之注意。

5. 考核財務效能：主要係評核各機關或各基金是否有效運用預算編定之人力、財力及物力，完成工作目標。即所謂效能性審計，對各機關作效率

性、經濟性與效益性之綜合評估及考核，有無效能過低之情事，以發揮
審計之積極功能。

6. 核定財務責任：主要係對各機關經管財物人員、出納人員以及會計人
員，查核是否已盡善良管理人應有之注意或故意或重大過失，從而核定
應否負損害賠償責任。

7. 其他依法律應行辦理之審計事項。

(二) 審計機關查核或審核結果相關人員之責任

有關審計部審核勞動部核發勞工生活補貼，有領受者資格與規劃補貼對
象未盡貼合問題，因尚待檢討釐清，故按其性質，與審計法第 2 條審計職權
中之第 1 款「監督預算之執行」及第 5 款「考核財務效能」較具相關，視未
來檢討釐清結果與審計法第 2 條第 3 款、第 4 款及第 6 款抑或有相關性，至
於相關人員之責任，於審計法有下列規定：

1. 審計法第 17 條規定（請按條文內容作答）。

2. 審計法第 69 條第 1 項及第 2 項規定（請按條文內容作答）。

3. 審計法第 71 條規定（請按條文內容作答）。

七、審計法規定，審計人員得對各機關行使職權，審計機關亦得向有關之
公私團體或個人行使職權，分別說明其相關規定。【112 年薦任升等
「審計應用法規」】

答案：

(一) 審計人員得對政府各機關行使職權之規定
審計法第 14 條規定（請按條文內容作答）。

(二) 審計機關得向有關公私團體或個人行使職權之規定

1. 審計法第 15 條規定（請按條文內容作答）。

2. 審計法施行細則第 7 條規定（請按條文內容作答）。

3. 審計法施行細則第 8 條規定（請按條文內容作答）。

八、請依序回答下列問題：

(一) 審計人員發覺各機關人員有財務上不法或不忠於職務上之行為
時，應如何處理？如審計人員認為有緊急處分之必要時，應如何
處理？請依審計法第 17、18 條之規定說明。

(二)政府機關進行文宣規劃及執行時必須嚴格區分廣告與新聞之界線，不得以置入性行銷方式進行，且應明確揭示辦理或贊助機關名稱。請依預算法第62條之1的規定說明。

(三)審計機關審核決算時，如有修正之主張，應如何處理？請依決算法第25條之規定說明。【110年地特三等】

答案：

(一) 審計人員發覺各機關人員有財務上不法或不忠於職務上之行為時之處理

　1. 審計法第17條規定（請按條文內容作答）。

　2. 審計法第18條規定（請按條文內容作答）。

(二) 政府機關進行文宣規劃及執行時之規定

　預算法第62條之1規定（請按條文內容作答）。

(三) 審計機關審核決算時如有修正主張之處理

　決算法第25條規定（請按條文內容作答）。

九、審計法賦予審計機關對政府及其所屬機關財務之審計職權，審計法為使審計人員順利執行該項職權，除在其第36條規定：「各機關或各種基金，應依會計法及會計制度之規定，編製會計報告連同相關資訊檔案，依限送該管審計機關審核；審計機關並得通知其檢送原始憑證或有關資料。」請問除此之外，審計人員為行使職權，審計法又賦予審計人員何種權力，以讓他（她）們能夠順利的執行審計工作（暫不考慮審計結果之處理）？【105年地特三等】

答案：

　審計法為使審計人員順利執行審計職權，除審計法第36條規定外，審計法其他條文又賦予審計人員下列權力，俾能順利執行審計工作：

(一) 依法獨立行使審計職權

　審計法第10條規定（請按條文內容作答）。

(二) 應經常或臨時派員赴各機關就地辦理審計事務

　審計法第12條規定（請按條文內容作答）。

(三) 對各機關一切收支及財物得隨時稽察

　審計法第13條規定（請按條文內容作答）。

(四) 得向各機關查閱簿籍及憑證等

　　審計法第 14 條規定（請按條文內容作答）。

(五) 得向公私團體或個人查詢或調閱文件

　　審計法第 15 條規定（請按條文內容作答）。

(六) 行使職權得作成筆錄及臨時封鎖有關文件

　　審計法第 16 條規定（請按條文內容作答）。

(七) 發覺財務上有不法或不忠於職務行為之處理

　　審計法第 17 條規定（請按條文內容作答）。

(八) 對於不當支出得予剔除追繳

　　審計法第 21 條規定（請按條文內容作答）。

(九) 得隨時檢查各機關簿籍

　　審計法第 42 條規定（請按條文內容作答）。

(十) 得派員查核各機關各項財物

　　審計法第 56 條規定（請按條文內容作答）。

(十一) 得隨時稽察各機關採購作業

　　　審計法第 59 條規定（請按條文內容作答）。

十、針對公有營業機關轉投資其他事業，或政府轉投資其他事業，且轉投資之資本額超過該事業資本 50%者，請分別就決算法、預算法及審計法，說明其條次與相關內容。【108 年薦任升等】

答案：

(一) 決算法之相關規定

　　決算法第 14 條第 2 項規定（請按條文內容作答）。

(二) 預算法之相關規定

　 1. 預算及決算應送立法院之規定

　　　預算法第 41 條第 3 項及第 4 項規定（請按條文內容作答）。

　 2. 對於辦理政策宣導之規範

　　　預算法第 62 條之 1 第 1 項規定（請按條文內容作答）。

(三) 審計法之相關規定

　　審計法第 47 條規定（請按條文內容作答）。

十一、試依審計法第 14 條至第 21 條規定，說明審計職權的行使方式。
【108 年高考】

答案：

(一) 審計人員之查核方式及規範
1. 得向各機關查閱簿籍及憑證等
審計法第 14 條規定（請按條文內容作答）。
2. 得向公私團體或個人查詢或調閱文件
審計法第 15 條規定（請按條文內容作答）。
3. 行使職權得作成筆錄及臨時封鎖有關文件
審計法第 16 條規定（請按條文內容作答）。

(二) 審計人員查核結果之處理
1. 發覺財務上有不法或不忠於職務行為之處理
審計法第 17 條規定（請按條文內容作答）。
2. 對於有不法或不忠於職務行為得作緊急處分
審計法第 18 條規定（請按條文內容作答）。
3. 應負責者為機關長官時通知其上級機關處分
審計法第 19 條規定（請按條文內容作答）。
4. 對通知各機關處分案件必要時得呈請監察院核辦
審計法第 20 條規定（請按條文內容作答）。
5. 對於不當支出得予剔除追繳
審計法第 21 條規定（請按條文內容作答）。

十二、請依審計法之規定，說明各機關接得審計機關之審核通知或核准通
知之後續處理程序。【110 年關務四等】

答案：

(一) 審計機關之審核通知不涉及修正、剔除、繳還或賠償事項
審計法施行細則第 14 條規定（請按條文內容作答）。
(二) 審計機關之審核通知涉及修正、剔除、繳還或賠償事項
1. 各機關之聲復
審計法第 23 條規定（請按條文內容作答）。

2. 審計機關對各機關聲復之覆核

　審計法施行細則第 18 條規定（請按條文內容作答）。

3. 各機關不服審計機關決定之聲請覆議

　(1) 審計法第 24 條規定（請按條文內容作答）。

　(2) 審計法第 25 條規定（請按條文內容作答）。

4. 審計機關得通知被審核機關派員說明

　審計法第 26 條規定（請按條文內容作答）。

十三、請依審計法及決算法條文內容，說明審計機關辦理審計案件所為各類正式文件之名稱及其作成後相關之法律效力為何？【105 年高考】

答案：

(一) 審計部稽察證

　審計法第 15 條規定（請按條文內容作答）。

(二) 審計機關之核准通知或審核通知

1. 審計法第 22 條規定：「審計機關處理審計案件，應將審計結果，分別發給核准通知或審核通知於被審核機關。」審計機關核准通知係解除機關人員財務責任之證明；至於審核通知內容包括查詢、糾正、減列、剔除、繳還或賠償等，被審核機關如經提出聲復或聲請覆議等未獲審計機關同意，則相關人員應負財務責任或行政責任。

2. 審計法第 23 條規定（請按條文內容作答）。

3. 審計法第 24 條規定（請按條文內容作答）。

(三) 單位決算修正之主張或審定書

1. 決算法第 25 條規定（請按條文內容作答）。

2. 審計法第 45 條規定：「各機關於會計年度結束後，應編製年度決算，送審計機關審核；審計機關審定後，應發給審定書。」審定書作成後，意謂該機關當年度預算執行結果業經審計機關審核確定，相關人員於財務上行為應負之責任，獲得某種程度之解除。

(四) 再審查結果通知

1. 審計法第 27 條規定（請按條文內容作答）。

2. 審計法第 28 條規定（請按條文內容作答）。

(五) 半年結算報告之查核報告

決算法第 26 條之 1 規定:「審計長應於會計年度中將政府之半年結算報告,於政府提出後一個月內完成其查核,並提出查核報告於立法院。」半年結算報告之查核報告係檢討各機關當年度預算執行之績效,對於執行績效欠佳者,各機關應儘速謀求改善。

(六) 總決算之審核報告及最終審定數額表

1. 決算法第 26 條規定(請按條文內容作答)。

2. 決算法第 27 條規定(請按條文內容作答)。

3. 審計法第 34 條第 2 項規定:「中央政府年度總決算,應由審計部於行政院提出後三個月內完成其審核,並提出審核報告於立法院。」審核報告除供立法院作為審議下一年度預算案之參考外,立法院並依決算法第 27 條規定予以審議。

4. 決算法第 28 條規定(請按條文內容作答)。

十四、(一)依會計法規定,特種公務之會計事務,分為幾種?

(二)審計人員發覺各機關人員有財務上不法或不忠於職務上之行為,應如何處理?請說明之。【108 年地特三等】

答案:

(一) 特種公務會計事務之種類

會計法第 6 條第 1 項規定(請按條文內容作答)。

(二) 審計人員發覺各機關人員有財務上不法或不忠於職務上行為之處理

審計法第 17 條規定(請按條文內容作答)。

十五、請依審計法之規定,回答下列有關審計結果處理之問題

(一)審計人員發覺各機關人員有何種行為時,應報告該管審計機關,通知各該機關長官處分之,並得由審計機關報請監察院依法處理?

(二)審計機關或審計人員,對於各機關發生何種情況時,得事前拒簽或事後剔除追繳之?

(三)審計機關如因被審核機關之何種情況發生時,除通知其主管機關負責查追外,得摘要公告,並將負責人員姓名通知銓敘機關?

(四)審計機關派員赴何種機關辦理何種審計事務時,如發現有計算錯

誤或違法情事，得通知該管機關查明，依法處理？

(五)審計機關審核何種單位之何種事項，如發現其不依規定辦理，應修正之？【105 年關務人員四等】

答案：

(一) 審計法第 17 條規定（請按條文內容作答）。又第 18 條規定（請按條文內容作答）。

(二) 審計法第 21 條規定（請按條文內容作答）。

(三) 審計法第 29 條規定（請按條文內容作答）。

(四) 審計法第 40 條規定（請按條文內容作答）。

(五) 審計法第 52 條規定（請按條文內容作答）。

十六、(一)依會計法第 9 條之規定，政府會計之組織有哪些？

(二)依會計法第 51 條規定，何謂記帳憑證？

(三)依審計法第 21 條之規定，審計機關或審計人員，對於各機關違背預算或有關法令之不當支出，得如何處理？

(四)依審計法第 34 條之規定，中央政府年度總決算，應由審計部於行政院提出後 3 個月內完成其審核，並提出何種報告於立法院？

(五)依決算法第 1 條之規定，中華民國中央政府決算之編製包括哪些歷程？【102 年地特三等】

答案：

(一) 會計法第 9 條至第 14 條規定，政府會計組織為下列五種

1. 總會計：中央、直轄市、縣（市）、鄉（鎮、市）及直轄市山地原住民區之會計，各為一總會計。

2. 單位會計有兩類：

(1) 在總預算有法定預算之機關單位之會計。

(2) 在總預算不依機關劃分而有法定預算之特種基金之會計。

3. 分會計：係單位會計下之會計，除附屬單位會計外，為分會計，並冠以機關名稱。

4. 附屬單位會計有兩類：

(1) 政府或其所屬機關附屬之營業、事業機關或作業組織之會計。

(2) 各機關附屬之特種基金，以歲入、歲出之一部編入總預算之會計。

5. 附屬單位會計之分會計：係於附屬單位會計下之會計，並冠以機關名稱。

(二) 會計法第 51 條第 2 款規定，記帳憑證，謂證明處理會計事項人員責任，而為記帳所根據之憑證。同法第 53 條規定，記帳憑證分為收入傳票、支出傳票及轉帳傳票等三種。

(三) 得事前拒簽或事後剔除追繳之。

(四) 審核報告。

(五) 決算之編製包括編造、審核及公告。

十七、有關審計機關審核通知與被審核機關聲復及聲請覆議暨最終決定之處理程序，請依審計法第 22 條至第 25 條之規定說明。【106 年簡任升等】

答案：

審計法中有關審計機關對於審計結果之處理方式或程序，分述如下：

(一) 發給核准通知或審核通知

審計法第 22 條規定（請按條文內容作答）。

(二) 各機關之聲復

審計法第 23 條規定（請按條文內容作答）。

(三) 各機關不服審計機關決定之聲請覆議

1. 審計法第 24 條規定（請按條文內容作答）。

2. 審計法第 25 條規定（請按條文內容作答）。

十八、依審計法相關規定，請試述審計案件之處理程序為何？【108 年鐵特三級及退除役特考三等】

答案：

審計法對於審計機關審計案件之處理程序規定如下：

(一) 發給核准通知或審核通知

審計法第 22 條規定（請按條文內容作答）。

(二) 各機關之聲復

審計法第 23 條規定（請按條文內容作答）。

(三) 各機關不服審計機關決定之聲請覆議

　　1. 審計法第 24 條規定（請按條文內容作答）。

　　2. 審計法第 25 條規定（請按條文內容作答）。

(四) 審計機關得通知被審核機關派員說明

　　審計法第 26 條規定（請按條文內容作答）。

(五) 對審查完竣案件得為再審查

　　審計法第 27 條規定（請按條文內容作答）。

(六) 再審查結果如變更原決定者之處理

　　審計法第 28 條規定（請按條文內容作答）。

十九、依據審計法，審計機關處理審計案件，應將審計結果，分別發給核准通知或審核通知於被審核機關。試問被審核機關接到以上通知，有關聲復、覆議之程序為何？有關再審查之規定為何？如再審查結果變更原決定者，應如何處理？（109 年地特三等）

答案：

(一) 被審核機關之聲復

　　審計法第 23 條規定（請按條文內容作答）。

(二) 被審核機關不服審計機關決定之聲請覆議

　　1. 審計法第 24 條規定（請按條文內容作答）。

　　2. 審計法第 25 條規定（請按條文內容作答）。

　　3. 審計法施行細則第 18 條規定（請按條文內容作答）。

　　4. 審計法第 26 條規定（請按條文內容作答）。

(三) 對審查完竣案件得為再審查

　　審計法第 27 條規定（請按條文內容作答）。

(四) 再審查結果如變更原決定者之處理

　　審計法第 28 條規定（請按條文內容作答）。

二十、各機關接到審計機關對於審計案件之審核通知後，所進行之聲復與聲請覆議相關程序為何？【106 年關務人員四等】

答案：

(一) 各機關之聲復

審計法第 23 條規定（請按條文內容作答）。

(二) 各機關不服審計機關決定之聲請覆議

1. 審計法第 24 條規定（請按條文內容作答）。

2. 審計法第 25 條規定（請按條文內容作答）。

(三) 審計機關得通知被審核機關派員說明

審計法第 26 條規定（請按條文內容作答）。

(四) 對審查完竣案件得為再審查

審計法第 27 條規定（請按條文內容作答）。

(五) 再審查結果如變更原決定者之處理

審計法第 28 條規定（請按條文內容作答）。

二十一、審計法有關審計機關再審查之規定如何？【98 年地特三等】

答案：

(一) 審計機關再審查之條件

審計法第 27 條規定（請按條文內容作答）。

(二) 審計機關再審查結果之處理

審計法第 28 條規定（請按條文內容作答）。

(三) 審計機關再審查決定對於各機關有異議者之處理

審計法施行細則第 19 條規定，各機關對於審計機關再審查案件所為之決定，如仍堅持異議者，得於接到通知之日起 30 日內提出聲請覆核，原核定之審計機關應附具意見，檢同關係文件，陳送上級審計機關覆核，原核定之審計機關為審計部時，不予覆核。聲請覆核，以一次為限。

二十二、依審計法第 27 條之規定，說明審計機關對於審竣完成案件，得為再審查之情況及期限？另依審計法施行細則第 19 條第 3 項之規定，上述期限應自何日起算？【107 年關務人員四等】

答案：

(一) 審計機關對於審查完竣案件得為再審查之規定

1. 審計法第 27 條規定（請按條文內容作答）。

2. 審計法第 28 條規定（請按條文內容作答）。

(二) 審計法施行細則第 19 條第 3 項規定，審計法第 27 條所稱決定之日，係指總決算公布或令行之日。

※測驗題

一、高考、普考、薦任升等、三等及四等各類特考

(A)1. 依審計法之規定，下列何者係屬審計職權？(A)考核財務效能及核定收支命令(B)各機關債務之清償及處理(C)核定財務責任及債權之發生處理及追索(D)中央各機關及所屬機關財務之內部審核【106 年地特三等】

(B)2. 依審計法之規定，試指出下列何者為審計職權範圍？①審核預算編製②監督預算執行③核定收支命令④核定財務責任(A)①②③(B)②③④(C)①③④(D)①②④【111 年鐵特三級】

(C)3. 下列何者屬審計職權？①監督預算執行②核定收支命令③考核財務效能④執行內部審核(A)僅①(B)①②(C)①②③(D)①②③④【111 年鐵特三級】

(B)4. 依據審計法規定，審計職權包括：①審核財務收支②監督預算執行③核定收支命令④懲處財物及財政之不忠於職務之行為(A)①②(B)①②③(C)①②④(D)①②③④【111 年地特三等】

(D)5. 依審計法規定，六項明確的審計職權中，有幾項屬於事前審計範圍？(A)4 項(B)3 項(C)2 項(D)1 項【112 年鐵特三級及退除役特考三等】

(D)6. 依審計法第 2 條之規定，審計職權計有七項，下列何者非屬審計職權？(A)稽察財物及財政上不法或不忠於職務之行為(B)核定收支命令(C)考核財務效能(D)審議預算之擬編【108 年高考】

(B)7. 桃園市政府及其所屬機關財務之審計，由下列何者辦理之？(A)審計部(B)審計部桃園市審計處(C)桃園市政府審計處(D)桃園市政府主計處【108 年地特三等】

(A)8. 金門國家公園之審計由何機關辦理？(A)審計部(B)福建省審計處(C)金門縣審計室(D)外島審計處【106 年高考】

(B)9. 交通部有一所屬機關位於高雄市，其財務之審計應如何處理？(A)由審計部辦理之(B)由審計部辦理之，並得指定高雄市審計處辦理之(C)由高雄市審計處辦理之(D)因地處偏遠，無需辦理審計業務【107 年高考】

(B 或 C)10. 審計職權係由審計機關行使之,下列審計機關與被審核機關之組合,何者錯誤?(A)審計部與司法院(B)基隆市審計室與金門縣政府(C)審計部與臺北市政府(D)審計部與監察院【110 年高考】

(D)11. 屏東縣審計室隸屬於:(A)屏東縣政府(B)臺灣省政府(C)行政院(D)審計部【106 年地特三等】

(B)12. 某鎮公所之該管審計機關為:(A)該鎮審計室(B)該鎮所隸屬之縣審計室(C)該鎮所隸屬之縣審計處(D)審計部【111 年地特三等】

(A)13. 公有營業之審計事務應如何辦理?(A)隸屬中央者由審計部辦理,隸屬地方者由該管審計處、室辦理(B)分別由公有營業總公司及分公司所在地之審計處、室辦理(C)統一由公有營業總公司所在地之審計處、室辦理(D)統一由審計部辦理【108 年鐵特三級及退除役特考三等】

(D)14. 依審計法之規定,連江縣政府及其所屬機關財務之審計,係由下列何機關辦理或兼理?(A)審計部(B)連江縣審計室(C)金門縣審計室(D)基隆市審計室【109 年高考】

(C)15. 審計機關對於審計上涉及何事項,得諮詢其他機關、團體或專門技術人員,或委託辦理?①監視②鑑定③特殊技術④特定地區(A)僅①(B)僅①②(C)僅①②③(D)①②③④【106 年薦任升等】

(A)16. 下列有關委託審計之敘述,何者錯誤?(A)受委託審計機關所做決定,應負其責任,遇有再審查時,則應由原委託審計機關辦理(B)為辦理之便利,審計機關對於審計事務得委託其他審計機關辦理,其決定應通知原委託機關(C)審計事務涉及特殊技術及監視、鑑定等事項,審計機關得諮詢其他專門技術人員或委託辦理,其結果仍由原委託審計機關決定(D)審計機關採行審計委託時,應將委託事務範圍及其他必要事項,以書面通知受委託者【106 年高考】

(A)17. 審計機關對於審計上涉及特殊技術及監視、鑑定等事項,得諮詢其他機關、團體或專門技術人員,或委託辦理,其結果如何決定?(A)由原委託之審計機關決定(B)由其他機關、團體或專門技術人員決定(C)由上級審計機關決定(D)由其他機關、團體或專門技術人員之主管機關決定【106 年鐵特三級及退除役特考三等】

(A)18. 審計機關於審計上涉及特殊技術及監視、鑑定等事項時,下列處理方式,何者正確?(A)得諮詢其他機關、團體或專門技術人員,或委託辦

理，其結果仍由原委託之審計機關決定之(B)得諮詢其他機關、團體或專門技術人員，或委託辦理，其結果仍由受委託之機關、團體或專門技術人員決定之(C)得諮詢其他機關、團體或專門技術人員，或委託辦理，其結果仍由審計人員決定之(D)得諮詢其他機關、團體或專門技術人員，或委託辦理，其結果仍由原委託之審計機關轉呈監察院決定之【111年高考】

(C)19. 依我國審計相關法規規定，審計機關或人員之獨立性，未體現在哪個制度之設計？(A)依法獨立行使審計職權，不受干涉(B)審計官、審計、稽察非有法定原因，不得停職、免職或轉職(C)對審計機關之員額、經費，審計長有實質之自主權(D)審計長有任期保障【110年薦任升等】

(D)20. 審計人員行使審計職權應受何種干涉？(A)法官獨立審判，應受法院干涉(B)審計部隸屬監察院，應受監察院干涉(C)立法院審議預算，應受立法院干涉(D)不受干涉【106年高考】

(A)21. 彰化縣審計室處理重要審計案件，係以何者決議行之？(A)審核會議(B)審計會議(C)審查會議(D)審定會議【111年地特三等】

(B)22. 審計機關辦理審計事務，下列各種事項，何者須以審計會議或審核會議之決議行之？①免除負責人員賠償責任②聲復案件之准駁③聲請覆核案件之准駁④審核通知逾期限聲復之逕行決定(A)①②④(B)①③④(C)①④(D)③④【108年高考】

(C)23. 依審計法及審計法施行細則規定，下列事項，何者須提經審計或審核會議決議行之？①免除負責人員損害賠償責任②聲復之決定③再審查案件之決定④聲請覆議之決定(A)②③④(B)①②③(C)①③④(D)①②④【108年薦任升等】

(A)24. 依審計法及其施行細則規定，下列情事①臺北市審計處對交通局有關聲請覆核之准駁②審計部對交通部剔除款項，有關免除損害賠償責任之處置③審計部對經濟部發出審核通知，有關聲復之決定④臺北市審計處對警察局有關再審查案件之決定，何者非屬應提報審計會議決議之情形？(A)僅①②(B)僅②③(C)僅①④(D)僅①②④【109年地特三等】

(D)25. 依現行審計法規定，審計部及各審計處（室）處理重要審計案件，係以何種會議決議行之？(A)在審計部以審核會議，在審計處（室）以審查會議(B)在審計部以審查會議，在審計處（室）以審計會議(C)在審計部

以審核會議，在審計處（室）以審計會議(D)在審計部以審計會議，在審計處（室）以審核會議【108 年薦任升等】

(D)26.下列有關審計相關事項之敘述，何者正確？(A)審計機關對於審計事務，為辦理之便利，得委託其他審計機關辦理，其審計結果由原委託之審計機關決定之(B)審計人員依法獨立行使其審計職權，除其主管機關監察院之外，不受其他機關或人員干涉(C)審計機關處理重要審計案件，在審計部以審核會議，在審計處（審計室）以審計會議決議行之(D)審計機關應經常或臨時派員赴各機關就地辦理審計事務；其未就地辦理者，得通知其送審，並得派員抽查之【109 年地特三等】

(C)27.審計人員為行使職權，而向各機關查閱簿籍或憑證等，如遇有各該主管人員隱匿時，應如何處理？(A)應即通知各該管上級機關長官緊急處分之(B)應即會同當地檢警機關進行搜索，並封鎖相關文件(C)應將事實報告該管審計機關，通知各該機關長官予以處分，或呈請監察院核辦(D)應由審計人員報告該機關長官，當面予以告誡及糾正【106 年薦任升等】

(B)28.下列有關審計職權的敘述，何者錯誤？(A)審計人員依法獨立行使其審計職權，不受干涉(B)審計機關處理所有之審計案件，在審計部以審計會議，在審計處（審計室）以審核會議決議行之，前項會議之規則，由審計部定之(C)審計人員為行使審計職權，向各機關查閱簿籍、憑證或其他文件，或檢查現金、財物時，各該主管人員不得隱匿或拒絕(D)各該主管人員如有違(C)選項規定，審計人員應將其事實報告該管審計機關，通知各該機關長官予以處分，或呈請監察院核辦【107 年鐵特三級】

(A)29.審計部指派人員向有關之公私團體或個人查詢時，應出具：(A)審計部稽察證(B)審計部職員證(C)審計部派遣文件(D)審計部審核通知【109 年地特三等】

(D)30.關於會計法及審計法的規定，下列敘述何者正確？(A)各機關實施內部審核，應由審計人員執行之。但涉及非會計專業規定、實質或技術性事項，應由業務主辦單位負責辦理(B)審計人員於執行內部審核工作時，包含事前審核，事項入帳前之審核，著重收支之控制，及事後複核，事項入帳後之審核，著重憑證、帳表之複核與工作績效之查核(C)審計人

員為行使內部審核職權，向各單位查閱簿籍、憑證暨其他文件，或檢查現金、財物時，各該負責人不得隱匿或拒絕。遇有疑問，並應為詳細之答復(D)各機關主辦會計人員，對於不合法之會計程序或會計文書，應使之更正；不更正者，應拒絕之，並報告該機關主管長官【112 年地特三等】

(D)31. 下列何者並未規範於審計法中？(A)審計人員為行使職權，向各機關調閱簿籍、憑證或其他文件時，各該主管人員不得隱匿或拒絕(B)審計人員為行使職權，向各機關檢查現金、財物時，各該主管人員不得隱匿或拒絕(C)審計機關為行使職權，得派員持審計部稽察證，向有關之公私團體調閱簿籍、憑證或其他文件，各該負責人不得隱匿或拒絕(D)審計機關為行使職權，得派員持審計部稽察證，向有關之公私團體檢查現金、財物，各該負責人不得隱匿或拒絕【106 年薦任升等】

(B)32. 下列何者係審計機關行使審計職權的對象？①受公款補助之私人團體②行政法人③特別收入基金④公私合營事業(A)僅①③④(B)①②③④(C)僅②③(D)僅②③④【112 年高考】

(D)33. 下列關於審計人員行使職權時之敘述，何者錯誤？(A)向各機關查閱簿籍、憑證或其他文件，或檢查現金、財物時，各該主管人員不得隱匿或拒絕(B)對於重大審計案件之審查，必要時得通知被審核機關派員說明，並答復詢問(C)審計機關為行使職權，得派員持審計部稽察證向有關之公私團體或個人查詢，或調閱簿籍、憑證或其他文件，各該負責人不得隱匿或拒絕(D)遇必要時，得報經該機關長官之核准，封鎖各項有關簿籍、憑證或其他文件，並得提取其一部或全部【110 年薦任升等】

(B)34. 審計機關或審計人員行使職權之敘述，下列何者錯誤？(A)審計機關為行使職權，得派員持審計部稽察證，向有關之公私團體或個人查詢，或調閱簿籍、憑證或其他文件，各該負責人不得隱匿或拒絕(B)審計機關為行使職權，必要時，得知照司法或監察機關協助(C)審計機關或審計人員行使審計法第 14、15 條之職權，對於詢問事項，得作成筆錄，由受詢人簽名或蓋章；必要時，得臨時封鎖各項有關簿籍、憑證或其他文件，並得提取全部或一部(D)審計人員為行使職權，向各機關查閱簿籍、憑證或其他文件，或檢查現金、財物時，各該主管人員不得隱匿或拒絕【112 年高考】

(D)35.下列有關審計職權處理的敘述，何者正確？(A)審計機關為行使其職權，應派員持審計部稽察證，向有關公私團體或個人查詢，或調閱簿籍、憑證等，各該負責人不得隱匿或拒絕(B)派員持審計部稽察證，向有關公私團體或個人查詢，或調閱簿籍、憑證時，應知照司法或警憲機關協助，以減少隱匿或拒絕之困擾(C)審計機關或審計人員為行使職權，對於詢問事項，應作成筆錄，由受詢人簽名或蓋章(D)審計人員發覺各機關人員有財務上不法或不忠於職務上之行為，應報告該管審計機關，通知各該機關長官處分之，並得由審計機關報請監察院依法處理【107年鐵特三級】

(C)36.審計人員發覺各機關人員有財務上不法或不忠於職務上之行為時，應報告何機關或人員？(A)監察院(B)警憲機關(C)該管審計機關(D)各該機關長官【107年地特三等】

(A)37.審計人員發現某直轄市財政局人員有財務上不忠於職務之行為，應報告何機關通知該財政局局長處分之？(A)該直轄市審計處(B)該直轄市政府(C)審計部(D)監察院【108年鐵特三級及退除役特考三等】

(A)38.審計人員發覺各機關人員有財務上不法或不忠於職務上之行為，其涉及刑事者，應移送何處辦理，並報告於監察院？(A)法院(B)警察局(C)調查局(D)憲兵指揮部【111年地特三等】

(C)39.審計機關發現各機關人員有財務上不法或不忠於職務上之行為，下列審計作為之敘述，何者正確？(A)涉及刑事者，應移送監察院，並報告於立法院(B)通知各機關長官處分之案件，應先報告監察院(C)情節重大應專案報請監察院依法處理之案件，應俟監察院決定後，再行通知各該機關(D)若屬有緊急處分必要之案件，應立即報告監察院後，通知該機關長官從速執行【108年高考】

(D)40.審計人員發覺各機關人員有財務上不法或不忠於職務上之行為時，應採取下列何種行動？(A)移送法院辦理(B)糾正之(C)通知上級主計機關及各該機關長官處分之(D)報告該管審計機關，通知各該機關長官處分之【106年高考】

(A)41.各機關人員有不忠於職務上之行為且涉及刑事者，審計人員發覺時如何處理？(A)應移送法院辦理，並報告於監察院(B)應移送調查局辦理調查，並報告於監察院(C)應通知各該機關長官處分之，並報告於監察院

(D)應通知各該機關長官處分之,並報告於審計部【106 年薦任升等】

(B)42.下列有關審計職權行使之敘述,何者錯誤?(A)審計機關對於各機關一切收支及財物,得隨時稽察之(B)審計機關為行使職權,向有關之公私團體調閱簿籍,於行使職權前應先行知照該團體(C)審計人員對於各機關違背預算之不當支出,得事前拒簽(D)審計人員對於各機關違背預算之不當支出,得事後剔除追繳之【110 年鐵特三級及退除役特考三等】

(A)43.審計機關或審計人員,對於各機關違背預算或有關法令之不當支出,得為何種處置?①事前拒簽②事後剔除追繳③報告監察院④通知該管機關查明,依法處理⑤移送法院辦理(A)①②(B)①③(C)①④(D)①⑤【106 年薦任升等】

(D)44.審計機關處理審計案件,應將審計結果,分別發下列何種通知給被審核機關?①審定通知②審核通知③核准通知(A)①(B)①或②(C)①或③(D)②或③【108 年鐵特三級及退除役特考三等】

(D)45.下列何者非屬審計機關行使審計職權發給各機關之審核通知事項?(A)修正事項(B)剔除事項(C)查詢事項(D)列為準備【112 年高考】

(A)46.審計法第 22 條規定,審計機關處理審計案件,應將審計結果分別發給核准通知或審核通知於被審核機關。有關審核通知之事項包括下列何者?①違背預算之不當支出之剔除追繳②違背有關法令之不當支出之剔除追繳③各機關人員財務上不法行為之處分通知④各機關會計月報或決算所列金額之增減修正(A)①②③④(B)①②(C)①②③(D)②④【110 年地特三等】

(D)47.依現行審計法規定,各機關接得審計機關之審核通知,除決算之審核依決算法規定外,應於接到通知之日起幾日內聲復?(A)10 日(B)15 日(C)20 日(D)30 日【108 年地特三等】

(A)48.審計機關就審計案件之審計結果,下列處理方式何者正確?①分別發給核准通知或審核通知於被審核機關②僅能發給審核通知於被審核機關③各機關接得審計機關之審核通知,除決算之審核依決算法規定外,應於接到通知之日起 30 日內聲復,由審計機關予以決定;其逾限者,審計機關得逕行決定④各機關對於審計機關依審計法第 23 條之決定不服時,除決算之審定依決算法之規定辦理外,得自接到通知之日起 30 日內,聲請覆議;其逾期者,審計機關不予覆議(A)①③④(B)①③(C)②

③④(D)①④【112 年高考】

(B)49. 各機關接得審計機關之審核通知，應如何處理？(A)應於接到通知之日起 30 日內聲復，由審計機關予以決定；其逾限者，得聲請覆議(B)應於接到通知之日起 30 日內聲復，由審計機關予以決定；其逾限者，審計機關得逕行決定(C)應於接到通知之日起 30 日內聲請覆議，由審計機關予以決定；其逾限者，審計機關得逕行決定(D)應於接到通知之日起 30 日內聲請覆議，由審計機關予以決定；其逾限者，得聲敘事實請予展期【106 年鐵特三級及退除役特考三等】

(B)50. 下列有關審計機關審計結果之處理的敘述，何者正確？(A)審計機關或審計人員，對於各機關違背預算或有關法令之不當支出，得事前修正或事後剔除追繳(B)審計機關處理審計案件，應將審計結果，分別發給核准通知或審核通知於被審核機關(C)各機關接得審計機關之各項審核通知，一律應於接到通知之日起 30 日內聲復，由審計機關予以決定(D)各機關對於聲復案件之決定不服時，除決算審定依決算法規定外，得自接到通知之日起 30 日內，聲請覆核【109 年鐵特三級】

(B)51. 各機關接得審計機關之審核通知，應於接到通知之日起幾日內聲復？審計機關對於聲復之決定，各機關有所不服時，得自接到通知之日起幾日內聲請覆議？(A)六十日、六十日(B)三十日、三十日(C)六十日、三十日(D)三十日、六十日【110 年高考】

(B)52. 下列有關審計結果處理的敘述，何者錯誤？(A)審計機關處理審計案件，應將審計結果，分別發給核准通知或審核通知於被審核機關(B)各機關接得審計機關之核准通知或審核通知，除決算審核依決算法規定外，均應於接到通知之日起 30 日內聲復，由審計機關決定(C)各機關對於審計機關前條（指審計法第 23 條）之決定不服時，除決算之審定依決算法之規定辦理外，得自接到通知之日起 30 日內，聲請覆議(D)聲請覆議案件逾期者，審計機關不予覆議，聲請覆議，以一次為限【107 年鐵特三級】

(D)53. 各機關對於審計機關之聲復決定不服時，得聲請覆議，以幾次為限？因特別事故未能依照期限辦理聲請覆議時，得於限內聲敘事實，請予展期，以幾次為限？(A)2，1(B)2，2(C)1，2(D)1，1【111 年鐵特三級】

(B)54. 有關各機關接到審計機關之審核通知進行聲復或聲請覆議之敘述，下列

何者錯誤？(A)除決算之審核依決算法規定外，應於接到通知之日起 30 日內聲復(B)對於審計機關之逕行決定不服時，均應於接到通知之日起 30 日內，聲請覆議(C)對於審核通知之聲復，因特別事故未能於所定期限辦理時，得於限內聲敘事實，請予展期，並以一次為限(D)聲請覆議，以一次為限【112 年高考】

(B)55.下列有關審計機關處理審計案件，其所為之決定的先後順序排列，何者正確？(A)核發審核通知→再審查→聲請覆議(B)核發審核通知→聲復→聲請覆議(C)核發審核通知→再審查→聲復(D)核發審核通知→聲復→聲請覆核【108 年高考】

(B)56.依審計法及其施行細則規定，有關審計結果處理方式與程序之敘述，下列何者正確？(A)審計機關發出再審查之核准通知→受查機關不服提出聲請覆議(B)審計機關發出審核通知→受查機關不服提出聲復(C)審計機關逕為決定發出審核通知→受查機關不服提出聲請覆核(D)聲請覆議、聲復及聲請覆核的准駁應以審計或審核會議決議行之【112 年鐵特三級及退除役特考三等】

(D)57.審計機關對於審查完竣案件，自決定之日起幾年內發現其中有錯誤、遺漏、重複等情事，且發現詐偽之證據，得為再審查？(A)2(B)5(C)7(D)10【111 年地特三等】

(B)58.審計機關對於審查完竣案件，若發現詐偽證據可否再審查？(A)自決定日起 2 年內可以再審查(B)自決定日起 10 年內可以再審查(C)不限期限隨時可以再審查(D)已審查完竣並以公函發給被審核機關通知書，因此不得再審查【108 年鐵特三級及退除役特考三等】

(B)59.審計機關對於審查完竣案件之處理，下列何者錯誤？(A)若發現詐偽之證據，10 年內仍得為再審查(B)若發現詐偽之證據，20 年內仍得為再審查(C)自決定之日起 2 年內發現其中有重複等情事，得為再審查(D)自決定之日起 2 年內發現其中有錯誤、遺漏等情事，得為再審查【106 年鐵特三級及退除役特考三等】

(B)60.審計機關對於審查完竣案件，自決定之日起幾年內，發現有錯誤、遺漏、重複等情事，或發現有詐偽之證據幾年內，仍得為再審查？(A)1 年內；5 年內(B)2 年內；10 年內(C)3 年內；5 年內(D)5 年內；10 年內【109 年高考】

(C)61. 下列有關政府審計之敘述，何者正確？(A)各機關接得審計機關之審核通知，除決算之審核依決算法規定外，應於接到通知之日起 2 年內聲復，由審計機關予以決定(B)各機關對於審計機關之聲復決定不服時，除決算之審定依決算法之規定辦理外，得自接到通知之日起 2 年內，聲請覆議(C)審計機關對於審查完竣案件，自決定之日起 2 年內發現其中有錯誤、遺漏、重複等情事，得為再審查(D)審計機關對於審查完竣案件，若發現有詐偽之證據，自決定之日起 2 年內仍得為再審查【107 年高考】

(C)62. 依審計法之規定，下列敘述錯誤者計有幾項？①審計機關對於審查完竣案件，自決定之日起 3 年內發現其中有錯誤、遺漏、重複等情形，得為再審查②審計機關對於審查完竣案件，若發現詐偽之證據，7 年內仍得為再審查③中央政府年度總決算，應由審計部於行政院提出後 4 個月內完成審核④各機關接得審計機關之審核通知，除決算之審定依決算法之規定辦理外，應於接到通知之日起 30 天內聲復(A)1 項(B)2 項(C)3 項(D)4 項【107 年地特三等】

(D)63. 審計機關對於審查完竣案件如經再審查結果而變更原決定時，下列文件何者應失其效力，並應限期繳銷？①審核通知②審定書③審核報告④核准通知(A)②③④(B)①②③(C)①③(D)②④【108 年高考】

(C)64. 下列敘述何者錯誤？(A)各機關接得審計機關之審核通知，除決算之審核依決算法規定外，應於接到通知之日起 30 日內聲復，由審計機關予以決定(B)各機關對於審計機關之聲復決定不服時，除決算之審定依決算法之規定辦理外，得自接到通知之日起 30 日內，聲請覆議(C)審計機關對於審查完竣案件，自決定之日起 30 日內發現其中有錯誤、遺漏、重複等情事，得為再審查(D)審計機關再審查之結果，如變更原決定者，其已發之核准通知及審定書，失其效力【106 年薦任升等】

(A)65. 下列有關審計機關再審查的敘述，何者錯誤？(A)審計機關對於審查完竣案件，自決定之日起 2 年內發現有錯誤、遺漏、重複、舞弊，得為再審查(B)審查完竣案件若發現詐偽之證據，審計機關 10 年內仍得為再審查(C)審計機關再審查之結果，如變更原決定者，其已發之核准通知及審定書，失其效力，並應限期繳銷(D)審計機關對於再審查案件所為之准駁，應以審計會議或審核會議決議行之【109 年鐵特三級】

(D)66.下列有關審計機關或審計人員審計結果之處理的敘述,何者錯誤?(A)如因被審核機關負責人員行蹤不明,致案件無法清結,得將負責人員姓名通知銓敘部在未清結前停止敘用(B)發覺各機關人員有財務上不法或不忠於職務上之行為,其情節重大者,應專案報請監察院依法處理(C)發覺各機關人員有財務上不法或不忠於職務之行為,其涉及刑事者,應移送法院辦理,並報告監察院(D)對各機關人員有財務上不法行為,認為有緊急處分必要,應報告該管審計機關,通知該機關上級長官從速執行【109年鐵特三級】

(A)67.下列哪些事項,各機關應會商該管審計機關後始得核定施行?①會計制度②績效考核辦法③內部審核規章④業務檢核(A)僅①③(B)僅①②③(C)僅①④(D)僅②③④【110年鐵特三級及退除役特考三等】

(B)68.下列有關制度、規章或辦法會商該管審計機關的敘述,何者正確?(A)各機關之會計制度、內部審核規章以及業務檢核或績效考核辦法,三者均應會商該管審計機關後始得核定施行,變更時亦同(B)各機關之會計制度及內部審核規章,二者應會商該管審計機關後始得核定施行,變更時亦同(C)各機關之會計制度及內部審核規章,二者應會商該管審計機關後始得核定施行,惟變更時不需會商(D)各機關之會計制度、內部審核規章以及業務檢核或績效考核辦法,三者均應會商該管審計機關後始得核定施行,惟變更時不需會商【107年鐵特三級】

(B)69.下列關於審計法之相關規定,何者正確?(A)中央政府年度總決算,應由審計部於行政院提出後四個月內完成其審核,並提出審核報告於立法院(B)立法院、監察院或兩院中之各委員會,審議前項報告,如有諮詢或需要有關審核之資料,審計長應答復或提供之(C)各機關訂定業務檢核或績效考核辦法者,應會商該管審計機關後始得核定施行(D)各機關長官或其授權代簽人及主辦會計人員,簽證各項支出,對於財務有關法令,遇有疑義或爭執時,得以書面向該管審計機關諮詢,審計機關應解釋之【110年薦任升等】

(A)70.依審計法有關審計法令解釋之規定,試指出下列何者簽證各項支出時,對於審計有關法令,遇有疑義或爭執時,得以書面向該管審計機關諮詢,審計機關應解釋之?①機關長官或其授權代簽人②主辦會計人員③會計佐理人員④出納人員(A)①②(B)②③(C)③④(D)①④【111年鐵特

三級】

(B)71. 民國 111 年 11 月 16 日總統公告中華民國 109 年度中央政府總決算審核報告（含附屬單位決算及綜計表）最終審定數額表及中央政府前瞻基礎建設計畫第 2 期特別決算審核報告（中華民國 108 年度至 109 年度）最終審定數額表，有關上述總決算或特別決算審核報告編送及審核之敘述，下列何者錯誤？(A)總決算或特別決算審核報告之提出乃審計部行使審定決算之職權(B)審計部應於行政院提出中央政府年度總決算後 3 個月內完成其審核，並提出審核報告於監察院(C)立法院、監察院或兩院中之各委員會，審議總決算或特別決算審核報告，如有諮詢或需要有關審核之資料，審計長應答復或提供之(D)地方政府年度總決算之編送及審核，準用審計法第 34 條所列各項規定【112 年高考】

二、初考、地特五等、經濟部所屬事業機構及台電公司新進僱員

(D)1. 審計職權行使之對象，不包括下列何者？(A)各機關營繕工程採成本加利潤計算之承包商(B)公私合營之事業(C)公立大學(D)未受公款補助之宗教團體【108 年初考】

(A)2. 下列何者屬於審計職權？(A)考核財務效能(B)審議預算(C)編造決算(D)內部審核【107 年經濟部事業機構】

(C)3. 依審計法規定，下列何者屬於審計職權？(A)債權之發生、處理及收取(B)債務之發生、處理及清償(C)核定收支命令(D)預算之成立、分配與執行【110 年初考】

(B)4. 依現行審計法之規定，下列各項審計職權，何者錯誤？(A)監督預算之執行(B)核定分配預算(C)考核財務效能(D)稽察財物及財政上之不法或不忠於職務之行為【109 年初考】

(D)5. 依審計法規定，有關審計職權之敘述，下列何者正確？(A)審核財務責任，審定決算(B)考核行政效能(C)監督預算之編製(D)核定收支命令【107 年地特五等】

(B)6. 依審計法規定，審計職權包括下列哪些項目？①審核財務收支②考核財務效能③核定收支命令④年度預算審核(A)①②(B)①②③(C)①②④(D)①②③④【112 年經濟部事業機構】

(D)7. 下列何者不屬於審計職權？(A)考核財務效能(B)核定財務責任(C)審定

決算(D)執行內部審核【108 年初考】

(D)8. 下列何者不是審計法規定之審計職權？(A)監督預算之執行(B)考核財務效能(C)審定決算(D)審議預算案【106 年初考】

(D)9. 下列何項非審計法規定之審計職權？(A)審核財務收支，審定決算(B)稽察財物及財政上之不法或不忠於職務之行為(C)考核財務效能與核定財務責任(D)錄製 YouTube 行銷影片與校園宣導【108 年地特五等】

(A)10.下列何項非屬審計職權？(A)監督決算之執行(B)核定收支命令(C)考核財務效能(D)核定財務責任【108 年地特五等】

(B)11.下列何者非審計法第 2 條所規定之審計職權？(A)審定決算(B)審議總決算審核報告(C)考核財務效能(D)核定財務責任【112 年初考】

(B)12.審計職權由下列何者行使之？(A)監察院(B)審計機關(C)審計長(D)審計人員【108 年地特五等】

(A)13.中央各機關及其所屬機關財務之審計，由何者辦理？(A)審計部(B)審計處(C)審計局(D)審計室【112 年地特五等】

(C)14.雲林縣斗六市之財務審計，由下列何機關辦理？(A)審計部(B)臺灣省審計處(C)雲林縣審計室(D)斗六市審計室【111 年初考】

(C)15.依審計法等相關規定及其實務，下列何者之審計事務係由審計部專設審計室予以辦理？①新竹市②金門縣③連江縣④臺南市(A)①②③④(B)僅①②③(C)僅①②(D)僅①③【111 年初考】

(C)16.假設臺北市政府所有之某營業基金在臺中市之分支機構，由臺中市審計處辦理審計事務，在審計法之概念上稱為何者？(A)指定審計(B)送請審計(C)委託審計(D)命令審計【112 年初考】

(A)17.政府審計機關委託其他機關辦理某特殊事項之審計，其結果由下列何機關決定之？(A)原委託之審計機關(B)被委託之其他機關(C)被審核之行政機關(D)被委任機關之上級機關【110 年台電公司新進僱員】

(A)18.為求辦理之便利，得委託其他審計機關辦理審計事務，其決定應通知下列哪一機關？(A)原委託機關(B)上級審計機關(C)監察院(D)受審查機關【110 年經濟部事業機構】

(A)19.依審計法規定，下列有關委託審計之方式，何者之審計結果非由原委託審計機關決定？(A)為辦理便利，委託其他審計機關(B)涉及特殊技術事項，諮詢專門技術人員(C)涉及鑑定事項，委託其他團體辦理(D)涉及監

視事項，委託其他機關辦理【111 年初考】

(C)20. 審計機關對於審計上涉及下列哪些事項者，得諮詢其他機關、團體或專門技術人員，或委託辦理？(A)特定地區、鑑定(B)監視、食品安全、財務舞弊(C)特殊技術、監視、鑑定(D)鑑定、財務困難、特殊技術【109 年經濟部事業機構】

(C)21. 審計機關對於審計上涉及特殊技術及監視、鑑定等事項如何處理？(A)得諮詢其他機關、團體或專門技術人員，或委託辦理，其結果並由受託之機關團體或人員決定之(B)經由審計人員專業之判斷，並由審計機關決定之(C)得諮詢其他機關、團體或專門技術人員，或委託辦理，其結果仍由原委託之審計機關決定之(D)得諮詢其他機關、團體或專門技術人員，或委託辦理，其結果仍由原委託之審計機關呈請監察院決定之【109 年地特五等】

(C)22. 審計機關對於審計上涉及特殊技術及監視、鑑定等事項，得諮詢其他機關、團體或專門技術人員，或委託辦理，其結果由哪個機關決定？(A)被委託之審計機關(B)被委託之上級審計機關(C)原委託之審計機關(D)原委託之上級審計機關【107 年地特五等】

(A)23. 審計機關對於審計上涉及特殊技術及監視、鑑定等事項，得諮詢其他專業部門或委託辦理，其結果由下列何者決定之？(A)審計機關(B)受諮詢或委託單位(C)上級機關(D)機關首長【112 年台電公司新進僱員】

(A)24. 審計機關對於審計事務，為辦理之便利，得委託其他審計機關辦理，其結果由誰決定之？(A)受委託審計機關(B)原委託審計機關(C)報中央審計機關決定之(D)由原委託審計機關及受委託審計機關協調決定之【112 年地特五等】

(B)25. 審計機關對於審計上涉及特殊技術及監視、鑑定等事項，得諮詢專門技術人員，或委託辦理，其結果由何者決定之？(A)專門技術人員(B)原委託之審計機關(C)專門技術人員或原委託之審計機關均可(D)由專門技術人員及原委託之審計機關共同協商【112 年地特五等】

(A)26. 下列有關委託審計的敘述，何者錯誤？(A)審計機關對於審計事務，為辦理之便利，得委託其他機關辦理，受委託機關於決定後，應通知原委託機關(B)審計機關對於審計上涉及特殊技術及監視、鑑定等事項，得諮詢其他機關、團體或專門技術人員，或委託辦理(C)涉及特殊技術及

監視、鑑定事項之諮詢或委託審計，其結果仍由原委託之審計機關決定之(D)委託其他機關、團體或專門技術人員辦理審計上涉及特殊技術及監視、鑑定事項，應將委託事務範圍及其他必要事項，以書面通知之【106年地特五等】

(D)27.有關審計機關行使委託審計之敘述，下列何者錯誤？(A)審計機關為辦理之便利，委託其他審計機關辦理審計事務，其決定應通知原委託機關(B)審計機關對於審計上涉及特殊技術及監視、鑑定等事項，得委託其他機關、團體或專門技術人員辦理，其結果仍由原委託之審計機關決定之(C)審計機關委託其他審計機關辦理之審計事務，應將委託事務範圍及其他必要事項，以書面通知之(D)審計機關委託其他審計機關辦理之審計事務，遇有再審查時，應由原委託審計機關辦理之【111年地特五等】

(C)28.為確保審計首長職位之安定，俾能在一定任期中，超然獨立行使職權，依法審計長之任期為幾年？(A)3年(B)4年(C)6年(D)8年【110年地特五等】

(A)29.審計機關處理重要審計案件，在審計部以下列何種會議決議行之？(A)審計會議(B)審核會議(C)查核會議(D)稽察會議【108年初考】

(A)30.依審計法第11條，審計機關處理重要審計案件，在部以何會議決議行之？(A)審計會議(B)審核會議(C)審查會議(D)審定會議【112年初考】

(D)31.審計部召開何會議處理重要審計案件之決議？(A)審定會議(B)審查會議(C)審核會議(D)審計會議【112年地特五等】

(B)32.審計機關處理重要審計案件，在部以何種會議，在處（室）以何種會議決議行之？(A)在部以審核會議，在處（室）以審計會議(B)在部以審計會議，在處（室）以審核會議(C)在部以覆議會議，在處（室）以聲復會議(D)在部以聲復會議，在處（室）以覆議會議【106年初考】

(D)33.下列有關審計機關超然獨立的敘述，何者錯誤？(A)審計人員依法獨立行使其審計職權，不受干涉(B)審計機關處理重要審計案件，在部以審計會議，在審計處（室）以審核會議決議行之(C)審計人員之任用，主要係依審計人員任用條例行之(D)行政院對監察院所提之監察院與審計部之年度概算，僅得加註意見，編入中央政府總預算案，併送立法院審議【106年地特五等】

(A)34.依審計法等規定，審計機關遇有下列情形，何者須提經審計會議議決？
①臺北市交通局聲請覆核案件之准駁②交通部聲請再審查案件之准駁③
文化部逾期聲請覆議案件④內政部聲請覆核案件之准駁(A)①②(B)①③
(C)②④(D)③④【107 年地特五等】

(C)35.依審計法及其施行細則規定，下列何種處置之敘述正確？(A)臺北市審
計處對臺北市政府有關免除賠償責任之處置，應由該處審計會議決議行
之(B)審計部對臺北市政府有關再審查案件所為之准駁，應由該部審議
會議決議行之(C)審計部對臺北市政府有關聲請覆核案件所為之准駁，
應由該部審計會議決議行之(D)臺北市審計處對臺北市政府有關聲請覆
議案件所為之准駁，應由該處審計會議決議行之【107 年初考】

(B)36.依審計法及其施行細則之規定，審計機關對於下列事項①財政部聲復案
件之准駁②臺北市政府財政局再審查案件之准駁③財政部再審查案件之
准駁④臺北市政府財政局聲請覆核案件之准駁，應經審計會議決議行之
者有幾項？(A)1 項(B)2 項(C)3 項(D)4 項【110 年地特五等】

(A)37.下列何者非屬審計機關應以審計會議或審核會議決議行之的案件？(A)
聲復案件之決定(B)聲請覆議案件之准駁(C)逾聲復期限案件之逕行決定
(D)再審查案件之准駁【111 年地特五等】

(A)38.依審計法第 12 條規定，下列何者非屬審計機關辦理審計事務之方式？
(A)邀請各機關首長至審計機關報告(B)赴各機關就地辦理審計事務(C)
通知各機關送審(D)派員抽查【110 年台電公司新進僱員】

(B)39.駐在審計、書面審計、隨時稽察、委託審計等，有幾種係屬現行審計法
規定之審計職權行使方式？(A)4 種(B)3 種(C)2 種(D)1 種【111 年初
考】

(B)40.審計機關為行使職權，得派員持下列何種證件，向有關之公私團體或個
人查詢，或調閱簿籍、憑證或其他文件？(A)審計部識別證(B)審計部稽
察證(C)審計部搜索票(D)審計部傳票【110 年初考】

(D)41.審計機關近年擴大辦理專家學者諮詢，透過國家發展委員會所建公共政
策網路平臺徵詢公民團體或民眾對查核議題所規劃查核重點之意見，係
依據下列哪一項規定辦理的？(A)審計機關為行使職權，得派員持審計
部稽察證，向有關之公私團體或個人查詢，或調閱簿籍、憑證或其他文
件，各該負責人不得隱匿或拒絕；遇有疑問，並應為詳實之答復(B)審

計機關對於審計事務，為辦理之便利，得委託其他審計機關辦理，其決定應通知原委託機關(C)未設審計處（室）者，其財務之審計，由各該管審計機關辦理，或指定就近審計處（室）兼理之(D)審計機關對於審計上涉及特殊技術及監視、鑑定等事項，得諮詢其他機關、團體或專門技術人員，或委託辦理，其結果仍由原委託之審計機關決定之【108 年地特五等】

(D)42. 審計機關為行使職權，得查詢、調閱簿籍、憑證或其他文件，其行使範圍包括：①政府機關②有關私人企業③有關民間財團法人④有關個人(A)僅①(B)僅①②(C)僅①②③(D)①②③④【111 年初考】

(D)43. 依審計法規定，審計機關為行使對行政院所屬各機關調閱簿籍、文件之職權時，必要時得知照下列何機關協助？(A)行政院主計總處(B)財政部(C)行政院(D)警憲機關【107 年初考】

(D)44. 審計機關為行使職權，必要時，得知照哪些機關協助？(A)行政或立法機關(B)立法或司法機關(C)司法或考試機關(D)司法或警憲機關【107 年地特五等】

(C)45. 下列何項不符審計法相關規定？(A)審計人員赴各機關執行職務，應提示審計機關派遣文件(B)審計機關行使稽察職權，有需各機關團體協助時，各機關團體應負協助之責(C)審計人員赴各機關執行職務，應通知該機關長官或其上級機關派員蒞視，其結果應製作筆錄，由關係人及蒞視人簽名或蓋章(D)審計機關依審計法規定委託其他審計機關辦理之審計事務，受委託審計機關所作決定應負其責任【106 年地特五等】

(C)46. 審計人員行使審計職權之敘述，何者錯誤？(A)向各機關查閱簿籍、憑證或其他文件，或檢查現金、財物時，各該主管人員不得隱匿或拒絕；遇有疑問，或需要有關資料，並應為詳實之答復或提供之(B)如有違背(A)規定，審計人員應將其事實報告該管審計機關，通知各該機關長官予以處分，或呈請監察院核辦(C)對於詢問事項，應作成筆錄，由受詢人簽名或蓋章(D)對於詢問事項，得作成筆錄，由受詢人簽名或蓋章；必要時，得臨時封鎖各項有關簿籍、憑證或其他文件，並得提取全部或一部【109 年地特五等】

(D)47. 依規定，審計人員發覺各機關人員有財務上不法或不忠於職務上之行為，應為適法處理之方式，不包括下列何者？(A)報告該管審計機關並

通知各該機關長官處分之(B)得由審計機關報請監察院依法處理(C)其涉及刑事者，應移送法院辦理，並報告於監察院(D)以財務金額達一定金額以上者，移請各該機關政風單位辦理【109 年地特五等】

(D)48.審計人員發覺各機關人員有財務上不法或不忠於職務上之行為，其涉及刑事者，應移送下列那一單位辦理，並報告於監察院？(A)行政院(B)立法院(C)警察局(D)法院【112 年初考】

(D)49.審計人員發覺各機關人員有財務上不法或不忠於職務上之行為，且涉及刑事者，應依下列何者辦理？(A)應移送法務部廉政署辦理，並報告於該管機關長官(B)應移送政風單位辦理，並報告於該管機關長官(C)應移送法務部調查局辦理，並報告於監察院(D)應移送法院辦理，並報告於監察院【109 年初考】

(A)50.依審計法規定，審計人員發現某機關人員涉及刑事之不法行為，下列做法何者正確？(A)應移送法院辦理，並報告於監察院(B)應報請監察院依法處理(C)應報告該管審計機關，通知該機關長官處分之(D)應通知主管機關負責追查，並通知銓敘機關停止敘用【111 年初考】

(B)51.審計人員在外執行職務，應於每一機關任務完畢後，隨即製作翔實報告，陳報該管審計機關核辦，除特殊案件經呈奉核准者外，其報告不得超過之期限為下列何者？(A)15 日(B)20 日(C)25 日(D)30 日【106 年經濟部事業機構】

(B)52.審計人員在外執行職務，應於每一機關任務完畢後，隨即製作翔實報告，陳報該管審計機關核辦，除特殊案件經呈奉核准者外，其報告不得超過多少日？(A)10 日(B)20 日(C)30 日(D)60 日【106 年地特五等】

(C)53.依審計法及其施行細則規定，審計人員赴每一機關執行審計任務完畢後，除特殊情形經呈奉核准外，應於何期限內製作翔實報告陳報該管審計機關核辦？(A)5 日內(B)10 日內(C)20 日內(D)一個月內【111 年初考】

(B)54.審計人員發現各機關人員有財務上不法或不忠於職務上之行為，審計人員或審計機關採行之處置，下列何者錯誤？(A)審計人員應報告該管審計機關，通知各該機關長官處分之(B)審計機關應即移送法院辦理，並報告於監察院(C)審計人員認為有緊急處分之必要，應立即報告該管審計機關，通知該機關長官從速執行之(D)審計機關得報請監察院依法處

理【111年地特五等】

(C)55. 下列有關審計人員行使審計職權之方式及其相應處理機制，何者錯誤？(A)審計機關為行使職權，得派員持審計部稽察證，向有關之公私團體或個人查詢，或調閱簿籍、憑證或其他文件，各該負責人不得隱匿或拒絕(B)審計人員為行使職權，向各機關查閱簿籍、憑證或其他文件，或檢查現金、財物時，各該主管人員不得隱匿或拒絕(C)審計人員發覺各機關人員有財務上不法或不忠於職務上之行為，認為有緊急處分之必要，應立即報告監察院，通知該機關長官從速執行之(D)對於審計機關通知處分之案件，各機關有延壓或處分不當情事，審計機關應查詢之，各機關應為負責之答復【106年地特五等】

(B)56. 依審計法之規定，對於審計機關通知處分之案件，各機關有延壓或處分不當情事，審計機關應如何處理？(A)摘要公告，並將負責人員姓名通知銓敘機關(B)查詢之，各機關應為負責之答復(C)報告該管審計機關，通知各該機關長官處分之(D)移送法院辦理【112年地特五等】

(B)57. 審計機關通知各機關處分之案件，各機關應為負責之答復。各機關如不負責答復，或答復不當時，審計機關應如何處理？(A)由審計部移送公務員懲戒委員會核辦(B)由審計部呈請監察院核辦(C)由審計部通知其上級機關長官核辦(D)由審計部逕行處分【110年台電公司新進僱員】

(D)58. 審計機關通知各機關處分之案件，各機關應為負責之答復。各機關如不負責答復，或答復不當時，審計機關應如何處理？(A)由審計部通知其上級機關長官核辦(B)由審計部逕行處分(C)由審計部移送公務員懲戒委員會核辦(D)由審計部呈請監察院核辦【111年經濟部事業機構】

(B)59. 對於審計機關通知處分之案件，各機關有延壓或處分不當情事，審計機關應查詢之，各機關應為負責之答復。審計機關對各機關不負責答復，或對其答復認為不當時，得由審計部呈請下列何者核辦？(A)各該機關長官(B)監察院(C)司法院(D)行政院【110年地特五等】

(C)60. 對於審計機關通知處分案件，各機關有延壓或處分不當情事，經審計機關查詢而各機關有不負責答復，或審計機關對其答復認為不當時，得由審計部呈請下列何者核辦？(A)行政院(B)立法院(C)監察院(D)考試院【112年台電公司新進僱員】

(B)61. 審計機關或審計人員，對於各機關違背預算或有關法令之不當支出，下

列處理何者正確？(A)應事前拒簽(B)得事前拒簽或事後剔除追繳之(C)應事後追繳之(D)應通知各該機關長官處分之【108 年經濟部事業機構】

(A)62.審計機關或審計人員，對於各機關違背預算或有關法令之不當支出，該如何處理？(A)得事前拒簽或事後剔除追繳(B)逕行決定(C)查明後依法處理(D)糾正【110 年初考】

(D)63.依審計法規定，各機關接到審計機關之審核通知，除決算之審核依決算法規定外，應於接到通知之日起 30 日內進行何種程序？(A)聲請覆議(B)聲請再審查(C)聲請覆核(D)聲復【112 年地特五等】

(C)64.各機關接得審計機關之審核通知，除決算之審核依決算法規定外，應於接到通知之日起多久內聲復？(A)10 日(B)20 日(C)30 日(D)3 個月【109 年地特五等】

(B)65.各機關接到審計機關之審核通知經提出聲復，仍對審計機關之決定不服時，除決算之審定依決算法之規定辦理外，至遲得自接到通知之日起幾日內聲請覆議？(A)20 日(B)30 日(C)40 日(D)60 日【108 年經濟部事業機構】

(B)66.下列何者為審計法授予受審機關之權利？(A)訴願(B)聲請覆議(C)覆查(D)抗議【106 年初考】

(A)67.下列有關審計程序之敘述，何者正確？(A)審計機關處理審計案件，應將審計結果，分別發給核准通知或審核通知於被審核機關(B)各機關接得審計機關之審核通知，除決算之審核依決算法規定外，應於接到通知之日起 20 日內聲復，由審計機關予以決定(C)各機關向審計機關之聲復案件若逾限者，審計機關得不予覆議，且聲復一次為限(D)各機關對於審計機關聲復案件之答覆決定不服時，除決算之審定依決算法之規定辦理外，得自接到通知之日起 10 日內，聲請覆議【107 年初考】

(C)68.各機關對於聲復之決定不服時，除決算之審定依決算法之規定辦理外，得自接到通知之日起幾日內聲請覆議？又聲請覆議以幾次為限？(A)15 日、1 次(B)15 日、2 次(C)30 日、1 次(D)30 日、2 次【112 年台電公司新進僱員】

(B)69.各機關對於審計機關之決定不服時，得聲請覆議。覆議是否有次數限制？(A)只要有理由，不受次數限制(B)以一次為限(C)以二次為限(D)以

三次為限【111 年初考】

(A)70.各機關對於審計機關之聲復決定不服時，得聲請覆議。聲請覆議，以幾次為限？(A)1(B)2(C)3(D)4【112 年初考】

(A)71.各機關聲請覆議，以幾次為限？(A)1(B)2(C)3(D)4【112 年地特五等】

(A)72.下列有關審計程序的敘述，何者正確？(A)各機關接得審計機關之審核通知，除決算之審核依決算法規定外，應於接到通知之日起 30 日內聲復，由審計機關予以決定(B)各機關之聲復案件若逾限辦理者，審計機關得不予聲復(C)各機關對於審計機關有關聲復案件之決定不服時，除決算之審定依決算法之規定辦理外，得自接到通知之日起 10 日內，聲請覆議(D)各機關聲請覆議案件，若逾期辦理者，審計機關得逕行決定之【106 年地特五等】

(D)73.下列敘述何者錯誤？(A)各機關對於審計機關有關聲復案件之決定不服時，除決算之審定依決算法之規定辦理外，得自接到通知之日起 30 日內，聲請覆議(B)各機關對於審計機關有關聲復案件之決定不服時，其聲請覆議，以一次為限(C)各機關接得審計機關之審核通知，除決算之審核依決算法規定外，應於接到通知之日起 30 日內聲復(D)各機關對於審計機關逕行決定案件之聲請覆議或審核通知之聲復，未能依規定期限辦理者，不得展期【108 年初考】

(A)74.各機關對於審計機關逕行決定案件之聲請覆議或審核通知之聲復，因特別事故未能依照所定期限辦理時，得於期限內聲敘事實，請予展期，而展期以幾次為限？(A)1 次(B)2 次(C)3 次(D)4 次【110 年台電公司新進僱員】

(A)75.各機關對於審計機關逕行決定案件之聲請覆議或審核通知之聲復，得申請展期，以幾次為限？(A)1(B)2(C)3(D)4【112 年地特五等】

(A)76.各機關對於審計機關逕行決定案件之聲請覆議或審核通知之聲復，因特別事故未能依照所定期限辦理時，得於限內聲敘事實，請予展期，而展期以幾次為限？(A)1 次(B)2 次(C)3 次(D)4 次【112 年經濟部事業機構】

(C)77.依審計法及其施行細則之規定，下列程序①審核通知聲復之展期②聲請覆議③聲請覆核④聲復，以一次為限有幾種？(A)1 種(B)2 種(C)3 種(D)4 種【110 年地特五等】

(C)78. 審計法有①再審查②聲請覆議③聲復④審核通知之規定,請問其發生先後次序下列何者正確?(A)③①②④(B)①④③②(C)④③②①(D)(2)①③④【109 年經濟部事業機構】

(A)79. 依審計法規定,審計機關對於已核發核准通知之案件,如發現有遺漏情事,得自決定之日起多久期限內進行再審查?(A)2 年(B)5 年(C)7 年(D)10 年【111 年初考】

(A)80. 審計機關對於審查完竣案件,於一定期間內得為再審查之規定,自何日起算?(A)總決算公布或令行之日(B)審計長完成總決算審核,提出審核報告於立法院之日(C)審計機關發給審定書之日(D)行政院編造完成中央政府總決算提出監察院之日【111 年經濟部事業機構】

(C)81. 有關審計結果之敘述,下列何者有誤?(A)審計機關對於審查完竣之案件,若發現詐偽之證據,10 年內仍得為再審查(B)機關對審計機關決定不服時,除決算之審定依決算法規定辦理外,得自接到通知之日起 30 日內聲請覆議(C)機關接得審計機關核准通知,除決算之審核依決算法規定辦理外,應於接到通知之日起 30 日內聲復(D)審計機關應將審計結果分別發給核准通知或審核通知於被審核機關【110 年經濟部事業機構】

(C)82. 審計機關已審竣之案件,自決定之日起,若發現詐偽之證據,幾年內得為再審查?(A)2 年(B)5 年(C)10 年(D)15 年【107 年經濟部事業機構】

(C)83. 審計機關對於審查完竣案件,若發現詐偽之證據,多少年內仍得為再審查?(A)2 年(B)5 年(C)10 年(D)20 年【108 年地特五等】

(D)84. 審計機關對於審查完竣案件,發現詐偽之證據,幾年內仍得為再審查?(A)2 年(B)3 年(C)5 年(D)10 年【109 年地特五等】

(C)85. 審計機關對於審查完竣案件,自決定之日起 2 年內發現其中有錯誤、遺漏、重複等情事,得為再審查;若發現詐偽之證據,多少年內仍得為再審查?(A)2 年(B)5 年(C)10 年(D)20 年【108 年初考】

(C)86. 對於再審查案件所為之決定,各機關仍堅持異議,試問該如何處理?(A)聲請復查(B)聲請覆議(C)聲請覆核(D)聲請覆審【107 年經濟部事業機構】

(C)87. 對於再審查案件所為之決定,各機關仍堅持異議,得申請何種救濟行動?(A)覆議(B)聲復(C)覆核(D)審議【111 年地特五等】

(A)88.關於再審查之原因及處理，下列敘述何者錯誤？(A)審計機關對於審查完竣案件，自決定之日起三年內發現其中有錯誤、遺漏、重複等情事，得為再審查(B)再審查之結果，如變更原決定者，其已發之核准通知及審定書，失其效力，並應限期繳銷(C)審計機關對於再審查案件所為之決定，各機關仍堅持異議者，得於接到通知之日起三十日內提出聲請覆核(D)聲請覆核，以一次為限【110年地特五等】

(B)89.各機關會計制度及有關內部審核規章，應會商下列何機關後始得核定施行，變更時亦同？(A)該管主計機關(B)該管審計機關(C)中央主計機關(D)法制機關【108年地特五等】

(A)90.依審計法規定，各機關會計制度及有關內部審核規章，應如何處理？(A)應會商該管審計機關後始得核定施行，變更時亦同(B)應通知審計機關(C)陳報該管上級機關核定，無需通知審計機關(D)陳報行政院核定，無需通知審計機關【111年台電公司新進僱員】

(D)91.下列有關會商審計機關之敘述，何者錯誤？(A)各機關會計制度，應會商該管審計機關後始得核定施行(B)各機關內部審核規章，應會商該管審計機關後始得核定施行(C)各機關訂有業務檢核或績效考核辦法者，應通知審計機關(D)會計科目名稱經規定後，其變更必須經各該政府主計機關會商該管審計機關後始得核定【111年地特五等】

(D)92.下列有關會商審計機關的敘述，何者錯誤？(A)各機關會計制度及有關內部審核規章，應會商該管審計機關後始得核定施行，變更時亦同(B)各機關有另行訂定業務檢核或績效考核辦法者，應通知審計機關(C)各機關有關財務之組織，由審計機關派員參加者，其決議事項，審計機關不受拘束，但以審計機關參加人對該決議曾表示異議者為限(D)會計科目名稱經規定後，其變更必須經各該政府主計機關會商該管審計機關同意，始得核定【106年地特五等】

(D)93.各機關會計制度及有關內部審核規章，其有另行訂定業務檢核或績效考核辦法者，應通知何機關？(A)行政機關(B)立法機關(C)司法機關(D)審計機關【110年初考】

(A)94.下列有關各機關長官及主辦會計等人，簽證各項支出，若對審計有關法令，遇有疑義或爭執時，該如何處理之敘述，何者正確？(A)得以書面向該管審計機關諮詢，審計機關應解釋之(B)得以書面向該管審計機關

諮詢，審計機關應解釋並於奉監察院核定後公告之(C)得以書面向該管審計機關諮詢，審計機關應解釋並於奉立法院核定後公告之(D)得以書面向該管審計機關諮詢，審計機關應轉呈給立法院，由立法院解釋之【107 年初考】

(C)95.各機關長官及主辦會計人員，簽證各項支出，對於審計有關法令，遇有疑義或爭執時，得如何處理？(A)以書面向上級審計機關諮詢(B)以口頭向主管機關諮詢(C)以書面向該管審計機關諮詢(D)以口頭向上級主計機關諮詢【110 年初考】

(C)96.政府發行債券或借款，應由主管機關將發行條例或借款契約送下列何機關備查？(A)行政院(B)立法院(C)審計機關(D)財政部【110 年初考】

(C)97.依審計法規定，當中央政府發行公債時，財政部應將公債發行條例送審計部：(A)核定(B)核備(C)備查(D)備案【107 年初考】

(B)98.政府發行債券或借款，如有變更發行條例或借款契約等時，應由主管機關通知下列何者？(A)立法院(B)審計機關(C)金融監督管理委員會(D)中央銀行【109 年初考】

(D)99.依據法律規定，臺北市政府發行債券，應由該市財政局將發行條例或借款契約等送何機關備查？(A)行政院(B)行政院主計總處(C)財政部(D)臺北市審計處【111 年初考】

(B)100.依現行審計法之規定，中央政府年度總決算，應由審計部於行政院提出後 3 個月內完成其審核，並提出何種報告於立法院？(A)決算報告(B)審核報告(C)審定報告(D)最終審定數額表【109 年初考】

(D)101.審計法規定審計部應提出審核報告於立法院，下列何者非審核報告的範圍？(A)中央政府總決算暨附屬單位決算及綜計表審核報告(B)中央政府總決算暨附屬單位決算及綜計表審核報告（附冊—總決算、非營業及營業部分）(C)中央政府前瞻基礎建設計畫第一期特別決算審核報告(D)專案審計報告【108 年地特五等】

(C)102.審計機關對於公私合營之事業應行審計事務，其與審計法規定之關係為何？(A)準用(B)適用(C)參照(D)比照【107 年地特五等】

(B)103.關於審計之各種章則及書表格式，依審計法規定由下列何機關定之？(A)監察院(B)審計部(C)立法院(D)行政院主計總處【108 年初考】

(B)104.關於審計之各種章則及書表格式，由何者定之？(A)監察院(B)審計部

(C)審計處(D)立法院【112 年初考】

(A)105.依審計法規定，審計法施行細則及各種章則，分別由何者核定之？(A)監察院（施行細則）；審計部（各種章則）(B)審計部（施行細則）；審計部（各種章則）(C)審計部（施行細則）；監察院（各種章則）(D)監察院（施行細則）；監察院（各種章則）【107 年初考】

第二章 公務審計

壹、各機關已核定分配預算之查核

一、審計法相關條文

第 35 條　各機關已核定之分配預算，連同施政計畫及其實施計畫，應依限送審計機關；變更時亦同。

前項分配預算，如與法定預算或有關法令不符者，應糾正之。

二、解析

(一)審計法第 35 條屬於書面審計，另於預算法第 57 條及第 58 條規定，主計總處核定或同意修改之各機關歲入、歲出分配預算，應通知財政部及審計部，與審計法第 35 條規定相對應，但各機關尚應依審計法第 35 條規定，將施政計畫及其實施計畫送審計機關。

(二)審計法施行細則第 22 條規定，各機關依審計法第 35 條規定應送審計機關之已核定分配預算、施政計畫及其實施計畫，其送達期限由該管審計機關定之。其不依期限送達者，審計機關應予催告，經催告後仍不編送者，得依審計法第 17 條規定辦理（即通知各該機關長官處分之，並得由審計機關報請監察院依法處理）。前項分配預算，必須與計畫實施進度相配合。審計機關經查核後，詳予記錄，以為核簽公庫支撥經費款項之書據、憑單或公庫支票，及審核各該機關財務收支暨決算之依據。

貳、會計報告及年度決算之審核

一、審計法相關條文

(一)各機關或各種基金之會計報告應依限送該管審計機關審核

第 36 條　各機關或各種基金，應依會計法及會計制度之規定，編製會計報告連同相關資訊檔案，依限送該管審計機關審核；審計機關

並得通知其檢送原始憑證或有關資料。

(二)各機關年度決算經審計機關審定後發給審定書

第 45 條　各機關於會計年度結束後，應編製年度決算，送審計機關審核；審計機關審定後，應發給審定書。

(三)各機關會計報告不依規定期限送審時審計機關應予催告

第 46 條　各機關應送之會計報告，不依規定期限送審者，審計機關應予催告；經催告後，仍不送審者，得依第十七條規定辦理。

二、解析

(一)審計法第 36 條屬於書面審計，又會計法第 88 條與普會制度第 17 點規定，各單位會計機關之會計報告，包括會計月報及年度會計報告，應分送審計部、財政部及主計總處，係與審計法第 36 條規定相對應，但審計機關並得依審計法第 36 條規定，通知各機關檢送原始憑證或有關資料。

(二)決算法第 19 條規定，各機關之決算，經機關長官及主辦會計人員簽名或蓋章後，分送該管上級機關及審計機關。第 20 條規定，各主管機關於彙編決算時，如有修正事項，應通知原編造機關及審計機關。審計機關對於各機關之決算，本年度係就實現數、應收（付）數及保留數予以審定；以前年度係就減免數、實現數、調整數及轉入下年度繼續執行之未結清數予以審定。經審定後，依審計法第 45 條規定，發給審定書（如表 4.2.1）。審定書為審計機關對決算審核所作之最終決定文件，亦被視為某種程度解除機關財務責任之證明書。決算原編造機關收到審定書時，對於被修正增減列收入、減列或剔除歲出等事項，除依審定數調整會計帳務外，其應繳庫者，應追回解繳公庫。惟按照審計法第 27 條規定，審計機關對於審查完竣之案件，自決定之日起 2 年內發現其中有錯誤、遺漏、重複等情事，得為再審查，若發現詐偽之證據，10 年內仍得為再審查。

(三)審計法施行細則相關規定

1. 細則第 23 條規定，各機關或各種基金會計報告送審之期限，適用會計

法第 32 條之規定。

2. 細則第 24 條規定，各機關之會計報告及年度決算，應直接送達於該管審計機關。審計機關之審核通知、核准通知及審定書，應直接送達於各該機關。其有特殊情形，經審計機關同意者，得由各該機關之上級機關收轉。

3. 細則第 25 條規定，各機關或各種基金委託或補助其他機關、學校或團體辦理之經費，應依審計法第 36 條規定辦理，審計機關並得隨時派員抽查；其支出有關原始憑證，如留存受委託或補助機關、學校或團體，應通知該管審計機關。

4. 細則第 26 條規定，各機關編送會計報告除應依審計法第 36 條、第 63 條及第 64 條規定辦理外，必要時該管審計機關得通知附送其他書表。

5. 細則第 26 條之 1 規定，各機關或各種基金依審計法第 36 條規定應送該管審計機關審核之相關資訊檔案，由審計部定之。

表 4.2.1　審計部審核決算審定書

《當年度》

機關名稱												來文		
會計年度												頁次		
預算科目			預算數	原列決算數				決算修正數				決算審定數			
款	項	目	名稱		實現數	應收(付)數	保留數	合計	實現數	應收(付)數	保留數	合計	實現數	應收(付)數	保留數	合計
備註：															

上列決算業經審核完竣，茲依審計法第 45 條之規定發給審定書。

《以前年度》

機關名稱													來文	
會計年度													頁次	
年度別	預算科目			以前年度轉入數	原列決算數				決算修正數				決算審定數			
	款	項	目	名稱		減免數	實現數	調整數	未結清數	減免數	實現數	調整數	未結清數	減免數	實現數	調整數	未結清數
				應收(付)數	應收(付)數	應收(付)數	應收(付)數	應收(付)數	應收(付)數	應收(付)數	應收(付)數	應收(付)數	應收(付)數	應收(付)數	應收(付)數	應收(付)數
				保留數	保留數	保留數	保留數	保留數	保留數	保留數	保留數	保留數	保留數	保留數	保留數	保留數
備註：																

上列決算業經審核完竣，茲依審計法第 45 條之規定發給審定書。

參、審計機關派員查核各機關與公庫及賦稅捐費

一、審計法相關條文

(一)審計機關得隨時派員抽查公庫及各地區支付機構經管事務

第 37 條　審計機關對於公庫及各地區支付機構經管事務，得隨時派員抽查。

(二)審計機關派員赴徵收機關辦理賦稅捐費審計事務

第 40 條　審計機關派員赴徵收機關辦理賦稅捐費審計事務，如發現有計算錯誤或違法情事，得通知該管機關查明，依法處理。

(三)審計機關派員赴各機關就地辦理審計事務時應評核事項

第 41 條　審計機關派員赴各機關就地辦理審計事務，應評核其相關內部控制建立及執行之有效程度，決定其審核之詳簡範圍。

(四)審計人員就地辦理各機關審計事務時之查核作業

第 42 條　審計人員就地辦理各機關審計事務時，得通知該機關，將各項報表送審計人員查核；該審計人員對其簿籍得隨時檢查，並與有關憑證及現金、財物等核對。

(五)審計人員就地辦理各機關審計事務結果之處理

第 43 條　審計人員就地辦理各機關審計事務，應將審核結果，報由該管審計機關核定之。

二、解析

　　審計法第 37 條及第 40 條至第 43 條，係審計機關派員赴各機關辦理審計事務之相關規定，屬於就地審計，也可視為審計法第 12 條之補充或進一步規定。審計法施行細則第 33 條尚規定，審計機關派員赴徵收機關，辦理賦稅捐費審計事務，應抽查其帳冊報表憑證，核明其查定徵收納庫等情形，如發現有計算錯誤或違反法令情事，應以書面通知該管機關查明，依法處理，其情節重大者，得依審計法第 17 條規定辦理。即通知各該機關長

官處分之，並得由審計機關報請監察院依法處理，其涉及刑事者，應移送法院辦理，並報告於監察院。

肆、審計法第二章公務審計自第 35 條至第 46 條（尚含第 33 條）所規定審計機關之審計重點

一、各機關已核定歲入、歲出分配預算，連同施政計畫及其實施計畫之查核。

二、各機關或各種基金會計報告（含會計月報及年度會計報告）及原始憑證之審核。

三、派員抽查公庫及各地區支付機構經管事務。

四、派員赴徵收機關辦理賦稅捐費之查核。

五、政府發行公債或借款案件之備查。

六、派員赴各機關就地辦理審計事務。

七、各機關年度決算之審定。

伍、作業及相關考題

※申論題

一、依審計法第 35 條規定，各機關已核定之分配預算，連同哪些文件，應依限送審計機關？分配預算如與法定預算或有關法令不符者，審計機關應如何處理？又上述文件應依限送審計機關之送達期限由何機關決定？其不依期限送達者，審計機關應如何處理？【107 年鐵特三級】

答案：

(一) 審計法第 35 條第 1 項規定，各機關已核定之分配預算，連同施政計畫及其實施計畫，應依限送審計機關；變更時亦同。

(二) 審計法第 35 條第 2 項規定，前項分配預算，如與法定預算或有關法令不符者，審計機關應糾正之。

(三) 審計法施行細則第 22 條規定，各機關依審計法第 35 條規定應送審計機關之已核定分配預算、施政計畫及其實施計畫，其送達期限由該管審計機關定之。其不依期限送達者，審計機關應予催告，經催告後仍不編送

者，得依審計法第 17 條規定辦理，即通知各該機關長官處分之，並得由審計機關報請監察院依法處理。

二、行政院為提升政府施政效能、依法行政及展現廉政肅貪之決心，乃於民國 100 年 2 月 1 日提出健全內部控制實施方案，並陸續推出相關配套措施大力推動。請問我國現行之會計審計法規中，有哪些條文直接出現「內部控制」文字，其規定之內容為何？【104 年高考】

答案：

我國會計審計法規條文中直接出現「內部控制」文字者如下：

(一) 會計法有「內部審核」專章，其中並未出現「內部控制」之文字。但行政院主計總處所訂之內部審核處理準則第 2 條規定，所稱內部審核，指經由收支之控制、現金及其他財物處理程序之審核、會計事務之處理及工作成果之查核，以協助各機關發揮內部控制之功能。

(二) 審計法第 41 條規定（請按條文內容作答）。

(三) 審計法施行細則第 36 條規定，審計機關依審計法第 12 條、第 13 條之規定，派員赴各公營事業機關就地辦理審計事務或稽察其一切收支及財物時，除依審計法第 65 條、第 66 條及第 67 條規定辦理外，所應再注意之事項共十項，其中第 10 項為：「審度各機關內部控制之執行，應詳細考核其實施之有效程度。」

(四) 審計法施行細則第 42 條之 1 規定，審計機關依審計法第 59 條第 1 項規定，對於各機關採購之規劃、設計、招標、履約、驗收及其他相關作業之隨時稽察，得就採購全案或各該階段作業之全部或一部稽察之。審計機關辦理隨時稽察時，應注意之事項共七項，其中第 4 項為：「採購制度、法令及相關內部審核規章之建立情形。」第 5 項為：「內部控制實施之有效程度。」

三、請依審計法之規定，說明審計機關派員赴各機關就地辦理審計事務時，其審核範圍之決定、實施方式與審核結果之報核相關規定為何？
【112 年關務人員四等】

答案：

(一) 就地審計審核範圍之決定

　　審計法第 41 條規定（請按條文內容作答）。

(二) 就地審計之實施方式

　　審計法第 42 條規定（請按條文內容作答）。

(三) 就地審計審核結果之報核

　　審計法第 43 條規定（請按條文內容作答）。

※測驗題

一、高考、普考、薦任升等、三等及四等各類特考

(B)1. 各機關已核定之分配預算，如與法定預算或有關法令不符者，審計機關如何處理？(A)應通知有關機關處理(B)應糾正之(C)通知中央主計機關(D)通知該管機關查明，依法處理【108 年鐵特三級及退除役特考三等】

(A)2. 下列何者為經審計機關查核後，須詳予紀錄，以為核簽公庫支撥經費款項之書據、憑單或公庫支票，及審核各該機關財務收支暨決算之依據？(A)已核定分配預算(B)會計月報及結算表(C)分期實施計畫(D)收支估計表【111 年高考】

(B)3. 依現行審計法之規定，各機關或各種基金，應依規定編製會計報告連同下列何者，依限送該管審計機關審核？(A)相關會計檔案(B)相關資訊檔案(C)會計資訊檔案(D)原始憑證【109 年高考】

(C)4. 甲機關委託臺灣中小企業聯合輔導基金會辦理產業升級創新輔導計畫 300 萬元，依審計法規定，如將該計畫支用之原始憑證留存受委託團體保管，應通知何機關？(A)目的事業主管機關(B)該管主管機關(C)該管審計機關(D)該管最上級機關【112 年高考】

(B)5. 審計機關辦理賦稅捐費審計事務，係屬何種審計？(A)財務審計(B)公務審計(C)財物審計(D)公有事業審計【110 年鐵特三級及退除役特考三等】

(B)6. 下列有關公務審計之敘述，何者正確？(A)各機關已核定之分配預算，應依限送審計機關審核，審計機關如發現其與法定預算或有關法規不符，應給予修正(B)各機關或各種基金，應依會計法及會計制度之規

定，編製會計報告連同相關資訊檔案，依限送該管審計機關審核(C)審計機關對於公庫及各地區支付機構經管事務，應定期派員抽查(D)審計機關派員赴徵收機關辦理賦稅捐費審計，如發現有計算錯誤或違法情事，得通知該管機關追繳【109年地特三等】

(C)7. 下列有關審計之辦理的敘述，何者正確？(A)審計機關對於公庫及各地區支付機構經管事務，應派員駐審(B)各機關或各種基金，應依會計法及會計制度之規定，編製會計報告連同相關資訊檔案與憑證，依限送該管審計機關審核(C)審計機關派員赴徵收機關辦理賦稅捐費審計事務，如發現有計算錯誤或違法情事，得通知該管機關查明，依法處理(D)各機關之分配預算，應依限送審計機關審核，審計機關如發現其與法定預算或有關法令不符者，應修正之【107年鐵特三級】

(C)8. 審計機關辦理政府及其所屬機關財務審計事務，下列敘述何者錯誤？(A)連江縣政府及其所屬機關之財務審計係指定就近的基隆市審計室兼理之(B)審計機關對於審計上涉及特殊技術及監視、鑑定等事項，得諮詢其他機關、團體或專門技術人員(C)審計機關應定期派員赴各機關就地辦理審計事務(D)審計機關未派員赴各機關就地辦理審計事務，得通知各機關送審，並得派員抽查之【112年高考】

(D)9. 有關公務審計，下列敘述何者正確？(A)各機關已核定之分配預算，應依限送審計機關，修正時無須再送(B)審計機關派員赴各機關就地辦理審計事務，依事先擬訂查核計畫辦理，不必再評核其內部控制建立及執行之有效程度(C)審計人員依法獨立行使審計職權，不受干涉，其就地辦理各機關審計事務，無須由該管審計機關核定其審計結果(D)各機關於會計年度結束後，應編製年度決算送審計機關審核，審計機關應予審定，並發給審定書【112年地特三等】

(D)10.下列關於審計機關或審計人員執行公務審計之敘述，何者正確？(A)審計機關派員赴各機關就地辦理審計事務，得評核其相關內部控制建立及執行之有效程度，決定其審核之詳簡範圍(B)審計人員就地辦理各機關審計事務時，應通知該機關，將各項報表送審計人員查核(C)審計機關派員赴徵收機關辦理賦稅捐費審計事務，如發現有計算錯誤或違法情事，應通知該管機關查明，依法處理(D)審計人員就地辦理各機關審計事務，應將審核結果，報由該管審計機關核定之【110年高考】

(B)11. 有關審計機關辦理審計事務之敘述，下列何者錯誤？(A)審計機關派員赴徵收機關辦理賦稅捐費審計事務，如發現有計算錯誤或違法情事，得通知該管機關查明，依法處理(B)審計機關派員赴各機關就地辦理審計事務，應評核其相關預算遵循程度，決定其審核之詳簡範圍(C)審計人員就地辦理各機關審計事務時，該審計人員對該機關簿籍得隨時檢查，並與有關憑證及現金、財物等核對(D)審計人員就地辦理各機關審計事務，應將審核結果，報由該管審計機關核定之【107年地特三等】

(B)12. 有關公務審計之敘述，何者有誤？(A)審計機關派員赴徵收機關辦理賦稅捐費審計事務，如發現有計算錯誤或違法情事，得通知該管機關查明，依法處理(B)審計機關派員赴各機關就地辦理審計事務，應評核其相關內部控制建立及執行之有效程度，進而決定審核意見(C)審計人員就地辦理各機關審計事務，應將審核結果，報由該管審計機關核定之(D)各機關應送之會計報告，不依規定期限送審者，審計機關應予催告【110年地特三等】

二、初考、地特五等、經濟部所屬事業機構及台電公司新進僱員

(B)1. 依審計法規定，公務機關分配預算，如與法定預算或有關法令不符者，審計機關應如何處置？(A)彈劾(B)糾正(C)送懲戒法院(D)通知其上級機關長官【112年初考】

(D)2. 各機關已核定之分配預算，經審計機關發現與法定預算或有關法令不符者，審計機關應如何處理？(A)通知原編造機關重編(B)通知該機關上級機關修正(C)通知財政主管機關修正(D)通知原編造機關糾正之【108年經濟部事業機構】

(A)3. 審計機關對於各機關已核定之分配預算，如與法定預算或有關法令不符者，應依下列何種方式處理之？(A)糾正(B)處分(C)減列(D)剔除【109年初考】

(C)4. 各機關已核定之分配預算，如與法定預算或有關法令不符者，審計機關應如何處理？(A)修正之(B)稽察之(C)糾正之(D)依法處理【111年地特五等】

(B)5. 依審計法規定，若經濟部之分配預算與有關法令不符時，審計機關應如何？(A)通知改善(B)糾正(C)依法追訴(D)通知查明，依法處理【110年

地特五等】

(D)6. 各機關或各種基金，應依會計法及會計制度之規定，編製會計報告連同下列何者，依限送該管審計機關審核？(A)原始憑證(B)有關資料(C)施政計畫(D)相關資訊檔案【111 年地特五等】

(B)7. 依審計法第 36 條規定，各機關或各種基金應依會計法及會計制度之規定，將下列何者依限送該管審計機關審核？(A)會計報告連同原始憑證(B)會計報告連同相關資訊檔案(C)僅會計報告(D)原始憑證及有關資料【111 年經濟部事業機構】

(B)8. 依審計法規定，下列何種情況審計機關係以糾正方式為之？(A)公有營業盈虧撥補未依法定程序辦理(B)各機關已核定分配預算與法定預算不符者(C)徵收機關辦理賦稅捐費有計算錯誤者(D)各機關違背預算之不當支出【107 年地特五等】

(B)9. 審計機關對於公庫及各地區支付機構經管事務，應如何處理？(A)採書面審計(B)得隨時派員抽查(C)採委託審計(D)派員駐審【109 年經濟部事業機構】

(D)10. 下列有關審計辦理方式的敘述，何者正確？(A)審計機關應經常或臨時派員赴各機關就地辦理審計事務；其未就地辦理者，得隨時稽察之(B)審計機關對於各機關一切收支及財物，得通知其送審，並得派員抽查之(C)審計機關對於公庫及各地區支付機構經管事務，應隨時派員抽查(D)各機關應編製會計報告連同相關資訊檔案，依限送該管審計機關審核；審計機關並得通知其檢送原始憑證或有關資料【106 年地特五等】

(B)11. 下列有關審計結果之處理的敘述，何者錯誤？(A)審計機關或審計人員，對於各機關違背預算或有關法令之不當支出，得事前拒簽或事後剔除追繳之(B)審計機關處理審計案件，應將審計結果，分別發給查核通知或審核通知於被審核機關(C)審計機關派員赴徵收機關辦理賦稅捐費審計事務，如發現有計算錯誤或違法情事，得通知該管機關查明，依法處理(D)審計人員發覺各機關人員有財務上不法或不忠於職務上之行為，應報告該管審計機關，通知各該機關長官處分之，並得由審計機關報請監察院依法處理【106 年地特五等】

(C)12. 審計機關派員赴徵收機關辦理賦稅捐費審計事務，屬於何種審計之範圍？(A)公有事業審計(B)公有營業審計(C)公務審計(D)財物審計【108

年經濟部事業機構】

(D)13.審計機關派員赴各機關就地辦理審計事務,為決定其審核之詳簡範圍,應評核其何項事務?(A)分配預算之過程與考核(B)會計月報之正確性及達成率(C)風險分析文件及應對措施(D)內部控制建立及執行之有效程度【109年經濟部事業機構】

(C)14.審計機關派員赴各機關就地辦理審計事務,應評核其何項制度的建立及執行之有效程度,決定其審核之詳簡範圍?(A)相關的風險管理(B)相關的績效考核(C)相關的內部控制(D)相關的政府治理【106年初考】

(A)15.依審計法規定,審計機關派員赴各機關就地辦理審計事務,應評核其何種制度之有效程度,決定其審核之詳簡範圍?(A)內部控制之建立及執行(B)內部審計之建立及執行(C)內部治理之建立及執行(D)內部審核之建立及執行【107年地特五等】

(B)16.依規定,審計機關派員赴各機關就地辦理審計事務,應評核其相關內部控制建立及執行之有效程度,決定其審核之詳簡範圍。請問本規定適用哪一類審計工作?(A)僅公務審計及財物審計(B)公務審計、公有營業及公有事業審計、財物審計(C)僅公有營業及公有事業審計、財物審計(D)僅公務審計、公有營業及公有事業審計【109年地特五等】

(B)17.依審計法規定,下列有關對各機關內部控制與審計範圍之敘述,何者正確?(A)審計部進行書面審計,應評核該機關相關內部控制執行之有效程度,以決定其審核之詳簡範圍(B)審計部進行就地審計,應評核該機關相關內部控制建立及執行之有效程度,以決定其審核之詳簡範圍(C)審計部進行書面審計,應評核該機關相關內部控制建立及執行之有效程度,以決定其審核之詳簡範圍(D)審計部進行就地審計,應評核該機關相關內部控制執行之嚴謹程度,以決定其審核之詳簡範圍【107年初考】

(D)18.依審計法規定,審計機關派員赴各機關就地辦理審計事務,應評核何項內容,決定其審核之詳簡範圍?(A)年度預算金額大小(B)年度決算之執行率(C)機關組織編制(D)內部控制建立及執行之有效程度【109年地特五等】

(A)19.審計機關派員赴各機關就地辦理審計事務,應評核其相關內部控制建立及執行之有效程度,決定其審核之詳簡範圍。該項評核應適用於下列何

種審計工作？(A)公務審計、公有營業及公有事業審計、財物審計(B)公
務審計(C)財物審計(D)公有營業及公有事業審計【108 年地特五等】

(A)20. 審計法中關於就地審計之規定，下列敘述何者錯誤？(A)審計機關派員
赴各機關就地辦理審計事務，應評核其會計制度建立及執行之有效程
度，決定其審核之詳簡範圍(B)審計人員就地辦理各機關審計事務時，
得通知該機關，將各項報表送審計人員查核(C)就地辦理各機關審計事
務之審計人員，對該機關簿籍得隨時檢查，並與有關憑證及現金、財物
等核對(D)審計人員就地辦理各機關審計事務，應將審核結果，報由該
管審計機關核定之【110 年地特五等】

(A)21. 依審計法規定，下列有關公務機關辦理事後審計項目之敘述，何者錯
誤？(A)原始憑證均需送審計機關審核(B)年度決算均需送審計機關審核
(C)會計報告均需送審計機關審核(D)對各機關一切收支及財物，得隨時
稽察【109 年初考】

(D)22. 各機關於會計年度結束後，應編製年度決算，送何機關審核？經該機關
審定後，應發給何種文書？(A)審計機關、查核報告書(B)主計機關、核
准通知書(C)主計機關、審核通知書(D)審計機關、審定書【110 年初
考】

(B)23. 依審計法規定，各機關於會計年度結束後，應編製年度決算，送審計機
關審核；審計機關審定後，應發給各該機關何種文書？(A)核准通知(B)
審定書(C)審核報告(D)審核通知【111 年經濟部事業機構】

(B)24. 依審計法規定，審計機關審核各機關年度決算後應發給下列哪種文件？
(A)審核通知(B)審定書(C)核准通知(D)最終審定數額表【107 年初考】

(A)25. 依審計法規定，審計機關審定各機關年度決算後，應發給機關何項文
件？(A)審定書(B)審核通知(C)核准通知(D)最終審定數額表【110 年地
特五等】

(A)26. 審計機關審理審計案件，有關審計文書之敘述，正確者有幾項？①審計
機關審核各機關月份會計報告及收支憑證，審核結果相符者，填發審核
通知②審計機關審核各機關月份會計報告及收支憑證，審核結果如有不
符者，填發核准通知③各機關年度決算，應送審計機關審核，審計機關
審定後，應發給審定書④審計長於中央政府總決算送達三個月內完成審
核，提出查核報告於立法院(A)一項(B)二項(C)三項(D)四項【110 年初

考】

(B)27.依審計法規定，下列敘述何者正確？(A)審計機關派員赴各機關就地辦理審計事務，得審度其相關內部控制實施及執行之有效程度，決定其審核之詳簡範圍(B)審計機關對於公庫及各地區支付機構經管事務，得隨時派員抽查(C)各機關於會計年度結束後，應編製年度決算，送主計機關審核(D)各機關應送之會計報告，不依規定期限送審者，主計機關應予催告【108 年初考】

第三章　公有營業及公有事業審計

壹、公有營業及事業機關審計原則

一、審計法相關條文

第 48 條　公有營業及事業機關財務之審計，除依本法及有關法令規定辦
　　　　　理外，並得適用一般企業審計之原則。

第 54 條　公有營業及事業審計，並適用第四十一條至第四十三條、第四
　　　　　十五條及第四十六條之規定。

二、解析

(一)政府會計準則公報第 2 號至第 8 號規定，政府設置之特種基金收入
　　（或收益）、支出（或費損）、固定資產、長期股權投資與長期負債
　　等之會計處理及財務報表，營業基金及作業基金原則採用民營事業適
　　用之一般公認會計原則處理。可與審計法第 48 條規定，有關審計機關
　　對於公有營業及事業機關財務之審計，除依審計法及有關法令規定辦
　　理外，並得適用一般企業審計之原則，係互相對應。

(二)按照審計法第 54 條規定，有關審計機關對公有營業及事業機關審計，
　　適用其他相關條文之事項如下：

1. 審計機關派員赴各公有營業及事業機關就地辦理審計事務，應評核其
　　相關內部控制建立及執行之有效程度，決定其審核之詳簡範圍（即適
　　用審計法第 41 條）。

2. 審計人員就地辦理各公有營業及事業機關審計事務時，得通知該機
　　關，將各項報表送審計人員查核；該審計人員對其簿籍得隨時檢查，
　　並與有關憑證及現金、財物等核對（即適用審計法第 42 條）。

3. 審計人員就地辦理各公有營業及事業機關審計事務，應將審核結果，
　　報由該管審計機關核定之（即適用審計法第 43 條）。

4. 各公有營業及事業機關於會計年度結束後，應編製年度決算，送審計
　　機關審核；審計機關審定後，應發給審定書（即適用審計法第 45

條）。

5. 各公有營業及事業機關應送之會計報告，不依期限送審者，審計機關
應予催告；經催告後，仍不送審者，得依審計法第 17 條規定辦理（即
適用審計法第 46 條）。

貳、公有營業及公有事業機關之審計重點

一、審計法相關條文

(一)營業或事業計畫及預算、分期實施計畫、收支估計表及會計月報應送審計機關

第 49 條　公有營業及事業機關之營業或事業計畫及預算，暨分期實施計
畫、收支估計表、會計月報，應送審計機關。

(二)結算表及年度決算表應送審計機關審核

第 50 條　公有營業及事業機關應編製結算表、年度決算表，送審計機關
審核。

(三)盈虧以審計機關審定數為準

第 51 條　公有營業及事業之盈虧，以審計機關審定數為準。

(四)盈虧撥補不依法定程序辦理者，審計機關應予修正

第 52 條　公有營業及事業盈虧撥補，應依法定程序辦理；其不依規定
者，審計機關應修正之。

(五)固定資產重估價應將紀錄送審計機關審核

第 53 條　公有營業及事業機關，依照法令規定，為固定資產之重估價
時，應將有關紀錄，送審計機關審核。

二、解析

(一)預算法第 87 條規定，各編製營業基金預算之機關，應依其業務情形及
第 76 條之規定編造分期實施計畫及收支估計表，報由各該主管機關核

定執行，並轉送中央主計機關、審計機關及中央財政主管機關備查。與審計法第 49 條規定相對應。

(二)審計法施行細則第 34 條規定，審計機關對公有營業及公有事業機關，依審計法第 49 條規定，所送營業或事業計畫及預算、分期實施計畫、收支估計表，應詳為查核，如有錯誤或不當，應通知更正或重編，以為審核會計月報、結算表及年度決算之依據。

前項計畫及預算、分期實施計畫、收支估計表，其送達期限由該管審計機關定之。其不依期限送達者，審計機關應予催告，經催告後仍不編送者，得依審計法第 17 條規定辦理。

(三)審計法施行細則第 35 條規定，審計機關審核公有營業及公有事業機關，依審計法第 49 條與第 50 條規定編送之會計月報及結算表，應注意辦理下列事項：

1. 查核營業收支及盈虧預算執行情形，如實際數與預算數有重大差異，應追查其原因。

2. 考核主要產品實際產銷數量、單位成本、單位售價之變動情形，如與預算數發生重大差異或產銷量值不相配合，應追查其原因。

3. 分析資產、負債、業主權益之結構，及重要財務比率，如有異常或顯然衰退之趨勢，應追查其原因。

4. 審核各項收支計算，如發現遺漏、錯誤，應即查詢或通知更正。

5. 對於預算執行發生重大變動者應通知檢討改善，如發現不當情事或重大特殊問題，應派員深入調查迅速依法辦理。

(四)審計法施行細則第 36 條規定，審計機關依審計法第 12 條、第 13 條之規定，派員赴各公營事業機關就地辦理審計事務或稽察其一切收支及財務時，除依審計法第 65 條、第 66 條及第 67 條規定辦理外，並應注意下列事項：

1. 查證公營事業機關送審資料之正確性暨審核通知事項辦理情形及其改進成效。

2. 考核產銷（營運）計畫實施之成效，應注意產銷之配合及各項設備、人員之利用情形。

3. 查核營（事）業各項收支之內容，應注意違背預算或有關法令之不當支出，並分析預算數與實際數差異之原因。

4. 查核產品成本，應注意各種產品成本之計算，單位成本之分析，成本與售價之比較。

5. 查核資本支出預算之執行，應注意：

(1)計畫及法定預算數。

(2)支出之內容。

(3)預算之流用及保留。

(4)工程之進度。

(5)興建後之效能。

6. 查核長期債務之舉借與償還，應注意其與預算數差異之原因。

7. 查核各項轉投資，應注意法定預算及其效益。

8. 各項債權如有逾期或久懸，應查明：

(1)債權之性質及發生原因。

(2)債權之增減變動。

(3)債權之保全及催收處理。

(4)債權之轉銷程序。

(5)未盡善良管理人應有之注意或不法情事。

9. 查核原物料之採購、存儲、領用及呆廢料情形。

10. 審度各機關內部控制之執行，應詳細考核其實施之有效程度。

(五)審計法施行細則第 37 條規定，審計法第 52 條所稱法定程序，係指法定預算及預算法（應為第 85 條第 1 項第 6 款）規定盈餘分配及虧損填補之程序。

(六)審計法施行細則第 38 條規定，各機關依審計法第 53 條規定，所送固定資產重估價之有關資料，應經審計機關核備後始得列帳，其因特殊情形經審計機關同意先行列帳並計算折舊者，仍應於審計機關審核後調整之。

參、審計法第三章公有營業及公有事業審計自第 47 條至第 54 條所規定審計機關之審計重點

一、營業或事業計畫與預算、分期實施計畫及收支估計表之查核，並於審計法施行細則第 34 條補充規定於查核時應注意辦理事項。

二、會計月報及結算表（如半年結算報告）之審核，並於審計法施行細則第 35 條補充規定於審核時應注意辦理事項。

三、派員赴各公有營業與事業機關就地辦理審計事務或稽察其一切收支及財物，並於審計法施行細則第 36 條補充規定於查核時應注意事項。

四、固定資產重估價之審核。

五、各公有營業及事業機關年度決算之審定（含盈虧之審定）。

肆、作業及相關考題

※申論題

一、(一) 依審計法第 11 條之規定，說明審計機關處理重要審計案件，在審計部以何種會議決議行之？

(二) 依審計法第 47 條之規定，說明公有營業及事業機關應具備哪些條件？

(三) 依決算法第 27 條之規定，說明立法院對審核報告中，就哪些有關事項予以審議？【102 年地特三等】

答案：

(一) 審計法第 11 條規定，審計機關處理重要審計案件，在審計部係以「審計會議」之決議行之。

(二) 審計法第 47 條規定（請按條文內容作答）。

(三) 決算法第 27 條第 1 項規定，立法院對審核報告中有關預算之執行、政策之實施及特別事件之審核、救濟等事項，予以審議。

二、依會計法第 4 條規定，公營事業之會計事務係指公營事業機關之會計事務。依同法第 7 條規定，公營事業機關會計事務之類型，除營業歲計之會計事務、營業出納之會計事務及營業財物之會計事務外，尚應包括何者？前述會計法所稱之公營事業，大致與審計法所稱之何種組織相當？又依審計法第 47 條規定，上述組織除由政府獨資經營者外，尚應包括何者？此外依審計法第 48 條規定，該類組織應如何適用一般企業審計之原則？【111 年地特三等】

答案：

(一) 公營事業會計事務之種類

　　依會計法第 7 條規定，公營事業之會計事務，除營業歲計之會計事務、營業出納之會計事務及營業財物之會計事務外，尚應包括營業成本之會計事務，即計算營業之出品或勞務每單位所費成本之會計事務。

(二) 會計法所稱之公營事業與審計法相關規定之比較

　　會計法於 108 年 11 月修正時，將第 4 條、第 7 條及第 60 條等條文中之「公有事業機關」與「公有營業機關」用語，合併修正為「公營事業機關」，故修正後會計法第 4 條及第 7 條所稱之公營事業，與審計法第 47 條所稱之公有營業及事業機關相同。

(三) 公有營業及事業機關之範圍

　　審計法第 47 條規定，應經審計機關審核之公有營業及事業機關，除由政府獨資經營者外，尚包括下列兩種：

1. 政府與人民合資經營，政府資本超過百分之五十者。
2. 由公有營業及事業機關轉投資於其他事業，其轉投資之資本額超過該事業資本百分之五十者。

(四) 公有營業及事業機關適用之審計原則

　　審計法第 48 條規定，公有營業及事業機關財務之審計，除依審計法及有關法令規定辦理外，並得適用一般企業審計之原則。

三、為發展國家資本、促進經濟建設、便利人民生活為目的，政府乃設立公有營業及事業機關，亦即所謂的國營事業。這些國營事業必須依照企業方式經營，以事業養事業，以事業發展事業，並力求有盈無虧，增加國庫收入。請問：
　　(一)哪些國營事業應經審計機關審核？
　　(二)國營事業財務之審計原則為何？
　　(三)審計機關對國營事業執行審計之方式為何？【99 年高考】

答案：

(一) 應經審計機關審核之國營事業範圍

　　審計法第 47 條規定（請按條文內容作答）。

(二) 國營事業財務之審計原則

　　審計法第 48 條規定，國營事業財務之審計，除依審計法及有關法令規定辦理外，並得適用一般企業審計之原則。

(三) 審計機關對國營事業執行審計之方式

1. 營業或事業計畫及預算、分期實施計畫、收支估計表及會計月報等之查核

　　(1) 審計法第 49 條規定（請按條文內容作答）。

　　(2) 適用審計法第 46 條規定，各機關應送之會計報告，不依期限送審者，審計機關應予催告；經催告後，仍不送審者，得依審計法第 17 條規定辦理。即通知各該機關長官處分之，並得由審計機關報請監察院依法處理。

2. 結算表、年度決算表之審核及決算之審定

　　(1) 審計法第 50 條規定（請按條文內容作答）。

　　(2) 適用審計法第 45 條規定，各國營事業於會計年度結束後，應編製年度附屬單位決算，送審計機關審核；審計機關審定後，應發給審定書。

3. 盈虧之審定

　　審計法第 51 條規定（請按條文內容作答）。

4. 固定資產重估價之審核

　　審計法第 53 條規定（請按條文內容作答）。

5. 派員赴各機關就地辦理審計事務

　　審計法第 54 條規定，公有營業及事業審計，並適用下列規定：

　　(1) 審計機關派員就地辦理審計事務，應評核其相關內部控制建立及執行之有效程度，決定其審核之詳簡範圍（審計法第 41 條）。

　　(2) 審計人員就地辦理審計事務時，得通知該機關，將各項報表送審計人員查核；該審計人員對其簿籍得隨時檢查，並與有關憑證及現金、財物等核對（審計法第 42 條）。

　　(3) 審計人員就地辦理審計事務，應將審核結果，報由該管審計機關核定之（審計法第 43 條）。

6. 半年結算之查核

　　決算法第 26 條之 1 規定（請按條文內容作答）。

※測驗題

一、高考、普考、薦任升等、三等及四等各類特考

(C)1. 公有營業機關財務之審計，是否適用一般企業審計之原則？(A)應適用(B)不應適用(C)得適用(D)不得適用【107 年鐵特三級】

(B)2. 公有營業審計所適用之規定依序為：①一般企業審計原則②審計法③審計法施行細則④政府頒布之相關行政規則(A)①②③④(B)②③④①(C)②③①④(D)②④③①【106 年高考】

(B)3. 下列有關審計機關辦理公營事業審計的敘述，何者錯誤？(A)應經審計機關審核之公有營業及事業機關包括：政府與人民合資經營，政府資本超過 50%者(B)公有營業及事業機關財務之審計，得優先適用審計準則公報，然後再依審計法及有關法令規定辦理(C)公有營業及事業機關之營業或事業計畫及預算，暨分期實施計畫、收支估計表、會計月報，應送審計機關(D)公有營業及事業機關應編製結算表、年度決算表，送審計機關審核【109 年鐵特三級】

(C)4. 公有營業及事業之盈虧，以何者為準？(A)各該機關決算數(B)主管機關決算數(C)審計機關審定數(D)立法機關審定數【107 年高考】

(A)5. 有關公有營業及公有事業審計，下列敘述何者錯誤？(A)中國輸出入銀行為政府獨資經營，該銀行應經審計機關審核(B)高雄港區土地開發股份有限公司由中央與高雄市政府合資成立，不論股權比例為何，只要有一方將該公司送審計機關審核即可(C)公有營業及事業編製結算表、年度決算表，均應送審計機關審核(D)公有營業及事業之盈虧，必須以審計機關審定數為準【112 年地特三等】

(C)6. 下列有關公有營業及公有事業審計之敘述，何者正確？(A)政府與人民合資經營，政府資本占 50%，該事業應經審計機關審核(B)公有營業及事業財務之審計，優先適用一般企業審計之原則，若有不足時，再依審計法及有關法令規定辦理(C)公有營業及事業之營業或事業計畫及預算，暨分期實施計畫、收支估計表、會計月報，應送審計機關審核(D)公有營業及事業之盈虧，除課稅所得由稅捐徵收機關認定外，其餘均以審計機關審定數為準【109 年地特三等】

(D)7. 有關公有營業及事業機關之審計，下列敘述何者正確？①公有營業之盈虧，以審計機關審定數為準②公有事業機關之會計月報，應送審計機關

③公有事業機關財務之審計，得適用一般企業審計之原則④公有營業盈
虧撥補，未依法定程序辦理者，審計機關應修正之(A)①②(B)①③④
(C)②③④(D)①②③④【110 年鐵特三級及退除役特考三等】

(B)8. 有關公有營業及公有事業之審計，下列何者錯誤？(A)公有營業及事業
之盈虧，以審計機關審定數為準(B)公有營業及事業機關財務之審計，
不適用一般企業審計之原則(C)公有營業及事業機關應編製結算表、年
度決算表，送審計機關審核(D)公有營業及事業機關，為固定資產之重
估價時，應將有關紀錄，送審計機關審核【106 年鐵特三級及退除役特
考三等】

(A)9. 有關公有營業及公有事業審計之敘述，何者有誤？(A)公有營業及事業
機關財務之審計，應適用一般企業審計之原則(B)公有營業及事業之盈
虧，以審計機關審定數為準(C)公有營業及事業盈虧撥補，應依法定程
序辦理；其不依規定者，審計機關應修正之(D)公有營業及事業審計，
並適用審計法第四十一條至第四十三條、第四十五條及第四十六條之規
定【110 年地特三等】

(C)10. 有效風險管理與內部控制是政府及所屬機關良善治理的基礎，有關審計
機關與內部控制之敘述，下列何者錯誤？(A)審計機關派員赴各機關就
地辦理審計事務，應評核其相關內部控制建立及執行之有效程度(B)審
計機關評核各機關內部控制之主要目的係為決定其審核之詳簡範圍(C)
審計機關評核各機關內部控制之時機僅限於審計規劃階段，外勤階段及
報告階段如有重大異動，皆不能變更原決定之審核詳簡範圍(D)公營事
業審計亦應評核其相關內部控制建立及執行之有效程度以決定其審核之
詳簡範圍【112 年高考】

二、初考、地特五等、經濟部所屬事業機構及台電公司新進僱員

(B)1. 下列何種政府與人民合資經營事業，應經審計機關審核？(A)因為合資
經營事業有人民資本在內，不予審計(B)政府資本超過 50%(C)政府資本
超過 20%(D)只要有政府資本者一律審計【111 年初考】

(B)2. 有關政府與人民合資經營之事業，下列何者為應經審計機關審核之情
況？(A)政府出資超過百分之二十者(B)政府出資超過百分之五十者(C)
無論政府出資多寡(D)因為有民間股份，不須經審計機關審核【111 年

台電公司新進僱員】

(B)3. 審計機關對於下列何者之應行審計事務，得參照審計法之規定執行之？(A)特種公務機關(B)公私合營之事業(C)政府與人民合資經營，政府資本超過百分之五十者(D)公有營業機關轉投資於其他事業，其轉投資之資本額超過該事業資本百分之五十者【111年地特五等】

(D)4. 應經審計機關審核之公有營業及事業機關，不包括下列何者？(A)政府獨資經營者(B)政府與人民合資經營，政府資本超過 50%者(C)由(A)及(B)公有營業及事業機關轉投資於其他事業，其轉投資之資本額超過該事業資本50%者(D)行政法人【109年地特五等】

(D)5. 應經審計機關審核之公有營業及事業機關，下列何者非屬之？(A)政府獨資經營之公有營業機關轉投資之事業，轉投資資本額超過該事業資本額 50%者(B)政府與人民合資經營，政府資本超過 50%之公有事業機關(C)政府獨資經營之公有營業機關(D)政府捐助基金累計超過 50%之財團法人【110年經濟部事業機構】

(A)6. 下列何者並非審計法所定義之公有營業及事業機關？(A)中國鋼鐵股份有限公司(B)中華郵政股份有限公司(C)台灣電力股份有限公司(D)中央銀行【112年地特五等】

(A)7. 下列何種機關財務之審計得適用一般企業審計原則？(A)公有事業機關(B)稅捐機關(C)經管債券機關(D)公庫機關【112年經濟部事業機構】

(C)8. 下列何者非為公務審計事務要項？(A)徵收機關辦理賦稅捐費事務(B)已奉核定分配預算(C)分期實施計畫及收支估計表(D)公庫及各地區支付機構經管事務【112年地特五等】

(A)9. 分期實施計畫及收支估計表之查核係屬於下列何者？(A)公有營業及公有事業審計(B)內部審計(C)公務審計(D)財物審計【106年經濟部事業機構】

(C)10. 依審計法等規定，審計機關查核公有事業機關如期所送分期實施計畫及收支估計表，若發現有錯誤，下列處理方式何者正確？①通知查明②通知更正③催告④通知重編(A)①(B)③(C)②④(D)①②④【107年地特五等】

(C)11. 有關審計機關辦理書面審計事務之敘述，下列何者錯誤？(A)各機關已核定之分配預算，連同施政計畫及其實施計畫，應依限送審計機關(B)

公有營業及事業機關應編製結算表、年度決算表,送審計機關審核(C)審計機關應經常或臨時派員赴各機關就地辦理審計事務(D)各機關於會計年度結束後,應編製年度決算,送審計機關審核【111年地特五等】

(D)12.公有營業及事業機關應編製結算表、年度決算表,送下列何者審核?(A)主計機關(B)立法機關(C)司法機關(D)審計機關【110年初考】

(C)13.公有營業及事業之盈虧,應以下列何者之審定數為準?(A)會計師事務所(B)主計機關(C)審計機關(D)主管機關【109年經濟部事業機構】

(D)14.依審計法規定,公有營業及事業之盈虧,以下列何者為準?(A)主管機關查核彙編數(B)主計機關彙編數(C)審計機關審核通知修正數(D)審計機關審定數【108年初考】

(D)15.股票上市之國營事業盈虧,應以下列何者之審定數為主?(A)中央主計機關(B)證券期貨局(C)專業簽證會計師(D)審計部【106年初考】

(D)16.經濟部所屬之台灣電力股份有限公司盈虧,應以下列何機關之決定數為準?(A)行政院(B)經濟部(C)行政院主計總處(D)審計機關【111年初考】

(B)17.下列有關公有營業審計之敘述,何者正確?(A)應經審計機關審核之公有營業及事業機關包括政府與人民合資經營,政府資本在50%以上者(B)公有營業及事業機關財務之審計,除依審計法及有關法令規定辦理外,並得適用一般企業審計之原則(C)公有營業之營業計畫及預算,暨分期實施計畫、收支估計表、會計月報,得送審計機關(D)公有營業之盈虧,以審計機關會商主計機關後之審定數為準【107年初考】

(C)18.下列有關審定書的敘述,何者錯誤?(A)各機關於會計年度結束後,應編製年度決算,送審計機關審核;審計機關審定後,應發給審定書(B)審計機關因發現之前的審計案件有錯誤、遺漏、重複或詐偽證據,而為再審查,其結果如變更原決定者,其已發之審定書失其效力(C)公有營業及事業之盈虧,以審計機關與主計機關共同決定之審定數為準(D)審計機關所核發之審定書,應直接送達於各該機關【106年地特五等】

(C)19.假設某國營事業110年度自編決算稅前淨損新臺幣(下同)14億元,經其主管機關及行政院分別核定稅前淨損12億元及10億元,審計部最終審定稅前淨損13億元,則該國營事業110年度決算稅前淨損應為多少元?(A)10億元(B)12億元(C)13億元(D)14億元【111年經濟部事業

機構】

(B)20. 依審計法規定，公有營業及事業盈虧撥補，應依法定程序辦理，其未依規定者，審計機關應如何處理？(A)剔除繳庫(B)修正之(C)糾正之(D)通知依法處理【106年經濟部事業機構】

(A)21. 依現行審計法之規定，公有營業及事業盈虧撥補，應依法定程序辦理；其不依規定者，審計機關應予以：(A)修正(B)稽察(C)剔除(D)備查【109年初考】

(C)22. 公有營業及事業盈虧撥補，應依法定程序辦理；其不依規定者，審計機關應：(A)更正之(B)糾正之(C)修正之(D)剔除之【106年初考】

(C)23. 公有營業之盈虧撥補，未依法定程序辦理時，審計機關應如何處理？(A)糾正之(B)剔除之(C)修正之(D)提出改善意見【111年地特五等】

(C)24. 下列何者係屬公營事業機關審計事務？(A)政府發行債券或借款案件之備查(B)總決算及單位決算之審定(C)固定資產重估價有關紀錄之審核(D)審計徵收機關辦理賦稅捐費事務【108年地特五等】

(A)25. 下列何者非公有營業及公有事業審計應辦理之事項？(A)分配預算之審核(B)半年結算之查核(C)就地審計(D)固定資產重估價之審核【107年經濟部事業機構】

(A)26. 下列何者非屬審計法所規定公有營業及事業機關應送審計機關審核之項目？(A)年度分配預算(B)固定資產重估價之有關紀錄(C)年度決算表(D)分期實施計畫及收支估計表【110年台電公司新進僱員】

(A)27. 下列何者非屬審計法所規定公有營業及事業機關應送審計機關審核之項目？(A)年度分配預算(B)固定資產重估價之有關紀錄(C)年度決算表(D)結算表【112年經濟部事業機構】

(C)28. 依審計法等規定，各機關固定資產重估價之有關資料，應先經審計機關何項程序，始得列帳？(A)核定(B)備查(C)核備(D)免送審計機關【107年地特五等】

第四章　財物審計

壹、各機關現金、票據、證券與其他一切財物等之管理及運用之審核

一、審計法相關條文

(一)審計機關得調查各機關各種財物之管理及運用狀況

第 55 條　審計機關對於各機關之現金、票據、證券及其他一切財物之管理、運用及其有關事項，得調查之；認為不當者，得隨時提出意見於各該機關。

(二)各機關應編製所經管各種財物之會計報告送審計機關審核

第 56 條　各機關對於所經管之不動產、物品或其他財產之增減、保管、移轉、處理等事務，應按會計法及其他有關法令之規定，編製有關財物會計報告，依限送審計機關審核；審計機關並得派員查核。

(三)債券抽籤還本及銷燬時應通知審計機關

第 61 條　經管債券機關，於債券抽籤還本及銷燬時，應通知審計機關。

二、解析

(一)依行政院所訂財物標準分類，財物係指財產與物品，財產包括供使用土地、土地改良物、房屋建築及設備、暨金額 1 萬元以上且使用年限在 2 年以上之機械及設備、交通及運輸設備、什項設備，惟圖書館典藏之分類圖書仍依有關規定辦理（按依主計總處所訂「各類歲入、歲出經常、資本門劃分標準」，各級學校圖書館與教學機關為典藏用之圖書報章雜誌等購置支出及其他機關購置圖書設備之支出，係屬於歲出資本門）；物品則為不屬於前述財產之設備、用具，包括非消耗品及消耗用品。

(二)公庫法第 2 條規定,公庫經管政府現金、票據、證券及其他財物。中央政府之公庫稱國庫,以財政部為主管機關,下設國庫署負責辦理國庫收支及管理有關事項,並依公庫法第 3 條與第 8 條規定,委託中央銀行代理中央政府有關現金、票據、證券之出納、保管、移轉及財產契據等之保管事務,又設置國庫存款戶集中管理。除各單位會計機關應按照國有財產產籍管理作業要點規定,按月編製國有財產增減表,並於年度終了依國有財產法第 67 條規定,編製公用財產目錄及財產增減表,併同會計月報、年度會計報告送上級主管機關、財政部、主計總處及審計部外,財政部並應按照決算法第 17 條規定,於年度結束後 25 日內(即 3 月 25 日前)編報國庫年度出納終結報告,分送中央主計機關及審計機關查核。又財政部國有財產署尚應按月、按季、按年編製國有財產會計報告及國有非公用財產會計報告,報送財政部、審計部及主計總處。

(三)審計法施行細則相關規定

1. 細則第 39 條規定,審計機關派員調查或查核審計法第 55 條、第 56 條所列事項,對於產權憑證,庫存財物之實地盤查,得會同被查機關人員作成盤查紀錄並簽證之。必要時,並得依審計法施行細則第 9 條、第 10 條規定辦理。

2. 細則第 69 條規定,經管債券機關,於債券抽籤還本及銷燬時,應造冊通知審計機關,必要時,審計機關得派員監視辦理。

貳、各機關一定金額以上財物報廢之查核及會計憑證、簿籍、報表等銷燬之審核

一、審計法相關條文

第 57 條　各機關對於所經管之財物,依照規定使用年限,已達報廢程度時,必須報廢,其在一定金額以上者,應報審計機關查核;在一定金額以上不能利用之廢品,及已屆保管年限之會計憑證、簿籍、報表等,依照法令規定可予銷燬時,應徵得審計機關同意後為之。

二、解析

(一)依行政院所訂「各機關財物報廢分級核定金額表」規定,一定金額定
　　為 3,000 萬元,至於財產與物品之分類原則及使用年限,則按照行政院
　　訂頒財物標準分類及相關規定。其中對於超過使用年限必須報廢案
　　件,未達一定金額 50%(即未達 1,500 萬元)者,由經管機關核定;
　　50%以上但未達 100%(即 1,500 萬元以上但未達 3,000 萬元)者,由
　　經管機關擬辦,主管機關核定;100%以上(即在 3,000 萬元以上)
　　者,由經管機關擬辦,主管機關核定及由審計機關審核。又未達使用
　　年限必須報廢案件,不分金額,均應由經管機關擬辦,主管機關核定
　　及由審計機關審核,但每件未達一定金額三十分之一(即未達 100 萬
　　元)者之財產或物品之報廢案件,得於半年內以彙案批次方式辦理。
　　但本項分級核定金額表,不適用因遺失、毀損或其他意外事故而致損
　　失之報損報毀案件。即此類因遺失、毀損或其他意外事故導致損失之
　　報損報毀而不適用分級核定金額表之案件,無論其價值金額多寡,均
　　應另依審計法第 58 條及其施行細則第 41 條規定辦理(即應檢同有關
　　證件,報審計機關審核)。

(二)審計法施行細則第 40 條規定,審計法第 57 條所稱經管財物之使用年
　　限,依固定資產耐用年數表規定,所稱一定金額,應由行政院訂定並
　　徵得審計部之同意,凡未達耐用年限之報廢案件,應敘明事實與理
　　由,報經其主管機關核定轉送該管審計機關審核。凡在一定金額以上
　　不能利用之廢品,及已屆滿保存期限之會計憑證、簿籍、報表等(按
　　其保存期限係於會計法第 83 條及第 84 條規定),各機關於處理或聲
　　請銷燬時,應造具清冊報經該管審計機關同意後為之。

參、各機關經管現金、票據、證券、財物或其他資產如有遺失、毀損之審核

一、審計法相關條文

第 58 條　各機關經管現金、票據、證券、財物或其他資產,如有遺失、
　　　　　毀損,或因其他意外事故而致損失者,應檢同有關證件,報審
　　　　　計機關審核。

二、解析

　　審計法施行細則第 41 條補充規定，審計法第 58 條所稱其他資產，係指政府或各機關所有之債權及其他財產上之權利。各機關遇有審計法第 58 條所列損失情事，應即檢同有關證件報該管審計機關審核。其情節重大者，並應報經主管機關核轉，審計機關認為必要時，得派員調查之。前項所稱有關證件，係指司法、警憲、公證、檢驗、商會等機關、團體之證明文件、鑑定報告、人證筆錄、現場照片、其他物證以及依事實經過取具之合適證明與經管人員所應負職責之說明。

肆、各機關採購之稽察與營繕工程及定製財物之查核

一、審計法相關條文

第 59 條　審計機關對於各機關採購之規劃、設計、招標、履約、驗收及其他相關作業，得隨時稽察之；發現有不合法定程序，或與契約、章則不符，或有不當者，應通知有關機關處理。

　　　　各機關對於審計機關之稽察，應提供有關資料。

第 60 條　各機關營繕工程及定製財物，其價格之議訂，係根據特定條件，按所需實際成本加利潤計算者，應於合約內訂明；審計機關得派員就承攬廠商實際成本之有關帳目，加以查核，並將結果通知主辦機關。

二、解析

(一)原依審計法第 59 條規定訂定之機關營繕工程及購置定製變賣財物稽察條例，因政府採購法於 87 年 5 月 27 日公布施行，其中第 109 條規定，機關辦理採購，審計機關得隨時稽察之。並配合於 87 年 11 月 11 日修正審計法第 59 條及第 82 條，爰在 88 年 6 月 2 日廢止上項稽察條例，即審計機關對各機關採購之監督方式，由事前稽察改為隨時稽察，以主動取代被動。

(二)審計法施行細則相關規定

1.細則第 42 條之 1 規定，審計機關依審計法第 59 條第 1 項規定，對於各機關採購之規劃、設計、招標、履約、驗收及其他相關作業之隨時

稽察，得就採購全案或各該階段作業之全部或一部稽察之。審計機關辦理隨時稽察時，應注意下列事項：

(1)採購是否依照預算程序辦理。

(2)採購有無依照法定程序及契約、章則規定辦理。

(3)採購之執行績效。

(4)採購制度、法令及相關內部審核規章之建立情形。

(5)內部控制實施之有效程度。

(6)政府採購主管機關及相關機關之監督考核情形。

(7)其他與採購有關事項。

2. 細則第 42 條之 2 規定，審計機關對於各機關採購之執行情形及各相關機關之監督考核情形，得通知其提供有關資料；遇有疑問，各該機關並應為詳實之答復。

3. 細則第 42 條之 3 規定，各機關向政府採購主管機關提報巨額採購之使用情形及其效益分析，與該主管機關派員查核及對已完成之重大採購事件所作效益評估等資料，應送該管審計機關。

4. 細則第 42 條之 4 規定，審計機關對於各機關未依審計法施行細則第 42 條之 2 及第 42 條之 3 規定，提供資料，或為詳實之答復者，依審計法第 14 條第 2 項規定辦理（即通知各該機關長官予以處分，或呈請監察院核辦）。

5. 細則第 42 條之 5 規定，審計機關稽察各機關採購，發現有不合法定程序，或與契約、章則不符，或有不當者，得依審計法第 22 條至第 25 條及審計法施行細則第 14 條、第 15 條規定程序辦理。

(三)行政院公共工程委員會依政府採購法第 36 條第 4 項訂定之「投標廠商資格與特殊或巨額採購認定標準」第 8 條規定，工程採購在 2 億元以上、財物採購在 1 億元以上及勞務採購在 2,000 萬元以上者為巨額採購。另工程採購在 5,000 萬元以上、財物採購在 5,000 萬元以上及勞務採購在 1,000 萬元以上者為查核金額；工程、財物及勞務採購在 150 萬元以上者為公告金額；工程、財物及勞務採購在 15 萬元以下者為小額採購。

伍、審計法第四章財物審計自第 55 條至第 61 條所規定審計機關之審計重點

一、各機關現金、票據、證券與其他一切財物之管理、運用及其有關事項之查核。

二、對於各機關一定金額以上財物報廢、不能利用之廢品及已屆保管年限之會計憑證、簿籍、報表等銷燬案件之查核。

三、各機關經管現金、票據、證券、財物及其他資產等，如有遺失、毀損或因其他意外事故而致損失者之審核。

四、各機關採購之規劃、設計、招標、履約、驗收及其他相關作業之隨時稽察。並於審計法施行細則第 42 條之 1 補充規定於稽察時應注意事項。

五、各機關營繕工程及定製財物之價格，係按照所需實際成本加利潤計算者，其承攬廠商實際成本有關帳目之查核。

六、債券抽籤還本及銷燬案件之查核，必要時得派員監視辦理。

陸、作業及相關考題

※申論題

一、審計法第一章明定通則，第三章明定公有營業及公有事業審計，以及第四章明定財物審計；試依上述規定回答下列問題

(一)目前哪些縣、市尚未設審計機關？

(二)甲國營事業 105 年度自編決算本期純益 8 億元，行政院會議通過決算本期純益 10 億元，審計部審定本期純益 9 億元，則甲國營事業 105 年度決算本期純益應為多少元？

(三)各機關對於所經管之財物，已達報廢程度時，必須報廢，其在一定金額以上者，應報審計機關查核，試問該一定金額目前訂為多少元？由何機關核定？【106 年地特三等】

答案：

(一) 福建省連江縣未設審計室，目前係由基隆市審計室兼辦。

(二) 審計法第 51 條規定，公有營業及事業之盈虧，以審計機關審定數為準。

故甲國營事業 105 年度決算本期純益應為 9 億元。

(三) 審計法施行細則第 40 條第 1 項規定，審計法第 57 條所稱經管財物之使用年限，依固定資產耐用年數表規定，所稱一定金額，應由行政院訂定並徵得審計部之同意，凡未達耐用年限之報廢案件，應敘明事實與理由，報經其主管機關核定轉送該管審計機關審核。又按照行政院所訂「各機關財物報廢分級核定金額表」，一定金額訂為新臺幣 3,000 萬元，以上之一定金額係由行政院訂定並徵得審計部之同意。

二、某單位管有之市場，因天災毀損，經申請中央補助經費辦理重建工程；嗣於該工程規劃及前置作業均未完備，及未依縣政府審核意見修正及取得建造執照前，即辦理工程招標，導致施工不順工程延宕，……又該單位因該市場停車場規劃錯誤，原為取得建物使用執照增建之油壓直接升降式機械停車設備，尚未辦理財產登記及報經審計機關同意即逕自拆除變賣，肇致公帑損失及發生停車空間不足等情事，核有違失。請問：各機關對於所經管之財物，依照規定使用年限，已達報廢程度時，必須報廢，與各機關經管現金、票據、證券、財物或其他資產，如有遺失、毀損，或因其他意外事故而致損失者等，應如何處理？請依審計法第 57 條、第 58 條之規定說明。【106 年薦任升等】

答案：

(一) 對於各機關財物報廢之查核

1. 審計法第 57 條規定（請按條文內容作答）。

2. 依行政院所訂「各機關財物報廢分級核定金額表」，一定金額定為 3,000 萬元，至於財產與物品之分類原則及使用年限，則按照行政院訂頒財物標準分類及相關規定。其中對於超過使用年限必須報廢案件，未達一定金額 50%（即未達 1,500 萬元）者，由經管機關核定；50% 以上但未達 100%（即 1,500 萬元以上但未達 3,000 萬元）者，由經管機關擬辦，主管機關核定；100% 以上（即在 3,000 萬元以上）者，由經管機關擬辦，主管機關核定及由審計機關審核。又未達使用年限必須報廢案件，不分金額，均應由經管機關擬辦，主管機關核定及由審計機關審核，但每件未達一定金額三十分之一（即未達 100 萬元）者之財產或物品之報廢案

件，得於半年內以彙案批次方式辦理。但本項分級核定金額表，不適用
因遺失、毀損或其他意外事故而致損失之報損報毀案件。

(二) 各機關經管現金、票據、證券、財物或其他資產如有遺失、毀損之審核
　　1. 審計法第58條規定（請按條文內容作答）。
　　2. 審計法第72條規定（請按條文內容作答）。
　　3. 審計法施行細則第41條規定（請按條文內容作答）。

三、某一機關所經管之防砂壩、堆砂籬與林道等建物，近年來因自然災害
　　頻發多有毀損，於同一地點再辦理重建、加強等工程，惟未依規定通
　　報財產管理單位辦理財產減損，故導致建物帳面價值增加，卻查無實
　　物之情況。請問：依審計法第 58 條與審計法施行細則第 41 條之規
　　定，各機關經管之現金……財物或其他資產等，如有遺失、毀損，或
　　因其他意外事故而致損失時，應如何處理？【105年鐵特三級】

答案：
　　審計法及其施行細則中，對於各機關經管現金、票據、證券、財物或其
他資產如有遺失、毀損等之審核規定如下：
(一) 審計法第58條規定（請按條文內容作答）。
(二) 審計法施行細則第41條規定（請按條文內容作答）。
(三) 審計法第72條規定（請按條文內容作答）。

※測驗題
一、高考、普考、薦任升等、三等及四等各類特考
(A)1. 審計機關對於各機關之現金、票據、證券及其他一切財物之管理、運用
　　及其有關事項，得調查之；認為不當者，應如何處理？(A)得隨時提出
　　意見於各該機關(B)得隨時通知中央主計機關(C)得隨時提取全部或一部
　　(D)得隨時封鎖【109年高考】
(A)2. 各機關對於所經管之財物，依照規定使用年限，已達報廢程度時，必須
　　報廢，其在一定金額以上者，應報審計機關查核。其一定金額目前規定
　　為何？(A)3,000萬元(B)1,500萬元(C)300萬元(D)150萬元【112年薦任
　　升等】
(C)3. 有關財物審計之敘述，下列何者錯誤？(A)審計機關對於各機關一切財

物之管理、運用，得調查之，認為不當者，得隨時提出意見於各該機關(B)各機關對於所經管之不動產應依法編製會計報表，依限送審計機關審核(C)各機關對於所經管之財物，依照規定使用年限，已達報廢程度，必須報廢，均應報審計機關查核(D)各機關經管現金如有遺失，應檢同有關證件，報審計機關審核【107年高考】

(A)4. 下列有關財物審計之敘述，何者錯誤？(A)審計機關對於各機關之現金管理及運用，得調查之，認為不當者，得隨時提出意見於各該主管機關(B)各機關對於所經管之不動產的增減及保管等事務，應按會計法及其他有關法令之規定，編製有關財物會計報告，依限送審計機關審核(C)各機關對於所經管之財物，依照規定使用年限，已達報廢程度時，必須報廢，其在一定金額以上者，應報審計機關查核(D)各機關經管票據，如有遺失、毀損，或因其他意外事故而致損失者，應檢同有關證件，報審計機關審核【109年鐵特三級】

(C)5. 各機關經管現金、票據、證券、財物或其他資產，如有遺失、毀損，或其他意外事故而致損失者，應如何處理？(A)簽報各機關首長後，以損失列帳(B)應移送法院(C)應檢同有關證件，報審計機關審核(D)應通知審計機關【108年鐵特三級及退除役特考三等】

(A)6. 審計機關辦理採購相關作業之隨時稽察時，依審計法施行細則規定，下列應注意事項之敘述何者錯誤？(A)採購制度、法令及相關內部控制之建立情形(B)採購之執行績效(C)採購是否依照預算程序辦理(D)政府主管機關及相關機關之監督考核情形【108年薦任升等】

(D)7. 有關財物審計包括下列哪些？①審計機關得調查各機關之現金、票據、證券及其他一切財物之管理、運用及其有關事項②審計機關得派員查核各機關所經管之不動產、物品或其他財產之增減、保管、移轉、處理等事務③審計機關應定期稽察各機關採購之規劃、設計、招標、履約、驗收及其他相關作業④審計機關應查核各機關對於所經管之財物之報廢，無論金額高低(A)①②③④(B)②③④(C)③④(D)①②【110年地特三等】

(D)8. 有關財物審計之敘述，下列何者正確？(A)基於外部審計與內部審核工作不重複原則，審計機關不應調查各機關之現金、票據、證券及其他一切財物之管理、運用及其有關事項(B)審計機關應定期稽察各機關採購

之規劃、設計、招標、履約、驗收及其他相關作業(C)定期稽察發現有不合法定程序，或與契約、章則不符，或有不當者，應移送法院辦理，並報告於監察院(D)各機關經管現金、票據、證券、財物或其他資產，如有遺失、毀損，或因其他意外事故而致損失者，應檢同有關證件，報審計機關審核【112 年高考】

(B)9. 各機關營繕工程，其價格係按所需實際成本加利潤計算者，審計機關得如何查核，且其結果要通知何機關？(A)派員就承攬廠商標準成本之有關帳目查核，並將結果通知主辦機關(B)派員就承攬廠商實際成本之有關帳目查核，並將結果通知主辦機關(C)派員就承攬廠商標準成本之有關帳目查核，並將結果通知中央主管機關(D)派員就承攬廠商實際成本之有關帳目查核，並將結果通知中央主管機關【109 年高考】

(A)10. 審計機關辦理財物審計事務，下列敘述何者錯誤？(A)審計機關對於各機關之現金、票據、證券及其他一切財物之管理、運用及其有關事項，應調查之；認為不當者，得隨時提出意見於各該機關(B)審計機關對於各機關採購之規劃、設計、招標、履約、驗收及其他相關作業，得隨時稽察之；發現有不合法定程序，或與契約、章則不符，或有不當者，應通知有關機關處理(C)各機關對於審計機關之稽察，應提供有關資料(D)審計機關得派員就承攬廠商實際成本之有關帳目，加以查核，並將結果通知主辦機關【110 年高考】

(B)11. 各機關營繕工程及定製財物，其價格之議訂，係根據特定條件，按所需實際成本加利潤計算者，審計機關有何審計權限？(A)得派員就各機關實際成本之有關帳目加以查核(B)得派員就承攬廠商實際成本之有關帳目加以查核(C)得要求承攬廠商實際成本之有關帳目送主計機關審核(D)得要求承攬廠商實際成本之有關帳目送審計機關審核【106 年薦任升等】

(B)12. 經管債券機關，於債券抽籤還本及銷燬時，應通知下列何者？①主計機關②審計機關③監察機關(A)①(B)②(C)①②(D)①②③【111 年地特三等】

二、初考、地特五等、經濟部所屬事業機構及台電公司新進僱員

(D)1. 審計機關對於各機關之現金、票據、證券及其他一切財物之管理、運用及其有關事項，得調查之；認為不當者，應如何處理？(A)糾正各機關(B)各機關應負損害賠償之責(C)通知其上級機關長官限期改正(D)得隨時提出意見於各該機關【112 年台電公司新進僱員】

(D)2. 依審計法規定，各機關對於所經管之不動產、物品或其他財產之增減、保管、移轉、處理等事務，應按下列何項法律及其他有關法令之規定，編製有關財物會計報告，依限送審計機關審核？(A)審計法(B)預算法(C)決算法(D)會計法【108 年初考】

(D)3. 各機關對於所經管之財物，依照規定使用年限，已達報廢程度時，必須報廢，其在一定金額以上者，應報何者查核？(A)上級機關長官(B)財政主管機關(C)主計機關(D)審計機關【106 年初考】

(A)4. 依審計法規定及實務運作情形，中央各機關經管財物已達使用年限申請報廢時，在一定金額以上應報請何者查核？(A)審計部(B)財政部(C)行政院(D)行政院主計總處【107 年經濟部事業機構】

(B)5. 各機關對於所經管之財物，依照規定使用年限，已達報廢程度必須報廢，應如何處理？(A)經審計機關同意後逕予銷毀(B)經管之財物在一定金額以上者，應報審計機關查核(C)經管之財物在一定金額以上，不能利用之廢品，應徵得上級機關同意(D)由機關逕行報廢【111 年地特五等】

(A)6. 下列有關財物審計之敘述，何者正確？(A)審計機關對各機關之現金、票據、證券等財物之管理、運用，得調查之；認為不當者，得隨時提出意見於各該機關(B)各機關對所經管之不動產、物品等之增減、保管、移轉、處理等事務，應按審計法及有關法令編製財物會計報告，依限送審計機關審核(C)各機關對於所經管之財物，如已依照規定使用年限使用，且已達報廢程度時，必須報廢，其可自行辦理報廢(D)不能利用之廢品，及未屆保管年限之會計憑證、簿籍、報表銷燬時，應徵得審計機關同意後為之【107 年初考】

(D)7. 有關財物審計之敘述，下列何者錯誤？(A)審計機關對於各機關之現金、票據、證券及其他一切財物之管理、運用及其有關事項，得調查之(B)各機關對於所經管之不動產、物品或其他財產之增減、保管、移

轉、處理等事務,應按會計法及其他有關法令之規定,編製有關財物會計報告,依限送審計機關審核(C)各機關對於所經管之財物,依照規定使用年限,已達報廢程度時,必須報廢,其在一定金額以上者,應報審計機關查核(D)各機關對於所經管之財物在一定金額以上不能利用之廢品,及已屆保管年限之會計憑證、簿籍、報表等,依照法令規定可予銷燬時,應徵得中央主計機關同意後為之【109 年地特五等】

(A)8. 各機關對所經管之財物已達報廢程度而欲報廢時,若在一定金額以上應報審計機關查核,而該一定金額由下列何機關訂定?(A)行政院(B)行政院主計總處(C)行政院公共工程委員會(D)審計部【110 年初考】

(B)9. 各機關對於所經管之財物已達報廢程度而欲報廢時,其在一定金額以上應報審計機關查核,而該一定金額由下列何機關訂定?(A)行政院主計總處(B)行政院(C)財政部(D)審計部【112 年經濟部事業機構】

(C)10. 依審計法相關規定,各機關對於所經管之財物,依照規定使用年限,已達報廢程度時,必須報廢,其在一定金額以上者,應報審計機關查核。下列何者為該金額之決定方式?(A)由審計部核定(B)由行政院核定(C)由行政院訂定並徵得審計部同意(D)由該管上級機關訂定並徵得行政院同意【111 年台電公司新進僱員】

(B)11. 各機關經管財物或其他資產,如有其他意外事故而致損失者,應如何處理?(A)應由簽證該項支出人員負損害賠償責任(B)應檢同有關證件,報審計機關審核(C)應即移送法院強制執行(D)應由各該機關核定以呆帳損失列帳【110 年台電公司新進僱員】

(D)12. 機關經管現金、票據、證券、財物或其他資產,如有因其他意外事故而致損失者,應如何處理?(A)應由保管該項支出之人員,負損害賠償責任(B)由該機關核定以損失列帳(C)應即移送法院強制執行(D)應檢同有關證件,報審計機關審核【110 年初考】

(B)13. 依審計法等規定,中央政府所屬各機關遇有財物或其他資產之毀損,且情節重大者,應由何機關報審計機關審核?(A)行政院(B)其主管機關(C)行政院主計總處(D)各該機關【107 年地特五等】

(A)14. 各機關經管現金、票據,如有遺失、毀損而致損失,且情節重大者,應檢同有關證件,報經下列何者核轉該管審計機關審核?(A)主管機關(B)該管最上級機關(C)上級主計機關(D)行政院【111 年地特五等】

(D)15.審計機關對於各機關採購之規劃、設計、招標、履約、驗收及其他相關
作業，於何時稽察？(A)只能在規劃、設計作業時稽察(B)只能於招標、
履約作業時稽察(C)只能於招標、驗收作業時稽察(D)得隨時稽察【106
年初考】

(B)16.審計機關對於各機關採購相關作業，辦理隨時稽察時之應注意事項，下
列敘述何者錯誤？(A)採購有無依照法定程序及契約、章則規定辦理
(B)採購制度、法令及相關審計規章之建立情形(C)內部控制實施之有效
程度(D)採購之執行績效【110年地特五等】

(C)17.審計機關對於各機關採購相關作業辦理隨時稽察時，下列何者非屬其應
注意事項？(A)內部控制實施之有效程度(B)採購有無依照法定程序及契
約、章則規定辦理(C)應付款項之查證核對(D)採購之執行績效【112 年
經濟部事業機構】

(B)18.立法院要求審計部查核某部會以公帑收購大量農產品卻疑似被丟棄情
事，下列敘述何者錯誤？(A)審計機關對於各機關之現金、票據、證券
及其他一切財物之管理、運用及其有關事項，得調查之(B)各機關經管
現金、票據、證券、財物或其他資產，如有遺失、毀損，或因其他意外
事故而致損失者，應檢同有關證件，報主計機關審核(C)經審計機關查
明各機關經管現金、票據、證券、財物或其他資產未盡善良管理人應有
之注意時，該機關長官及主管人員應負損害賠償之責(D)審計機關對於
各機關採購之規劃、設計、招標、履約、驗收及其他相關作業，得隨時
稽察之；發現有不合法定程序，或與契約、章則不符，或有不當者，應
通知有關機關處理【108年地特五等】

(C)19.審計機關辦理審計事務，除為合法性之審計外，並應注重效能性之審
計；審計結果如有發現不合規定、或未盡職責及效能過低之情事時，依
審計法規定之處理程序及方法，下列何者錯誤？(A)各機關已核定之分
配預算，連同施政計畫及其實施計畫，應依限送審計機關；變更時亦同
(B)對於各機關之現金、票據、證券等財物之管理、運用及其有關事
項，得調查之；認為不當者，得隨時提出意見於各該機關(C)辦理賦稅
捐費審計事務，如發現有計算錯誤或違法情事，應通知機關予以修正
(D)對於各機關採購之相關作業，得隨時稽察之；發現有不合法定程
序，或與契約、章則不符，或有不當者，應通知有關機關處理【109 年

初考】

(D)20.經管債券機關，於債券抽籤還本及銷燬時，應造冊通知審計機關，必要時，下列何者得派員監視辦理？(A)中央主計機關(B)中央銀行(C)中央財政主管機關(D)審計機關【110年地特五等】

第五章　考核財務效能

壹、公務機關財務效能之考核

一、審計法相關條文

(一)各主管機關應將按月或分期逐級考核所屬各機關資料通知審計機關

第 62 條　各主管機關應將逐級考核各機關按月或分期實施計畫之完成進度、收入，與經費之實際收支狀況，隨時通知審計機關。

(二)公務機關編造會計報告及年度決算時應附送績效報告於審計機關

第 63 條　公務機關編送會計報告及年度決算時，應就計畫及預算執行情形，附送績效報告於審計機關；其有工作衡量單位者，應附送成本分析之報告，並說明之。

(三)審計機關辦理公務機關審計事務應注意事項

第 65 條　審計機關辦理公務機關審計事務，應注意左列事項：
一、業務、財務、會計、事務之處理程序及其有關法令。
二、各項計畫實施進度、收支預算執行經過及其績效。
三、財產運用有效程度及現金、財物之盤查。
四、應收、應付帳款及其他資產、負債之查證核對。
五、以上各款應行改進事項。

二、解析

(一)各機關分配預算之內容包括歲入預算分配表、歲出預算分配表，並按每一工作計畫（無工作計畫者填至業務計畫）填列一份「歲出分配預算與計畫配合表」。又行政院所訂各機關單位預算執行要點第 3 點規定，各機關應依歲入、歲出分配預算及計畫進度切實嚴格執行，並適時以成果或產出達成情形，辦理計畫及預算執行績效評核作業，以作

為考核施政成效，及核列以後年度預算之參據。第 43 點規定，中央政府各機關應按月填製「中央政府總預算歲入歲出執行狀況月報表」，送主管機關審核彙編後送主計總處、審計部及財政部，各機關尚應就 5,000 萬元以上資本支出計畫及各項列管計畫，按期辦理實際進度與預定進度之差異分析，並編製「重大計畫預算執行績效分析表」，併同每季會計報告遞送。以上各項文件以及各單位會計機關按月編送之會計月報、年度終了後編製之年度會計報告（係區分為預算執行報表與會計報表兩大類，以及附必要之參考表件）等，均可作為審計機關考核各公務機關財務效能之重要參據。

(二)審計法施行細則相關規定

1. 細則第 70 條規定，各級主管機關對其所屬機關各項計畫實施完成進度，收支預算執行狀況，應將按月或分期考核之結果，依審計法第 62 條規定，適時通知審計機關。

2. 細則第 71 條規定，審計法第 63 條規定公務機關所應附送之績效報告，或成本分析報告，係指該機關對於各項計畫實施完成進度，預算配合執行經過，及其工作所具成果之績效，或在預算內所列已具衡量單位工作計畫之成本分析報告。

貳、公有營業及事業機關財務效能之考核

一、審計法相關條文

(一)各公有營業與事業機關編送結算表及年度決算表時應附業務報告

第 64 條　　各公有營業及事業機關編送結算表及年度決算表時，應附業務報告；其適用成本會計者，應附成本分析報告，並說明之。

(二)審計機關辦理公有營業及事業機關審計事務應注意事項

第 66 條　　審計機關辦理公有營業及事業機關審計事務，除依前條有關規定辦理外，並應注意左列事項：

一、資產、負債及損益計算之翔實。

二、資金之來源及運用。

三、重大建設事業之興建效能。

四、各項成本、費用及營業收支增減之原因。

五、營業盛衰之趨勢。

六、財務狀況及經營效能。

二、解析

審計法施行細則對於公有營業及事業機關財務效能考核之補充規定：

(一)細則第 72 條規定，審計法第 64 條規定公有營業及事業機關所應附送業務報告，或成本分析報告，係指營業或事業各項計畫實施成果，預算執行情形及財務狀況分析，盈虧餘絀原因之報告其適用成本會計者，應就各種產品單位成本之盈虧，分別分析列表附送。

(二)細則第 73 條規定，審計機關為辦理公務機關、公有營業及事業機關審計事務，除應注意審計法第 65 條、第 66 條、第 67 條規定事項外，並應定期派員考查各機關按照會計法實施之內部審核情形及各項實際工作紀錄。

(三)細則第 74 條規定，審計機關辦理附屬單位預算中營業基金以外其他特種基金之審計事務，得適用審計法第 48 條至第 53 條之規定。

參、審計機關審核各機關或各基金決算及中央政府總決算應注意事項

一、審計法相關條文

(一)審計機關審核各機關或各基金決算應注意事項

第 67 條　審計機關審核各機關或各基金決算，應注意左列事項：

一、違法失職或不當情事之有無。

二、預算數之超過或賸餘。

三、施政計畫、事業計畫或營業計畫已成與未成之程度。

四、經濟與不經濟之程度。

五、施政效能、事業效能、或營業效能之程度及與同類機關或基金之比較。

六、其他與決算有關事項。

(二)審計機關審核中央政府總決算應注意事項

第 68 條　審計機關審核中央政府總決算，應注意左列事項：

一、歲入、歲出是否與預算相符；如不相符，其不符之原因。

二、歲入、歲出是否平衡；如不平衡，其不平衡之原因。

三、歲入、歲出是否與國民經濟能力及其發展相適應。

四、歲入、歲出是否與國家施政方針相適應。

五、各方所擬關於歲入、歲出應行改善之意見。

前項所列應行注意事項，於審核地方政府總決算準用之。

二、解析

(一)審計法第 67 條與決算法第 23 條內容大致相同，僅審計法第 67 條第 1 項規定，審計機關審核各機關或各基金決算，應注意之「事項」；決算法第 23 條第 1 項則為應注意之「效能」。又審計法第 67 條第 5 款規定「施政效能、事業效能、或營業效能之程度及與同類機關或基金之比較」；決算法第 23 條第 5 款則少了「事業效能」之文字。

(二)審計法第 68 條與決算法第 24 條內容亦大致相同，僅審計法第 68 條第 1 項規定，審計機關審核「中央」政府總決算，應注意之「事項」，並於第 2 項敘明「前項所列應行注意事項，於審核地方政府總決算準用之」；決算法第 24 條則為審計機關審核政府總決算，應注意之「效能」，即少了「中央」二字及將「事項」二字改為「效能」，且因決算法第 31 條規定，地方政府準用決算法之規定，故不需於決算法第 24 條規定地方政府得準用之文字。

肆、審計機關審計結果發覺有不法或不忠於職務行為及不當支出等之處理——在對事之處理方面

一、審計法相關條文

(一)糾正

第 35 條　各機關已核定之分配預算，連同施政計畫及其實施計畫，應依限送審計機關；變更時亦同。

前項分配預算，如與法定預算或有關法令不符者，應糾正之。

第 77 條　審計機關對於各機關剔除、繳還或賠償之款項或不當事項，如經查明覆議或再審查，有左列情事之一者，得審酌其情節，免除各該負責人員一部或全部之損害賠償責任，或予以糾正之處置：

一、非由於故意、重大過失或舞弊之情事，經查明屬實者。

二、支出之結果，經查確實獲得相當價值之財物，或顯然可計算之利益者。

(二)通知有關機關查明及處理

第 40 條　審計機關派員赴徵收機關辦理賦稅捐費審計事務，如發現有計算錯誤或違法情事，得通知該管機關查明，依法處理。

第 59 條　審計機關對於各機關採購之規劃、設計、招標、履約、驗收及其他相關作業，得隨時稽察之；發現有不合法定程序，或與契約、章則不符，或有不當者，應通知有關機關處理。

各機關對於審計機關之稽察，應提供有關資料。

(三)提出修正及審定決算

第 45 條　各機關於會計年度結束後，應編製年度決算，送審計機關審核；審計機關審定後，應發給審定書。

第 52 條　公有營業及事業盈虧撥補，應依法定程序辦理；其不依規定者，審計機關應修正之。

(四)提出建議改善意見及報告監察院

第 69 條　審計機關考核各機關之績效，如認為有未盡職責或效能過低者，除通知其上級機關長官外，並應報告監察院；其由於制度規章缺失或設施不良者，應提出建議改善意見於各該機關。

前項考核，如認為有可提升效能或增進公共利益者，應提出建議意見於各該機關或有關機關。

審計機關發現有影響各機關施政或營（事）業效能之潛在風險事項，得提出預警性意見於各該機關或有關機關，妥為因應。

第 70 條　審計機關於政府編擬年度概算前，應提供審核以前年度預算執行之有關資料及建議意見。

二、解析

審計機關審計結果發覺有不法或不忠於職務行為之處理，在對事方面，主要重點為：

(一)對於已核定之分配預算，如有與法定預算或有關法令不符者之糾正（審計法第 35 條第 2 項）。

(二)辦理賦稅捐費審計事務與採購之稽察，如發現有違法或不當等情事，通知有關機關查明及依法處理（審計法第 40 條及第 59 條）。

(三)公務機關、公有營業與事業機關決算之審核、修正及審定（審計法第 45 條及第 52 條）。

(四)考核各機關之績效，如認為有未盡職責或效能過低者，通知其上級機關長官、報告監察院及提出建議改善意見，或提出預警性意見於各該機關（審計法第 69 條及第 70 條）。

(五)對於各機關剔除、繳還或賠償之款項或不當事項，得審酌其情節，免除各該負責人員一部或全部之損害賠償責任，或予以糾正之處置（審計法第 77 條）。

伍、作業及相關考題

※申論題

一、依審計法規定，審計機關辦理各機關審計事務，所採方式有書面審計亦稱集中審計或送請審計，試說明其內涵。【104年地特三等】

答案：

　　審計法第12條規定，審計機關應經常或臨時派員赴各機關就地辦理審計事務；其未就地辦理者，得通知其送審，並得派員抽查之。有關書面審計之內涵如下：

(一) 公務機關書面審計：主要為發行債券條例或借款契約、分配預算、會計報告及年度決算等

1. 審計法第33條規定（請按條文內容作答）。
2. 審計法第35條規定（請按條文內容作答）。
3. 審計法第36條規定（請按條文內容作答）。
4. 審計法第45條規定（請按條文內容作答）。

(二) 公有營業與公有事業機關書面審計：主要為會計月報、結算表及年度決算表等

1. 審計法第49條規定（請按條文內容作答）。
2. 審計法第50條規定（請按條文內容作答）。
3. 審計法第53條規定（請按條文內容作答）。

(三) 財物書面審計：主要為各種財物之增減、保管及移轉等

　 審計法第56條規定（請按條文內容作答）。

(四) 考核財務效能書面審計：主要為分期實施計畫之完成進度、計畫及預算執行情形等

1. 審計法第62條規定（請按條文內容作答）。
2. 審計法第63條規定（請按條文內容作答）。
3. 審計法第64條規定（請按條文內容作答）。

二、請依審計法考核財務效能乙章規定，列舉有關機關應通知或附送何項資料，供審計機關考核財務效能。【100年地特三等】

答案：

(一) 各主管機關應將按月或分期逐級考核所屬各機關資料通知審計機關
　　審計法第 62 條規定（請按條文內容作答）。

(二) 公務機關編造會計報告及年度決算時應附送績效報告於審計機關
　　審計法第 63 條規定（請按條文內容作答）。

(三) 各公有營業與事業機關編送結算表及年度決算表時應附業務報告
　　審計法第 64 條規定（請按條文內容作答）。

三、依審計法之規範，審計機關辦理財政部關務署審計事務時，應注意哪
　　些事項？【110 年薦任升等】

答案：

(一) 應注意關稅等徵收情形

　　財政部關務署所屬各關負責關稅等徵收業務，依審計法第 40 條規定（請
按條文內容作答）。

(二) 應注意內部控制之建立及執行情形

　　財政部關務署為公務機關，屬於公務審計範圍，依審計法第 41 條規定
（請按條文內容作答）。

(三) 應辦理公務機關審計事務共同注意事項

　　審計機關依審計法第 62 條與第 63 條規定，就各主管機關所送按月或分
期逐級考核所屬各機關之各項實施計畫完成進度、收支狀況與各公務機關編
送之會計報告、績效報告及成本分析報告等，應按照審計法第 65 條規定，注
意下列事項：

　1. 業務、財務、會計、事務之處理程序及其有關法令。

　2. 各項計畫實施進度、收支預算執行經過及其績效。

　3. 財產運用有效程度及現金、財物之盤查。

　4. 應收、應付帳款及其他資產、負債之查證核對。

　5. 以上各款應行改進事項。

(四) 審核年度決算時應注意事項

　　依決算法第 23 條及審計法第 67 條規定，審計機關審核各機關或各基金
決算，應注意下列事項或效能：

　1. 違法失職或不當情事之有無。

2. 預算數之超過或賸餘。

3. 施政計畫、事業計畫或營業計畫已成與未成之程度。

4. 經濟與不經濟之程度。

5. 施政效能、事業效能、或營業效能之程度及與同類機關或基金之比較。

6. 其他與決算有關事項

四、依審計法之規範，審計機關審核中央政府總決算，以及辦理公有營業及事業機關審計事務時應注意之事項各有偏重，請說明其差異。【108年簡任升等】

答案：

(一) 審計機關審核中央政府總決算應注意事項

審計法第 68 條規定定（請按條文內容作答）。

(二) 審計機關辦理公有營業及事業機關審計事務應注意事項

1. 審計法第 65 條規定（請按條文內容作答）。

2. 審計法第 66 條規定（請按條文內容作答）。

(三) 審計法施行細則相關規定

細則第 73 條規定（請按條文內容作答）。

五、試依審計法規定，說明審計機關審核中央政府總決算、各機關或各基金決算應注意的事項。【107年地特三等】

答案：

(一) 審計機關審核中央政府總決算應注意事項

審計法第 68 條第 1 項規定（請按條文內容作答）。

(二) 審計機關審核各機關或各基金決算應注意事項

審計法第 67 條規定（請按條文內容作答）。

六、試回答下列各小題

(一)審計機關審核各機關或各基金決算，應注意哪些效能？

(二)審計機關審核政府總決算，應注意哪些效能？【106年關務人員四等】

答案：

(一) 審計機關審核各機關或各基金決算應注意之效能

  1. 決算法第 23 條規定（請按條文內容作答）。

  2. 決算法第 23 條與審計法第 67 條內容大致相同，僅審計法第 67 條規定，審計機關審核各機關或各基金決算，應注意之「事項」；決算法第 23 條則為應注意之「效能」。又審計法第 67 條第 5 款「施政效能、事業效能、或營業效能之程度及與同類機關或基金之比較」；決算法第 23 條第 5 款則少了「事業效能」之文字。

(二) 審計機關審核政府總決算應注意之效能

  1. 決算法第 24 條規定（請按條文內容作答）。

  2. 決算法第 24 條與審計法第 68 條內容亦大致相同，僅審計法第 68 條第 1 項規定，審計機關審核「中央」政府總決算，應注意之「事項」，並於第 2 項敘明「前項所列應行注意事項，於審核地方政府總決算準用之」；決算法第 24 條則為審計機關審核政府總決算，應注意之「效能」，即少了「中央」二字及將「事項」二字改為「效能」，且因決算法第 31 條規定，地方政府準用決算法之規定，故不需於決算法第 24 條規定地方政府得準用之文字。

七、審計機關審核中央政府總決算，應注意哪些事項？審計長應於何時完成中央政府年度總決算之審核？【103 年高考】

答案：

(一) 審計機關審核中央政府總決算應注意事項

  審計法第 68 條規定（請按條文內容作答）。

(二) 審計長對中央政府年度總決算之審核

  決算法第 26 條規定（請按條文內容作答）。

八、審計機關考核各機關之績效，如認為有未盡職責或效能過低者，應如何處理？發現有影響各機關施政或營（事）業效能之潛在風險事項，應如何處理？請依審計法第 69 條之規定說明。【107 年高考】

九、請說明審計機關考核各機關之績效，對於所認為的機關缺失情形及所發現的機關潛在風險事項，要如何處理？【110 年鐵特三級及退除役

特考三等】

答案：（含八、九）

(一) 審計機關考核各機關績效如認為有未盡職責或效能過低者之處理

審計法第 69 條第 1 項及第 2 項規定（請按條文內容作答）。

(二) 審計機關考核各機關績效發現有影響各機關施政或營（事）業效能之潛在風險事項的處理

審計法第 69 條第 3 項規定（請按條文內容作答）。

十、請依審計法之規定，說明審計機關考核各機關的績效，其報告及建議的內容為何？【109 年關務人員四等】

答案：

　　審計機關考核各機關的績效，即審計法第 2 條第 5 款之考核財務效能，又稱效能性審計，係在評核各機關或各基金是否有效運用預算編定之人力、財力及物力，完成工作目標。在審計法中對於各機關應編送之報表及審計機關所提出之建議等相關規定，分述如下：

(一) 考核公務機關財務效能方面，主要為各機關應編送按月或分期實施計畫之完成進度及績效報告等

1. 審計法第 62 條規定（請按條文內容作答）。

2. 審計法第 63 條規定（請按條文內容作答）。

(二) 考核公有營業及事業機關財務效能方面，主要為編送結算表及年度決算表時，應附業務報告及成本分析報告等

1. 審計法第 64 條規定（請按條文內容作答）。

2. 審計法第 45 條規定（請按條文內容作答）。同法第 54 條規定，公有營業及事業審計並適用第 45 條規定。

3. 審計法第 67 條規定（請按條文內容作答）。

(三) 考核財務效能結果提出建議改善意見及報告監察院

1. 審計法第 69 條規定（請按條文內容作答）。

2. 審計法第 70 條規定（請按條文內容作答）。

※測驗題

一、高考、普考、薦任升等、三等及四等各類特考

(A)1. 公務機關編送會計報告及年度決算時，應就計畫及預算執行情形，附送何者報告於審計機關？(A)績效報告(B)業務報告(C)考核報告(D)內部稽核報告【112年薦任升等】

(D)2. 公務機關編送會計報告及年度決算時，應就計畫及預算執行情形，附送何種報告於審計機關？其有工作衡量單位者，應附送何種報告？(A)業務報告、差異分析報告(B)績效報告、差異分析報告(C)業務報告、成本分析報告(D)績效報告、成本分析報告【110年地特三等】

(D)3. 審計機關考核各機關財務效能，除會計月報、年度決算表或結算表等，另應查核下列哪些報告？①績效報告②成本分析報告③業務報告④臺灣永續發展目標年度檢討報告(A)①②(B)①③(C)①②④(D)①②③【110年高考】

(A)4. 審計機關辦理何者時，應注意「業務、財務、會計、事務之處理程序及其有關法令」？(A)公務機關審計事務(B)公有營業及事業機關審計事務(C)各機關或各基金決算審核事務(D)中央政府總決算審核事務【107年高考】

(A)5. 審計機關辦理下列何項時，應注意「業務、財務、會計、事務之處理程序及其有關法令」？(A)公務機關審計事務(B)公有營業機關審計事務(C)審核各機關決算(D)審核中央政府總決算【107年鐵特三級】

(C)6. 審計機關辦理公務機關審計事務，應注意之事項為何？(A)資金之來源及運用(B)資產、負債及損益計算之翔實(C)財產運用有效程度及現金、財物之盤查(D)各項成本、費用及營業收支增減之原因【107年地特三等】

(A)7. 審計機關辦理公務機關審計事務，應注意何事項？(A)各項計畫實施進度、收支預算執行經過及其績效(B)各項成本、費用及營業收支增減之原因(C)資產、負債及損益計算之詳實(D)營業盛衰之趨勢【111年鐵特三級】

(A)8. 依現行審計法規定，下列何者係審計機關辦理公務機關審計事務，應注意之事項？(A)各項計畫實施進度、收支預算執行經過及其績效(B)重大建設事業之興建效能(C)預算數之超過或賸餘(D)違法失職或不當情事之

有無【108 年薦任升等】

(C)9. 審計機關辦理公務機關審計事務，應注意下列何事項？(A)資產、負債及損益計算之翔實(B)各項成本、費用及營業收支增減之原因(C)業務、財務、會計、事務之處理程序及其有關法令(D)重大建設事業之興建效能【110 年地特三等】

(C)10. 下列何者並非審計機關辦理公務機關審計事務，應注意之事項？(A)業務、財務、會計、事務之處理程序及其有關法令(B)財產運用有效程度及現金、財物之盤查(C)各項成本、費用及營業收支增減之原因(D)應收、應付帳款及其他資產、負債之查證核對【106 年地特三等】

(D)11. 依審計法規定，下列何者非屬審計機關辦理公務機關審計事務應注意之事項？(A)各項計畫實施進度、收支預算執行經過及其績效(B)應收、應付帳款及其他資產、負債之查證核對(C)業務、財務、會計、事務之處理程序及其有關法令(D)資金之來源及運用【108 年薦任升等】

(C)12. 下列有關考核財務效能之敘述，何者錯誤？(A)公務機關編送會計報告及年度決算時，應附送績效報告於審計機關；其有工作衡量單位者，應附送成本分析報告(B)公有營業及事業編送結算表及年度決算表時，應附業務報告；其適用成本會計者，應附成本分析報告(C)應收、應付帳款及其他資產、負債之查證核對，不是審計機關辦理公務機關審計事務時，主要應注意之事項(D)重大建設事業之興建效能，是審計機關辦理公有營業及事業審計事務時，主要應注意之事項【109 年地特三等】

(A)13. 依審計法第 66 條之規定，審計機關辦理公營事業機關審計業務，應注意之事項為何？(A)重大建設事業之興建效能(B)財產運用有效程度及現金、財物之盤查(C)各項計畫實施進度、收支預算執行經過及其績效(D)業務、財務、會計、事務之處理程序及其有關法令【110 年高考】

(B)14. 審計機關為辦理審計事務，應注意事項何者正確？(A)辦理公務機關審計事務，應注意資產、負債及損益計算之翔實(B)辦理公有營業及事業機關審計事務，應注意應收、應付帳款及其他資產、負債之查證核對(C)辦理公務機關審計事務，應注意財務狀況及經營效能(D)應定期派員考查各機關按照預算法實施之內部審核情形及各項實際工作紀錄【108 年地特三等】

(C)15. 審計機關辦理公有營業及事業機關審計事務之應注意事項，下列何者錯

誤？(A)業務、財務、會計、事務之處理程序及其有關法令(B)重大建設事業之興建效能(C)歲入、歲出是否平衡；如不平衡，其不平衡之原因(D)營業盛衰之趨勢【112 年高考】

(B)16. 審計機關派員赴各公營事業機關就地辦理審計事務或稽察其一切收支及財物時，應注意之事項，下列何者錯誤？(A)查證公營事業機關送審資料之正確性暨審核通知事項辦理情形及其改進成效(B)審度各機關內部審核之執行，應詳細考核其實施之有效程度(C)查核營（事）業各項收支之內容，應注意違背預算或有關法令之不當支出，並分析預算數與實際數差異之原因(D)查核原物料之採購、存儲、領用及呆廢料情形【112年薦任升等】

(D)17. 審計機關派員赴各公營事業就地辦理審計事務，依審計法施行細則規定，下列何者非屬查核資本支出應特別注意事項？(A)工程進度(B)興建後之效能(C)支出之內容(D)資本支出年度預算變動趨勢【112 年地特三等】

(B)18. 審計機關辦理臺灣中油股份有限公司審計事務，何者非為應注意事項？(A)資金之來源及運用(B)預算數之超過或賸餘(C)重大建設事業之興建效能(D)資產、負債及損益計算之翔實【110 年薦任升等】

(A)19. 依審計法之規定，審計機關審核各機關或各基金決算，應注意事項為何？(A)違法失職或不當情事之有無(B)財務狀況及經營效能(C)財產運用有效程度及現金、財物之盤查(D)各項計畫實施進度，收支預算執行經過及其績效【109 年高考】

(B)20. 審計機關審核各機關或各基金決算，應注意下列何事項？(A)資金之來源及運用(B)預算數之超過或賸餘(C)財務狀況及經營效能(D)應收、應付帳款及其他資產、負債之查證核對【106 年薦任升等】

(A)21. 審計機關在辦理何項審核時，應注意施政效能、事業效能、或營業效能之程度及與同類機關或基金之比較？(A)審核各機關或各基金決算(B)公有營業及事業機關審計事務(C)公務機關審計事務(D)審核中央政府總決算【112 年薦任升等】

(B)22. 審計機關審核各機關或各基金決算應注意者，審計法較決算法所規範多列示之事項，為下列何者？(A)營業計畫已成與未成之程度(B)事業效能之程度(C)經濟與不經濟之程度(D)違法失職或不當情事之有無【111 年

高考】

(C)23. 審計機關審核信託基金決算，應注意何項效能？(A)各項成本、費用及營業收支增減之原因(B)重大建設事業之興建效能(C)預算數之超過或剩餘(D)歲入、歲出是否平衡【111年鐵特三級】

(A)24. 依審計法之規定，審計機關審核施政計畫、事業計畫或營業計畫已成或未成之程度，係屬於下列哪一項審核時應注意之事項？(A)審核各機關或各基金決算應注意事項(B)審核中央政府總決算應注意事項(C)審核公營事業審計應注意事項(D)審核公務機關審計應注意事項【107年地特三等】

(A)25. 依審計法施行細則規定，下列查核重點，何者屬查核資本支出預算之執行應注意事項？①支出之內容②與預算數差異之原因③預算之流用與保留④未盡善良管理人應有之注意或不法情事(A)①③(B)①②③(C)②③④(D)②④【108年薦任升等】

(B)26. 審計機關審核各基金決算，應注意下列何者效能？①預算數之超過或剩餘②違法失職之有無③重大建設事業之興建效能④經濟與不經濟之程度⑤歲入、歲出是否與預算相符(A)①②③(B)①②④(C)②③⑤(D)①③④【106年地特三等】

(C)27. 下列何者為審計機關審核中央政府總決算時，應注意之事項？(A)各項成本、費用及營業收支增減之原因(B)應收、應付帳款及其他資產、負債之查證核對(C)歲入、歲出是否平衡；如不平衡，其不平衡之原因(D)施政計畫、事業計畫或營業計畫已成與未成之程度【109年鐵特三級】

(B)28. 審計機關審核中央政府總決算，應注意何事項？(A)違法失職或不當情事之有無(B)歲入、歲出是否與國家施政方針相適應(C)施政計畫、事業計畫或營業計畫已成與未成之程度(D)經濟與不經濟之程度【106年鐵特三級及退除役特考三等】

(B)29. 審計機關審核中央政府總決算，應注意何事項？(A)違法失職或不當情事之有無(B)歲入、歲出是否與國家施政方針相適應(C)施政計畫、事業計畫或營業計畫已成與未成之程度(D)施政效能、事業效能、營業效能之程度及與同類機關或基金之比較【111年鐵特三級】

(C)30. 審計法規定，審計機關審核中央政府總決算，應注意下列何種事項：(A)違法失職或不當情事之有無(B)施政計畫、事業計畫或營業計畫已成

與未成之程度(C)歲入、歲出是否平衡；如不平衡，其不平衡之原因(D)
經濟與不經濟之程度【111年地特三等】

(A)31.審計機關審核政府總決算，如發現歲入歲出不平衡時，應如何處理？
(A)查明不平衡的原因(B)查明有無違法失職或不當情事(C)提出應行改
善的意見(D)退回行政院重編【112年鐵特三級及退除役特考三等】

(D)32.下列事項何者係屬前瞻性的審計作為？①揭發財務（物）上之違失行為
②發現制度規章缺失③發現潛在風險事項④核定賠償責任(A)②③④(B)
①②③(C)①②(D)③【108年高考】

(C)33.下列有關審計機關行使職權之敘述，何者錯誤？(A)審計機關派員參加
各機關之財務組織，對其決議事項曾表示異議，審計機關不受拘束(B)
各機關長官或其授權代簽人及主辦會計人員，簽證各項支出，對於審計
有關法令，遇有疑義或爭執時，得以書面向該管審計機關諮詢，審計機
關應解釋並得公告之(C)各機關會計制度、有關內部審核規章、業務檢
核或績效考核辦法，應會商該管審計機關後始得核定施行，變更時亦同
(D)審計機關考核各機關之績效，如認為有可提升效能或增進公共利益
者，應提出建議意見於各該機關或有關機關【112年薦任升等】

(A)34.審計機關發現有影響各機關施政或營（事）業效能之潛在風險事項，得
提出何種意見於各該機關或有關機關以妥為因應？(A)預警性意見(B)改
善意見(C)否定意見(D)保留意見【106年鐵特三級及退除役特考三等】

(B)35.依審計法規定，審計機關發現有影響各機關施政或營（事）業效能之潛
在風險事項，得提出何意見於各該機關或有關機關？(A)建議意見(B)預
警性意見(C)處分意見(D)建議改善意見【112年薦任升等】

(A)36.有關考核財務效能之敘述，何者為非？(A)審計機關審核各機關或各基
金決算，應注意排除違法失職或不當情事(B)審計機關審核中央政府總
決算，應注意歲入、歲出是否與國民經濟能力及其發展相適應(C)審計
機關考核各機關之績效，如有可提升效能或增進公共利益者，應提出建
議意見於各該機關或有關機關(D)審計機關考核各機關之績效，如有影
響各機關施政或營（事）業效能之潛在風險事項，得提出預警性意見於
各該機關或有關機關【110年地特三等】

(C)37.依審計法第69條規定，審計機關考核各機關之績效，應提出建議（改
善）意見或得提出預警性意見於各該機關或有關機關，下列何者屬於預

警性意見？(A)某機關未依政府採購法相關規定辦理公務採購(B)某機關未依規定及年度計畫辦理事業廢棄物流向稽查及管制作業(C)政府遵循兒童權利公約持續增編兒少預算，惟資料完整性不足而有影響未來國家報告品質之風險(D)某機關公務人員酒駕隱匿未報，核與公務人員酒後駕車相關行政責任建議處理原則規定未合【110年高考】

二、初考、地特五等、經濟部所屬事業機構及台電公司新進僱員

(A)1. 依審計法規定，公務機關編送會計報告及年度決算時，應就計畫及預算執行情形，附送何種報告於審計機關？(A)績效報告(B)執行進度報告(C)收入分析報告(D)支出分析報告【107年地特五等】

(B)2. 公務機關編送會計報告及年度決算時，應就計畫及預算執行情形，附送何種報告送審計機關？(A)業務報告(B)績效報告(C)工作報告(D)查核報告【111年地特五等】

(C)3. 依審計法第63條規定，公務機關編送會計報告及年度決算時，其有工作衡量單位者，應附送何種報告？(A)人力出勤報告(B)預算執行報告(C)成本分析報告(D)決算收支報告【110年經濟部事業機構】

(A)4. 依審計法第64條之規定，公有營業及事業機關編送年度決算表時，應附下列何種報告？(A)業務報告(B)工作報告(C)事業報告(D)績效報告【107年經濟部事業機構】

(A)5. 依現行審計法之規定，各公有營業及事業機關編送結算表及年度決算表時，應附何種報告？(A)業務報告(B)檢討報告(C)工作報告(D)績效報告【109年初考】

(D)6. 依審計法規定，下列敘述何者正確？(A)公務機關編送會計報告及年度決算時，應附送業務報告(B)公有營業及事業機關編送結算表及年度決算表時，應附績效報告(C)公務機關編送結算表及年度決算時，應附送績效報告(D)公有營業及事業機關編送結算表及年度決算表時，應附業務報告【111年經濟部事業機構】

(A)7. 各公有營業及事業機關編送結算表及年度決算表時，應附何種報告？又其適用成本會計者，應附何種報告？(A)業務報告、成本分析報告(B)施政報告、成本分析報告(C)業務報告、毛利分析報告(D)施政報告、毛利分析報告【110年初考】

(A)8. 中國石油公司編送結算表及年度決算表時，應附何種報告於審計機關？(A)業務報告(B)績效報告(C)財物會計報告(D)檢核報告【106年初考】

(C)9. 依審計法規定，下列何者分屬公務機關、公有事業機關編送年度決算表時，一定應附送之內容？(A)成本分析報告（公務機關）；績效報告（公有事業機關）(B)業務報告（公務機關）；成本分析報告（公有事業機關）(C)績效報告（公務機關）；業務報告（公有事業機關）(D)成本分析報告（公務機關）；成本分析報告（公有事業機關）【107年初考】

(C)10.下列何者是審計機關辦理公務機關審計時應特別注意之事項？(A)重大建設事業之興建效能(B)財務狀況及經營效能(C)應收、應付帳款及其他資產、負債之查證核對(D)資金之來源及運用【107年初考】

(D)11.審計機關辦理公務機關審計事務，應注意下列何種事項？(A)資金之來源及運用(B)財務狀況及經營效能(C)資產、負債及損益計算之翔實(D)業務、財務、會計、事務之處理程序及其有關法令【112年初考】

(D)12.審計機關辦理公務機關審計事務，應注意何事項？(A)財務狀況及經營效能(B)資產、負債及損益計算之翔實(C)各項成本、費用及營業收支增減之原因(D)業務、財務、會計、事務之處理程序及其有關法令【112年地特五等】

(B)13.下列何者不屬於審計機關辦理公務機關審計事務，應注意事項？(A)財產運用有效程度及現金、財物之盤查(B)重大建設事業之興建效能(C)應收、應付帳款及其他資產、負債之查證核對(D)各項計畫實施進度、收支預算執行經過及其績效【106年經濟部事業機構】

(C)14.審計機關辦理公有營業及事業機關審計事務，應注意下列何事項？(A)歲入、歲出是否與國民經濟能力及其發展相適應(B)歲入、歲出是否與國家施政方針相適應(C)重大建設事業之興建效能(D)各方所擬關於歲入、歲出應行改善之意見【106年初考】

(B)15.重大建設事業之興建效能之考核是審計機關辦理何種審計事務時，應特別注意之事項？(A)辦理公務機關審計事務(B)辦理公有營業及事業機關審計事務(C)審核各機關或各基金決算(D)審核政府總決算【106年地特五等】

(C)16.審計機關辦理公有營業及事業機關審計業務，下列何者非為應注意之事

項？(A)重大建設事業之興建效能(B)財務狀況及經營效能(C)違法失職或不當情事之有無(D)營業盛衰之趨勢【110 年初考】

(A)17.依審計法規定，審計機關辦理公有營業及事業機關審計事務，下列何者非屬應注意之事項？(A)經濟與不經濟之程度(B)重大建設事業之興建效能(C)財務狀況及經營效能(D)資金之來源及運用【111 年台電公司新進僱員】

(D)18.審計機關審核各機關或各基金決算，應注意事項為何？(A)歲入、歲出是否與預算相符；如不相符，其不符之原因(B)歲入、歲出是否平衡；如不平衡，其不平衡之原因(C)歲入、歲出是否與國民經濟能力及其發展相適應(D)施政計畫、事業計畫或營業計畫已成與未成之程度【110 年初考】

(C)19.審計機關審核各機關或各基金決算時，下列何者為應注意之事項？(A)歲入、歲出是否與國家施政方針相適應(B)歲入、歲出是否平衡(C)預算數之超過或賸餘(D)歲入、歲出是否與預算相符【111 年台電公司新進僱員】

(C)20.審計機關審核各機關或各基金決算，下列何者不屬應注意之效能？(A)經濟與不經濟之程度(B)預算數之超過或剩餘(C)各方所擬關於歲入、歲出應行改善之意見(D)施政效能或營業效能之程度，及與同類機關或基金之比較【106 年經濟部事業機構】

(C)21.下列何者非屬審計機關審核各機關或各基金決算，應注意之效能？(A)施政計畫、事業計畫或營業計畫已成與未成之程度(B)經濟與不經濟之程度(C)歲入、歲出是否與國家施政方針相適應(D)施政效能或營業效能之程度及與同類機關或基金之比較【109 年地特五等】

(C)22.下列何者為審計機關審核中央政府總決算應注意之事項？(A)違法失職或不當情事之有無(B)預算數之超過或賸餘(C)歲入、歲出是否與國家施政方針相適應(D)經濟與不經濟之程度【108 年初考】

(A)23.審計機關審核中央政府總決算時，歲入歲出如不平衡時，應如何處理？(A)查明不平衡之原因(B)追究不平衡之責任(C)退回重編(D)不予處理【110 年初考】

(D)24.依審計法規定，審計機關審核中央政府總決算，下列何者非屬應注意之事項？(A)歲入、歲出是否與預算相符(B)歲入、歲出是否與國家施政方

針相適應(C)歲入、歲出是否平衡(D)歲入、歲出是否與施政計畫、事業計畫或營業計畫相符【109年初考】

(A)25.審計機關審核政府總決算應注意之事項，下列何者錯誤？(A)經濟與不經濟之程度(B)歲入、歲出是否與預算相符，如不相符，其不符之原因(C)各方所擬關於歲入、歲出應行改善之意見(D)歲入、歲出是否與國民經濟能力及其發展相適應【108年地特五等】

(D)26.依審計法規定，審計機關考核各機關之績效時，其因制度規章缺失，致績效不彰者，應如何處理？(A)予以糾正(B)予以修正(C)通知依法處理(D)提出建議改善意見【111年台電公司新進僱員】

(A)27.依現行審計法之規定，審計機關考核各機關之績效，如認為有可提升效能或增進公共利益者，應提出何種意見於各該機關或有關機關？(A)建議意見(B)審核意見(C)預警意見(D)改善意見【109年初考】

(B)28.下列有關考核政府施政效能的敘述，何者錯誤？(A)會計人員審核各類業務之成果，應衡量該施政或工作計畫收支與成本負擔情形，如發現效能過低，追查有無及時採取必要改善措施(B)審計機關考核各機關之績效，如認為有未盡職責或效能過低者，除通知其上級機關長官外，並得報告監察院(C)政府機關其施政績效過低係由於制度規章缺失或設施不良者，審計機關應提出建議改善意見於各該機關(D)考核政府機關施政績效，如認為有可提升效能或增進公共利益者，應提出建議意見於各該機關或有關機關【106年地特五等】

(A)29.依審計法規定，有關審計機關審核各機關業務的審計結果之處理方式，下列何者正確？(A)考核績效發現未盡職責，應通知該機關之上級機關長官並報告監察院(B)發現影響施政之潛在風險事項，應向各該機關提出建議改善意見(C)發現各機關人員有財務上不忠於職務上之行為，尚未涉及刑事者，應報告監察院依法處理(D)發現制度規章缺失，應向各該機關提出預警性意見【107年地特五等】

(B)30.下列有關政府內部審核、內部控制及審計的敘述，何者錯誤？(A)審計機關派員赴各機關就地辦理審計事務，應評核其相關內部控制建立及執行之有效程度，決定其審核之詳簡範圍(B)審計機關辦理採購案件隨時稽察時，得注意其內部控制實施之有效程度(C)內部審核係指經由收支控制、現金及其他財物處理程序審核、會計事務處理及工作成果查核，

以協助各機關發揮內部控制功能(D)審計機關發現有影響各機關施政或營（事）業效能之潛在風險事項，得提出預警性意見於各該機關或有關機關，妥為因應【106年地特五等】

(D)31.審計機關發現有影響各機關施政或營（事）業效能之潛在風險事項，依審計法規定得提出哪類意見於各該機關或有關機關，妥為因應？(A)保留性意見(B)否定性意見(C)前瞻性意見(D)預警性意見【107 年地特五等】

(C)32.下列何者非審計機關考核各機關績效後之結果處理？(A)通知其上級機關長官(B)報告監察院(C)移送法院辦理(D)提出建議（改善）意見或預警性意見於各該機關或有關機關【108年地特五等】

第六章　核定財務責任

壹、審計機關審計結果發覺有不法或不忠於職務行為及不當支出等之處理——在對財務之處理方面

一、審計法相關條文

(一)對不當支出得事前拒簽或事後剔除追繳

第 21 條　審計機關或審計人員，對於各機關違背預算或有關法令之不當支出，得事前拒簽或事後剔除追繳之。

(二)財務責任非經審計機關審查決定不得解除

第 71 條　各機關人員對於財務上行為應負之責任，非經審計機關審查決定，不得解除。

(三)對於審計機關決定剔除、繳還或賠償案件之處理

第 78 條　審計機關決定剔除、繳還或賠償之案件，應通知該負責機關之長官限期追繳，並通知公庫、公有營業或公有事業主管機關；逾期，該負責機關長官應即移送法院強制執行；追繳後，應報告審計機關查核。

前項負責機關之長官，違反前項規定，延誤追繳，致公款遭受損失者，應負損害賠償之責，由公庫、公有營業或公有事業主管機關，依法訴追，並報告審計機關查核。

二、解析

(一)審計機關審計結果發覺有不法或不忠於職務行為之處理，在對財務方面，主要重點為：

  1. 對於各機關違背預算或有關法令之不當支出，得事前拒簽或事後剔除追繳（審計法第 21 條）。

  2. 各機關人員對於財務上行為應負之責任，非經審計機關審查決定，不

得解除（審計法第 71 條）。其範圍依審計部所訂之「審計機關核定各機關人員財務責任作業規定」如下：

(1)經管現金、票據、證券、財物或其他資產，如有遺失、毀損或因其他意外事故而致損失者。

(2)審計機關決定剔除或繳還之款項，其未能依限追還，致遭受損失者。

(3)誤為簽發支票或給付現金，致公款遭受損失者。

(4)會計簿籍或報告發生錯誤，致公款遭受損失者。

3. 審計機關決定剔除、繳還或賠償之案件，應由負責機關之長官限期追繳。逾期，即應移送法院強制執行，各負責機關之長官如延誤追繳，致公款遭受損失者，應負損害賠償之責（審計法第 78 條）。

(二)審計法施行細則第 76 條規定，各機關長官或其上級機關，接到審計機關依審計法第 78 條所為之通知時，應依限期追繳，並將其執行結果，報告審計機關。前項追繳期限由審計機關定之。

貳、核定各機關相關人員財務責任

一、審計法相關條文

(一)財物經管人員損害賠償責任

第 58 條　各機關經管現金、票據、證券、財物或其他資產，如有遺失、毀損，或因其他意外事故而致損失者，應檢同有關證件，報審計機關審核。

第 72 條　第五十八條所列情事，經審計機關查明未盡善良管理人應有之注意時，該機關長官及主管人員應負損害賠償之責。

第 73 條　由數人共同經管之遺失、毀損或損失案件，不能確定其中孰為未盡善良管理人應有之注意或故意或重大過失時，各該經管人員應連帶負損害賠償責任；造意人視為共同行為人。

(二)負責簽證人員及相關人員財務責任

第 74 條　經審計機關決定應剔除或繳還之款項，其未能依限悉數追還

時，如查明該機關長官或其授權代簽人及主辦會計人員，對於簽證該項支出有故意或過失者，應連帶負損害賠償責任。

(三)出納人員及相關人員財務責任

第 75 條　各機關主辦及經辦出納人員簽發支票或給付現金，如查明有超過核准人員核准數額，或誤付債權人者，應負損害賠償責任。

支票之經主辦會計人員及主管長官或其授權代簽人核簽者，如前項人員未能依限悉數賠償時，應連帶負損害賠償責任。

公庫地區支付機構簽發公庫支票，準用前二項規定。

(四)會計人員財務責任

第 76 條　審計機關審核各機關會計簿籍或報告，如發現所載事項與原始憑證不符，致使公款遭受損害者，該主辦及經辦會計人員應負損害賠償責任。

(五)明定審酌免除一部或全部損害賠償責任之條件

第 77 條　審計機關對於各機關別除、繳還或賠償之款項或不當事項，如經查明覆議或再審查，有左列情事之一者，得審酌其情節，免除各該負責人員一部或全部之損害賠償責任，或予以糾正之處置：

一、非由於故意、重大過失或舞弊之情事，經查明屬實者。

二、支出之結果，經查確實獲得相當價值之財物，或顯然可計算之利益者。

二、會計法對於會計人員財務責任方面之相關規定

(一)會計人員應負之連帶損害賠償責任

第 67 條第 3 項　會計報告、帳簿及重要備查帳或憑證內之記載，……因繕寫錯誤而致公庫受損失者，關係會計人員應負連帶損害賠償責任。

(二)主辦會計人員對於不合法會計程序或會計文書之處理

第99條　各機關主辦會計人員，對於不合法之會計程序或會計文書，應使之更正；不更正者，應拒絕之，並報告該機關主管長官。

前項不合法之行為，由於該機關主管長官之命令者，應以書面聲明異議；如不接受時，應報告該機關之主管上級機關長官與其主辦會計人員或主計機關。

不為前二項之異議及報告時，關於不合法行為之責任，主辦會計人員應連帶負之。

(三)會計人員執行內部審核事項之責任認定

第103條　會計人員執行內部審核事項，應依照有關法令辦理；非因違法失職或重大過失，不負損害賠償責任。

(四)會計檔案遇有遺失或損毀等情事時之處理

第109條第2項至第4項

會計檔案遇有遺失、損毀等情事時，應即呈報該管上級主辦會計人員或主計機關及所在機關長官與該管審計機關，分別轉呈各該管最上級機關，非經審計機關認為其對於良善管理人應有之注意並無怠忽，且予解除責任者，應付懲戒。

遇有前項情事，匿不呈報者，從重懲戒。

因第二項或第三項情事，致公庫受損害者，負賠償責任。

(五)會計人員交代不清者之責任

第119條　會計人員交代不清者，應依法懲處；因而致公庫損失者，並負賠償責任；與交代不清有關係之人員，應連帶負責。

三、解析

(一)審計法第77條明定得審酌免除一部或全部損害賠償責任之條件，係考量公務員因執行職務而發生之賠償責任，如非由於故意或重大過失，或舞弊情事，以財務支出程序雖與規定不符而其結果確實獲得相當價值之財物，或顯然獲有可以計算之利益者，凡此情形，其所應負之責

任，自當審酌輕重或參酌民法第 216 條以所得利益填補所受損失之原則，按情節之輕重，審酌辦理。

(二)審計法施行細則第 19 條第 4 項規定，審計法第 72 條至第 76 條應負損害賠償責任決定之日，係指該負責機關之長官接到審計機關依審計法第 78 條通知之日。

(三)審計法施行細則第 75 條規定，審計機關對於審計法第 72 條至第 76 條應負損害賠償責任之決定，得依審計法第 23 條至第 27 條，及審計法施行細則第 19 條、第 20 條規定程序辦理。亦即：

1. 各機關接得審計機關之審核通知，應於接到通知之日起 30 日內聲復，由審計機關予以決定；逾限者，審計機關得逕行決定。

2. 各機關對於審計機關之決定不服時，得自接到通知之日起 30 日內，聲請覆議；逾期者，審計機關不予覆議。聲請覆議，以一次為限。

3. 各機關對於審計機關逕行決定案件之聲請覆議或審核通知之聲復，因特別事故未能於前述所定期限辦理時，得於期限內聲敘事實，請予展期。此一展期，由審計機關定之，並以一次為限。

4. 審計機關必要時得通知被審核機關派員說明，並答復詢問。

5. 審計機關對於審查完竣案件，自決定之日起 2 年內發現其中有錯誤、遺漏、重複等情事，得為再審查；若發現詐偽之證據，10 年內仍得為再審查。

6. 審計機關對於再審查案件所為之決定，各機關仍堅持異議者，得於接到通知之日起 30 日內提出聲請覆核，原核定之審計機關應附具意見，檢同關係文件，陳送上級審計機關覆核，原核定之審計機關為審計部時，不予覆核，聲請覆核，以一次為限。

7. 審計機關對於聲請覆議、再審查與聲請覆核案件所為之准駁，審計法第 23 條所為之逕行決定案件，以及審計法第 77 條所為之免除賠償責任或糾正之處置，均應以審計會議或審核會議決議行之。

(四)依審計部所訂「審計機關核定各機關人員財務責任作業規定」，對於相關名詞之定義：

1. 票據：係指匯票、本票及支票。

2. 證券：係指公債票、國庫券、股單、股票、公司債券、金融債券、短期票券、銀行定期存單及其他有價證券。

3. 財物：係指土地及其改良物、房屋建築及設備、天然資源、機械及設備、交通運輸及設備、其他雜項設備、軍品及軍用器材、珍貴動產不動產（包括金銀珠寶）、存貨等。

4. 其他資產：係指地上權、典權、抵押權、礦業權、漁業權、專利權、著作權、商標權、質權與其他財產上之權利及政府或各機關所有之債權。

5. 其他意外事故而致損失：係指天災地變等不可抗力事由，或因第三人之行為所造成之損失。

6. 有關證件：係指司法、警憲、公證、檢驗、商會等機關、團體之證明文件、鑑定報告、人證筆錄、現場照片、其他物證與依事實經過取具之合適證明及經管人員所應負職責之說明。

7. 故意：係指經管人員對於遺失、毀損或損失之事實，明知並有意使其發生，或預見其發生而其發生並不違背其本意者。

8. 重大過失：係指經管人員對於遺失、毀損或損失之事實，顯然欠缺普通人應有之注意者。

9. 連帶負損害賠償責任：係指共同經管人員，對於發生損害之標的各負全部給付之責，而債權人得對連帶負損害賠償之債務人中之一人或全體，同時或先後請求全部或一部之給付。

10. 造意人：係指教唆他人因故意或過失而致損害發生之人，雖其本身無實際行為，仍視為共同行為人，負連帶損害賠償責任。

參、作業及相關考題

※申論題

一、試就審計法與會計法說明主計人員的財務責任規範。【108 年薦任升等「審計應用法規」】

答案：

(一) 審計法對會計人員之財務責任規範

1. 審計法第 74 條規定（請按條文內容作答）。

2. 審計法第 75 條第 1 項及第 2 項規定（請按條文內容作答）。

3. 審計法第 76 條規定（請按條文內容作答）。

(二) 會計法對會計人員的財務責任規範

1. 會計法第 67 條第 3 項規定，會計報告、帳簿及重要備查帳或憑證內之記載，……因繕寫錯誤而致公庫受損失者，關係會計人員應負連帶損害賠償責任。

2. 會計法第 99 條規定（請按條文內容作答）。

3. 會計法第 103 條規定（請按條文內容作答）。

4. 會計法第 109 條第 2 項至第 4 項規定（請按條文內容作答）。

5. 會計法第 119 條規定（請按條文內容作答）。

二、審計人員於執行審計業務時發現某機關有下列情事，依審計法規定說明應如何處理？

　　(一)該機關主辦會計人員有不忠於職務之行為。

　　(二)總務主管有貪瀆情事。

　　(三)該總務主管有潛逃出境之跡象。【104 年簡任升等】

答案：

(一) 主辦會計人員有不忠於職務之行為方面

1. 審計法第 74 條規定（請按條文內容作答）。

2. 審計法第 75 條第 2 項規定，支票之經主辦會計人員及主管長官或其授權代簽人核簽者，如前項人員未能依限悉數賠償時，應連帶負損害賠償責任。

3. 審計法第 76 條規定（請按條文內容作答）。

(二) 總務主管有貪瀆情事方面

1. 審計法第 58 條規定（請按條文內容作答）。

2. 審計法第 72 條規定（請按條文內容作答）。

3. 審計法第 73 條規定（請按條文內容作答）。

4. 審計法第 75 條第 1 項規定，各機關主辦及經辦出納人員簽發支票或給付現金，如查明有超過核准人員核准數額，或誤付債權人者，應負損害賠償責任。

(三) 總務主管有潛逃出境之跡象方面

1. 審計法第 17 條規定（請按條文內容作答）。

2. 審計法第 18 條及第 19 條規定，審計人員對於第 17 條情事，認為有緊急
   處分必要時，應立即報告該管審計機關，通知各該機關長官從速執行
   之。該機關長官接到前項通知，不為緊急處分時，應連帶負責。以上所
   舉情事，應負責者為機關長官時，審計機關應通知其上級機關執行處
   分。

3. 審計法第 20 條規定（請按條文內容作答）。

4. 審計法第 29 條規定（請按條文內容作答）。

三、110 年度中央政府總決算審核報告的審核意見指出：「國教署因應 108
新課綱之實施，耗費鉅資開發與維運『學習歷程公版模組』，惟未落
實移機及備份程序，肇致學生學習歷程檔案遺失，復因無法符合使用
者需求而停止服務，效能不彰，亟待檢討改善」。請試述審計機關的
職權範圍為何？考核各機關之績效，若認為有缺失則如何處理？相關
人員的責任如何處理？【112 年高考】

答案：

(一) 審計機關之職權範圍
    審計法第 2 條規定（請按條文內容作答）。

(二) 審計機關考核各機關績效認為有缺失之處理
    依審計法第 69 條規定，審計機關考核各機關之績效：

1. 如認為有未盡職責或效能過低者，除通知其上級機關長官外，並應報告
   監察院；其由於制度規章缺失或設施不良者，應提出建議改善意見於各
   該機關。

2. 前項考核，如認為有可提升效能或增進公共利益者，應提出建議意見於
   各該機關或有關機關。

3. 審計機關發現有影響各機關施政或營（事）業效能之潛在風險事項，得
   提出預警性意見於各該機關或有關機關，妥為因應。

(三) 審計機關對各機關相關人員有財務等責任之處理
    審計法第 71 條規定，各機關人員對於財務上行為應負之責任，非經審計
機關審查決定，不得解除。又審計法有下列相關規定：

1. 審計法第 72 條規定（請按條文內容作答）。

2. 審計法第 73 條規定（請按條文內容作答）。

　3. 審計法第 74 條規定（請按條文內容作答）。

　4. 審計法第 75 條規定（請按條文內容作答）。

　5. 審計法第 76 條規定（請按條文內容作答）。

　6. 審計法第 77 條規定（請按條文內容作答）。

四、審計機關在行使審計職權時，對於哪些事項得予糾正或修正？【106 年
　　鐵特三級及退除役特考三等】

答案：

(一) 審計法規定審計機關得予糾正之事項

　1. 審計法第 35 條第 2 項規定，各機關已核定之分配預算，如與法定預算或
　　 有關法令不符者，應糾正之。

　2. 審計法第 77 條規定（請按條文內容作答）。

(二) 審計法規定審計機關得提出修正事項及審定決算

　1. 審計法第 21 條規定（請按條文內容作答）。

　2. 審計法第 45 條規定，各機關（含公務機關、公有營業及公有事業機關）
　　 於會計年度結束後，應編製年度決算，送審計機關審核；審計機關審定
　　 後，應發給審定書。

　3. 審計法第 51 條規定（請按條文內容作答）。

　4. 審計法第 52 條規定（請按條文內容作答）。

五、(一) 請依審計法之規定，說明審計機關在何種情況下，得派員赴承攬
　　　　 政府工程之民間廠商辦理查核工作。查核結果該如何處理？

　　(二) 審計機關對於各機關剔除、繳還或賠償之款項或不當事項，如經
　　　　 查明覆議或再審查，有何種情事之一者，得審酌其情節，免除各
　　　　 該負責人員一部或全部之損害賠償責任，或予以糾正之處置？
　　　　 【108 年關務人員四等】

答案：

(一) 審計法第 60 條規定（請按條文內容作答）。

(二) 審計法第 77 條規定（請按條文內容作答）。

六、請依審計法之相關規定，說明連帶賠償責任、超額或誤付之賠償責任、
　　憑證不符之賠償責任、追繳執行及延誤之責任等。【104 年薦任升等】

答案：

(一) 審計法對連帶賠償責任之規定

　1. 財物經管人員損害賠償責任

　　(1) 審計法第58條規定（請按條文內容作答）。

　　(2) 審計法第72條規定（請按條文內容作答）。

　　(3) 審計法第73條規定（請按條文內容作答）。

　2. 負責簽證人員財務責任

　　審計法第74條規定（請按條文內容作答）。

(二) 審計法對超額或誤付之賠償責任規定

　　審計法第75條規定（請按條文內容作答）。

(三) 審計法對憑證不符之賠償責任規定

　　審計法第76條規定（請按條文內容作答）。

(四) 審計法對追繳執行及延誤之責任規定

　1. 審計法第78條規定（請按條文內容作答）。

　2. 審計法施行細則第76條規定（請按條文內容作答）。

七、審計機關決定剔除、繳還或賠償之案件，後續應如何處理？【112年鐵特三級及退除役特考三等】

答案：

　　審計法第78條規定（請按條文內容作答）。

※測驗題

一、高考、普考、薦任升等、三等及四等各類特考

(B)1. 各機關經管現金、票據、證券、財物，如有遺失、毀損，或因其他意外事故而致損失者，經審計機關查明未盡善良管理人應有之注意者，應由何人負損害賠償之責？(A)主辦會計人員(B)機關長官及主管人員(C)主辦會計人員及主管人員(D)主管人員【108年高考】

(C)2. 各機關經管現金、票據、證券、財物或其他資產，如有遺失、毀損，經審計機關查明未盡善良管理人應有之注意時，何者應負損害賠償之責？(A)主辦及經辦出納人員(B)主辦及經辦會計人員(C)機關長官及主管人員(D)機關長官及上級機關主管人員【106年鐵特三級及退除役特考三

等】

(B)3. 各機關誤為簽發支票或給付現金，如經查明有超過核准人員核准數額，或誤付債權人致公款遭受損失，何者應負損害賠償責任？(A)主辦及經辦會計人員(B)主辦及經辦出納人員(C)主辦及經辦會計、出納人員(D)機關首長【106 年高考】

(C)4. 有關審計法核定財務責任，下列敘述何者錯誤？(A)各機關人員對於財務上行為應負之責任，非經審計機關審查決定，不得解除(B)各機關主辦及經辦出納人員簽發支票或給付現金，如查明有超過核准人員核准數額，應負損害賠償責任(C)由數人共同經管之遺失或損失案件，不能確定何人未盡善良管理人應有之注意，只要有人出來承擔，即由其負損害賠償責任(D)各機關經管財物，如有遺失、毀損，經審計機關查明未盡善良管理人應有之注意時，該機關長官及主管人員應負損害賠償責任【112 年地特三等】

(A)5. 下列有關核定財務責任之敘述，何者錯誤？(A)各機關人員對於財務上行為應負之責任，非經審計部審查決定，不得解除(B)各機關經管現金遇有遺失，經審計機關查明未盡善良管理人應有之注意時，該機關長官及主管人員應負損害賠償之責(C)各機關主辦及經辦出納人員給付現金，如查明有超過核准人員核准數額者，應負損害賠償責任(D)審計機關審核各機關會計簿籍，如發現所載事項與原始憑證不符，致公款受損者，該主辦及經辦會計人員應負損害賠償責任【107 年高考】

(B)6. 依審計法規定，下列敘述何者正確？(A)各機關人員對於財務上行為應負之責任，非經監察院審查決定，不得解除(B)各機關經管現金、票據、證券、財物或其他資產，如有遺失、毀損，或因其他意外事故而致損失者，經審計機關查明未盡善良管理人應有之注意時，該機關長官及主管人員應負損害賠償之責(C)各機關長官及會計人員簽發支票或給付現金，如查明有超過核准人員核准數額，或誤付債權人者，應負損害賠償責任(D)審計機關審核各機關會計簿籍或報告，如發現所載事項與原始憑證不符，致使公款遭受損害者，該機關長官及主管人員應負損害賠償責任【108 年地特三等】

(C)7. 各機關長官應對下列那一事項負損害賠償之責？(A)會計檔案遇有遺失、損毀等情事，致公庫受損害(B)會計簿籍或報告，所載事項與原始

憑證不符，致公款受損害(C)經管財物人員如有遺失毀損，致公庫損失，經審核機關查明未盡善良管理人應有之注意時(D)會計人員交代不清，致公庫損失者【112年鐵特三級及退除役特考三等】

(C)8. 關於各機關人員財務責任核定之敘述，下列何者正確？(A)各機關人員對於財務上行為應負之責任，非經審計人員審查決定，不得解除(B)各機關經管現金遇有遺失，經審計機關查明未盡善良管理人應有之注意時，主辦及經辦會計人員應連帶負損害賠償責任(C)各機關主辦及經辦出納人員給付現金，如查明有超過核准人員核准數額，應負損害賠償責任(D)各機關會計簿籍，如發現所載事項與原始憑證不符，致使公款遭受損害者，該主辦會計及主辦出納人員應負損害賠償責任【112年高考】

(D)9. 各機關人員對於財務上行為應負之責任，非經審計機關審查決定，不得解除，其中財務上行為應負之責任，例如：①機關經管現金、票據、證券、財物或其他資產，如有遺失、毀損，或因其他意外事故而致損失者②審計機關決定應剔除或繳還之款項，其未能依限悉數追還，致遭受損失者③誤為簽發支票或給付現金，致公款遭受損失者④會計簿籍或報告發生錯誤，致公款遭受損失者。下列何者正確？(A)僅①②③(B)僅②③④(C)僅①②④(D)①②③④【112年地特三等】

(D)10. 審計機關決定剔除、繳還或賠償之案件，應通知何者限期追繳，若延誤追繳，致公款遭受損失者，該人員應負損害賠償之責？(A)主辦及經辦出納人員(B)主辦及經辦業務人員(C)主辦及經辦會計人員(D)該負責機關之長官【107年高考】

(B)11. 審計法有關核定財務責任之規定，主要包括下列哪些？①各機關人員對於財務上行為應負之責任，非經法院審查決定，不得解除②各機關主辦及經辦出納人員簽發支票或給付現金，如查明有超過核准人員核准數額，或誤付債權人者，應負損害賠償責任③審計機關審核各機關會計簿籍或報告，如發現所載事項與原始憑證不符，致使公款遭受損害者，該主辦及經辦會計人員應負損害賠償責任④審計機關決定剔除、繳還或賠償之案件，應通知該負責機關之長官限期追繳，並通知公庫、公有營業或公有事業主管機關；逾期，該負責機關長官應即移送法院強制執行；追繳後，應報告審計機關查核(A)①③④(B)②③④(C)②④(D)①③【110

年高考】

二、初考、地特五等、經濟部所屬事業機構及台電公司新進僱員

(A)1. 各機關人員對於財務上行為應負之責任,非經下列何機關審查決定,不得解除?(A)審計機關(B)立法院(C)行政院(D)中央主計機關【108 年地特五等】

(A)2. 依審計法規定,各機關人員對於財務上行為應負之責任,非經下列何者審查決定,不得解除?(A)審計機關(B)監察院(C)審計長(D)法院【110 年地特五等】

(B)3. 各機關人員對於財務上行為應負之責任,非經下列何機關審查決定,不得解除?(A)主計機關(B)審計機關(C)財政機關(D)檢察機關【111 年初考】

(B)4. 各機關人員對於財務上行為應負之責任,非經下列何者審查決定,不得解除?(A)上級機關(B)審計機關(C)司法機關(D)行政機關【112 年台電公司新進僱員】

(D)5. 各機關人員對於財務上行為應負之責任,在何種情況下得予解除?(A)機關長官核定(B)機關會計報告公布期滿(C)主管機關及上級主計機關審查確定(D)經審計機關審查決定【112 年經濟部事業機構】

(C)6. 各機關經管現金、票據、證券、財物或其他資產,遇有遺失、毀損而致損失,經審計機關查明未盡善良管理人應有之注意時,下列哪些人員應負損害賠償責任?(A)機關長官及主辦會計(B)主辦會計、主辦財物、主辦出納共同負責(C)機關長官及主管人員(D)主辦及經辦出納與財物人員【107 年經濟部事業機構】

(D)7. 依審計法規定,各機關經管現金、票據、證券、財物或其他資產等因故遺失,若經審計機關查明未盡善良管理人應有之注意時,下列何種人員應負損害賠償之責?(A)該機關長官授權代簽人(B)該機關主辦會計人員(C)該機關經辦會計人員(D)該機關長官及主管人員【107 年地特五等】

(C)8. 依審計法規定,各機關經管財物因意外事故而致損失者,經審計機關查明未盡善良管理人應有之注意時,該機關①機關長官②主辦會計人員③主管人員,哪些人員應負損害賠償責任?(A)①②③(B)①②(C)①③(D)②③【110 年地特五等】

(A)9. 各機關經管現金、票據、證券、財物或其他資產，如有遺失、毀損，或因其他意外事故而致損失者，經審計機關查明未盡善良管理人應有之注意時，何者應負損害賠償之責？(A)該機關長官及主管人員(B)該機關長官及主辦會計人員(C)主管人員及主辦會計人員(D)該機關長官、主管人員及主辦會計人員【112年初考】

(C)10. 由數人共同經管之遺失、毀損或損失案件，不能確定其中孰為未盡善良管理人應有之注意或故意或重大過失時，應如何處理？(A)該主辦及經辦會計人員應負損害賠償責任(B)該機關長官及主管人員應負損害賠償責任(C)各該經管人員應連帶負損害賠償責任(D)得審酌其情節，免除各該負責人員一部或全部之損害賠償責任【108年初考】

(B)11. 審計機關核定財務責任之敘述，何者錯誤？(A)各機關人員對於財務上行為應負之責任，非經審計機關審查決定，不得解除(B)審計法第58條所列情事，經審計機關查明未盡善良管理人應有之注意時，該機關長官或主管人員及主辦會計人員應負損害賠償之責(C)由數人共同經管之遺失、毀損或損失案件，不能確定其中孰為未盡善良管理人應有之注意或故意或重大過失時，各該經管人員應連帶負損害賠償責任(D)經審計機關決定應剔除或繳還之款項，其未能依限悉數追還時，如查明該機關長官或其授權代簽人及主辦會計人員，對於簽證該項支出有故意或過失者，應連帶負損害賠償責任【109年地特五等】

(D)12. 依審計法規定，公庫地區支付機構簽發公庫支票，如有超過核准人員核准數額，且未能收回時，下列處置之敘述，何者正確？(A)該機構主辦出納及主管長官應負連帶賠償責任(B)該機構主辦會計及主管長官應負賠償責任(C)該機構主辦會計及出納人員應負連帶賠償責任(D)該機構主辦及經辦出納人員應負損害賠償責任【107年初考】

(A)13. 審計機關審核各機關會計簿籍或報告，如發現所載事項與原始憑證不符，致使公款遭受損失者，下列何者應負損害賠償責任？①經辦會計人員②主辦會計人員③業務主辦人員④業務主管⑤機關長官或其授權代簽人(A)①②(B)①②⑤(C)③④⑤(D)①②③④⑤【106年經濟部事業機構】

(A)14. 審計機關審核各機關會計簿籍或報告，如發現所載事項與原始憑證不符，致使公款遭受損害者，何人應負損害賠償責任？(A)主辦及經辦會

計人員(B)機關長官及主管人員(C)機關長官或其授權代簽人及主辦會計人員(D)各機關主辦及經辦出納人員【109年地特五等】

(C)15.審計機關審核各機關會計簿籍或報告，如發現所載事項與原始憑證不符，致使公款遭受損害者，下列何者應負損害賠償責任？(A)該機關首長(B)該經辦會計人員及該機關首長(C)該主辦及經辦會計人員(D)該主辦會計人員及該機關首長【109年初考】

(C)16.依審計法之規定，下列有關核定財務責任之敘述，何者錯誤？(A)各機關主辦及經辦出納人員簽發支票或給付現金，如查明有超過核准人員核准數額者，應負損害賠償責任(B)審計機關審核各機關會計簿籍或報告，如發現所載事項與原始憑證不符，致公款遭受損害者，該主辦及經辦會計人員應負損害賠償責任(C)各機關經管現金、票據、證券、財物或其他資產，如有其他意外事故而致損失者，經查明未盡善良管理人應有之注意時，該主辦及經辦會計人員應負損害賠償責任(D)各機關人員對於財務上行為應負之責任，非經審計機關審查決定，不得解除【110年初考】

(D)17.審計機關決定剔除、繳還或賠償之案件，應通知何者限期追繳？(A)主辦及經辦出納人員(B)主辦及經辦業務人員(C)主辦及經辦會計人員(D)該負責機關之長官【108年經濟部事業機構】

(D)18.審計機關決定剔除、繳還或賠償之案件，應通知下列何者限期追繳？(A)各該主管機關(B)法院(C)公庫主管機關(D)該負責機關之長官【110年地特五等】

(A)19.依審計法規定，其事項為機關長官應負責者，下列事項何者非屬審計機關應通知其上級機關執行處分之？(A)延壓審計機關通知處分之案件(B)隱匿或拒絕現金檢查(C)審計機關決定剔除之案件(D)不忠於職務上之行為【109年初考】

(A)20.審計機關決定剔除、繳還或賠償之案件，應通知何者限期追繳，若延誤追繳，致公款遭受損失者，該人員應負損害賠償之責？(A)該負責機關之長官(B)主辦及經辦會計人員(C)機關長官及主辦會計人員(D)機關長官及主管人員【111年地特五等】

(D)21.依審計法規定，當某公務機關經費支用被審計機關剔除，並要求限期追繳，惟逾期延誤追繳致公款遭受損失時，應由何者依法訴追？(A)該公

務機關長官(B)該公務機關之主管機關(C)審計機關(D)公庫【107 年初考】

參考文獻

主計月報社（民 100），《預算法研析與實務》。臺北市：財團法人中國主計協進社。

主計月報社（民 102），《決算法研析與實務》。臺北市：財團法人中國主計協進社。

主計月報社（民 109），《政府會計》。臺北市：財團法人主計協進社。

主計月報社（民 111），《審計法研析與實務》。臺北市：財團法人主計協進社。

行政院主計總處（民 108），《中央政府普通公務單位會計制度之一致規定》。

行政院主計總處（民 108），《中央總會計制度》。

行政院主計總處（民 113），《中華民國 114 年度總預算編製作業手冊》。

行政院主計總處（民 112），《中華民國 113 年度各機關單位預算執行作業手冊》。

行政院主計總處（民 112），《中華民國 112 年度總決算編製作業手冊》。

行政院主計總處（民 112），《中華民國 112 年度總決算附屬單位決算編製作業手冊》。

行政院主計總處（民 112），《中華民國 112 年度總預算半年結算報告編製作業手冊》。

行政院主計總處（民 111），《中華民國 111 年度總預算附屬單位預算半年結算報告編製作業手冊》。

汪錕（民 78），《中華民國主計制度》。臺北市：中國統計學報雜誌社。

（原）行政院主計處（民 70），《主計制度建制五十周年紀念集》。

陳春榮（民 92），《我國實施中程計畫預算制度之研究》，國立臺北大學公共行政暨政策學系碩士論文。

審計部（民 113），《中華民國 112 年政府審計年報》。

國家圖書館出版品預行編目資料

會計審計法規 / 陳春榮, 柯淑玲著. --；三版. --
臺北市：五南圖書出版股份有限公司, 2024.06
　面；　公分.
ISBN: 978-626-393-282-1（平裝）

1. CST: 會計法規　2. CST: 審計法規

495.2　　　　　　　　　113005296

1UF3

會計審計法規

作　　　者 — 陳春榮（260.9）、柯淑玲（161.6）

發 行 人 — 楊榮川

總 經 理 — 楊士清

總 編 輯 — 楊秀麗

副總編輯 — 劉靜芬

責任編輯 — 呂伊真

封面設計 — 姚孝慈

出 版 者 — 五南圖書出版股份有限公司

地　　　址：106 台北市大安區和平東路二段 339 號 4 樓

電　　　話：(02)2705-5066　　傳　真：(02)2706-6100

網　　　址：https://www.wunan.com.tw

電子郵件：wunan@wunan.com.tw

劃撥帳號：01068953

戶　　　名：五南圖書出版股份有限公司

法律顧問　林勝安律師

出版日期　2021 年 9 月 初版一刷
　　　　　2022 年 9 月 二版一刷
　　　　　2024 年 6 月 三版一刷

定　　　價　新臺幣 720 元

※版權所有·欲利用本書內容，必須徵求本公司同意※

五南
WU-NAN

全新官方臉書

五南讀書趣

WUNAN
Books
since1966

Facebook 按讚

👍 1秒變文青

f 五南讀書趣 Wunan Books 🔍

★ 專業實用有趣
★ 搶先書籍開箱
★ 獨家優惠好康

不定期舉辦抽獎
贈書活動喔!!!

經典永恆·名著常在

五十週年的獻禮 —— 經典名著文庫

五南,五十年了,半個世紀,人生旅程的一大半,走過來了。

思索著,邁向百年的未來歷程,能為知識界、文化學術界作些什麼?

在速食文化的生態下,有什麼值得讓人雋永品味的?

歷代經典·當今名著,經過時間的洗禮,千錘百鍊,流傳至今,光芒耀人;

不僅使我們能領悟前人的智慧,同時也增深加廣我們思考的深度與視野。

我們決心投入巨資,有計畫的系統梳選,成立「經典名著文庫」,

希望收入古今中外思想性的、充滿睿智與獨見的經典、名著。

這是一項理想性的、永續性的巨大出版工程。

不在意讀者的眾寡,只考慮它的學術價值,力求完整展現先哲思想的軌跡;

為知識界開啟一片智慧之窗,營造一座百花綻放的世界文明公園,

任君遨遊、取菁吸蜜、嘉惠學子!